책 구입 시 드리는 혜택

1. 전 과목 실기 이론 동영상 강의 평생 제공
2. 2013년 ~ 2024년 12개년 기출문제 동영상 강의 평생 제공
3. 우수회원 인증 후 2018년, 2019년, 2020년 3개년 추가 기출문제(해설 포함) 제공

2025 개정 5판
소방시설별 기출문제 총정리

평생무료 평생 무료 동영상과 함께하는 ▶YouTube Daum

소방설비기사 실기
23개년 기출문제 총정리
기계편

2025년 1회 기출문제 수록

강석민 정진홍 공저

*필독하세요
1) 본서는 이론 내용이 없는 책입니다. 소방시설별 기출문제 총정리책입니다.
2) 연도별 기출문제 수록은 2021년 ~ 2025년 1회 기출문제와 추가 3개년(2018년 ~ 2020년) 총 8개년 입니다.

2025년 1회 기출문제 및 해설 수록
2025년 시험대비 소방관련법령 개정 수록 / 소방시설별 기출문제 정리
전 과목 이론 및 12개년 기출문제 동영상 강의 평생 제공 / 중복문제 정리 및 출제 연도 기입
문제 해설을 이해하기 쉽도록 자세히 설명 / 저자 1대1 질의응답 카페 운영

무료 동영상 강의
▶YouTube 정진홍
Daum 정진홍소방세상   http://cafe.daum.net/sobangpass

세진북스
www.sejinbooks.kr

머리말

단기합격 **소방설비기사 실기 과년도**
+ 무료 동영상

인류문명의 발전으로 건축물은 대형화·고층화와 함께 우리의 삶은 풍요롭고 안락한 생활을 할 수 있게 되었으나 경제발전의 속도보다 화재피해의 증가속도는 빠르게 진행되고 있습니다.

따라서 그 어느 때 보다도 화재예방과 화재진압에 대한 체계적이고 전문적인 지식을 갖춘 소방전문인력의 필요성이 크게 대두되고 있는 현실입니다.

이에 저자는 소방 전문 인력이 되기 위한 소방설비기사 및 소방설비산업기사 등 각종 소방분야의 자격시험에 응시하고자 하는 많은 수험생들을 위하여 본서를 집필하게 되었습니다.

이 책의 특징은

1. 소방시설별로 기출문제를 정리하여 상세해설로 학습시간을 단축할 수 있고
2. 기출문제 중 중복하여 출제된 문제는 문제 상단에 출제연도를 기입하였으며
3. 한국산업인력공단의 출제기준을 토대로 최근 출제경향을 완전 분석할 수 있습니다.

부족한 부분은 신속히 수정·보완하여 소방분야 수험서로서 최고가 되도록 열심히 노력할 것을 약속드리며 이 수험서가 출간되기까지 애써주신 세진북스 편집부 직원과 홍세진 사장님께 감사드리며 수험생 여러분의 합격을 진심으로 기원합니다.

저자 정 진 홍(119sbsb@hanmail.net) 드림

출제기준

실 기

| 직무분야 | 안전관리 | 중직무분야 | 안전관리 | 자격종목 | 소방설비기사(기계분야) | 적용기간 | 2023. 1. 1~2025.12.31 |

- **직무내용**: 소방시설(기계)의 설계, 공사, 감리 및 점검업체 등에서 설계 도서류를 작성하거나, 소방설비 도서류를 바탕으로 공사 관련 업무를 수행하고, 완공된 소방설비의 점검 및 유지관리업무와 소방계획수립을 통해 소화, 화재통보 및 피난 등의 훈련을 실시하는 소방안전관리자로서의 주요사항을 수행하는 직무이다.
- **수행준거**:
  1. 소방기계시설의 구성요소에 대한 조작과 특성을 설명할 수 있다.
  2. 소방시설의 시스템을 설계 할 수 있다.
  3. 소방시설의 배치계획 및 설계서류 작성 및 적산을 수행할 수 있다.
  4. 소방시설의 작동 및 유지관리 업무를 수행할 수 있다.
  5. 소방시설 시공 실무를 수행할 수 있다.

| 실기검정방법 | 필답형 | 시험시간 | 3시간 |

실기 과목명	주요항목	세부항목	세세항목
소방기계시설 설계 및 시공 실무	1. 소방기계시설 설계	1. 작업분석하기	1. 현장 여건, 요구사항 분석을 할 수 있다. 2. 기본계획 수립, 기본설계서, 실시설계서를 작성할 수 있다. 3. 공사시방서, 공사내역서, 운영관리지침서를 작성할 수 있다.
		2. 소방기계시설 구성하기	1. 재료의 상호 연관성에 대해 설명할 수 있다. 2. 소방기계시설의 기기 및 부품을 조작할 수 있다. 3. 소방기계시설의 기능 및 특성을 설명할 수 있다.
		3. 소방시설의 시스템 설계하기	1. 소방기계시설을 구성하는 재료의 규격 및 크기를 산정할 수 있다. 2. 소방기계시설의 물량을 결정하기 위한 계산을 수행할 수 있다. 3. 소방기계시설 자료의 활용을 할 수 있다. 4. 도면작성 및 판독을 할 수 있다. 5. 시방서의 작성 등을 할 수 있다.
		4. 소방시설의 배치계획 및 설계서류 작성하기	1. 계통도를 작성할 수 있다. 2. 평면도를 작성할 수 있다. 3. 상세도를 작성할 수 있다. 4. 소방기계시설의 설계 및 시공 관련 업무를 수행할 수 있다. 5. 소방기계설비의 적산 등을 할 수 있다.
	2. 소방기계시설 시공	1. 설계도서 검토하기	1. 설계도서상의 누락, 오류, 문제점을 검토하여 설계도서 검토서를 작성할 수 있다. 2. 설계도면, 시공 상세도, 계산서를 검토하여 시공상의 문제점을 파악하고 조치할 수 있다.
		2. 소방기계시설 시공하기	1. 소화기구를 설치할 수 있다. 2. 옥내·외소화전설비를 설치할 수 있다. 3. 스프링클러(간이스프링클러)설비를 설치할 수 있다. 4. 물분무소화설비를 설치할 수 있다. 5. 포소화설비를 설치할 수 있다. 6. 이산화탄소소화설비를 설치할 수 있다. 7. 할로겐화합물소화설비를 설치할 수 있다. 8. 분말소화설비를 설치할 수 있다. 9. 청정소화약제소화설비를 설치할 수 있다. 10. 피난기구 및 인명구조기구를 설치할 수 있다. 11. 소화용수설비를 설치할 수 있다. 12. 거실제연 및 특별피난계단 및 비상용 승강기 승강장의 제연설비를 설치할 수 있다. 13. 연결송수관설비, 연결살수설비, 연소방지설비를 설치할 수 있다. 14. 기타 소방기계시설 관련 설비를 설치할 수 있다

실기 과목명	주요항목	세부항목	세세항목
		3. 공사 서류 작성하기	1. 시공된 시설을 검사하여 설계도서와 일치여부를 판단할 수 있다. 2. 시공된 시설을 검사하여 관련 서류를 작성할 수 있다. 3. 공정관리 일정을 계획하여 공사일지를 작성 할 수 있다.
	3. 소방기계시설 유지관리	1. 소방시설의 작동 및 유지관리 하기	1. 소방시설의 기술공무 관리 및 실무 작업을 할 수 있다. 2. 기계시설의 점검 및 조작을 할 수 있다. 3. 계측 및 사고요인을 파악할 수 있다. 4. 재해방지 및 안전관리 업무를 수행할 수 있다. 5. 자재관리 업무를 수행할 수 있다.
		2. 소방기계 시설의 유지보수 및 시험점검하기	1. 유지보수 관리 및 계획을 수립할 수 있다. 2. 시험 및 검사를 할 수 있다. 3. 기계기구 점검 및 보수작업을 할 수 있다. 4. 설치된 소방시설을 정상 가동하고, 작동기능 점검 사항을 기록할 수 있다. 5. 종합정밀 점검 사항을 기록할 수 있다. 6. 소방시설 운영에 관한 업무 일지를 작성할 수 있다. 7. 기록 사항을 분석하여 보수·정비를 할 수 있다. 8. 보수에 필요한 부품 및 장비를 확보하고, 점검 기록부를 작성 보존할 수 있다.

차례 Contents

제 01 장	소방유체역학	9
제 02 장	소화기구 및 자동소화장치	85
제 03 장	옥내소화전설비	95
제 04 장	옥외소화전설비	167
제 05 장	스프링클러설비	179
제 06 장	물분무 및 미분무소화설비	279
제 07 장	포소화설비	287
제 08 장	이산화탄소소화설비	329
제 09 장	할론소화설비	381
제 10 장	할로겐화합물 및 불활성기체소화설비	405
제 11 장	분말소화설비	427
제 12 장	피난구조설비	447
제 13 장	제연설비	453
제 14 장	특별피난계단 및 부속실의 제연설비	499
제 15 장	소화수조 및 저수조	509
제 16 장	연결송수관, 연결살수, 연소방지설비	515

[2021년도 출제문제] 521

2021년 4월 25일 시행 ——————— 523
2021년 7월 10일 시행 ——————— 548
2021년 11월 14일 시행 ——————— 571

[2022년도 출제문제] 595

2022년 5월 7일 시행 ——————— 597
2022년 7월 24일 시행 ——————— 624
2022년 11월 19일 시행 ——————— 648

[2023년도 출제문제] 675

2023년 4월 23일 시행 ——————— 677
2023년 7월 22일 시행 ——————— 703
2023년 11월 5일 시행 ——————— 727

[2024년도 출제문제] 753

2024년 4월 27일 시행 ——————— 755
2024년 7월 28일 시행 ——————— 780
2024년 11월 2일 시행 ——————— 808

[2025년도 출제문제] 831

2025년 4월 20일 시행 ——————— 833

제 01 장 소방유체역학

00년-04월, 00년-11월

01 직사각형의 닥트(Duct)를 아래 그림과 같이 설치하였을 때 닥트(Duct) A B C 를 통과하는 풍량이 180m³/분 일 때 풍속(m/s)은 얼마인가? **(6점)**

단면적 A=120×70cm²   B=120×60cm²   C=120×50cm²

풀이 ○ 계산과정 :

$Q = UA$ 여기서, Q : 풍량(m³/s), U : 풍속(m/s), A : 단면적(m²)

∴ $U = \dfrac{Q}{A}$ $Q = 180\text{m}^3/\text{min} = 180\text{m}^3/\text{min} \times 1\text{min}/60\text{s} = 3\text{m}^3/\text{s}$

∴ A의 풍속 $U_A = \dfrac{3\text{m}^3/\text{s}}{120 \times 70\text{cm}^2 \times 10^{-4}\text{m}^2/\text{cm}^2} = 3.571\text{m/s}$

B의 풍속 $U_B = \dfrac{3\text{m}^3/\text{s}}{120 \times 60\text{cm}^2 \times 10^{-4}\text{m}^2/\text{cm}^2} = 4.167\text{m/s}$

C의 풍속 $U_C = \dfrac{3\text{m}^3/\text{s}}{120 \times 50\text{cm}^2 \times 10^{-4}\text{m}^2/\text{cm}^2} = 5.00\text{m/s}$

○ 답 : $A = 3.57\text{m/s}$, $B = 4.17\text{m/s}$, $C = 5\text{m/s}$

04년-07월

02 펌프 운전시 발생하는 에어 바인딩(air binding)에 대하여 간단히 쓰시오.

풀이 ○ 답 : 펌프 운전시 펌프 내의 공기로 인하여 수두가 감소하여 물이 액송되지 않는 현상

00년-08월

03 배관 내 유체흐름에서 정상류란 무엇인가?

풀이 ○ 답 : 배관내의 임의의 점에서 유체흐름의 특성(밀도, 유속, 유량)이 시간에 따라 변하지 않는 흐름

02년-10월, 09년-04월

04 단수가 5인 어느 수평회전축 소화펌프를 운전시키면서 흡입구로 들어가는 물의 수압을 측정하였더니 0.07MPa이고 토출측에서는 1.19MPa이었다. 펌프 내부에서의 물의 에너지 손실은 없으며 물의 속도수두를 무시한다고 할 때 펌프 몸체 내에 있는 하나의 회전차(임펠러)는 몇 [MPa]의 가압능력을 가지고 있는가? (5점)

○ 계산과정 : $\frac{(1.19-0.07)}{5} = 0.22\mathrm{MPa}$

○ 답 : 0.22MPa

04년-07월, 07년-07월

05 청정소화약제 소화설비의 배관과 배관, 배관과 배관부속 및 밸브류의 접속방법을 3가지만 나열하시오.

○ 답 : ① 나사접합 ② 용접접합 ③ 플랜지접합 ④ 압축접합 중 3가지

03년-04월

06 소방대상물에 옥내소화전설비 배관공사시 강관을 사용할 경우에 배관의 이음방법 3가지를 쓰시오.

○ 답 : ① 나사이음 ② 용접이음 ③ 플랜지이음

00년-11월

07 배관의 접합방법 중 플랜지 접합방법은 어떠한 경우에 사용하는가? (3가지를 쓰시오.) (5점)

○ 답 : ① 두개의 직관을 이을 때(50mm 이상)
　　　② 두개의 기기를 접속할 때
　　　③ 증설이나 교환을 예상할 수 있는 경우

03년-04월, 04년-07월

08 다음은 소화배관에 관한 내용이다. ( )속에 적합한 숫자나 말을 아래에 적으시오.

> (가) 소화배관에 사용하는 탄소강관 이음쇠 중에서 배관의 분해·수리·교체를 편리하게 하기 위하여 사용하는 것으로, 일반적으로 호칭경 65A 이상의 용접이음에는 (①)이(가) 사용되고 호칭경 50A 이하의 나사이음에는 (②)이(가) 주로 사용된다.
> (나) 수계 소화배관에 사용하는 탄소강관은 한국산업규격의 기준에 따라 일반적으로 사용압력이 (③)MPa을 기준으로 이보다 사용압력이 낮은 경우에는 (④)을(를) 이보다 사용압력이 높은 경우에는 (⑤)을(를) 사용한다.

○답 : ① 플랜지 ② 유니온 ③ 1.2 ④ 배관용 탄소강관 ⑤ 압력배관용 탄소강관

00년-08월, 09년-07월

09 그림과 같이 배관을 통하여 할론1301의 정상흐름(steady flow)이 일어나고 있다. 이 흐름이 1차원 유동이라고 할 때 ②지점에서의 할론 1301의 밀도(g/cm³)는 얼마인가? (단, ①, ② 지점에서의 내부면적 단면의 직경은 50mm, 25mm이다.)

(5점)

○계산과정 : 유체의 연속의 식에서 질량유량 $\overline{m} = A_1 U_1 \rho_1 = A_2 U_2 \rho_2$ 식을 이용
여기서, A : 단면적(m²), U : 유속(m/s), ρ : 밀도(kg/m³)
$\overline{m}$: 질량유량(kg/s)
$\rho_1 = 1.4 \text{g/cm}^3 = 1.4 \times 10^3 \text{kg/m}^3$
$\therefore \frac{\pi}{4} \times (0.05)^2 \times 15 \times 1.4 \times 10^3 = \frac{\pi}{4} \times (0.025)^2 \times 40 \times \rho_2 \times 10^3$
$\rho_2 = 2.1 \text{g/cm}^3$

○답 : 2.1g/cm³

03년-07월

10 내경 80mm인 배관에 소화용수가 390Lpm으로 흐르고 있을 때
① 평균유속[m/s]
② 질량유량[kg/s]
③ 중량유량[N/s]을 계산하시오.

풀이 ※ Lpm(Liter per minute) : L/min

① 평균유속

　　○계산과정 : $u = \dfrac{Q}{A} = \dfrac{Q}{\dfrac{\pi}{4}D^2}$

　　　　$Q = 390\text{Lpm} = 390\text{L/min} = 0.39\text{m}^3/60\text{s}$, $D = 80\text{mm} = 0.08\text{m}$

　　　　$\therefore u = \dfrac{0.39/60}{\dfrac{\pi}{4} \times 0.08^2} = 1.29\text{m/s}$

　　○답 : 1.29m/s

② 질량유량

　　○계산과정 : 질량유량 $= \overline{m} = Au\rho = Q\rho$
　　　　여기서, $\overline{m}$: 질량유량(kg/s), A : 단면적(m²), u : 유속(m/s)
　　　　　　　ρ : 밀도(kg/m³), Q : 유량(m³/s)
　　　　$Q = 390\text{Lpm} = 390l/\text{min} = 0.39\text{m}^3/60\text{s}$
　　　　ρ(물의 밀도) $= 1000\text{kg/m}^3$
　　　　$\therefore \overline{m} = Q\rho = (0.39\text{m}^3/60\text{s}) \times 1000\text{kg/m}^3 = 6.50\text{kg/s}$

　　○답 : 6.50kg/s

③ 중량유량

　　○계산과정 : 중량유량 $= \overline{G} = Au\gamma = Q\gamma$
　　　　여기서, $\overline{G}$: 중량유량(N/s), A : 단면적(m²), u : 유속(m/s)
　　　　　　　γ : 비중량(N/m³), Q : 유량(m³/s)
　　　　$Q = 390\text{Lpm} = 390\text{L/min} = 0.39\text{m}^3/60\text{s}$
　　　　γ(물의 비중량) $= 9800\text{N/m}^3$
　　　　$\therefore \overline{G} = Q\gamma = (0.39\text{m}^3/60\text{s}) \times 9800\text{N/m}^3 = 63.7\text{N/s}$

　　○답 : 63.7N/s

04년-07월

11 직경이 0.3m인 배관에 물이 3m/s로 흐를 때
① 중량유량(N/s)과 ② 체적유량(m³/s)을 계산하시오.

풀이 ① 중량유량
　○계산과정 : $\overline{G}(\text{N/s}) = A(\text{m}^2)\,u(\text{m/s})\,\gamma(\text{N/m}^3)$

$$\overline{G} = \frac{\pi}{4} \times (0.3\text{m})^2 \times 3\text{m/s} \times 9800\text{N/m}^3 = 2078.16\text{N/s}$$

　○답 : 2078.16N/s

② 체적유량(용량유량)

　○계산과정 : $Q = uA = 3\text{m/s} \times \frac{\pi}{4} \times (0.3\text{m})^2 = 0.21\text{m}^3/\text{s}$

　○답 : 0.21m³/s

01년-04월, 06년-11월

12 건식 스프링클러설비의 밸브에서 1차측 물의 압력이 0.7MPa이고, 1차측 단면직경이 50mm, 2차측 단면적이 79cm²일 때 2차측 공기압은 최소얼마 이상이어야 밸브가 닫히는가?

(5점)

풀이 ○계산과정 : **1차측의 힘** $F_1(\text{MN}) = P_1(\text{MPa}) \times A_1(\text{m}^2)$
　　　　　　　　2차측의 힘 $F_2(\text{MN}) = P_2(\text{MPa}) \times A_2(\text{m}^2)$

$$F_1 \leq F_2$$

$$0.7(\text{MPa}) \times \frac{\pi}{4} \times (50 \times 10^{-3}\text{m})^2 = P_2 \times 79 \times 10^{-4}\text{m}^2$$

$$\therefore P_2 = 0.17\text{MPa}$$

　○답 : 0.17MPa

15년-04월

13 온도 20℃, 압력 0.2MPa에서 공기가 직경 20cm인 관로를 질량유량이 1.5kg/s로 유동할 때 배관내 유속(m/s)을 계산하시오.

○ 계산과정 : $P = 0.2\text{MPa} \times \dfrac{1\text{atm}}{0.101325\text{MPa}} = 1.97\text{atm}$

공기의 분자량 $M = 29$, 절대온도 $T = 273 + 20 = 293℃$

$\rho = \dfrac{PM}{RT} = \dfrac{1.97 \times 29}{0.082 \times 293} = 2.38\text{kg/m}^3$, 배관내경 $D = 20\text{cm} = 0.2\text{m}$

$u = \dfrac{\overline{m}}{A\rho} = \dfrac{1.5}{\dfrac{\pi}{4} \times 0.2^2 \times 2.38} = 20.06\text{m/s}$

○ 답 : 20.06m/s

상세해설

밀도 계산

$$\rho = \dfrac{PM}{RT}$$

여기서, P : 압력(atm), M : 분자량
R : 기체상수(0.082atm · m³/kmol · K), T : 절대온도(273 + t℃)K

질량유량

$$\overline{m} = Au\rho$$

여기서, A : 단면적(m²), u : 유속(m/s), ρ : 밀도(kg/m³)

94년-06월, 97년-05월, 00년-11월, 03년-07월, 06년-07월, 20년-11월

14 파이프(배관) 시스템 설계 시 woody 챠트에서 배관길이의 마찰손실 이외에 소위 부차적 손실을 고려하게 된다. 부차적 손실은 주로 어떠한 부분에서 발생하는지 3가지만 기술하시오. (3점)

○ 답 : ① 엘보, 티 등 관 부속품 설치부분
② 배관의 급격한 축소부분
③ 배관의 급격한 확대부분
④ 유체의 방향이 갑자기 변경되는 부분 중 3가지 선택

03년-07월

15 배관의 상용수압이 1.23MPa인 물계통 소화설비의
① 수압시험압력
② 수압시험 성능을 쓰시오.

풀이 ○답 : ① **수압시험압력** : 1.23+0.35=1.58MPa
② **수압시험성능** : 1.58MPa의 압력으로 2시간 이상 시험하고자 하는 배관의 가장 낮은 부분에서 가압하되 배관과 배관·배관부속류·밸브류·각종장치 및 기구의 접속부분에서 누수현상이 없어야 한다.

상세해설

수압시험
수압시험은 1.4MPa의 압력으로 2시간 이상 시험하고자 하는 배관의 가장 낮은 부분에서 가압하되, 배관과 배관·배관부속류·밸브류·각종장치 및 기구의 접속부분에서 누수현상이 없어야 한다. 이 경우 상용수압이 1.05MPa 이상인 부분에 있어서의 압력은 그 상용수압에 0.35MPa을 더한 값

05년-10월

16 일직선으로 된 소방노즐에서 300L/min의 유량이 방출되고 있다. 관의 지름은 2인치 노즐 끝의 지름은 1인치이다. 노즐 끝에 발생하는 국부손실(kPa)을 계산하시오.(단, $d/D=1/2=0.5$이고, $k=5.5$(손실계수)) (5점)

풀이 ○계산과정 : $\Delta h_L(\text{m}) = k\dfrac{U^2}{2g}$ 노즐 끝의 직경 $D=1\text{inch}=0.0254\text{m}$

$$U = \dfrac{Q}{A} = (0.3\text{m}^3/60\text{s})/\left(\dfrac{\pi}{4}\times 0.0254^2\right) = 9.8676\text{m/s}$$

$$\therefore \Delta h_L = 5.5 \times \dfrac{9.8676^2}{2\times 9.8} = 27.323\text{m}$$

$$\Delta P = \gamma h = \dfrac{9.8\text{kN}}{\text{m}^3}\times 27.323\text{m} = 267.77\text{kN/m}^2(\text{kPa})$$

○답 : 267.77kPa

00년-11월

17 그림과 같이 수평으로 곧게 설치되어 있는 40m 길이의 파이프내를 수량 300 l/min의 물이 흐를 때 관말의 수압은 얼마인가? (단, 배관 인입측의 수압계는 0.4MPa을 가리키고 있으며 구경 40mm강관의 1m당 마찰손실에 의한 압력 강하는 $\Delta P = 1.08 \times 10^{-7} \times Q^{1.85}$이며 Q는 유량으로 [L/min]이다.) **(5점)**

풀이 ○계산과정 : $\Delta P = 1.08 \times 10^{-7} \times 300^{1.85} \times 40 = 0.17\text{MPa}$
∴ $0.4\text{MPa} - 0.17\text{MPa} = 0.23\text{MPa}$
○답 : 0.23MPa

07년-11월, 17년-04월

18 글로브밸브와 앵글밸브의 기능상의 차이점은 무엇인가? (단, 유체의 흐름방향에 따라) **(5점)**

풀이 ○답 :

[글로브밸브] [앵글밸브]

글로브밸브 : 유체의 흐름을 수평방향(180°)로 흐르게 하면서 유량을 조절한다.
앵글밸브 : 유체의 흐름을 90°방향으로 전환시켜 흐르게 하면서 유량을 조절한다.

참고
- 글로브밸브(globe valve) : 유체의 흐름을 수평으로 흐르게 하며 유체가 밸브의 디스크 옆을 거쳐서 흐르게 되어 다소 섬세한 유량조절이 가능하다. "예" 수도꼭지
- 앵글밸브(angle valve) : 글로브 밸브의 일종으로 수류의 방향을 90° 각도로 전환시키며 주로 옥외소화전의 방수구 및 스프링클러 유수검지장치의 배수밸브 등에 쓰이며 유체의 흐름에 직각으로 게이트의 상하운동에 의하여 유량을 조절하고 섬세한 유량조절은 힘들다.

06년-04월

19 그림에서 폭이 4m인 수문이 받는 유체정압에 의한 힘(kN)을 구하고, 수면에서 힘의 작용점까지의 깊이(m)를 구하시오. (10점)

(물음 1) 유체정압에 의한 힘(kN)
(물음 2) 작용점까지의 깊이(m)

풀이 **(물음 1) 유체정압에 의한 힘**

○ 계산과정 : $F = r\overline{h}A$

$$= 9.8\text{kN}/\text{m}^3 \times \frac{20\text{m}}{2} \times (20 \times 4)\text{m}^2$$

$$= 7840\text{kN}$$

○ 답 : 7840kN

(물음 2) 작용점까지의 깊이

○ 계산과정 : $y_p = \dfrac{I_C}{\overline{y}A} + \overline{y} = \dfrac{\dfrac{4 \times 20^3}{12}}{\dfrac{20}{2} \times (4 \times 20)} + \dfrac{20}{2} = 13.33\text{m}$

$$I_C = \frac{W(\text{폭}) \times h^3(\text{깊이})}{12}$$

$$\overline{y} = \frac{h(\text{깊이})}{2}$$

○ 답 : 13.33m

06년-07월

20 내경이 25mm인 급수배관에 정상류가 분당 180L로 흐를 때 속도수두(m)는 얼마인가?(단, 중력가속도 $g=9.8\text{m/s}^2$으로 한다) (5점)

○ 계산과정 : $H = \dfrac{u^2}{2g}$

여기서, H : 속도수두(m), u : 유속(m/s), g : 중력가속도(9.8m/s^2)

$u = \dfrac{Q}{A} = \dfrac{Q}{\dfrac{\pi}{4}D^2} = \dfrac{0.18\text{m}^3/60\text{s}}{\dfrac{\pi}{4} \times (0.025\text{m})^2} = 6.11\text{m/s}$

∴ $H = \dfrac{6.11^2}{2 \times 9.8} = 1.90\text{m}$

○ 답 : 1.90m

07년-07월

21 습식 배관의 동파를 방지하기 위해서 보온재로 피복할 때 보온재의 구비 조건 4가지를 쓰시오.

○ 답 : ① 보온능력이 우수하고 열전도율이 적을 것
② 시공이 용이하고 가격이 저렴할 것
③ 장시간 사용온도에 견디며 변질이 없을 것
④ 비중이 작고(가볍고) 흡습, 흡수성이 적을 것
⑤ 다공질이며 기공이 균일할 것

07년-11월

22 강관은 사용용도 및 사용목적에 따라 KS 규격에 규정되어 사용하고 있다. 대부분 온도, 압력, 용도 등에 따라 여러 종류로 규격이 정해져 있다. 이에 따른 배관용 강관의 종류를 4가지만 쓰시오.

○ 답 : ① 배관용 탄소강관   ② 압력배관용 탄소강관
③ 고압배관용 탄소강관   ④ 고온배관용 탄소강관
⑤ 저온배관용 탄소강관   ⑥ 배관용 스테인레스 강관 중 4가지 선택

07년-04월

23 등가길이(등가관장)(Le)와 상당관 직경(De)에 대하여 간단히 설명하시오.
(5점)

○답 : ① **등가길이(상당관 길이)** : 관부속품 등을 동일 구경 동일한 유량에 대하여 동일한 마찰손실을 갖는 직관 길이로 환산한 값
② **상당관 직경** : 배관이 사각형이나 도형 모양(이중 원관 등)인 경우, 유체가 접하는 표면적을 같은 크기의 원형 모양으로 환산한 직경

상당직경(equivalent diameter)
각형이나 도형 모양(이중 원관 등)인 경우, 유체가 접하는 표면적을 같은 크기의 원형 모양으로 바꿔서 계산하기 위한 것입니다.
사각형인 경우   상당직경 $= \dfrac{2 \times 가로 \times 세로}{가로 + 세로}$

13년-11월

24 다음 그림을 보고 밸브의 명칭과 기능을 쓰시오. (5점)

○답 : ① 명칭 : 스모렌스키 체크밸브
② 용도 : 바이패스(by-pass)기능(역류 기능)

01년-04월, 05년-10월, 09년-10월, 12년-04월, 17년-04월, 18년-06월

25 소화설비의 급수배관에 사용하는 개폐표시형 밸브 중 버터플라이(볼형식 이외)외의 밸브를 꼭 사용하여야 하는 배관의 이름과 그 이유를 기술하시오.

(5점)

○ 배관이름 :
○ 이유 :

○답 : ① **배관** : 펌프 흡입측 배관
② **이유** : 버터플라이밸브는 난류를 형성하고 마찰손실이 커 공동현상 발생 때문

03년-10월

26 어떤 수평배관 속에 물이 2.8m/s의 속도와 0.046MPa의 압력으로 흐르고 있다. 물의 유량이 0.95m³/s일 때 수동력(Ps)은 얼마인가? (단, 물의 비중량은 1000kgf/m³이며 속도수두는 무시한다)

○계산과정 : 수동력 $P(\text{ps}) = \dfrac{\gamma(\text{kgf}/\text{m}^3) \times Q(\text{m}^3/\text{s}) \times H(\text{m})}{75}$

$\gamma = 1000\text{kgf}/\text{m}^3,\ Q = 0.95\text{m}^3/\text{s},\ H = 0.046\text{MPa} = 4.6\text{m}$

∴ $P(\text{Ps}) = \dfrac{1000 \times 0.95 \times 4.6}{75} = 58.27\text{Ps}$

○답 : 58.27Ps

10년-04월

27 소화설비용 수평배관 내의 평균유속이 2.8m/s, 45.1kPa의 압력, 유량이 0.75m³/s이고, 손실수두를 무시할 경우 필요한 소화수 펌프동력(kW)을 구하시오. (단, 펌프효율 및 동력전달계수는 무시)

○계산과정 : (1) **전양정 계산**

① $\dfrac{u^2}{2g} = \dfrac{2.8^2}{2 \times 9.8} = 0.4\text{m}$

② $\dfrac{P}{\gamma} = \dfrac{45.1\text{kN}/\text{m}^2}{9.8\text{kN}/\text{m}^3} = 4.60\text{m}$

③ $H = 0.4\text{m} + 4.60\text{m} + 0 + 0 = 5\text{m}$

(2) 펌프의 동력 계산

$P(\text{kW}) = 9.8 \times 0.75 \times 5 = 36.75\text{kW}$

○답 : 36.75kW

상세해설

(1) 전양정 계산

$$H = \frac{U^2}{2g} + \frac{P}{r} + Z + \Delta H_L$$

여기서, U : 평균속도(m/s), P : 압력(kN/m²), γ : 비중량(kN/m³)
Z : 높이(m), ΔH_L : 손실수두(m), g : 중력가속도(9.8m/s²)

① $u = 2.8\text{m/s}$, $H(\text{속도수두}) = \dfrac{u^2}{2g} = \dfrac{2.8^2}{2 \times 9.8} = 0.4\text{m}$

② $H(\text{압력수두}) = \dfrac{P}{\gamma} = \dfrac{45.1\text{KN/m}^2}{9.8\text{KN/m}^3} = 4.60\text{m}$

③ 수평배관이므로 $Z(\text{위치수두}) = 0$

④ 문제에서 손실수두는 무시이므로 $\Delta H_L = 0$

⑤ ∴ $H = 0.4\text{m} + 4.60\text{m} + 0 + 0 = 5\text{m}$

(2) 펌프의 동력 계산

$$P(\text{kW}) = \frac{\gamma \times Q \times H}{E} \times K$$

여기서, γ : 비중량(kN/m³, 물의 비중량 = 9.8kN/m³)
Q : 유량(m³/s), H : 전양정(m), E : 펌프의 효율(%/100), K : 전달계수

02년-04월, 12년-11월

28 펌프 2대를 병렬로 연결하여 운전시 펌프의 성능곡선을 완성하시오

○답 :

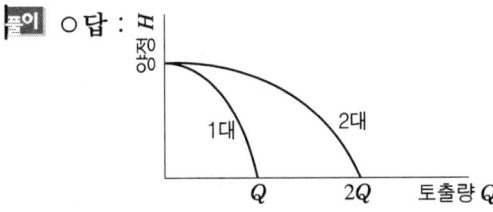

29 운전중인 급수펌프의 유량이 2.3m³/min, 동력이 12kW이며 흡입관에서의 게이지 압력이 -40kPa, 송출관에서의 게이지 압력이 200kPa이다. 흡입관경과 송출관경이 같고 송출관의 압력측정장치는 흡입관의 압력측정장치의 설치 위치보다 50cm 높게 설치가 되었다면 펌프의 효율(%)은 얼마인가?

(6점)

○ 계산과정 : ① 전체압력 $P = 40\text{kPa}(흡입압력) + 200\text{kPa}(토출압력) = 240\text{kPa}$

② 압력단위를 수두로 환산 $h = \dfrac{P}{\gamma} = \dfrac{240\text{kpa}(\text{kN}/\text{m}^2)}{9.8\text{kN}/\text{m}^3} = 24.49\text{m}$

③ 전양정 계산 $H = 24.49\text{m} + 0.5\text{m}(50\text{cm}) = 24.99\text{m}$

④ $L_S(\text{kW}) = \dfrac{\gamma QH}{E}$ 에서

$E = \dfrac{\gamma QH}{L_S} = \dfrac{9.8 \times (2.3\text{m}^3/60\text{s}) \times 24.99}{12} = 0.7823$

⑤ $E(\%) = 0.7823 \times 100 = 78.23\%$

○ 답 : 78.23%

상세해설

펌프의 동력계산(kW)

① 수동력

$$L_W(\text{kW}) = \gamma QH$$

※ 주의 : 수동력 계산 시 펌프의 효율 및 전달계수 K값은 무시한다.

② 축동력

$$L_S(\text{kW}) = \dfrac{\gamma QH}{E}$$

※ 주의 : 축동력 계산 시 전달계수 값은 무시한다.

③ 모터동력

$$L_S(\text{kW}) = \frac{\gamma QH}{E} \times K$$

여기서, γ : 비중량(물의 비중량=9.8kN/m³), Q : 토출량(m³/s)
H : 전양정(m), E : 효율(%/100), K : 전달계수

04년-10월, 12년-11월

30 소화노즐은 화재건물로부터 10m 떨어진 거리에 위치하고 있다. 유량이 1000L/min이라면 적정 소방수류가 도달될 최대높이는 얼마인가?
(단, $V = 0.15 \dfrac{H^2}{Q^{0.3}}$의 평균 방정식을 사용하여 V는 적정 소방수류의 최대 연직범위이다.)

○계산과정 : $V(\text{m})$: 적정 소방수류의 최대 연직범위
$H(\text{m})$: 소방수류의 수평범위
$Q(\text{L/s})$: 유량
$H = 10\text{m}$ $Q = 1000\text{L/min} = 1000\text{L}/60\text{s}$
∴ $V = 0.15 \times \dfrac{(10)^2}{(1000/60)^{0.3}} = 6.45\text{m}$

○답 : 6.45m

09년-04월, 14년-11월

31 펌프의 흡입이론에서 볼 때 물을 흡입할 수 있는 이론최대높이는 몇(m)인가?
(단, 대기압은 760mmHg, 수은의 비중량은 13600kg/m³, 물의 비중량은 1000kg/m³ 이다) **(6점)**

○계산과정 : ① $P = r_A h_A = r_B h_B$
② $r_A = $ 수은의 비중량(13600kgf/m³) $r_B = $ 물의 비중량(1000kgf/m³)
③ $h_A = $ 수은의 두(760mmHg = 0.76mHg) $h_B = ?$
④ ∴ $h_B = \dfrac{13600 \times 0.76}{1000} = 10.34\text{m}$

○답 : 10.34m

13년-04월

32 펌프의 흡입 측 배관에 설치된 연성계는 300mmHg를 지시하고 있다. 펌프의 흡입양정(m)은 얼마인가? (3점)

풀이 ○ 계산과정 : 흡입양정을 수두로 환산

$$300\text{mmHg} \times \frac{10.332\text{m}}{760\text{mmHg}} = 4.08\text{m}$$

○ 답 : 4.08m

03년-04월, 04년-04월, 05년-07월, 07년-11월, 08년04월, 14년-11월

33 어느 배관의 인장강도가 200N/mm²이고 내부작업 응력이 4MPa이었다면 이 배관의 스케줄(Schedule)수는 얼마인가? (단, 안전율은 4이다) (4점)

풀이 ○ 계산과정 : 스케줄 수(Schedule No) = $\dfrac{\text{내부작업 압력}}{\text{재료의 허용응력}} \times 1000$

안전율 = $\dfrac{\text{인장강도}}{\text{허용응력}}$

$200\text{N/mm}^2 \times 10^6 \text{mm}^2/\text{m}^2 = 2 \times 10^8 \text{N/m}^2(\text{Pa})$

∴ 허용응력(kPa) = $\dfrac{2 \times 10^8 \text{N/m}^2(\text{Pa})}{4}$

$= 5 \times 10^7 \text{N/m}^2(\text{Pa}) = 5 \times 10^4 \text{kN/m}^2(\text{kPa})$

스케줄 수 = $\dfrac{4 \times 10^3 \text{kPa}}{5 \times 10^4 \text{kPa}} \times 1000 = 80$

○ 답 : 80

09년-10월

34 아래 사항은 펌프운전 중 공동현상 방지대책이다. ( )안에 작게, 크게, 빠르게, 느리게를 선택하여 알맞은 답을 쓰시오.

> (가) 펌프의 유효 흡입수두를 (①)한다.
> (나) 펌프의 흡입압력을 유체의 증기압보다 (②)한다.
> (다) 펌프의 임펠러 회전수를 (③)한다.

풀이 ○ 답 : ① 크게, ② 크게, ③ 느리게

15년-07월

35 펌프에서 발생하는 여러 가지 이상현상 중의 하나인 맥동현상을 방지하는 대책을 5가지만 쓰시오. (5점)

○답 : ① 펌프의 양수량을 증가시킨다.
② 펌프의 임펠러 회전수를 변화시킨다.
③ 배관내의 공기를 제거한다.
④ 배관내의 유속을 조절한다.
⑤ 배관내의 유량을 조절한다.

상세해설

써징 현상(Surging, 맥동 현상)
펌프 운전시 규칙적으로 운동, 양정, 토출량이 변화하는 현상, 즉 송출 압력과 송출 유량의 주기적인 변동이 발생하는 현상이다.
① 써징 현상 발생 원인
  ㉠ 펌프의 양정 곡선이 산형 특성이며 사용범위가 우상특성일 것
  ㉡ 토출배관에 수조, 공기저장기가 있을 때
  ㉢ 토출량 조절 밸브가 수조, 공기저장기보다 아래에 있을 때
② 써징 현상 방지 대책
  ㉠ pump의 양수량을 증가시키거나 임펠러 회전수를 변화시킨다.
  ㉡ 배관내의 공기제거 및 단면적, 유속, 유량 조절

07년-07월

36 수격작용에 의한 압력 상승을 방지하기 위한 필요한 조치 3가지만 기술하시오.

○답 : ① 관경을 크게 하고 유속을 낮춘다.
② 펌프에 플라이 휠(fly wheel) 설치, 펌프의 급격한 속도변화 방지
③ 조압수조(Surge tank) 혹은 수격방지기(water hammering Cusion) 설치
④ 밸브는 펌프 송출구 가까이 설치
⑤ 적당한 밸브 제어 중 3가지 선택

참고 수격 작용 : 펌프에서 유체 압송시 펌프정지 및 밸브 개폐시 유체의 운동에너지가 압력 에너지로 변하여 고압이 발생하여 배관내의 벽면을 때리는 현상
발생 원인 : ① 정전 등으로 갑자기 펌프가 정지할 경우
② 급히 밸브를 개폐할 경우
③ 유체의 압력 변동이 있는 경우

04년-10월, 10년-07월, 14년-11월

37 펌프의 이상운전 중 공동현상(cavitation)의 발생원인과 방지대책을 각 4가지씩 기술하시오. (8점)

(1) 공동현상 발생원인　　　(2) 공동현상 방지대책

풀이 (1) 공동현상 발생원인
○ 답 : ① 펌프의 흡입측 수두가 클 경우
② 펌프의 흡입배관 마찰손실이 클 경우
③ 펌프의 임펠러속도가 클 경우
④ 펌프의 흡입관경이 작을 경우
⑤ 펌프의 흡입압력이 유체의 증기압보다 낮을 경우
⑥ 배관 내 유체가 고온일 경우 중 4가지

(2) 공동현상 방지대책
○ 답 : ① 펌프의 설치위치를 수원보다 낮게 한다.
② 펌프의 임펠러 속도를 낮춘다.
③ 양흡입 펌프를 사용한다.
④ 펌프의 흡입배관 마찰손실을 적게 한다.
⑤ 펌프를 2대 이상 설치한다. 중 4가지

04년-11월

38 20℃물 40g을 화재현장에 방사하여 수증기로 증발되었다. 이때 증발에 필요한 열량은 몇 kJ인지 계산하시오.

풀이 ○ 계산과정 : $Q = 0.04\text{kg} \times 4.186\text{kJ/kg} \cdot ℃ \times (100-20)℃ + 2256\text{kJ/kg} \times 0.04\text{kg}$
$= 103.64\text{kJ}$

○ 답 : 103.64kJ

상세해설

필요한 열량

$$Q = mc\Delta t + r \cdot m$$

여기서, P : 압력(atm), V : 체적(m³), Q : 필요한 열량(kJ), m : 질량(kg)
C : 비열(kJ/kg · ℃), Δt : 온도차(℃), r : 기화잠열(kJ/kg)

① 1kcal = 4.186kJ
② 물의 비열 = 1kcal/kg · ℃ = 4.186kJ/kg · ℃
③ 물의 기화열(증발잠열) = 539kcal/kg = 2256kJ/kg

15년-07월

39 일직선으로 된 500mm의 배관에 300L/min의 물이 흐르고 그 배관의 끝에 25mm의 노즐을 통하여 물이 공기중으로 방사될 때 노즐 끝에 발생하는 국부손실(kPa)을 계산하시오.(단, 물의 비중량은 9.8kN/m³이고 배관의 부차적 손실계수 K=5.5이다) **(5점)**

풀이

○ 계산과정 : ① $Q = 300\text{L/min} = 0.3\text{m}^3/60\text{s}$, $d = 25\text{mm} = 0.025\text{m}$
$\gamma_W = 9.8\text{kN/m}^3 = 9800\text{N/m}^3$

② $u = \dfrac{Q}{A} = \dfrac{0.3\text{m}^3/60\text{s}}{\dfrac{\pi}{4} \times 0.025^2} = 10.19\text{m/s}$

③ $\Delta h_L(\text{m}) = 5.5 \times \dfrac{10.19^2}{2 \times 9.8} = 29.14\text{m}$

④ $\Delta P = \gamma h = 9.8\text{kN/m}^3 \times 29.14\text{m} = 285.57\text{kN/m}^2(\text{kPa})$

○ 답 : 285.57kPa

상세해설

관이 급격히 축소하는 경우 마찰손실

$$\Delta h_L(\text{m}) = k\dfrac{u_2^2}{2g}$$

여기서, K(축소손실계수)=$\left(\dfrac{1}{A_C}-1\right)^2$의 함수

16년-04월

40 길이가 800m인 배관 내를 물이 유속 2.5m/s로 흐르고 있을 때 출구밸브를 1.3초 후에 폐쇄하면 배관내 압력상승[MPa]은 얼마가 되겠는가? (단, 물의 비중량은 9800N/m³, 유체 내 압축파의 전달속도는 1000m/s, 중력가속도는 9.8m/s²이다.)

풀이

○ 계산과정 : $P = \dfrac{9800\text{N/m}^3 \times 1000\text{m/s} \times 2.5\text{m/s}}{9.8\text{m/s}^2} = 2.5 \times 10^6 \text{Pa}$
$= 2.5\text{MPa}$

○ 답 : 2.5MPa

상세해설

(1) 밸브의 급격한 폐쇄인 경우의 수격압(Pa)

$$P = \frac{\gamma \times \alpha \times V}{g}$$

여기서, P : 밸브의 급격한 폐쇄인 경우의 수격압(Pa)
γ : 유체의 비중량(N/m³), α : 압축파의 전달속도(m/s), V : 유속(m/s)
g : 중력가속도(m/s²)

(2) 수격작용에 의한 수격압
① 수격작용에 의한 수격압 발생조건

$$T \leq 2L$$

여기서, T : 폐쇄시간, L : 수격압이 전달되는 관 길이
② 밸브의 폐쇄시간 T가 수격압이 전달되는 관길이 L을 왕복하는 시간보다 짧은 경우, 즉 $T \leq 2L$의 경우를 급격한 폐쇄라 한다.
③ 수격작용에 의한 압력(수격압)은 유속에 비례하여 상승하기 때문에 배관내 유속은 2m/s를 넘지 않도록 제한하고 있다.

12년-07월

41 안지름이 각각 300mm와 450mm의 원관이 직접 연결되어 있을 때 안지름이 작은 관에서 큰 관 방향으로 매초 230L의 물이 흐르고 있을 때 돌연 확대 부분에서의 손실은 얼마인가?

풀이

○ 계산과정 : $F = \dfrac{(U_1 - U_2)^2}{2g}$ $U = \dfrac{Q}{A}$

$\therefore U_1 = \dfrac{230/1000}{\dfrac{\pi}{4}(0.3)^2} = 3.254 \text{m/s}$

$\therefore U_2 = \dfrac{230/1000}{\dfrac{\pi}{4}(0.45)^2} = 1.446 \text{m/s}$

$\therefore F = \dfrac{(3.254 - 1.446)^2}{2 \times 9.8} = 0.1668 \text{m}$

○ 답 : 0.17m

04년-10월, 10년-10월, 16년-04월

42 그림과 같은 소화용수 배관의 분기점 3지점에서의 유량(m³/s)과 유속(m/s)를 구하시오. (6점)

> 분기관 1지점 지름 $D_1 = 200$mm   유속 $V_1 = 2$m/s
> 분기관 2지점 지름 $D_2 = 100$mm   유속 $V_2 = 3$m/s
> 분기관 3지점 지름 $D_3 = 150$mm

(물음 1) 3지점 유량 Q_3(m³/s, 계산과정 및 답):
(물음 2) 3지점 유속 V_3(m³/s 계산과정 및 답):

풀이 (물음 1) 3지점의 유량(m³/s)

○계산과정 : ① 1지점의 유량 $Q_1 = 2 \times \dfrac{\pi}{4} \times 0.2^2 = 0.06\,\text{m}^3/\text{s}$

② 2지점의 유량 $Q_2 = 3 \times \dfrac{\pi}{4} \times 0.1^2 = 0.02\,\text{m}^3/\text{s}$

③ 3지점의 유량 $Q_3 = 0.06 - 0.02 = 0.04\,\text{m}^3/\text{s}$

○답 : $0.04\,\text{m}^3/\text{s}$

(물음 2) 3지점의 유속(m³/s)

○계산과정 : $u_3 = \dfrac{0.04}{\dfrac{\pi}{4} \times 0.15^2} = 2.26\,\text{m/s}$

○답 : 2.26m/s

상세해설

(물음 1) 3지점의 유량

① 1지점의 유량

$Q_1 = u_1 A_1 = u_1 \times \dfrac{\pi}{4} D_1^2$, $u_1 = 2\,\text{m/sec}$, $D_1 = 200\text{mm} = 0.2\text{m}$

∴ $Q_1 = 2 \times \dfrac{\pi}{4} \times 0.2^2 = 0.06\,\text{m}^3/\text{s}$

② 2지점의 유량

$Q_2 = u_2 A_2 = u_2 \times \dfrac{\pi}{4} D_2^2$, $u_2 = 3\,\mathrm{m/s}$, $D_2 = 100\,\mathrm{mm} = 0.1\,\mathrm{m}$

$\therefore Q_2 = 3 \times \dfrac{\pi}{4} \times 0.1^2 = 0.02\,\mathrm{m^3/s}$

③ 3지점의 유량

$Q_1 = Q_2 + Q_3$

$\therefore Q_3 = Q_1 - Q_2 = 0.06 - 0.02 = 0.04\,\mathrm{m^3/s}$

(물음 2) 3지점의 유속

$Q_3 = 0.04\,\mathrm{m^3/s}$ $D_3 = 150\,\mathrm{mm} = 0.15\,\mathrm{m}$

$u_3 = \dfrac{Q_3}{A_3} = \dfrac{0.04}{\dfrac{\pi}{4} \times 0.15^2} = 2.26\,\mathrm{m/s}$

11년-07월

43 다음 빈칸에 알맞은 부속품을 기입하시오. (단, 해당 부속품이 복수개가 될 수 있어도 1개만 작성하시오.) (7점)

(①)은(는) 펌프의 흡입측 배관에 설치하는 것으로 여과기능을 하고, (②)은(는) 배관내 유체의 흐름 방향을 90° 변경시킬 때 사용되는 밸브이고, 소화설비 급수 주 배관의 펌프 측에 설치하는 차단밸브는 (③)이다. 또한 (④)은 관경이 서로 다른 두 관을 연결하는데 사용하는 관 부속품이며, 배관내의 유체의 방향을 변화시키는 연결부속품은 (⑤)이다. 가압송수장치와 물올림수조를 연결하는 순환배관에 설치하는 안전밸브를 (⑥)(이)라고 하며 배관 접합면의 누수를 방지하기 위하여 삽입물을 넣고 볼트 등으로 배관을 서로 연결하여 접속하는 방법을 (⑦)이음이라 한다.

풀이 ○답 : ① 스트레이너
② 앵글밸브
③ 개폐 표시형 게이트밸브
④ 레듀셔
⑤ 엘보
⑥ 릴리프밸브
⑦ 플랜지

00년-04월, 02년-07월, 16년-06월

44 배관내의 유체온도 및 외부온도의 변화에 따라 배관이 팽창 또는 수축을 함으로 배관, 기구의 파손이나 굽힘을 방지하기 위하여 배관도중에 신축이음을 한다. 이때 사용되는 신축이음의 종류 5가지를 쓰시오. (5점)

○답 : ① 슬리브형 ② 벨로우즈형 ③ 굴곡관형 ④ 스위블형 ⑤ 볼 죠인트형

신축이음의 종류
① 슬리브형 신축 이음(미끄럼 이음 : Slide Type expansion joint)
   직관의 선팽창을 흡수하며 벨로우즈형보다 큰 압력의 온도에 견딜 수 있다.
② 굴곡관형 신축 이음(만곡관형 이음 : Bending pipe joint)
③ 벨로우즈형 신축 이음(파형 이음 : Bellows Type expansion joint)
④ 스위블형 신축 이음(스윙형 이음) : 배관상 2개 이상의 엘보를 설치하여 신축을 흡수한다.
   ※ 팽창과 수축의 흡수량 순서
       굴곡관형 > 슬리브형 > 벨로우즈형 > 스위블형
⑤ 볼조인트형

16년-11월

45 다음 ( )안에 해당하는 밸브류 또는 관부속품을 쓰시오.

① ( ) : 펌프의 흡입측에 설치하여 물속의 이물질을 제거하는 기능
② ( ) : 관 속을 흐르는 유체의 방향을 갑자기 변경하는데 사용하는 관이음
③ ( ) : 지름이 서로 다른 관과 관을 접속하는 데 사용하는 관 이음쇠
④ ( ) : 옥내소화전의 방수구에 사용하는 밸브로서 유체의 입구와 출구의 방향이 직각으로 되어 있는 밸브
⑤ ( ) : 펌프의 체절운전 시 펌프 및 배관을 보호하기 위하여 설치하는 안전밸브로 체절압력 이하에서 작동하는 밸브이다.

○답 : ① 스트레이너
② 엘보
③ 리듀셔
④ 앵글밸브
⑤ 릴리프밸브

17년-06월

46 다음 ( )안에 해당하는 밸브류 또는 관부속품을 쓰시오. (5점)

① ( ) : 글로브밸브의 일종이며 수류의 방향을 90도로 변환시켜주는 밸브
② ( ) : 밸브의 개폐여부를 외부에서 식별이 가능하면서, 또한 밸브의 개폐여부를 제어반에 신호로써 전달할 수 있는 스위치가 부착되어 소방용으로 사용하는 밸브
③ ( ) : 펌프의 흡입측에 설치하여 물속의 이물질을 제거하는 기능
④ ( ) : 펌프의 체절운전 시 펌프 및 배관을 보호하기 위하여 설치하는 안전밸브로 체절압력 이하에서 작동하는 밸브이다.
⑤ ( ) : 배관 중간에 설치한 밸브류, 펌프, 계기등 각종 기기의 수리, 배관해체 시 편리하다. 볼트 체결 시에는 대각선 방향으로 천천히 조여 체결한다.

○답 : ① 앵글밸브
② 개폐표시형밸브
③ 스트레이너
④ 릴리프밸브
⑤ 플랜지이음

10년-04월, 16년-06월

47 관로를 유동하는 물의 유속을 측정하고자 [그림]과 같은 장치를 설치하였다. U자 관의 읽음이 20cm일 때 유속은 몇 m/s인지 구하시오. (단, 수은의 비중은 13.6, 속도계수는 1로 한다.)

풀이 ○계산과정 : ① $C_o = 1$, $g = 9.8\,\text{m/s}^2$, $R = 20\,\text{cm} = 0.2\,\text{m}$
② $\gamma_1 = 1000\,\text{kgf/m}^3 \times 13.6 = 13600\,\text{kgf/m}^3$
③ $\gamma_2 = 1000\,\text{kgf/m}^3$ (물)
④ ∴ $U = 1 \times \sqrt{2 \times 9.8 \times \dfrac{(13600-1000)}{1000} \times 0.2} = 7.03\,\text{m/s}$

○답 : 7.03m/s

상세해설

① $U = C_o\sqrt{2g\dfrac{(\gamma_1-\gamma_2)}{\gamma_2}R}$, $C_o = 1$, $g = 9.8\,\text{m/s}^2$
② $\gamma_1 = \gamma_w \times S = 1000\,\text{kgf/m}^3 \times 13.6 = 13600\,\text{kgf/m}^3$
③ $\gamma_2 = 1000\,\text{kgf/m}^3$ (물) $R = 20\,\text{cm} = 0.2\,\text{m}$
④ ∴ $U = 1 \times \sqrt{2 \times 9.8 \times \dfrac{(13600-1000)}{1000} \times 0.2} = 7.03\,\text{m/s}$

06년-11월, 12년-04월, 19년-06월

48 소화설비의 배관상에 설치하는 계기류 중 압력계, 진공계, 연성계의 설치 위치와 지시압력범위를 쓰시오. (2점)

풀이 ○답 :

내용\구분	압력계	진공계	연성계
설치위치	펌프의 토출측 배관	펌프의 흡입측 배관	펌프의 흡입측 배관
지시압력범위	대기압력 이상	대기압력 이하	대기압력 이상 및 이하

참고 연성계는 양압(+압력)과 진공압(-압력)을 측정할 수 있다.

01년-07월, 13년-11월, 17년-04월

49 스프링클러 가압송수장치의 성능 시험을 위하여 오리피스로 시험한 결과 그림과 같이 수은주의 높이차가 500mm로 측정되었다. 이 오리피스를 통과하는 유량(L/s)은 얼마인가? (단, 수은의 비중은 13.6, 유량계수 C=0.97, 중력가속도 g=9.8m/s²이다.)

○계산과정 : $Q = \dfrac{C_o A_2}{\sqrt{1-m^2}}\sqrt{2g\dfrac{(r_1-r_2)}{r_2}R}$

$m = \dfrac{A_2}{A_1} = \left(\dfrac{D_2}{D_1}\right)^2 = \left(\dfrac{0.15}{0.3}\right)^2 = 0.25$

$C_o = 0.97$

$g = 9.8\text{m/s}^2$

$r_1 = r_w \times s = 9.8\text{kN/m}^3 \times 13.6 = 133.28\text{kN/m}^3$

$r_2 = 9.8\text{kN/m}^3\,(물)$

$R = 500\text{mm} = 0.5\text{m}$

$\therefore Q = \dfrac{0.97 \times (\pi/4) \times 0.15^2}{\sqrt{1-(0.25)^2}} \times \sqrt{2 \times 9.8 \times \dfrac{(133.28-9.8)}{9.8} \times 0.5} \times 1000$

$= 196.72\,\text{L/s}$

○답 : 196.72L/s

05년-05월, 12년-11월, 17년-04월

50 배관의 관부속품 중 체크밸브(check valve)의 종류를 2가지만 간단히 설명하고 단면도를 간단히 그리시오. (6점)

○답 : **종류**
① 리프트형 체크밸브(수평 배관용) : 수평배관에만 사용하며 설치시 유체의 흐름 방향에 주의를 요한다.
② 스윙형 체크밸브(수직, 수평배관용) : 핀을 축으로 회전하여 개폐하므로 유체의 마찰손실이 리프트형보다 작다.

[리프트형 체크밸브]

[스윙형 체크밸브]

10년-10월, 17년-11월

51 소방시설의 가압송수장치에서 주로 사용하는 펌프로는 터빈 펌프와 볼류트 펌프가 있다. 이들 펌프의 특징을 비교하여 다음 표의 빈칸에 유, 무, 대, 소, 고, 저 등으로 작성하시오. (6점)

	볼류트 펌프	터빈 펌프
임펠러에 안내날개(유, 무)		
송출 유량(대, 소)		
송수 압력(고, 저)		

○답 :

	볼류트펌프	터빈펌프
임펠러에 안내날개(유, 무)	무	유
송출 유량(대, 소)	대	소
송수 압력(고, 저)	저	고

10년-10월, 17년-11월, 18년-11월

52 운전 중인 펌프의 압력계를 측정한 결과 흡입측 진공계의 눈금이 150mmHg, 송출측 압력계는 0.294MPa 이었다. 펌프의 전양정(m)을 구하시오. (단, 송출측 압력계는 흡입측 진공계 보다 50cm 높은 곳에 있고, 흡입측과 송출측의 직경은 동일하다.) (5점)

○ 계산과정 :

$$H = 150\text{mmHg} \times \frac{10.332\text{m}}{760\text{mmHg}} + 0.294\text{MPa} \times \frac{10.332\text{m}}{0.101325\text{MPa}} + 0.5\text{m}(50\text{cm})$$

$$= 32.52\text{m}$$

○ 답 : 32.52m

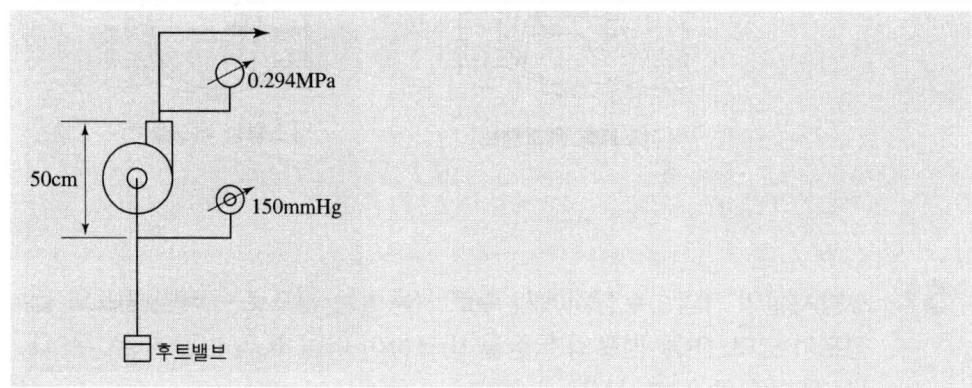

13년-04월, 19년-06월, 20년-10월

53 다음 그림과 같이 직육면체(수면면적 36m²)의 물탱크에서 밸브를 완전히 개방하였을 때 최저유효수면(10m)까지 물이 배수되는 소요시간(min)을 구하시오.(단, 토출측 관의 안지름은 80mm이고 탱크수면의 하강속도가 변화하는 것을 고려한다) (6점)

풀이

○ 계산과정 : $A_1 = 36\text{m}^2$, $A_2 = \dfrac{\pi}{4}d^2 = \dfrac{\pi}{4}(0.08\text{m})^2 = 5.03 \times 10^{-3}\text{m}^2$

$$u_2 = \sqrt{2gH} = \sqrt{2 \times 9.8 \times 10\text{m}} = 14\text{m/s}$$

$$36 \times u_1 = 5.03 \times 10^{-3} \times 14$$

$$u_1 = \dfrac{5.03 \times 10^{-3} \times 14}{36} = 1.95 \times 10^{-3}\text{m/s}$$

표면하강 가속도 $a(\text{m/s}^2) = \dfrac{0 - 1.95 \times 10^{-3}}{t} = \dfrac{-1.95 \times 10^{-3}}{t}$

물체의 속도 $u_2 = u_1(\text{처음속도}) + at$

t 초 동안 이동한 거리

$$S = u_0 t + \dfrac{1}{2}at^2$$

이동거리 $10 = 1.95 \times 10^{-3} \times t + \dfrac{1}{2}\left(\dfrac{-1.95 \times 10^{-3}}{t}\right) \times t^2$

$$10 = \dfrac{1.95 \times 10^{-3} t}{2},\ t = 10256.41\text{s} = 170.94\text{min}$$

○ 답 : 170.94min

상세해설

연속방정식

$$A_1 u_1 = A_2 u_2$$

토리첼리 방정식

$$u = \sqrt{2gH}$$

여기서, u : 유체 속도(m/s)
　　　　g : 중력 가속도(9.8m/s^2)
　　　　H : 높이(m)

t초 동안 이동한 거리

$$S = \int u\,dt = \int (u_0 + at)\,dt = u_0 t + \dfrac{1}{2}at^2$$

11년-11월

54 소화설비의 배관의 부식을 방지하기위한 방식법 중 유전양극법(희생양극법 : galvanic anode method)의 방식원리를 간단히 설명하고 특징을 3가지만 쓰시오.
(5점)

○답 : (1) 유전양극법의 방식원리
  음극방식의 일종으로, 방식하는 금속체를 음극으로 하고, 그보다 이온화 경향이 큰 금속을 양극으로하여 접촉시키고, 여기에 전기를 통하여 방식하는 방법
(2) 유전양극법의 특징
  ① 전원 이용이 어려운 장소에 적용가능
  ② 소규모 또는 피복관로에 적합
  ③ 시공이 간단하고 유지관리 필요 없음
  ④ 방식전류의 조절은 불가능하지만 양극수의 추가는 가능
  ⑤ 양극수명이 비교적 짧아 교환이 필요 중 3가지

상세해설

전기방식법(Cathodic protection system)

종류	유전양극법(희생양극법)	외부 전원식(outside power)
방식원리	지중 또는 수중에 설치된 양극 금속과 매설배관을 전선으로 연결 하여 양극금속과 매설배관 사이의 전지작용에 의하여 전기적 부식을 방지하는 방법	피방식체가 위치한 전해질(해수, 토양 등)에 양극을 설치하고 직류전류를 인위적으로 흘려주어 피방식체의 부식을 방지하는 방법
특징	① 전원 이용이 어려운 장소에 적용가능 ② 소규모 또는 피복관로에 적합 ③ 시공이 간단하고 유지관리 필요 없음 ④ 방식전류의 조절은 불가능하지만 양극수의 추가는 가능 ⑤ 양극수명이 비교적 짧아 교환이 필요	① 전원 이용이 어려운 장소에 적용곤란 ② 고저항이나 부식성이 심한 환경에도 적용 ③ 유지관리 및 유지전력비 필요 ④ 대폭적인 방식전류의 조절 및 자동제어 기능 ⑤ 방식장치의 수명이 길어 장기간 교환 불필요 ⑥ 사용전압이 높으므로 과방식이나 인접 구조물에의 영향에 유의

11년-05월

55 유량이 1.228m³/min인 펌프가 3600rpm의 회전으로 128m의 양정이 필요하다면 비속도가 200~260m³/min · m · rpm 범위에 속하는 다단펌프를 사용할 경우 몇 단의 펌프를 사용 하여야 하는가?

○ 계산과정 :
○ 답 :

[풀이] ○ 계산과정 :

① $n = \left(\dfrac{N_S \times H^{\frac{3}{4}}}{N \times \sqrt{Q}}\right)^{\frac{4}{3}}$

② $N_S = 200$일 때 이론 단수를 구하면

③ $n = \left(\dfrac{200 \times 128^{\frac{3}{4}}}{3600 \times \sqrt{1.228}}\right)^{\frac{4}{3}} = 2.37$ ∴ 3단

④ $N_S = 260$일 때 이론 단수를 구하면

⑤ $n = \left(\dfrac{260 \times 128^{\frac{3}{4}}}{3600 \times \sqrt{1.228}}\right)^{\frac{4}{3}} = 3.36$ ∴ 4단

따라서 이론 최소 단수 이므로 3단을 선정한다.

○ 답 : 3단

[상세해설]

① $N_s = \dfrac{N \times Q^{1/2}}{\left(\dfrac{H}{n}\right)^{3/4}} = \dfrac{N \times \sqrt{Q}}{\left(\dfrac{H}{n}\right)^{3/4}}$ ② $n^{\frac{3}{4}} = \dfrac{N_S \times H^{\frac{3}{4}}}{N \times \sqrt{Q}}$ ③ $n = \left(\dfrac{N_S \times H^{\frac{3}{4}}}{N \times \sqrt{Q}}\right)^{\frac{4}{3}}$

비교 회전도

$$N_s = \dfrac{N \times Q^{1/2}}{\left(\dfrac{H}{n}\right)^{3/4}} = \dfrac{N \times \sqrt{Q}}{\left(\dfrac{H}{n}\right)^{3/4}}$$

여기서, N_S : 비교회전도(m³/min · m · rpm)
　　　　N : 회전수(rpm)
　　　　Q : 토출량(m³/min)
　　　　H : 양정(m)
　　　　n : 단수(단)

19년-11월

56 1시간30분 동안에 50톤의 물이 길이가 350m이고 안지름이 155mm인 수평 배관에 흐르고 있다. 배관의 마찰손실계수는 0.03일 때 다음 각 물음에 답하시오. (5점)

(물음 1) 배관 내 물의 유속(m/s)을 계산하시오.
(물음 2) 배관 내 마찰손실압력(kPa)을 계산하시오.

풀이 (물음 1) 배관 내 물의 유속(m/s)

○ 계산과정 : $Q = 50톤 \times \dfrac{1\text{m}^3}{1톤} / (1.5 \times 3,600)\text{s}$

$$u = \dfrac{Q}{A} = \dfrac{50\text{m}^3/(1.5 \times 3600)\text{s}}{\dfrac{\pi}{4} \times (0.155\text{m})^2} = 0.49\text{m/s}$$

○ 답 : 0.49m/s

(물음 2) 배관 내 마찰손실압력(kPa)

○ 계산과정 : ① $f = 0.03$, $l = 350\text{m}$, $d = 0.155\text{m}$
$u = 0.49\text{m/s}$

② $\Delta P = 0.03 \times \dfrac{350}{0.155} \times \dfrac{0.49^2}{2 \times 9.8} \times 9.8\text{kN/m}^3$
$= 8.13\text{kN/m}^2(\text{kPa})$

○ 답 : 8.13kPa

상세해설

달시 – 바이스바하(Darcy–Weisbach) 공식

$$\Delta h_L(\text{m}) = f \times \dfrac{l}{D} \times \dfrac{u^2}{2g}$$

$$\Delta P(\text{kPa}) = \Delta h_L(\text{m}) \times \gamma(\text{kN/m}^3)$$

여기서, Δh_L : 마찰손실수두(m)
f : 마찰손실계수
l : 배관길이(m)
u : 유속(m/s)
g : 중력가속도(9.8m/s^2)
D : 배관내경(m)
γ : 비중량($\gamma_w = 9800\text{N/m}^3 = 9.8\text{kN/m}^3$)

10년-07월, 16년-06월

57 그림과 같이 관에 유량이 980N/s로 40℃의 물이 흐르고 있다. ②점에서 공동현상이 일어나지 않을 ①점에서의 최소 압력은 몇 kPa 인지 계산하시오. (단, 관의 손실은 무시하고 40℃ 물의 증기압은 55.324mmHg abs이다.)

○ 계산과정 : ① $Q = \dfrac{980\text{N/s}}{9800\text{N/m}^3} = 0.1\text{m}^3/\text{s}$

② $U_1 = \dfrac{4 \times 0.1}{\pi \times 0.5^2} = 0.51\text{m/s}$, $U_2 = \dfrac{4 \times 0.1}{\pi \times 0.3^2} = 1.41\text{m/s}$

③ $P_V = 55.324\text{mmHg} \times \dfrac{101325\text{N/m}^2}{760\text{mmHg}} = 7375.93\text{N/m}^2$

④ $P_1 = \dfrac{1000(1.41^2 - 0.51^2)}{2} + 7375.93 = 8239.93\text{N/m}^2$

$= 8.24\text{kN/m}^2(\text{kPa})$

○ 답 : 8.24kPa

상세해설

① 흐르는 물의 중량유량을 체적유량으로 변환시키면

물의 비중량 $\gamma_w = 1000\text{kgf/m}^3 = 9800\text{N/m}^3$

∴ $Q = \dfrac{\overline{G}(\text{N/s})}{\gamma(물 : 9,800\text{N/m}^3)} = \dfrac{980\text{N/s}}{9,800\text{N/m}^3} = 0.1\text{m}^3/\text{s}$

② ①지점과 ②지점의 유속을 구하면

$U_1 = \dfrac{Q}{A} = \dfrac{Q}{\dfrac{\pi d^2}{4}} = \dfrac{4Q}{\pi d^2} = \dfrac{4 \times 0.1}{\pi \times 0.5^2} = 0.51\text{m/s}$

$U_2 = \dfrac{Q}{A} = \dfrac{Q}{\dfrac{\pi d^2}{4}} = \dfrac{4Q}{\pi d^2} = \dfrac{4 \times 0.1}{\pi \times 0.3^2} = 1.41\text{m/s}$

③ 베르누이방정식을 정리하면

$\dfrac{U_1^2}{2g} + \dfrac{P_1}{\gamma} + Z_1 = \dfrac{U_2^2}{2g} + \dfrac{P_2}{\gamma} + Z_2$

수평배관이므로 위치수두 $Z_1 = Z_2$, 비중량 $\gamma = \rho g$를 대입하면

$\dfrac{U_1^2}{2g} + \dfrac{P_1}{\rho g} = \dfrac{U_2^2}{2g} + \dfrac{P_2}{\rho g}$,

$\dfrac{U_1^2}{2g}$을 오른쪽 변으로 이항하면 $\dfrac{P_1}{\rho g} = \dfrac{U_2^2}{2g} - \dfrac{U_1^2}{2g} + \dfrac{P_2}{\rho g} = \dfrac{U_2^2 - U_1^2}{2g} + \dfrac{P_2}{\rho g}$

양변에 ρg를 곱하면 $P_1 = \dfrac{\rho(U_2^2 - U_1^2)}{2} + P_2$

④ 물의 증기압의 단위를 변환하면

$P_V = 55.324 \text{mmHg} \times \dfrac{101325 \text{N/m}^2}{760 \text{mmHg}} = 7375.93 \text{N/m}^2$

⑤ $P_1 = \dfrac{1000(1.41^2 - 0.51^2)}{2} + 7375.93 = 8239.93 \text{N/m}^2(\text{pa}) = 8.24 \text{kN/m}^2(\text{kPa})$

01년-07월, 20년-10월

58
소화설비에서 배관 내경이 100mm인 수평배관에 물이 350L/min의 유량으로 흐르고 있다. 직관의 길이는 150m, 레이놀드수는 1800일 때 배관의 출발점 압력이 0.75MPa 이라면 배관 끝점의 압력(MPa)을 구하시오. **(4점)**

풀이 ○ 계산과정 : ① 배관의 마찰손실압력(MPa)

$$u = \dfrac{Q}{A} = \dfrac{Q}{\pi d^2/4} = \dfrac{0.35 \text{m}^3/60\text{s}}{\pi \times 0.1^2/4} = 0.74 \text{m/s}$$

$$f = \text{마찰손실계수(층류 } f = \dfrac{64}{Re No} = \dfrac{64}{1800})$$

$$d = 100\text{mm} = 0.1\text{m}, \ g = 9.8 \text{m/s}^2$$

$$\Delta h_L = f \times \dfrac{l}{d} \times \dfrac{u^2}{2g} = \dfrac{64}{1800} \times \dfrac{150}{0.1} \times \dfrac{0.74^2}{2 \times 9.8} = 1.49\text{m}$$

$$\Delta P = \gamma h = 9.8 \text{kN/m}^3 \times 1.49\text{m} = 14.60 \text{kN/m}^2(\text{kPa})$$
$$= 0.0146 \text{MPa}$$

② 배관 끝점의 압력 = 출발점압력 - 배관의 마찰손실압력
$$P = 0.75\text{MPa} - 0.01460\text{MPa} = 0.74\text{MPa}$$

○ 답 : 0.74MPa

상세해설

달시 - 바이스바하(Darcy - Weisbach) 공식

$$\Delta h_L(\text{m}) = f \times \dfrac{l}{D} \times \dfrac{u^2}{2g} \qquad \Delta P(\text{kPa}) = \Delta h_L(\text{m}) \times \gamma(\text{kN/m}^3)$$

여기서, Δh_L : 마찰손실수두(m), f : 마찰손실계수, l : 배관길이(m),
u : 유속(m/s), g : 중력가속도(9.8m/s^2), D : 배관내경(m)
γ : 비중량($\gamma_w = 9800\text{N/m}^3 = 9.8\text{kN/m}^3$)

14년-07월, 20년-11월

59 아래 그림과 같이 물이 흐르는 배관의 Ⓐ점은 직경 50mm 압력 12kPa, Ⓑ점은 직경 50mm 압력 11.5kPa, Ⓒ점은 직경 30mm 압력 10.5kPa이며 유량은 5L/s이다. 각 물음에 답하시오. (6점)

(1) Ⓐ 지점에서의 유속(m/s)를 구하시오.
(2) Ⓒ 지점에서의 유속(m/s)을 구하시오.
(3) Ⓐ지점과 Ⓑ지점간의 마찰손실(m)을 구하시오.
(4) Ⓐ지점과 Ⓒ지점간의 마찰손실(m)을 구하시오.

풀이 (1) Ⓐ **지점에서의 유속**(m/s)

○계산과정 : ① $Q = 5\text{L/s} = 5 \times 10^{-3} \text{m}^3/\text{s}$, $d = 50\text{mm} = 0.05\text{m}$

② $u = \dfrac{Q}{A} = \dfrac{Q}{\pi d^2/4} = \dfrac{5 \times 10^{-3}}{\pi \times 0.05^2/4} = 2.55\text{m/s}$

○답 : 2.55m/s

(2) Ⓒ **지점에서의 유속**(m/s)

○계산과정 : ① $Q = 5\text{L/s} = 5 \times 10^{-3} \text{m}^3/\text{s}$, $d = 30\text{mm} = 0.03\text{m}$

② $u = \dfrac{Q}{A} = \dfrac{Q}{\pi d^2/4} = \dfrac{5 \times 10^{-3}}{\pi \times 0.03^2/4} = 7.07\text{m/s}$

○답 : 7.07m/s

(3) Ⓐ**지점과** Ⓑ**지점간의 마찰손실**(m)

○계산과정 : ① $u_1 = u_2 = 2.55\text{m/s}$, $P_1 = 12\text{kPa}$, $P_2 = 11.5\text{kPa}$

γ(물)$= 9800\text{N/m}^3 = 9.8\text{kN/m}^3$, $g = 9.8\text{m/s}^2$, $Z_1 = Z_2 = 10\text{m}$

② $H = \dfrac{u_1^2}{2g} + \dfrac{P_1}{\gamma} + Z_1 = \dfrac{u_2^2}{2g} + \dfrac{P_2}{\gamma} + Z_2 + \Delta h_L$식에 대입

③ $\dfrac{2.55^2}{2 \times 9.8} + \dfrac{12}{9.8} + 10 = \dfrac{2.55^2}{2 \times 9.8} + \dfrac{11.5}{9.8} + 10 + \Delta h_L$

④ $\Delta h_L = 0.05\text{m}$

○답 : 0.05m

(4) ⒶA지점과 ⒸC지점간의 마찰손실(m)
○계산과정 : ① $u_1 = 2.55\text{m/s}$, $u_3 = 7.07\text{m/s}$, $P_1 = 12\text{kPa}$, $P_2 = 10.5\text{kPa}$
$\gamma(물) = 9800\text{N/m}^3 = 9.8\text{kN/m}^3$, $g = 9.8\text{m/s}^2$
$Z_1 = 10\text{m}$, $Z_2 = 0$(기준점)

② $H = \dfrac{u_1^2}{2g} + \dfrac{P_1}{\gamma} + Z_1 = \dfrac{u_3^2}{2g} + \dfrac{P_3}{\gamma} + Z_3 + \Delta h_L$식에 대입

③ $\dfrac{2.55^2}{2 \times 9.8} + \dfrac{12}{9.8} + 10 = \dfrac{7.07^2}{2 \times 9.8} + \dfrac{10.5}{9.8} + 0 + \Delta h_L$

④ $\Delta h_L = 7.93\text{m}$

○답 : 7.93m

상세해설

베르누이의 정리

① 이상유체 : $H = \dfrac{u^2}{2g} + \dfrac{P}{\gamma} + Z$ ② 실제유체 : $H = \dfrac{u^2}{2g} + \dfrac{P}{\gamma} + Z + \Delta h_L$

여기서, H : 전수두(m) $\dfrac{u^2}{2g}$: 속도수두(m)

$\dfrac{P}{\gamma}$: 압력수두(m) Z : 위치수두(m)

Δh_L : 배관마찰손실수두(m)

20년-07월

60 아래 그림 및 조건을 참조하여 노즐에서의 유속(m/s)을 계산하시오. (5점)

[조건] ① 배관의 내경은 60mm이다.
② 노즐의 내경은 20mm이다.
③ 배관에서 마찰손실계수는 0.025이다.
④ 노즐의 마찰손실은 무시한다.

풀이 ○ 계산과정 :

$$P_1 = 4.9\text{bar} \times \frac{101.325\text{kPa}}{1.013\text{bar}} = 490.12\text{kPa}(\text{kN/m}^2)$$

$$Q_1 = Q_2,\ A_1 u_1 = A_2 u_2,\ \frac{\pi}{4} \times d_1^2 \times u_1 = \frac{\pi}{4} \times d_2^2 \times u_2$$

$$d_1 = 60\text{mm} = 0.06\text{m},\ d_2 = 20\text{mm} = 0.02\text{m}$$

$$\frac{\pi}{4} \times 0.06^2 \times u_1 = \frac{\pi}{4} \times 0.02^2 \times u_2,\ u_2 = 9u_1$$

배관에서 마찰손실계산

$$\Delta h_L = f \times \frac{l}{D} \times \frac{u_1^2}{2g} = 0.025 \times \frac{100}{0.06} \times \frac{u_1^2}{2 \times 9.8} = 2.1259 u_1^2$$

$$u_2 = 9u_1$$

$P_1 = 490.12\text{kN/m}^2$, 대기압상태이므로 P_2(게이지압)$= 0$

γ(물의 비중량)$= 9.8\text{kN/m}^3$, 수평배관이므로 $Z_1 = Z_2$

$$\frac{u_1^2}{2 \times 9.8} + \frac{490.12}{9.8} = \frac{(9u_1)^2}{2 \times 9.8} + \frac{0}{9.8} + 2.1259 u_1^2$$

$$\frac{81u_1^2 - u_1^2}{2 \times 9.8} + 2.2159 u_1^2 = \frac{490.12}{9.8},\ 6.2975 u_1^2 = 50.0122$$

$$u_1^2 = \frac{50.0122}{6.2975},\ \sqrt{u_1^2} = \sqrt{\frac{50.0122}{6.2975}}$$

$$u_1 = \sqrt{\frac{50.0122}{6.2975}} = 2.8181\text{m/s},\ u_2 = 9u_1 = 9 \times 2.8181 = 25.36\text{m/s}$$

○ 답 : 25.36m/s

상세해설

1. 달시 – 바이스바하(Darcy – Weisbach) 공식

$$\Delta h_L(\text{m}) = f \times \frac{l}{D} \times \frac{u^2}{2g}$$

여기서, Δh_L : 마찰손실수두(m), f : 마찰손실계수, l : 배관길이(m)
u : 유속(m/s), g : 중력가속도(9.8m/s²), D : 배관내경(m)

2. 베르누이 수정 방정식(실제유체)

$$H = \frac{u_1^2}{2g} + \frac{P_1}{\gamma} + Z_1 = \frac{u_2^2}{2g} + \frac{P_2}{\gamma} + Z_2 + \Delta h_L$$

여기서, H : 전에너지(m), $\frac{u^2}{2g}$: 속도수두(m), $\frac{p}{\gamma}$: 압력수두(m), Z : 위치수두(m)
Δh_L : 마찰손실수두, γ : 물의 비중량(9.8kN/m³)

09년-07월

61 어느 배관 내에 유체가 3m/s의 속도로 흐르고 있다. 배관마찰손실계수가 0.016, 배관길이 1000m, 배관내경 100mm인 경우 배관의 조도(roughness) C값을 계산하시오(단, 배관마찰손실은 달시-웨스바스 공식과 헤이젠-윌리엄스 공식을 이용한다)

○ 계산과정 :

① DARCY WEISBACH식 : $\Delta h_L = \dfrac{flu^2}{2gD}$ (m)

여기서, Δh_L : 마찰손실 수두[m], f : 마찰계수, l : 배관길이[m]
u : 유속[m/s], D : 내경(m), g : 9.8m/s²

② 헤이젠-윌리암스 공식 : $\Delta P = \dfrac{6 \times 10^5 \times Q^{1.85}}{C^{1.85} \times d^{4.87}}$

여기서, ΔP : 배관의 길이 1m당 마찰손실 압력[kgf/cm²]
Q : 배관내의 유수량[l/분], d : 배관의 내경[mm]

③ ①식에서 $\Delta h_L = \dfrac{0.016 \times 1000 \times 3^2}{2 \times 9.8 \times 0.1} = 73.47$m

$\Delta P = \gamma \Delta h_L = 9.8$kN/m³ $\times 73.47$m $= 720$kN/m²(kPa) $= 0.72$MPa

④ ②식 $\Delta P = \dfrac{6.053 \times 10^4 \times Q^{1.85}}{C^{1.85} \times d^{4.87}}$ 을 이용한다.

㉠ ΔP = 배관의 길이 1m당 마찰손실 압력[MPa]

$\Delta P = \dfrac{0.72\text{MPa}}{1000\text{m}} = 0.72 \times 10^{-3}$ MPa·m

㉡ $Q = UA = 3$m/s $\times \dfrac{\pi}{4} \times (0.1m)^2 = 0.0235605$m³/s

$Q = 0.0235605$m³/s $\times 1000$l/m³ $\times 60$s/min $= 1413.63 l$/min

㉢ $D = 100$mm

⑤ $0.72 \times 10^{-3} = \dfrac{6.053 \times 10^4 \times 1413.63^{1.85}}{C^{1.85} \times 100^{4.87}}$

⑥ $C^{1.85} = \dfrac{6.053 \times 10^4 \times 1413.63^{1.85}}{0.72 \times 10^{-3} \times 100^{4.87}}$

⑦ 양변에 $\dfrac{1}{1.85}$ 승을 곱하면

⑧ $C = \left(\dfrac{6.053 \times 10^4 \times 1413.63^{1.85}}{0.72 \times 10^{-3} \times 100^{4.87}} \right)^{\frac{1}{1.85}}$

⑨ $C = 147.59$

○ **답** : 147.59

08년-07월, 08년-11월, 15년-04월

62 아래 그림과 같이 양정 50m 성능을 갖는 펌프가 운전 중 노즐에서 방수압을 측정하여 보니 0.15MPa이었다. 만약 노즐의 방수압을 0.25MPa으로 증가하고자 할 때 조건을 참조하여 노즐의 방수량(L/분)과 펌프가 요구하는 양정(m)은 얼마인가? (6점)

[조건] ① 배관의 마찰손실은 헤이젠-윌리엄스 공식을 이용한다.
② 노즐의 방출계수 $K=100$으로 한다.
③ 펌프의 특성곡선은 토출유량과 무관하다.
④ 펌프와 노즐은 수평관계이다.

풀이 (1) 노즐의 방수량
  ○계산과정 : Q(방수량)$= K\sqrt{10P} = 100\sqrt{10 \times 0.25} = 158.11$ L/분
  ○답 : 158.11L/분

(2) 펌프가 요구하는 양정
  ○계산과정 :
    ① 방수압력 0.15MPa일 때
      Q(방수량)$= K\sqrt{10P} = 100\sqrt{10 \times 0.15} = 122.47$ L/분
      조건 ④에서 펌프와 노즐이 수평관계이므로 낙차=0이다.
      Δh_L(배관마찰손실수두)$= 50\text{m} - 15\text{m}(0.15\text{MPa}) = 35\text{m}$
      $\Delta P_1 = 35\text{m} = 0.35\text{MPa}$
      $\therefore \Delta P_1 = 6.053 \times 10^4 \times \dfrac{Q^{1.85}}{C^{1.85} \times D^{4.87}} \times L(\text{배관길이}) = 0.35\text{MPa}$

    ② 방수압력 0.25MPa일 때
      $\Delta P_2 = 6.053 \times 10^4 \times \dfrac{Q^{1.85}}{C^{1.85} \times D^{4.87}} \times L(\text{배관길이})$에서
      C(조도), D(배관내경), L(배관길이)는 동일하므로 마찰손실압력 ΔP_2는 $Q^{1.85}$에 비례한다.
      $\therefore \Delta P_2 = \Delta P_1 \times \left(\dfrac{Q_2}{Q_1}\right)^{1.85} = 0.35 \times \left(\dfrac{158.11}{122.47}\right)^{1.85} = 0.5614\text{MPa}$
    ∴ 펌프의 양정=낙차+배관마찰손실수두+노즐의 방수압 환산수두

∴ $H = 0 + 56.14\text{m}(0.5614\text{MPa}) + 25\text{m}(0.25\text{MPa}) = 81.14\text{m}$

○ 답 : 81.14m

상세해설

(1) 노즐의 방수량

$$Q = K\sqrt{10P}$$

여기서, Q : 방수량(L/분), K : 방출계수, P : 방수압력(MPa)

(2) 헤이젠–윌리엄스 공식

$$\Delta P_m = 6.053 \times 10^4 \times \frac{Q^{1.85}}{C^{1.85} \times D^{4.87}}$$

여기서, ΔP_m : 배관 1m당 마찰손실압력(MPa), Q : 유량(L/min)
C : 조도(배관의 거칠음 계수), D : 배관내경(mm)

04년-04월, 05년-07월, 12년-11월, 15년-07월, 18년-04월

63 어떤 물분무 소화설비의 배관에 물이 흐르고 있다. 두 지점에 흐르는 물의 압력을 측정하여 보니 각각 0.45MPa, 0.4MPa이었다. 만약 유량을 2배로 송수하였다면 두 지점간의 압력차는 얼마인가?(단, 배관의 마찰손실압력은 헤이젠 윌리암스 공식을 이용하시오.) **(5점)**

○ 계산과정 :
○ 답 :

풀이 ○ 계산과정 : 헤이젠 윌리엄스 공식

$$\Delta Pm = 6.053 \times \frac{Q^{1.85}}{C^{1.85} \times D^{4.87}} \times 10^4$$

여기서, ΔPm : 관장 1m당 마찰손실압력(MPa), Q : 유량(L/min)
C : 조도(roughness), D : 관내경(mm)

문제에서 동일한 구경이므로 C, D, 6.053×10^4는 일정하다.
그리고 $Q_1 = 1$일 때 $Q_2 = 2$이므로
$\Delta P = (P_1 - P_2) \times 2^{1.85}$
∴ $\Delta P = (0.45 - 0.4) \times 2^{1.85} = 0.18\text{MPa}$

○ 답 : 0.18MPa

11년-11월

64 수원의 수위가 펌프보다 1m낮은 상태에서 물을 토출하는 소화펌프가 있다. 토출구의 압력계 지시값이 0.1MPa일 경우 다음 조건을 이용하여 공동현상의 발생여부를 계산과정과 함께 답하시오. (2점)

[조건] ① 흡입배관의 마찰손실수두는 0.5m이다.
② 대기압은 표준대기압으로 하고 속도수두는 무시한다.
③ 물의 온도는 20℃이고 이때의 포화수증기압은 2340pa이다.
④ 물의 비중량은 9789N/m³이라고 가정한다.
⑤ 필요흡입양정은 10m이다.

○ 계산과정 : $NPSH_{av} = \dfrac{101325\text{N}/\text{m}^2}{9789\text{N}/\text{m}^3} - \dfrac{2340\text{N}/\text{m}^2}{9789\text{N}/\text{m}^3} - 1\text{m} - 0.5\text{m} = 8.61\text{m}$

$NPSH_{av}(8.61\text{m}) < NPSH_{re}(10\text{m})$ 이므로 공동현상이 발생한다.

○ 답 : 공동현상 발생

상세해설

$$NPSH_{av}(\text{유효흡입양정}) = \dfrac{P_a}{\gamma} - \dfrac{P_v}{\gamma} \pm h_s - f\dfrac{V_s^2}{2g}$$

여기서, P_a : 대기압(N/m²), P_v : 포화증기압(N/m² = P_a), γ : 비중량(N/m³)

h_s : (+) 압입양정(m), (−) 흡입양정(m), $f\dfrac{V_s^2}{2g}$: 흡입배관 총손실수두(m)

① $P_a = 101325\,\text{pa} = 101325\,\text{N}/\text{m}^2$
② $P_v = 2340\,\text{pa} = 2340\,\text{N}/\text{m}^2$
③ $\gamma(물) : 9789(\text{N}/\text{m}^3)$
④ $h_s = -1\text{m}$ (흡입양정)
⑤ $f\dfrac{V_s^2}{2g} = 0.5\text{m}$

$NPSH_{av}$(유효흡입양정)와 $NPSH_{re}$(필요흡입양정)의 관계
① 캐비테이션 발생한계조건(임계조건) $NPSH_{av} = NPSH_{re}$
② 캐비테이션 발생방지 조건 $NPSH_{av} > NPSH_{re}$
③ 캐비테이션 발생방지 설계조건 $NPSH_{av} \geq NPSH_{re} \times 1.3$

11년-11월, 13년-07월, 20년-10월

65 아래 그림은 어느 물계통의 소화펌프 계통도를 나타내고 있다. 그림과 조건을 참조하여 각 물음에 답하시오. (6점)

[조건]
① 펌프의 흡입측 배관에 설치된 관부속품에 대한 등가길이는 15m이다.
② 대기압두는 10.3m이며 물의 포화수증기압두는 0.2m이다.
③ 펌프의 유량은 144m³/h이고 흡입배관의 내경은 125mm이다.
④ 펌프의 필요흡입양정은 4.5m이다.
⑤ 배관의 마찰손실수두는 다음의 공식을 따르되 펌프 운전시 배관에서의 속도수두는 무시한다.

$$\Delta H = 6 \times 10^6 \times \frac{Q^2}{120^2 \times d^5} \times L$$

여기서, ΔH : 배관의 마찰손실수두(m), Q : 배관내의 유량(L/min)
d : 배관내경(mm), L : 배관의 길이(m)

(1) 펌프의 흡입측 배관의 마찰손실수두(m)를 구하시오.
(2) 펌프의 유효흡입양정(m)을 구하시오.
(3) 펌프의 사용가능여부를 판정하시오.
(4) 펌프가 흡입이 안 될 경우 흡입배관에 대한 개선대책을 2가지만 쓰시오.

풀이 (1) 마찰손실수두(m)
○ 계산과정 : $Q = 144\text{m}^3/\text{h} = 144 \times 10^3 \text{L}/60\text{min} = 2400\text{L/min}$, $d = 125\text{mm}$
$L = 4\text{m} + 6\text{m} + 15\text{m} = 25\text{m}$

$$\Delta H = 6 \times 10^6 \times \frac{2400^2}{120^2 \times 125^5} \times 25 = 1.97\text{m}$$

○ 답 : 1.97m

(2) 유효흡입양정(m)
   ○ 계산과정 : NPSHav = 10.3m(대기압두) − 0.2m(증기압두) − 4m(흡입수두)
   　　　　　　　　　　− 1.97m(흡입배관마찰손실수두)
   　　　　　　　　＝ 4.13m
   ○ 답 : 4.13m

(3) 사용가능여부
   ○ 답 : NPSHav(4.13m) < NPSHre(4.5m)이므로 공동현상이 발생하여 펌프는 사용할 수 없다.

(4) 개선대책
   ○ 답 : ① 펌프의 흡입관경을 크게 한다.
   　　　 ② 펌프의 흡입측 배관길이를 가능한 짧게 한다.
   　　　 ③ 펌프의 흡입측 배관의 유속을 줄인다.

상세해설

NPSHav(유효흡입양정)

$$\text{NPSH}_{av} = \frac{P_a}{\gamma} - \frac{P_v}{\gamma} \pm H_s - f\frac{V_s^2}{2g}$$

여기서, P_a : 대기압(Pa)
　　　　P_V : 증기압(Pa)
　　　　H_S : 흡입수두(−) 또는 압입수두(+)
　　　　$f\frac{V_s^2}{2g}$: 흡입배관마찰손실수두(m)
　　　　γ : 물의 비중량(9800N/m³)

① NPSH
   유효흡입양정으로 펌프의 흡입압력이 물의 증기압보다 낮을 때 물이 증발하여 공동현상이 발생하지 않고 펌프가 물을 액송할 수 있는 양정을 말한다.
② 공동현상 발생 방지조건
   NPSHav(유효흡입양정) ≥ NPSHre(필요흡입양정)
③ 공동현상 방지 설계조건
   NPSHav(유효흡입양정) ≥ NPSHre(필요흡입양정) × 1.3

01년-07월

66 펌프에 대한 NPSH에 대하여 간단히 설명하고 캐비테이션(공동현상) 발생 한계조건을 쓰시오.

○ 답 : ① **NPSH** : 유효흡입양정으로 펌프의 흡입압력이 물의 증기압보다 낮을 때 물이 증발하여 공동현상이 발생하지 않고 펌프가 물을 액송할 수 있는 양정을 말한다.
　② **공동현상 발생 한계 조건** : 이용 가능한 유효흡입 양정(NPSHav) = 필요 유효 흡입 양정(NPSHre)

참고　캐비테이션을 방지하기 위해서는 NPSHav가 NPSHre 보다 1.3배 정도 크게 설계 하여야 한다 (NPSHav ≧ 1.3×NPSHre)

11년-07월

67 수원의 수위보다 1m 낮은 위치에 펌프가 설치되어 있다. 흡입관의 평균유속이 1m/s이고, 손실수두가 0.8m 일 때 유효수두(av NPSH)는 몇 m 인지 구하시오. (단, 대기압은 98kPa, 물의 온도는 20℃이고, 이때의 포화수증기압은 2340Pa, 비중량은 9800N/m³이다.) **(5점)**

○ 계산과정 : $NPSH_{av} = \dfrac{98 \times 10^3}{9800} - \dfrac{2340}{9800} + 1 - 0.8 = 9.96\text{m}$

○ 답 : 9.96m

상세해설

$NPSH_{av}(\text{유효흡입양정}) = \dfrac{P_s}{\gamma} - \dfrac{P_v}{\gamma} \pm h_s - f\dfrac{V_s^2}{2g}$

여기서, P_a : 대기압(N/m²), P_v : 포화증기압(N/m² = P_a), γ : 비중량(N/m³)

　　　h_s : (+) 압입양정(m), (−) 흡입양정(m), $f\dfrac{V_s^2}{2g}$: 흡입배관 총손실수두(m)

① $P_a = 98\text{kPa} = 98 \times 10^3 \text{pa}(\text{N/m}^2)$,
② $P_v = 2340\text{pa}(\text{N/m}^2)$,
③ $\gamma(\text{물}) : 9800(\text{N/m}^3)$
④ $h_s = +1\text{m}$ (펌프의 위치가 수원의 수위보다 1m 낮은 위치에 있으므로 압입양정)
⑤ $f\dfrac{V_s^2}{2g} = 0.8\text{m}$

00년-08월, 02년-01월, 08년-04월, 16년-11월

68 그림은 어느 물분무 소화설비의 송수펌프의 계통를 나타내고 있다. 다음 자료를 이용하여 이 펌프가 가져야 할 최대이론 NPSH를 구하시오. (5점)

[조건] 1. 25℃에서의 수증기압 : 2kPa
    2. 펌프의 사용최대 송수량 : 2000L/min
    3. 펌프 흡입배관에서의 마찰손실압 : 20kPa(최대송수시)(단, 설계기준 온도는 25℃이며, 대기압은 10m, 물의 밀도는 1g/cm³ 펌프운전시 배관에서의 속도수두는 무시한다.)

○계산과정 : $NPSH_{av} = H_a - H_p \pm H_s - H_L$

여기서, H_a : 대기압두(m)

H_p : 증기압두(m)

H_s : 흡입수두(m)(+ 압입상, - 흡입상)

H_L : 흡입배관 마찰손실수두(m)

수두 $H(\text{m}) = \dfrac{\text{압력}\, P(\text{kN/m}^2)}{\text{비중량}\, \gamma(\text{kN/m}^3)}$

물의 밀도 $\rho = 1\text{g/cm}^3 = 1000\text{kg/m}^3$ ∴ $\gamma = 9.8\text{kN/m}^3$

$H_a = 10\text{m}$

$H_p = \dfrac{2\text{kN/m}^2}{9.8\text{kN/m}^3} = 0.20\text{m}$

$H_s = 4.2\text{m}$ (흡입상)

$H_L = \dfrac{20\text{kN/m}^2}{9.8\text{kN/m}^3} = 2.0\text{m}$

∴ $NPSH_{av} = 10\text{m} - 0.2\text{m} - 4.2\text{m} - 2\text{m} = 3.6\text{m}$

○답 : 3.6m

13년-07월

69 다음 조건을 참조하여 펌프의 NPSH(유효흡입양정)을 계산하고 캐비테이션의 발생유무를 쓰시오. (7점)

[조건]
① 펌프의 흡입수두는 3m이다.
② 물의 온도는 20℃이고, 이때의 포화수증기압은 2.33kPa이다.
③ 펌프흡입배관 마찰손실수두는 3.5kPa이다.
④ 필요흡입양정(NPSHre)은 5m라고 가정한다.
⑤ 수조의 수위가 펌프보다 낮은 경우이다.
⑥ 대기압은 101.325kPa로 가정한다.
⑦ 물의 비중량은 9800N/m³이다.

○ 계산과정 : $P_a = 101.325\text{kPa} = 101325\text{Pa}(\text{N/m}^2)$

$P_V = 2.33\text{kPa} = 2330\text{Pa}(\text{N/m}^2)$

$H_s = 3\text{m}$

$\Delta H_L = 3.5\text{kPa} = 3500\text{Pa}(\text{N/m}^2)$

$\text{NPSH}_{av} = \dfrac{101325}{9800} - \dfrac{2330}{9800} - 3\text{m} - \dfrac{3500}{9800} = 6.74\text{m}$

○ 답 : ① NPSH = 6.74m
② 캐비테이션발생유무 : 유효흡입양정(6.74m)이 필요흡입양정(5m)보다 크므로 캐비테이션 발생 없음

상세해설

NPSHav(유효흡입양정)

$$\text{NPSH}_{av} = \dfrac{P_a}{\gamma} - \dfrac{P_v}{\gamma} \pm H_s - f\dfrac{V_s^2}{2g}$$

여기서, P_a : 대기압(Pa), P_V : 증기압(Pa), H_S : 흡입수두(-) 또는 압입수두(+)

$f\dfrac{V_s^2}{2g}$: 흡입배관마찰손실수두(m), γ : 물의 비중량(9800N/m³)

① NPSH
유효흡입양정으로 펌프의 흡입압력이 물의 증기압보다 낮을 때 물이 증발하여 공동현상이 발생하지 않고 펌프가 물을 액송할 수 있는 양정을 말한다.

② 공동현상 발생 방지조건
NPSH$_{av}$(유효흡입양정) ≧ NPSH$_{re}$(필요흡입양정)

③ 공동현상 방지 설계조건
NPSH$_{av}$(유효흡입양정) ≧ NPSH$_{re}$(필요흡입양정) × 1.3

18년-11월

70 펌프의 운전 중 이상현상인 공동현상(cavitation)에 대하여 다음 각 물음에 답하시오. (6점)

(물음 1) 공동현상이란 무엇인지 압력관점으로 간단히 설명하시오.
(물음 2) 공동현상의 방지대책을 4가지만 쓰시오.

풀이 (물음 1) 공동현상이란 무엇인지 압력관점으로 설명
○답 : 빠른 속도로 액체가 운동할 때 액체의 압력이 증기압 이하로 낮아져서 액체 내에 증기 기포가 발생하는 현상

(물음 2) 공동현상의 방지대책
○답 : ① 펌프의 설치 위치를 수원보다 낮게 한다.
② 펌프의 흡입 측 수두 및 마찰 손실을 적게 한다.
③ 펌프의 임펠러속도를 작게 한다.
④ 펌프의 흡입관경을 크게 한다.
⑤ 양 흡입 펌프 사용
⑥ 펌프를 2대 이상 설치 중 4가지

상세해설

NPSHav(유효흡입양정)

$$\text{NPSH}_{av} = \frac{P_a}{\gamma} - \frac{P_v}{\gamma} \pm H_s - f\frac{V_s^2}{2g}$$

여기서, P_a : 대기압(Pa), P_V : 증기압(Pa), H_s : 흡입수두(-) 또는 압입수두(+)
$f\frac{V_s^2}{2g}$: 흡입배관마찰손실수두(m), γ : 물의 비중량(9800N/m³)

① NPSH
유효흡입양정으로 펌프의 흡입압력이 물의 증기압보다 낮을 때 물이 증발하여 공동현상이 발생하지 않고 펌프가 물을 액송할 수 있는 양정을 말한다.
② 공동현상 발생 방지조건
NPSH$_{av}$(유효흡입양정) ≥ NPSH$_{re}$(필요흡입양정)
③ 공동현상 방지 설계조건
NPSH$_{av}$(유효흡입양정) ≥ NPSH$_{re}$(필요흡입양정) × 1.3

01년-07월, 14년-04월

71 아래 그림과 같이 해발고도 1000m의 고지대인 산의 정상에 펌프를 설치하였다. 조건을 참조하여 다음 각 물음에 답하시오.

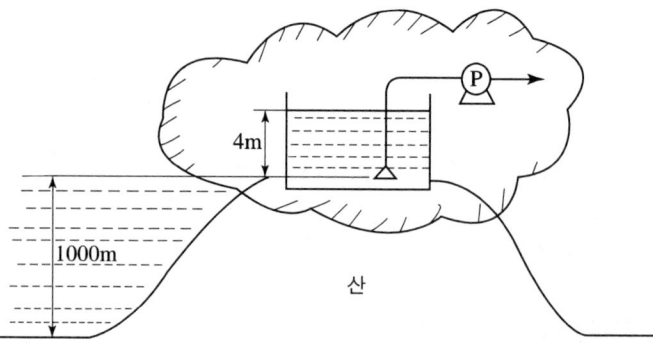

[조건] ① 해발고도 0m에서 대기압 $= 1.0330 \times 10^5 \mathrm{Pa}$
② 해발고도 1000m에서 대기압 $= 0.901 \times 10^5 \mathrm{Pa}$
③ 물의 포화증기압 $= 2.334 \times 10^3 \mathrm{Pa}$
④ 흡입배관 마찰손실수두 $= 0.7\mathrm{m}$
⑤ 물의 단위체적당 중량 $= 9800 \mathrm{N/m^3}$
⑥ 펌프의 필요흡입양정은 4.5m이다.

(물음 1) 펌프의 NPSH(유효 흡입 양정)을 계산하시오.
(물음 2) 펌프의 공동현상 발생여부를 판정하시오.

풀이 (물음 1) 펌프의 NPSH(유효 흡입 양정)

○계산과정 : $NPSH_{av} = \dfrac{0.901 \times 10^5}{9800} - \dfrac{2.334 \times 10^3}{9800} - 4 - 0.7 = 4.26\mathrm{m}$

○답 : 4.26m

(물음 2) 펌프의 공동현상 발생여부

○계산과정 : $NPSH_{av}(4.26\mathrm{m}) < NPSH_{re}(4.5\mathrm{m})$ 이므로 공동현상이 발생
○답 : 공동현상 발생

상세해설

(1) $NPSH_{av}$(유효흡입양정) $= \dfrac{P_a}{\gamma} - \dfrac{P_v}{\gamma} \pm H_S - f\dfrac{V_s^2}{2g}$

여기서, P_a : 대기압($\mathrm{N/m^2}$), P_v : 포화증기압($\mathrm{N/m^2}$), γ : 비중량($\mathrm{N/m^3}$)

H_S : (+) 압입양정(m), (−) 흡입양정(m), $f\dfrac{V_s^2}{2g}$: 흡입배관총손실(m)

(2) $NPSH_{av}$(유효흡입양정)와 $NPSH_{re}$(필요흡입양정)의 관계
① 캐비테이션 발생한계조건(임계조건) $NPSH_{av} = NPSH_{re}$
② 캐비테이션 발생방지 조건 $NPSH_{av} > NPSH_{re}$
③ 캐비테이션 발생방지 설계조건 $NPSH_{av} \geq NPSH_{re} \times 1.3$

12년-04월, 15년-11월

72
다음 조건을 참조하여 펌프가 물을 토출하는 경우 공동현상이 발생하지 않도록 하기 위하여 수원의 수면으로부터 펌프 중심선까지의 설치 높이는 얼마(m) 미만으로 하여야 하는가?

[조건] ① 흡입배관의 마찰손실수두는 2m이다.
② 대기압은 표준대기압으로 하고 속도수두는 무시한다.
③ 물의 온도는 20℃이고 이때의 포화수증기압은 2340pa이다.
④ 물의 비중량은 9800N/m³이라고 가정한다.
⑤ 필요흡입양정은 7.5m이다.

○ 계산과정 : $NPSH_{av} = \dfrac{101325\text{N/m}^2}{9800\text{N/m}^3} - \dfrac{2340\text{N/m}^2}{9800\text{N/m}^3} - 2\text{m} = 8.1\text{m}$

$8.1\text{m} - H_s > 7.5\text{m}$

∴ $H_S = 8.1 - 7.5\text{m} = 0.6\text{m}$

○ 답 : 0.6m 미만

상세해설

$NPSH_{av}$(유효흡입양정)과 $NPSH_{re}$(필요흡입양정)의 관계
① 캐비테이션 발생한계조건(임계조건) $NPSH_{av} = NPSH_{re}$
② 캐비테이션 발생 방지조건 $NPSH_{av} > NPSH_{re}$
③ 캐비테이션 발생방지 설계조건 $NPSH_{av} > NPSH_{re} \times 1.3$

$NPSH_{av}$(유효흡입양정) $= \dfrac{P_a}{\gamma} - \dfrac{P_v}{\gamma} \pm H_s - f\dfrac{V_s^2}{2g}$

여기서, P_a : 대기압(N/m²), P_v : 포화증기압(N/m²=Pa), γ : 비중량(N/m³)
H_S : (+) 압입양정(m), H_S : (−) 흡입양정(m)
$f\dfrac{V_s^2}{2g}$: 흡입배관 총마찰손실수두(m)

20년-11월

73 준공 후 소화펌프의 시험결과 유량 240m³/h, 양정 80m, 회전수 1,565rpm으로 측정되었다. 규정방수압력을 유지하기 위하여 펌프의 토출양정이 20m 부족하다. 소화펌프의 토출양정을 20m 올리기 위해 필요한 임펠러의 회전수[rpm]를 구하시오. (3점)

○ 계산과정 : ① $H_1 = 80\text{m}$, $H_2 = 100\text{m}$, $N_1 = 1565\text{rpm}$, $N_2 = ?$

② $H_2 = H_1 \times \left(\dfrac{N_2}{N_1}\right)^2$ 식에 대입하면 $100 = 80 \times \left(\dfrac{N_2}{1565}\right)^2$

③ $N_2^2 = \dfrac{100 \times 1565^2}{80}$

④ $N_2 = \sqrt{\dfrac{100 \times 1565^2}{80}} = 1749.72\text{rpm}$

○ 답 : 1749.72rpm

상세해설

상사의 법칙

$$Q_2 = Q_1 \times \dfrac{N_2}{N_1} \times \left(\dfrac{D_2}{D_1}\right)^3 \qquad H_2 = H_1 \times \left(\dfrac{N_2}{N_1}\right)^2 \times \left(\dfrac{D_2}{D_1}\right)^2 \qquad P_2 = P_1 \times \left(\dfrac{N_2}{N_1}\right)^3 \times \left(\dfrac{D_2}{D_1}\right)^5$$

여기서, Q_1 : 변경 전 유량 Q_2 : 변경 후 유량
       H_1 : 변경 전 양정 H_2 : 변경 후 양정
       P_1 : 변경 전 동력 P_2 : 변경 후 동력
       N_1 : 변경 전 회전수 N_2 : 변경 후 회전수
       D_1 : 변경 전 임펠러직경 D_2 : 변경 후 임펠러직경

20년-07월

74 모형펌프의 시험운전을 기준으로 원형펌프를 설계하고자 한다. 아래의 조건을 참조하여 원형펌프의 유량(m³/s)과 축동력(MW)을 계산하시오. (단, 모형펌프와 원형펌프는 서로 상사한다.)

[조건] 모형펌프 : • 축동력 16.5kW   • 임펠러의 직경 42cm
                  • 양정 5.64m   • 회전수 374rpm
                  • 효율 89.3%
        원형펌프 : • 임펠러의 직경 409cm   • 양정 55m

풀이 ○ 계산과정 : ① 모형펌프의 유량(m^3/s)

$$P_1 = \frac{\gamma \times Q_1 \times H_1}{E_1} \text{에서}$$

$$Q_1 = \frac{P_1 \times E_1}{\gamma \times H_1} = \frac{16.5 \times 0.893}{9.8 \times 5.64} = 0.2666 m^3/s$$

$$Q_2 = Q_1 \times \left(\frac{N_2}{N_1}\right) \times \left(\frac{D_2}{D_1}\right)^3 = 0.2666 \times \left(\frac{119.9135}{374}\right) \times \left(\frac{409}{42}\right)^3$$

$$= 78.94 m^3/s$$

② 원형펌프의 회전수

$$\frac{H_2}{H_1} = \left(\frac{N_2}{N_1}\right)^2 \times \left(\frac{D_2}{D_1}\right)^2 \text{에서} \quad H_2 = H_1 \times \left(\frac{N_2}{N_1}\right)^2 = \left(\frac{D_2}{D_1}\right)^2$$

$$55 = 5.64 \times \left(\frac{N_2}{374}\right)^2 \times \left(\frac{409}{42}\right)^2, \quad \left(\frac{N_2}{374}\right)^2 = 0.1028, \quad \frac{N_2^2}{374^2} = 0.1028$$

$$N_2^2 = 0.1028 \times 374^2 \quad N_2 = \sqrt{0.1028 \times 374^2} = 119.9135 rpm$$

③ 원형펌프의 축동력(kW)

$$P_2 = P_1 \times \left(\frac{N_2}{N_1}\right)^3 \times \left(\frac{D_2}{D_1}\right)^5 \times \left(\frac{E_2}{E_1}\right)$$

$$P_2 = 16.5 \times \left(\frac{119.9135}{374}\right)^3 \times \left(\frac{409}{42}\right)^5 = 47625.93 kW = 47.63 MW$$

○ 답 : • 원형펌프의 유량 : $78.94 m^3/s$
 • 원형펌프의 축동력 : 47.63MW

상세해설

$$Q_2 = Q_1 \times \left(\frac{N_2}{N_1}\right) \times \left(\frac{D_2}{D_1}\right)^3 \quad H_2 = H_1 \times \left(\frac{N_2}{N_1}\right)^2 \times \left(\frac{D_2}{D_1}\right)^2 \quad P_2 = P_1 \times \left(\frac{N_2}{N_1}\right)^3 \times \left(\frac{D_2}{D_1}\right)^5$$

여기서, Q_1 : 변경 전 풍량　　　　　Q_2 : 변경 후 풍량
　　　　N_1 : 변경 전 회전수　　　　N_2 : 변경 후 회전수
　　　　H_1 : 변경 전 전압　　　　　H_2 : 변경 후 전압
　　　　P_1 : 변경 전 동력　　　　　P_2 : 변경 후 동력
　　　　D_1 : 변경 전 임펠러 직경　　D_2 : 변경 후 임펠러 직경

07년-04월

75 원심펌프의 회전속도가 1800rpm, 양정은 30m, 토출량은 2400Lpm 이었다. 만약 펌프의 회전속도를 3600rpm 으로 변경하였을 경우, 다음 물음에 답하시오.

(물음 1) 양정(m)은 얼마로 변경되었는가?
(물음 2) 동력은 변경전 동력의 몇 배로 되었는가?

풀이 (물음 1) ○계산과정 : $H_1 = 30\text{m}$, $N_1 = 1,800\text{rpm}$, $N_2 = 3,600\text{rpm}$

$$\therefore H_2 = 30 \times \left(\frac{3,600}{1,800}\right)^2 = 120\text{m}$$

○답 : 120m

(물음 2) ○계산과정 : $P_2 = P_1 \times \left(\frac{3,600}{1,800}\right)^3 = 8P_1$

$\therefore P_2$는 처음동력 P_1의 8배

○답 : 8배

00년-08월, 07년-11월, 12년-07월, 16년-04월

76 소화펌프가 토출량 4000L/min, 임펠러직경 150mm, 회전속도 1770rpm, 양정 50m로 운전되고 있다. 펌프를 임펠러직경 200mm, 회전속도 1170rpm으로 변경하여 운전하면 유량(L/min)과 양정(m)은 얼마로 변하는지 계산하시오.

풀이 ○계산과정 : ① 유량(L/min)계산 : $Q_2 = 4000 \times \frac{1170}{1770} \times \left(\frac{200}{150}\right)^3 = 6267.42\text{L/min}$

○답 : 6267.42L/min

② 양정(m)계산 : $H_2 = 50 \times \left(\frac{1170}{1770}\right)^2 \times \left(\frac{200}{150}\right)^2 = 38.84\text{m}$

○답 : 38.84m

상세해설

펌프의 상사법칙

① 유량 $Q_2 = Q_1 \times \frac{N_2}{N_1} \times \left(\frac{D_2}{D_1}\right)^3$ ② 양정 $H_2 = H_1 \times \left(\frac{N_2}{N_1}\right)^2 \times \left(\frac{D_2}{D_1}\right)^2$

③ 동력 $P_2 = P_1 \times \left(\frac{N_2}{N_1}\right)^3 \times \left(\frac{D_2}{D_1}\right)^5$

제 01 장 소방유체역학

07년-11월, 11년-11월, 17년-04월

77 소화용 펌프의 토출량이 30m³/분, 양정이 150m로 선정되어 1,770rpm으로 운전되고 있다. 토출량을 40m³/분으로 변경한다면 양정(m)은 얼마가 되겠는가?

○ 계산과정 : $N_2 = \dfrac{Q_2}{Q_1} \times N_1 = \dfrac{40}{30} \times 1770 = 2360 \text{rpm}$

$H_2 = H_1 \times \left(\dfrac{N_2}{N_1}\right)^2 = 150 \times \left(\dfrac{2360}{1770}\right)^2 = 266.67 \text{m}$

○ 답 : 266.67m

상세해설

$Q_2 = Q_1 \times \left(\dfrac{N_2}{N_1}\right) \qquad H_2 = H_1 \times \left(\dfrac{N_2}{N_1}\right)^2 \qquad P_2 = P_1 \times \left(\dfrac{N_2}{N_1}\right)^3$

여기서, Q_1 : 변경 전 풍량　　　Q_2 : 변경 후 풍량
　　　　N_1 : 변경 전 회전수　　N_2 : 변경 후 회전수
　　　　H_1 : 변경 전 전압(양정)　H_2 : 변경 후 전압(양정)
　　　　P_1 : 변경 전 동력　　　P_2 : 변경 후 동력

12년-11월

78 배관에 소화용수가 1500Lpm으로 흐르고 있을 때 원심펌프의 회전속도가 3600rpm이었다. 이때 펌프의 회전속도를 1800rpm으로 변경하였다면 유량(Lpm)은 어떻게 변화 되는가 계산하시오.

○ 계산과정 : $Q_2 = 1500 \times \dfrac{1800}{3600} = 750 \text{Lpm}$

○ 답 : 750Lpm

상세해설

$Q_2 = Q_1 \times \left(\dfrac{N_2}{N_1}\right) \times \left(\dfrac{D_2}{D_1}\right)^3 \qquad H_2 = H_1 \times \left(\dfrac{N_2}{N_1}\right)^2 \times \left(\dfrac{D_2}{D_1}\right)^2 \qquad P_2 = P_1 \times \left(\dfrac{N_2}{N_1}\right)^3 \times \left(\dfrac{D_2}{D_1}\right)^5$

여기서, Q_1 : 변경 전 풍량　　　　Q_2 : 변경 후 풍량
　　　　N_1 : 변경 전 회전수　　　N_2 : 변경 후 회전수
　　　　H_1 : 변경 전 전압　　　　H_2 : 변경 후 전압
　　　　P_1 : 변경 전 동력　　　　P_2 : 변경 후 동력
　　　　D_1 : 변경 전 임펠러 직경　D_2 : 변경 후 임펠러 직경

03년-04월

79 다음 그림과 같은 배관망 내에 매분 0.3m³를 방수하는 살수헤드가 설치되어 있다. Q_1, Q_2의 유량은 몇 Lpm인가?(단, $\Delta Pm = 6 \times 10^4 \times \dfrac{Q^2}{C^2 \times D^5}$ 식을 이용하고, 배관의 굵기는 40mm로 동일하며 관부속품의 마찰손실은 고려하지 않는다.)

Q : 유량(L/min), D : 관의 내경(mm), C : 관의 조도
ΔPm : 배관 1m당 마찰손실압력(MPa)

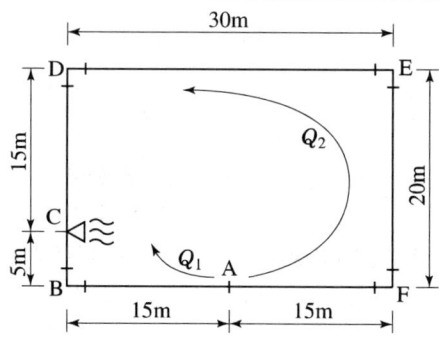

풀이 ○ 계산과정 :

Q_1방향으로 흐르는 배관마찰손실압력 ΔP_1과 Q_2방향으로 흐르는 배관마찰손실압력 ΔP_2는 같다.

∴ $\Delta P_1 \times$ 배관길이 $= \Delta P_2 \times$ 배관길이　　$Q = 0.3\text{m}^3/\text{분} = 300\text{L}/\text{분}$

$$6 \times 10^4 \times \frac{Q_1^2}{C^2 \times 40^5} \times (15+5) = 6 \times 10^4 \times \frac{Q_2^2}{C^2 \times 40^5} \times (15+20+30+15)$$

양변의 $6 \times 10^4 \times \dfrac{1}{C^2 \times 40^5}$ 은 같으므로 소거한다.

∴ $20Q_1^2 = 80Q_2^2$　　　$Q_1^2 = 4Q_2^2$

∴ $\sqrt{Q_1^2} = \sqrt{4Q_2^2}$　　$Q_1 = 2Q_2$　　　$Q_2 = 1$이면 $Q_1 = 2$

∴ $Q_1 = 300\text{L}/\text{분} \times \dfrac{2}{1+2} = 200\text{L}/\text{분}(\text{Lpm})$

$Q_2 = 300\text{L}/\text{분} \times \dfrac{1}{1+2} = 100\text{L}/\text{분}(\text{Lpm})$

○ **답** : $Q_1 = 200\text{Lpm}$, $Q_2 = 100\text{Lpm}$

80

그림은 어느 배관평면도에서 화살표 방향으로 물이 흐르고 있다. 단, 주어진 조건을 참조하여 Q_1, Q_2의 유량을 각각 계산하시오. (8점)

[조건] 1. 헤이젠 윌리엄스 공식은 다음과 같다.

$$\Delta P = \frac{6.053 \times 10^4 \times Q^{1.85}}{C^{1.85} \times D^{4.87}}$$

단, ΔP : 배관 1m당 마찰 손실 압력(MPa)
   Q : 배관내 유수량(L/분)
   C : 조도(Roughness), D : 배관 안지름(mm)

2. 호칭 25mm 배관의 안지름은 27mm이다.
3. 호칭 25mm 엘보(90°)의 등가길이는 1m이다.
4. 배관은 아연도강관이다.
5. A 및 D점에 있는 티(Tee)의 마찰손실은 무시한다.

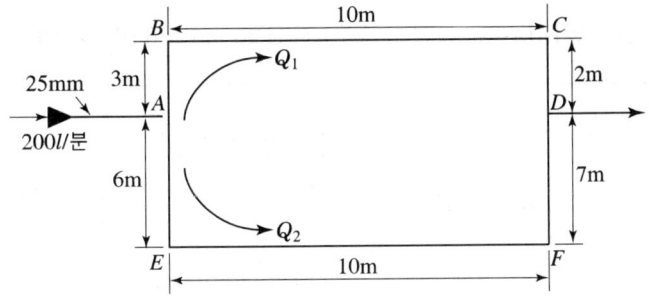

풀이 ○ 계산과정:

① ΔP_{ABCD}(ABCD 배관상 마찰손실) = ΔP_{AEFD}(AEFD 배관상 마찰손실)

$$\Delta P_{ABCD} = \frac{6.053 \times 10^4 \times Q_1^{1.85}}{C^{1.85} \times 27^{4.87}} \times [3 + 10 + 2 + (1 \times 2\text{개}(90°\text{엘보})]$$

$$\Delta P_{AEFD} = \frac{6.053 \times 10^4 \times Q_2^{1.85}}{C^{1.85} \times 27^{4.87}} \times [6 + 10 + 7 + (1 \times 2\text{개}(90°\text{엘보})]$$

$$\Delta P_{ABCD} = \frac{6.053 \times 10^4 \times Q_1^{1.85}}{C^{1.85} \times 27^{4.87}} \times 17 = \frac{6.053 \times 10^4 \times Q_2^{1.85}}{C^{1.85} \times 27^{4.87}} \times 25$$

$\dfrac{6.053 \times 10^4}{C^{1.85} \times 27^{4.87}}$ 은 양변이 모두 같으므로 소거(삭제)가 된다.

② $17 Q_1^{1.85} = 25 Q_2^{1.85}$ $Q_1 = 1$이라 가정 $Q_2^{1.85} = \dfrac{17}{25}$

양변에 $\dfrac{1}{1.85}$ 승을 적용하면 $Q_2^{1.85 \times \frac{1}{1.85}} = \left(\dfrac{17}{25}\right)^{\frac{1}{1.85}}$

$$Q_2 = \left(\frac{17}{25}\right)^{\frac{1}{1.85}} = 0.8118 \quad \therefore\ Q_1 = 1,\ Q_2 = 0.8118$$

$$Q_1 = 200 \times \frac{1}{1+0.8118} = 110.39\text{L/분},\quad Q_2 = 200 \times \frac{0.8118}{1+0.8118} = 89.61\text{L/분}$$

○ 답 : $Q_1 = 110.39\text{L/분},\ Q_2 = 89.61\text{L/분}$

15년-07월

81 아래 그림과 같은 배관 내에 물이 흐르는 경우 배관 ①, ②, ③에 흐르는 각각의 유량(Lpm)을 계산하여 소수점 미만은 반올림하여 정수로 나타내시오. (단, A, B사이의 배관 ①, ②, ③의 마찰손실수두는 모두 각각 10m로 같고 관경 및 유량은 다음 그림과 같다. 이 때 다음의 Hazen-Williams의 식을 이용하여라.)

Hazen-Williams의 식 : $\Delta Pm\,(\text{MPa/m}) = 6.053 \times 10^4 \times \dfrac{Q^{1.85}}{C^{1.85} \times d^{4.87}}$

○ 계산과정 :

(1) $\Delta Pm\,(\text{MPa}) = 6.053 \times 10^4 \times \dfrac{Q^{1.85}}{C^{1.85} \times d^{4.87}} \times L$ 에서

$$Q = \left(\frac{d^{4.87} \times \Delta P \times C^{1.85}}{6.053 \times 10^4 \times L}\right)^{\frac{1}{1.85}}$$

(2) ①~③의 배관마찰손실압력
  $\Delta P = \gamma H = 9.8\,\text{kN/m}^3 \times 10\text{m} = 98\,\text{kN/m}^2 = 98\text{kPa} = 0.098\text{MPa}$

(3) $Q_① + Q_② + Q_③ = 2000\text{L/min}$

(4) $\left(\dfrac{50^{4.87} \times 0.098 \times C^{1.85}}{6.053 \times 10^4 \times 20}\right)^{\frac{1}{1.85}} + \left(\dfrac{80^{4.87} \times 0.098 \times C^{1.85}}{6.053 \times 10^4 \times 40}\right)^{\frac{1}{1.85}}$

  $+ \left(\dfrac{100^{4.87} \times 0.098 \times C^{1.85}}{6.053 \times 10^4 \times 60}\right)^{\frac{1}{1.85}}$

  $= 2000$

(5) $4.3554C + 10.3192C + 14.9132C = 2000$, $29.5878C = 2000$, $C = 67.5954$

(6) $Q_① = 4.3554C = 4.3554 \times 67.5954 = 294.41\text{L/min} ≒ 294\text{L/min}$

  $Q_② = 10.3192C = 10.3192 \times 67.5954 = 697.53\text{L/min} ≒ 698\text{L/min}$

  $Q_③ = 14.9132C = 14.91.32 \times 67.5954 = 1008.06\text{L/min} ≒ 1008\text{L/min}$

○답 : $Q_① = 294\text{L/min}$

  $Q_② = 698\text{L/min}$

  $Q_③ = 1008\text{L/min}$

상세해설

(1) 배관의 마찰손실을 ΔP라고 가정하면 ①, ②, ③의 마찰손실수두가 모두 같으므로 다음의 관계가 성립한다.

  $\Delta P_1 = \Delta P_2 = \Delta P_3$ ······················ ⓐ식

(2) 각 배관 내에 흐르는 유량을 Q라고 가정하면

  $Q_1 + Q_2 + Q_3 = 2000\text{L/min}$ ······················ ⓑ식

82 그림은 어느 배관 평면도이며 화살표의 방향으로 물이 흐르고 있다. 배관 ABCD 및 AEFD간을 흐르는 유량을 각각 계산하시오. 단, 주어진 조건을 참조할 것.

(10점)

[조건] ① 헤이젠-윌리엄스 공식은 다음과 같다.

$$\Delta P = \frac{6.053 \times 10^4 \times Q^{1.85}}{100^{1.85} \times d^{4.87}}$$

단, ΔP : 배관 1m당 마찰손실압력[MPa]
  Q : 배관내의 유수량(L/분)
  d : 배관의 안지름(mm)

② 호칭 50mm배관의 안지름은 54mm
③ 호칭 50mm엘보(90°)의 등가길이는 1.6m이다.
④ A 및 D점에 있는 티(Tee)의 마찰손실은 무시한다.
⑤ 루프(Loop) 배관 BCFEB의 호칭구경은 50mm이다.

○계산과정 : $\Delta P_{ABCD} = \dfrac{6.174 \times 10^5 \times Q^{1.85}}{100^{1.85} \times 54^{4.87}} \times (8+10+6+(1.6 \times 2))$

$\Delta P_{AEFD} = \dfrac{6.174 \times 10^5 \times Q^{1.85}}{100^{1.85} \times 54^{4.87}} \times (2+10+4+(1.6 \times 2))$

$\Delta P_{ABCD} = \Delta P_{AEFD}$

∴ $27.2 \times Q_1^{1.85} = 19.2 \times Q_2^{1.85}$

$Q_1 = 1$일 때 $27.2 = 19.2 Q_2^{1.85}$

$Q_2^{1.85} = \dfrac{27.2}{19.2}$, $Q_2 = \left(\dfrac{27.2}{19.2}\right)^{\frac{1}{1.85}} = 1.2072$

$$\therefore Q_1 = \frac{1}{1+1.2072} \times 500 = 226.53 \text{L/min}$$

$$\therefore Q_2 = 500 - 226.53 = 273.47 \text{L/min}$$

○ 답 : 배관 ABCD = 226.53L/min

　　　배관 AEFD = 273.47L/min

11년-11월

83

아래 그림과 같은 관로망을 통하여 물이 80L/s의 유량으로 흐르고 있다. B와 C배관의 마찰손실수두는 3m로 같다고 가정하고 B배관의 유량이 20L/s라면 C배관의 내경(mm)를 아래 하젠-윌리엄스공식을 이용하여 계산하시오.

(5점)

[하젠-윌리엄스식]

$$\Delta P = 6.053 \times 10^4 \times \frac{Q^{1.85}}{C^{1.85} \times d^{4.87}} \times L$$

여기서, ΔP : 관 마찰손실 압력[MPa], L : 배관의 길이(m)

　　　　Q : 유량[L/min], d : 관의 내경[mm], C : 관의 조도계수(100)

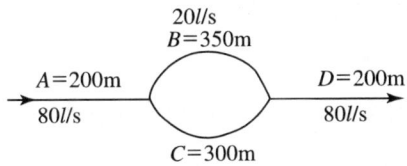

풀이 ○ 계산공식 : ① $\Delta P = 3\text{m} = 0.03\text{MPa}$

Q(C배관) $= 80 - 20 = 60\text{L/sec} = 3600\text{L/min}$,

$C = 100$, L(배관길이) $= 30\text{m}$

② $d^{4.87} = 6.053 \times 10^4 \times \dfrac{Q^{1.85}}{C^{1.85} \times \Delta P} \times L$

③ $d^{4.87} = 6.053 \times 10^4 \times \dfrac{3600^{1.85}}{100^{1.85} \times 0.03\text{MPa}} \times 300\text{m}$

④ $d^{4.87} = 4.5828 \times 10^{11}$

⑤ $d = (4.5828 \times 10^{11})^{\frac{1}{4.87}} = 248.02\text{mm}$

○ 답 : 248.02mm

00년-02월, 08년-11월, 12년-11월, 19년-06월

84 아래 그림과 같은 루프(Loop) 배관에 직접 연결 된 살수헤드에서 210L/min 의 유량으로 물이 방수되고 있다. 화살표 방향으로 흐르는 Q_1 및 Q_2의 유량 (L/min)을 산출하시오.(단, 계산시 조건은 아래와 같다) **(4점)**

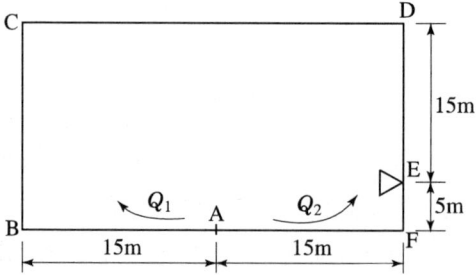

[조건] ① 배관 마찰손실은 헤이젠-윌리엄스 공식을 사용하되 계산 편의상 다음과 같다고 가정한다.

$$\Delta P = \frac{6 \times 10^4 \times Q^2}{100^2 \times d^5}$$

단, ΔP = 배관 1m당 마찰손실압력(MPa)
 Q = 배관내 유수량(L/min), d = 배관의 안지름(mm)
② 루프(Loop) 배관의 안지름은 40mm이다.
③ 배관 부속품의 등가길이는 전부 무시한다.

풀이 ○계산과정 : Q_1방향으로 흐르는 배관 마찰손실과 Q_2방향으로 흐르는 배관마찰손실은 같다.
즉 $\Delta P_{ABCDE} = \Delta P_{AFE}$

$$\therefore \Delta P_{ABCDE} = \frac{6 \times 10^4 \times Q_1^2}{100^2 \times 40^5} \times (15m + 20m + 30m + 15m)$$

$$\Delta P_{AFE} = \frac{6 \times 10^4 \times Q_2^2}{100^2 \times 40^5} \times (15m + 5m)$$

즉 $\dfrac{6 \times 10^4 \times Q_1^2 \times 80}{100^2 \times 40^5} = \dfrac{6 \times 10^4 \times Q_2^2 \times 20}{100^2 \times 40^5}$

$\therefore 80Q_1^2 = 20Q_2^2$ $\therefore Q_2^2 = 4Q_1^2$ 양변에 제곱근을 취하면

$\sqrt{Q_2^2} = \sqrt{4Q_1^2}$ $\therefore Q_2 = 2Q_1$

$Q_1 = 1$일 때 $Q_2 = 2$

$Q_1 = 210 \times \dfrac{1}{1+2} = 70$L/min $\qquad Q_2 = 210 \times \dfrac{2}{1+2} = 140$L/min

○답 : $Q_1 = 70$L/min, $Q_2 = 140$L/min

01년-04월

85 아래 그림을 보고 배관 ① 및 배관 ②부분의 유량을 계산하시오(단, Darcy-Weisbach 식을 사용하고 마찰 손실 계수는 0.02로 한다). **(4점)**

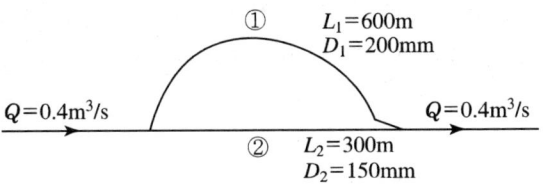

풀이 ○ 계산과정 : Darcy weisbach식

$$\Delta h_L(\text{m}) = \frac{flU^2}{2gD}$$

Δh_L : 직관마찰손실수두(m), f : 마찰손실계수, u : 유속(m/s)

g : 9.8m/s², D : 관경(m), l : 배관길이(m)

배관 ①과 배관②의 배관마찰손실은 같으므로 $\Delta h_L① = \Delta h_L②$

$$\therefore \frac{fl_1U_1^2}{2gD_1} = \frac{fl_2U_2^2}{2gD_2} \qquad 2gD_2fl_1U_1^2 = 2gD_1fl_2U_2^2$$

$$D_2l_1U_1^2 = D_1l_2U_2^2 \qquad 0.15 \times 600 \times U_1^2 = 0.2 \times 300 \times U_2^2$$

$$90U_1^2 = 60U_2^2 \qquad \sqrt{90}\,U_1 = \sqrt{60}\,U_2$$

$$U_1 = 0.8165\,U_2$$

$$Q = Q_1 + Q_2 = U_1A_1 + U_2A_2 = 0.4\text{m}^3/\text{s}$$

$$Q = 0.8165\,U_2 \times \frac{\pi}{4} \times (0.2)^2 + U_2 \times \frac{\pi}{4} \times (0.15)^2 = 0.4$$

$U_2 = 9.23\text{m/s} \qquad U_1 = 0.8165 \times 9.23 = 7.54\text{m/s}$

$$\therefore Q_1 = U_1A_1 = 7.54 \times \frac{\pi}{4} \times (0.2)^2 = 0.24\text{m}^3/\text{s}$$

$$Q_2 = U_2A_2 = 9.23 \times \frac{\pi}{4} \times (0.15)^2 = 0.16\text{m}^3/\text{s}$$

○ 답 : $Q_1 = 0.24\text{m}^3/\text{s}$, $Q_2 = 0.16\text{m}^3/\text{s}$

01년-11월, 05년-05월, 13년-04월

86 직경이 30cm인 소화배관에 소화수가 0.2m³/s의 유량으로 흐르고 있다. 이 관에 직경은 15cm, 길이는 300m인 B배관과 직경이 20cm, 길이가 600m인 A배관으로 아래 그림과 같이 평행하게 분기되었다가 다시 30cm배관으로 합쳐 있다. 각 분기관에서의 관마찰계수는 0.022이라 할 때 배관 Ⓐ 및 배관Ⓑ 에 흐르는 유량(m³/s)을 계산하시오. (단, Darcy weisbach식을 사용 할 것)

(6점)

```
                        Ⓐ
              ┌─────────────────────┐
              │ L=600m   D=20cm     │
Q=0.2m³/sec → │ L=300m   D=15cm     │ → Q=0.2m³/sec
              └─────────────────────┘
                        Ⓑ
```

풀이 ○ 계산과정 :

배관 Ⓐ와 배관 Ⓑ의 배관마찰손실은 같으므로

$$\frac{0.022 \times 600 \times u_A^2}{2 \times 9.8 \times 0.20} = \frac{0.022 \times 300 \times u_B^2}{2 \times 9.8 \times 0.15}, \quad 0.15 \times 600 u_A^2 = 0.20 \times 300 u_B^2$$

$$u_A^2 = \frac{0.20 \times 300 u_B^2}{0.15 \times 600} = 0.6667 u_B^2, \quad \sqrt{u_A^2} = \sqrt{0.6667 u_B^2} = 0.8165 u_B$$

$$\therefore u_A = 0.8165 u_B \qquad Q = Q_A + Q_B = u_A A_A + u_B A_B$$

$$Q = 0.8165 u_B \times \frac{\pi}{4} \times 0.2^2 + u_B \times \frac{\pi}{4} \times 0.15^2 = 0.2 \quad \therefore u_B = 4.62 \text{m/s}$$

$$\therefore u_A = 0.8165 u_B = 0.8165 \times 4.62 = 3.77 \text{m/s}$$

$$Q_A = u_A A_A = 3.77 \times \frac{\pi}{4} \times 0.2^2 = 0.12 \text{m}^3/\text{s}$$

$$Q_B = u_B A_B = 4.62 \times \frac{\pi}{4} \times 0.15^2 = 0.08 \text{m}^3/\text{s}$$

○답 : $Q_A = 0.12 \text{m}^3/\text{s}, \quad Q_B = 0.08 \text{m}^3/\text{s}$

상세해설

Darcy weisbach 식

$$\Delta hL(\text{m}) = \frac{flu^2}{2gD}$$

여기서, ΔhL : 직관 마찰손실수두(m) f : 마찰손실계수 u : 유속(m/s)
   l : 배관길이(m) g : 9.8m/s² D : 관경(m)

10년-10월, 20년-05월

87 그림과 같은 직사각형 주철 관로망에서 A 지점에서 0.6m³/s 유량으로 물이 들어와서 B와 C 지점에서 각각 0.2m³/s와 0.4m³/s의 유량으로 물이 나갈 때 관 내에서 흐르는 물의 유량 Q_1, Q_2, Q_3는 각각 몇 m³/s 인가? (단, 관로가 길기 때문에 관 마찰 손실 이외의 손실은 무시하고 d_1, d_2 관의 관 마찰계수는 $\lambda = 0.025$, d_3, d_4의 관에 대한 관 마찰계수는 $\lambda = 0.028$ 이다. 그리고 각각의 관의 내경은 $d_1 = 0.4m$, $d_2 = 0.4m$, $d_3 = 0.322m$, $d_4 = 0.322m$ 이며, 또한 본 문제는 Darcy-Weisbach의 방정식을 이용하여 유량을 구한다.) (7점)

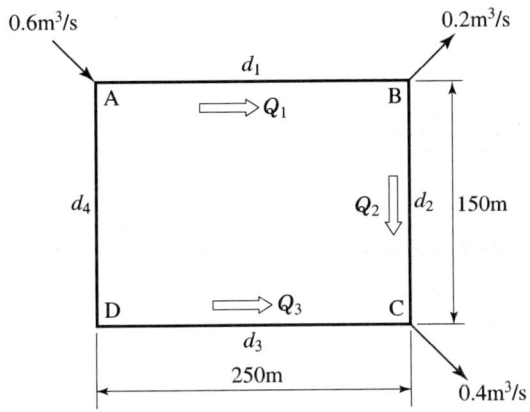

○계산과정 : $k_1 = 0.0827 \times 0.025 \times \dfrac{250}{0.4^5} = 50.47$

$k_2 = 0.0827 \times 0.025 \times \dfrac{150}{0.4^5} = 30.29$

$k_3 = 0.0827 \times 0.028 \times \dfrac{400}{0.322^5} = 267.57$

$Q_1 + Q_3 = 0.6 \text{m}^3/\text{s}$ ··· ①

$Q_1 - Q_2 = 0.2 \text{m}^3/\text{s}$ ··· ②

$50.47 Q_1^2 + 30.29 Q_2^2 = 267.57 Q_3^2$

$\therefore 50.47 Q_1^2 + 30.29 Q_2^2 - 267.57 Q_3^2 = 0$

$50.47 Q_1^2 + 30.29 (Q_1 - 0.2)^2 - 267.57 (0.6 - Q_1)^2 = 0$

$186.81 Q_1^2 - 308.96 Q_1 + 95.12 = 0$

$Q_1 = \dfrac{308.96 + \sqrt{308.96^2 - 4 \times 186.81 \times 95.12}}{2 \times 186.81} = 1.24 \text{m}^3/\text{s}$

$$Q_1 = \frac{308.96 - \sqrt{308.96^2 - 4 \times 186.81 \times 95.12}}{2 \times 186.81} = 0.41 \, \text{m}^3/\text{s}$$

$Q_1 = 1.24 \, \text{m}^3/\text{s}$ 또는 $Q_1 = 0.41 \, \text{m}^3/\text{s}$

여기서 Q_1이 역류하는 경우는 없으므로 $Q_1 = 1.24 \, \text{m}^3/\text{s}$는 발생하지 않는다. 따라서

$Q_1 = 0.41 \, \text{m}^3/\text{s}$

$Q_2 = Q_1 - 0.2 = 0.41 - 0.2 = 0.21 \, \text{m}^3/\text{s}$

$Q_3 = 0.6 - Q_1 = 0.6 - 0.41 = 0.19 \, \text{m}^3/\text{s}$

○ 답 : $Q_1 = 0.41 \, \text{m}^3/\text{s}$, $Q_2 = 0.21 \, \text{m}^3/\text{s}$, $Q_3 = 0.19 \, \text{m}^3/\text{s}$

상세해설

Darcy – Weisbach 방정식

$$\Delta H_L = f \times \frac{l}{d} \times \frac{u^2}{2g}$$

여기서, ΔH_L : 마찰손실수두(m), f : 마찰손실계수, l : 배관길이(m)
u : 유속(m/s), g : 중력가속도($9.8 \, \text{m/s}^2$), d : 배관내경(m)

$$h_L = \lambda \frac{l}{d} \frac{u^2}{2g} = \lambda \frac{l}{d} \frac{1}{2g} \left(\frac{4Q}{\pi d^2}\right)^2 = kQ^2$$

$$k = \lambda \frac{l}{d} \frac{1}{2g} \left(\frac{4}{\pi d^2}\right)^2 = \frac{8\lambda l}{g \pi^2 d^5} = 0.0827 \lambda \frac{l}{d^5}$$

$k_1 = 0.0827 \times 0.025 \times \dfrac{250}{0.4^5} = 50.47$

$k_2 = 0.0827 \times 0.025 \times \dfrac{150}{0.4^5} = 30.29$,

$k_3 = 0.0827 \times 0.028 \times \dfrac{400}{0.322^5} = 267.57$

그림에서 $Q_1 + Q_3 = 0.6 \, \text{m}^3/\text{s}$ ……… ①, $Q_1 - Q_2 = 0.2 \, \text{m}^3/\text{s}$ ……… ②

①식에서 $Q_3 = (0.6 - Q_1) \, \text{m}^3/\text{s}$, ②식에서 $Q_2 = (Q_1 - 0.2) \, \text{m}^3/\text{s}$

$\Delta h_L ABC = \Delta h_L ADC$

$50.47 Q_1^2 + 30.29 Q_2^2 = 267.57 Q_3^2$ ∴ $50.47 Q_1^2 + 30.29 Q_2^2 - 267.57 Q_3^2 = 0$

$50.47 Q_1^2 + 30.29 (Q_1 - 0.2)^2 - 267.57 (0.6 - Q_1)^2 = 0$

$50.47 Q_1^2 + 30.29 (Q_1^2 - 0.4 Q_1 + 0.04) - 267.57 (0.36 - 1.2 Q_1 + Q_1^2) = 0$

$50.47 Q_1^2 + 30.29 Q_1^2 - 12.12 Q_1 + 1.21 - 96.33 + 321.08 Q_1 - 267.57 Q_1^2 = 0$

$-186.81 Q_1^2 + 308.96 Q_1 - 95.12 = 0$

양변에 $(-)$를 곱하면 $186.81 Q_1^2 - 308.96 Q_1 + 95.12 = 0$

2차 방정식 $ax^2+bx+c=0\ (a\neq 0)$의 두 근 α, β를 구하는 공식
$$\alpha = \frac{-b+\sqrt{b^2-4ac}}{2a} \qquad \beta = \frac{-b-\sqrt{b^2-4ac}}{2a}$$

$a=186.81$, $b=-308.96$, $c=95.12$

$Q_1 = \dfrac{308.96 + \sqrt{(-308.96)^2 - 4\times 186.81 \times 95.12}}{2\times 186.81} = 1.24\,\mathrm{m^3/s}$

$Q_1 = \dfrac{308.96 - \sqrt{(-308.96)^2 - 4\times 186.81 \times 95.12}}{2\times 186.81} = 0.41\,\mathrm{m^3/s}$

$Q_1 = 1.24\,\mathrm{m^3/sec}$ 또는 $Q_1 = 0.41\,\mathrm{m^3/s}$

여기서 Q_1이 역류하는 경우는 없으므로 $Q_1 = 1.24\,\mathrm{m^3/s}$는 발생하지 않음

따라서 $Q_1 = 0.41\,\mathrm{m^3/s}$

$Q_2 = Q_1 - 0.2 = 0.41 - 0.2 = 0.21\,\mathrm{m^3/s}$

$Q_3 = 0.6 - Q_1 = 0.6 - 0.41 = 0.19\,\mathrm{m^3/s}$

08년-11월, 09년-07월, 13년-07월, 14년-04월

88 내경이 40mm인 소방호스에 내경이 13mm인 노즐이 부착되어 있다. 300L/min의 방수량으로 대기 중에 방사할 경우 다음 각 물음에 답하시오. **(7점)**

(물음 1) 소방호스의 평균유속(m/s)을 계산하시오.
(물음 2) 소방호스에 부착된 노즐의 평균유속(m/s)을 계산하시오.
(물음 3) 소방호스에 부착된 노즐에서 운동량 때문에 발생하는 반발력(N)을 계산하시오.

풀이 (물음 1) 호스의 평균유속

○계산과정 : $u = \dfrac{0.3\mathrm{m^3}/60\mathrm{s}}{\dfrac{\pi}{4}\times (0.04\mathrm{m})^2} = 3.98\,\mathrm{m/s}$

○답 : 3.98m/s

(물음 2) 노즐의 평균유속

○계산과정 : $u = \dfrac{0.3\mathrm{m^3}/60\mathrm{s}}{\dfrac{\pi}{4}\times (0.013\mathrm{m})^2} = 37.67\,\mathrm{m/s}$

○답 : 37.67m/s

(물음 3) 노즐에서 운동량 때문에 발생하는 반발력(N)

○계산과정 : $Q = 0.3\mathrm{m^3}/60\mathrm{s}$

$$\Delta u = (u_2 - u_1) = (37.67 - 3.98) = 33.69 \text{m/s}$$
$$F = 0.3\text{m}^3/60\text{s} \times 33.69\text{m/s} \times 1000\text{kg/m}^3$$
$$= 168.45 \text{kg} \cdot \text{m/s}^2(\text{N})$$

○ 답 : 168.45N

상세해설

호스의 평균유속

$$Q = uA \quad u = \frac{Q}{A} = \frac{Q}{\frac{\pi}{4}d^2}$$

노즐의 평균유속

$$Q = uA \quad u = \frac{Q}{A} = \frac{Q}{\frac{\pi}{4}d^2}$$

노즐에서 운동량 때문에 발생하는 반발력(노즐에 걸리는 반발력)

$$F = Q\Delta u \rho = Q(u_2 - u_1)\rho$$

여기서, F : 운동량 때문에 발생하는 반발력, Q : 유량(m^3/s)
u_1 : 소방용 호스에서 유속(m/s), u_2 : 노즐에서 유속(m/s)
ρ : 밀도(물의 밀도 : 1000kg/m^3 또는 102kgf · s^2/m^4)

참고 플랜지 볼트에 작용하는 힘

$$F_x = \frac{\gamma A_1 Q^2}{2g}\left(\frac{A_1 - A_2}{A_1 A_2}\right)^2$$

여기서, F_x : 플랜지 볼트에 작용하는 힘, γ : 비중량(kgf/m^3), Q : 유량(m^3/s),
g : 중력가속도(9.8m/s^2), A : 단면적(m^2)

11년-07월

89 지름 40mm인 소방호스 끝에 부착된 선단 구경이 20mm인 노즐로부터 유량이 100L/min으로 토출될 때 다음을 구하시오. (단, 마찰손실은 없다고 가정한다.) (6점)

(물음 1) 소방호스에서의 유속[m/s]을 구하시오.
(물음 2) 노즐선단에서의 유속[m/s]을 구하시오.
(물음 3) 방사시 소방호스의 노즐을 수평으로 유지하기 위해 얼마의 힘[N]이 필요한지 구하시오.

풀이 (물음 1) 소방호스에서의 유속

○계산과정 : $Q = 100\text{L/min} = 0.1\text{m}^3/60\text{s}, \quad D = 40\text{mm} = 0.04\text{m}$

$$U = \frac{0.1\text{m}^3/60\text{s}}{\frac{\pi}{4} \times (0.04\text{m})^2} = 1.33\text{m/s}$$

○답 : 1.33m/s

(물음 2) 노즐선단에서의 유속

○계산과정 : $U = \dfrac{0.1\text{m}^3/60\text{s}}{\dfrac{\pi}{4} \times (0.02\text{m})^2} = 5.31\text{m/s}$

○답 : 5.31m/s

(물음 3) 방사시 소방호스의 노즐을 수평으로 유지하기 위한 힘

○계산과정 : $F = 0.1\text{m}^3/60\text{s} \times (5.31 - 1.33)\text{m/s} \times 1000\text{kg/m}^3$
$= 6.63\text{kg} \cdot \text{m/s}^2(\text{N})$

○답 : 6.63N

상세해설

(물음 1) 소방호스에서의 유속

$$Q = UA \qquad U = \frac{Q}{A} = \frac{Q}{\frac{\pi}{4}D^2}$$

(물음 3) 노즐에서 운동량 때문에 발생하는 반발력

$$F = Q\Delta u\rho = Q(u_2 - u_1)\rho$$

여기서, F : 운동량 때문에 발생하는 반발력
Q : 유량(m³/s)
u_1 : 소방용 호스에서 유속(m/s)
u_2 : 노즐에서 유속(m/s)
ρ : 밀도(물의 밀도 : 1000kg/m³ 또는 102kgf · s²/m⁴)

00년-08월, 00년-11월, 04년-07월, 08년-11월, 09년-10월, 16년-04월

90 지름이 10cm인 소방용호스에 노즐구경이 3cm인 노즐팁이 부착되어 있다. $1.5m^3$/min의 방수량으로 대기 중에 방사할 경우 아래 조건에 따라 각 물음에 답하시오. (10점)

[조건] 마찰 손실은 무시한다.

(물음 1) 소방용호스의 평균유속(m/s)을 계산하시오
(물음 2) 소방용호스에 부착된 노즐의 평균유속(m/s)을 계산하시오.
(물음 3) 소방용호스에 부착된 flange volt(플랜지 볼트)에 작용하는 힘(Newton)을 계산하시오.

(물음 1) ○계산과정 : $Q = UA \quad U = \dfrac{Q}{A} = \dfrac{Q}{\dfrac{\pi}{4} \times D^2}$

$\therefore U = \dfrac{1.5\text{m}^3/\text{min} \times \text{min}/60\text{s}}{\dfrac{\pi}{4} \times (0.1)^2 \text{m}^2} = 3.1831 \text{m/s}$

○답 : 3.18m/s

(물음 2) ○계산과정 : $U = \dfrac{Q}{\dfrac{\pi}{4} \times D^2} = \dfrac{1.5\text{m}^3/\text{min} \times \text{min}/60\text{s}}{\dfrac{\pi}{4} \times (0.03)^2 \text{m}^2} = 35.3678 \text{m/s}$

○답 : 35.37m/s

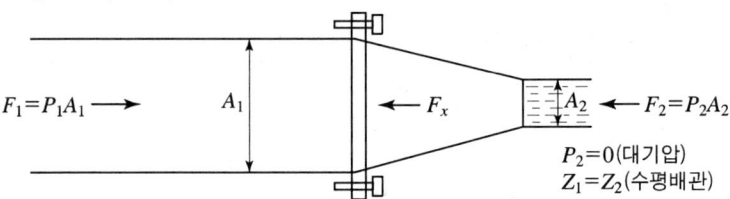

(물음 3) ○계산과정 :
[방법 1]
$Fx = \dfrac{rA_1 Q^2}{2g} \left(\dfrac{A_1 - A_2}{A_1 A_2} \right)^2$

$Fx(\text{kgf}) \quad r(\text{kgf}/\text{m}^3) \quad Q(\text{m}^3/\text{s}) \quad g(9.8\text{m/s}^2) \quad A(\text{m}^2)$

$$\therefore Fx = \frac{1000 \times \frac{\pi}{4} \times 0.1^2 \times (1.5/60)^2}{2 \times 9.8} \left(\frac{\frac{\pi}{4} \times 0.1^2 - \frac{\pi}{4} \times 0.03^2}{\frac{\pi}{4} \times 0.1^2 \times \frac{\pi}{4} \times 0.03^2} \right)^2$$

$$= 415.08 \text{kgf}$$

$$\therefore Fx(\text{N}) = 415.08 \text{kgf} \times \frac{9.8\text{N}}{1\text{kgf}} = 4067.78\text{N}$$

○ 답 : 4067.78N

[방법 2]

$$Fx = P_1 A_1 - F \qquad Fx = P_1 A_1 - Q\Delta U\rho \qquad (F = Q\Delta U\rho)$$

$$P_1 = \frac{r}{2g}(U_2^2 - U_1^2)$$

$Fx(\text{kgf}) \quad P(\text{kgf/m}^2) \quad A(\text{m}^2) \quad Q(\text{m}^3/\text{s}) \quad U(\text{m/s})$

$\rho(\text{kgf} \cdot \text{s}^2/\text{m}^4) \quad r(\text{kgf/m}^3) \quad g(9.8\text{m/s}^2)$

물의 중력단위 밀도(ρ) = 102 kgf · s^2/m^4

[$\rho = r/g = 1000$ kgf/m^3/9.8 m/s^2]

$$\therefore Fx = \left[\frac{1000}{2 \times 9.8}(35.37^2 - 3.18^2) \times \frac{\pi}{4} \times 0.1^2 \right] - [(1.5/60) \times (35.37 - 3.18) \times 102]$$

$$= 415.17 \text{kgf}$$

$$\therefore Fx(\text{N}) = 415.17 \text{kgf} \times \frac{9.8\text{N}}{1\text{kgf}} = 4068.67\text{N}$$

○ 답 : 4068.67N

참고 $Fx(N) = Q\Delta U\rho = Q(U_2 - U_1)$을 적용하여 풀이하는 방법은 운동량만 구하는 것으로 잘못된 방법이다.

00년-08월, 09년-10월

91 관 부속류 또는 배관에 관한 다음의 KS규격 배관 도시기호 명칭을 쓰시오. (6점)

㉮ ㉯
㉰ ㉱
㉲ ㉳

풀이 ○ 답 : ㉮ 나사 이음 ㉯ 유니온 ㉰ 오리피스 ㉱ 캡
㉲ 슬리브 이음 ㉳ Y형 스트레이너

06년-11월

92 다음 소방시설의 도시기호 명칭을 쓰시오. (6점)

풀이 ○답 : ㉮ 유니온   ㉯ 가스체크밸브   ㉰ 피뢰부(평면도)
　　　　㉱ 라인프로포셔너   ㉲ 옥외소화전   ㉳ 감지선

00년-04월, 12년-04월, 20년-07월

93 아래의 소방시설 도시기호에 대한 명칭을 쓰시오. (4점)

풀이 ○답 : ㉮ 분말, 탄산가스, 할로겐헤드
　　　　㉯ 선택밸브
　　　　㉰ y형스트레이너
　　　　㉱ 맹후렌지

14년-04월

94 아래의 소방시설 도시기호에 대한 명칭을 쓰시오. (5점)

풀이 ○답 : (1) 유니온 (2) 라인프로포셔너 (3) 가스체크밸브 (4) 옥외소화전 (5) 사이렌

17년-06월

95 다음 소방시설의 명칭에 대한 도시기호를 그리시오. (4점)

명 칭	선택밸브	편심레듀샤	풋밸브	라인프로포셔너
도시기호	①	②	③	④

○답 :

명 칭	선택밸브	편심레듀샤	풋밸브	라인프로포셔너
도시기호	▷◁	─▷─	⊠	─⊏⊐─

03년-04월, 06년-11월, 17년-04월, 20년-07월

96 다음 혼합물의 연소 상한계와 하한계를 구하라. 또한 이물질의 연소 가능여부를 답하시오. (??점)

물질	조성농도(%)	인화점(°F)	LFL(%)	UFL(%)
수 소	5	가스	4	75
메 탄	10	-306	5	15
프로판	5	가스	2.1	9.5
아세톤	10	가스	2.5	13
공 기	70			
합 계	100			

(1) 연소상한계 : (   )%
(2) 연소하한계 : (   )%
(3) 연소가능여부를 판단하고 설명하시오.

(1) 연소상한계

○계산과정 : $\dfrac{30}{UFL} = \dfrac{5}{75} + \dfrac{10}{15} + \dfrac{5}{9.5} + \dfrac{10}{13}$ ∴ $UFL = 14.79\%$

○답 : 14.79%

(2) 연소하한계

○계산과정 : $\dfrac{30}{LFL} = \dfrac{5}{4} + \dfrac{10}{5} + \dfrac{5}{2.1} + \dfrac{10}{2.5}$ ∴ $UFL = 3.11\%$

○답 : 3.11%

(3) 연소가능여부

○ 계산과정 : ① 혼합가스의 연소범위 = 3.11% ~ 14.79%
　　　　　　② 연소가스의 총합계 = 5 + 10 + 5 + 10 = 30%

○ 답 : 연소가스의 총합계가 30%이므로 이는 연소범위(3.11% ~ 14.79%)밖에 있으므로 연소가 불가능하다.

상세해설

르샤트리에(Lechartelier)공식

$$\frac{V}{L} = \frac{V_1}{L_1} + \frac{V_2}{L_2} + \frac{V_3}{L_3} + \cdots\cdots + \frac{V_n}{L_n}$$

여기서, L : 혼합가스의 연소한계(하한값(LFL), 상한값(UFL)의 용량(%))
　　　V : 혼합가스 중 가연성가스의 총합계(%)
　　　V_1, V_2, V_3, V_n : 가연성가스의 용량(%)
　　　L_1, L_2, L_3, L_n : 가연성가스의 하한값 또는 상한값의 용량(%)

※ UFL(Upper Flammable Limit) : 연소상한계
　 LFL(Lower Flammable Limit) : 연소하한계

02년-07월, 08년-04월

97 다음 용어를 간단히 설명하시오.

(1) ODP(오존파괴지수)　　(2) GWP(지구온난화지수)
(3) NOAEL　　　　　　　(4) LOAEL

○ 답 : (1) **ODP** : 어떤 물질의 오존파괴능력을 상대적으로 나타내는 지표의 정의이다. 즉 ODP = 어떤 물질 1kg이 파괴하는 오존량/CFC-11 1kg이 파괴하는 오존량이다.

(2) **GWP** : 어떤 물질이 기여하는 온난화정도를 상대적으로 나타내는 지표의 정의이다. 즉 GWP = 물질 1kg이 기여하는 온난화정도/CO_2 1kg이 기여하는 온난화정도이다.

(3) **NOAEL** : 심장독성 시험시 심장에 영향을 미치지 않는 최대농도

(4) **LOAEL** : 심장독성 시험시 심장에 영향을 미치는 최소농도

참고
NOAEL : No Observed Adverse Effect Level
LOAEL : Lowest Observed Adverse Effect Level
CFC : Chloro(Cl) Fluoro(F) Carbon(C)

01년-04월, 11년-07월

98 백드래프트(Backdraft) 현상을 설명하고 발생시기를 쓰시오. (5점)

(물음 1) 백드래프트 현상
(물음 2) 발생시기

풀이 (물음 1) ○답 : 화재 시 실내에 다량의 가연성가스가 축적되어 있다가 소화활동을 위하여 출입문을 개방 시 다량의 신선한 공기가 유입되어 폭발적 연소와 함께 폭풍을 동반하며 화염이 화재실 외부로 분출되는 현상

(물음 2) ○답 : 감쇠기

상세해설

백 드래프트(back draft) 현상

구 분	백 드래프트(back draft)
정의	화재 시 실내에 다량의 가연성가스가 축적되어 있다가 소화활동을 위하여 출입문을 개방 시 다량의 신선한 공기가 유입되어 폭발적 연소와 함께 폭풍을 동반하며 화염이 화재실 외부로 분출되는 현상
발생조건	① 화재실 평균온도 : 약 600℃ 이상 ② CO_2의 농도 : 약 12.5~74.2% ③ 화재실내의 충분한 가열 ④ 화재실내 다량의 가연성가스 축적
발생 시기	감쇠기
주요 발생원인	산소의 공급
폭풍 또는 충격파	있음
방지책	① 적절한 배연 ② 환기 ③ 폭발력의 억제 ④ 격리

01년-04월, 07년-11월

99 화재시 인간의 본능 중 지광본능에 대하여 간단히 쓰시오.

풀이 ○답 : 화재시 인간은 주위가 어두워지면 밝은 곳으로 피난하려는 경향

02년-07월

100 피난대책의 fool-proof와 fail-safe에 대하여 간략히 설명하시오.

○답 : ① **Fool-Proof** : 화재시 사람의 심리상태는 긴장상태가 되어 인간의 행동 특성에 따라 행동하는 것을 고려하여 피난설비는 원시적이고 간단명료하게 배려한 대책을 말한다. 피난 또는 유도표시가 문자보다는 색과 형태를 이용한다든가 피난방향으로 문을 열 수 있도록 하는 것이 이에 속한다.
② **Fail-Safe** : 피난시 하나의 수단 또는 방법이 고장 등으로 불가능하더라도 다른 방법에 의하여 피난할 수 있도록 고려하는 것을 말한다. 2방향 이상의 피난통로를 확보한다든가 또는 예비전원을 확보하는 것이 이에 속한다.

피난대책의 원칙
① 피난 경로는 간단명료할 것
② 피난설비는 고정식설비를 위주로 할 것
③ 피난수단은 원시적인 방법을 원칙으로 할 것
④ 피난통로는 2방향 이상 확보할 것
⑤ 피난대책은 Fool-proof와 Fail-Safe의 원칙을 고려할 것

12년-11월

101 건축물의 내화설계를 위하여 필요한 화재하중에 대하여 간단히 설명하고 계산식을 쓰시오.

○답 : ① **화재하중 설명** : 바닥면적(m^2)당 가연물의 양(kg)
② **화재하중 계산식**

$$Q(\text{kg/m}^2) = \frac{\sum(GtHt)}{HA} = \frac{\sum Qt}{4500A}(\text{kg/m}^2)$$

여기서, Q : 화재하중(kg/m^2)
Gt : 가연물의 양(kg)
Ht : 가연물의 단위중량당 발열량(kcal/kg)
H : 목재의 단위중량당 발열량(4500kcal/kg)
$\sum Qt$: 화재실내 가연물의 전발열량(kcal)
A : 바닥면적(m^2)

제 02 장

소화기구 및 자동소화장치

제 02 장 소화기구 및 자동소화장치

07년-07월

01 소화약제에 의한 간이소화용구 4종류를 쓰시오. (5점)

○답 : ① 에어로졸식 ② 투척용 ③ 마른모래 ④ 팽창질석 또는 팽창진주암

간이 소화 용구		능력단위
마른모래	삽을 상비한 50L 이상의 것 1포	0.5단위
팽창질석 또는 팽창 진주암	삽을 상비한 80L 이상의 것 1포	0.5단위

13년-04월

02 숙박시설인 소방대상물의 바닥면적이 500m²인 경우 소요되는 소화기구의 능력단위는 얼마이상 인가? (단, 소방대상물의 주요 구조부는 비 내화구조이다) (3점)

○계산과정 : $N(능력단위) = \dfrac{500(m^2)}{100(m^2)} = 5단위$

○답 : 5단위

상세해설

$$N(능력단위) = \dfrac{바닥면적(m^2)}{기준바닥면적(m^2)}$$

특정소방대상물별 소화기구의 능력단위기준

특정소방대상물	소화기구의 능력단위
1. 위락시설	해당 용도의 바닥면적 30m²마다 능력단위 1단위 이상
2. 공연장 · 집회장 · 관람장 · 문화재 · 장례식장 및 의료시설	해당 용도의 바닥면적 50m²마다 능력단위 1단위 이상
3. 근린생활시설 · 판매시설 · 운수시설 · 숙박시설 · 노유자시설 · 전시장 · 공동주택 · 업무시설 · 방송통신시설 · 공장 · 창고시설 · 항공기 및 자동차 관련 시설 및 관광휴게시설	해당 용도의 바닥면적 100m²마다 능력단위 1단위 이상
4. 그 밖의 것	해당 용도의 바닥면적 200m²마다 능력단위 1단위 이상

(주) 소화기구의 능력단위를 산출함에 있어서 건축물의 주요구조부가 내화구조이고, 벽 및 반자의 실내에 면하는 부분이 불연재료 · 준불연재료 또는 난연재료로 된 특정소방대상물에 있어서는 위 표의 기준면적의 2배를 해당 특정소방대상물의 기준면적으로 한다.

20년-05월

03 다음은 소화기구 및 자동소화장치의 화재안전기술기준(NFTC 101)중 주거용 주방자동소화장치의 설치기준이다. ( )안에 알맞은 답을 쓰시오. (4점)

(1) 소화약제 방출구는 (①)(주방에서 발생하는 열기류 등을 밖으로 배출하는 장치)의 청소부분과 분리되어 있어야 하며, 형식승인 받은 유효설치 높이 및 (②)에 따라 설치할 것
(2) 감지부는 형식승인 받은 유효한 (③) 및 위치에 설치할 것
(3) 차단장치(전기 또는 가스)는 상시 확인 및 점검이 가능하도록 설치할 것
(4) 가스용 주방자동소화장치를 사용하는 경우 탐지부는 수신부와 분리하여 설치하되, 공기보다 가벼운 가스를 사용하는 경우에는 (④) 면으로 부터 (⑤) 이하의 위치에 설치하고, 공기보다 무거운 가스를 사용하는 장소에는 (⑥) 면으로부터 (⑦) 이하의 위치에 설치할 것
(5) 수신부는 주위의 열기류 또는 습기 등과 주위온도에 영향을 받지 아니하고 사용자가 상시 볼 수 있는 장소에 설치할 것

○답 : ① 환기구   ② 방호면적   ③ 높이
④ 천장   ⑤ 30cm   ⑥ 바닥   ⑦ 30cm

19년-04월

04 지하 2층, 지상 3층인 특정소방대상물의 각 층에 ABC분말소화기(3단위)를 설치하고자 한다. 아래 조건을 참조하여 각 층별로 필요한 소화기의 최소 개수를 구하시오. (단, 건축물의 주요구조부가 내화구조가 아닌 경우이다) (5점)

[조건] ① 각 층의 바닥면적은 1500m²로 동일하다.
② 지하 1층 및 지하 2층의 주 용도는 주차장이며 지하2층에는 보일러실 100m²가 구획된 장소로 바닥면적에 포함된다.
③ 지상1층~지상3층의 주 용도는 업무시설이다.
④ 소화설비 및 대형소화기의 설치에 따른 감소기준은 적용하지 않는다.
⑥ 지하2층을 제외한 모든 층은 구획된 장소 없이 개방된 공간이다.

(1) 지하 2층   ○계산과정 :   ○답
(2) 지하 1층   ○계산과정 :   ○답
(3) 지상 1층 ~ 지상 3층   ○계산과정 :   ○답

풀이 (1) 지하 2층(주차장 및 보일러실)
　　○계산과정 :

① 주차장(자동차관련시설)의 소요단위 $N = \dfrac{1500\text{m}^2}{100\text{m}^2} = 15$ 단위

소화기 소요개수 $N = \dfrac{15\text{단위}}{3\text{단위}} = 5$ 개

(주의) 소요단위산정 시 바닥면적은 부속용도(보일러실)의 바닥면적도 포함하여 1500m^2로 계산한다.

② 부속용도별로 추가하여야 할 소화기구

보일러실의 소요단위 $N = \dfrac{100\text{m}^2}{25\text{m}^2} = 4$ 단위

추가 소화기 소요개수 $N = \dfrac{4\text{단위}}{3\text{단위}} = 1.33$ 개 　∴ 2개

③ 총 소요개수 = 5 + 2 = 7개
　　○**답** : 7개

(2) 지하 1층(주차장)
　　○계산과정 :

① 주차장(자동차관련시설)의 소요단위 $N = \dfrac{1500\text{m}^2}{100\text{m}^2} = 15$ 단위

② 소화기 소요개수 $N = \dfrac{15\text{단위}}{3\text{단위}} = 5$ 개

　　○**답** : 5개

(3) 지상 1층~지상 3층(업무시설)
　　○계산과정 :

① 층당 소요단위 $N = \dfrac{1500\text{m}^2}{100\text{m}^2} = 15$ 단위

② 층당 소화기 소요개수 $N = \dfrac{15\text{단위}}{3\text{단위}} = 5$ 개

③ 총 소요개수 = 5개 × 3개층 = 15개

　　○**답** : 15개

상세해설

소화기 소요개수 산정시 유의사항
① 소화기의 설치기준은 용도별, 면적별 소요단위 수 산정
② 바닥면적별 소요단위 수 만족한 경우에도 보행거리 20m 초과시 추가로 소화기 설치
③ 소화기는 각 층에 대하여 당해용도별로 단위수를 산정

④ 2개 이상의 용도가 복합된 경우에도 복합건축물로 적용하지 않는다.
⑤ 소화기는 건물단위로 산정하는 것이 아니며 층별 당해용도 및 바닥면적별로 산출한다.
- 주차장 : 자동차관련시설(바닥면적 100m^2마다 1단위 이상)
- 보일러실 : 부속용도별로 추가(바닥면적 25m^2마다 1단위 이상 1개)
- 지상층 : 업무시설(바닥면적 100m^2마다 1단위 이상)

소방대상물별 소화기구의 능력단위기준

소방대상물	능력단위기준
1. 위락시설	바닥면적 30m^2 마다 능력단위 1단위 이상
2. 공연장, 집회장, 관람장, 문화재 · 장례식장 및 의료시설	바닥면적 50m^2 마다 능력단위 1단위 이상
3. 근린생활시설 · 판매시설 · 운수시설 · 숙박시설 · 노유자시설 · 전시장 · 공동주택 · 업무시설 · 방송통신시설 · 공장 · 창고시설 · 항공기 및 **자동차관련시설** 및 관광휴게시설	바닥면적 100m^2 마다 능력단위 1단위 이상
4. 그 밖의 것	바닥면적 200m^2 마다 능력단위 1단위 이상

[주] 소화기구의 능력단위를 산출함에 있어서 건축물의 주요구조부가 내화구조이고, 벽 및 반자의 실내에 면하는 부분이 불연재료 · 준불연재료 또는 난연재료로 된 특정소방대상물에 있어서는 위 표의기준면적의 2배를 해당 특정소방대상물의 기준면적으로 한다.

부속용도별로 추가하여야 할 소화기구

용 도 별	소화기구의 능력단위
다음 각목의 시설. 다만, 스프링클러설비 · 간이스프링클러설비 · 물분무등소화설비 또는 상업용 주방자동소화장치가 설치된 경우에는 자동확산소화기를 설치하지 아니 할 수 있다. ① 보일러실(아파트의 경우 방화구획된 것을 제외) · 건조실 · 세탁소 · 대량화기취급소 ② 음식점(지하가의 음식점을 포함) · 다중이용업소 · 호텔 · 기숙사 · 노유자시설 · 의료시설 · 업무시설 · 공장의 주방 다만, 의료시설 · 업무시설 및 공장의 주방은 공동취사를 위한 것에 한한다. ③ 관리자의 출입이 곤란한 변전실 · 송전실 · 변압기실 및 배전반실(불연재료로 된 상자안에 장치된 것을 제외한다)	1. 해당 용도의 바닥면적 25m^2마다 능력단위 1단위 이상의 소화기로 하고, 그 외에 자동확산소화기를 바닥면적 10m^2 이하는 1개, 10m^2 초과는 2개를 설치할 것. 2. ②의 주방의 경우 1호에 의하여 설치하는 소화기 중 1개 이상은 주방화재용소화기(K급)를 설치하여야 한다.

제 02 장 소화기구 및 자동소화장치

13년-11월

05 특정소방대상물별의 바닥면적이 20m×30m일 때 아래의 용도에 따른 소화기구의 능력단위를 계산하시오. (6점)

(1) 위락시설
(2) 판매시설
(3) 공연장(주요구조부가 내화구조이고 벽 및 반자의 실내에 면하는 부분이 불연재료이다)

풀이 (1) 위락시설

○ 계산과정 : $N(능력단위) = \dfrac{20 \times 30 (\text{m}^2)}{30(\text{m}^2)} = 20$ 단위

○ 답 : 20단위

(2) 판매시설

○ 계산과정 : $N(능력단위) = \dfrac{20 \times 30 (\text{m}^2)}{100(\text{m}^2)} = 6$ 단위

○ 답 : 6단위

(3) 공연장(주요구조부가 내화구조이고 벽 및 반자의 실내에 면하는 부분이 불연재료이다)

○ 계산과정 : $N(능력단위) = \dfrac{20 \times 30 (\text{m}^2)}{50 \times 2 (\text{m}^2)} = 6$ 단위

○ 답 : 6단위

상세해설

$$N(능력단위) = \dfrac{바닥면적(\text{m}^2)}{기준바닥면적(\text{m}^2)}$$

특정소방대상물별 소화기구의 능력단위기준

특정소방대상물	소화기구의 능력단위
1. 위락시설	해당 용도의 바닥면적 30m²마다 능력단위 1단위 이상
2. 공연장·집회장·관람장·문화재·장례식장 및 의료시설	해당 용도의 바닥면적 50m²마다 능력단위 1단위 이상
3. 근린생활시설·판매시설·운수시설·숙박시설·노유자시설·전시장·공동주택·업무시설·방송통신시설·공장·창고시설·항공기 및 자동차 관련 시설 및 관광휴게시설	해당 용도의 바닥면적 100m²마다 능력단위 1단위 이상
4. 그 밖의 것	해당 용도의 바닥면적 200m²마다 능력단위 1단위 이상

(주) 소화기구의 능력단위를 산출함에 있어서 건축물의 주요구조부가 내화구조이고, 벽 및 반자의 실내에 면하는 부분이 불연재료·준불연재료 또는 난연재료로 된 특정소방대상물에 있어서는 위 표의 기준면적의 2배를 해당 특정소방대상물의 기준면적으로 한다.

09년-10월

06 화재안전기술기준에 의거 다음 용어를 설명하시오

㈎ 대형 소화기　　　　　　㈏ 간이소화용구

○답 : ㈎ 화재 시 사람이 운반할 수 있도록 운반대와 바퀴가 설치되어 있고 능력단위가
A급 10단위 이상, B급 20단위 이상인 수동식 소화기
㈏ 에어로졸식 소화용구 · 투척용소화용구 및 소화약제외의 것을 이용한 소화용구

04년-10월, 08년-07월, 12년-11월, 13년-07월

07 다음은 아파트의 각 세대별로 주방에 설치하는 주거용 주방자동소화장치의 설치기준이다. (　　)안에 알맞은 답을 쓰시오.　　　　　　　　　　(5점)

(1) 가스차단장치는 주방배관의 개폐밸브로부터 (①)m 이하의 위치에 설치하되, 상시 확인 및 점검이 가능하도록 설치할 것
(2) 탐지부는 수신부와 분리하여 설치하되, 공기보다 가벼운 가스를 사용하는 경우에는 (②)면으로부터 (③)cm 이하의 위치에 설치하고, 공기보다 무거운 가스를 사용하는 장소에는 (④)면으로부터 (⑤)cm 이하의 위치에 설치할 것

○답 : ① 2　　② 천장　　③ 30　　④ 바닥　　⑤ 30

주거용 주방자동소화장치 설치기준
① 소화약제 방출구는 환기구의 청소부분과 분리되어 있어야 하며, 형식승인 받은 유효설치 높이 및 방호면적에 따라 설치할 것
② 감지부는 형식승인 받은 유효한 높이 및 위치에 설치할 것
③ 차단장치(전기 또는 가스)는 상시 확인 및 점검이 가능하도록 설치할 것
④ 가스용 주방자동소화장치를 사용하는 경우 탐지부는 수신부와 분리하여 설치하되, 공기보다 가벼운 가스를 사용하는 경우에는 천장 면으로 부터 30cm 이하의 위치에 설치하고, 공기보다 무거운 가스를 사용하는 장소에는 바닥 면으로부터 30cm 이하의 위치에 설치할 것

구분	공기보다 가벼운 가스	공기보다 무거운 가스
탐지부	천장 면 30cm 이하	바닥 면 30cm 이하

⑤ 수신부는 주위의 열기류 또는 습기 등과 주위온도에 영향을 받지 아니하고 사용자가 상시 볼 수 있는 장소에 설치할 것

20년-07월

08 특정소방대상물별의 바닥면적이 24m×40m일 때 아래의 용도에 따른 소화기구의 능력단위를 계산하시오. (3점)

(1) 전시장(주요구조부가 내화구조이고 벽 및 반자의 실내에 면하는 부분이 불연재료이다)
(2) 위락시설(주요구조부가 내화구조가 아닌 경우)
(3) 집회장(주요구조부가 내화구조가 아닌 경우)

풀이

(1) 전시장 ○계산과정 : $N = \dfrac{24 \times 40 \,(\text{m}^2)}{100 \times 2 \,(\text{m}^2)} = 4.8$ ∴ 5(소수점 이하는 절상)

○답 : 5단위

(2) 위락시설 ○계산과정 : $N = \dfrac{24 \times 40 \,(\text{m}^2)}{30 \,(\text{m}^2)} = 32$

○답 : 32단위

(3) 집회장 ○계산과정 : $N = \dfrac{24 \times 40 \,(\text{m}^2)}{50 \,(\text{m}^2)} = 19.2$ ∴ 20(소수점 이하는 절상)

○답 : 20단위

상세해설

능력단위

$$N(\text{능력단위}) = \dfrac{\text{바닥면적}(\text{m}^2)}{\text{기준바닥면적}(\text{m}^2)}$$

※ 소요능력단위 계산결과 소수점이 발생되면 절상하여 정수로 표기한다.

특정소방대상물별 소화기구의 능력단위기준

특정소방대상물	소화기구의 능력단위
1. 위락시설	해당 용도의 바닥면적 30m²마다 능력단위 1단위 이상
2. 공연장·집회장·관람장·문화재·장례식장 및 의료시설	해당 용도의 바닥면적 50m²마다 능력단위 1단위 이상
3. 근린생활시설·판매시설·운수시설·숙박시설·노유자시설·전시장·공동주택·업무시설·방송통신시설·공장·창고시설·항공기 및 자동차 관련 시설 및 관광휴게시설	해당 용도의 바닥면적 100m²마다 능력단위 1단위 이상
4. 그 밖의 것	해당 용도의 바닥면적 200m²마다 능력단위 1단위 이상

(주) 소화기구의 능력단위를 산출함에 있어서 건축물의 주요구조부가 내화구조이고, 벽 및 반자의 실내에 면하는 부분이 불연재료·준불연재료 또는 난연재료로 된 특정소방대상물에 있어서는 위 표의 기준면적의 2배를 해당 특정소방대상물의 기준면적으로 한다.

09년-04월, 11년-07월, 17년-04월

09 용도가 판매시설인 지하1층으로서 바닥면적이 3000m² 이고 수동식 분말소화기를 설치하고자 한다. 분말소화기 1개의 능력단위가 A급 화재기준으로 3단위인 경우 최저로 필요한 소요 소화기 개수를 계산하시오? (단, 언급되지 않은 기타 조건은 무시한다) **(4점)**

○ 계산과정 :

① 판매시설인 경우
    소화기구의 소요 능력단위는 당해용도의 바닥면적 100m²마다 능력단위 1단위 이상

② 소요 능력단위 = $\dfrac{바닥면적(m^2)}{기준면적(m^2)}$ = $\dfrac{3000m^2}{100m^2}$ = 30단위

③ 필요한 소화기개수 = 30단위 × $\dfrac{1개}{3단위}$ = 10개

○ 답 : 10개

참고 소방대상물별 소화기구의 능력단위기준

소 방 대 상 물	소화기구의 능력단위
위락시설	바닥면적 30m² 마다 능력단위 1단위 이상
공연장 · 집회장 · 관람장 · 문화재 · 장례식장 및 의료시설	바닥면적 50m² 마다 능력단위 1단위 이상
근린생활시설 · 판매시설 · 운수시설 · 숙박시설 · 노유자시설 · 전시장 · 공동주택 · 업무시설 · 방송통신시설 · 공장 · 창고시설 · 항공기 및 자동차관련 시설 및 관광휴게시설	바닥면적 100m² 마다 능력단위 1단위 이상
그 밖의 것	바닥면적 200m² 마다 능력단위 1단위 이상

(주) 소화기구의 능력단위를 산출함에 있어서 건축물의 주요구조부가 내화구조이고, 벽 및 반자의 실내에 면하는 부분이 불연재료 · 준불연재료 또는 난연재료로 된 특정소방대상물에 있어서는 위 표의 기준면적의 2배를 해당 특정소방대상물의 기준면적으로 한다.

제 03 장

옥내소화전설비

19년-04월

01 옥상수조에 급수펌프로 물을 공급하고자 한다. 다음 조건을 참조하여 각 물음에 답하시오.

[조건]
① 펌프의 토출량은 $0.37 \text{m}^3/\text{min}$이다.
② 직관의 길이는 100m이다.
③ 펌프에서 옥상수조까지 낙차는 50m이다.
④ 배관부속은 90° 엘보 4개, 게이트밸브 1개, 체크밸브 1개, 풋밸브 1개이다.
⑤ 관이음 및 밸브 등의 등가길이는 다음 표를 이용할 것

[관이음 및 밸브 등의 등가길이]

관이음 및 밸브의 호칭경 DN(in)	90°(엘보)	45°(엘보)	90°T(분류)	카프링 90°T(직류)	게이트 밸브	글로우브 밸브	앵글 밸브
			등가길이(m)				
40(1½)	1.5	0.9	2.1	0.45	0.30	13.5	6.5
50(2)	2.1	1.2	3.0	0.60	0.39	16.5	8.4
65(2½)	2.4	1.5	3.6	0.75	0.48	19.5	10.2
80(3)	3.0	1.8	4.5	0.90	0.60	24.0	12.0
100(4)	4.2	2.4	6.3	1.20	0.81	37.5	16.5
125(5)	5.1	3.0	7.5	1.50	0.99	42.0	21.0
150(6)	6.0	3.6	9.0	1.80	1.20	49.5	24.0

* 체크밸브와 풋밸브의 등가길이는 이 표의 앵글밸브에 준한다.

(물음 1) 펌프 토출측 배관 내 유속을 2.4m/s 이하로 하는 경우 관경을 구하시오.
(물음 2) 펌프의 전 양정(m)을 계산하시오.
 (단, 직관 1m당 마찰손실은 80mmAq로 한다.)
(물음 3) 펌프의 동력(kW)을 계산하시오.
 (단, 전달계수 $K=1.1$, 펌프효율은 68%로 한다.)

풀이 (물음 1) 펌프 토출측 배관 내 유속을 2.4m/s 이하로 하는 경우 관경
 ○계산과정 :
$$D = \sqrt{\frac{4Q}{\pi u}} \times 1000 = \sqrt{\frac{4 \times 0.37 \text{m}^3/60\text{s}}{\pi \times 2.4 \text{m/s}}} \times 1000 = 57.20 \text{mm}$$
 표에서 DN65 선택
 ○답 : DN65

(물음 2) 펌프의 전 양정(m)
○계산과정 :
① 총 직관의 길이
$L = 100\text{m} + (90° \text{엘보}4 \times 2.4\text{m}) + (\text{게이트밸브}1 \times 0.48)$
$\qquad + (\text{체크밸브}1 \times 10.2) + (\text{풋밸브}1 \times 10.2\text{m})$
$\quad = 130.48\text{m}$

② 배관의 마찰손실
$\Delta H = 130.48\text{m} \times \dfrac{80\text{mmAq}}{1\text{m}} = 10438.4\text{mmAq} = 10.44\text{mAq}$

③ 전양정 $H = 50 + 10.44 = 60.44\text{m}$
○답 : 60.44m

(물음 3) 펌프의 동력(kW)
○계산과정 :
$P(\text{kW}) = \dfrac{9.8 \times (0.37/60) \times 60.44}{0.68} \times 1.1 = 5.91\text{kW}$

○답 : 5.91kW

06년-11월

02 소화펌프의 토출측에서 유량이 1500Lpm, 압력이 0.7MPa이었다. 이 소화펌프의 토출측 주배관의 적당한 크기를 정하시오.(단, 배관의 내경은 다음 표에 의한다.) (6점)

호칭경	내경(mm)	호칭경	내경(mm)	호칭경	내경(mm)
25A	25	65A	65	150A	150
32A	32	80A	80	200A	200
40A	40	100A	100	250A	250
50A	50	125A	125	300A	300

[풀이]
○계산과정 : $Q = UA = U \times \dfrac{\pi D^2}{4} \quad D = \sqrt{\dfrac{4Q}{\pi U}}$

$U = 4\text{m/s 이하} \quad Q = 1500\text{Lpm}(\text{L/min}) = 0.025\text{m}^3/\text{s}$

$\therefore D = \sqrt{\dfrac{4 \times 0.025}{\pi \times 4}} = 0.08921\text{m} = 89.21\text{mm} \quad \therefore 100\text{mm를 선택한다.}$

○답 : 100A

[참고]
Lpm = liter per minute(L/min)의 약자
Gpm = gallon per minute(gal/min)의 약자

01년-04월

03 지상 5층인 어느 소방대상물(철근콘크리트 건물)의 각층에 5개씩 옥내소화전을 설치하려고 한다. 주어진 조건을 이용하여 옥내소화전 설치에 필요한 각 물음에 답하시오. (10점)

> [조건] ① 노즐의 방수량을 130Lpm에서 150Lpm으로 변경한다.
> ② 실양정은 50m이다.
> ③ 펌프의 풋밸브에서 5층 옥내소화전함의 호스접결구까지의 마찰손실 및 저항손실수두는 실양정의 30%로 한다.
> ④ 소화호스의 마찰손실수두는 7.8m이다.
> ⑤ 펌프의 효율은 65%이며, 전달계수 K=1.1이다.
> ⑥ 소화전 사용시 20분간 연속적으로 사용하는 것으로 한다.

(물음 1) 수원의 최소 소요저수량(m^3)을 산출하시오.
(물음 2) 펌프의 송수량(L/분)을 산출하시오.
(물음 3) 전양정을 산출하시오.
(물음 4) 펌프의 전동기 소요출력 산출공식을 설명하고 소요출력(kW)을 계산하시오.

풀이 (물음 1) ○계산과정 : $Q = N$(최대 2개)×노즐의 분당 방수량×20분
∴ $Q = 2 \times 150$L/분$\times 20$분$= 6000$L$= 6m^3$
Lpm=liter per minute의 약자로서 [L/분]이다.

○답 : $6m^3$

(물음 2) ○계산과정 : $Q = N$(최대 2개)×노즐의 분당방수량
∴ $Q = 2 \times 150$L/분$= 300$L/분

○답 : 300L/분

(물음 3) ○계산과정 : $H = h_1 + h_2 + h_3 + 17$m
$h_1 = 50$m, $h_2 = 50 \times 0.3 = 15$m, $h_3 = 7.8$m
∴ $H = 50+15+7.8+17 = 89.8$m

○답 : 89.8m

(물음 4) ○계산과정 : 소요출력 $P(\text{kW}) = \dfrac{9.8 \times (0.3/60) \times 89.8}{0.65} \times 1.1 = 7.45\text{kW}$

$$P(\text{kW}) = \dfrac{9.8 \times Q \times H}{E} \times K$$

$P(\text{kW})$: 전동기 소요출력, $Q(m^3/s)$: 펌프의 분당 송수량
$H(m)$: 전양정, E : 펌프효율, K : 축동력 전달계수

○답 : 7.45kW

05년-07월, 13년-11월

04 지상 10층의 백화점 건물에 옥내소화전설비를 화재안전기술기준 및 조건에 따라 설치되었을 때 아래 그림을 참조하여 각 물음에 답하시오. (25점)

[조건] ① 옥내소화전은 1층부터 5층까지는 각층에 5개, 6층부터 10층까지는 각층에 7개가 설치되었다고 한다.
② 펌프의 풋밸브에서 10층의 옥내소화전 방수구까지 수직거리는 40m이고 배관상 마찰손실(소방용 호스제외)은 20m로 한다.
③ 소방용 호스의 마찰손실은 100m당 26m로 하고 호스의 길이는 15m, 수량은 2개이다.
④ 계산 과정상 $\pi = 3.14$로 한다.
⑤ 주 배관은 연결송수관설비의 배관과 겸용이다.

(물음 1) 펌프의 최소 토출량[m^3/분]은 얼마인가?
(물음 2) 수원의 최소 유효저수량[m^3]은 얼마인가?
(물음 3) 옥상수조에 저장하여야 할 최소 유효저수량[m^3]은 얼마인가?
(물음 4) 전양정[m]은 얼마인가?
(물음 5) 펌프의 모터동력[kW]은 얼마 이상인가?(단, 펌프의 효율은 60%)
(물음 6) 소방용 호스 노즐의 방사 압력을 측정한 결과 0.25MPa이었다. 10분간 방사시 방사량[L]을 산출하시오.
(물음 7) 펌프의 토출측 주배관의 관경(mm)은 얼마 이상 이어야 하는가? (단, 배관내 유속은 4m/s 이하)
(물음 8) 그림에서 각 번호의 명칭을 쓰시오.
(물음 9) 그림에서 ⑦번 배관의 설치이유를 간단히 쓰시오.

풀이 **(물음 1)** ○계산과정 : $Q = N \times 130 \text{L}/\text{분}$ (N : 최대 2개)

∴ $Q = 2 \times 130 l/\text{분} = 260 l/\text{분} = 0.26 \text{m}^3/\text{분}$

○답 : $0.26 \text{m}^3/\text{분}$

(물음 2) ○계산과정 : $Q = N \times 2.6 \text{m}^3$ (N : 최대 2개)

∴ $Q = 2 \times 2.6 \text{m}^3 = 5.2 \text{m}^3$

○답 : 5.2m^3

(물음 3) ○계산과정 : 산출된 유효저수량의 $\frac{1}{3}$ 이상이므로

∴ $Q = 5.2 \text{m}^3 \times \frac{1}{3} = 1.73 \text{m}^3$

○답 : 1.73m^3

(물음 4) ○계산과정 : $H = h_1 + h_2 + h_3 + 17\text{m}$

$h_1 = 40\text{m} \quad h_2 = 20\text{m} \quad h_3 = 15\text{m} \times 2 \times \frac{26}{100} = 7.8\text{m}$

∴ $H = 40 + 20 + 7.8 + 17 = 84.8\text{m}$

○답 : 84.8m

(물음 5) ○계산과정 : $P(\text{kW}) = \dfrac{9.8 \times Q(\text{m}^3/\text{s}) \times H(\text{m})}{E} \times K$

∴ $P(\text{kW}) = \dfrac{9.8 \times (0.26/60) \times 84.8}{0.60} = 6\text{kW}$

○답 : 6kW

(물음 6) ○계산과정 : $Q = 0.653 D^2 \sqrt{10P}$

Q : 방사량(L/분), D : 노즐내경(mm), P : 방사압(MPa)
옥내소화전 호스의 노즐내경은 13mm 이므로
$Q = 0.653 \times 13^2 \times \sqrt{10 \times 0.25} \times 10 = 1744.9\text{L}$

○답 : 1744.9L

(물음 7) ○계산과정 : 연결송수관설비의 배관과 겸용일 경우 주배관의 구경은 100mm 이상이어야 한다.

○답 : 100mm

(물음 8) ○답 : ① 감수경보장치 ② 체크밸브 ③ 유량계 ④ 배수관
⑤ 신축튜브 ⑥ 릴리프밸브 ⑦ 순환배관

(물음 9) ○답 : 펌프의 체절 운전시 체절압력 이하에서 과압을 방출하여 수온의 온도상승을 방지

02년-10월, 05년-10월

05 그림과 같이 6층 건물(철근콘크리트 건물)에 1층부터 6층까지 각층에 1개씩 옥내소화전을 설치하고자 한다. 이 그림과 주어진 조건을 이용하여 옥내 소화전 설치에 필요한 펌프의 송수량, 수원의 소요저수량, 전동기의 소요출력을 계산하시오.(단, 전동기 소요출력은 답안지의 계산 과정순으로 계산하여 출력을 산출하시오.)

(28점)

옥내소화전 상세도

[조건]
① 노즐의 최소 방수량 : 130L/min (40mm×13mm 노즐)
② 펌프의 송수량 : 필요수량에 20%의 여유를 둔다.
③ 수원의 용량 : 소화전 사용할 때 20분간 계속 사용할 수 있는 량으로 한다.
④ 소화전 호스의 최소 선단압력 : 0.17MPa

⑤ 직관의 마찰손실은 다음 표를 참조할 것

[직관의 마찰손실(100m 당)]

유량[L/min]	130	260	390	520
40mm	14.7m			
50mm	5.1m	18.4m		
65mm	1.72m	6.20m	13.2m	
80mm	0.71m	2.57m	5.47m	9.20m

⑥ 관이음 및 밸브 등의 등가길이는 다음 표를 이용할 것

[관이음 및 밸브 등의 등가길이]

관이음 및 밸브의 호칭경mm(in)	90°(엘보)	45°(엘보)	90°T(분류)	카프링 90°T(직류)	게이트 밸브	글로우브 밸브	앵글 밸브
	등 가 길 이(m)						
40(1½)	1.5	0.9	2.1	0.45	0.30	13.5	6.5
50(2)	2.1	1.2	3.0	0.60	0.39	16.5	8.4
65(2½)	2.4	1.5	3.6	0.75	0.48	19.5	10.2
80(3)	3.0	1.8	4.5	0.90	0.60	24.0	12.0
100(4)	4.2	2.4	6.3	1.20	0.81	37.5	16.5
125(5)	5.1	3.0	7.5	1.50	0.99	42.0	21.0
150(6)	6.0	3.6	9.0	1.80	1.20	49.5	24.0

• 체크밸브와 풋밸브의 등가길이는 이표의 앵글밸브에 준한다.

⑦ 호스의 마찰손실수두는 다음 표를 이용할 것

[호스의 마찰손실수두(100m 당)]

구분	호스의 호칭경					
	40mm		50mm		65mm	
유량(L/min)	마호스	고무내장호스	마호스	고무내장호스	마호스	고무내장호스
130	26m	12m	7m	3m	–	–
350	–	–	–	–	10m	4m

⑧ 호스는 길이 15m, 구경 40mm의 마호스 2개를 사용한다.
⑨ 펌프의 효율은 55%이며, 전동기의 축동력 전달 효율은 100%로 계산한다.

각 물음을 계산하시오.

(물음 1) 펌프의 분당 송수량(L/min)
(물음 2) 수원의 최소저수량(m^3)
(물음 3) 호스의 마찰손실수두(m)
(물음 4) 배관의 마찰손실수두(m)

(물음 5) 관부속의 마찰손실수두(m)
(물음 6) 낙차의 환산수두(m)
(물음 7) 방수압력 0.17MPa를 수두(m)로 환산
(물음 8) 전양정(m)
(물음 9) 전동기의 최소 소요출력(kW)

풀이 (물음 1) 펌프의 송수량(L/min)
　　　　○계산과정 : $Q = N \times 130\text{L/min}(N : \text{최대 2개})$

$$\therefore Q = 1 \times 130\text{L/min} \times \frac{120}{100} = 156\text{L/min}$$

　　　　○답 : 156L/min 이상

(물음 2) 수원의 소요 저수량(m^3)
　　　　○계산과정 : $Q = N \times 2.6\text{m}^3(130\text{L/min} \times 20\text{min})$

$$\therefore Q = 1 \times 2.6\text{m}^3 \times \frac{120}{100} = 3.12\text{m}^3$$

　　　　○답 : 3.12m^3 이상

(물음 3) 소방용호스의 마찰손실수두(m) : h_2
　　　　○계산과정 : • 조건 ⑧에서 호스길이 15m×2개, 40mm
　　　　　　　　　　• 조건 ⑦에서 마호스 40mm의 유량 130L/min일 때 100m당 마찰손실수두는 26m이다.

$$\therefore h_2 = 30\text{m} \times \frac{26\text{m}}{100\text{m}} = 7.8\text{m}$$

　　　　○답 : 7.8m

(물음 4) 배관 마찰손실수두(m) : h_3
　　　　○계산과정 :

구경	유량	배관길이	m당 마찰 손실 수두(m)	배관 마찰 손실수두(m)
80A	130L/min	2+(4 −0.3)+8+10+13+0.3 +0.6+(3.5×5)=55.1m	$\frac{0.71}{100}$	$55.1 \times \frac{0.71}{100}$ =0.3912
40A	130L/min	0.6+1.0+1.2=2.8m	$\frac{14.7}{100}$	$2.8 \times \frac{14.7}{100}$ =0.4116
계				0.8028

　　　　○답 : 0.80m

(물음 5) 관부속의 마찰손실수두(m) : h_3

○계산과정 :

구경	유량	관부속 및 등가길이	m당 마찰 손실수두(m)	마찰손실수두(m)
80A	130L/min	풋밸브1개×12.0=12.0 체크밸브1개×12.0=12.0 90°엘보6개×3.0=18.0 90°T(직류)5개×0.9=4.5 90°T(분류)1개×4.5=4.5 계 51m	$\dfrac{0.71}{100}$	$51 \times \dfrac{0.71}{100}$ $=0.3621$
40A	130L/min	90°엘보2개×1.5=3.0 앵글밸브1개×6.5=6.5 계 9.5m	$\dfrac{14.7}{100}$	$9.5 \times \dfrac{14.7}{100}$ $=1.3965$
계				1.7586

○답 : 1.76m

(물음 6) 낙차의 환산수두(m) : h_1

○계산과정 : h_1[실양정(흡입양정+토출양정)]=2+4+(3.5×5)+1.2
　　　　　　　　　　　　　　　　　　　　=24.7m

○답 : 24.7m

(물음 7) 0.17MPa의 수두환산(m)

○계산과정 : $0.17\text{MPa} \times \dfrac{100\text{m}}{1\text{MPa}} = 17\text{m}$

○답 : 17m

(물음 8) 전양정(m)

○계산과정 : 전양정 $H = h_1 + h_2 + h_3 + 17\text{m}$
　　　　　　∴ $H = 24.7 + 7.8 + (0.8 + 1.76) + 17 = 52.06\text{m}$

○답 : 52.06m

(물음 9) 전동기의 소요출력(kW)

○계산과정 : $P(\text{kW}) = \dfrac{9.8 \times Q(\text{m}^3/\text{s}) \times H}{E} \times K$

　　　　　　∴ $P(\text{kW}) = \dfrac{9.8 \times (0.156/60) \times 52.06}{0.55} \times 1.0 = 2.41\text{kW}$ 이상

○답 : 2.41kW 이상

12년-04월

06 옥내소화전 노즐(관창)의 방수압력을 피토게이지를 사용하여 측정하니 0.25MPa이었다. 이때 노즐을 통하여 방수되는 물의 순간 유출속도(m/s)를 계산하시오.(단, 중력 가속도는 9.8m/s²으로 한다.)

풀이
○ 계산과정 : $H = 0.25\text{MPa} \times \dfrac{10.332\text{m}}{0.101325\text{MPa}} = 25.49\text{m}$

$u = \sqrt{2 \times 9.8 \times 25.49} = 22.35\text{m/s}$

○ 답 : 22.35m/s

상세해설

① 노즐의 방수압력(MPa)을 수두(m)로 환산하면
$H = 0.25\text{MPa} \times \dfrac{10.332\text{m}}{0.101325\text{MPa}} = 25.49\text{m}$

② 유속을 계산
$u = \sqrt{2gH}, \ g = 9.8\text{m/sec}^2, \ H = 25.49\text{m}$
$\therefore \ u = \sqrt{2 \times 9.8 \times 25.49} = 22.35\text{m/s}$

02년-07월

07 옥내 소화전 소방용호스 노즐의 방수압력의 허용 범위는 0.17MPa~0.7MPa 이다. 만약 0.7MPa를 초과시 설비의 감압장치 종류를 5가지 쓰시오.

풀이
○ 답 : ① 개별 펌프방식
② 중계 펌프방식
③ 고가 수조방식
④ 가압송수장치에 압력조절밸브 설치 방식
⑤ 소화전밸브에 감압밸브 설치 방식

02년-07월, 04년-04월

08 수원이 펌프보다 높은 위치에 있을 경우 어떠한 설비가 필요 없게 되는데 이 때 필요 없는 것 3가지만 쓰시오. **(6점)**

풀이
○ 답 : 물올림장치, 진공계(연성계), 풋밸브

03년-10월

09 소화펌프의 성능은 체절운전시 정격토출압력의 140%를 초과하지 아니하고 정격 토출량의 150%로 운전시 정격 토출압력의 65% 이상이 되어야 한다. 기술적 의미를 간단히 설명하시오.

○답 : 펌프의 성능은 체절운전시에 명판에 표시된 압력의 1.4배를 초과하지 아니하고 명판에 표시된 토출량의 1.5배로 운전시 표시된 압력의 0.65배 이상이 되어야 한다는 의미이다.

09년-04월

10 물계통의 소화설비에서 수원의 수위가 펌프보다 낮은 위치에 설치될 경우 펌프의 흡입측 배관을 항상 물로 채워 펌프 작동 시 펌프가 정상적으로 소화수의 흡입이 가능하도록 하기 위하여 설치하여야 하는 장치는 무엇인가? **(3점)**

○답 : 물올림장치

06년-04월

11 최상층에 설치된 옥내소화전의 노즐 방수압을 피토게이지로 측정한 결과 0.3MPa이었다면 고가수조의 설치높이는 몇 m 이상이 되어야 하는가?(단, 배관 및 호스 등에서 발생한 총 마찰 손실수두는 5m이고 가압송수장치는 고가수조방식이며 기타는 고려하지 않는다.) **(4점)**

옥내소화전설비의 고가수조방식

○계산과정 : $H = h_1 + h_2 + 17m$

여기서, H : 필요한 낙차(m)
h_1 : 배관 및 관부속품 마찰손실수두(m)
h_2 : 소방용호스의 마찰손실수두(m)
17m : 노즐선단의 방수압력 환산수두

※ 노즐 선단의 방수압력 환산수두는 30m(0.3MPa)로 주어짐

$h_1 + h_2 = 5m$

∴ $H = 5m + 30m = 35m$

○답 : 35m

08년-04월

12 다음 그림은 펌프의 양정곡선이다. 릴리이프 밸브의 작동압력은(MPa)은 얼마인가? (6점)

○계산과정 : 릴리이프 밸브 작동압력은 설계점의 정격토출압력의 1.4배 이하이다.
∴ 릴리이프 밸브 작동압력 = 1 × 1.4 = 1.4MPa 이하
○답 : 1.4MPa 이하

09년-04월

13 옥내소화전설비의 펌프토출측 주배관의 구경을 선정하려한다. 주배관 내의 유량이 650L/min, 유속이 4m/s일 경우 배관관경을 아래 보기에서 선정하시오. (5점)

[보기]	급수관의 구경(mm)	25	32	40	50	65	80	90	100

○계산과정 : ① $Q = uA = u \times \dfrac{\pi}{4} D^2$ ∴ $D = \sqrt{\dfrac{4Q}{\pi u}}$

D : (m), Q : (m³/s), u : (m/s)

② $Q = 650\text{L/min} = 0.65\text{m}^3/60\text{s}$, $u = 4\text{m/s}$ 이하

③ ∴ $D = \sqrt{\dfrac{4 \times 0.65/60}{\pi \times 4}} = 0.05872\text{m} = 58.72\text{mm}$

④ ∴ 58.72mm보다 큰 65mm를 선택한다.

○답 : 65mm

08년-07월

14 옥내소화전 노즐(관창)의 방수압력을 피토게이지를 사용하여 측정하니 0.3MPa이었다. 이때 노즐을 통하여 방수되는 물의 순간 유출속도(m/s)를 계산하시오. (단, 노즐의 흐름계수는 0.95로 한다.) **(4점)**

○ 계산과정 : $u = C_o \sqrt{2gH}$

여기서, u(유속) : m/s, C_o : 흐름계수, g(중력가속도) : 9.8m/s^2
H(수두) : m

$H = 0.3\text{MPa} = 30\text{m}$

∴ $u = 0.95 \times \sqrt{2 \times 9.8 \times 30} = 23.04\text{m/s}$

○ 답 : 23.04m/s

09년-04월, 11년-05월

15 소화전이 각 층에 1개씩 설치된 옥내 소화전설비에서 펌프의 토출측 주배관의 적당한 크기를 선정하시오. (단, 배관내 유속은 4m/s 이하이고 주배관은 연결송관설비의 배관과 겸용이 아니다.) **(5점)**

○ 계산과정 : ① $Q = uA = u \times \dfrac{\pi}{4}D^2$ ∴ $D = \sqrt{\dfrac{4Q}{\pi u}}$

D : (m), Q : (m^3/s), u : (m/s)

② $Q = 1 \times 130\text{L/min} = 130\text{L/min} = 0.13\text{m}^3/60\text{s}$ $u = 4\text{m/s}$ 이하

③ ∴ $D = \sqrt{\dfrac{4 \times 0.13/60}{\pi \times 4}} = 0.02626\text{m} = 26.26\text{mm}$

④ 옥내소화전설비의 화재안전기술기준상 주배관 중 수직배관의 최소구경은 50mm 이상

○ 답 : 50mm

옥내소화전설비의 배관기준

구 분	주배관 중 수직배관 구경	가지배관 구경
1. 연결송수관설비의 배관과 겸용하지 않는 경우	50mm 이상 (호스릴방식 : 32mm 이상)	40mm 이상 (호스릴방식 : 25mm 이상)
2. 연결송수관설비의 배관과 겸용하는 경우	100mm 이상	65mm 이상

09년-10월

16 옥내소화전설비인 가압송수장치 압력수조내에 공기압축기로 압력을 0.5MPa 유지하고 있다. 그리고 압력수조 내 물의 높이가 3.5m이고 배관 및 관부속품의 마찰손실이 6.5m일 때 다음 각 물음에 답하시오

(물음 1) 압력수조 내 바닥의 압력(MPa)은 얼마인가?
(물음 2) 화재안전기술기준에 의한 규정 방수압을 가능하게 하는 건축물의 높이(m)는 얼마인가?
(물음 3) 자동식 공기압축기의 설치목적은 무엇인가?

풀이 (물음 1) ○계산과정 : $P = 0.5\text{MPa} + 0.035\text{MPa}(3.5\text{m}) = 0.54\text{MPa}$
○답 : 0.54MPa

(물음 2) ○계산과정 : $H = 54\text{m} - 6.5\text{m} - 17\text{m}(0.17\text{MPa}) = 30.5\text{m}$
○답 : 30.5m

(물음 3) ○답 : 압력수조 내 압력을 일정하게 유지하여 노즐에서 규정 방수압을 유지

11년-07월, 11년-11월

17 소화펌프(가압송수장치)의 운전방법 중 체절운전이란 무엇인지 간단히 설명하시오. **(3점)**

풀이 ○답 : 펌프의 토출 측 개폐밸브를 모두 폐쇄한 상태에서 펌프가 기동하여 최 상한점에 도달하여 공회전하는 운전

04년-10월, 09년-10월, 12년-07월

18 기동용 수압개폐장치의 구성요소 중 압력챔버의 역할을 2가지로 요약하여 설명하시오.

풀이 ○답 : ① 펌프의 기동 및 정지
② 수격작용방지
③ 규격 방수압력 유지

09년-07월

19 어느 옥내소화전에서 방수압력이 0.4MPa 일 때 방수량은 140L/min 이었다면 방수압력을 0.3MPa로 감소시키면 방수량(L/min)은 얼마가 되는지 계산하시오.

○ 계산과정 : ① 방수압력이 0.4MPa 일 때
$$Q(\text{L/min}) = K\sqrt{10P(\text{MPa})} \quad 140\text{L/min} = K\sqrt{10 \times 0.4}$$
$$\therefore K = 70$$
② 방수압력이 0.3MPa 일 때
$$Q = K\sqrt{10 \times P(\text{MPa})}$$
$$\therefore Q = 70\sqrt{10 \times 0.3} = 121.24\text{L/min}$$

○ 답 : 121.24L/min

09년-07월

20 물계통의 소화설비 중 수평회전축 펌프를 사용하는 경우 화재안전기술기준상 흡입측 배관 설치기준을 2가지만 기술하시오. (단, 수조가 펌프보다 낮게 설치된 경우로 가정한다)

○ 답 : ① 공기고임이 생기지 아니하는 구조로 하고 여과장치를 설치할 것
② 각 펌프(충압펌프 포함)마다 수조로부터 별도로 설치할 것

13년-07월

21 불연재료로 된 특정소방대상물 또는 그 부분으로서 옥내소화전 방수구를 설치하지 아니할 수 있는 곳 5가지만 쓰시오. (5점)

○ 답 :
① 냉장창고 중 온도가 영하인 **냉장실** 또는 냉동창고의 **냉동실**
② 고온의 노가 설치된 장소 또는 물과 격렬하게 반응하는 물품의 저장 또는 취급 장소
③ 발전소 · 변전소 등으로서 **전기시설이 설치된 장소**
④ 식물원 · 수족관 · 목욕실 · 수영장(관람석 부분을 제외) 또는 그 밖의 이와 비슷한 장소
⑤ 야외음악당 · 야외극장 또는 그 밖의 이와 비슷한 장소

22 다음 그림을 보고 각각의 물음에 답하시오. (7점)

(물음 1) ①의 명칭을 쓰고 최소 용량이 몇 L 이상인지 쓰시오.
(물음 2) ②의 체크밸브의 고유명칭 및 기능 2가지를 쓰시오.
(단, 기능 설명에서 역류방지기능 설명은 제외하고 작성한다.)
○고유명칭 :
○기능 : 1)
            2)
(물음 3) ③ 배관의 명칭과 규격(mm)을 쓰시오.
(물음 4) ④의 명칭을 쓰시오.
(물음 5) ⑤의 명칭과 최소용량이 몇 L 이상인지 쓰시오.
(물음 6) ⑥의 명칭을 쓰시오.

풀이 **(물음 1)** ○답 : 명칭 : 기동용 수압개폐장치(압력챔버), 최소용량 : 100L 이상
(물음 2) ○답 : ○고유명칭 : 스모렌스키체크밸브(해머레스체크밸브 또는 리프트형 스프링체크밸브)
○기능 : 1) 수격작용방지기능
        2) by pass기능(역류기능)
(물음 3) ○답 : 배관의 명칭 : 순환배관, 배관의 규격 : 20mm 이상
(물음 4) ○답 : 릴리프밸브
(물음 5) ○답 : 명칭 : 물올림수조, 최소용량 : 100L 이상
(물음 6) ○답 : 오버플로우 배관

23 소방법상으로 옥내소화전 설치대상 건축물로서 소화전 설치수가 지하 1층 2개소, 1~3층까지 각 4개소씩, 5, 6층에 각 3개소, 옥상 층에는 시험용 소화전을 설치하였다. 본 건축물의 층고는 28m(지하층은 제외), 가압펌프의 흡입고 1.5m, 직관의 마찰손실 6m, 호스의 마찰손실 6.5m, 이음쇠 밸브류 등의 마찰손실 8m일 때 다음 물음에 답하시오.(단, 지하층의 층고는 3.5m로 하고, 기타 사항은 무시한다.)

(물음 1) 본 소화설비 전용 수원의 확보 용량은 얼마 이상이어야 하는가? (단, 전용 수원 확보량은 법적 수원 확보량의 15%를 가산한 량으로 한다.)

(물음 2) 옥내 소화전을 가압 송수장치의 Pump 토출량(m^3/min)은 얼마 이상이어야 하는가? (단, Pump 토출량은 안전율 15%를 가산한 량으로 산정한다.)

(물음 3) 가압 송수장치를 지하층에 설치할 경우 Pump의 전양정(m)은 얼마로 해야 하는가?

(물음 4) 가압송수장치의 전동기의 용량(kW)은 얼마 이상으로 설치해야 하는가? (단, $E=0.65$, $K=1.1$)

(물음 5) 옥상층(PH층)에서 옥내 소화전의 수압력을 측정한 결과 0.7MPa이었다. 이때의 유량계수를 결정하시오. (단, 유량은 펌프 토출량으로 하고, 노즐 구경은 16mm임)

풀이 (물음 1)
○ 계산과정 : 옥내소화전의 수원의 양 $Q(m^3) = N \times 2.6m^3$ 이상(N : 최대 2개)

$$\therefore Q = 2 \times 2.6m^3 \times \frac{115}{100}(15\%가산량) = 5.98m^3$$

○ 답 : $5.98m^3$ 이상

(물음 2)
○ 계산과정 : 옥내소화전의 펌프분당 송수량 $Q(L/분) = N \times 130L/분$ (N: 최대 2개)

$$\therefore Q = 2 \times 130L/분 \times \frac{115}{100}(15\%안전율) = 2.99L/분 = 0.299m^3/분$$

○ 답 : $0.30m^3$/분

(물음 3)
○ 계산과정 : 전양정 $H(m) = h_1 + h_2 + h_3 + 17m$

h_1 : 실양정(흡입＋토출양정)
h_2 : 배관 및 관부속품 마찰손실수두
h_3 : 소방용 호스의 마찰손실수두
$h_1 = 1.5 + 3.5 + 28 = 33m$ $h_2 = 6 + 8 = 14m$ $h_3 = 6.5m$
$\therefore H = 33 + 14 + 6.5 + 17 = 70.5m$

○답 : 70.5m

(물음 4)

○계산과정 : $P(kW) = \dfrac{9.8 \times Q(m^3/s) \times H(m)}{E(펌프효율)} \times K(전달계수)$

$\therefore P(kW) = \dfrac{9.8 \times (0.30/60) \times 70.5}{0.65} \times 1.1 = 5.85kW$

○답 : 5.85kW 이상

(물음 5)

○계산과정 : $Q = 0.653D^2\sqrt{10P}\,C_o$ $D = 16mm$
$Q = 300l/분$, $P = 0.7MPa$
$\therefore 300 = 0.653 \times 16^2 \times \sqrt{10 \times 0.7} \times C_o$ $C_o = 0.68$

○답 : 0.68

13년-11월

24 펌프로부터 제일 먼 옥내소화전 노즐과 가장 가까운 곳의 옥내소화전 노즐의 방수압력 차이가 0.4MPa이며 펌프로부터 제일 먼 거리에 있는 옥내소화전 노즐의 방수압력이 0.17MPa 방수유량이 130LPm인 경우 가장 가까운 소화전의 방수유량(LPm)은 얼마인가? (5점)

○계산과정 : ① 가장 가까운 소화전의 방수압
$P = 0.17 + 0.4 = 0.57MPa$
② 방출계수 계산
$Q = K\sqrt{10P}$, $130l/min = K\sqrt{10 \times 0.17}$ $K = 99.71$
③ 방수량 계산
$Q = 99.71 \times \sqrt{10 \times 0.57} = 238.05LPm(L/min)$

○답 : 238.05LPm

13년-07월

25 지상 10층 건물의 각 층에 옥내소화전 3개씩을 설치한다. 다음 조건을 참조하여 각 물음에 답하시오. (9점)

[조건] ① 소화전 1개당 방사량은 150L/min
② 낙차는 24m
③ 배관의 마찰손실수두는 8m
④ 호스의 마찰손실수두가 7.8m
⑤ 펌프효율이 55%, 여유율은 10%
⑥ 20분간 연속 방수되는 것으로 할 것

(물음 1) 펌프의 최소 토출량(m^3/min)을 구하시오.
(물음 2) 전양정(m)을 구하시오.
(물음 3) 펌프모터의 최소동력(kW)을 구하시오.
(물음 4) 수원의 최소 저수량(m^3)을 구하시오.
 (주 펌프와 동등 이상의 성능이 있는 별도의 펌프로서 내연기관의 기동과 연동하여 작동된다)

(물음 1) 펌프의 최소 토출량
○계산과정 : $Q = 2 \times 150 \text{L/min} = 300 \text{L/min} = 0.3 \text{m}^3/\text{min}$
○답 : $0.3 \text{m}^3/\text{min}$

(물음 2) 전양정
○계산과정 : $h_1 = 24\text{m}$, $h_2 = 8\text{m}$, $h_3 = 7.8\text{m}$
$H = 24 + 8 + 7.8 + 17 = 56.80\text{m}$
○답 : 56.80m

(물음 3) 펌프모터의 최소동력
○계산과정 : $P(\text{kW}) = \dfrac{9.8\text{N/m}^3 \times (0.3\text{m}^3/60\text{s}) \times 56.80\text{m}}{0.55} \times 1.1 = 5.57\text{kW}$
○답 : 5.57kW

(물음 4) 수원의 최소 저수량
○계산과정 : $Q = 2 \times 150\text{L/min} \times 20\text{min} = 6000\text{L} = 6\text{m}^3$
○답 : 6m^3

상세해설

옥내소화전설비의 전양정

$$H = h_1 + h_2 + h_3 + 17\text{m}$$

여기서, H : 전양정(m), h_1 : 실양정(흡입양정 + 토출양정)(m)
h_2 : 배관마찰손실수두(m), h_3 : 소방호스의 마찰손실수두(m)
17m : 노즐선단의 방수압력 환산수두

모터동력

$$P(\text{kW}) = \frac{\gamma(\text{kN/m}^3) \times Q(\text{m}^3/\text{s}) \times H(\text{m})}{E(\text{효율})} \times K(\text{전달계수})$$

13년-11월

26 옥내소화전설비의 노즐에서 20분간 방수하면서 방수량을 측정하였더니 2000L이었다. 이 노즐의 방수압(kPa)을 구하시오.(단, 노즐의 구경은 20mm이다) **(4점)**

○계산과정 : $Q = 2000\text{L}/20\text{분} = 100\text{L}/\text{분}$

$$Q = 0.653 D^2 \sqrt{10P}$$

$$P = \frac{\left(\dfrac{Q}{0.653 \times D^2}\right)^2}{10}$$

$$P = \frac{\left(\dfrac{100}{0.653 \times 20^2}\right)^2}{10} = 14.657 \times 10^{-3}\text{MPa} = 14.66\text{kPa}$$

○답 : 14.66kPa

상세해설

노즐의 방수량 산정공식

$$Q = 0.653 D^2 \sqrt{10P}$$

여기서, Q : 방수량(L/분), D : 노즐내경(mm), P : 방수압(MPa)

13년-11월

27 아래 도면은 옥내소화전설비의 가압송수장치 주위의 일부도면을 보여주고 있다. 아래 도면을 보고 잘못된 부분을 4가지 지적하고 수정방법을 쓰시오.

(10점)

○답 : ① **잘못된 부분** : 충압펌프 및 주펌프의 흡입배관에 압력계 설치
　　　　수정방법 : 충압펌프 및 주펌프의 흡입배관에 진공계(연성계) 설치
　　② **잘못된 부분** : 주펌프 토출측 배관상 설치된 압력계 위치
　　　　수정방법 : 주펌프와 체크밸브 사이에 설치
　　③ **잘못된 부분** : 충압펌프의 토출측 체크밸브와 게이트밸브 설치위치
　　　　수정방법 : 체크밸브와 게이트밸브 설치위치를 바꾼다.
　　④ **잘못된 부분** : 주펌프의 성능시험배관상 유량조절밸브 1개 누락됨
　　　　수정방법 : 성능시험 배관상 유량계 다음에 유량조절밸브 설치

10년-04월

28 옥내소화전의 시험을 위하여 피토 게이지로 압력을 측정하니 0.2MPa 이었다. 노즐에서의 토출 유속(m/s)을 구하시오.

○계산과정 : ① $H = 0.2\text{MPa} \times \dfrac{10.332\text{m}}{0.101325\text{MPa}} = 20.39\text{m}$

② $\therefore U = \sqrt{2 \times 9.8 \times 20.39} = 19.99\,\text{m/s}$

○답 : 19.99m/s

상세해설

① $U = \sqrt{2gH}$, $g = 9.8\,\text{m/s}^2$, $H = 0.2\text{MPa} \times \dfrac{10.332\text{m}}{0.101325\text{MPa}} = 20.39\text{m}$

② $\therefore U = \sqrt{2 \times 9.8 \times 20.39} = 19.99\,\text{m/s}$

01년-11월, 03년-10월, 09년-07월, 13년-07월, 14년-04월

29 지상 4층 건물에 옥내 소화전을 설치하려고 한다. 각층에 옥내소화전 3개씩을 배치하며 이 때 실양정은 50m, 배관의 손실압력수두는 실양정의 25%라고 본다. 또 호스의 마찰손실수두가 3.5m 펌프효율이 65%, 전달계수가 1.1이고, 20분간 연속 방수되는 것으로 하였을 때 다음 물음에 답하시오. (8점)

(물음 1) 펌프의 최소토출량(m^3/분)을 구하시오.
(물음 2) 전양정(m)을 구하시오.
(물음 3) 펌프모터의 최소동력(kW)을 구하시오.
(물음 4) 수원의 최소 저수량(m^3)을 구하시오.

풀이 (물음 1) ○계산과정 : $Q = N \times 130L/분$ (N : 최대 2개)
∴ $Q = 2 \times 130L/분 = 260L/분 = 0.26m^3/분$
○답 : $0.26m^3/분$

(물음 2) ○계산과정 : $H \geq h_1 + h_2 + h_3 + 17m$
h_1 : 실양정(흡입+토출양정)
h_2 : 배관 및 관부속품 마찰손실수두
h_3 : 소방용 호스의 마찰손실수두(m)
∴ $H = 50 + (50 \times 0.25) + 3.5 + 17 = 83m$
○답 : $83m$

(물음 3) ○계산과정 : $P[kW] = \dfrac{\gamma(kN/m^3) \times Q(m^3/s) \times H(m)}{E(효율)} \times K(전달계수)$
$= \dfrac{9.8 \times (0.26/60) \times 83}{0.65} \times 1.1 = 5.96kW$
○답 : $5.96kW$

(물음 4) ○계산과정 : 수원의 저수량 $Q(m^3) = N \times 2.6m^3$ (N : 최대 2개)
∴ $Q = 2 \times 2.6m^3 = 5.2m^3$
○답 : $5.2m^3$

30 다음은 10층 건물에 설치한 옥내소화전 설비의 계통도이다. 각 물음에 답하시오. (12점)

[조건] 1) 배관의 마찰손실수두는 40m(소방호스, 관 부속품의 마찰손실수두 포함)
2) 펌프의 효율은 65%이다.
3) 펌프의 여유율은 10%적용한다.

(물음 1) Ⓐ~Ⓔ의 명칭을 쓰시오.
(물음 2) Ⓓ에 보유하여야 할 최소유효저수량(m³)은?
(물음 3) Ⓑ의 주된 기능은?
(물음 4) Ⓒ의 설치목적은 무엇인가?
(물음 5) Ⓔ항의 문짝의 면적은 얼마 이상이어야 하는가?
(물음 6) 펌프의 전동기 용량(kW)을 계산하시오.

(물음 1) ○답 : Ⓐ : 소화수조   Ⓑ : 기동용 수압개폐장치   Ⓒ : 수격방지기
Ⓓ : 옥상수조   Ⓔ : 옥내소화전

(물음 2) ○계산과정 : 옥상수조의 최소유효저수량은 유효수량의 $\frac{1}{3}$ 이상이다.

$$Q = N \times 2.6\text{m}^3 \times \frac{1}{3}$$

(Q : 옥상수조 최소유효저수량(m^3), N : 옥내소화전개수(최대 : 2개))

$\therefore Q = 2 \times 2.6m^3 \times \dfrac{1}{3} = 1.73m^3$

○답 : $1.73m^3$

(물음 3) ○답 : 펌프의 자동기동 및 정지

(물음 4) ○답 : 배관 내 수격작용 방지

(물음 5) ○답 : $0.5m^2$ 이상

(물음 6) ○계산과정 : $P[kW] = \dfrac{9.8 \times Q[m^3/s] \times H[m]}{E[\%/100]} \times K$

$Q = N \times 130L/분 = 2 \times 130L/분 = 260L/분 = 0.26m^3/60s$

$H = h_1 + h_2 + h_3 + 17m$

$H = 40m + 17m = 57m$ (h_1 : 실양정은 조건 및 계통도에 없으므로 무시)

$E = \dfrac{65}{100} = 0.65 \qquad K = 1.1$(여유율10%)

$\therefore P[kW] = \dfrac{9.8 \times 0.26/60 \times 57}{0.65} \times 1.1 = 4.10kW$

○답 : $4.10kW$

14년-11월

31
옥내소화전의 노즐에서 방수량이 200L/min이고 방수압력이 0.4MPa이었다. 만약 방수압력을 0.8MPa으로 변경하면 방수량(L/min)은 얼마가 되겠는가?

풀이

○계산과정 : $Q = K\sqrt{10P}$ 에서 $K = \dfrac{Q}{\sqrt{10P}} = \dfrac{200}{\sqrt{10 \times 0.4}} = 100$

$Q = K\sqrt{10P} = 100\sqrt{10 \times 0.8} = 282.84 L/min$

○답 : 282.84L/min

상세해설

방수량 계산공식

$$Q = K\sqrt{10P}$$

여기서, Q : 방수량(L/min), K : 방출계수, P : 방수압력(MPa)

03년-07월, 06년-04월

32 아래 조건을 보고 ( )안에 알맞은 답을 쓰시오.

[조건] 1. 주펌프의 토출량 $Q = 1500$L/min   TDH = 1MPa
2. 보조펌프의 토출량 $Q = 60$L/min   TDH = 1MPa
3. 각 압력스위치는 0.05MPa 차이를 둔다.

답란	주펌프의 기동압력 : (㉮)	보조펌프의 기동압력 : (㉯)
	주펌프의 정지압력 : 1.05MPa	보조펌프의 정지압력 : (㉰)

풀이 ○답 : ㉮ $0.95 - 0.05 = 0.9$MPa
㉯ $1 - 0.05 = 0.95$MPa
㉰ $1.05 - 0.05 = 1$MPa

참고
TDH = Total Dynamic Head(전양정)
TDH = HL + HF + HV
HL = 총정수두
HF = 총마찰손실
HV = 속도수두

03년-10월

33 옥내소화전설비의 펌프토출측 주배관의 구경을 선정하려한다. 주배관 내의 유량이 650L/min, 유속이 4m/s일 경우 배관관경을 아래 보기에서 선정하시오.

[보기]	급수관의 구경(mm)	25	32	40	50	65	80	90	100

풀이
○계산과정 : $Q = uA = u \times \dfrac{\pi}{4}D^2$ ∴ $D = \sqrt{\dfrac{4Q}{\pi u}}$

여기서, D : (m), Q : (m³/s), u : (m/s)
$Q = 650$L/min $= 0.65$m³/60s, $u = 4$m/s 이하

∴ $D = \sqrt{\dfrac{4 \times 0.65/60}{\pi \times 4}} = 0.05872$m $= 58.72$mm

∴ 58.72mm보다 큰 65mm를 선택한다.

○답 : 65mm

10년-07월

34 소화설비의 가압송수장치를 작동시켰을 때 주배관의 유속과 토출량을 측정한 결과 유속 6m/s, 유량이 분당 1,000L이었다면 본 소화설비의 주배관의 구경은 몇 mm가 되겠는지 구하시오. (3점)

풀이
○ 계산과정 : $D = \sqrt{\dfrac{4 \times (1/60)}{\pi \times 6}} \times 1000 = 59.47\text{mm} \quad \therefore\ 65\text{mm}$

○ 답 : 65mm

상세해설

$Q = uA = u \times \dfrac{\pi}{4}D^2 \quad \therefore\ D = \sqrt{\dfrac{4Q}{\pi u}} \times 1000$

여기서, D : 내경(mm), Q : 토출량(m^3/s), u : 유속(m/s)

$Q = 1000\text{L/min} = 1\text{m}^3/60\text{s}, \quad u = 6\text{m/s}$

$D = \sqrt{\dfrac{4Q}{\pi u}} \times 1000 = \sqrt{\dfrac{4 \times (1\text{m}^3/60\text{s})}{\pi \times 6\text{m/s}}} \times 1000 = 59.47\text{mm}$

$\therefore\ 65\text{mm}$

| 배관의 호칭구경(mm) | 25 | 32 | 40 | 50 | 65 | 80 | 90 | 100 |

10년-10월

35 옥내소화전을 위한 고가수조를 설치하려 한다. 호스의 마찰 손실압 0.078MPa, 배관의 총 마찰손실압(부속물 포함)이 0.025MPa일 때 고가수조와 최고위 방수구까지의 최소 수직거리(m)를 구하시오. (5점)

풀이
○ 계산과정 : $H = 2.5\text{m} + 7.8\text{m} + 17\text{m} = 27.3\text{m}$
○ 답 : 27.3m

상세해설

옥내소화전설비의 고가수조방식
$H = h_1 + h_2 + 17\text{m}$
여기서, H : 필요한 낙차(m), h_1 : 배관의 마찰손실수두(m)
h_2 : 소방용호스의 마찰손실수두(m)   17m : 노즐선단의 방수압력 환산수두
$h_1 = 0.025\text{MPa} = 2.5\text{m} \qquad h_2 = 0.078\text{MPa} = 7.8\text{m}$
$\therefore\ H = 2.5\text{m} + 7.8\text{m} + 17\text{m} = 27.3\text{m}$

제 03 장 옥내소화전설비

01년-11월, 14년-07월

36 물계통의 소화설비에서 펌프의 성능시험배관의 설치기준을 2가지 기술하시오. **(4점)**

○답 : ① 펌프의 토출측에 설치된 개폐밸브 이전에서 분기하여 설치하고 유량측정장치를 기준으로 전단 직관부에 개폐밸브를, 후단 직관부에는 유량조절밸브를 설치할 것
② 유량측정장치는 성능시험배관의 직관부에 설치하되 펌프의 정격토출량의 175% 이상 측정할 수 있는 성능이 있을 것.

10년-04월, 14년-11월

37 어떤 소방대상물에 옥내소화전을 각층에 7개씩 설치되도록 설계하려 할 때 지하수조 수원의 최소 유효 저수량(m^3)과 가압 송수장치의 최소 토출량(L/min)을 구하시오. **(4점)**

① 수원의 최소 유효 저수량(m^3, 계산과정 및 답) :
② 가압 송수장치의 최소 토출량(L/min, 계산과정 및 답) :

① 수원의 최소 유효저수량
　○계산과정 : $Q = 2 \times 2.6 m^3 = 5.2 m^3$
　○답 : $5.2 m^3$

② 가압송수장치 최소토출량
　○계산과정 : $Q = 2 \times 130 L/min = 260 L/min$
　○답 : $260 L/min$

상세해설

| 옥내소화전설비 수원의 최소 유효저수량 : $Q = N \times 2.6 m^3$ | N : 최대 2개 |
| 옥내소화전설비 가압송수장치 최소토출량 : $Q = N \times 130 L/min$ | N : 최대 2개 |

38 아래의 도면은 스프링클러설비에서 소화펌프의 성능시험배관의 계통도를 나타내고 있다. 다음 각 물음에 답하시오.

(물음 1) 펌프의 성능시험방법을 순서대로 쓰시오.
(물음 2) 성능시험결과 판정기준을 쓰시오.

풀이 (물음 1)

○답 : ① 무부하운전=체절운전(No Flow Condition)
　　　㉠ 펌프의 토출측 개폐밸브① 폐쇄
　　　㉡ 제어반에서 충압펌프 및 주펌프 운전스위치를 수동(manual)위치로 한다.
　　　㉢ 성능시험 배관 상 유량조절밸브③ 완전 폐쇄 후 개폐밸브② 완전 개방
　　　㉣ 제어반에서 주펌프 수동기동
　　　㉤ 릴리프밸브 작동압력을 압력계⑥로 확인(만약 릴리프밸브가 체절압력 이하에서 개방되지 않으면 릴리프밸브를 서서히 개방하여 체절압력 이하에서 압력수가 토출되도록 한다.)
② 정격부하운전=설계점운전(Rated Load)
　　　㉠ 펌프가 기동한 상태에서 성능시험 배관상 유량조절밸브③ 서서히 개방하여 유량계⑤의 유량이 정격토출량이 되도록 한다.
　　　㉡ 압력계⑥의 눈금을 읽어 압력을 확인
③ 피크부하운전=최대운전(Peak Load)
　　　㉠ 성능시험 배관상 유량조절밸브③를 더 개방하여 유량계⑤의 유량이 정격토출량의 150%가 되도록 한다.
　　　㉡ 압력계⑥의 눈금을 읽어 압력을 확인

(물음 2)　○답 : 체절운전 시 정격토출압의 140%를 초과하지 아니하고 정격 토출량의 150%로 운전시 정격토출압의 65% 이상이 되면 정상

03년-10월

39 아래의 각 물음에 답하시오.

(물음 1) 물분무 등 소화설비에서 소화펌프의 성능시험배관의 계통도를 펌프와 관련시켜 도시하시오.

(물음 2) 성능시험 배관의 설치목적은 무엇을 시험 확인하고자 하는지 간단히 쓰시오.

(물음 3) 펌프의 성능시험방법을 순서대로 쓰시오.

풀이 (물음 1) ○답 :

(물음 2) ○답 : 펌프성능이 정격 토출량의 150%로 운전시 정격토출압의 65% 이상이 되는가 확인하기 위하여

(물음 3) ○답 : ① 무부하운전=체절운전(No Flow Condition)
㉠ 펌프의 토출 측 개폐밸브 폐쇄
㉡ 제어반에서 충압펌프 및 주펌프 운전스위치를 수동(manual)위치로 한다.
㉢ 성능시험 배관 상 유량조절밸브③ 완전 폐쇄 후 개폐밸브② 완전 개방
㉣ 제어반에서 주펌프 수동기동
㉤ 릴리프밸브 작동압력을 압력계⑥로 확인(만약 릴리프밸브가 체절압력 이하에서 개방되지 않으면 릴리프밸브를 서서히 개방하여 체절압력 이하에서 압력수가 토출되도록 한다.)
② 정격부하운전=설계점운전(Rated Load)
㉠ 펌프가 기동한 상태에서 성능시험 배관상 유량조절밸브 서서히 개방하여 유량계의 유량이 정격토출량이 되도록 한다.

ⓒ 압력계의 눈금을 읽어 압력을 확인
③ 피크부하운전 = 최대운전(Peak Load)
  ㉠ 성능시험 배관상 유량조절밸브를 더 개방하여 유량계의 유량이 정격토출량의 150%가 되도록 한다.
  ⓒ 압력계의 눈금을 읽어 압력을 확인

03년-10월

40 소화설비의 가압송수장치에 사용되는 물올림장치(priming tank system)의 구성요소를 5가지만 쓰시오. (5점)

○답 : ① 물올림수조   ② 급수관   ③ 물올림관
       ④ 오버플로우관 ⑤ 배수관   ⑥ 감수경보장치 중 5가지

04년-04월

41 물계통의 소화설비로 기동장치를 기동용 수압개폐장치(압력챔버)에 설치하였다. 압력챔버의 내부가 물로 가득 차게 되면 어떤 현상이 발생할 수 있는가?

○답 : 배관 내에 미세한 압력변동에 압력스위치가 작동되어 펌프의 잦은 기동과 정지가 반복되는 현상이 발생한다.

15년-07월

42 압력챔버의 역할은 펌프의 2차측 게이트밸브에서 분기하여 전 배관내의 압력을 감지하고 있다가 배관내의 압력이 떨어지면 압력스위치가 작동하여 충압펌프 또는 주펌프를 기동시킨다. 그러므로 압력스위치를 정확히 조정해야 규격방수량과 규격방수압을 유지할 수 있다. 압력스위치는 RANGE와 DIFF를 상단부의 나사로 조정한다. Range와 Diff의 의미를 간단히 설명하시오. (3점)

○답 : • RANGE : 펌프의 작동정지점이다. 즉, 펌프가 가동되어 압력이 충전되어 설정 압력 범위 내가 되면 펌프가 정지되는 점이다.
       • DIFF : Range에 설정된 압력에서 Diff에 설정된 압력만큼 떨어지면 펌프가 기동되는 압력의 차이를 뜻한다.

15년-07월

43 특정소방대상물에 소방시설을 설치하려는 자는 지진이 발생할 경우 소방시설이 정상적으로 작동될 수 있도록 내진설계기준에 맞게 소방시설을 설치하여야 한다. 소방시설 중 내진설계기준에 맞게 설치하여야하는 것을 3가지만 쓰시오. (3점)

○답 : ① 옥내소화전설비 ② 스프링클러설비 ③ 물분무등소화설비

상세해설

소방시설 설치·유지 및 안전관리에 관한 법률 시행령
소방시설의 제15조의2(소방시설의 내진설계)
소방시설 중 옥내소화전설비, 스프링클러설비, 물분무등소화설비를 말한다.

03년-10월, 15년-11월

44 다음 그림은 펌프의 기동용 수압개폐장치(압력챔버)와 그 주변과의 연관성을 나타내는 그림이다. 기동용 압력챔버 공기를 재충전하려고 할 때의 조작순서를 요약하여 쓰시오.(단, 현재 펌프는 작동중지 상태이다.) (5점)

○답 : ① 밸브 A를 폐쇄한 후 밸브 B와 밸브C를 개방하고 배수한다.
② 밸브 B와 밸브 C를 폐쇄하고 펌프를 기동시킨다.
③ 밸브 A를 개방하여 압력탱크를 가압한다.
④ 펌프를 압력탱크의 압력스위치에 의하여 정지하도록 한다.

10년-04월, 15년-11월

45 옥내소화전 설비의 소화펌프 토출 측에서 유량이 1,500LPm, 압력이 0.7MPa 이었다. 이 소화펌프의 토출 측 주배관의 가장 적합한 호칭 경을 선정하시오. (단, 배관의 내경은 다음 표에 의한다.) **(4점)**

호칭경	내경(mm)	호칭경	내경(mm)	호칭경	내경(mm)
25A	25	65A	65	150A	150
32A	32	80A	80	200A	200
40A	40	100A	100	250A	250
50A	50	125A	125	300A	300

풀이 ○계산과정 : ① $U = 4\text{m/s}$ 이하
② $Q = 1500\,\text{Lpm} = 0.025\,\text{m}^3/\text{s}$
③ $\therefore D = \sqrt{\dfrac{4 \times 0.025}{\pi \times 4}} \times 1000 = 89.21\,\text{mm}$
$\therefore 100\text{mm}$를 선택한다.

○답 : 100A

상세해설

① $Q = UA = U \times \dfrac{\pi D^2}{4}$ $D = \sqrt{\dfrac{4Q}{\pi U}}$
② 펌프 토출측 배관유속 $U = 4\text{m/s}$ 이하
③ $Q = \dfrac{1500\,l}{\text{min}} \times \dfrac{1\,\text{m}^3}{1000\,\text{L}} \times \dfrac{1\,\text{min}}{60\,\text{s}} = 0.025\,\text{m}^3/\text{s}$

참고
Lpm = liter per minute(L/min)의 약자
Gpm = gallon per minute(gal/min)의 약자

04년-04월, 09년-04월, 16년-06월

46 물계통의 소화설비에서 수원의 수위가 펌프보다 낮은 위치에 있는 가압송수장치에는 물올림장치를 설치한다. 설치기준을 3가지만 쓰시오.

풀이 ○답 : ① 물올림장치에는 전용의 탱크를 설치할 것
② 탱크의 유효수량은 100L 이상으로 할 것
③ 구경 15mm 이상의 급수배관에 의하여 당해 탱크에 물이 계속 보급되도록 할 것

16년-04월

47 정격토출량 및 정격토출양정이 각각 800Lpm 및 80m인 표준수직원심펌프의 성능특성곡선을 그리고 체절점(양정, 토출량), 설계점(양정, 토출량), 운전점(양정, 토출량)을 명시하시오.

○ 답 : (1) **체절점**
① H(체절점 양정) $= 80\text{m} \times 1.4 = 112\text{m}$
② Q(체절점 유량) $= 0\text{L/min}$

(2) **설계점**
① H(설계점 양정) $= 80\text{m} \times 1.0(100\%) = 80\text{m}$
② Q(설계점 토출량) $= 800\text{L/min} \times 1.0(100\%) = 800\text{L/min}$

(3) **운전점**
① H(운전점 양정) $= 80\text{m} \times 0.65 = 52\text{m}$
② Q(운전점 유량) $= 800\text{L/min} \times 1.5 = 1200\text{L/min}$

상세해설

펌프의 성능
- 체절운전 시 정격토출압력의 140%를 초과하지 아니할 것
- 정격토출량의 150%로 운전 시 정격토출압력의 65% 이상이 되어야 할 것.

(1) **체절점**
① 체절점 양정 = 정격 토출양정 × 1.4(140%)
② 체절점 유량 = 펌프의 토출측 밸브가 모두 폐쇄된 상태 운전 즉 토출유량이 0인 유량

(2) **설계점**
① 설계점 양정 = 정격 토출양정 × 1.0(100%)
② 설계점 토출량 = 정격 토출량 × 1.0(100%)

(3) **운전점**
① 운전점의 양정 = 정격 양정 × 0.65(65%)
② 운전점 유량 = 정격토출량 × 1.5(150%)

05년-05월, 06년-11월, 10년-10월, 13년-04월, 15년-11월, 20년-05월

48 그림과 같은 옥내소화전 설비를 아래의 조건에 따라 설치하려고 한다. 이때 다음 물음에 답하시오.

[조건] ① P_1 = 옥내 소화전 펌프
② P_2 = 잡용수 양수펌프
③ 펌프의 풋밸브로부터 6층 옥내소화전함 호스 접결구까지의 마찰 손실 및 저항 손실수두는 실 양정의 30%로 한다.
④ 펌프의 체적효율(η_v) = 0.95, 기계효율(η_m) = 0.85, 수력효율 (η_n) = 0.8이다.
⑤ 옥내 소화전의 개수는 각층 3개씩이다.
⑥ 소방호스의 마찰손실 수두는 7m이다.
⑦ 전동기 전달계수(k)는 1.2이다.

(물음 1) 수원의 최소유효 저수량은 몇 m^3인가?
(물음 2) 펌프의 최소유량은 몇 L/min 인가?
(물음 3) 펌프의 양정은 몇 m인가?
(물음 4) 펌프의 전 효율은 몇 %인가?
(물음 5) 펌프의 수동력, 축동력, 모터동력은 각각 몇 kW인가?

　　　　　① 수동력 :
　　　　　② 축동력 :
　　　　　③ 모터동력 :
(물음 6) 6층의 옥내소화전에 지름 40mm 소방호스 끝에 노즐구경 13mm인 노즐 팁이 부착되어 있다. 이때 유량 130L/min의 물을 대기 중으로 방수할 경우 다음의 물음에 답하시오.(단, 유동에는 마찰이 없다.)
　　　　　① 소방호스의 평균 유속(m/s)를 구하시오.
　　　　　② 소방호스에 연결된 방수노즐의 평균 유속(m/s)를 구하시오.
　　　　　③ 운동량 때문에 생기는 반발력(N)을 계산하시오.
(물음 7) 만약 노즐에서 방수압력이 0.7MPa를 초과할 경우 감압하는 방법 3가지를 쓰시오.
(물음 8) 노즐 선단에서 봉상 방수의 경우 방수압 측정 요령을 쓰시오.

풀이 (물음 1) ○계산과정 :
　　　$Q = N \times 2.6\text{m}^3$ 이상 (N : 가장 많은 층의 옥내소화전 설치개수(최대 2개))
　　　$\therefore Q = 2 \times 2.6\text{m}^3 = 5.2\text{m}^3$
○답 : 5.2m^3

(물음 2) ○계산과정 :
　　　$Q = N \times 130\text{L/min}$ 이상
　　　　(N : 가장 많은 층의 옥내소화전 설치개수(최대 2개))
　　　$\therefore Q = 2 \times 130\text{L/min} = 260\text{L/min}$
○답 : 260L/min

(물음 3) ○계산과정 :
　　　$H = h_1 + h_2 + h_3 + 17\text{m}$
　　　　H : 전양정(m), h_1 : 실양정(흡입양정+토출양정)(m)
　　　　h_2 : 배관 마찰손실수두(m), h_3 : 소방용호스 마찰손실수두(m)
　　　　17m : 노즐의 방수압 환산수두
　　　$h_1 = 0.8 + 1 + 3 \times 6 + 2 = 21.8\text{m}$
　　　$h_2 = 21.8 \times 0.3 \left(\dfrac{30}{100}\right) = 6.54\text{m}$
　　　$h_3 = 7\text{m}$
　　　$\therefore H = 21.8 + 6.54 + 7 + 17 = 52.34\text{m}$
○답 : 52.34m

(물음 4) ○계산과정 :

펌프의 효율(%) = (기계효율) × (체적효율) × (수력효율) × 100

∴ 펌프의 효율(%) = 0.85 × 0.95 × 0.8 × 100 = 64.60%

○답 : 64.60%

(물음 5) ① ○계산과정 : 수동력 $L_W[\text{kW}] = \gamma[\text{kN}/\text{m}^3] \times Q[\text{m}^3/\text{s}] \times H[\text{m}]$

∴ $H[\text{kW}] = 9.8\text{kN}/\text{m}^3 \times (0.26\text{m}^3/60\text{s}) \times 52.34\text{m} = 2.22\text{kW}$

○답 : 2.22kW

② ○계산과정 : 축동력 $L_S[\text{kW}] = \dfrac{\gamma[\text{kN}/\text{m}^3] \times Q[\text{m}^3/\text{s}] \times H[\text{m}]}{E(\text{효율})}$

∴ $L[\text{kW}] = \dfrac{9.8\text{kN}/\text{m}^3 \times (0.26\text{m}^3/60\text{s}) \times 52.34\text{m}}{0.6460} = 3.44\text{kW}$

○답 : 3.44kW

③ ○계산과정 :

모터동력 $P[\text{kW}] = \dfrac{\gamma[\text{kN}/\text{m}^3] \times Q[\text{m}^3/\text{s}] \times H[\text{m}]}{E(\text{효율})} \times K(\text{전달계수})$

∴ $P[\text{kW}] = \dfrac{9.8\text{kN}/\text{m}^3 \times (0.26\text{m}^3/60\text{s}) \times 52.34\text{m}}{0.6460} \times 1.2 = 4.13\text{kW}$

○답 : 4.13kW

(물음 6) ① ○계산과정 :

$Q = UA \quad U = \dfrac{Q}{A} = \dfrac{Q}{\dfrac{\pi}{4}D^2} \quad Q = 130\text{L}/\text{min} = 0.13\text{m}^3/60\text{s}$

∴ $U = \dfrac{0.13\text{m}^3/60\text{s}}{\dfrac{\pi}{4} \times (0.04)^2 \text{m}^2} = 1.72\text{m/s}$

○답 : 1.72m/s

② ○계산과정 : $U = \dfrac{Q}{\dfrac{\pi}{4}D^2} = \dfrac{0.13\text{m}^3/60\text{s}}{\dfrac{\pi}{4} \times (0.013)^2 \text{m}^2} = 16.32\text{m/s}$

○답 : 16.32m/s

③ ○계산과정 : 노즐에서 운동량 때문에 발생하는 반발력

$F = Q \Delta U \rho = Q(U_2 - U_1)\rho$

F : 운동량 때문에 발생하는 반발력

Q : 유량(m^3/s)

U_1 : 소방용호스에서 유속(m/s)

U_2 : 노즐에서 유속(m/s)

ρ : 밀도(물의 밀도 : $1000\text{kg}/\text{m}^3$ 또는 $102\text{kgf} \cdot \text{s}^2/\text{m}^4$)

[방법 1]

$Q = 0.13\,\text{m}^3/60\text{s}$

$\Delta U = (U_2 - U_1) = (16.32 - 1.72) = 14.6\,\text{m/s}$

ρ : 밀도(물의 밀도 : $1000\,\text{kg/m}^3$)

$F = 0.13\,\text{m}^3/60\text{s} \times 14.6\,\text{m/s} \times 1000\,\text{kg/m}^3 = 31.63\,\text{kg} \cdot \text{m/s}^2(\text{N})$

○ 답 : 31.63N

[방법 2]

$Q = 0.13\,\text{m}^3/60\text{s}$

$\Delta U = (U_2 - U_1) = (16.32 - 1.72) = 14.6\,\text{m/s}$

ρ : 밀도(물의 밀도 : $102\,\text{kgf} \cdot \text{s}^2/\text{m}^4$)

$F = 0.13\,\text{m}^3/60\text{s} \times 14.6\,\text{m/s} \times 102\,\text{kgf} \cdot \text{s}^2/\text{m}^4 = 3.2266\,\text{kgf}$

$F = 3.2266\,\text{kgf} \times \dfrac{9.8\,\text{N}}{1\,\text{kgf}} = 31.62\,\text{N}$

○ 답 : 31.62N

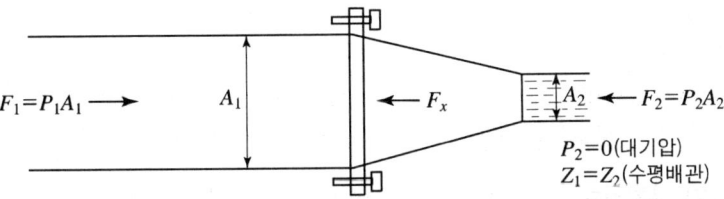

> **참고**
>
> 플랜지 볼트에 작용하는 힘 $Fx = \dfrac{\gamma A_1 Q^2}{2g}\left(\dfrac{A_1 - A_2}{A_1 A_2}\right)^2$
>
> F_x : 플랜지 볼트에 작용하는 힘, γ : 비중량(kgf/m³), Q : 유량(m³/s)
> g : 중력가속도(9.8m/s²), A : 단면적(m²)

(물음 7)   ○ 답 : ① 개별 펌프방식
② 중계 펌프방식
③ 고가 수조방식
④ 소화전밸브에 감압밸브 설치 방식
⑤ 가압송수장치에 압력조절밸브 설치 방식

(물음 8)   ○ 답 : **측정 방법** : 노즐선단에서 노즐구경의 약 $\dfrac{1}{2}$(즉 $\dfrac{D}{2}$, D : 노즐내경 mm)

만큼 떨어진 곳에서 피토관 입구를 수류의 중심선과 일치토록 하여 게이지상의 지침을 읽고 다음 공식에 의하여 방수량을 구한다.

$Q = 0.653 D^2 \sqrt{10P}$

Q : 방수량(L/min), D : 관경(노즐구경)mm, P : 방수압력(MPa)

참고 방수량 측정 상세도

11년-05월, 16년-11월

49 탬퍼스위치의 설치목적과 설치위치를 4곳만 쓰시오.
(1) 설치목적 (2) 설치위치

○답 : **(1) 설치목적** : 급수를 차단할 수 있는 밸브의 개폐상태를 감시제어반에서 확인할 수 있도록 하기위하여

(2) 설치위치 : ① 주펌프 및 충압펌프의 흡입측 개폐밸브
② 주펌프 및 충압펌프의 토출측 개폐밸브
③ 연결송수구와 수직배관사이 연결배관상 개폐밸브
④ 유수검지장치 및 일제개방밸브의 1차측 및 2차측 개폐밸브
⑤ 옥상수조와 수직배관의 연결배관상 개폐밸브
⑥ 그밖에 수조로부터 말단 방수구까지의 사이에 급수를 차단할 수 있는 개폐밸브

상세해설

탬퍼 스위치(Tamper Switch) (급수개폐밸브 작동표시스위치)
(1) **설치목적** : 급수를 차단할 수 있는 개폐밸브의 개폐상태를 감시제어반에서 확인할 수 있도록 하기위하여
(2) **설치기준**
① 급수개폐밸브가 잠길 경우 탬퍼 스위치의 동작으로 인하여 감시제어반 또는 수신기에 표시되어야 하며 경보음을 발할 것
② 탬퍼 스위치는 감시제어반 또는 수신기에서 동작의 유무확인과 동작시험, 도통시험을 할 수 있을 것
③ 급수개폐밸브의 작동표시 스위치에 사용되는 전기배선은 내화전선 또는 내열전선으로 설치할 것

16년-06월

50 최상층의 옥내소화전 방수구까지의 수직높이가 85m인 24층 건축물의 1층에 설치된 소화펌프의 정격토출압력은 1.2MPa이고 옥내소화전설비의 요구압력이 0.27MPa이며 펌프의 설정압력은 0.8MPa이다. 기타 마찰손실을 무시할 경우 다음 항목에 대하여 설명하시오.

① 펌프의 사양(양정)의 적합성 여부
② 펌프의 자동기동 여부

풀이 ○답 : ① **적합성 여부**
- 펌프의 정격토출양정 = 1.2MPa = 120m
- 펌프의 전양정 = 85m + 27m(0.27MPa) = 112m
- 펌프의 정격토출양정(120m) > 펌프의 전양정(112m)이므로 펌프의 사양(양정)은 적합하다.

② **자동기동 여부**
- 펌프의 자연압 = 0.85MPa(85m)
- 펌프의 설정압력 = 0.8MPa
- 펌프의 자연압(0.85MPa) > 펌프의 설정압력(0.8MPa)이므로 자동기동 되지 않는다.

상세해설

① **펌프의 정격토출압력**
  펌프 제작시 펌프의 명판에 표시되는 토출압력을 말한다.
② **펌프의 정격토출량**
  펌프 제작시 펌프의 명판에 표시되는 토출량을 말한다.
③ **펌프의 자연압**
  최고위 방수구로부터 펌프의 중심선까지의 수직거리
④ **펌프의 설정압력**
  펌프의 기동압력이며 정지는 수동으로 한다.

17년-06월

51 옥내소화전설비와 연결송수관설비의 배관을 겸용으로 설치한 특정소방대상물이 있다. 다음 조건을 참조하여 각 물음에 답하시오.

[조건] ① 옥내소화전은 각 층에 5개씩 설치되어 있다.
② 실양정은 20m이다.
③ 배관 및 관부속품의 마찰손실은 실양정의 25%로 한다.
④ 소방용호스의 마찰손실수두는 7.8m이다.

(물음 1) 전양정(m)을 산출하시오.
(물음 2) 펌프성능시험배관에 설치하는 유량측정장치의 최대측정유량(L/min)은 얼마인가?
(물음 3) 주배관의 구경(mm)은 얼마이상으로 하여야 하는가?

풀이 (물음 1) 전양정
○계산과정 : $H = 20\text{m} + (20 \times 0.25)\text{m} + 7.8\text{m} + 17\text{m} = 49.8\text{m}$
○답 : 49.8m

(물음 2) 최대측정유량
○계산과정 : $Q = 260\text{L/min} \times 1.75 = 455\text{L/min}$
○답 : 455L/min

(물음 3) ○답 : 100mm 이상

상세해설

(물음 1) 옥내소화전설비의 펌프 전양정

$$H = h_1 + h_2 + h_3 + 17\text{m}$$

여기서, h_1 : 소방용호스의 마찰손실수두(m), h_2 : 배관의 마찰손실수두(m)
h_3 : 실양정(흡입양정+토출양정)

(물음 2) 펌프의 성능시험배관
① 성능시험배관은 펌프의 토출측에 설치된 개폐밸브 이전에서 분기하여 설치
② 유량측정장치를 기준으로 전단 직관부에 개폐밸브를 후단 직관부에는 유량조절밸브를 설치할 것
③ 유량측정장치는 성능시험배관의 직관부에 설치하되, 펌프의 정격토출량의 175% 이상 측정할 수 있는 성능이 있을 것

(물음 3) 옥내소화전설비와 연결송수관설비의 겸용할 경우

구 분	주배관	가지배관
구 경	100mm 이상	65mm 이상

제 03 장 옥내소화전설비

14년-11월, 16년-11월

52 소화설비의 배관 중 소방용 합성수지배관으로 설치할 수 있는 경우를 3가지만 쓰시오. (6점)

O 답 : ① 배관을 지하에 매설하는 경우
② 다른 부분과 내화구조로 구획된 덕트 또는 피트의 내부에 설치하는 경우
③ 천장과 반자를 불연재료 또는 준불연 재료로 설치하고 그 내부에 습식으로 배관을 설치하는 경우

상세해설

배관의 설치기준
배관 이음은 각 배관과 동등 이상의 성능에 적합한 배관이음쇠를 사용하고 배관용 스테인리스강관(KS D 3576)의 이음을 용접으로 할 경우에는 알곤용접방식에 따른다.
(1) 배관 내 사용압력이 1.2MPa 미만일 경우에는 다음 각 목의 어느 하나에 해당하는 것
  ① 배관용 탄소강관(KS D 3507)
  ② 이음매 없는 구리 및 구리합금관(KS D 5301). 다만, 습식의 배관에 한한다.
  ③ 배관용 스테인리스강관(KS D 3576) 또는 일반배관용 스테인리스강관(KS D 3595)
  ④ 덕타일 주철관(KS D 4311)
(2) 배관 내 사용압력이 1.2MPa 이상일 경우
  ① 압력배관용탄소강관(KS D 3562)
  ② 배관용 아크용접 탄소강관(KS D 3583)

16년-11월

53 옥내소화전설비에는 제어반을 설치하되, 감시제어반과 동력제어반으로 구분하여 설치하여야 한다. 감시제어반의 기능에 대한 기준을 5가지만 쓰시오.

O 답 : ① 각 펌프의 작동여부를 확인할 수 있는 표시등 및 음향경보기능이 있어야 할 것
② 각 펌프를 자동 및 수동으로 작동시키거나 중단시킬 수 있어야 할 것
③ 비상전원을 설치한 경우에는 상용전원 및 비상전원의 공급여부를 확인할 수 있어야 할 것
④ 수조 또는 물올림수조가 저수위로 될 때 표시등 및 음향으로 경보할 것
⑤ 각 확인회로(기동용수압개폐장치의 압력스위치회로·수조 또는 물올림수조의 감시회로를 말한다)마다 도통시험 및 작동시험을 할 수 있어야 할 것
⑥ 예비전원이 확보되고 예비전원의 적합여부를 시험할 수 있어야 할 것

17년-06월

54 스프링클러설비 및 옥내소화전설비 겸용 충압펌프가 평상시 자주 기동과 정지를 반복한다. 발생 원인으로 생각되는 사항을 4가지만 쓰고 방지대책을 쓰시오.
(8점)

풀이 ○답 :

원 인	방 지 대 책
옥상수조의 배관상 체크밸브가 완전 폐쇄되지 않는 경우	▶옥상수조 배관상 체크밸브를 분해하여 시트를 청소하거나 또는 교체한다.
펌프의 토출측 주배관상 설치된 스모렌스키 체크밸브의 바이패스(by-pass)밸브가 개방된 경우	▶스모렌스키 체크밸브를 점검하여 수리하거나 교체한다.
연결송수구의 배관상 체크밸브의 고장	▶체크밸브를 점검하여 수리하거나 교체한다.
스프링클러설비의 경우 알람밸브에 설치한 드레인밸브 또는 말단시험 장치함의 시험밸브가 완전 폐쇄되지 않은 경우	▶드레인밸브 또는 시험밸브를 점검하여 수리 또는 교체한다.
소화설비의 배관 및 밸브 등에서 누수가 발생하는 경우	▶설비를 점검하여 교체 또는 수리한다.

상세해설

평상시 충압펌프가 자주 기동할 경우의 원인 및 방지대책

원 인	방 지 대 책
옥상수조의 배관상 체크밸브가 완전 폐쇄되지 않는 경우(체크밸브 시트에 이물질이 부착되어 배관 내 압력수가 고가수조측으로 역류하여 배관 내 압력이 감소한다.)	▶옥상수조 배관상 체크밸브를 분해하여 시트를 청소하거나 또는 교체한다.
펌프의 토출측 주배관상 설치된 스모렌스키 체크밸브의 바이패스(by-pass)밸브가 개방된 경우(배관 내 압력수가 스모렌스키 체크밸브의 하부측으로 역류하여 배관 내 압력이 감소한다.)	▶스모렌스키 체크밸브를 점검하여 수리하거나 교체한다.
연결송수구의 배관상 체크밸브의 고장(배관 내 압력수가 자동배수밸브 쪽으로 역류하여 배관 내 압력이 감소한다.)	▶체크밸브를 점검하여 수리하거나 교체한다.
스프링클러설비의 경우 알람밸브에 설치한 드레인밸브 또는 말단시험 장치함의 시험밸브가 완전 폐쇄되지 않은 경우	▶드레인밸브 또는 시험밸브를 점검하여 수리 또는 교체한다.
소화설비의 배관 및 밸브 등에서 누수가 발생하는 경우	▶설비를 점검하여 교체 또는 수리한다.

01년-07월, 10년-10월, 12년-04월, 15년-11월, 17년-06월

55 옥내소화전 노즐(관창)의 방수압을 피토게이지를 이용한 측정방법을 설명하고 피토게이지로 방수압을 측정하였더니 0.25MPa이고, 노즐의 내경은 13mm이었다. 이때 1분당 방수량(L/min)을 구하시오. (3점)

(가) 방수압력 측정방법   (나) 방수량(L/분)

풀이

(가) ○ **답** : 노즐선단에서 노즐내경의 약 $\frac{1}{2}$만큼 떨어진 곳에서 피토관 입구를 수류의 중심선과 일치토록 하여 게이지상의 압력을 읽는다.

(나) ○ **계산과정** : $Q = 0.653 \times 13^2 \times \sqrt{10 \times 0.25} = 174.49\,L/분$
○ **답** : 174.49L/분

상세해설

노즐의 방수량

$$Q = 0.653 \times D^2 \times \sqrt{10P}$$

여기서, Q : 방수량(L/분), D : 노즐내경(mm), P : 방수압(MPa)

[방수량 측정 상세도]

18년-06월

56 아래 그림 및 조건을 참조하여 체절압력을 확인하고 릴리프밸브의 개방압력을 설정하는 방법을 기술하시오. (7점)

[조건]
① 릴리프밸브는 체절압력에서 개방되지 않는 상태이다.
② 주 펌프의 운전은 제어반에서 수동으로 기동하는 것을 원칙으로 한다.
③ 릴리프밸브의 작동압력은 체절압력의 90%로 한다.
④ V_2 및 V_3 밸브는 폐쇄상태이다.

풀이 ○답 : ① 주밸브(V_1)를 폐쇄한다.
② 제어반에서 주 펌프를 수동으로 기동한다.
③ 압력계(P_1)를 확인하여 체절압력을 확인한다.
④ 개폐밸브(V_2)를 완전히 개방하고 유량조절밸브(V_3)를 서서히 개방하여 압력계(P_1)의 압력이 체절압력의 90%가 되도록 한다.
⑤ 릴리프밸브를 천천히 개방하여 압력수가 토출되도록 한다.
⑥ 제어반에서 주 펌프를 정지한다.
⑦ 가압송수장치를 정상상태로 복구한다.
 (V_1 개방, V_2 및 V_3 폐쇄, 주펌프 운전스위치 자동위치로 한다.)

18년-06월

57 소방법상으로 옥내소화전 설치대상 건축물로서 소화전 설치수가 지하 1층 2개소, 1~3층까지 각 5개소씩, 5, 6층에 각 3개소, 옥상 층에는 시험용 소화전을 설치하였다. 실양정(흡입+토출양정)은 37m, 배관의 마찰손실 6m, 호스의 마찰손실 6.2m, 이음쇠 밸브류 등의 마찰손실 8m일 때 다음 물음에 답하시오. (단, 펌프의 효율 E=75%, 전달계수 K=1.1로 한다) (12점)

(물음 1) 펌프의 최소유량은 몇 Lpm인가?
(물음 2) 수원의 최소유효 저수량은 몇 m^3인가? (옥상수조 포함)
(물음 3) 옥상수조에 필요한 최소유효 저수량은 몇 m^3인가?
(물음 4) 펌프의 전양정은 몇 m인가?
(물음 5) 펌프의 모터동력은 몇 kW인가?
(물음 6) 만약 노즐에서 방수압력이 0.7MPa를 초과할 경우 감압하는 방법 3가지를 쓰시오.
(물음 7) 노즐 선단에서 봉상 방수의 경우 방수압 측정 요령을 쓰시오.

풀이 (물음 1) 펌프의 최소유량

○ 계산과정 : $Q = 2 \times 130 = 260 \text{L/min}$

○ 답 : 260Lpm

(물음 2) 수원의 최소유효 저수량(옥상수조 포함)

○ 계산과정 : $Q = 2 \times 2.6 + 2 \times 2.6 \times \dfrac{1}{3} = 6.93 \text{m}^3$

○ 답 : 6.93m^3

(물음 3) 옥상수조에 필요한 최소유효 저수량

○ 계산과정 : $Q = 2 \times 2.6 \times \dfrac{1}{3} = 1.73 \text{m}^3$

○ 답 : 1.73m^3

(물음 4) 펌프의 전양정

○ 계산과정 : $H = 37 + (6 + 8) + 6.2 + 17 = 74.2 \text{m}$

○ 답 : 74.2m

(물음 5) 펌프의 모터동력

○ 계산과정 : $P = \dfrac{9.8 \times (0.26/60) \times 74.2}{0.75} \times 1.1 = 4.62 \text{kW}$

○ 답 : 4.62kW

(물음 6) 감압하는 방법 3가지

○답 : ① 개별 펌프방식　　　② 중계 펌프방식
　　　③ 고가 수조방식　　　④ 가압송수장치에 압력조절밸브 설치 방식
　　　⑤ 소화전밸브에 감압밸브 설치 방식 중 3가지

(물음 7) 노즐선단에서 방수압 측정요령

○답 : 노즐선단에서 노즐내경의 $\frac{1}{2}\left(\frac{d}{2}\right)$ 만큼 떨어진 곳에서 피토관 입구를 수류의 중심선과 일치토록 하여 게이지상의 압력을 읽는다.

상세해설

(물음 1) 펌프의 최소유량(L/min)
옥내소화전설비 펌프의 최소토출량
$Q = N \times 130 \text{L/min}$
여기서, N : 옥내소화전이 가장 많은 층의 설치개수(최대 2개)

(물음 2) 및 (물음 3) 수원의 최소 유효저수량(m^3)
- 옥내소화전설비 수원의 수량
$Q = N \times 2.6 [m^3]$
여기서, N : 옥내소화전이 가장 많은 층의 설치개수(최대 2개)
- 옥상수조 저수량
산출된 유효수량 외에 유효수량의 3분의 1 이상을 옥상에 설치
$Q = 유효수량 \times \frac{1}{3}$

(물음 4) 펌프의 양정(m)
옥내소화전설비의 전양정

$$H = h_1 + h_2 + h_3 + 17\text{m}$$

여기서, H : 전양정(m), h_1 : 실양정(흡입양정 + 토출양정)(m)
　　　h_2 : 배관마찰손실수두(m), h_3 : 소방호스의 마찰손실수두(m)
　　　17m : 노즐선단의 방수압력 환산수두

(물음 5) 모터동력

모터동력 $P(\text{kW}) = \dfrac{\gamma(\text{kN/m}^3) \times Q(\text{m}^3/\text{s}) \times H(\text{m})}{E(효율)} \times K(전달계수)$

(물음 7) 노즐선단에서 방수압 측정방법
방수량 계산방법

$$Q = 0.653 D^2 \sqrt{10P}$$

여기서, Q : 방수량(L/min) D : 관경(노즐구경, mm) P : 방수압력(MPa)

[방수량 측정 상세도]

14년-11월, 17년-11월, 18년-11월

58 용도가 근린생활시설인 특정소방대상물에 옥내소화전설비를 하였다. 조건을 참조하여 다음 각 물음에 답하시오. (10점)

[조건] ① 각층에 소화전을 4개씩 설치하였다.
② 펌프 토출 측 주배관의 구경은 유속이 4m/s 이하가 될 수 있는 크기 이상으로 할 것
③ 배관의 구경은 다음 표에 의한다.

호칭구경	40A	50A	65A	80A	100A
내경(mm)	42	53	69	81	105

④ 중력가속도는 $9.8 m/s^2$으로 한다.
⑤ 배관의 마찰손실 및 소방용호스의 마찰손실수두가 10m이고 실양정은 25m이다.

(물음 1) 펌프토출측 배관의 최소구경은 얼마로 하여야 하는지 호칭구경으로 답하시오.
(물음 2) 중력가속도 $g=9.8 m/s^2$일 경우 펌프의 체절압력(kPa)은 얼마인가?
(물음 3) 펌프성능은 정격토출량의 150%로 운전시 토출압력(kPa)은 얼마 이상이 되어야 하는가?
(물음 4) 펌프성능시험 배관상에 설치하는 유량측정장치의 최대측정유량(Lpm)은 얼마인가?
(물음 5) 펌프성능시험배관상의 유량계의 전단 직관부에는 (①)를 후단 직관부에는 (②)를 설치할 것. 에서 (   )안에 알맞은 답을 쓰시오.

풀이 (물음 1) ○계산과정 : $Q = 2 \times 130 = 260 l/\min = 0.26 m^3/60s$

$$D(mm) = \sqrt{\frac{4Q}{\pi u}} \times 1000 = \sqrt{\frac{4 \times 0.26/60}{\pi \times 4}} \times 1000$$
$$= 37.14 mm$$
∴ 50A(주배관 중 수직배관의 최소구경은 50mm)

○답 : 50A

(물음 2) ○계산과정 : 정격토출압력 $P = \gamma h = \rho g h = 1000 \times 9.8 \times 52$
$$= 509600 N/m^2 (Pa) = 509.6 kPa$$
체절압력 $P = 509.6 \times 1.4 = 713.44 kPa$

○답 : 713.44kPa

(물음 3) ○계산과정 : ① 전양정 $H = 25 + 10 + 17 = 52m$
② 전압력 $P = 9.8 kN/m^3 \times 52m = 509.6 kN/m^2 (kPa)$
③ 정격토출량의 150%로 운전시 토출압력(kPa)
$$P = 509.6 \times 0.65 = 331.24 kPa$$

○답 : 331.24kPa

(물음 4) ○계산과정 : $Q = 260 \times 1.75(175\%) = 455 l/\min$
○답 : 455Lpm

(물음 5) ○답 : ① 개폐밸브 ② 유량조절밸브

상세해설

(1) 옥내소화전설비의 펌프의 토출량
$Q = N \times 130 L/\min$(여기서, N : 가장 많이 설치된 층의 옥내소화전개수(최대 2개))

(2) 펌프의 토출측 배관의 최소 호칭구경
① 펌프 토출측 주배관의 구경은 유속이 4m/s 이하가 될 수 있는 크기 이상
② $D(mm) = \sqrt{\frac{4Q}{\pi u}} \times 1000$

(3) 펌프의 성능
① 체절운전 시 정격토출압력의 140%를 초과하지 아니 할 것
② 정격토출량의 150%로 운전 시 정격토출압력의 65% 이상이 되어야 할 것

(4) 펌프의 성능시험배관
① 성능시험배관은 펌프의 토출측에 설치된 개폐밸브 이전에서 분기하여 설치
② 유량측정장치를 기준으로 전단 직관부에 개폐밸브를 후단 직관부에는 유량조절밸브를 설치할 것
③ 유량측정장치는 성능시험배관의 직관부에 설치하되, 펌프의 정격토출량의 175% 이상 측정할 수 있는 성능이 있을 것

08년-04월, 11년-07월, 16년-11월, 19년-04월

59 그림은 어느 옥내소화전설비의 계통을 나타내는 Isometric Diagram이다. 이 설비에서 펌프의 정격토출량이 200L/min 일 때 주어진 조건을 이용하여 물음에 답하시오. (10점)

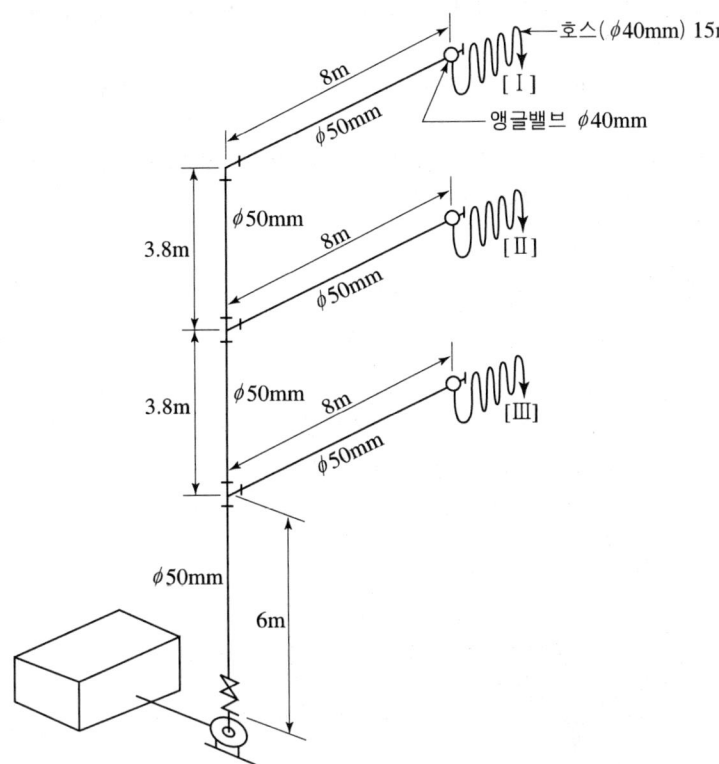

[조건]
(1) 옥내소화전 [I]에서 호스 관창 선단의 방수압과 방수량은 각각 0.17MPa, 130L/min이다.
(2) 호스길이 100m당 130L/min의 유량에서 마찰손실 수두는 15m이다.
(3) 각 밸브와 배관부속의 등가길이는 다음과 같다.
  앵글밸브(ϕ40mm) : 10m   게이트밸브(ϕ50mm) : 1m
  체크밸브(ϕ50mm) : 5m   티(ϕ50mm, 분류) : 4m
  엘보(ϕ50mm) : 1m
(4) 배관의 마찰 손실압은 다음의 공식을 따른다고 가정한다.
$$\Delta P = \frac{6 \times 10^4 \times Q^2}{120^2 \times d^5}$$
여기서, ΔP : 배관길이 1m당 마찰손실압력[MPa]
    Q : 유량[L/min]

> d : 관의 내경[mm](ϕ50mm 배관의 경우 내경은 53mm, ϕ40mm의 배관의 경우 내경은 42mm로 한다.)
> (5) 펌프의 양정은 토출량의 대소에 관계없이 일정하다고 가정한다.
> (6) 정답을 산출 할 때 펌프 흡입측의 마찰손실 수두, 정압, 동압 등은 일체 계산에 포함시키지 않는다.
> (7) 본 조건에 자료가 제시되지 아니한 것은 계산에 포함되지 아니한다.

(물음 1) 소방호스의 마찰손실수두[m]는 얼마인지 쓰시오.
  ○계산과정 :
  ○답 :

(물음 2) 최고위 앵글밸브에서의 마찰손실압력[kPa]은 얼마인지 쓰시오.
  ○계산과정 :
  ○답 :

(물음 3) 최고위 앵글밸브의 인입구로부터 펌프 토출구까지 배관의 총 등가길이[m]는 얼마인지 쓰시오.
  ○계산과정 :
  ○답 :

(물음 4) 최고위 앵글밸브의 인입구로부터 펌프 토출구까지의 마찰손실압력[kPa]은 얼마인지 쓰시오.
  ○계산과정 :
  ○답 :

(물음 5) 펌프 전동기의 소요동력은 몇 [kW]인지 쓰시오.(단, 펌프의 효율은 0.6, 전달계수는 1.1이다.)
  ○계산과정 :
  ○답 :

(물음 6) 옥내소화전[Ⅲ]을 조작하여 방수하였을 때의 방수량을 q(L/min)라고 할 때,
  (1) 이 소화전호스를 통하여 일어나는 마찰손실 압력[Pa]은 얼마인지 쓰시오.(단, q는 기호 그대로 사용하고, 마찰손실의 크기는 유량의 제곱에 정비례한다.)
    ○계산과정 :
    ○답 :
  (2) 당해 앵글밸브 인입구로부터 펌프 토출구까지의 마찰손실압력[Pa]은 얼마인지 쓰시오. (단, q는 기호 그대로 사용한다.)

○계산과정 :
○답 :
(3) 당해 앵글밸브의 마찰손실압력[Pa]은 얼마인지 쓰시오.
(단, q기호는 그대로 사용한다)
○계산과정 :
○답 :
(4) 호스 관창선단의 방수압[kPa]과 방수량[L/min]은 각각 얼마인지 쓰시오.
○계산과정 :
○답 :

풀이

(물음 1) ○계산과정 : $\Delta H_L = 15\text{m} \times \dfrac{15\text{m}}{100\text{m}} = 2.25\text{m}$

○답 : 2.25m

(물음 2) ○계산과정 : $\Delta P = \dfrac{6 \times 10^4 \times 130^2}{120^2 \times 42^5} \times 10\text{m} \times \dfrac{1000\text{kPa}}{1\text{MPa}} = 5.39\text{kPa}$

○답 : 5.39kPa

(물음 3) ○계산과정 : 직관길이 = 6 + 3.8 + 3.8 + 8 = 21.6m
등가길이 = 체크밸브 5m + 게이트밸브 1m + 엘보 1m = 7m
∴ 총 등가길이 = 21.6 + 7 = 28.6m

○답 : 28.6m

(물음 4) ○계산과정 : $\Delta P = \dfrac{6 \times 10^4 \times 130^2}{120^2 \times 53^5} \times 28.6\text{m} \times \dfrac{1000\text{kPa}}{1\text{Mpa}} = 4.82\text{kPa}$

○답 : 4.82kPa

(물음 5) ○계산과정 : 펌프 토출량 $Q = 200\text{L/min} = 0.2\text{m}^3/\text{min}$

전양정 $H = 13.6\text{m} + (5.39 + 4.82)\text{kPa} \times \dfrac{10.332\text{m}}{101.325\text{kPa}}$
$+ 2.25\text{m} + 17\text{m}$
$= 33.89\text{m}$

$P(\text{kW}) = \dfrac{9.8 \times (0.2/60) \times 33.89}{0.60} \times 1.1 = 2.03\text{kW}$

○답 : 2.03kW

(물음 6) 옥내소화전[Ⅲ]를 조작하여 방수하였을 때의 방수량을 q(L/min)라고 할 때

(1) 소화전호스의 마찰손실압력[Pa]

○계산과정 : $\Delta H_L = \dfrac{q^2}{130^2} \times 15 \times \dfrac{15}{100} = 1.3314 \times 10^{-4} \times q^2 \,\mathrm{m}$

$\therefore \Delta P = (1.3314 \times 10^{-4} \times q^2 \,\mathrm{m}) \times \dfrac{101325 \mathrm{pa}}{10.332 \mathrm{m}} = 1.31 q^2 \mathrm{Pa}$

○답 : $1.31 q^2 \mathrm{Pa}$

(2) 앵글밸브 인입구로부터 펌프 토출구까지의 마찰손실압력[Pa]

○계산과정 : 직관 및 등가길이
$= 6 + 8 + 5(\text{체크밸브}) + 1(\text{게이트밸브}) + 4(\text{티분류})$
$= 24 \mathrm{m}$

$\Delta P = \dfrac{6 \times 10^4 \times q^2}{120^2 \times 53^5} \times 24 \times \dfrac{10^6 \mathrm{pa}}{1 \mathrm{MPa}} = 0.24 q^2 \mathrm{Pa}$

○답 : $0.24 q^2 \mathrm{Pa}$

(3) 앵글밸브의 마찰손실압력[Pa]

○계산과정 : 앵글밸브($\phi 40$)의 등가길이 $= 10 \mathrm{m}$

$\Delta P = \dfrac{6 \times 10^4 \times q^2}{120^2 \times 42^5} \times 10 \times \dfrac{10^6 \mathrm{Pa}}{1 \mathrm{MPa}} = 0.32 q^2 \mathrm{Pa}$

○답 : $0.32 q^2 \mathrm{Pa}$

(4) 호스 관창선단의 방수압[kPa]과 방수량[L/min]

① 호스 관창선단의 방수압[kPa]

○계산과정 : 펌프의 토출압력(전 양정 환산 수두압)

전양정 환산수두압 $= 33.89 \mathrm{m} \times \dfrac{101.325 \mathrm{kPa}}{10.332 \mathrm{m}} = 332.36 \mathrm{kPa}$

낙차의 환산수두압력 $= 6 \mathrm{m} \times \dfrac{101.325 \mathrm{kPa}}{10.332 \mathrm{m}} = 58.84 \mathrm{kPa}$

배관 및 관 부속 마찰손실압력
$\Delta P = 0.24 q^2 \mathrm{Pa} + 0.32 q^2 \mathrm{Pa} = 0.56 q^2 \mathrm{Pa} = 0.56 \times 10^{-3} q^2 \mathrm{kPa}$

호스 마찰손실압력 $= 1.31 q^2 \mathrm{Pa} = 1.31 \times 10^{-3} q^2 \mathrm{kPa}$

호스 관창선단의 방수압력 계산
$=$ 펌프의 토출압력 $-$ (낙차의 환산수두압 $+$ 배관마찰손실압 $+$ 호스마찰손실압)

$P = 332.36 - 58.84 - (0.56 \times 10^{-3} q^2) - (1.31 \times 10^{-3} q^2)$
$\quad = 273.52 - (1.87 \times 10^{-3} q^2) \,\mathrm{kPa}$

$$\therefore P = 273.52 - (1.87 \times 10^{-3} \times 151.43^2) \text{kPa}$$
$$= 230.64 \text{kPa}$$

○답 : 230.64kPa

② 호스 관창선단의 방수량[L/min]

○계산과정 : $k = \dfrac{q}{\sqrt{10P}}$ $k = \dfrac{130}{\sqrt{10 \times 0.17}} = 99.71$

$$P = 273.52 - (1.87 \times 10^{-3} q^2) \text{kPa}$$
$$= [273.52 - (1.87 \times 10^{-3} q^2)] \times 10^{-3} \text{MPa}$$
$$k = 99.71$$
$$q = k\sqrt{10P}$$
$$q = 99.71\sqrt{10 \times [(273.52 - (1.87 \times 10^{-3} q^2)] \times 10^{-3}}$$
$$1.18592 q^2 = 27193.59$$
$$q = \sqrt{\dfrac{27193.59}{1.18592}} = 151.43 \text{L/min}$$

○답 : 151.43L/min

19년-06월

60 지상 4층 건물에 호스릴옥내소화전을 설치하려고 한다. 각층에 호스릴옥내소화전 4개씩을 배치하며 이때 실양정은 50m, 배관의 손실압력수두는 실양정의 25%라고 본다. 또 호스의 마찰손실수두가 3.5m이며 20분간 연속 방수되는 것으로 하였을 때 다음 각 물음에 답하시오. (5점)

(물음 1) 펌프의 최소토출량(L/분)을 구하시오.
(물음 2) 펌프의 최소 토출압력(MPa)을 구하시오.

풀이 (물음 1) **펌프의 최소토출량**(L/분)
○계산과정 : $Q = 2 \times 130 \text{L/min} = 260 \text{L/min}$
○답 : 260L/min

(물음 2) **펌프의 최소 토출압력**(MPa)
○계산과정 : $H = 50\text{m} + (50\text{m} \times 0.25) + 3.5\text{m} + 17\text{m} = 83\text{m}$
$$\therefore 0.83 \text{MPa}$$
○답 : 0.83MPa

상세해설

구분	옥내소화전설비	호스릴 옥내소화전설비
수원의 양	옥내소화전의 설치개수가 가장 많은 층의 설치개수 (최대2개)×2.6m³ 이상	호스릴 옥내소화전의 설치개수가 가장 많은 층의 설치개수 (최대2개)×2.6m³ 이상
방수압	0.17MPa 이상	0.17MPa 이상
방수량	130L/min 이상	130L/min 이상
배관의 구경	가지배관 : 40mm 이상 주배관 중 수직배관 : 50mm 이상	가지배관 : 25mm 이상 주배관 중 수직배관 : 32mm 이상
수평거리	25m 이하	25m 이하

19년-06월

61 소방법상으로 옥내소화전 설치대상 건축물로서 소화전 설치수가 지하 1층 2개소, 1~3층까지 각 5개소씩, 5, 6층에 각 3개소, 옥상층에는 시험용 소화전을 설치하였다. 다음 각 물음에 답하시오. **(12점)**

(물음 1) 수원의 최소유효 저수량은 몇 m³인가?(옥상수조 포함)
(물음 2) 펌프의 토출량(L/min)은?
(물음 3) 도면에서 번호에 따른 명칭을 적으시오.(도면은 미완성)
(물음 4) 후렉시블조인트의 설치목적은?
(물음 5) 릴리이프밸브의 설치목적은?
(물음 6) 옥내소화전 노즐의 내경이 13mm이고 토출압력이 0.25MPa일 때 10분간 노즐에서 방수되는 물의 양(L)은?

풀이 (물음 1) 수원의 최소유효 저수량(m³)

○계산과정 : $Q = 2 \times 2.6\text{m}^3 + 2 \times 2.6\text{m}^3 \times \dfrac{1}{3} = 6.93\text{m}^3$

○답 : 6.93m³

(물음 2) 펌프의 토출량(L/min)

○계산과정 : $Q = 2 \times 130\text{L/min} = 260\text{L/min}$

○답 : 260L/min

(물음 3) 도면에서 번호에 따른 명칭
○답 : ① 감수경보장치   ② 스모렌스키체크밸브
　　　③ 릴리이프밸브   ④ 후렉시블조인트

(물음 4) 후렉시블조인트의 설치목적
　　　　○답 : 배관 내 진동을 흡수하여 배관 및 부속품의 파손방지

(물음 5) 릴리이프밸브의 설치목적
　　　　○답 : 펌프의 체절운전 시 체절압력 이하에서 작동하여 펌프 및 배관을 보호

(물음 6) 노즐에서 방수되는 물의 양(L)
　　　　○계산과정 : $Q = 0.653 \times 13^2 \times \sqrt{10 \times 0.25} \times 10\min = 1744.90\text{L}$
　　　　○답 : 1744.90L

19년-06월

62 지상16층의 계단실형(계단식) APT에 옥내소화전설비와 스프링클러설비를 설치한다. 옥내소화전은 3개/층, 폐쇄형스프링클러헤드는 28개/층 설치되며 소화펌프는 옥내소화전설비와 스프링클러설비 겸용으로 사용한다. 다음 각 물음에 답하시오. **(10점)**

(물음 1) 소화펌프의 전양정(m)을 산출하시오. (단, 실양정은 70m, 배관마찰손실수두는 25m, 안전율 10m를 고려한다.)
(물음 2) 소화설비에 필요한 수원의 최소 유효저수량(m^3)을 산출하시오. (옥상수조 포함)
(물음 3) 전동기의 소요동력(kW)을 산출하시오.
　　　　(단, 전달계수는 1.1, 펌프효율은 65%로 한다)
(물음 4) 감시제어반과 동력제어반으로 구분하여 설치하지 아니할 수 있는 경우를 3가지만 쓰시오.

풀이 (물음 1) 전양정(m)
　　　　○계산과정 : 전양정은 옥내소화전설비를 기준
　　　　　　　　　　$H = 70\text{m} + 25\text{m} + 17\text{m} + 10\text{m} = 122\text{m}$
　　　　○답 : 122m

(물음 2) 수원의 최소 유효저수량(옥상수조 포함)(m^3)
　　　　○계산과정 :
　　　　　　$Q = [2 \times 2.6\text{m}^3 + 10 \times 1.6\text{m}^3] + [2 \times 2.6\text{m}^3 + 10 \times 1.6\text{m}^3] \times \dfrac{1}{3}$
　　　　　　　$= 28.27\text{m}^3$
　　　　○답 : 28.27m^3

(물음 3) 전동기용량
　　○계산과정 : 펌프의 토출량
　　$Q = 2 \times 130\text{L/min} + 10 \times 80\text{L/min} = 1060\text{L/min} = 1.06\text{m}^3/\text{min}$
　　$P(\text{kW}) = \dfrac{9.8 \times (1.06/60) \times 122}{0.65} \times 1.1 = 35.75\text{kW}$
　　○답 : 35.75kW

(물음 4) 감시제어반과 동력제어반을 구분하여 설치하지 않아도 되는 경우
　　○답 : ① 내연기관에 따른 가압송수장치를 사용하는 경우
　　　　　② 고가수조에 따른 가압송수장치를 사용하는 경우
　　　　　③ 가압수조에 따른 가압송수장치를 사용하는 경우

상세해설

(1) 옥내소화전설비의 감시제어반과 동력제어반으로 구분하여 설치하지 아니할 수 있는 경우
　① 비상전원 설치대상에 해당하지 아니하는 특정소방대상물에 설치되는 옥내소화전설비
　② 내연기관에 따른 가압송수장치를 사용하는 옥내소화전설비
　③ 고가수조에 따른 가압송수장치를 사용하는 옥내소화전설비
　④ 가압수조에 따른 가압송수장치를 사용하는 옥내소화전설비

(2) 스프링클러설비의 감시제어반과 동력제어반으로 구분하여 설치하지 아니할 수 있는 경우
　① 다음 각 목의 어느 하나에 해당하지 아니하는 특정소방대상물에 설치되는 스프링클러설비
　　㉠ 지하층을 제외한 층수가 7층 이상으로서 연면적이 2,000m² 이상인 것
　　㉡ 특정소방대상물로서 지하층의 바닥면적의 합계가 3,000m² 이상인 것.
　② 내연기관에 따른 가압송수장치를 사용하는 스프링클러설비
　③ 고가수조에 따른 가압송수장치를 사용하는 스프링클러설비
　④ 가압수조에 따른 가압송수장치를 사용하는 스프링클러설비

63 옥상수조에 급수펌프로 물을 공급하고자 한다. 다음 조건을 참조하여 각 물음에 답하시오.

[조건]
① 펌프의 토출량은 $0.37\text{m}^3/\text{min}$이다.
② 직관의 길이는 100m이다.
③ 펌프에서 옥상수조까지 낙차는 50m이다.
④ 배관부속은 90°엘보 4개, 게이트밸브 1개, 체크밸브 1개, 풋밸브 1개이다.
⑤ 관이음 및 밸브 등의 등가길이는 다음 표를 이용할 것

[관이음 및 밸브 등의 등가길이]

관이음 및 밸브의 호칭경 DN(in)	90°(엘보)	45°(엘보)	90°T(분류)	카프링 90°T(직류)	게이트 밸브	글로우브 밸브	앵글 밸브
				등가길이(m)			
$40(1\frac{1}{2})$	1.5	0.9	2.1	0.45	0.30	13.5	6.5
50(2)	2.1	1.2	3.0	0.60	0.39	16.5	8.4
$65(2\frac{1}{2})$	2.4	1.5	3.6	0.75	0.48	19.5	10.2
80(3)	3.0	1.8	4.5	0.90	0.60	24.0	12.0
100(4)	4.2	2.4	6.3	1.20	0.81	37.5	16.5
125(5)	5.1	3.0	7.5	1.50	0.99	42.0	21.0
150(6)	6.0	3.6	9.0	1.80	1.20	49.5	24.0

* 체크밸브와 풋밸브의 등가길이는 이 표의 앵글밸브에 준한다.

(물음 1) 펌프 토출측 배관 내 유속을 2.4m/s 이하로 하는 경우 관경을 구하시오.
(물음 2) 펌프의 전 양정(m)을 계산하시오.
(단, 직관1m당 마찰손실은 80mmAq로 한다.)
(물음 3) 펌프의 동력(kW)을 계산하시오.
(단, 전달계수 $K=1.1$, 펌프효율은 68%로 한다.)

풀이 (물음 1) 펌프 토출측 배관 내 유속을 2.4m/s 이하로 하는 경우 관경
○계산과정 :
$$D = \sqrt{\frac{4Q}{\pi u}} \times 1000 = \sqrt{\frac{4 \times 0.37\text{m}^3/60\text{s}}{\pi \times 2.4\text{m/s}}} \times 1000 = 57.20\text{mm}$$
표에서 DN65 선택
○답 : DN65

(물음 2) 펌프의 전 양정(m)
　　○계산과정 :
　　　① 총 직관의 길이
　　　　$L = 100m + (90° 엘보4 \times 2.4m) + (게이트밸브1 \times 0.48)$
　　　　　$+ (체크밸브1 \times 10.2) + (풋밸브1 \times 10.2m)$
　　　　　$= 130.48m$
　　　② 배관의 마찰손실
　　　　$\Delta H = 130.48m \times \dfrac{80mmAq}{1m} = 10438.4mmAq = 10.44mAq$
　　　③ 전양정 $H = 50 + 10.44 = 60.44m$
　　○답 : 60.44m

(물음 3) 펌프의 동력(kW)
　　○계산과정 :
　　　$P(kW) = \dfrac{9.8 \times (0.37/60) \times 60.44}{0.68} \times 1.1 = 5.91kW$
　　○답 : 5.91kW

06년-04월, 12년-04월, 19년-11월

64 옥내소화전에 관한 설계시 아래 조건을 읽고 답하시오. (12점)

[조건]
㉮ 건물규모 : 3층 × 각층의 바닥면적 $1200m^2$
㉯ 옥내소화전 수량 : 총 12개(각 층당 4개 설치)
㉰ 소화펌프에서 최상층 소화전호스 접결구까지 수직거리 : 15m
㉱ 소방호스 : $\phi 40mm \times 15m$(고무내장)
㉲ 호스의 마찰손실 수두값(호스 100m당)

구분 유량 (L/min)	호스의 호칭구경(mm)					
	40		50		65	
	마호스	고무내장호스	마호스	고무내장호스	마호스	고무내장호스
130	26m	12m	7m	3m	–	–
350	–	–	–	–	10m	4m

㉳ 배관 및 관부속의 마찰손실수두 합계 : 30m
㉴ 배관 내경

호칭구경	15A	20A	25A	32A	40A	50A	65A	80A	100A
내경(mm)	16.4	21.9	27.5	36.2	42.1	53.2	69	81	105.3

㉘ 펌프의 동력전달계수

동력전달형식	전달계수	동력전달형식	전달계수
전동기	1.1	전동기 이외의 것	1.2

㉙ 펌프의 구경에 따른 효율(단, 펌프의 구경은 펌프의 토출측 주배관의 구경과 같다.)

펌프의 구경(mm)	40	50~65	80	100	125~150
펌프의 효율(E)	0.45	0.55	0.60	0.65	0.70

(물음 1) 소방펌프의 정격유량과 정격양정을 계산하시오.
　　　　　(단, 흡입양정은 무시)
(물음 2) 소화펌프의 토출측 최소관경을 구하시오.
(물음 3) 소화펌프의 모터동력(kW)를 계산하시오.
　　　　　(단, 펌프는 디젤엔진 구동방식이다.)
(물음 4) 펌프의 성능은 체절운전 시 정격토출압력의 (①)%를 초과하지 아니하여야 하고 유량측정장치는 성능시험배관의 직관부에 설치하되 펌프의 정격토출량의 (②)% 이상 측정 할 수 있는 성능이 있을 것.에서 (　)안에 알맞은 답을 쓰시오.
(물음 5) 만일 펌프로부터 제일 먼 옥내소화전 노즐과 가장 가까운 곳의 옥내소화전 노즐의 방수압력 차이가 0.4MPa이며 펌프로부터 제일 먼 거리에 있는 옥내소화전 노즐의 방수압력이 0.17MPa 방수유량이 130LPm인 경우 가장 가까운 소화전의 방수유량(LPm)은 얼마인가?
(물음 6) 옥상에 저장하여야 할 수원의 양(m^3)은 얼마인가?

풀이 (물음 1) 소방펌프의 정격유량과 정격양정

(1) 정격유량(L/분)
　　ㅇ계산과정 : $Q = 2 \times 130 = 260\,L/분$
　　ㅇ답 : 260L/분

(2) 정격양정(m)
　　ㅇ계산과정 : $H = 15 + 30 + \left(15 \times \dfrac{12}{100}\right) + 17 = 63.8\,m$
　　ㅇ답 : 63.8m

(물음 2) 소화펌프의 토출측 최소관경
　　ㅇ계산과정 : 옥내소화전 토출 측 배관 내 유속은 4m/s 이하

$$D = \sqrt{\frac{4 \times (0.26/60)}{\pi \times 4}} \times 1000 = 37.14\text{mm}$$

조건 ㈐에서 선택하면 50A

∴ 50A(주배관 중 수직배관의 최소구경은 50mm)

○답 : 50A

(물음 3) 소화펌프의 모터동력

○계산과정 : $P(\text{kW}) = \dfrac{9.8 \times (0.26/60) \times 63.8}{0.55} \times 1.2 = 5.91\text{kW}$

○답 : 5.91kW

(물음 4)　○답 : ① 140　② 175

(물음 5) 소화전의 방수유량

○계산과정 : ① 가장 가까운 소화전의 방수압 $P = 0.17 + 0.4 = 0.57\text{MPa}$

② $Q = K\sqrt{10P}$　　$130\text{L}/분 = K\sqrt{10 \times 0.17}$　　$K = 99.71$

∴ $Q = 99.71 \times \sqrt{10 \times 0.57} = 238.05\text{LPm}(l/\min)$

○답 : 238.05LPm

(물음 6) 옥상에 저장하여야 할 수원의 양

○계산과정 : 옥상에 저장하여야 할 수원의 양(m^3)은 산출된 유효수량의 $\dfrac{1}{3}$ 이상

∴ $Q = 2 \times 2.6\text{m}^3 \times \dfrac{1}{3} = 1.73\text{m}^3$

○답 : 1.73m³

상세해설

(물음 1) $Q = N \times 130\text{L}/분$ (N : 최대 2개)

(물음 2) $H = h_1 + h_2 + h_3 + 17\text{m}$

$Q = UA$ 옥내소화전 토출 측 배관 내 유속은 4m/s 이하

∴ $U = \dfrac{Q}{A} = \dfrac{Q}{\dfrac{\pi D^2}{4}}$　　$D = \sqrt{\dfrac{4Q}{\pi U}}$

(물음 3) $P(\text{kW}) = \dfrac{\gamma QH}{E} \times K$

$\gamma = 9.8\text{kN/m}^3$　$Q = 0.26\text{m}^3/60\text{s}$　$H = 63.8\text{m}$　$E = 0.55$　$K = 1.2$

05년-05월, 06년-11월, 20년-11월

65 그림과 같은 옥내소화전설비를 다음 조건과 화재안전기술기준 등에 따라 설치하려고 한다. 각 물음에 답하시오. (단, 풋밸브는 지하수조 바닥으로부터 0.2m)

(9점)

[조건] ① P_1 : 옥내소화전 펌프
② P_2 : 잡용수 양수펌프
③ 펌프의 풋밸브로부터 9층 옥내소화전함의 호스접속구까지 마찰손실 및 저항손실수두는 실양정의 25%로 한다.
④ 펌프의 효율은 70%
⑤ 옥내소화전의 갯수는 각층 2개씩이다.
⑥ 소화호스의 마찰손실수두는 7.8m이다.

(1) 펌프의 최소 토출량(L/min)을 구하시오.
(2) 수원의 최소 유효저수량은(m^3)을 구하시오.
(3) 펌프의 최소 토출압력(kPa)을 구하시오.
(4) 펌프의 최소 축동력(kW)을 구하시오.

풀이 (1) **펌프의 최소 토출량**(L/min)
  ○ 계산과정 : $Q = 2 \times 130 \text{L/min} = 260 \text{L/min}$
  ○ 답 : 260L/min

(2) 수원의 최소 유효저수량은(m^3)
　○계산과정 : $Q = 2 \times 2.6m^3 = 5.2m^3$
　○답 : $5.2m^3$

(3) 펌프의 최소 토출압력(kPa)
　○계산과정 : $H = h_1 + h_2 + h_3 + 17m$
　　　　　　　$h_1 = 0.8 + 1.0 + (3.5 \times 9) + 1.5 = 34.8m$
　　　　　　　$h_2 = 34.8 \times 0.25 = 8.7m$
　　　　　　　$h_3 = 7.8m$
　　　　　　　$H = 34.8 + 8.7 + 7.8 + 17 = 68.3m$
　　　　　　　$P = \gamma H = 9.8kN/m^3 \times 68.3m = 669.34kN/m^2(kPa)$
　○답 : 669.34kPa

(4) 펌프의 최소 축동력(kW)
　○계산과정 : $P = \dfrac{\gamma QH}{E} = \dfrac{9.8 \times (0.26/60) \times 68.3}{0.7} = 4.14kW$
　○답 : 4.14kW

상세해설

옥내소화전설비

(1) 펌프의 최소 토출량(L/min)

$$Q = N \times 130 L/min \quad (N : \text{기준개수 또는 기준개수보다 적은 경우 설치개수})$$

(2) 수원의 최소 유효저수량(m^3)

$$Q = N \times 2.6m^3 \quad (N : \text{기준개수 또는 기준개수보다 적은 경우 설치개수})$$

(3) 펌프의 최소토출압력

① 전양정

$$H = h_1 + h_2 + h_3 + 17m$$

여기서, h_1 : 실양정(흡입+토출양정), h_2 : 배관 및 관부속품 마찰손실수두
　　　　h_3 : 소방용호스의 마찰손실수두(m)

② 수두(m)를 압력(kPa)으로 환산

$$P = \gamma H$$

여기서, P : 압력(kPa), γ : 비중량(물의 비중량=$9.8kN/m^3$)
　　　　H : 수두 또는 전양정(m)

(4) 펌프의 축동력

$$P(kW) = \dfrac{\gamma QH}{E}$$

여기서, P : 축동력(kW), γ : 비중량(물의 비중량=$9.8kN/m^3$), Q : 토출량(m^3/s)
　　　　H : 전양정(m), E : 효율(%/100)

04년-07월, 05년-05월, 06년-11월, 20년-11월

66 아래 그림과 같이 옥내 소화전설비를 다음 조건과 화재안전기술기준 등에 따라 설치하려 한다. 다음 각 물음에 답하시오.

[조건]
1. P_1 : 옥내 소화전 소화펌프
2. P_2 : 일반 급수 펌프
3. 펌프의 풋밸브에서 10층 소화전함의 호스접결구까지의 배관 마찰손실수두는 실양정의 30%로 한다.
4. 펌프의 효율은 65%이다.
5. 소방용호스의 마찰손실수두는 7.8m이다.
6. 옥내소화전은 각 층에 2개씩 설치되어 있음

(물음 1) 수원의 최소 유효저수량(m^3)은 얼마인가?
(물음 2) 펌프의 최소토출량(L/분)은 얼마인가?
(물음 3) 펌프의 양정(m)은 얼마인가?
(물음 4) 펌프의 축동력(kW)은 얼마 이상인가?
(물음 5) 체절운전시 수온상승 방지를 위한 순환배관의 최소구경(mm)을 쓰시오.
(물음 6) 주배관용 입상관의 최소구경(mm)을 쓰시오.
(물음 7) 물올림수조의 최소 유효수량(L)을 쓰시오.

(물음 1) ○계산과정 : $Q = N \times 2.6\text{m}^3(130\text{L/분} \times 20\text{분})$ N : 최대 2개

∴ $Q = 2 \times 2.6\text{m}^3 = 5.2\text{m}^3$

○답 : 5.2m^3 이상

(물음 2) ○계산과정 : $Q = N \times 130\text{L/분}$ N : 최대 2개

∴ $Q = 2 \times 130\text{L/분} = 260\text{L/분}$

○답 : 260L/분

(물음 3) ○계산과정 : $H = h_1 + h_2 + h_3 + 17\text{m}$

$h_1 : 0.8 + 1 + (3.5 \times 10) + 2 = 38.8\text{m}$

$h_2 : 38.8 \times \dfrac{30}{100} = 11.64\text{m}$

$h_3 : 7.8\text{m}$

∴ $H = 38.8 + 11.64 + 7.8 + 17 = 75.24\text{m}$

○답 : 75.24m

(물음 4) ○계산과정 : $P(\text{kW}) = \dfrac{\gamma \times Q \times H}{E}$

$P(\text{kW}) = \dfrac{9.8 \times (0.26/60) \times 75.24}{0.65} = 4.92\text{kW}$

○답 : 4.92kW 이상

(물음 5) ○답 : 20mm 이상

(물음 6) ○답 : 50mm

옥내 소화전의 주배관의 최소구경은 50mm 이상
연결송수관과 겸용시 주배관 최소구경은 100mm 이상

관 경	관이 담당하는 허용 유수량(L/분)
40	130
50	260
65	390
80	520
100	650

(물음 7) ○답 : 100L 이상

20년-07월

67 지상 5층의 특정소방대상물에 옥내소화전설비를 화재안전기술기준 및 조건에 따라 설치되었을 때 각 물음에 답하시오.

[조건] ① 옥내소화전은 각 층마다 6개씩 설치되었다고 한다.
② 실양정은 20m이고 배관상 마찰손실(소방용호스 제외)은 40m로 한다.
③ 소방용 호스의 마찰손실은 100m당 26m로 하고 호스의 길이는 15m, 수량은 2개이다.
④ 기타의 조건은 국가화재안전기술기준(NFTC)에 따른다.

(1) 옥상수조에 저장하여야 할 최소 유효저수량(m^3)은 얼마인가?
(2) 펌프의 최소 토출량(m^3/분)은 얼마인가?
(3) 전양정(m)은 얼마인가?
(4) 펌프의 성능은 정격토출량의 150%로 운전할 경우 정격토출압력은 최소 몇 MPa 이상이어야 하는지 구하시오.
(5) 펌프의 토출 측 주배관의 최소구경을 다음 [보기]에서 선정하시오.

[보기] 25mm, 32mm, 40mm, 50mm, 65mm, 80mm, 100mm

(6) 옥내소화전의 방수량이 200L/min일 때 방수압력이 0.2MPa이었다. 방수압력을 0.4MPa로 방수하였을 경우 방수량(L/min)은 얼마가 되겠는가?
(7) (6)에서 산정한 방수압과 방수량을 기준으로 노즐의 구경을 산출하시오.

풀이 (1) **최소 유효저수량**(m^3)

  ○계산과정 : $Q = 2 \times 2.6m^3 \times \dfrac{1}{3} = 1.73m^3$

  ○답 : $1.73m^3$

(2) **최소 토출량**(m^3/분)

  ○계산과정 : $Q = 2 \times 130L/min = 260L/min = 0.26m^3$/분

  ○답 : $0.26m^3$/분

(3) **전양정**(m)

  ○계산과정 : $H = 20m + 40m + \left(15m \times 2 \times \dfrac{26m}{100m}\right) + 17m = 84.8m$

  ○답 : 84.8m

(4) 정격토출압력(MPa)
   ○ 계산과정 : $P = 84.8\text{m} \times \dfrac{0.101325\text{MPa}}{10.332\text{m}} \times 0.65 = 0.54\text{MPa}$
   ○ 답 : 0.54MPa 이상

(5) 최소구경
   ○ 계산과정 : $d = \sqrt{\dfrac{4Q}{\pi u}} \times 1000 = \sqrt{\dfrac{4 \times 0.26\text{m}^3/60\text{s}}{\pi \times 4\text{m/s}}} \times 1000 = 37.14\text{mm}$
   주 배관 중 수직배관의 최소 구경은 50mm이다.
   ○ 답 : 50mm

(6) 방수량(L/min)
   ○ 계산과정 : ① 방출계수
   $Q = K\sqrt{10P}$ 에서 $K = \dfrac{Q}{\sqrt{10P}} = \dfrac{200}{\sqrt{10 \times 0.2}} = 141.42$
   ② 0.4MPa로 방수하였을 경우 방수량(L/min)
   $Q = 141.42 \times \sqrt{10 \times 0.4} = 282.84\text{L/min}$
   ○ 답 : 282.84L/min

(7) 노즐의 구경
   ○ 계산과정 : $d = \sqrt{\dfrac{Q}{0.653 \times \sqrt{10P}}} = \sqrt{\dfrac{282.84}{0.653 \times \sqrt{10 \times 0.4}}} = 14.72\text{mm}$
   ○ 답 : 14.72mm

상세해설

(1) 옥내소화전설비의 수원의 양
  ① 수원의 유효저수량(m³)
  > $Q = N \times 2.6\text{m}^3$ 이상 (N : 옥내소화전이 가장 많은 층의 설치개수(최대 2개))

  ② 옥상수조의 유효저수량(m³)
  > $Q = N \times 2.6\text{m}^3 \times \dfrac{1}{3}$ 이상 (N : 옥내소화전이 가장 많은 층의 설치개수(최대 2개))

(2) 펌프의 최소 토출량(m³/분)
  > $Q = N \times 130\text{L/min}$ 이상 (N : 옥내소화전이 가장 많은 층의 설치개수(최대 2개))

(3) 옥내소화전설비의 전양정
  > $H = h_1 + h_2 + h_3 + 17\text{m}$

여기서, h_1 : 실양정(흡입양정+토출양정)(m)
h_2 : 배관의 마찰손실 수두(m)
h_3 : 소방용호스 마찰손실 수두(m)

(4) 펌프의 성능
① 체절운전 시 정격토출압력의 140%를 초과하지 아니할 것
② 정격토출량의 150%로 운전 시 정격토출압력의 65% 이상이 되어야 할 것

(5) 펌프의 토출 측 주배관의 구경
① 유속이 4m/s 이하가 될 수 있는 크기 이상으로 하여야 할 것
② 옥내소화전방수구와 연결되는 가지배관의 구경은 40mm(호스릴옥내소화전설비 25mm) 이상으로 할 것
③ 주배관 중 수직배관의 구경은 50mm(호스릴옥내소화전설비 32mm) 이상으로 할 것

20년-10월

68 다음은 펌프의 성능시험에 관한 내용이다. 각 물음에 답하시오. (8점)

(1) 체절운전에 대하여 기술하시오.
(2) 정격운전에 대하여 기술하시오.
(3) 최대운전(피크운전)에 대하여 기술하시오.
(4) 펌프의 성능특성곡선을 그리고 체절운전점, 설계점, 운전점을 표시하시오.
(5) 다음은 옥내소화전설비에 설치된 펌프의 성능시험표이다. 빈칸의 번호에 알맞은 답을 쓰시오.

구분	체절운전	정격운전	최대운전
유량 Q(L/min)	0	520	(②)
압력 P(MPa)	(①)	0.7	(③)

풀이 (1) 체절운전
○답 : 펌프 토출측의 개폐밸브를 닫은 상태에서 성능시험배관의 유량조절밸브를 폐쇄하고 운전하여 토출압력을 확인하는 운전

(2) 정격운전
○답 : 펌프 토출측의 개폐밸브를 닫은 상태에서 성능시험배관의 유량조절밸브를 개방하여 정격토출량의 100%로 운전 시 토출압력을 확인하는 운전

(3) 최대운전
○답 : 펌프 토출측의 개폐밸브를 닫은 상태에서 성능시험배관의 유량조절밸브를 개방하여 정격토출량의 150%로 운전 시 토출압력을 확인하는 운전

(4) 펌프의 성능곡선
○답 :

(5) 성능시험표 빈칸 채우기
○계산과정 : ① $P = 0.7\text{MPa} \times 1.4(140\%) = 0.98\text{MPa}$
② $Q = 520\text{L/min} \times 1.5(150\%) = 780\text{L/min}$
③ $P = 0.7\text{MPa} \times 0.65(65\%) = 0.46\text{MPa}$
○답 : ① 0.98 ② 780 ③ 0.46

상세해설

성능시험배관상 유량조절밸브가 설치된 경우 펌프성능시험방법
(원칙적으로 성능시험배관상 개폐밸브 및 유량조절밸브가 설치되어야 한다.)

① 무부하운전=체절운전(No Flow Condition)
  ㉠ 펌프의 토출측 개폐밸브① 폐쇄
  ㉡ 제어반에서 충압펌프 및 주펌프 운전스위치를 수동(manual)위치로 한다.
  ㉢ 성능시험 배관 상 유량조절밸브③ 완전 폐쇄 후 개폐밸브② 완전 개방

  ② 제어반에서 주펌프 수동기동
  ⑩ 릴리프밸브 작동압력을 압력계⑥로 확인(만약 릴리프밸브가 체절압력 이하에서 개방되지 않으면 릴리프밸브를 서서히 개방하여 체절압력 이하에서 압력수가 토출되도록 한다.)

② **정격부하운전=설계점운전(Rated Load)**
  ㉠ 펌프가 기동한 상태에서 성능시험 배관상 유량조절밸브⑧ 서서히 개방하여 유량계⑦의 유량이 정격토출량이 되도록 한다.
  ㉡ 압력계④의 눈금을 읽어 압력을 확인

③ **피크부하운전=최대운전(Peak Load)**
  ㉠ 성능시험 배관상 유량조절밸브⑧를 더 개방하여 유량계⑦의 유량이 정격토출량의 150%가 되도록 한다.
  ㉡ 압력계④의 눈금을 읽어 압력을 확인

05년-10월

69 펌프의 운전에서 체절 양정이란 무엇인지 간단히 설명하시오.

○답 : 펌프의 명판에 표기된 양정 값에 1.4(140%)를 곱한 값이다.

05년-05월, 15년-07월

70 펌프의 토출측 순환 배관 상에 설치된 릴리프 밸브의 작동상태 확인 시험방법에 대하여 간단히 기술하시오. (5점)

○답 : ① 주 배관상 개폐밸브를 잠근다.
  ② 펌프를 기동시켜 체절 운전한다.
  ③ 릴리프밸브로부터 가압수가 토출될 때 압력계를 확인하여 체절압력보다 약간 낮은 압력인지 확인한다.

[참고] 만약 적절한 압력에서 작동하지 않으면 릴리프밸브의 뚜껑을 개방하고 압력조정나사를 좌우로 돌리면서 릴리프밸브의 작동시점을 체절압력보다 약간 낮은 압력으로 조정한다.
[체절압력 = 펌프의 명판에 표시된 양정 값(m)에 140%를 곱한 값을 MPa로 환산한 값]

00년-08월

71 그림은 어느 건물 내에 설치된 옥내소화전 호스내장함의 문을 열었을 때 보여진 모습을 나타내고 있다. 잘못된 점을 2가지만 지적하고, 그 이유를 설명하시오.

(8점)

- 답 : **잘못된 점**
  - 앵글밸브의 바닥으로부터 설치높이
  - 펌프 기동표시등(녹색)
  - 앵글밸브와 소방용 호스 연결 안됨

  이유
  - 앵글밸브는 바닥으로부터 1.5m 이하에 설치
  - 펌프 기동표시등은 적색으로 한다.
  - 앵글밸브와 소방용 호스는 평상시 연결되어 있어야 함

소방설비기사실기 (기계분야)

제 04 장
옥외소화전설비

소방설비기사 실기(기계분야)

03년-04월

01 옥외소화전설비에서 노즐선단의 방수입력이 0.3MPa이었다면 방수량은 몇 Lpm이 되겠는가?

풀이 ○ 계산과정 : $Q = 0.653 D^2 \sqrt{10P}$

Q : 방수량(L/분)
D : 노즐내경(mm) (옥외소화전 : 19mm, 옥내소화전 : 13mm)
P : 방수압력(MPa)

∴ $Q = 0.653 \times 19^2 \times \sqrt{10 \times 0.3} = 408.30 \text{L/분 (Lpm)}$

○ 답 : 408.30Lpm

09년-04월, 11년-05월, 19년-06월

02 어떤 소방대상물의 소화설비로 옥외소화전을 5개 설치하였다. 다음 각 물음에 답하시오. (4점)

(물음 1) 수원의 저수량(m^3)은 얼마 이상인가?
(물음 2) 가압송수장치의 토출량(L/min)은 얼마 이상인가?
(물음 3) 다음은 배관 등 설치기준이다. ( )안에 알맞은 답을 쓰시오.

> 호스접결구는 지면으로부터 높이가 (①)의 위치에 설치하고 특정소방대상물의 각 부분으로부터 하나의 호스접결구까지의 수평거리가 (②)가 되도록 설치하여야 한다.

풀이 (물음 1) ○ 계산과정 : $Q = N \times 7\text{m}^3 (350\text{L/min} \times 20\text{min})$ 이상

여기서, Q : 수원의 최소 유효저수량(m^3)
N : 옥외소화전 개수(최대 2개)

∴ $Q = 2 \times 7\text{m}^3 = 14\text{m}^3$ 이상

○ 답 : 14m^3 이상

(물음 2) ○ 계산과정 : $Q = N \times 350\text{L/min}$ 이상

여기서, Q : 펌프의 토출량(L/min)
N : 옥외소화전 개수(최대 2개)

∴ $Q = 2 \times 350\text{L/min} = 700\text{L/min}$

○ 답 : 700L/min 이상

(물음 3) ○ 답 : ① 0.5m 이상 1m 이하
② 40m 이하

18년-06월

03 상수도소화용수설비가 설치되지 않은 특정소방대상물에 옥외소화전설비를 설치하고자 한다. 아래 도면을 참조하여 다음 각 물음에 답하시오. (6점)

[도면]

(물음 1) 설치하여야 할 옥외소화전의 최소개수를 계산하시오.
　　　　○ 계산과정 :　　　　　　　　　　　　○ 답 :
(물음 2) 펌프의 최소 토출량(Lpm)을 계산하시오.
　　　　○ 계산과정 :　　　　　　　　　　　　○ 답 :
(물음 3) 수원의 최소 유효저수량(m^3)을 계산하시오.
　　　　○ 계산과정 :　　　　　　　　　　　　○ 답 :

풀이 (물음 1) 옥외소화전의 최소개수

　　　　○계산과정 : $N = \dfrac{150 \times 2 + 80 \times 2}{80} = 5.75$

　　　　　　　　∴ 6개(소수점 이하는 무조건 절상하여 정수로 표기)

　　　　○답 : 6개

(물음 2) 펌프의 최소 토출량(L/분)

　　　　○계산과정 : 펌프의 토출량($l/\min$) = $N \times$ (규정 방수량 350L/min)
　　　　　　　　N : 옥외소화전 설치개수(최대 2개)
　　　　　　　　∴ $Q = 2 \times 350L/\min = 700L/\min(Lpm)$

　　　　○답 : 700Lpm

(물음 3) 수원의 최소 유효저수량(m^3)

　　　　○계산과정 : 옥외소화전 수원의 저수량 $Q(m^3) = N \times 7m^3$ 이상
　　　　　　　　N : 옥외소화전 설치개수(최대 2개)
　　　　　　　　∴ $Q(m^3) = 2 \times 7m^3 = 14m^3$ 이상

　　　　○답 : $14m^3$

상세해설

(1) 옥외소화전의 호스접결구
　① 지면으로부터 높이가 0.5m 이상 1m 이하의 위치에 설치
　② 특정소방대상물의 각 부분으로부터 하나의 호스접결구까지의 수평거리가 40m 이하

제 04 장 옥외소화전설비

(2) 옥외소화전설비에서 펌프의 토출량

> 펌프의 토출량 $Q(\text{L/min}) = N \times 350\text{L/min}$

여기서, N : 옥외소화전 설치개수(최대2개)

(3) 옥외소화전설비에서 수원의 최소 유효저수량(m^3)

> $Q(\text{m}^3) = N \times 7\text{m}^3 (N : 최대2개)$

20년-05월

04 다음은 옥외소화전에 대한 그림이다. 조건을 참조하여 각 물음에 답하시오.
(5점)

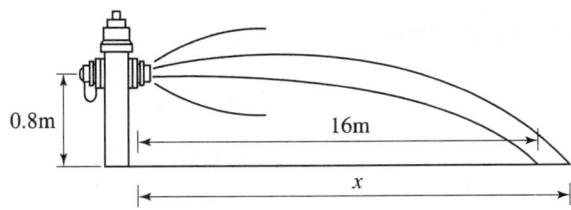

[조건]
① 옥외소화전 방수구의 안지름은 65mm이다.
② 지면으로부터 방수구까지 y의 높이는 800mm이다.
③ 자유낙하운동을 고려하여 산출한다.

(1) 방수구에서 지면도달거리가 16m일 경우 방수량(m^3/s)를 구하시오.
(2) 화재안전기술기준에 따른 규정 방수량을 만족하려면 물이 도달하는 거리 x의 최소거리(m)를 구하시오.

풀이 (1) 방수량(m^3/s)

○계산과정 : $V = \dfrac{S}{t} = \dfrac{S}{\sqrt{\dfrac{2h}{g}}} = \dfrac{16\text{m}}{\sqrt{\dfrac{2 \times 0.8\text{m}}{9.8\text{m/s}^2}}} = 39.60\text{m/s}$

$Q = AV = \dfrac{\pi}{4} \times 0.065^2 \times 39.60 = 0.13\text{m}^3/\text{s}$

○답 : $0.13\text{m}^3/\text{s}$

(2) **최소거리**(m)

○계산과정 : ① 옥외소화전 규정 방수량 $Q = 350\text{L/min} = 0.35\text{m}^3/60\text{s}$

171

② 방수구 단면적 $A = \dfrac{\pi}{4} \times (0.065\text{m})^2$

③ 유속을 구하면 $V = \dfrac{Q}{A} = \dfrac{0.35/60}{\dfrac{\pi}{4} \times 0.065^2} = 1.76\text{m/s}$

④ $x = Vt = V \times \sqrt{\dfrac{2h}{g}} = 1.76 \times \sqrt{\dfrac{2 \times 0.8}{9.8}} = 0.71\text{m}$

○답 : 0.71m

상세해설

(1) 임의의 시간 t초 후 유속

$$V = \dfrac{S}{t} \qquad t = \sqrt{\dfrac{2h}{g}} \qquad h = \dfrac{1}{2}gt^2$$

(2) 유체의 x방향 이동거리(m)

$$S = Vt = V \times \sqrt{\dfrac{2h}{g}}$$

여기서, V : 유속(m/s), S : 유체의 x방향 이동거리(m), h : 수직낙하높이(m)
g : 중력가속도(9.8m/s²)

15년-04월

05
옥외 소화전설비에는 옥외소화전마다 그로부터 5m 이내의 장소에 소화전함을 설치하여야한다. 다음 조건에 따른 소화전함의 설치 기준을 쓰시오. (3점)

[조건] 가) 옥외소화전 7개 설치시
       나) 옥외소화전 15개 설치시
       다) 옥외소화전 31개 설치시

○답 : 가) 옥외소화전마다 5m 이내의 장소에 1개 이상의 소화전함을 설치
       나) 11개의 소화전함을 각각 분산설치
       다) 옥외소화전 3개마다 1개 이상의 소화전함을 설치

참고

소화전함 등 설치 기준

옥외소화전 설치개수	10개 이하	11개 이상 30개 이하	31개 이상
소화전함 설치기준	옥외소화전마다 1개 이상 설치	11개의 소화전함을 분산설치	옥외소화전 3개마다 1개 이상 설치

00년-02월, 09년-04월, 11년-05월, 19년-11월

06 어떤 소방대상물에 옥외소화전 3개를 화재안전기술기준등과 다음 조건에 따라 설치하려고 한다. 다음 각 물음에 답하시오. (9점)

[조건] ① 옥외소화전은 지상용 A형을 사용한다.
② 펌프에서 첫째 옥외소화전까지의 직관길이는 150m, 관의 내경은 100mm이다.
③ 모든 규격치는 최소량을 적용한다.

(물음 1) 수원의 최소 유효저수량은 몇 [m^3]인가?
(물음 2) 펌프의 최소 토출량(Lpm)은 얼마인가?
(물음 3) 직관부분에서의 마찰손실수두(m)는 얼마인가?
 (DARCY WEISBACH의 식을 사용하고 마찰손실 계수는 0.02이다.)

풀이 (물음 1) ○계산과정 : 옥외소화전 수원의 저수량 $Q(m^3) = N \times 7m^3$ 이상
 여기서, N : 옥외소화전 설치개수(최대 2개)
 ∴ $Q(m^3) = 2 \times 7m^3 = 14m^3$ 이상

○답 : 14m^3 이상

(물음 2) ○계산과정 : 펌프의 토출량(m^3/min) = $N \times$ (규정 방수량 350L/min)
 여기서, N : 옥외소화전 설치개수(최대 2개)
 ∴ $Q(m^3) = 2 \times 350L/min = 700L/min(Lpm)$

○답 : 700Lpm

(물음 3) ○계산과정 : DARCY WEISBACH식

$$\Delta h_L = \frac{flu^2}{2gD} (m)$$

여기서, Δh_L : 마찰손실 수두[m], f : 마찰계수, l : 배관길이[m]
 u : 유속[m/s], D : 내경[m], g : 9.8m/s^2

문제에서 $f=0.02$ $l=150m$ $D=100mm=0.1m$ $g=9.8m/s^2$

$u = \frac{Q}{A}$ 에서 $U = \frac{Q}{\frac{\pi}{4} \times D^2}$ ∴ $U = \frac{0.7m^3/min \times min/60s}{\frac{\pi}{4}(0.1)^2}$

∴ $U = 1.4854m/s$

∴ $\Delta h_L = \frac{0.02 \times 150 \times (1.4854)^2}{2 \times 9.8 \times 0.1} = 3.38m$

○답 : 3.38m

20년-11월

07 아래 도면은 어느 특정소방대상물에 옥외소화전 2개가 설치된 것이다. 조건과 도면을 참조하여 각 물음에 답하시오. (8점)

[조건] ① ①~②구간의 배관길이는 100m이며 배관내경은 120mm이다.
② ②~③구간의 배관길이는 200m이며 배관내경은 85mm이다.
③ 배관부속 및 소방용호스의 마찰손실은 무시한다.
④ 소화전 방수구는 유입수평배관보다 1m 위에 있다.
⑤ 배관 마찰손실압력은 헤이젠 윌리엄스 공식을 따르되 계산의 편의상 다음 식과 같다고 가정한다.

$$\Delta P = 6.174 \times 10^4 \times \frac{Q^{1.85}}{C^{1.85} \times d^{4.87}}$$

여기서, ΔP : 배관 1m당 마찰손실압력(MPa)
Q : 유량(L/min), C : 조도(120), D : 내경(mm)

(1) ①~②구간의 배관마찰손실수두(m)를 계산하시오.
(2) ②~③구간의 배관마찰손실수두(m)를 계산하시오.
(3) 펌프의 최소토출압력(kPa)을 계산하시오.
(4) 소화전의 방수량이 350L/min일 때 방수압을 측정해보니 0.25MPa이었다. 이때 방수량을 500L/min으로 변경하였을 경우 방수압(kPa)을 계산하시오.

풀이 (1) ①~②구간의 배관마찰손실수두(m)
○계산과정 : $Q = 700$L/min(옥외소화전 2개 담당), $d = 120$mm

$$\Delta P = 6.174 \times 10^4 \times \frac{700^{1.85}}{120^{1.85} \times 120^{4.87}} \times 100 \times 1000 = 12.0754\text{kPa}$$

$$H = \frac{P(\text{kPa}:\text{kN/m}^2)}{\gamma(9.8\text{kN/m}^3)} = \frac{12.0754\text{kPa}}{9.8\text{kN/m}^3} = 1.23\text{m}$$

○ 답 : 1.23m

(2) ②~③구간의 배관마찰손실수두(m)
　　○ 계산과정 : $Q = 350\text{L/min}$(옥외소화전 1개 담당), $d = 85\text{mm}$

$$\Delta P = 6.174 \times 10^4 \times \frac{350^{1.85}}{120^{1.85} \times 85^{4.87}} \times 200 \times 1000 = 35.9225\text{kPa}$$

$$H = \frac{P(\text{kPa}:\text{kN/m}^2)}{\gamma(9.8\text{kN/m}^3)} = \frac{32.9225\text{kPa}}{9.8\text{kN/m}^3} = 3.67\text{m}$$

○ 답 : 3.67m

(3) 펌프의 최소토출압력(kPa)
　　○ 계산과정 : $H = h_1 + h_2 + h_3 + 25\text{m}$
　　　　$h_1 = 1\text{m}$(방수구는 유입수평배관보다 1m 위)
　　　　$h_2 = 1.23\text{m} + 3.67\text{m} = 4.9\text{m}$
　　　　$h_3 = 0$(소방용호스의 마찰손실은 무시)
　　　　$H = 1 + 4.9 + 25 = 30.9\text{m}$
　　　　$P = \gamma H = 9.8\text{kN/m}^3 \times 30.9\text{m} = 302.82\text{kN/m}^2(\text{kPa})$

○ 답 : 302.82kPa

(4) 방수량을 500L/min으로 변경하였을 경우 방수압(kPa)
　　○ 계산과정 : $Q = k\sqrt{10P}$ 에서 $k = \frac{Q}{\sqrt{10P}} = \frac{350}{\sqrt{10 \times 0.25}} = 221.36$

$$Q = k\sqrt{10P} \text{ 에서 } P = \frac{Q^2}{10k^2} = \frac{500^2}{10 \times 221.36^2} \times 1000 = 510.2\text{kPa}$$

○ 답 : 510.2kPa

상세해설

(1) 옥외소화전의 노즐선단

방수압력	방수량
0.25MPa 이상	350L/min 이상

(2) 펌프의 최소토출압력
　① 전양정

$$H = h_1 + h_2 + h_3 + 25\text{m}$$

여기서, h_1 : 실양정(흡입+토출양정)
h_2 : 배관 및 관부속품 마찰손실수두
h_3 : 소방용호스의 마찰손실수두(m)

② 수두(m)를 압력(kPa)으로 환산

$$P = \gamma H$$

여기서, P : 압력(kPa)
γ : 비중량(물의 비중량=$9.8kN/m^3$)
H : 수두 또는 전양정(m)

(3) **스프링클러헤드의 방수량**

$$Q = k\sqrt{10P}$$

여기서, Q : 방수량(L/min)
K : 방출계수
P : 헤드의 방수압(MPa)

03년-07월, 10년-04월, 17년-06월, 20년-10월

08 그림은 공장에 설치된 지하매설 소화용 배관도이다. "가"~"마"까지의 각각의 옥외소화전의 측정수압이 표와 같을 때 다음 각 물음에 답하시오. **(9점)**

[소화전 측정압력(MPa)]

압력 \ 위치	가	나	다	라	마
정 압	0.557	0.517	0.572	0.586	0.552
방사압력	0.49	0.379	0.296	0.172	0.069

※ 방사압력은 소화전의 노즐 캡을 열고 소화전 본체 직근에서 측정한 잔류압력(Residual pressure)을 말한다.

(1) 다음은 동수경사선(hydraulic gradient)을 작성하기 위한 과정이다. 주어진 자료를 활용하여 표의 빈곳을 채우시오. (단, 계산과정을 기록할 것)

항목 소화전	구경 (mm)	실관장 (m)	측정압력(MPa)		펌프로부터 각 소화전까지 전 마찰손실 (MPa)	소화전간의 배관마찰 손실 (MPa)	Gauge elevation (MPa)	경사선의 elevation (MPa)
			정압	방사압력				
가	–	–	0.557	0.49	①	–	0.029	0.519
나	200	277	0.517	0.379	②	⑤	0.069	⑩
다	200	152	0.572	0.296	③	0.138	⑧	0.31
라	150	133	0.586	0.172	0.414	⑥	0	⑪
마	200	277	0.552	0.069	④	⑦	⑨	⑫

(단, 기준 elevation으로 부터의 정압은 0.586(MPa)으로 본다.)

(2) 상기 (1)항에서 완성된 표를 자료로 하여 답안지의 동수 경사선과 Pipe profile을 완성하시오.

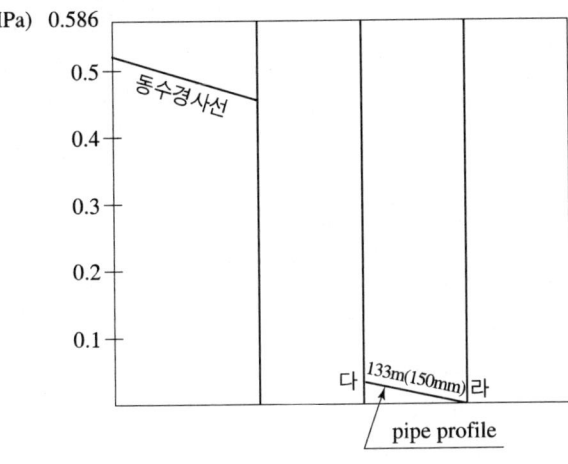

풀이 (1) 동수경사선 작성과정 빈칸 채우기

○ 계산과정   ○ 답
① 0.557 − 0.49 = 0.067   0.067
② 0.517 − 0.379 = 0.138   0.138
③ 0.572 − 0.296 = 0.276   0.276
④ 0.552 − 0.069 = 0.483   0.483
⑤ 0.138 − 0.067 = 0.071   0.071
⑥ 0.414 − 0.276 = 0.138   0.138
⑦ 0.483 − 0.414 = 0.069   0.069
⑧ 0.586 − 0.572 = 0.014   0.014

⑨ 0.586−0.552=0.034 0.034
⑩ 0.379+0.069=0.448 0.448
⑪ 0.172+0=0.172 0.172
⑫ 0.069+0.034=0.103 0.103

(2) 동수경사선과 pipe profile을 완성
　○ 계산과정 :

항목 소화전	구경 (mm)	실관장 (m)	측정압력 (MPa)		펌프로부터 각 소화전까지 전 마찰손실 (MPa)	소화전간의 배관마찰 손실 (MPa)	Gauge elevation (MPa)	경사선의 elevation (MPa)
			정압(A)	방사압력				
계산방법					정압−방사압력	각 소화전호스까지 마찰손실차	기준정압 elevation (5.86MPa)−A	방사압력 +gauge elevation
가	−	−	0.557	0.49	① 0.067	−	0.586−0.557 =0.029	0.49+0.029 =0.519
나	200	277	0.517	0.379	② 0.138	⑤ 0.071	0.586−0.517 =0.069	⑩ 0.448
다	200	152	0.572	0.296	③ 0.276	0.276−0.138 =0.138	⑧ 0.014	0.296+0.014 =0.31
라	150	133	0.586	0.172	0.586−0.172 =0.414	⑥ 0.138	0.586−0.586 =0	⑪ 0.172
마	200	277	0.552	0.069	④ 0.483	⑦ 0.069	⑨ 0.034	⑫ 0.103

　○ 답 :

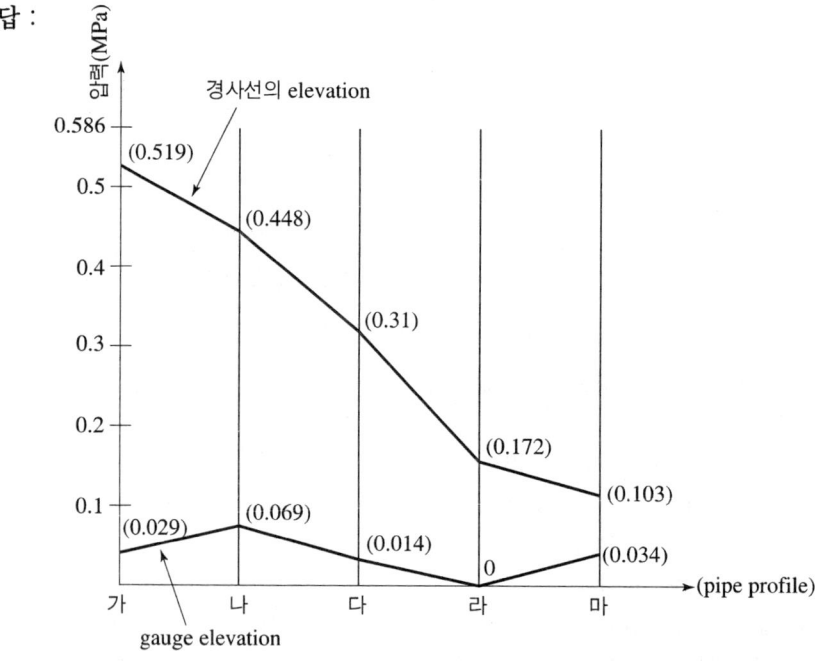

참고 [주의] 답란에 그래프가 문제 (2)항 아래와 같이 일부 구간이 그려져 있으므로 방사압력 또는 경사선 elevation이 때때로 바꿔서 출제되므로 답란의 그래프를 꼭 확인하시기 바랍니다.

제 05 장
스프링클러설비

10년-07월, 17년-6월, 19년-11월

01 가로19m, 세로9m인 직사각형 형태의 무대부가 있다. 이 무대부에는 기둥이 없고 상부는 반자로 고르게 마감되어 있다. 이 무대부에 스프링클러헤드를 정방형 형태로 설치하고자 할 때 헤드의 소요개수를 계산하시오. (단, 반자속에는 헤드를 설치하지 아니하며 헤드 설치 시 장애물은 모두 무시한다)

(4점)

○ 계산과정 : 가로열 헤드수 $N = \dfrac{19\text{m}}{2 \times 1.7\text{m} \times \cos 45°} = 7.90$

∴ 8개

세로열 헤드수 $N = \dfrac{9\text{m}}{2 \times 1.7\text{m} \times \cos 45°} = 3.74$

∴ 4개

소요 헤드수 $N_T = 8 \times 4 = 32$개

○ 답 : 32개

상세해설

헤드간의 수평거리

설치장소	수평거리(r)
무대부, 특수가연물	1.7m 이하
비내화구조	2.1m 이하
내화구조	2.3m 이하
락크식창고	2.5m 이하
아파트	3.2m 이하

정방형(정사각형)설치 시 헤드간의 거리

$$S = 2r\cos 45°$$

여기서, S : 헤드의 간격(m), r : 수평거리(m)

19년-06월, 20년-11월

02 특수가연물을 저장 또는 취급하는 랙크식 창고에 스프링클러헤드를 설치 하고자 한다. 조건을 참조하여 랙크식 창고에 필요한 스프링클러헤드의 총 소요 개수를 구하시오. **(5점)**

[조건]
① 헤드는 라지드롭형 스프링클러헤드(폐쇄형)를 정방형으로 설치한다.
② 랙크식 창고의 크기는 가로15m, 세로26m, 높이7m이다.
③ 화재조기진압용 스프링클러설비는 적용하지 않는다.

○ 계산과정 : ① 헤드간의 거리(정방형) : $S = 2 \times 1.7\text{m} \times \cos 45° = 2.40\text{m}$

② 가로열 소요개수 $N_W = \dfrac{15\text{m}}{2.4\text{m}} = 6.25$ ∴ 7개

③ 세로열 소요개수 $N_L = \dfrac{26\text{m}}{2.4\text{m}} = 10.83$ ∴ 11개

④ 특수가연물의 랙크식 창고는 랙 높이 3m 이하마다 설치

$\dfrac{7\text{m}}{3\text{m}} = 2.33$ ∴ 3열 설치

⑤ $N_T = 7 \times 11 \times 3 = 231$

○ 답 : 231개

상세해설

(1) 헤드의 배치(정방형)

$$S = 2r \cos 45°$$

여기서, S : 헤드 상호간의 거리(m), r : 수평거리(m)

(2) 스프링클러헤드의 배치기준

설치장소			설치기준
천장·반자·천장과 반자 사이·덕트·선반 기타 이와 유사한 부분(폭이 1.2m를 초과하는 것)	무대부, 특수가연물 저장 취급 장소 및 창고		수평거리 1.7m 이하
	특정 소방대상물	기타구조	수평거리 2.1m 이하
		내화구조	수평거리 2.3m 이하
	아파트		수평거리 2.6m 이하
랙식 창고			랙 높이 3m 이하 마다

03 다음 그림은 가로 30m 세로 20m인 직사각형 형태의 실의 평면도이다. 이 실의 내부에는 기둥이 없고 실내상부는 반자로 고르게 마감되어 있다. 이 실내(내화구조)에 스프링클러헤드를 직사각형 형태로 설치하고자 할 때 배열할 수 있는 헤드의 최소 및 최대개수를 답안지의 산출과정 순으로 작성하여 산출하고 각 물음에 답하시오.(단, 반자 속에는 헤드를 설치하지 아니하며 헤드 설치시 장애물은 모두 무시하고, 헤드 배치 간격은 헤드배치각도(θ)를 30도 및 60도 2가지로 최대/최소개수를 산출하시오.

[유의사항] 산출과정의 작성 "예"
예) 가로변의 최소개수~최대개수가 8~11
세로변의 최소개수~최대개수가 7~9라면

세로열의 헤드수 \ 가로열의 헤드수	8	9	10	11
7	56	63	70	77
8	64	72	80	88
9	72	81	90	99

(물음 1) 가로변 설치 헤드 최소 개수는 몇 개 인가?
(물음 2) 가로변 설치 헤드 최대 개수는 몇 개 인가?
(물음 3) 세로변 설치 헤드 최소 개수는 몇 개 인가?
(물음 4) 세로변 설치 헤드 최대 개수는 몇 개 인가?
(물음 5) 산출과정의 작성 "예"와 같이 헤드의 배치 수량표를 만드시오.
(물음 6) 만약 정사각형으로 배치할 때 헤드의 설치 간격은?
(물음 7) 정사각형으로 헤드 배치시 설치 개수는 몇 개인가?
(물음 8) 폐쇄형 헤드의 표시온도가 79℃ 일 때 설치장소의 최고주위온도 범위는?

[풀이] 직사각형(장방형)으로 헤드설치

방법 1) 헤드 배치각도 60도

방법 2) 헤드 배치각도 30도

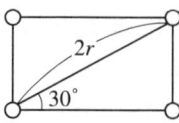

내화구조이므로 헤드의 수평거리 $r = 2.3$m 이하

(물음 1)
- 계산과정 : 가로변 최소개수 = 가로길이 ÷ $(2r\cos 30°)$
  ∴ $30\text{m} \div (2 \times 2.3 \times \cos 30°) = 7.53$ ∴ 8개
- 답 : 8개

(물음 2)
- 계산과정 : 가로변 최대개수 = 가로길이 ÷ $(2r\cos 60°)$
  ∴ $30\text{m} \div (2 \times 2.3 \times \cos 60°) = 13.04$ ∴ 14개
- 답 : 14개

(물음 3)
- 계산과정 : 세로변 최소개수 = 세로길이 ÷ $(2r\sin 60°)$
  ∴ $20\text{m} \div (2 \times 2.3 \times \sin 60°) = 5.02$ ∴ 6개
- 답 : 6개

(물음 4)
- 계산과정 : 세로변 최대개수 = 세로길이 ÷ $(2r\sin 30°)$
  ∴ $20\text{m} \div (2 \times 2.3 \times \sin 30°) = 8.70$ ∴ 9개
- 답 : 9개

(물음 5)
- 답 : 헤드의 배치수량표

가로열헤드수 세로열헤드수	8	9	10	11	12	13	14
6	48	54	60	66	72	78	84
7	56	63	70	77	84	91	98
8	64	72	80	88	96	104	112
9	72	81	90	99	108	117	126

(물음 6)
○계산과정 : 정사각형 설치시 헤드의 설치간격
헤드간의 거리 $S = 2r\cos 45°$
∴ $S = 2 \times 2.3 \times \cos 45° = 3.25\text{m}$

○답 : 3.25m

(물음 7)
○계산과정 : 정사각형 헤드 배치시 설치개수
- 가로변 소요개수 = 30m ÷ 3.25m = 9.23   ∴ 10개
- 세로변 소요개수 = 20m ÷ 3.25m = 6.15   ∴ 7개

총 소요개수 = 10×7 = 70개

○답 : 70개

(물음 8)
○계산과정 : **폐쇄형헤드의 표시온도**

설치장소의 최고주위온도	표시온도
39℃ 미만	79℃ 미만
39℃ 이상 64℃ 미만	79℃ 이상 121℃ 미만
64℃ 이상 106℃ 미만	121℃ 이상 162℃ 미만
106℃ 이상	162℃ 이상

○답 : 39℃ 이상 64℃ 미만

00년-04월, 06년-07월, 14년-07월

04 어느 특정소방대상물에 스프링클러설비를 설치 하고자 한다. 스프링클러헤드를 정방형으로 설치하고자 할 때 헤드간의 간격(m)은 얼마인가? (단, 소방대상물은 비 내화구조이다.)

풀이 ○계산과정 : $S = 2r\cos 45°$
$S = 2 \times 2.1 \times \cos 45° = 2.97\text{m}$

○답 : 2.97m

상세해설

정방형으로 헤드 설치 시 헤드 상호간 거리	설치장소	수평거리(r)
$S = 2r\cos 45°$	무대부, 특수가연물	1.7m 이하
	비내화구조	2.1m 이하
	내화구조	2.3m 이하
	아파트	2.6m 이하

02년-10월, 03년-10월, 08년-11월

05 다음 그림은 가로 25m, 세로 15m인 직사각형 형태의 실의 평면도이다. 이 실의 내부에는 기둥이 없고 실내상부는 반자로 고르게 마감되어 있다. 이 실 내에 방호반경 2.3m로 스프링클러헤드를 설치하고자 할 때 다음 각 물음에 답하시오.(단, 반자 속에는 헤드를 설치하지 아니하며 전등 또는 공조용 디퓨져 등의 모듈(module)은 무시한다.) **(14점)**

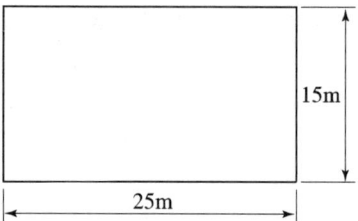

[유의사항] 산출과정의 작성 "예"

세로열의 헤드수 \ 가로열의 헤드수	8	9	10	11
7	56	63	70	77
8	64	72	80	88
9	72	81	90	99

(물음 1) 다음 빈 칸을 채우시오.

세로열의 헤드수 \ 가로열의 헤드수	7	8	9	10	11
4	28	32	36	40	44
5	35	40	45	50	55
6	42	48	54	60	66
7	49	56	63	70	77

(물음 2) 헤드를 설치하고자 할 때 설치할 수 있는 최소개수와 최대개수를 산출하시오.
(물음 3) 헤드의 설치방법을 나열하시오. (예 : 가로 8×세로 9＝72개)
(물음 4) 헤드 1개의 방호면적(m^2)을 최소, 최대로 구분하여 산출하시오.

풀이 (물음 1) ○답 :
- $\theta = 30$도일 때 가로개수 $25m \div (2 \times 2.3 \times \cos 30) = 6.27$ ∴ 7개
  세로개수 $15m \div (2 \times 2.3 \times \sin 30) = 6.52$ ∴ 7개
- $\theta = 45$도일 때 가로개수 $25m \div (2 \times 2.3 \times \cos 45) = 7.69$ ∴ 8개
  세로개수 $15m \div (2 \times 2.3 \times \sin 45) = 4.61$ ∴ 5개

- $\theta = 60$도일 때 가로개수 $25\text{m} \div (2 \times 2.3 \times \cos 60) = 10.87$ ∴ 11개

  세로개수 $15\text{m} \div (2 \times 2.3 \times \sin 60) = 3.77$ ∴ 4개

∴ 가로열 최소개수＝7개, 최대개수＝11개

∴ 세로열 최소개수＝4개, 최대개수＝7개

(물음 2) ○답 : 최소개수(θ＝45도일 때) : 최소가로개수×최소세로개수＝$8 \times 5 = 40$개

최대개수(θ＝30도일 때) : 최소가로개수×최소세로개수＝$7 \times 7 = 49$개

(물음 3) ○답 : 위의 표 중 40개~49개 사이 개수를 설치가능

① 42개(가로 7×세로 6)
② 49개(가로 7×세로 7)
③ 40개(가로 8×세로 5)
④ 48개(가로 8×세로 6)
⑤ 45개(가로 9×세로 5)
⑥ 40개(가로 10×세로 4)
⑦ 44개(가로 11×세로 4)

(물음 4) ○답 : 최소방호면적＝$(25 \times 15)\text{m}^2 \div 49$개 $= 7.65\text{m}^2$

최대방호면적＝$(25 \times 15)\text{m}^2 \div 40$개 $= 9.38\text{m}^2$

10년-7월, 14년-4월, 19년-11월

06 스프링클러설비의 수원은 산출된 유효수량 외에 유효수량의 3분의 1 이상을 옥상에 설치하여야 한다. 그러나 옥상에 설치하지 않아도 되는 경우를 4가지만 쓰시오. (4점)

[풀이] ○답 : ① 지하층만 있는 건축물
② 고가수조를 가압송수장치로 설치한 스프링클러설비
③ 수원이 건축물의 최상층에 설치된 헤드보다 높은 위치에 설치된 경우
④ 건축물의 높이가 지표면으로부터 10m 이하인 경우
⑤ 주펌프와 동등 이상의 성능이 있는 별도의 펌프로서 내연기관의 기동과 연동하여 작동되거나 비상전원을 연결하여 설치한 경우
⑥ 가압수조를 가압송수장치로 설치한 스프링클러설비

20년-07월

07 다음 그림은 가로 20m 세로 10m인 직사각형 형태의 실의 평면도이다. 이 실의 내부에는 기둥이 없고 실내상부는 반자로 고르게 마감되어 있다. 이 실내에 스프링클러헤드를 직사각형 형태로 설치하고자 할 때 다음 각 물음에 답하시오. (단, 내화구조이며 반자 속에는 헤드를 설치하지 아니하며 전등 또는 공조용 디퓨져 등의 모듈(module)은 무시한다.) (7점)

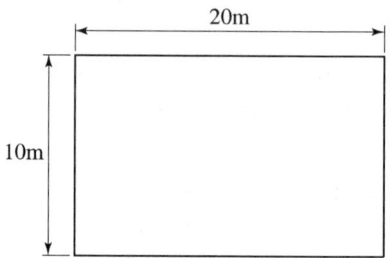

(1) 헤드간 대각선의 길이[m]는 최대 얼마인지 구하시오.
(2) 다음 표는 가로열 설치 헤드의 수와 세로열 설치 헤드의 수를 나타낸 것이다. 헤드간 대각선의 길이를 이용하여 다음 빈칸을 채우시오.

가로열 설치 헤드의 수	5	6	7	8
세로열 설치 헤드의 수	①	②	③	④
총 설치 헤드의 수	⑤	⑥	⑦	⑧

(3) "(2)"의 표를 참고하여 실의 평면도에 설치 가능한 최소 헤드의 개수[개]를 계산하시오.

풀이 (1) 헤드간 대각선의 길이(m)
  ○계산과정 : $D = 2r = 2 \times 2.3 = 4.6m$

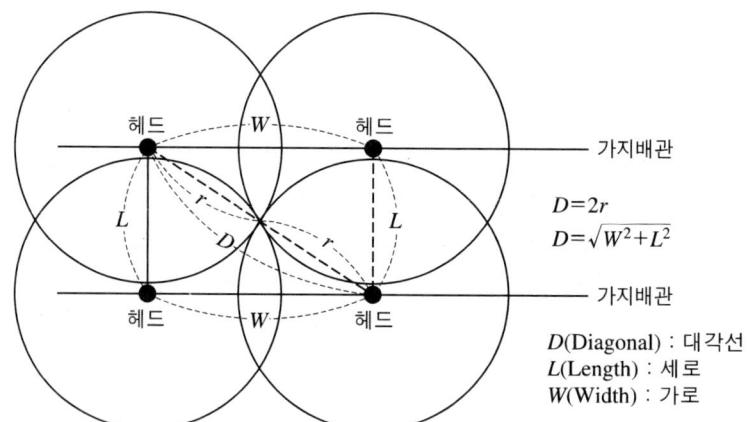

  ○답 : 4.6m

(2) ○ 계산과정 :

가로열 설치 헤드의 수	5	6	7	8
D(대각선길이)	4.6m	4.6m	4.6m	4.6m
가로 $W=\dfrac{\text{가로길이}}{\text{헤드개수}}$	$W=\dfrac{20m}{5}$	$W=\dfrac{20m}{6}$	$W=\dfrac{20m}{7}$	$W=\dfrac{20m}{8}$
세로 $L=\sqrt{D^2-W^2}$	$L=\sqrt{4.6^2-\left(\dfrac{20}{5}\right)^2}$ $=2.27m$	$L=\sqrt{4.6^2-\left(\dfrac{20}{6}\right)^2}$ $=3.17m$	$L=\sqrt{4.6^2-\left(\dfrac{20}{7}\right)^2}$ $=3.61m$	$L=\sqrt{4.6^2-\left(\dfrac{20}{8}\right)^2}$ $=3.86m$
세로열 설치 헤드의 수 $N=\dfrac{\text{세로길이}}{\text{헤드간격}}$ (소수점 이하 절상)	$N=\dfrac{10m}{2.27m}=4.41$ ∴ 5개	$N=\dfrac{10m}{3.17m}=3.15$ ∴ 4개	$N=\dfrac{10m}{3.61m}=2.77$ ∴ 3개	$N=\dfrac{10m}{3.86m}=2.59$ ∴ 3개
총 설치 헤드의 수	5×5=25개	6×4=24개	7×3=21개	8×3=24개

○답 :

가로열 설치 헤드의 수	5	6	7	8
세로열 설치 헤드의 수	① 5	② 4	③ 3	④ 3
총 설치 헤드의 수	⑤ 25	⑥ 24	⑦ 21	⑧ 24

(3) **최소 헤드의 개수**[개]
　　○ 계산과정 : $N=$ 가로열 설치헤드의 수(7개)×세로열 설치 헤드의 수(3개)=21개
　　○ 답 : 21개

07년-04월, 10년-07월, 18년-06월, 20년-05월

08 스프링클러설비에서 드라이펜던트형 스프링클러헤드를 사용하는 목적과 구조에 대하여 간단히 쓰시오. **(4점)**

풀이 ○답 : ① **목적** : 겨울철 동파방지
　　　　② **구조** : 롱니플 속에 부동액등이 봉입되어 평상시 물의 유입을 방지하는 구조

01년-07월

09 건식 스프링클러 설비에서 건식 밸브의 클래퍼 상부에 일정한 수면(Priming Water Level)을 유지하는 이유를 5가지만 쓰시오.

풀이 ○답 : ① 클래퍼 단면적에 작용하는 2차측 압력을 일정하게 유지 가능
　　　　② 클래퍼 2차측 기밀유지(액체가 기체보다 기밀성이 좋다)
　　　　③ 낮은 공기압으로도 1, 2차측 압력을 동등하게 유지 가능
　　　　④ 클래퍼 개방시 쉽게 개방하기 위하여
　　　　⑤ 2차측 압축공기량이 적어 신속한 배기

07년-04월

10 건식 스프링클러에 하향식 헤드를 부착하는 경우 드라이펜던트(건식형)의 헤드를 사용한다. 사용목적과 구조 및 기능에 대하여 간단히 설명하시오. **(5점)**

○답 : ① **사용목적** : 건식밸브 2차측의 압축공기 중 수분이 응축시 헤드의 동파방지
② **구조 및 기능** : 롱니플 속에 부동액이 봉입되어 있어 스프링클러 배관 내 물이 헤드 몸체로 유입방지 및 헤드가 작동후 배수부에 부동액이 남아 있어 동파를 방지할 수 있다.

04년-04월

11 습식스프링클러설비외의 설비에는 헤드 설치시 상향식으로 설치하여야 한다. 그러나 하향식으로 설치가 가능한 경우를 3가지만 쓰시오.

○답 : ① 드라이펜던트형 헤드를 사용하는 경우
② 헤드의 설치장소가 동파우려가 없는 장소인 경우
③ 개방형헤드를 사용하는 경우

04년-10월

12 스프링클러설비 중 준비작동식 스프링설비에서 사용되는 헤드의 종류 및 준비작동밸브를 기준으로 1. 2차측 배관내의 상태를 쓰시오. **(3점)**

○답 : ① **사용헤드** : 폐쇄형 헤드
② **1차측** : 가압수상태
③ **2차측** : 대기압상태

05년-10월

13 스프링클러설비에서 유수검지장치의 종류를 3가지 쓰시오.

○답 : ① 습식 유수검지장치
② 건식 유수검지장치
③ 준비작동식 유수검지장치

01년-11월, 02년-01월, 15년-04월, 17년-11월

14 스프링클러설비에 설치되는 개방형헤드와 폐쇄형헤드의 기능상 차이점을 비교 설명하고 각각의 설치장소를 2가지 쓰시오. (6점)

풀이 ○답 : [기능] ① 개방형헤드 : 헤드의 방수구가 개방된 상태로 감열부가 없다.
　　　　　　　② 폐쇄형헤드 : 헤드의 방수구가 폐쇄된 상태로 감열부가 있다.
　　　[설치대상] ① 개방형헤드 : 무대부, 연소할 우려가 있는 개구부
　　　　　　　② 폐쇄형헤드 : 근린생활시설의 사무실, 아파트의 거실

18년-11월

15 스프링클러설비에 설치되는 폐쇄형헤드와 개방형헤드에 대한 다음 각 물음에 답하시오. (6점)
(물음 1) 폐쇄형헤드와 개방형헤드의 기능상 차이점을 쓰시오.
(물음 2) 폐쇄형헤드와 개방형헤드를 사용하는 스프링클러설비의 종류를 쓰시오.

풀이 (물음 1) ○답 : ○폐쇄형헤드 : 헤드의 방수구가 폐쇄된 상태로 감열부가 있다.
　　　　　　　　　　○개방형헤드 : 헤드의 방수구가 개방된 상태로 감열부가 없다.

　　　(물음 2) ○답 : ○폐쇄형헤드 : 습식스프링클러설비, 부압식스프링클러설비,
　　　　　　　　　　　　건식스프링클러설비, 준비작동식스프링클러설비
　　　　　　　　　　○개방형헤드 : 일제살수식스프링클러설비

상세해설

- **개방형스프링클러헤드**
  감열체 없이 방수구가 항상 열려져 있는 스프링클러헤드
- **폐쇄형스프링클러헤드**
  정상상태에서 방수구를 막고 있는 감열체가 일정온도에서 자동적으로 파괴·용해 또는 이탈됨으로써 방수구가 개방되는 스프링클러헤드
- **습식스프링클러설비**
  가압송수장치에서 **폐쇄형스프링클러헤드**까지 배관 내에 항상 물이 가압되어 있다가 화재로 인한 열로 폐쇄형스프링클러헤드가 개방되면 배관 내에 유수가 발생하여 습식유수검지장치가 작동하게 되는 스프링클러설비를 말한다.
- **부압식스프링클러설비**
  가압송수장치에서 준비작동식유수검지장치의 1차측까지는 항상 정압의 물이 가압되고, 2차측 **폐쇄형 스프링클러헤드**까지는 소화수가 부압으로 되어 있다가 화재 시 감지기의

작동에 의해 정압으로 변하여 유수가 발생하면 작동하는 스프링클러설비를 말한다.

- **준비작동식스프링클러설비**
  가압송수장치에서 준비작동식유수검지장치 1차 측까지 배관 내에 항상 물이 가압되어 있고 2차 측에서 **폐쇄형스프링클러헤드**까지 대기압 또는 저압으로 있다가 화재발생시 감지기의 작동으로 준비작동식유수검지장치가 작동하여 폐쇄형스프링클러헤드까지 소화용수가 송수되어 폐쇄형스프링클러헤드가 열에 따라 개방되는 방식의 스프링클러설비를 말한다.

- **건식스프링클러설비**
  건식유수검지장치 2차 측에 압축공기 또는 질소 등의 기체로 충전된 배관에 폐쇄형스프링클러헤드가 부착된 스프링클러설비로서, **폐쇄형스프링클러헤드**가 개방되어 배관내의 압축공기 등이 방출되면 건식유수검지장치 1차 측의 수압에 의하여 건식유수검지장치가 작동하게 되는 스프링클러설비

- **일제살수식스프링클러설비**
  가압송수장치에서 일제개방밸브 1차 측까지 배관 내에 항상 물이 가압되어 있고 2차 측에서 **개방형스프링클러헤드**까지 대기압으로 있다가 화재발생시 자동감지장치 또는 수동식 기동장치의 작동으로 일제개방밸브가 개방되면 스프링클러헤드까지 소화용수가 송수되는 방식의 스프링클러설비

01년-11월, 18년-06월

16 건식스프링클러시스템에 설치하는 건식밸브의 평상시 기능과 화재시 기능을 구분하여 쓰시오. (4점)

○답 : **평상시 기능** : 체크밸브 기능
　　　화재시 기능 : 자동경보 기능

17년-06월

17 알람체크밸브가 설치된 습식스프링클러설비에서 유수검지장치가 작동하는 경우 경보가 발령되지 않을 경우 그 원인을 찾기 위하여 확인하여야 할 사항 2가지를 쓰시오.(단, 알람체크밸브에는 리타딩챔버가 설치되어 있는 것으로 한다.)

○답 : ① 알람체크밸브에 설치된 신호정지밸브가 폐쇄되어 있는 경우
　　　② 알람체크밸브에 설치된 압력스위치가 단선인 경우
　　　③ 해당 방호구역의 싸이렌이 고장인 경우
　　　③ 수신기의 싸이렌 또는 지구경종스위치가 정지상태로 있는 경우

18년-04월

18 스프링클러설비의 화재안전기술기준 중 조기반응형 스프링클러헤드를 설치하여야하는 장소를 5가지만 쓰시오. **(5점)**

○ **답** : ① 공동주택의 거실　② 노유자시설의 거실
　　　 ③ 오피스텔의 침실　④ 숙박시설의 침실
　　　 ⑤ 병원의 입원실　　⑥ 의원의 입원실

02년-07월, 16년-04월

19 다음 도면 중 A, B, C, D의 배관명칭을 쓰시오.

○ **답** : Ⓐ : 주배관　Ⓑ : 수평주행배관　Ⓒ : 교차배관　Ⓓ : 가지배관

상세해설

Ⓐ 주배관 : 각 층을 수직으로 관통하는 수직배관
Ⓑ 수평주행배관 : 교차배관이 설치되는 배관
Ⓒ 교차배관 : 가지배관에 연결되는 배관
Ⓓ 가지배관 : 스프링클러헤드가 설치되는 배관

02년-01월, 06년-07월

20 스프링클러설비에서 리타딩 챔버의 용도와 기능에 대하여 간단히 쓰시오.

○ **답** : ① **용도** : 비화인 오보방지
　　　 ② **기능** : 수격작용 등과 같은 순간압력으로 유입된 물은 자동배수하고 화재시 클래퍼가 완전 개방되어 유입된 물은 챔버가 만수가 되면서 상단에 설치된 압력스위치를 작동시킨다.

12년-11월, 16년-04월

21 스프링클러설비에 설치된 기동용수압개폐장치의 압력챔버에 대한 주요기능과 안전밸브의 작동압력을 쓰시오.

○ 답 : ① **압력챔버의 주요기능**
  소화설비의 배관내 압력변동을 검지하여 자동적으로 펌프를 기동 또는 정지시키는 것
② **안전밸브의 작동압력**
  호칭압력과 호칭압력의 1.3배

상세해설

(1) 압력챔버(기동용수압개폐장치)
  소화설비의 배관내 압력변동을 검지하여 자동적으로 펌프를 기동 또는 정지시키는 것
(2) 내부용적 및 호칭압력
  ① 압력챔버의 내부용적은 100L 이상이어야 하며 내부용적을 증가하는 경우에는 100 단위로 하여야 한다.
  ② 압력챔버의 호칭압력은 사용압력에 따라 다음과 같이 구분한다.

호칭압력	1MPa	2MPa
사용압력(MPa)	1MPa 미만	1MPa 이상 2MPa 미만

(3) 압력챔버의 기능
  ① 압력챔버의 압력스위치는 용기내의 압력이 작동압력이 되는 경우와 중지압력이 되는 경우에 즉시 작동 및 정지되어야 한다.
  ② 압력챔버의 안전밸브는 호칭압력과 호칭압력의 1.3배의 압력범위내에서 작동되어야 한다.

[기동용 수압개폐 장치도]

16년-04월

22 스프링클러설비의 배관을 토너먼트 배관방식으로 설치하면 안되는 이유와 토너먼트배관방식을 적용하여야하는 소화설비의 종류를 4가지만 쓰시오.

○답 : ① **안되는 이유**
　　　수격작용으로 인하여 배관파손 우려
　　② **적용소화설비**
　　　이산화탄소 소화설비, 할론 소화설비, 할로겐화합물 및 불활성기체 소화설비, 분말 소화설비

상세해설

토너먼트배관방식
주로 가스계소화설비의 배관방식으로 동시에 방사하는 헤드의 방사압력을 일정하게 유지하기위하여 적용한다. 적용설비는 다음과 같다.
① 이산화탄소 소화설비
② 할론 소화설비
③ 할로겐화합물 및 불활성기체 소화설비
④ 분말 소화설비

[토너먼트 배관방식]

02년-04월, 05년-05월, 09년-10월, 17년-04월

23 스프링클러설비의 배관 방식 중 루프형 배관(Looped system)방식과 격자형 배관(gridded system)방식을 간단히 그림으로 나타내시오. (6점)

○답 :

――― 실선(가지배관)
━━━ 굵은선(교차배관)

[루프형 배관]　[격자형 배관]

> **참고**
> ① **트리형 배관(Tree system)** : 소화수의 흐름이 주배관→교차배관→가지배관→헤드 순서의 단일방향으로 급수가 되며 일반적인 배관방식으로 화재안전기술기준에 따른다.
> ② **루프형 배관(Looped system)** : 교차배관과 교차배관이 서로 연결되는 배관방식으로 소화수가 두 방향 이상으로 급수되며 가지관은 서로 연결되지 않는다.
> ③ **격자형 배관(gridded system)** : 교차배관이 헤드가 설치된 다중가지배관에 연결되어 소화수 공급시 가지배관의 양쪽방향으로 급수가 이루어지며 발화위험이 높은 반도체공장등에 많이 적용한다.

02년-04월

24 스프링클러 설비의 배관 방식 중 격자 배관방식(grid system)과 가지배관방식(tree system)의 특징과 문제점에 대하여 간단히 설명하시오.

풀이 ○답 : 특징
　① 격자형 : 오직 컴퓨터프로그램에 의해서만 설계가 가능하며 배관내 물의 흐름이 분산되어 각 헤드의 방수압과 방수량의 편차가 적다 또한 중간배관의 막힘에 대처가 가능하다.
　② 트리형 : 현재 국내에서 대부분 이용하는 방식이며 방호구역의 용도 및 방호예상 최대면적에 대한 방수량으로 설계된다. 또한 가압송수장치로부터 가장 먼 거리에 설치되는 헤드를 기준으로 한다.
　문제점
　① 격자형
　　㉠ 습식 스프링클러설비에만 적용할 수 있다.
　　㉡ 설계는 컴퓨터프로그램에만 의존해야 한다.
　　㉢ 오류발생시 컴퓨터프로그램에만 의존하므로 문제점 파악이 어렵다.
　② 트리형
　　㉠ 각 헤드의 방수압과 방수량의 편차가 크다.
　　㉡ 중간배관의 막힘이 있으면 소화수 공급이 불가능하다.
　　㉢ 가지배관에 설치되는 헤드수에 제한을 받는다.

09년-04월

25 표준형 스프링클러헤드의 종류 중 RTI값의 감도특성에 따른 분류 3가지를 쓰시오. (3점)

○답 : ① 표준반응형 헤드 ② 특수반응형 헤드 ③ 조기반응형 헤드

① 표준형 스프링클러헤드의 RTI값의 감도특성에 따른 분류

감도에 따른 분류	RTI값 범위	비 고
표준반응(standard response)형 헤드	80 초과 350 이하	• 가장 일반적으로 사용하는 헤드
특수반응(special response)형 헤드	50 초과 80 이하	• 특수용도에 사용하는 헤드
조기반응(fast response)형 헤드	50 이하	• 표준형헤드보다 기류온도 및 기류속도에 조기에 반응하는 헤드

② RTI : 반응시간지수(Response Time Index)
   $RTI = \tau \sqrt{u}$ τ : 감열체의 시간상수, u : 기류속도(m/s)
   기류의 온도, 속도, 작동시간에 대하여 스프링클러 헤드의 반응을 예상한 지수

08년-04월

26 소방대상물에 스프링클러설비를 설치하는 경우 적용대상에 따라 개방형헤드 또는 폐쇄형 헤드를 설치한다. 폐쇄형 헤드 설치시 유수검지장치에서 가장 먼 가지배관 끝부분에 설비의 작동상태를 확인할 수 있는 장치를 설치한다. 장치에 대한 다음 각 물음에 답하시오. (6점)

(물음 1) 장치의 명칭
(물음 2) 장치구성요소
(물음 3) 장치의 설치목적

(물음 1) ○답 : 말단시험장치

(물음 2) ○답 : ① 압력계 ② 개폐밸브 ③ 개방형 헤드(반사판 및 프레임 제거)

(물음 3) ○답 : 유수검지장치의 정상작동 여부를 수시로 확인하고 헤드의 방수압 및 방수량 확인

09년-10월

27 스프링클러헤드 중 글라스벌브형 헤드의 구성요소를 3가지만 쓰시오.

○답 : ① 프레임
② 밸브캡
③ 글라스벌브
④ 디플렉터(반사판)

[글라스벌브형]

15년-07월

28 부압식스프링클러설비에서 준비작동식유수검지장치를 기준으로 1차측과 2차측의 배관 내 상태를 간단히 쓰시오. **(2점)**

○답 : 1차측 : 배관 내에 항상 정압의 물이 가압되어 있는 상태
2차측 : 배관 내에 소화수가 부압으로 있는 상태

상세해설

부압식스프링클러설비
가압송수장치에서 준비작동식유수검지장치의 1차측까지는 항상 정압의 물이 가압되고, 2차측 폐쇄형 스프링클러헤드까지는 소화수가 부압으로 되어 있다가 화재 시 감지기의 작동에 의해 정압으로 변하여 유수가 발생하면 작동하는 스프링클러설비

11년-05월

29 알람체크밸브가 설치된 습식스프링클러설비에서 비화재시에도 수시로 오보가 울릴 경우 그원인을 찾기위하여 점검하여야 할 사항 3가지를 쓰시오 (단, 알람체크밸브에는 리타딩챔버가 설치되어 있는 것으로 한다) **(6점)**

○답 : ① 리타딩챔버의 자동배수장치 작동상태 점검
② 리타딩챔버에 설치된 압력스위치 작동상태 점검
③ 알람체크밸브의 설정압력 점검

11년-11월

30 스프링클러설비의 소화펌프에 사용되는 전원의 종류를 3가지만 쓰시오.
(3점)

○답 : ① 교류전압의 옥내간선
② 자가발전설비
③ 축전지설비

00년-08월, 05년-10월, 11년-05월, 14년-04월

31 스프링클러헤드의 반응시간지수(Response Time Index)를 구하는 식을 쓰고 간단히 설명하시오.

○답 : **(1) 구하는 식**
$RTI = \tau\sqrt{u}$
여기서, RTI : 반응시간지수($(m \cdot s)^{0.5}$), τ : 감열체의 시간상수
u : 기류속도(m/s)
(2) 반응시간지수 설명
기류의 온도, 속도, 작동시간에 대하여 스프링클러헤드의 반응을 예상한 지수

상세해설

감도에 따른 분류	RTI값 범위	비 고
표준반응 (standard response)형 헤드	80 초과 ~ 350 이하	• 가장 일반적으로 사용하는 헤드
특수반응 (special response)형 헤드	50 초과 ~ 80 이하	• 특수용도에 사용하는 헤드
조기반응 (fast response)형 헤드	50 이하	• 표준형헤드보다 기류온도 및 기류속도에 조기에 반응하는 헤드

05년-05월, 11년-05월

32 스프링클러설비에는 소방대 연결송수구 설비를 함께 갖추도록 하는 이유를 두 가지만 설명하시오.
(4점)

○답 : ① 자체 수원의 저수량이 부족할 때 소방차등 외부에서 소방용수를 공급받기 위하여
② 송수펌프가 고장 시 외부에서 소화용수를 공급받기 위하여
③ 화재 시 원활한 소화활동을 위하여 중 2가지 선택

18년-4월

33 특정소방대상물의 보와 가장 가까운 스프링클러헤드는 다음 표의 기준에 따라 설치하여야 한다. 빈칸에 알맞은 답을 쓰시오. (8점)

스프링클러헤드의 반사판 중심과 보의 수평거리	스프링클러헤드의 반사판 높이와 보의 하단 높이의 수직거리
0.75m 미만	
0.75m 이상 1m 미만	
1m 이상 1.5m 미만	
1.5m 이상	

○답 :

스프링클러헤드의 반사판 중심과 보의 수평거리	스프링클러헤드의 반사판 높이와 보의 하단 높이의 수직거리
0.75m 미만	보의 하단보다 낮을 것
0.75m 이상 1m 미만	0.1m 미만일 것
1m 이상 1.5m 미만	0.15m 미만일 것
1.5m 이상	0.3m 미만일 것

15년-04월

34 다음 그림은 어느 습식스프링클러설비에서 배관 일부를 나타내는 평면도이다. 필요한 관부속품의 개수를 답란의 빈칸에 채우시오.
(단, 40mm교차배관 부속은 생략한다) (6점)

[답란]

관부속	규격(mm)	수량(개)

풀이 ○답 :

관부속	규격(mm)	수량(개)
티	40×40×25	1
	32×32×25	1
	25×25×25	2
90도엘보	40	1
	25	8
레듀샤	40×32	1
	32×25	1
	25×15	4
캡	25	1

상세해설

(1) 폐쇄형스프링클러헤드를 설치하는 경우 배관관경에 따른 담당 헤드수

(단위 : mm)

급수관의 구경	25	32	40	50	65	80	90	100	125	150
담당 헤드 개수	2	3	5	10	30	60	80	100	160	161 이상

(2) 배관 상세도

09년-4월

35 스프링클러 소화설비의 가지배관상에 헤드를 부착하는 경우 필요한 관 부속품(pipe fitting)의 명칭 및 규격을 쓰시오. (4점)

(가) 부속품 명칭
(나) 규격(예 : 40A×25A)

풀이 ○답 : (가) 레듀셔(Reducer)
(나) 규격 25A×15A

04년-04월, 06년-07월, 15년-07월

36 건식 스프링클러 소화설비는 건식밸브 2차측이 압축공기나 압축질소 가스로 채워져 있어 설비작동시 습식설비보다 물을 방수하는데 시간이 걸린다. 이를 방지하기 위해 설치하는 기구 명칭을 2가지 쓰시오. **(4점)**

○답 : 엑셀레이터(Accelater), 익져스터(Exhauster)

02년-04월

37 다음 그림은 어느 습식 스프링클러설비에서 배관의 일부를 나타내는 평면도이다. 말단헤드 A부터 G사이 구간에 필요한 관 부속품의 개수를 답란의 빈칸에 기입하시오.

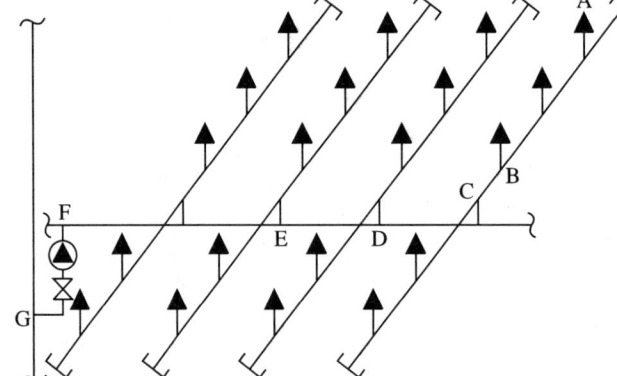

구 간	배관구경(mm)
A~B	25
B~C	32
C~D	40
D~E	50
E~F	65
F~G	80

[답란]

배관구경(mm)	관부속품			
	엘보우	티	레듀샤	니플
25				
32				
40				
50				
65				
80				

풀이

○답:

배관구경(mm)	관부속품			
	엘보우	티	레듀샤	니플
25		2	1	1
32		1	1	1
40		2	1	2
50		1	1	1
65		2	1	1
80	1	1	1	1

04년-07월, 16년-06월

38 습식유수검지장치 또는 건식유수검지장치를 사용하는 스프링클러설비와 부압식스프링클러설비에는 장치를 시험할 수 있는 시험 장치를 설치하여야 한다. 시험장치의 시험밸브를 개방하는 경우 확인되는 사항을 5가지만 쓰시오.

풀이 ○답: ① 수신기 화재표시등 점등여부확인
② 유수검지장치의 압력스위치작동으로 음향장치 경보확인
③ 수신기에 밸브개방확인표시등 점등확인
④ 배관 내 압력감소로 소화펌프 기동확인
⑤ 규격방수압 및 규격방수량 확인

05년-07월, 08년-04월, 18년-04월

39 다음 그림은 어느 습식스프링클러설비에서 배관의 일부를 나타내는 평면도이다 점선 내에 필요한 관 부속품의 개수를 답란의 빈칸에 기입하시오.

(10점)

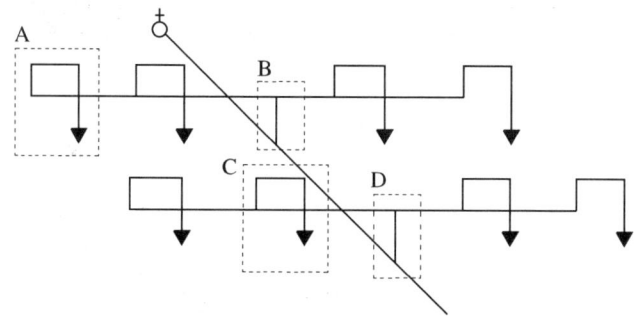

번호	관부속	규격	수량(개)	번호	관부속	규격	수량(개)
A	엘보	25A		B	티	40×40×40A	
	리듀셔	25×15A			리듀셔	40×25A	
C	티	25×25×25A		D	티	50×50×40A	
	엘보	25A			티	40×40×40A	
	리듀셔	25×15A			리듀셔	50×40A	
	/	/	/		리듀셔	40×25A	

○답 :

번호	관부속	규격	수량(개)	번호	관부속	규격	수량(개)
A	엘보	25A	3	B	티	40×40×40A	2
	리듀셔	25×15A	1		리듀셔	40×25A	2
C	티	25×25×25A	1	D	티	50×50×40A	1
	엘보	25A	2		티	40×40×40A	1
	리듀셔	25×15A	1		리듀셔	50×40A	1
	/	/	/		리듀셔	40×25A	2

상세해설

[점선 A 구역]

관 부 속	규 격	수 량
엘보	25A	3개
니플	25A	3개
레듀샤	25×15A	1개

[점선 B 구역]

관부속	규 격	수 량
티	40×40×40A	2개
니플	40A	3개
레듀샤	40×25A	2개

[점선 C 구역]

관부속	규 격	수 량
티	25×25×25A	1개
니플	25A	3개
엘보	25A	2개
레듀샤	25×15A	1개

[점선 D 구역]

관부속	규 격	수 량
티	50×50×40A	1개
티	40×40×40A	1개
니플	40A	3개
니플	50A	1개
레듀샤	40×25A	2개
레듀샤	50×40A	1개

관부속

| 티 | 니플 | 엘보 | 리듀셔 |

00년-02월, 02년-10월

40 다음 그림은 습식 스프링클러설비의 계통도이다. 도면을 이용하여 각 물음에 답하시오.
(8점)

[도 면]

(물음 1) 계통도에 표시된 사항 중 잘못된 곳 4가지를 지적하시오
(물음 2) 계통도중 누락된 사항을 3가지만 지적하시오
(단, 충압펌프, 기동용수압 개폐장치 및 알람밸브주위의 기기상세에 대하여는 제외한다.)
(물음 3) 설비의 최상층, 최선단에 설치하는 말단시험장치(Test connection)으로 시험 가능한 사항을 2가지만 설명하시오.
(물음 4) 아파트에 설치하는 습식스프링클러설비의 헤드 설치시 가지관에서 측면 분기하여도 되는 이유를 간단히 기술하시오.

풀이 (물음 1) ○답 : ① 알람밸브의 도시기호가 잘못 표기됨
② 펌프의 토출측에 설치된 개폐밸브와 체크밸브 설치위치가 바뀌었음
③ 가지배관 설치위치가 교차배관위에 설치되어야하는데 아래에 설치됨
④ 하향식 헤드의 배관방식이 회향식 배관으로 표시되어야 함.
⑤ 스프링클러헤드(폐쇄형)의 도시기호 잘못됨

| 참고 | 성능시험배관은 개폐밸브 이전에서만 분기하면 된다.

[수정된 도면]

(물음 2) ○답 : ① 수조와 펌프사이(수조와 스트레이너사이)에 개폐밸브설치 누락
② 교차배관 끝에 청수구(40A 이상 개폐밸브)설치 누락
③ 시험배관 끝에 물받이통 및 배수관 설치 누락
[주의] 도면상 수조가 펌프보다 위에 설치되어 있으므로 펌프의 흡입측
에 연성계(진공계)는 필요 없음

(물음 3) ○답 : ① 규격 방수량 및 규격 방수압력 확인
② 유수검지장치 작동확인
③ 송수펌프 자동기동 확인

(물음 4) ○답 : 아파트의 천정 속 공간은 없거나 또는 250~300mm로 회향식 배관에
어려움이 있으므로

05년-05월

41 다음 도면과 도표를 참조하여 각 물음에 답하시오. (20점)

[조건]
1. 주어지지 않은 조건은 무시한다.
2. 직류 T 및 레듀샤는 무시한다.
3. 헤드A만 개방된 것으로 가정한다.
4. 배관 마찰손실압력은 아래의 헤이젠 윌리엄스(Hazen William's)공식을 이용한다.

$$\Delta P_m = \frac{6 \times 10^4 \times Q^2}{C^2 \times D^5}$$

ΔP_m : 배관 1m당 마찰손실 압력(MPa)
Q : 유량(L/min), C : 조도(120), D : 관경(mm)

[배관의 호칭 구경별 안지름(mm)]

호칭구경	25	32	40	50	65	80	100
내경	28	36	42	53	66	79	103

[관이음쇠·밸브류 등의 마찰손실수두에 상당하는 직관길이(m)]

관이음쇠 밸브의 호칭경(mm)	90° 엘보	90°T (측류)	알람체크 밸브	게이트밸브	체크밸브
φ25	0.90	1.50	4.5	0.18	4.5
φ32	1.20	1.80	5.4	0.24	5.4
φ40	1.5	2.1	6.5	0.30	6.5
φ50	2.1	3.0	8.4	0.39	8.4
φ65	2.4	3.6	10.2	0.48	10.2
φ100	4.2	6.3	16.5	0.81	16.5

(물음 1) 각 배관의 관경에 따라 다음 빈칸을 채우시오.

관경(mm)	산출근거	상당관 및 직관길이(m)

(물음 2) 다음 ( )안을 채우시오.

관경(mm)	배관 1m당 마찰손실압(MPa)
25	(㉮) $\times 10^{-7} Q^2$
32	(㉯) $\times 10^{-8} Q^2$
40	(㉰) $\times 10^{-8} Q^2$
50	(㉱) $\times 10^{-9} Q^2$
65	(㉲) $\times 10^{-9} Q^2$
100	(㉳) $\times 10^{-10} Q^2$

(물음 3) A점 헤드에서 고가수조까지 낙차(m)를 구하시오.
(물음 4) A점 헤드의 분낭 방수량(L/min)을 계산하시오(단, 방출계수 $K=80$으로 한다)

풀이 (물음 1) ○답 :

관경(mm)	산출근거	상당관 및 직관길이(m)
25	직관 : 3.5+3.5=7.0 관부속 : 90°엘보1개×0.9=0.9 계 7.9	7.9
32	직관 : 3.0	3.0
40	직관 : 0.5+3=3.5 관부속 : 90°엘보1개×1.5=1.5 계 5.0	5.0
50	직관 : 3.0	3.0
65	직관 : 3.5+3.5=7.0	7.0

100	직관 : 2+1+45+15+2+1.2+2=68.2
	관부속 : 게이트밸브2개×0.81=1.62
	        체크밸브1개×16.5=16.5
	        알람체크밸브1개×16.5=16.5
	        90°엘보4개×4.2=16.8
	        90°T(측류)1개×6.3=6.3
	계 125.92
		125.92

(물음 2) ○계산과정 : ㉮ $\dfrac{6\times10^4 Q^2}{120^2 \times 28^5} = 2.42\times10^{-7}\times Q^2$

㉯ $\dfrac{6\times10^4 Q^2}{120^2 \times 36^5} = 6.89\times10^{-8}\times Q^2$

㉰ $\dfrac{6\times10^4 Q^2}{120^2 \times 42^5} = 3.19\times10^{-8}\times Q^2$

㉱ $\dfrac{6\times10^4 Q^2}{120^2 \times 53^5} = 9.96\times10^{-9}\times Q^2$

㉲ $\dfrac{6\times10^4 Q^2}{120^2 \times 66^5} = 3.33\times10^{-9}\times Q^2$

㉳ $\dfrac{6\times10^4 Q^2}{120^2 \times 103^5} = 3.59\times10^{-10}\times Q^2$

○답 : ㉮ 2.42 ㉯ 6.89 ㉰ 3.19
　　㉱ 9.96 ㉲ 3.33 ㉳ 3.59

(물음 3)　○계산과정 : $45 - 2 - 0.6 - 1.2 = 41.2\text{m}$
　　　　　○답 : 41.2m

(물음 4)　○계산과정 :

$Q = K\sqrt{10P}$ 에서

　$Q(\text{L/min})$: 방수량, K : 방출계수, P : 방수압(MPa)

P_A(A헤드 방수압) = 낙차의 환산수두압 − 배관상 총마찰손실압

낙차의 환산수두압 = 41.2m = 0.412MPa

배관상 총마찰손실압 = $2.42\times10^{-7}Q^2 \times 7.9 + 6.89\times10^{-8}Q^2 \times 3.0$
　　　　　　　　　　$+ 3.19\times10^{-8}Q^2 \times 5.0 + 9.96\times10^{-9}Q^2 \times 3.0$
　　　　　　　　　　$+ 3.33\times10^{-9}Q^2 \times 7.0 + 3.59\times10^{-10}Q^2 \times 125.92$
　　　　　　　　　　$= 2.37\times10^{-6}Q^2[\text{MPa}]$

∴ $P_A = 4.12 - 2.37\times10^{-6}Q^2 \text{MPa}$

$Q = 80\sqrt{10(0.412 - 2.37\times10^{-6}Q^2)}$

양변을 제곱하면　$Q^2 = 80^2 \times (4.12 - 2.37\times10^{-5}Q^2)$
　　　　　　　　$Q^2 = (80^2 \times 4.12) - (80^2 \times 2.37\times10^{-5}Q^2)$
　　　　　　　　$Q^2 = 26368 - 0.15Q^2$ 　　$1.15Q^2 = 26368$

∴ $Q^2 = \dfrac{26368}{1.15}$

∴ $Q = \sqrt{26368/1.15}$ 　　$Q = 151.42\text{L/min}$

○답 : 151.42L/min

01년-07월, 01년-11월, 04년-10월, 05년-10월, 19년-04월

42 지하1층 지상9층의 백화점 건물에 화재안전기술기준에 따라 아래 조건과 같이 스프링클러설비를 설계하려고 한다. 다음 각 물음에 답하시오. (10점)

[조건] ① 펌프는 지하층에 설치되어 있고 펌프로부터 최상층 스프링클러헤드까지 수직거리는 50m이다.
② 배관 및 관부속 마찰손실수두는 자연낙차의 20%로 한다.
③ 펌프의 흡입측 배관에 설치된 연성계는 300mmHg를 지시하고 있다.
④ 각 층에 설치하는 헤드수는 80개이다.
⑤ 모든 규격차는 최소량을 적용한다.
⑥ 펌프는 체적효율 95%, 기계효율 90%, 수력 효율 80%이다.
⑦ 펌프의 전달계수 $K = 1.1$이다.

(물음 1) 전양정(m)을 산출하시오.
(물음 2) 펌프의 최소유량(L/min)을 산출하시오.
(물음 3) 펌프의 효율(%)을 산출하시오.
(물음 4) 펌프의 축동력(kW)을 산출하시오.

풀이 (물음 1) ○계산과정 : $H = h_1 + h_2 + 10\text{m}$

$$H = 50 + \left(300 \times \frac{10.33}{760}\right) + 50 \times 0.20 + 10 = 74.08\text{m}$$

○답 : 74.08m

(물음 2) ○계산과정 : $Q = N \times 80\text{L/min}$
∴ $Q = 30 \times 80 = 2400\text{L/min}$

○답 : 2400L/min

(물음 3) ○계산과정 : $E =$ 체적효율 × 기계효율 × 수력효율
∴ $E = 0.95 \times 0.9 \times 0.8 \times 100 = 68.4\%$

○답 : 68.4%

(물음 4) ○계산과정 : $P(\text{kW}) = \dfrac{9.8 \times Q \times H}{E}$

∴ $P(\text{kW}) = \dfrac{9.8 \times (2.4/60) \times 74.08}{0.684} = 42.46\text{kW}$

○답 : 42.46kW

06년-11월

43 아래 그림은 일제개방형 스프링클러설비 계통도의 일부를 나타낸 것이다. dead end pipe에서 등압수두는 무시하고 주어진 조건을 참조하여 구간별 유량 및 손실압력을 계산하시오. (10점)

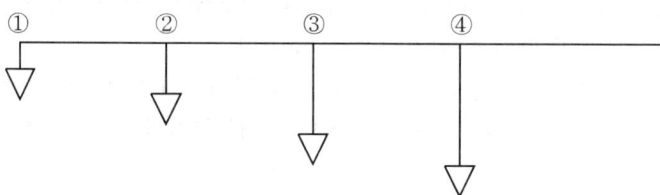

[조건] ① 배관 마찰손실 압력은 헤이젠-윌리엄스 공식을 따르되 계산의 편의상 다음 식과 같다고 가정한다.

$$\Delta P = \frac{6 \times 10^4 \times Q^2}{100^2 \times d^5}$$

단, ΔP : 배관 1m당 마찰손실압력[MPa]
  Q : 배관 내의 유수량[L/min], d : 배관의 안지름[mm]
② 헤드는 개방형 헤드이며 각 헤드의 방출계수(K)는 동일하며 방수압력 변화와 관계없이 일정하고 그 값은 $K=100$이다.
③ 가지관과 헤드간의 마찰손실은 무시한다.
④ 각 헤드의 방수량은 서로 다르다.
⑤ 배관 내경은 32mm로 일정하다.
⑥ 구간별 배관의 등가길이는 3m로 일정하다.
⑦ 계산과정 및 답은 소숫점 둘째자리까지 나타내시오.
⑧ 살수시 최저방수압이 되는 헤드에서의 방수압은 0.1MPa이다.

○ 계산과정 :

구 간	유량[L/분]	손실압력[kg/cm²]
①~②	살수시 최저방수압이 되는 헤드는 ①이다. 즉 $P_1 = 0.1$MPa ∴ $Q = K\sqrt{10P_1} = 100\sqrt{10 \times 0.1} = 100$L/분	$\Delta P①~②$ $= \frac{6 \times 10^4 \times 100^2}{100^2 \times 32^5} \times 3$ $= 0.01$MPa
②~③	$P_2 = P_1 + [①~②$ 구간 손실압력$]$ $P_2 = 0.1 + 0.01 = 0.11$MPa $Q_2 = K\sqrt{10P_2} = 100\sqrt{10 \times 0.11} = 104.88$L/분 ∴ $Q②~③ = 100 + 104.88 = 204.88$L/분	$\Delta P②~③$ $= \frac{6 \times 10^4 \times 204.88^2}{100^2 \times 32^5} \times 3$ $= 0.02$MPa
③~④	$P_3 = P_2 + [②~③$ 구간 손실압력$]$ $P_3 = 0.11 + 0.02 = 0.13$MPa $Q_3 = K\sqrt{10P_3} = 100\sqrt{10 \times 0.13} = 114.02$L/분 ∴ $Q③~④ = 204.88 + 114.02 = 318.90$L/분	$\Delta P③~④$ $= \frac{6 \times 10^4 \times 318.90^2}{100^2 \times 32^5} \times 3$ $= 0.05$MPa

	유량	손실압력
○답 : 구간 ①~② :	100L/분	0.01MPa
구간 ②~③ :	204.88L/분	0.02MPa
구간 ③~④ :	318.90L/분	0.05MPa

01년-04월, 08년-04월

44 아래 그림은 건식스프링클러설비의 압축공기 공급배관 계통도의 일부이다. 각 물음에 답하시오. (4점)

(물음 1) 항상 폐지되어 있는 밸브 번호를 쓰시오.
(물음 2) ⑤ ⑥ ⑦의 명칭을 쓰시오.

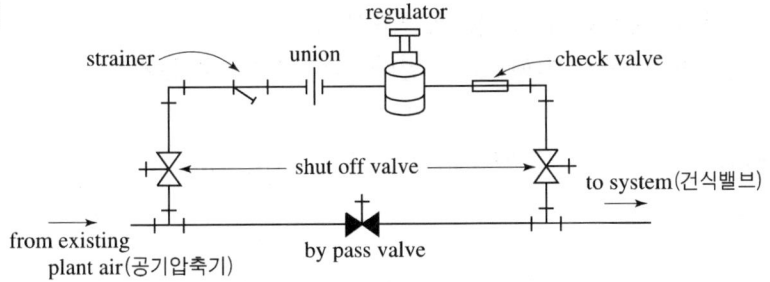

[공기 압력 조정장치]

(물음 1)　○답 : ③(bypass valve)

(물음 2)　○답 : ⑤ 공기압력 조절기　⑥ 체크밸브　⑦ 건식밸브

08년-07월

45 무대부에 아래 그림과 같이 개방형 스프링클러헤드를 설치하였다. 조건을 참조하여 각 물음에 답하시오. **(14점)**

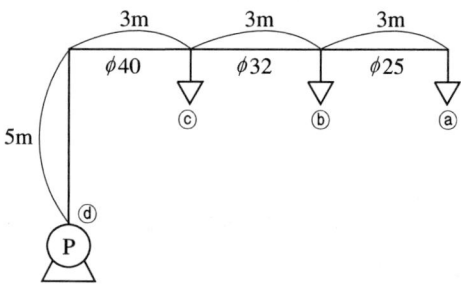

[조건] (1) 말단에 설치된 ⓐ헤드의 방사압은 0.1MPa이다.
(2) 헤이젼 윌리엄스 공식은 다음과 같다.

$$\Delta P = \frac{6 \times 10^4 \times Q^2}{100^2 \times d^5}$$

단, ΔP =배관 1m당 마찰손실압력[MPa]
Q =유량(L/분), d =배관안지름(mm)
(3) 1kgf/cm² = 0.1MPa이라고 한다.
(4) 방출계수 k = 80으로 한다.

(물음 1) 헤드 ⓐ의 방수량(L/min)을 계산하시오.
(물음 2) 헤드 ⓑ의 방수량(L/min)을 계산하시오.
(물음 3) 헤드 ⓒ의 방수량(L/min)을 계산하시오.
(물음 4) ⓓ점의 유량(L/min)을 계산하시오.
(물음 5) 펌프의 토출압력(MPa)은 얼마 이상이어야 하는가?

풀이 (물음 1) ○계산과정 : $Q = K\sqrt{10P} = 80\sqrt{10 \times 0.1} = 80\text{L/min}$
○답 : 80L/min

(물음 2) ○계산과정 : $\Delta P \text{ⓐ} \sim \text{ⓑ} = \dfrac{6 \times 10^4 \times 80^2}{100^2 \times 25^5} \times 3 = 0.01\text{MPa}$

∴ $P\text{ⓑ} = 0.1\text{MPa} + 0.01\text{MPa} = 0.11\text{MPa}$

∴ $Q\text{ⓑ} = 80\sqrt{10 \times 0.11} = 83.90\text{L/min}$

○답 : 83.90L/min

(물음 3) ○계산과정 : $\Delta P \text{ⓑ} \sim \text{ⓒ} = \dfrac{6 \times 10^4 \times (80 + 83.90)^2}{100^2 \times 32^5} \times 3 = 0.01\text{MPa}$

$$P\text{ⓒ} = 0.11\text{MPa} + 0.01\text{MPa} = 0.12\text{MPa}$$
$$\therefore\ Q\text{ⓒ} = 80\sqrt{10 \times 0.12} = 87.64\text{L/min}$$

○답 : 87.64L/min

(물음 4) ○계산과정 : $Q\text{ⓓ}$ = 헤드ⓐ + ⓑ + ⓒ = 80 + 83.9 + 87.64
$$= 251.54\text{L/min}$$

○답 : 251.54L/min

(물음 5) $\Delta P\text{ⓒ}\sim\text{ⓓ} = \dfrac{6 \times 10^4 \times 251.54^2}{100^2 \times 40^5} \times (3+5) = 0.03\text{MPa}$

P(펌프토출압력) = 낙차의 환산수두압 + 배관마찰손실압 + 말단헤드방수압
∴ P(펌프토출압력)
$= 0.05\text{MPa}(5\text{m}) + (0.03 + 0.01 + 0.01)\text{MPa} + 0.1\text{MPa} = 0.20\text{MPa}$

○답 : 0.20MPa

10년-07월

46 아래 설치 도면은 폐쇄형 습식 스프링클러 설비에 대한 가지배관의 최고 말단부를 나타낸 것이다. 다음 물음에 답하시오. (24점)

[조건]
1. 헤드 설치 도면

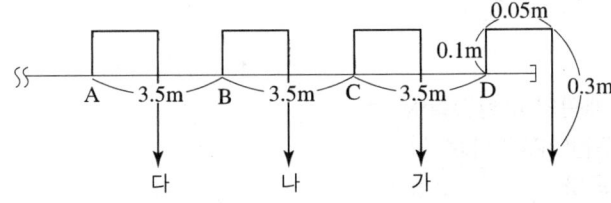

2. 배관에 설치된 관 부속품의 등가길이(m)는 아래 표와 같다.

호칭경	90° 엘보	분류 T	직류 T	레듀샤
50A	2.1	3.0	0.6	1.2
40A	1.5	2.1	0.45	0.9
32A	1.2	1.8	0.36	0.72
25A	0.9	1.5	0.27	0.50

3. 호칭 경에 따른 내경 표는 아래와 같다.

호칭경	50A	40A	32A	25A
내 경	53	42	36	28

> 4. 최종 헤드의 방사압력은 0.1MPa 이다.
> 5. 배관의 마찰손실은 하젠-윌리암스 식에 따르며, 이 식에서 "C"값은 120으로 한다.
> 6. 계산은 소수점 6자리까지 구할 것

(물음 1) 각 구간별(A→B, B→C, C→D, D→최종헤드) 배관의 마찰손실(MPa)을 구하시오.
　　① A→B 구간 (단, 구경 32A)
　　　○ 계산과정 및 답 :
　　② B→C 구간 (단, 구경 25A)
　　　○ 계산과정 및 답 :
　　③ C→D 구간 (단, 구경 25A)
　　　○ 계산과정 및 답 :
　　④ D→최종헤드 구간 (단, 구경 25A)
　　　○ 계산과정 및 답 :

(물음 2) A점에서 최종헤드까지의 총 손실 압력(MPa)을 구하시오.
　　○ 계산과정 및 답 :

(물음 3) D, C, B, A점에서의 압력(MPa)을 구하시오.
　　○ 계산과정 및 답 :

(물음 4) 가, 나, 다 헤드에서의 방사 압력(MPa)을 구하시오.
　　○ 계산과정 및 답 :

풀이 (물음 1) 각 구간별 배관의 마찰손실(MPa)

① A→B 구간(32A)마찰손실
　○계산과정 :
　　• 헤드1개의 방수량 $Q = 80\sqrt{10 \times 0.1} = 80\,\text{L/min}$
　　• L = 직관 3.5m + 분류T 1.8m + 레듀샤(32×25) 0.72m = 6.02m
　　• $Q = 80 \times 3 = 240\,\text{L/min}$(헤드3개 담당)

　　$\therefore \Delta P_{A \sim B} = \dfrac{6.053 \times 10^4 \times 240^{1.85}}{120^{1.85} \times 36^{4.87}} \times 6.02 = 0.034616\,\text{MPa}$

　○답 : 0.034616MPa

② B→C 구간(25A)마찰손실
　○계산과정 :
　　• L = 직관 3.5m + 분류T 1.5m = 5m

- $Q = 80 \times 2 = 160\,\text{L/min}$ (헤드2개 담당)

$$\therefore \Delta P_{B \sim C} = \frac{6.053 \times 10^4 \times 160^{1.85}}{120^{1.85} \times 28^{4.87}} \times 5 = 0.046176\,\text{MPa}$$

○답 : 0.046176MPa

③ C→D 구간(구경 25A)
○계산과정 :
- $L =$ 직관 3.5m + 분류T 1.5m = 5m
- $Q = 80 \times 1 = 80\,\text{L/min}$ (헤드1개 담당)

$$\therefore \Delta P_{B \sim C} = \frac{6.053 \times 10^4 \times 80^{1.85}}{120^{1.85} \times 28^{4.87}} \times 5 = 0.012809\,\text{MPa}$$

○답 : 0.012809MPa

④ D→최종헤드 구간(25A)
○계산과정 :
- $L =$ 직관0.45m(0.1+0.05+0.3) + 90°엘보2개1.8m(0.9×2)
  + 레듀샤(25×15)0.5m = 2.75m
- $Q = 80 \times 1 = 80\,\text{L/min}$ (헤드1개 담당)

$$\therefore \Delta P_{D \sim \text{최종헤드}} = \frac{6.053 \times 10^4 \times 80^{1.85}}{120^{1.85} \times 28^{4.87}} \times 2.75 = 0.007045\,\text{MPa}$$

○답 : 0.007045MPa

(물음 2) A점에서 최종헤드까지의 총 손실압력(MPa)
○계산과정 :
- $\Delta P_T = \Delta P_{A \sim B} + \Delta P_{B \sim C} + \Delta P_{C \sim D} + \Delta P_{D \sim \text{최종헤드}}$

$\therefore \Delta P_T = 0.034616 + 0.046176 + 0.012809 + 0.007045$
$\qquad\quad = 0.100646\,\text{MPa}$

○답 : 0.100646MPa

(물음 3) D, C, B, A점에서의 압력(MPa)
① D점에서의 압력(MPa)
○계산과정 : $\Delta P_D =$ 헤드의 방사압 + [D~최종헤드 배관마찰손실]
$\qquad\qquad = 0.1 + 0.007045 = 0.107045\,\text{MPa}$

○답 : 0.107045MPa

② C점에서의 압력(MPa)
○계산과정 : $\Delta P_C = P_D$ + [C~D 배관마찰손실]
$\qquad\qquad = 0.107045 + 0.012809 = 0.119854\,\text{MPa}$

○답 : 0.119854MPa

③ B점에서의 압력(MPa)
  ○계산과정 : $\Delta P_B = P_C + $ [B~C 배관마찰손실]
                $= 0.119854 + 0.046176 = 0.166030$ MPa
  ○답 : 0.166030MPa

④ A점에서의 압력(MPa)
  ○계산과정 : $\Delta P_A = P_B + $ [A~B 배관마찰손실]
                $= 0.166030 + 0.034616 = 0.200646$ MPa
  ○답 : 0.200646MPa

(물음 4) 가, 나, 다 헤드에서의 방사압력(MPa)

① 가 헤드에서의 방사압력(MPa) : $P_{가}$
  ○계산과정 : $P_{가} = $ 최종헤드의 방사압 + C~D 배관마찰손실
                $P_{가} = 0.1 + 0.012809 = 0.112809$ MPa
  ○답 : 0.112809MPa

② 나 헤드에서의 방사압력(MPa) : $P_{나}$
  ○계산과정 : $P_{나} = $ 가 헤드의 방사압 + B~C 배관마찰손실
                $P_{나} = 0.112809 + 0.046176 = 0.158985$ MPa
  ○답 : 0.158985MPa

③ 다 헤드에서의 방사압력(MPa) : $P_{다}$
  ○계산과정 : $P_{다} = $ 나 헤드의 방사압 + A~B 배관마찰손실
                $P_{다} = 0.158985 + 0.034616 = 0.193601$ MPa
  ○답 : 0.193601MPa

상세해설

(물음 1) ① 헤드의 방수량 계산
- 헤드의 방수량 $Q = K\sqrt{10 \times P}$ ∴ $Q = 80\sqrt{10 \times 0.1} = 80$ L/min
  여기서, Q : 방수량(L/min),
         K : 방출계수(조건에 없으면 표준형=80적용)

• 스프링클러헤드의 K factor

호칭경(mm)	10mm	15mm(표준형)	20mm
K값	57	80	115

② Hazen-Williams(헤이젼-윌리엄스)식

※ SI 단위
$$\Delta P_S = \frac{6.053 \times 10^4 \times Q^{1.85}}{C^{1.85} \times D^{4.87}} \times L$$

※ 중력 단위
$$\Delta P_F = \frac{6.174 \times 10^5 \times Q^{1.85}}{C^{1.85} \times D^{4.87}} \times L$$

여기서, ΔP_S(SI단위) : 마찰손실압력(MPa)
ΔP_F(중력단위) : 마찰손실압력(kgf/cm^2)
Q : 방수량(L/min)
C : 조도(Roughness)또는 배관마찰손실계수(상수)
D : 배관내경(mm)
L : 배관의 길이(m)

[주의] Hazen-Williams(헤이젼-윌리엄스)식을 중력단위(kgf/cm^2)에서 SI단위(MPa)로 변환 시 6.174를 그대로 적용하고 $10^5 \rightarrow 10^4$으로 변환한 것은 잘못된 식임을 명심하시기 바랍니다

11년-07월

47 분사헤드의 방사압력이 0.4MPa일 때 방수량이 140L/min이라고 하면, 방사압력을 0.3MPa으로 하였을 때 방수량(L/min)을 구하시오. (3점)

풀이
○계산과정 : ① $K = \dfrac{140}{\sqrt{10 \times 0.4}} = 70$
② $Q_2 = 70\sqrt{10 \times 0.3} = 121.24 \text{ L/min}$

○답 : 121.24L/min

상세해설

방수량 산출공식

$$Q = K\sqrt{10P}$$

여기서, Q : 방수량(L/min), K : 방출 계수, P : 방수압(MPa)

(1) $P_1 = 0.4$MPa $Q_1 = 140$L/min $K = \dfrac{Q}{\sqrt{10P}} = \dfrac{140}{\sqrt{10 \times 0.4}} = 70$

(2) $P_2 = 0.3$MPa $Q_2 = ?$ $K = 70$

(3) $Q_2 = K\sqrt{10P_2} = 70\sqrt{10 \times 0.3} = 121.24$L/min

48 다음 스프링클러에 대한 표에서 (가), (나), (다), (라)의 각 항에 답하시오.

(8점)

스프링클러헤드	K값	최소방수압력	방사량(Lpm)
표 준 형	(가)	(나) MPa	80
조기진압형	203	(다) MPa	380
		0.52MPa	(라)

풀이 (가) ○답 : 80

(나) ○답 : 0.1

(다) ○계산과정 : $P = \dfrac{\left(\dfrac{Q}{K}\right)^2}{10}$ $P = \dfrac{\left(\dfrac{380}{203}\right)^2}{10} = 0.35\,\text{MPa}$

○답 : 0.35MPa

(라) ○계산과정 : $Q = K\sqrt{10P}$ $Q = 203\sqrt{10 \times 0.52} = 462.91\,\text{L/min}$

○답 : 462.91L/min

상세해설

각 헤드별 K-Factor(시험에서는 대부분 주어지는 값이므로 표준형헤드만 암기필요)

헤드종류	표준형헤드	주거형 스링클러헤드	Large Drop형 스프링클러헤드	화재조기진압용(ESFR) 헤드
K-Factor	80	47.5~52.5	157~166	203

K-Factor란 무엇인가 : 방출계수라고도 하며 오리피스구경과 형태에 따른 고유 값이며 그 값은 제조회사에서 제시한다.

(물음 3) $Q = K\sqrt{10P}$ $\sqrt{10P} = \dfrac{Q}{K}$ $10P = \left(\dfrac{Q}{K}\right)^2$ $P = \dfrac{\left(\dfrac{Q}{K}\right)^2}{10}$

$P = \dfrac{\left(\dfrac{380}{203}\right)^2}{10} = 0.35\,\text{MPa}$

(물음 4) $Q = K\sqrt{10P}$ $Q = 203\sqrt{10 \times 0.52} = 462.91\,\text{L/min(Lpm)}$

제 05 장 스프링클러설비

12년-04월

49 11층 이상인 어느 특정소방대상물에 습식스프링클러설비와 옥내소화전설비가 같이 설치되어 있다. 조건을 참조하여 각 물음에 답하시오.

[조건] ① 배관 및 부속류의 총 마찰손실은 실양정의 32%이다.
② 펌프의 진공계 눈금은 325mmHg이다.
③ 펌프의 토출양정은 45m로 가정한다.
④ 펌프의 체적효율(ν) 0.95, 기계효율(m) 0.9, 수력효율(h) 0.8이다.
⑤ 옥내소화전은 각 층에 1개씩 설치되어 있다.
⑥ 최고위 말단헤드의 방수압은 0.2MPa이다.

(물음 1) 주 펌프의 전 양정(m)을 구하시오.
(물음 2) 지하수조에 저장하여야 할 수원의 양(m^3)을 계산하시오.
(물음 3) 주 펌프의 축 동력을 [kW]로 나타내시오.

풀이 (물음 1) ○계산과정 : 주 펌프의 전 양정

① 흡입양정 $= 325[\text{mmHg}] \times \dfrac{10.332[\text{m}]}{760[\text{mmHg}]} = 4.42[\text{m}]$

② 토출양정 $= 45\text{m}$

③ h_1(실양정 = 흡입 + 토출양정) $= 4.42 + 45 = 49.42\text{m}$

④ $h_2 = 49.42$(실양정) $\times 0.32 = 15.81\text{m}$

⑤ ∴ $H = 49.42 + 15.81 + 20 = 85.23\text{m}$

○답 : 85.23m

(물음 2) ○계산과정 : 소방대상물이 11층 이상이므로 헤드 기준개수 30개
소화전 개수 1개

$Q = 30 \times 1.6\text{m}^3 + 1 \times 2.6\text{m}^3 = 50.6\text{m}^3$

○답 : 50.6m^3

(물음 3) ○계산과정 : 주 펌프의 축동력

① $Q = 30 \times 80 l/\text{min} + 1 \times 130 l/\text{min} = 2530 l/\text{min} = 2.53\text{m}^3/60\text{s}$

② $H = 85.23\text{m}$

③ $E = 0.95 \times 0.90 \times 0.80 \times 100 = 68.4\%$

④ $P(\text{kW}) = \dfrac{\gamma QH}{E}$

⑤ $P(\text{kW}) = \dfrac{9.8 \times (2.53/60) \times 85.23}{0.684} = 51.49\text{kW}$

○답 : 51.49kW

12년-07월

50 스프링클러 소화설비의 스프링클러헤드에서 방사되는 방수량(L/min)을 최소 방수량과 최대 방수량으로 구분하여 계산하시오.(단, 방출계수 $K=80$으로 하고 속도수두는 계산에 포함하지 않는다.)

○ **계산과정** : 스프링클러헤드의 방수압력범위는 0.1MPa 이상 1.2MPa 이하
$Q = K\sqrt{10P}$ 식에 대입
최소 방수량 $Q = 80\sqrt{0.1 \times 10} = 80\text{L/min}$
최대 방수량 $Q = 80\sqrt{1.2 \times 10} = 277\text{L/min}$

○ **답** : 최소 방수량=80L/min, 최대 방수량=277L/min

00년-08월, 02년-04월, 12년-11월

51 일제살수식 델류지밸브(Deluge Valve)의 작동방식의 종류를 쓰고 간단히 설명하시오.

○ 답 :

① **가압 개방식** : 관로상에 전자밸브(솔레노이드 밸브) 또는 수동개방밸브를 설치하여 화재시 화재감지기가 감지, 전자밸브를 개방 또는 수동으로 수동개방밸브를 개방하여 가압수가 밸브피스톤을 밀어 올려 밸브가 열리는 방식

[작 동 전]　　　　　　　　[작 동 후]

② **감압 개방식** : 관로상에 전자밸브(솔레노이드 밸브) 또는 수동개방밸브를 설치하여 화재시 화재감지기가 감지, 전자밸브를 개방 또는 수동으로 수동개방밸브를 개방하여 밸브의 실린더실이 감압되어 밸브가 열리는 방식

[작 동 전]　　　　　　　　[작 동 후]

12년-11월

52 다음은 고가수조에 스프링클러헤드가 설치된 그림이다. 그림을 참조하여 헤드의 방수압력(kPa)을 계산하시오.(단 물의 비중량은 9800N/m³이다)

풀이 ○계산과정 : ① 수조의 수면으로부터 헤드까지 수직거리(낙차)
$h = 30m - 18m = 12m$
② 헤드의 압력계산
$P = \gamma h = 9.8 kN/m^3 \times 12m = 117.60 kN/m^2 = 117.60 kPa$
○답 : 117.60kPa

06년-11월, 16년-06월

53 아래 그림은 준비작동식 스프링클러설비의 계통도를 나타낸 것이다. 화재 발생시 수신반, 감지기, 압력스위치, 전자밸브, 준비작동밸브 등 상호간의 작동 연계성(Operation sequene)을 간단히 쓰시오. (5점)

풀이 ○답 : ① 감지기 A,B 작동 ② 수신반 화재신호 수신
　　　③ 전자밸브 작동　　　 ④ 준비작동 밸브 개방
　　　⑤ 압력스위치 작동　　 ⑥ 수신반의 준비작동밸브 작동표시등 점등

01년-07월, 13년-04월

54 층수가 7층인 소방대상물의 전 층에 스프링클러설비를 설치하고자 한다. 다음 조건을 이용하여 화재안전기술기준에서 정한 방수압과 방수량을 만족하고자 할 때 다음 각 물음에 답하시오.(단, 토출량, 소요양정, 전동기 동력의 순서로 구하도록 한다.) (6점)

[조건]
① 펌프로부터 가장 멀리 떨어져 있는 헤드까지의 배관길이는 70[m]이다.
② 펌프의 효율은 60[%]이고 전달계수는 1.1이다.
③ 배관의 마찰손실수두는 직관길이의 30[%]에 해당하는 값으로 한다.
④ 펌프의 실양정은 25[m]이다.
⑤ 펌프의 분당 토출량은 헤드10개를 동시에 개방된 것으로 한다.

(물음 1) 펌프의 토출량은 몇 [L/min]인가?
(물음 2) 펌프의 소요양정은 몇 [m]인가?
(물음 3) 펌프의 전동기 동력은 몇 [kW]인가?

풀이 (물음 1) 펌프의 토출량
  ○계산과정 : $Q = 10 \times 80\text{L/min} = 800\text{L/min}$
  ○답 : 800L/min

(물음 2) 펌프의 소요양정
  ○계산과정 : $h_1 = 25\text{m}$, $h_2 = 70\text{m} \times 0.3 = 21\text{m}$
    $H = 25\text{m} + 21\text{m} + 10\text{m} = 56\text{m}$
  ○답 : 56m

(물음 3) 펌프의 전동기 동력
  ○계산과정 : $Q = 800\text{L/min} = 0.8\text{m}^3/60\text{s}$
    $P = \dfrac{9.8 \times (0.8/60) \times 56}{0.6} \times 1.1 = 13.42\text{kW}$
  ○답 : 13.42kW

상세해설

펌프의 토출량[L/min](폐쇄형 스프링클러설비)

$$Q = N \times 80\text{L/min 이상}$$

여기서, Q : 펌프의 분당 토출량(L/min)
  N : 폐쇄형 헤드의 기준개수(기준개수보다 적은 경우에는 설치개수)

펌프의 소요양정[m]

$$H = h_1 + h_2 + 10\text{m}$$

여기서, H : 전양정(m)
h_1 : 실양정(흡입양정+토출양정)(m)
h_2 : 배관의 마찰손실수두(m)

펌프의 동력[kW]-모터동력

$$P(\text{kW}) = \frac{\gamma \times Q \times H}{E} \times K$$

여기서, γ : 비중량(kN/m^3, 물의 비중량=9.8kN/m^3)
Q : 유량(m^3/s) H : 전양정(m)
E : 펌프의 효율(%/100) K : 전달계수

07년-07월

55
스프링클러 설비가 설치된 건물에서 최고층 건물 높이가 70m이고, 헤드가 최고층까지 설치되었다면 충압 펌프(jokey pump)의 전동기 용량(kW)을 구하시오.(조건 : ① 펌프토출량은 150L/min, ② 펌프효율은 55%, ③ 펌프와 전동기가 직결되었다면 직결계수는 1.1)

풀이

○계산과정 : $P(\text{kW}) = \dfrac{\gamma(\text{kN/m}^3) \times Q(\text{m}^3/\text{sec}) \times H(\text{m})}{E} \times K$

$P(\text{kW})$: 전동기 용량, γ : 비중량(물 : 9.8kN/m^3)
Q : 토출량(m^3/s), H : 전양정(m), E : 효율, K : 전달계수

① $Q = 150\text{L/min} = 0.15\text{m}^3/60\text{s}$
② 충압펌프의 정격토출압 = 자연압 + 0.2MPa
∴ $P = 70\text{m} + 20\text{m}(0.2\text{MPa}) = 90\text{m}$
∴ $H = 90\text{m}$
③ $E = 55\% = 0.55$
④ $K = 1.1$

∴ $P(\text{kW}) = \dfrac{9.8 \times (0.15/60) \times 90}{0.55} \times 1.1 = 4.41\text{kW}$

○답 : 4.41kW

09년-04월, 14년-07월

56 준비작동식 스프링클러설비의 주요구성부품 중 하나인 P·O·R·V(Pressure Operated Relief Valve)에 대하여 다음 각 물음에 답하시오. (5점)

(물음 1) 작동원리를 간단히 설명하시오.
(물음 2) 설치하지 않을 경우 문제점을 간단히 쓰시오.

풀이 (물음 1) ○답 : 2차측 가압수가 피스톤을 눌러 중간챔버로 가는 배관을 폐쇄시켜 중간챔버의 압력을 낮은 상태로 유지되며 밸브가 열린 상태로 유지된다.

(물음 2) ○답 : 작동된 준비작동식밸브가 1차측 가압수의 압력으로 인해 다시 복구(시트 닫힘)될 수 있음

상세해설

P·O·R·V(Pressure Operated Relief Valve)
① 전자밸브(솔레노이드밸브) 또는 긴급해제밸브의 개방으로 작동된 준비작동밸브가 1차측 공급수의 압력으로 인해 자동으로 복구되는 것을 방지하기 위한 밸브로서 다이아후램식에만 있으며 근래에는 솔레노이드밸브 상부에 복구방지 스위치를 달아 P.O.R.V 기능을 겸하는 제품이 생산된다.
② 작동된 준비작동식밸브(P·O·R·V type)가 1차측 가압수의 압력으로 인해 다시 복구(시트닫힘)되는 것을 방지하기 위한 밸브.
③ 솔레노이드밸브가 복구되어 가압수를 방출(중간챔버 감압상태)하지 못하더라도 중간챔버의 압력을 지속적으로 낮게 유지하기 위해서는 2차측으로 넘어간 가압수를 FEED BACK하여 조작신호로 이용하여 중간챔버로 가는 배관경로를 폐쇄시키면 된다
④ 2차측 가압수가 피스톤을 눌러(파스칼의원리) 막아 버리면 중간챔버로 가는 배관이 폐쇄된다. 그러면 중간챔버의 압력은 낮은상태로 유지되고 밸브는 열린 상태가 유지된다.

03년-04월, 07년-11월, 10년-07월, 14년-04월

57 습식스프링클러설비를 아래의 조건을 이용하여 그림과 같이 8층의 백화점 건물에 시공할 경우 다음 물음에 답하시오. (11점)

[조건] ① 배관 및 부속류의 총 마찰손실은 펌프 자연 낙차압의 40%이다.
② 펌프의 진공계 눈금은 500mmHg이다.
③ 펌프의 체적효율(ν)=0.95, 기계효율(m)=0.85, 수력효율(h)=0.75이다.
④ 전동기의 전달계수(K)는 1.2이다.

(물음 1) 주 펌프의 양정(m)을 구하시오.
(물음 2) 주펌프의 토출량(L/min)을 구하시오.
(단, 스프링클러 헤드는 최대 기준개수 이상 설치되는 기준임)
(물음 3) 주 펌프의 전 효율(%)를 구하시오.
(물음 4) 주펌프의 수동력, 축동력, 모터동력을 [kW]로 나타내시오.
  (1) 수동력
  (2) 축동력
  (3) 모터동력
(물음 5) 그림에서 (A) 부분에 말단시험배관을 설치하려고 한다. 설치방법을 그림으로 나타내시오.
(물음 6) 폐쇄형스프링클러헤드의 선정은 설치장소의 최고주위온도와 선정된 헤드의 표시온도를 고려하여야 한다. 다음 표의 설치장소의 최고 주위온도에 대한 표시온도를 쓰시오.

설치장소의 최고 주위온도	표시온도
39℃ 미만	79℃ 미만
39℃ 이상 64℃ 미만	①
64℃ 이상 106℃ 미만	②
106℃ 이상	162℃ 이상

(물음 7) 관속의 유체온도 및 외부온도의 변화에 따라 관이 팽창 또는 수축을 하므로 배관도중에 신축이음을 사용한다. 신축이음의 종류 5가지를 쓰시오.
(물음 8) 수원의 유효수량 중 1/3 이상을 옥상에 설치하여야 한다. 이때 예외사항 5가지를 쓰시오.

[풀이] (물음 1) ○ 계산과정 : $H = h_1 + h_2 + 10\text{m}$

H : 펌프의 전양정(m), h_1 : 낙차(흡입양정 + 토출양정)

h_2 : 배관 및 관부속품 마찰손실수두(m)

흡입양정 $= 500\text{mmHg} \times \dfrac{10.332\text{m}}{760\text{mmHg}} = 6.80\text{m}$

토출양정 $= 40\text{m}$

∴ $h_1 = 6.8 + 40 = 46.8\text{m}$

$h_2 = (40+5)\text{m}(\text{펌프의 자연낙차}) \times 0.4 = 18\text{m}$

∴ $H = 46.8 + 18 + 10 = 74.8\text{m}$

○ 답 : 74.8m

(물음 2) 소방대상물이 백화점이므로 폐쇄형헤드의 기준개수는 30개

○ 계산과정 : $Q = N \times 80\text{L/min}$ (N : 폐쇄형헤드의 기준개수(기준개수보다 적은 경우 그 설치 개수))

∴ $Q = 30 \times 80\text{L/min} = 2400\text{L/min}$

○ 답 : 2400L/min

(물음 3) ○ 계산과정 : 전효율 = 체적효율 × 기계효율 × 수력효율 × 100

∴ $\eta_T = 0.95 \times 0.85 \times 0.75 \times 100 = 60.56\%$

○ 답 : 60.56%

(물음 4) **(1) 수동력**

○ 계산과정 : 수동력 $L_W[\text{kW}] = \gamma Q H$

γ : 비중량(kN/m³, 물 = 9.8kN/m³)

Q : 유량(m³/s), H : 전양정(m)

∴ $L_W[\text{kW}] = 9.8\text{kN/m}^3 \times (2.4\text{m}^3/60\text{s}) \times 74.8\text{m}$

$= 29.32\text{kW}$

○ 답 : 29.32kW

(2) 축동력

○ 계산과정 : 축동력 $L_S[\text{kW}] = \dfrac{\gamma Q H}{E}$ E : 펌프의 효율(%/100)

∴ $L_S[\text{kW}] = \dfrac{9.8\text{kN/m}^3 \times (2.4\text{m}^3/60\text{s}) \times 74.8\text{m}}{0.6056}$

$= 48.42\text{kW}$

○ 답 : 48.42kW

(3) 모터동력

○ 계산과정 : 모터동력 $P[\text{kW}] = \dfrac{\gamma QH}{E} \times K \quad K : 전달계수$

$$\therefore P[\text{kW}] = \dfrac{9.8\text{kN}/\text{m}^3 \times (2.4\text{m}^3/60\text{s}) \times 74.8\text{m}}{0.6056} \times 1.2$$
$$= 58.10\text{kW}$$

○ 답 : 58.10kW

(물음 5) ○ 답 :

(물음 6) ○ 답 : ① 79℃ 이상 121℃ 미만
② 121℃ 이상 162℃ 미만

(물음 7) ○ 답 : ① 슬리브형 ② 벨로우즈형 ③ 루프형 ④ 스위블형 ⑤ 볼죠인트형

(물음 8) ○ 답 : ① 지하층만 있는 건축물
② 고가수조를 가압송수장치로 설치한 소화설비
③ 수원이 건축물의 최상층에 설치된 방수구보다 높은 위치에 설치된 경우
④ 건축물의 높이가 지표면으로부터 10m 이하인 경우
⑤ 주펌프와 동등 이상의 성능이 있는 별도의 펌프로서 내연기관의 기동과 연동하여 작동되거나 비상전원을 연결하여 설치한 경우
⑥ 가압수조를 가압송수장치로 설치한 소화설비

16년-06월

58 다음은 폐쇄형 스프링클러 소화설비의 도면 중 일부이다. 반자 내부 및 외부에 상향형, 하향형 헤드를 설치하려 할 때 가지배관과 교차배관에 연결하여 미비된 도면을 완성하시오. (6점)

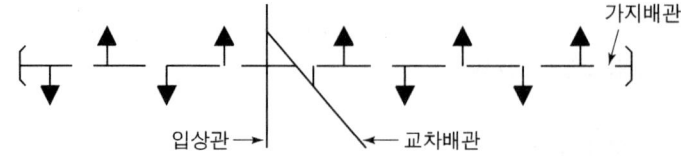

○답 : 폐쇄형 스프링클러헤드를 하향형으로 설치시 회향식 배관 방식으로 한다.

01년-11월, 04년-07월, 06년-04월, 13년-11월

59 아래 그림은 일제 개방형 스프링클러 소화설비 계통도의 일부를 나타낸 것이다. 주어진 조건을 참조하여 답란의 빈칸을 채우시오.

[조건]
① 배관 마찰손실 압력은 헤이젠-윌리엄스 공식을 따르되 계산의 편의상 다음 식과 같다고 가정한다.

$$\Delta P = \frac{6 \times 10^4 \times Q^2}{120^2 \times d^5}$$

단, ΔP : 배관 1m당 마찰손실압력[MPa]
Q : 배관내의 유수량[L/min], d : 배관의 안지름[mm]

② 헤드는 개방형 헤드이며 각 헤드의 방출계수(K)는 동일하며 방수압력 변화와 관계없이 일정하고 그 값은 $K=80$이다.

③ 가지관과 헤드간의 마찰손실은 무시한다.
④ 각 헤드의 방수량은 서로 다르다.
⑤ 배관 내경은 호칭경과 같다고 가정한다.
⑥ 배관부속은 무시한다.
⑦ 계산과정 및 답은 소숫점 둘째자리까지 나타내시오.
⑧ 헤드번호 ①의 방수압은 0.1MPa이다.

풀이 ○ 계산과정 및 답 :

항목	헤드번호	방수압	방수량[l/min]
1	①	0.1MPa	80
2	②	$\Delta P① \sim ② = \dfrac{6 \times 10^4 \times 80^2}{120^2 \times 25^5} \times 3.4 = 0.01\,\text{MPa}$ $\therefore P = 0.1 + 0.01 = 0.11\,\text{MPa}$	$Q = 80\sqrt{10 \times 0.11}$ $= 83.90$
3	③	$\Delta P② \sim ③ = \dfrac{6 \times 10^4 \times (80+83.90)^2}{120^2 \times 32^5} \times 3.4 = 0.01\,\text{MPa}$ $\therefore P = 0.11 + 0.01 = 0.12\,\text{MPa}$	$Q = 80\sqrt{10 \times 0.12}$ $= 87.64$
4	④	$\Delta P③ \sim ④ = \dfrac{6 \times 10^4 \times (80+83.90+87.64)^2}{120^2 \times 40^5} \times 3.4$ $= 0.01\,\text{MPa}$ $\therefore P = 0.12 + 0.01 = 0.13\,\text{MPa}$	$Q = 80\sqrt{10 \times 0.13}$ $= 91.21$
5	⑤	$\Delta P④ \sim ⑤ = \dfrac{6 \times 10^4 \times (80+83.90+87.64+91.21)^2}{120^2 \times 40^5} \times 3.4$ $= 0.02\,\text{MPa}$ $\therefore P = 0.13 + 0.02 = 0.15\,\text{MPa}$	$Q = 80\sqrt{10 \times 0.15}$ $= 97.98$

15년-11월

60 다음 그림과 같이 물분무 노즐로부터 물이 분무되고 있을 때 조건을 참조하여 다음 각 물음에 답하시오. (10점)

```
     A    8m    B   4m  C  4m   D
     ▽   25A    ▽  32A     25A  ▽
```

[조건] ① 각 노즐의 방출계수는 같다고 가정한다.
② 동압은 무시한다.
③ 직관이외의 관로 상 마찰손실(배관부속 포함)은 무시한다.
④ 직관의 마찰손실은 헤이젠-윌리엄스공식을 적용하되 계산의 편의상 다음과 같다고 가정한다.

$$\Delta P = 6.053 \times 10^7 \times \frac{Q^{1.85}}{C^{1.85} \times D^{4.87}}$$

여기서, ΔP : 1m당 마찰손실압력(kPa), Q : 유량(L/분)
C : 조도(배관의 거칠음 계수 : 100)
D : 배관의 안지름(mm)

⑤ A점의 방사압은 350kPa, 유량은 60LPm으로 가정한다.

(물음 1) A~B구간 유량(L/min) 및 압력손실(kPa)을 구하시오.
(물음 2) B헤드의 방사압(kPa) 및 유량(L/min)을 구하시오.
(물음 3) B~C구간 유량(L/min) 및 압력손실(kPa)을 구하시오.
(물음 4) C지점의 압력(kPa)을 구하시오.
(물음 5) C~D구간 압력손실(kPa)을 구하시오.
　　　　　(단, D점의 방사압 및 유량은 A점과 같다고 가정한다)
(물음 6) 물음5와 같이 유량과 압력을 가정하였을 경우 C지점의 압력(kPa)을 구하시오.
(물음 7) 물음4와 물음6에서 구한 C점의 압력이 서로 다르므로 유량을 보정하여야 한다. 보정된 유량(L/분)을 구하시오.
(물음 8) C지점의 보정된 실제유량(L/분)을 구하시오.

풀이 (물음 1) ○계산과정 : 유량 $Q = 60 \text{L/min}$

압력손실 $\Delta P = 6.053 \times 10^7 \times \dfrac{60^{1.85}}{100^{1.85} \times 25^{4.87}} \times 8$

$= 29.29 \text{kPa}$

○답 : 유량 : 60L/min, 압력손실 : 29.29kPa

(물음 2) ○계산과정 : ① 방사압력 : $P_B = 350 + 29.29 = 379.29\text{kPa}$

② 유량

방출계수를 구하면

$$Q = K\sqrt{10 \times P}, \quad K = \frac{Q}{\sqrt{10P}} = \frac{60}{\sqrt{10 \times 0.35}} = 32.07$$

유량을 계산하면

$$Q_B = K\sqrt{10P} = 32.07 \times \sqrt{10 \times 0.37929} = 62.46\text{L/min}$$

○답 : 방사압 : 379.29kPa, 유량 : 62.46L/min

(물음 3) ○계산과정 : 유량 $Q = Q_A + Q_B = 60 + 62.46 = 122.46\text{L/분}$

압력손실 $\Delta P = 6.053 \times 10^7 \times \dfrac{122.46^{1.85}}{100^{1.85} \times 32^{4.87}} \times 4$

$= 16.47\text{kPa}$

○답 : 유량 : 122.46L/min, 압력손실 : 16.47kPa

(물음 4) ○계산과정 : $P_C = P_B + \Delta P_{B-C} = 379.29 + 16.47 = 395.76\text{kPa}$

○답 : 395.76kPa

(물음 5) ○계산과정 : 압력손실 $\Delta P = 6.053 \times 10^7 \times \dfrac{60^{1.85}}{100^{1.85} \times 25^{4.87}} \times 4$

$= 14.64\text{kPa}$

○답 : 14.64kPa

(물음 6) ○계산과정 : $\Delta P_C = P_D + P_{C-D} = 350 + 14.64 = 364.64\text{kPa}$

○답 : 364.64kPa

(물음 7) ○계산과정 : $Q = K\sqrt{10P}$ 이므로 유량은 $\sqrt{P}$ 에 비례한다.

보정된 유량 $Q_{C-D} = 60 \times \sqrt{\dfrac{395.76}{364.64}} = 62.51\text{L/분}$

○답 : 62.51L/분

(물음 8) ○계산과정 : $Q_C = Q_{B-C} + Q_{C-D} = 122.46 + 62.51 = 184.97\text{L/분}$

○답 : 184.97L/분

61 폐쇄형 헤드를 사용한 스프링클러 설비의 말단 배관 중 K점에 필요한 압력수의 수압(kPa)을 주어진 조건을 이용하여 산정하시오.

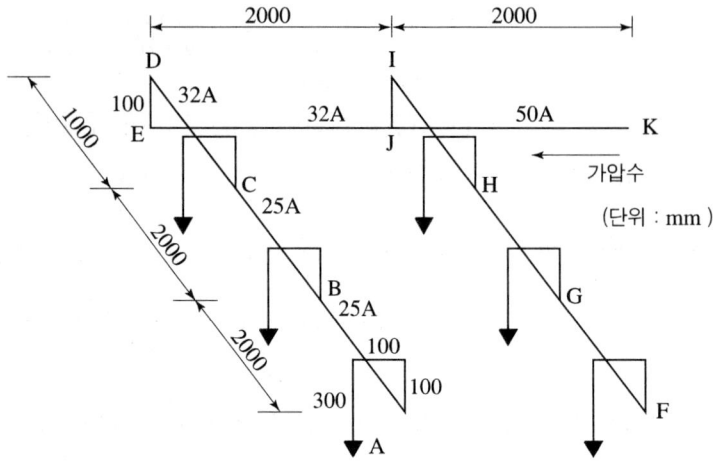

[조건]
① 직관 마찰손실수두(100m당) (단위 : m)

갯수	유량	25A	32A	40A	50A
1	80L/min	39.82	11.38	5.40	1.68
2	160L/min	150.42	42.84	20.29	6.32
3	240L/min	307.77	87.66	41.51	12.93
4	320L/min	521.92	148.66	70.40	21.93
5	400L/min	789.04	224.75	106.31	32.99
6	480L/min		321.55	152.26	47.43

② 관이음쇠 마찰손실에 해당하는 직관 길이 (단위 : m)

구분	25A	32A	40A	50A
엘보(90°)	0.9	1.20	1.50	2.10
레듀샤	0.54	0.72	0.90	1.20
티이(직류)	0.27	0.36	0.45	0.60
티이(분류)	1.50	1.80	2.10	3.00

③ 헤드나사는 $PT\frac{1}{2}(15A)$ 기준

④ 헤드방사압은 0.1MPa 기준

⑤ 수압산정에 필요한 계산과정을 상세히 명시할 것

[풀이] ○ 계산과정 :

$H = h_1 + h_2 + 10\text{m}$

여기서, H : 전양정(m), h_1 : 낙차(m), h_2 : 배관 및 관부속품 마찰손실수두(m)

$h_1 : (100 + 100)\text{mm} - 300\text{mm} = -100\text{mm} = -0.1\text{m}$

$h_2 : 17.52\text{m}$

구간	관경	유량	직관 및 등가길이(m)	마찰손실수두 (m)
K~J	50A	480L/min	직관 : 2m 분류 T 1개×3.0=3m 레듀샤(50×32) 1개=1.20m 6.2m	$6.2 \times \dfrac{47.43}{100} = 2.94\text{m}$
J~C	32A	240L/min	직관 : 2+0.1+1=3.1m 90°엘보2개×1.2=2.4m 분류 T 1개×1.80=1.80m 레듀샤(32×25) 1개=0.72m 8.02m	$8.02 \times \dfrac{87.66}{100} = 7.03\text{m}$
C~B	25A	160L/min	직관 : 2m 분류 T 1개×1.50=1.50m 3.50m	$3.50 \times \dfrac{150.42}{100} = 5.26\text{m}$
B~A	25A	80L/min	직관 : 2+0.1+0.1+0.3=2.5m 90°엘보3개×0.9=2.7m 레듀샤(25×15) 1개=0.54m 5.74m	$5.74 \times \dfrac{39.82}{100} = 2.29\text{m}$
			총계	17.52m

$H = -0.1 + 17.52 + 10 = 27.42\text{m}$

$P = 27.42\text{m} \times \dfrac{101.325\text{kPa}}{10.332\text{m}} = 268.91\text{kPa}$

○ 답 : 268.91kPa

상세해설

[주의] 폐쇄형헤드를 설치하는 방식에서 헤드가 모두 화재에 의하여 개방된 상태라고 가정하여 펌프의 양정을 계산하여 펌프의 사양을 선정하기 때문에 배관상 티를 분류티(측류티)로 하는 것이 올바른 방법입니다. 일부 시중 수험서에서는 직류티로 잘못 계산된 경우가 있으니 참고 바랍니다.

[참고] (1) 옥내소화전설비의 경우에 각층의 주배관상에 설치된 티는 직류티로 계산하고 최상층의 티는 분류티로 하는 것은 최상층만을 하나의 방수구역으로 하기 때문입니다.
(2) 하나의 방수구역에 설치된 수평주행배관상의 티는 분류티(측류티)입니다.

01년-07월, 08년-07월, 13년-07월, 16년-04월

62 폐쇄형 헤드를 사용한 스프링클러설비의 일부 배관 계통도이다. 주어진 조건을 참조하여 각 물음에 답하시오. (14점)

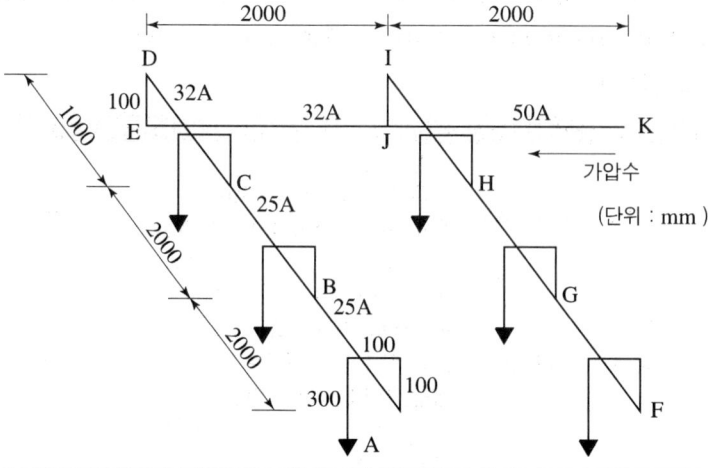

[조건] ① 직관 마찰손실수두(100m당)(단위 : m)

개수	유량	25A	32A	40A	50A
1	80L/min	39.82	11.38	5.40	1.68
2	160L/min	150.42	42.84	20.29	6.32
3	240L/min	307.77	87.66	41.51	12.93
4	320L/min	521.92	148.66	70.40	21.93
5	400L/min	789.04	224.75	106.31	32.99
6	480L/min		321.55	152.26	47.43

② 관이음쇠 마찰손실에 해당하는 직관길이(단위 : m)

구 분	25A	32A	40A	50A
엘보(90°)	0.9	1.20	1.50	2.10
레 듀 샤	0.54	0.72	0.90	1.20
티이(직류)	0.27	0.36	0.45	0.60
티이(분류)	1.50	1.80	2.10	3.00

③ 헤드나사는 $PT\frac{1}{2}(15A)$ 기준

④ 헤드방사압은 0.1MPa(10m) 기준

(물음 1) ① A~B 구간의 마찰손실수두(m)를 산출하시오.
② B~C 구간의 마찰손실수두(m)를 산출하시오.
③ C~J 구간의 마찰손실수두(m)를 산출하시오.
④ J~K 구간의 마찰손실수두(m)를 산출하시오.

(물음 2) 낙차수두(m)를 산출하시오.
(물음 3) 배관상 총마찰손실수두(m)를 산출하시오.
(물음 4) 전양정(m)을 산출하시오.
(물음 5) K점에 필요한 압력수의 수압(kPa)을 산출하시오.

풀이 (물음 1) ○계산과정 :

번호	구 간	관 경	유 량	직관 및 등가길이(m)	마찰손실수두(m)
④	J~K	50A	480L/min	직관 : 2m 분류 T (50×50×32)1개×3.0 　　　　　　　　　　= 3m 레듀샤(50×32)1개 = 1.20m 　　　　　　　　　　6.2m	$6.2 \times \dfrac{47.43}{100}$ = 2.94m
③	C~J	32A	240L/min	직관 : 2+0.1+1 = 3.1m 90° 엘보2개×1.2 = 2.4m 분류 T (32×32×25)1개×1.80 　　　　　　　　　　= 1.80m 레듀샤(32×25)1개 = 0.72 　　　　　　　　　　8.02m	$8.02 \times \dfrac{87.66}{100}$ = 7.03m
②	B~C	25A	160L/min	직관 2m 분류 T (25×25×25)1개×1.50 　　　　　　　　　　= 1.50m 　　　　　　　　　　3.50m	$3.50 \times \dfrac{150.42}{100}$ = 5.26m
①	A~B	25A	80L/min	직관 : 2+0.1+0.1+0.3 = 2.5m 90° 엘보3개×0.9 = 2.7m 레듀샤(25×15)1개 = 0.54m 　　　　　　　　　　5.74m	$5.74 \times \dfrac{39.82}{100}$ = 2.29m

○답 : ① 2.29m　② 5.26m　③ 7.03m　④ 2.94m

(물음 2) ○계산과정 : $h_1 = 100\text{mm} + 100\text{mm} - 300\text{mm} = -100\text{mm} = -0.1\text{m}$
○답 : -0.1m

(물음 3) ○계산과정 : $h_2 = 2.29\text{m} + 5.26\text{m} + 7.03\text{m} + 2.94\text{m} = 17.52\text{m}$
○답 : 17.52m

(물음 4) ○계산과정 : $H = h_1 + h_2 + 10\text{m}$
$\therefore H = -0.1\text{m} + 17.52\text{m} + 10\text{m} = 27.42\text{m}$
○답 : 27.42m

(물음 5) ○계산과정 : $P = 27.42\text{m} \times \dfrac{100\text{kPa}}{10\text{m}} = 274.20\text{kPa}$
○답 : 274.20kPa

00년-04월, 02년-07월, 07년-04월, 12년-07월, 16년-06월

63
폐쇄형 헤드를 사용한 스프링클러 설비에서 나타난 스프링클러헤드 중 A점에 설치된 헤드 1개만이 개방되었을 때 A점에서의 헤드 방사 압력은 몇 kPa 인가?

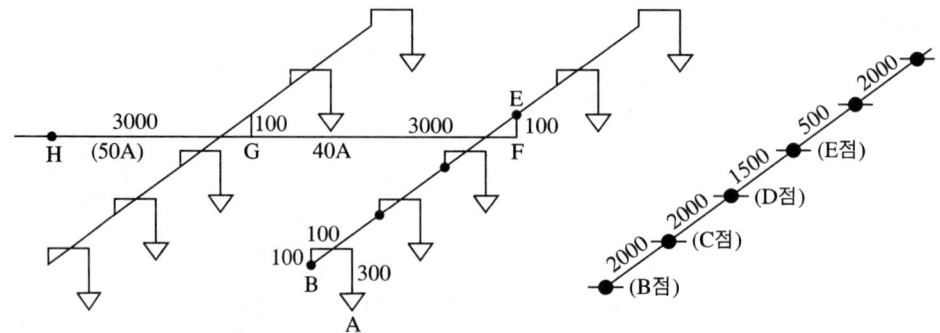

[조건] ① 급수관 중 「H점」에서의 가압수 압력은 0.15MPa로 계산한다.
② 티이 및 엘보는 직경이 다른 티이 및 엘보는 사용치 않는다.
③ 스프링클러헤드는 「15A」헤드가 설치된 것으로 한다.
④ 직관 마찰 손실(100m당)   (단위 : m)

유량	25A	32A	40A	50A
80L/min	39.82	11.38	5.40	1.68

(A점에서의 헤드 방수량 80L/min로 계산한다.)
⑤ 관이음쇠 마찰손실에 해당하는 직관길이   (단위 : m)

구 분	25A	32A	40A	50A
엘보(90°)	0.9	1.20	1.50	2.10
레 듀 샤	(25×15A)0.54	(32×25A)0.72	(40×32A)0.90	(50×40A)1.20
티이(직류)	0.27	0.36	0.45	0.60
티이(분류)	1.50	1.80	2.10	3.00

⑥ 방사압력 산정에 필요한 계산과정을 상세히 명시하고, 방사 압력을 소수점 4자리까지 구하시오.(소수점 4자리 미만은 삭제)
⑦ 물의 비중량은 9800N/m³으로 한다.

[풀이] ○ 계산과정 :

관경	유량	직관 및 등가길이(m)	100m당 마찰손실수두 (m)	마찰손실수두 (m)
50A	80L/min	직관 : 3 관부속 : 티이(직류)1개×0.60=0.60 　　　　　레듀샤(50×40)1개×1.20=1.20 계 : 4.80	1.68	$4.8 \times \dfrac{1.68}{100}$ $=0.0806$
40A	80L/min	직관 : 3+0.1=3.1 관부속 : 엘보(90°)1개×1.50=1.50 　　　　　티이(분류)1개×2.10=2.10 　　　　　레듀샤(40×32)1개×0.90=0.90 계 : 7.60	5.40	$7.60 \times \dfrac{5.40}{100}$ $=0.4104$
32A	80L/min	직관 : 1.5 관부속 : 티이(직류)1개×0.36=0.36 　　　　　레듀샤(32×25)1개×0.72=0.72 계 : 2.58	11.38	$2.58 \times \dfrac{11.38}{100}$ $=0.2936$
25A	80L/min	직관 : 2+2+0.1+0.1+0.3=4.5 관부속 : 티이(직류)1개×0.27=0.27 　　　　　엘보(90°)3개×0.9=2.70 　　　　　레듀샤(25×15)1개×0.54=0.54 계 : 8.01	39.82	$8.01 \times \dfrac{39.82}{100}$ $=3.1895$
		총 계		3.9741m

① ΔH_L(손실수두) $= (0.1+0.1-0.3) + 3.9741 = 3.8741$m

② 물의 비중량 $= 9800\text{N}/\text{m}^3 = 9.8\text{kN}/\text{m}^3$

③ $\Delta P = \gamma h = 9.8\text{kN}/\text{m}^3 \times 3.8741\text{m} = 37.96618\text{kN}/\text{m}^2(\text{kPa})$

④ $P = 0.15 \times 10^3 \text{kPa} - 37.96618\text{kPa} = 112.03382\text{kPa}$

○ 답 : 112.0338kPa

64 지하2층 지상11층의 내화구조인 사무소건물에 아래 조건과 같이 스프링클러설비를 설계하려고 한다. 다음 각 물음에 답하시오.

12년-04월, 16년-06월

[조건]
① 각 층의 바닥면적은 가로30m 세로20m로 모두 같으며 헤드는 정방형으로 설치한다.
② 펌프는 지하층에 설치되어 있고 펌프로부터 최상층 스프링클러헤드까지 수직거리는 48m이다.
③ 배관 및 관부속 마찰손실수두 12m로 한다.
④ 모든 규격치는 최소량을 적용한다.
⑤ 펌프의 효율은 65%로 가정한다.
⑥ 펌프의 전달계수 $K=1.1$이다.
⑦ 배관은 연결송수관설비와 겸용이다.

(물음 1) 지상 층에 필요한 헤드의 개수를 산출하시오.
(물음 2) 펌프 토출측 주배관의 최소구경을 호칭경으로 답하시오.
 (단, 옥내소화전설비는 없는 것으로 간주한다.)
(물음 3) 전양정(m)을 산출하시오.
(물음 4) 펌프의 전동기 용량(kW)을 산출하시오.

풀이 (물음 1)
○계산과정 : ① 가로열에 필요한 헤드수 = $30m \div (2 \times 2.3 \times \cos 45°) = 9.22$ ∴10개
② 세로열에 필요한 헤드수 = $20m \div (2 \times 2.3 \times \cos 45°) = 6.15$ ∴7개
③ 층당 필요한 개수 = $10 \times 7 = 70$개
④ 지상층에 필요한 헤드개수 = $11층 \times \dfrac{70개}{층} = 770$개

○답 : 770개

(물음 2)
○계산과정 : $D = \sqrt{\dfrac{4 \times (2.4/60)}{\pi \times 10}} \times 1000 = 71.36mm$
 (연결송수관설비의 배관과 겸용이므로 최소구경은 100mm 이상)
○답 : 100mm

(물음 3)
○계산과정 : $H = 48 + 12 + 10 = 70m$
○답 : 70m

(물음 4)
- 계산과정 : $P(\text{kW}) = \dfrac{9.8 \times (2.4/60) \times 70}{0.65} \times 1.1 = 46.44\text{kW}$
- 답 : 46.44kW

상세해설

(물음 1) 스프링클러헤드의 배치기준

설치장소			설치기준
천장 · 반자 · 천장과 반자 사이 · 덕트 · 선반 기타 이와 유사한 부분(폭이 1.2m를 초과하는 것)	무대부, 특수가연물 저장 취급 장소 및 창고		수평거리 1.7m 이하
	특정 소방대상물	기타구조	수평거리 2.1m 이하
		내화구조	수평거리 2.3m 이하
	아파트		수평거리 2.6m 이하
랙식 창고			랙 높이 3m 이하 마다

정방형(정사각형)설치 시 헤드간의 거리

정방향 설치
$$S = 2R\cos 45°$$
여기서, S : 헤드의 간격(m), R : 수평거리(m)

(물음 2) ① 펌프의 토출측 주배관의 유속 $u = 10\text{m/s}$ 이하
(가지배관의 유속 6m/s, 그밖의 배관의 유속 10m/s 초과 금지)
② $Q = 30 \times 80 \text{L/min} = 2400 \text{L/min} = 2.4\text{m}^3/60\text{s}$
③ $Q = uA = u \times \dfrac{\pi}{4} D^2 \qquad \therefore D = \sqrt{\dfrac{4Q}{\pi u}}$
④ 급수관의 호칭경

| 급수관의 구경(mm) | 25 | 32 | 40 | 50 | 65 | 80 | 90 | 100 | 125 | 150 |

(물음 4) $P(\text{kW}) = \dfrac{\gamma Q H}{E} \times K$

$r = 9.8\text{kN/m}^3 \qquad Q = 2.4\text{m}^3/60\text{s} \qquad H = 70\text{m} \qquad E = 0.65 \qquad K = 1.1$

14년-04월, 16년-11월

65 아래 그림은 스프링클러설비의 배관 주위의 상세도이다. 다음 각 물음에 답하시오.

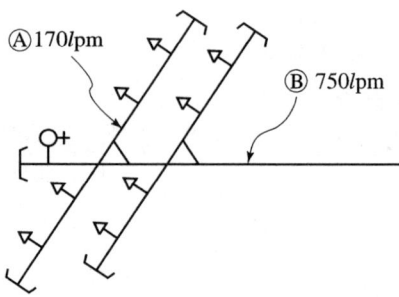

(물음 1) Ⓐ부분의 배관구경 최소값(mm)을 계산하시오.
(물음 2) Ⓑ부분의 배관구경 최소값(mm)을 계산하시오.

풀이 (물음 1) ○계산과정 : $Q = 170\text{Lpm}(\text{L/min}) = 0.17\text{m}^3/60\text{s}$
$u = 6\text{m/s}$ 이하(가지배관)
$D = \sqrt{\dfrac{4 \times 0.17/60}{\pi \times 6}} \times 1000 = 24.52\text{mm}$

○답 : 24.52mm

(물음 2) ○계산과정 : $Q = 750\text{Lpm}(\text{L/min}) = 0.75\text{m}^3/60\text{s}$
$u = 10\text{m/s}$ 이하(그 밖의 배관)
$D = \sqrt{\dfrac{4 \times 0.75/60}{\pi \times 10}} \times 1000 = 39.89\text{mm}$

○답 : 39.89mm

상세해설

(1) 배관 내경 산출공식

$$Q = uA = u \times \dfrac{\pi D^2}{4} \qquad D = \sqrt{\dfrac{4Q}{\pi u}}$$

여기서, Q : 유량(m^3/s), u : 유속(m/s), D : 관경(m)

(2) 스프링클러의 급수배관 구경(수리계산에 따르는 경우)
① 가지배관의 유속은 6m/s 이하
② 그 밖의 배관의 유속은 10m/s 이하

00년-02월, 00년-11월, 10년-04월, 15년-04월, 16년-11월

66 일제개방형 스프링클러설비의 배관계통을 나타내는 구조도(Isometric Diagram)이다. 주어진 조건으로 설비가 작동되었을 경우 방수압, 방수량 등을 답란의 요구 순서대로 산출하시오.

※ ( )의 숫자는 배관의 호칭구경임(단위 : mm)

[조건]
1. 설치된 개방형 헤드 방출계수(K)는 모두 각각 80이다.
2. 살수시 최저 방수압이 걸리는 헤드에서의 방수압은 0.1MPa이다. (각 헤드에서의 방수압이 같지 않음을 유의할 것)
3. 가지관 분기점(티, 엘보)으로부터 헤드까지의 마찰손실은 무시한다.
4. 호칭구경 50mm 이하의 배관은 나사접속식 65mm 이상의 배관은 용접접속식이다.
5. 배관내의 유수에 따른 마찰손실압력은 헤이젠-윌리엄스공식을 적용하되, 계산의 편의상 공식은 다음과 같다고 가정한다.

$$\Delta P = \frac{6 \times Q^2 \times 10^4}{120^2 \times d^5}$$

단, ΔP = 배관의 길이 1m당 마찰손실 압력(MPa)
Q = 배관내의 유수량(L/분), d = 배관의 내경(mm)

6. 배관의 내경은 호칭별로 다음과 같다고 가정한다.

호칭구경	25	32	40	50	65	80	100
내경	27	36	42	53	69	81	105

7. 배관부속 및 밸브류의 마찰손실은 무시한다.
8. 수리계산시 속도수두는 무시한다.
9. 계산시 소수점 이하의 숫자는 소수점이하 셋째자리에서 반올림할 것
   예) 12.443→12.44   4.267→4.27
10. 살수시 중력수조내의 수위의 변동은 없다고 가정한다.
* 계산은 도면을 참조하여 다음의 순서대로 작성하시오.

(물음 1) 스프링클러 헤드별 방수압 및 방수량 계산

항목	번호	방수압(MPa) 계산	방수량(L/min) 계산
1	①	주어진 조건에서 $P_1 = 0.1\text{MPa}$	$q_1 = K\sqrt{10P}$ $= 80 \times \sqrt{10 \times 0.1} = 80\text{LPm}$
2	②	계산 : $P_2 =$ (MPa)	계산 : $q_2 =$ (LPm)
3	③	계산 : $P_3 =$ (MPa)	계산 : $q_3 =$ (LPm)
4	④	계산 : $P_4 =$ (MPa)	계산 : $q_4 =$ (LPm)
5	⑤	계산 : $P_5 =$ (MPa)	계산 : $q_5 =$ (LPm)

(물음 2) 도면의 배관구간 ⑤~⑪의 매분 유수량 q_A(L/min)
   (단, ⑤~⑪ 구간의 배관 호칭구경은 40mm로 한다.)
   ○계산과정 :
   ○답 :

풀이 (물음1)

헤드 번호	방수압력(MPa)	방수량(L/min)
①	0.1	80
②	$P_② = P_① + \Delta P_{①\sim②}$ 총관길이 = 3.4m(직관) $\Delta P_{①\sim②} = \dfrac{6 \times 10^4 \times 80^2}{120^2 \times 27^5} \times 3.4 = 0.01\text{MPa}$ $\therefore P_② = 0.1 + 0.01 = 0.11\text{MPa}$ ○답 0.11MPa	$q_② = K\sqrt{10 \times P}$ $\therefore q_② = 80\sqrt{10 \times 0.11}$ $= 83.90\text{L/min}$ ○답 83.90Lpm

헤드 번호	방수압력(MPa)	방수량(L/min)
③	$P_③ = P_② + \Delta P_{②～③}$ 총관길이 $= 3.4\text{m}$(직관) $\Delta P_{②～③} = \dfrac{6 \times 10^4 \times (80+83.9)^2}{120^2 \times 27^5} \times 3.4 = 0.03\text{MPa}$ $\therefore P_③ = 0.11 + 0.03 = 0.14\text{MPa}$ <div align="right">○답 0.14MPa</div>	$q_③ = K\sqrt{10 \times P}$ $\therefore q_③ = 80\sqrt{10 \times 0.14}$ $= 94.66\text{L/min}$ <div align="right">○답 94.66Lpm</div>
④	$P_④ = P_③ + \Delta P_{③～④}$ 총관길이 $= 3.4\text{m}$(직관) $\Delta P_{③～④} = \dfrac{6 \times 10^4 \times (80+83.90+94.66)^2}{120^2 \times 36^5} \times 3.4$ $= 0.02\text{MPa}$ $\therefore P_④ = 0.14 + 0.02 = 0.16\text{MPa}$ <div align="right">○답 0.16MPa</div>	$q_④ = K\sqrt{10 \times P}$ $\therefore q_④ = 80\sqrt{10 \times 0.16}$ $= 101.19\text{L/min}$ <div align="right">○답 101.19Lpm</div>
⑤	$P_⑤ = P_④ + \Delta P_{④～⑤}$ 총관길이 $= 3.4\text{m}$(직관) $\Delta P_{④～⑤} = \dfrac{6 \times 10^4 \times (80+83.9+94.66+101.19)^2}{120^2 \times 42^5} \times 3.4$ $= 0.01\text{MPa}$ $\therefore P_⑤ = 0.16 + 0.01 = 0.17\text{MPa}$ <div align="right">○답 0.17MPa</div>	$q_⑤ = K\sqrt{10 \times P}$ $\therefore q_⑤ = 80\sqrt{10 \times 0.17}$ $= 104.31\text{L/min}$ <div align="right">○답 104.31Lpm</div>

(물음 2) ○계산과정 : $Q_{⑤～⑪}$: 가지관의 헤드(①～⑤)에서 방수되는 총량이다.

$\therefore Q = 80+83.90+94.66+101.19+104.31 = 464.06\text{L/min}$

○답 : 464.06L/min

01년-04월, 07년-11월, 15년-04월

67 다음 도면은 스프링클러설비를 나타낸 것이다. 스프링클러설비방식과 사용되는 유수검지장치 또는 일제개방밸브의 종류를 각각 쓰시오. **(6점)**

(1)

(2)

(3)

(4)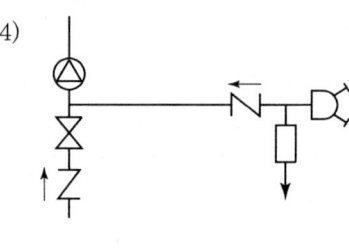

○답 :

구 분	스프링클러방식	유수검지장치 또는 일제개방밸브의 종류
(1)	습식	알람체크밸브
(2)	일제살수식	델류지밸브
(3)	준비작동식	프리액션밸브
(4)	건식	드라이밸브

14년-07월, 17년-06월

68 다음 그림은 어느 연결살수설비의 Isometric Diagram 이다. 이 도면과 주어진 조건을 참조하여 번호에 따라 빈칸을 채우시오. **(12점)**

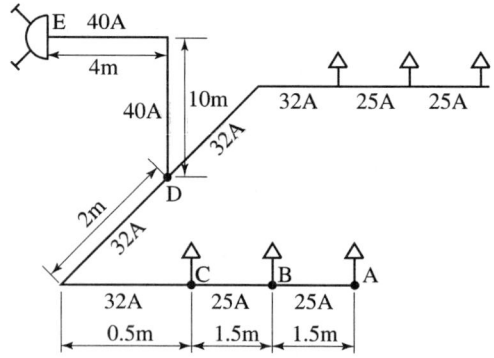

[조건] ① 설치된 연결살수헤드는 개방형이며 A헤드의 방수량은 100Lpm, 방수압력은 0.25MPa이다.
② 관부속 및 밸브류의 마찰손실은 무시한다.
③ 연결송수구에서 압력은 일정하다고 가정한다.
④ 수리계산 시 속도수두는 무시한다.

구 간	유량(Lpm)	배관 길이(m)	1m당 마찰 손실압(MPa)	구간별 마찰 손실압(MPa)	낙차(m)	마찰손실압 합계(Mpa)
헤드 A	100	-	-	-	-	0.25
A ~ B	100	1.5	0.02	0.03	0	①
헤드 B	②	-	-	-	-	-
B ~ C	③	1.5	0.04	④	0	⑤
헤드 C	⑥	-	-	-	-	-
C ~ D	⑦	2.5	0.06	⑧	-	⑨
D ~ E	⑩	14	0.01	⑪	-10	⑫

풀이 ○답 :

구 간	유량(Lpm)	배관 길이(m)	1m당 마찰 손실압(MPa)	구간별 마찰 손실압(MPa)	낙차(m)	마찰손실압 합계(MPa)
헤드 A	100	-	-	-	-	0.25
A~B	100	1.5	0.02	0.03	0	① 0.25+0.03=0.28
헤드 B	② $K=\dfrac{Q}{\sqrt{10P}}$ $K=\dfrac{100}{\sqrt{10\times 0.25}}=63.245$ $Q=K\sqrt{10P}$ $Q=63.245\sqrt{10\times 0.28}$ $=105.83$	-	-	-	-	-
B~C	③ 105.83+100=205.83	1.5	0.04	④ 1.5×0.04 =0.06	0	⑤ 0.28+0.06=0.34
헤드 C	⑥ $63.245\sqrt{10\times 0.34}$ $=116.62$	-	-	-	-	-
C~D	⑦ 116.62+205.83 =322.45	2.5	0.06	⑧ 2.5×0.06 =0.15	-	⑨ 0.34+0.15=0.49
D~E	⑩ 322.45×2=644.9	14	0.01	⑪ 14×0.01 =0.14	-10	⑫ 0.49+0.14-0.1 =0.53

06년-07월, 11년-11월, 15년-04월, 18년-04월

69 아래 그림은 고가수조방식의 스프링클러설비이다. 각 물음에 답하시오.(단, 중력가속도는 반드시 9.81m/s²를 적용한다) (6점)

(물음 1) 고가수조에서 A점 헤드까지 낙차가 15m이고 배관내 마찰손실압력이 0.04MPa일 때 A점 헤드의 방사압력(kPa)은 얼마인가?
○ 계산과정 :
○ 답 :

(물음 2) A점 헤드의 방사압력을 0.12MPa 이상으로 할 경우 고가수조는 현재 설치 높이보다 몇 m 더 높이 설치하여야 하는가?(단, 배관 마찰손실압력은 0.04MPa로 가정한다)
○ 계산과정 :
○ 답 :

풀이 (물음 1) ○ 계산과정 :
① 낙차 15m를 압력으로 환산
$$P = \gamma H = \rho g H = 1000 \text{kg/m}^3 \times 9.81 \text{m/s}^2 \times 15\text{m}$$
$$= 147150(\text{kg} \cdot \text{m/s}^2) \cdot \frac{1}{\text{m}^2} = 147150\text{N/m}^2(\text{Pa})$$
$$= 147.15\text{kPa}$$
② A점 헤드의 방사압력(kPa)
$$P_A = 147.15\text{kPa} - 40\text{kPa}(0.04\text{MPa}) = 107.15\text{kPa}$$
○ 답 : 107.15kPa

(물음 2) ○ 계산과정 :
① $120\text{kPa}(0.12\text{MPa}) = 147.15\text{kPa} + X - 40\text{kPa}$(배관내 마찰손실압력)
$X = 120 - 147.15 + 40 = 12.85\text{kPa}$
② 12.85kPa를 수두로 환산
$$H = \frac{P}{\gamma} = \frac{P}{\rho g} = \frac{12.85 \times 10^3 \text{N/m}^2(\text{Pa})}{1000\text{kg/m}^3 \times 9.81\text{m/s}^2}$$

$$H = \frac{12.85 \times 10^3 \text{N/m}^2 (\text{Pa})}{9810 \text{kg} \cdot \text{m/s}^2 \cdot \frac{1}{\text{m}^3}} = \frac{12.85 \times 10^3 \text{N/m}^2 (\text{Pa})}{9810 \text{N/m}^3} = 1.31 \text{m}$$

○ 답 : 1.31m

상세해설

압력과 수두관계

$$P = \gamma H = \rho g H, \quad H = \frac{P}{\gamma} = \frac{P}{\rho g}$$

여기서, P : 압력(N/m^2, pa), γ : 비중량(N/m^3), ρ : 밀도(kg/m^3)
g : 중력가속도(m/s^2)

13년-03월, 17년-04월

70

교육연구시설에 스프링클러설비를 설치하고자 한다. 아래의 [조건]을 참조하여 다음 각 물음에 답하시오. (9점)

[조건]
① 건축물의 층별 높이는 다음과 같으며 지상 층은 모두 창문이 있는 건물이다.

구 분	지하 2층	지하 1층	지상 1층	지상 2층	지상 3층	지상 4층	지상 5층
층 높이[m]	5.5	4.5	4.5	4.5	4	4	4
반자높이[m] (헤드설치시)	5.0	4.0	4.0	4.0	3.5	3.5	3.5
바닥면적[m²]	2,500	2,500	2,000	2,000	2,000	1,800	900

② 지상1층에 있는 국제회의실은 바닥으로부터 반자(헤드 부착면)까지의 높이가 8.5[m]이다.
③ 지하2층에 있는 물탱크실의 저수조에는 바닥으로부터 3[m] 높이에 풋밸브가 위치해 있으며 이 높이까지 항상 물이 차있다.(저수조는 일반급수용과 소방용을 겸용하며 내부 크기는 가로 8m, 세로 5m, 높이 4m이다.)
④ 스프링클러 헤드 설치 시 반자(헤드 부착면)높이는 위 표에 따른다.
⑤ 배관 및 관 부속의 마찰손실수두는 실양정의 30%이다.
⑥ 펌프의 효율은 60[%], 전달계수는 1.1이다.
⑦ 산출량은 최소치를 적용한다.
⑧ 소방관련법령 및 국가화재안전기술기준을 따른다.

> (물음 1) 이 건물에서 스프링클러설비를 설치하여야 하는 층을 쓰시오.
> (물음 2) 일반급수펌프의 흡수구와 소화펌프의 흡수구 사이의 수직거리 [m]를 구하시오.
> (물음 3) 옥상수조를 설치할 경우 옥상수조에 보유하여야 할 저수량[m³]을 구하시오.
> (물음 4) 소방펌프의 정격토출량[L/min]은 얼마인가?
> (물음 5) 소화펌프의 전양정[m]을 구하시오.
> (물음 6) 소화펌프의 전동기 동력[kW]을 구하시오.

풀이 (물음 1) 스프링클러설비를 설치하여야 하는 층
  ○답 : 지하2층, 지하1층, 지상4층

(물음 2) 일반급수펌프의 흡수구와 소화펌프의 흡수구 사이의 수직거리[m]
  ○계산과정 :
    ① 수원의 저수량 계산 : $Q = 10 \times 1.6 [\text{m}^3] = 16\text{m}^3$
    ② 수직거리 계산 : $16\text{m}^3 = 8\text{m} \times 5\text{m} \times H$

$$H = \frac{16\text{m}^3}{8\text{m} \times 5\text{m}} = 0.4\text{m}$$

  ○답 : 0.4m

(물음 3) 옥상수조에 보유하여야 할 저수량[m³]
  ○계산과정 : $Q = 16\text{m}^3 \times \dfrac{1}{3} = 5.33\text{m}^3$
  ○답 : 5.33m³ 이상

(물음 4) 소방펌프의 정격토출량[L/min]
  ○계산과정 : $Q = 10 \times 80\text{L/min} = 800\text{L/min}$
  ○답 : 800L/min 이상

(물음 5) 소화펌프의 전양정[m]
  ○계산과정 : $H = h_1 + h_2 + 10\text{m}$
    $h_1 = (5.5\text{m} - 2.6\text{m}) + (4.5\text{m} \times 3 + 4\text{m} + 3.5) = 23.9\text{m}$
    $h_2 = 23.9\text{m} \times 0.3 = 7.17\text{m}$
    $H = 23.9\text{m} + 7.17\text{m} + 10\text{m} = 41.07\text{m}$
  ○답 : 41.07m

(물음 6) 소화펌프의 전동기 동력[kW]

○계산과정 : $P = \dfrac{9.8 \times (0.8/60) \times 41.07}{0.6} \times 1.1 = 9.84\text{kW}$

○답 : 9.84kW

 상세해설

[상세도면]

(물음 1) 스프링클러설비를 설치하여야 하는 층
 지하층·무창층(축사는 제외) 또는 층수가 4층 이상인 층으로서 바닥면적이 1천 m² 이상인 층
 스프링클러설비를 설치하여야 하는 특정소방대상물
 (위험물 저장 및 처리 시설 중 가스시설 또는 지하구는 제외)
 (1) 문화 및 집회시설(동·식물원은 제외), 종교시설(주요구조부가 목조인 것은 제외), 운동시설(물놀이형 시설은 제외)로서 다음의 어느 하나에 해당하는 경우에는 모든 층
  ㈎ 수용인원이 100명 이상인 것
  ㈏ 영화상영관의 용도로 쓰이는 층의 바닥면적이 지하층 또는 무창층인 경우에는 500m² 이상, 그 밖의 층의 경우에는 1천m² 이상인 것

(다) 무대부가 지하층·무창층 또는 4층 이상의 층에 있는 경우에는 무대부의 면적이 300m² 이상인 것
(라) 무대부가 (다) 외의 층에 있는 경우에는 무대부의 면적이 500m² 이상인 것
(2) 판매시설, 운수시설 및 창고시설(물류터미널에 한정)로서 바닥면적의 합계가 5천m² 이상이거나 수용인원이 500명 이상인 경우에는 모든 층
(3) 층수가 6층 이상인 특정소방대상물의 경우에는 모든 층. 다만, 주택 관련 법령에 따라 기존의 아파트등을 리모델링하는 경우로서 건축물의 연면적 및 층높이가 변경되지 않는 경우에는 해당 아파트 등의 사용검사 당시의 소방시설 적용기준을 적용한다.
(4) 다음의 어느 하나에 해당하는 용도로 사용되는 시설의 바닥면적의 합계가 600m² 이상인 것은 모든 층
  (가) 의료시설 중 정신의료기관
  (나) 의료시설 중 요양병원(정신병원은 제외)
  (다) 노유자시설
  (라) 숙박이 가능한 수련시설
(5) 창고시설(물류터미널은 제외)로서 바닥면적 합계가 5천m² 이상인 경우에는 모든 층
(6) 천장 또는 반자(반자가 없는 경우에는 지붕의 옥내에 면하는 부분)의 높이가 10m를 넘는 랙식 창고(rack warehouse)(물건을 수납할 수 있는 선반이나 이와 비슷한 것을 갖춘 것)로서 바닥면적의 합계가 1천5백m² 이상인 것
(7) (1)부터 (6)까지의 특정소방대상물에 해당하지 않는 특정소방대상물의 지하층·무창층(축사는 제외) 또는 층수가 4층 이상인 층으로서 바닥면적이 1천m² 이상인 층
(8) (6)에 해당하지 않는 공장 또는 창고시설로서 다음의 어느 하나에 해당하는 시설
  (가) 「소방기본법 시행령」 별표 2에서 정하는 수량의 1천 배 이상의 특수가연물을 저장·취급하는 시설
  (나) 중·저준위방사성폐기물의 저장시설 중 소화수를 수집·처리하는 설비가 있는 저장시설
(9) 지붕 또는 외벽이 불연재료가 아니거나 내화구조가 아닌 공장 또는 창고시설로서 다음의 어느 하나에 해당하는 것
  (가) 창고시설(물류터미널에 한정) 중 (2)에 해당하지 않는 것으로서 바닥면적의 합계가 2천5백m² 이상이거나 수용인원이 250명 이상인 것
  (나) 창고시설(물류터미널은 제외) 중 (5)에 해당하지 않는 것으로서 바닥면적의 합계가 2천5백m² 이상인 것
  (다) 랙식 창고시설 중 (6)에 해당하지 않는 것으로서 바닥면적의 합계가 750m² 이상인 것
  (라) 공장 또는 창고시설 중 (7)에 해당하지 않는 것으로서 지하층·무창층 또는 층수가 4층 이상인 것 중 바닥면적이 500m² 이상인 것
  (마) 공장 또는 창고시설 중 (8)(가)에 해당하지 않는 것으로서 「소방기본법 시행령」 별표 2에서 정하는 수량의 500배 이상의 특수가연물을 저장·취급하는 시설

⑩ 지하가(터널은 제외)로서 연면적 1천m² 이상인 것
⑪ 기숙사(교육연구시설·수련시설 내에 있는 학생 수용을 위한 것) 또는 복합건축물로서 연면적 5천m² 이상인 경우에는 모든 층
⑫ 교정 및 군사시설 중 다음의 어느 하나에 해당하는 경우에는 해당 장소
    ㈎ 보호감호소, 교도소, 구치소 및 그 지소, 보호관찰소, 갱생보호시설, 치료감호시설, 소년원 및 소년분류심사원의 수용거실
    ㈏ 보호시설(외국인보호소의 경우에는 보호대상자의 생활공간으로 한정)로 사용하는 부분. 다만, 보호시설이 임차건물에 있는 경우는 제외한다.
    ㈐ 유치장
⑬ (1)부터 ⑫까지의 특정소방대상물에 부속된 보일러실 또는 연결통로 등

(물음 2) 일반급수펌프의 흡수구와 소화펌프의 흡수구 사이의 수직거리

(1) 수원의 수량

$Q = N \times 1.6 \, [\text{m}^3]$

N : 스프링클러헤드의 기준개수(설치개수가 기준개수보다 작은 경우에는 그 설치개수)

(2) 수직거리 계산

겸용 시 일반급수펌프 흡수구와 소방펌프의 흡수구 사이의 수량을 유효수량으로 함

$$Q = A \times H$$

여기서, Q : 수원의 저수량(m^3)
        A : 수조의 바닥면적(m^2)
        H : 높이(급수펌프 흡수구와 소방펌프의 흡수구 사이의 수직거리)(m)

(3) 헤드의 기준개수
- 지하 2층, 지하 1층, 지상 4층은 바닥으로부터 반자(헤드 부착면)까지의 높이가 8[m] 미만
- 지하층을 제외한 층수가 10층 이하이고 헤드의 부착높이가 8m 미만인 것 : 10개

폐쇄형헤드를 사용하는 경우 설치장소별 스프링클러헤드의 기준개수

스프링클러설비 설치장소			기준개수
지하층을 제외한 층수가 10층 이하	공장	특수가연물을 저장·취급하는 것	30
		그 밖의 것	20
	근린생활시설·판매시설·운수시설 또는 복합건축물	판매시설 또는 복합건축물 (판매시설이 설치된 복합건축물)	30
		그 밖의 것	20
	그 밖의 것	헤드의 부착높이가 8m 이상인 것	20
		헤드의 부착높이가 8m 미만인 것	10
아파트			10
지하층을 제외한 층수가 11층 이상인 소방대상물(아파트를 제외)·지하가 또는 지하역사			30

(물음 3) 옥상수조에 보유하여야 할 저수량
스프링클러설비의 수원
산출된 유효수량 외에 유효수량의 3분의 1 이상을 옥상(스프링클러설비가 설치된 건축물의 주된 옥상)에 설치

(물음 4) 소방펌프의 정격토출량[L/min]

$Q = N \times 80 \text{L/min}$

N : 스프링클러헤드의 기준개수(설치개수가 기준개수보다 작은 경우에는 그 설치개수)

(물음 5) 소화펌프의 전양정[m]

$$H = h_1 + h_2 + 10\text{m}$$

여기서, h_1(실양정) = 흡입양정 + 토출양정
h_2 : 배관의 마찰손실수두

[주의] ① 바닥으로부터 일반급수펌프의 풋밸브까지 수직거리는 3m
② 스프링클러설비의 수직배관은 지하2층부터 지상4층까지 설치
   (지상5층은 설치대상이 아님)
③ 지상4층의 헤드는 반자에 설치됨(바닥에서 반자까지 수직높이는 3.5m)
④ 지상1층에 설치되는 국제회의실은 스프링클러설비 설치대상이 아님
   (∴ 헤드의 부착높이는 8m 미만이므로 헤드의 기준개수는 10개)

(물음 6) 전동기 동력[kW]

모터동력

$$P(\text{KW}) = \frac{\gamma \times Q \times H}{E} \times K$$

여기서, γ : 비중량(kN/m³)(물의 비중량 = 9.8kN/m³)
Q : 유량(m³/s)
H : 전양정(m)
E : 펌프의 효율(%/100)
K : 전달 계수

$Q = 800\text{L/min} = 0.8\text{m}^3/60\text{s}$

07년-07월, 18년-04월

71 건식 스프링클러설비의 가압송수장치(펌프방식)의 성능시험을 실시하고자 한다. 다음 주어진 도면을 참고로 성능시험순서 및 시험결과 판정기준을 쓰시오.
(5점)

(물음 1) 성능시험 순서
(물음 2) 판정기준

풀이 (물음 1) 성능시험 순서
  ○답 : (1) **무부하운전=체절운전**(No Flow Condition)
      ㉠ 펌프의 토출측 개폐밸브① 폐쇄
      ㉡ 제어반에서 충압펌프 및 주펌프 운전스위치를 수동(manual)위치로 한다.
      ㉢ 성능시험 배관 상 유량조절밸브③ 완전 폐쇄 후 개폐밸브② 완전 개방
      ㉣ 제어반에서 주펌프 수동기동
      ㉤ 릴리프밸브 작동압력을 압력계⑥로 확인(만약 릴리프밸브가 체절압력 이하에서 개방되지 않으면 릴리프밸브를 서서히 개방하여 체절압력 이하에서 압력수가 토출되도록 한다.)
    (2) **정격부하운전=설계점운전**(Rated Load)
      ㉠ 펌프가 기동한 상태에서 성능시험 배관상 개폐밸브③ 서서히 개방하여 유량계⑦의 유량이 정격토출량이 되도록 한다.
      ㉡ 압력계④의 눈금을 읽어 압력을 확인
    (3) **피크부하운전=최대운전**(Peak Load)
      ㉠ 성능시험 배관상 개폐밸브③를 더 개방하여 유량계⑦의 유량이 정격토출량의 150%가 되도록 한다.
      ㉡ 압력계④의 눈금을 읽어 압력을 확인

(물음 2) 시험결과 판정기준
  ○답 : ① 체절운전 시 릴리프밸브 작동압력이 정격토출압력의 140% 미만이면 정상
       ② 정격토출량의 150%운전 시 정격토출압력의 65% 이상이면 정상

상세해설

성능시험배관상 유량조절밸브가 설치된 경우 펌프성능시험방법
(원칙적으로 성능시험배관상 개폐밸브 및 유량조절밸브가 설치되어야 한다.)

① 무부하운전=체절운전(No Flow Condition)
  ㉠ 펌프의 토출측 개폐밸브① 폐쇄
  ㉡ 제어반에서 충압펌프 및 주펌프 운전스위치를 수동(manual)위치로 한다.
  ㉢ 성능시험 배관 상 유량조절밸브③ 완전 폐쇄 후 개폐밸브② 완전 개방
  ㉣ 제어반에서 주펌프 수동기동
  ㉤ 릴리프밸브 작동압력을 압력계⑥로 확인(만약 릴리프밸브가 체절압력 이하에서 개방되지 않으면 릴리프밸브를 서서히 개방하여 체절압력 이하에서 압력수가 토출되도록 한다.)
② 정격부하운전=설계점운전(Rated Load)
  ㉠ 펌프가 기동한 상태에서 성능시험 배관상 유량조절밸브⑧ 서서히 개방하여 유량계⑦의 유량이 정격토출량이 되도록 한다.
  ㉡ 압력계④의 눈금을 읽어 압력을 확인
③ 피크부하운전=최대운전(Peak Load)
  ㉠ 성능시험 배관상 유량조절밸브⑧를 더 개방하여 유량계⑦의 유량이 정격토출량의 150%가 되도록 한다.
  ㉡ 압력계④의 눈금을 읽어 압력을 확인

01년-04월, 02년-04월, 07년-07월, 18년-06월

72 다음 그림은 어느 스프링클러설비의 Isometric Diagram 이다. 이 도면과 주어진 조건에 의하여 헤드 A만을 개방하였을 때 실제 방수량을 계산하시오. **(13점)**

※ ( )안은 배관의 길이(m)임 ISOMETRIC 계통도(축척 : 없음)

[조건]
① 펌프의 양정력은 토출량에 관계없이 일정하다고 가정한다.
   (펌프토출압=0.3MPa)
② 헤드의 방출계수(k)는 90이다.
③ 배관의 마찰손실은 헤이젠-윌리엄스공식을 따르되 계산의 편의상 다음 식과 같다고 가정한다.

$$\Delta P = \frac{6 \times 10^4 \times Q^2}{120^2 \times d^5}$$

(단, ΔP : 배관 1m 당 마찰손실 압력[MPa]
   Q : 배관내의 유수량[L/min]
   d : 배관의 안지름[mm])

④ 배관의 호칭구경별 안지름은 다음과 같다.

호칭구경	25φ	32φ	40φ	50φ	65φ	80φ	100φ
내 경	28	37	43	54	69	81	107

⑤ 배관부속 및 밸브류의 등가길이(m)는 아래 표와 같으며, 이 표에 없는 부속 또는 밸브류의 등가길이는 무시해도 좋다.

호칭 구경	25mm	32mm	40mm	50mm	65mm	80mm	100mm
90°엘보	0.8	1.1	1.3	1.6	2.0	2.4	3.2
티 측 류	1.7	2.2	2.5	3.2	4.1	4.9	6.3
게이트밸브	0.2	0.2	0.3	0.3	0.4	0.5	0.7
체크밸브	2.3	3.0	3.5	4.4	5.6	6.7	8.7
알람밸브	–	–	–	–	–	–	8.7

⑥ 가지관과 헤드간의 마찰손실은 무시한다.
⑦ 배관의 마찰손실, 등가길이, 마찰손실압력은 호칭구경 25φ와 같이 구하도록 한다.

(1) 산출근거

호칭 구경	배관의 마찰손실(ΔP) 산출[MPa]	등가길이 산출	마찰손실 압력 [MPa]
25φ	$\Delta P = 2.421 \times 10^{-7} \times Q^2$	직관 : 2+2=4 엘보 : 1×0.8=0.8 계 : 4.8m	$1.162 \times 10^{-6} \times Q^2$
32φ			
40φ			
50φ			
65φ			
100φ			

(2) 배관의 총마찰손실(MPa) :
(3) 실층고 환산 낙차수두(m) :
(4) 방수량(L/min) :
(5) 방수압(MPa) :

풀이 (1) 산출근거

○답 :

호칭구경	배관의 마찰 손실 (ΔP)산출(MPa)	등가길이 산출	마찰손실압력(MPa)
25ϕ	$\Delta P = 2.421 \times 10^{-7} \times Q^2$	직관 : 2+2=4 엘보 : 1×0.8=0.8 계 : 4.8m	$1.162 \times 10^{-6} \times Q^2$
32ϕ	$\Delta P = \dfrac{6 \times 10^4 \times Q^2}{120^2 \times 37^5}$ $= 6.009 \times 10^{-8} \times Q^2$	직관 : 1 계 : 1m	$1 \times 6.009 \times 10^{-8} \times Q^2$ $= 6.009 \times 10^{-8} \times Q^2$
40ϕ	$\Delta P = \dfrac{6 \times 10^4 \times Q^2}{120^2 \times 43^5}$ $= 2.834 \times 10^{-8} \times Q^2$	직관 : 2+0.15=2.15 90°엘보 : 1.3 티측류 : 2.5 계 : 5.95m	$5.95 \times 2.834 \times 10^{-8} \times Q^2$ $= 1.686 \times 10^{-7} \times Q^2$
50ϕ	$\Delta P = \dfrac{6 \times 10^4 \times Q^2}{120^2 \times 54^5}$ $= 9.074 \times 10^{-9} \times Q^2$	직관 : 2 계 2m	$2 \times 9.074 \times 10^{-9} \times Q^2$ $= 1.815 \times 10^{-8} \times Q^2$
65ϕ	$\Delta P = \dfrac{6 \times 10^4 \times Q^2}{120^2 \times 69^5}$ $= 2.664 \times 10^{-9} \times Q^2$	직관 : 5+3=8 90°엘보 : 1×2.0=2 계 10m	$10 \times 2.664 \times 10^{-9} \times Q^2$ $2.664 \times 10^{-8} \times Q^2$
100ϕ	$\Delta P = \dfrac{6 \times 10^4 \times Q^2}{120^2 \times 107^5}$ $= 2.971 \times 10^{-10} \times Q^2$	직관 : 0.2+0.2=0.4 체크밸브 : 1×8.7=8.7 게이트밸브 : 1×0.7=0.7 알람밸브 : 1×8.7=8.7 계 : 18.5m	$18.5 \times 2.971 \times 10^{-10} \times Q^2$ $= 5.496 \times 10^{-9} \times Q^2$

(2) 배관상의 총마찰손실

○계산과정 :
$(1.162 \times 10^{-6} \times Q^2) + (6.009 \times 10^{-8} \times Q^2) + (1.686 \times 10^{-7} \times Q^2)$
$+ (1.815 \times 10^{-8} \times Q^2) + (2.664 \times 10^{-8} \times Q^2) + (5.496 \times 10^{-9} \times Q^2)$
$= 1.44 \times 10^{-6} \times Q^2$

○답 : $1.44 \times 10^{-6} \times Q^2 \mathrm{MPa}$

(3) 실층고 환산 낙차수두

○계산과정 : 0.2m+0.3m+0.2m+0.6m+3m+0.15m=4.45m
○답 : 4.45m

(4) 방수량

○계산과정 :
$Q = k\sqrt{10P}$ 에서 $k = 90$

P(헤드압) = 펌프토출압 - (실층고낙차환산수두압 + 배관손실압)

∴ $P = 0.3 - (0.045 + 1.44 \times 10^{-6} Q^2) = 0.255 - 1.44 \times 10^{-6} Q^2$ MPa

$Q = 90\sqrt{10(0.255 - 1.44 \times 10^{-6} Q^2)}$

양변을 제곱하면

$Q^2 = 90^2(2.55 - 1.44 \times 10^{-5} \times Q^2)$

$Q^2 = 20,655 - 0.1166 Q^2$

$Q^2 + 0.1166 Q^2 = 20,655$

$1.1166 Q^2 = 20,655$

$Q^2 = \dfrac{20,655}{1.1166}$ ∴ $Q = \sqrt{\dfrac{20,655}{1.1166}} = 136.04$ L/min

○ 답 : 136.04L/min

(5) **방수압**

○ 계산과정 : $P = 0.3 - (0.045 + 1.44 \times 10^{-6} \times 136.04^2) = 0.228$ MPa

○ 답 : 0.23MPa

73

지하1층, 지상9층 백화점에 습식스프링클러설비를 아래의 조건을 이용하여 시공할 경우 다음 각 물음에 답하시오. (8점)

[조건]
① 펌프는 지하1층에 설치하였으며 최상층 스프링클러헤드까지 수직거리는 45m이다.
② 배관 및 부속류의 총 마찰손실은 펌프 자연 낙차의 20%이다.
③ 펌프의 진공계 눈금은 350mmHg이다.
④ 층 당 설치된 스프링클러헤드 수는 80개이다.
⑤ 펌프의 효율은 68%이다.

(물음 1) 펌프의 체절압력(kPa)을 산출하시오.
(물음 2) 펌프의 축동력(kW)을 산출하시오.

풀이 (물음 1) ○ 계산과정 :
① 전양정 계산

$H = h_1 + h_2 + 10$m

흡입양정 = $350\text{mmHg} \times \dfrac{10.332\text{m}}{760\text{mmHg}} = 4.76$m

토출양정 = 45m

∴ $h_1 = 4.76 + 45 = 49.76\text{m}$

$h_2 = 45\text{m}(펌프의\ 자연낙차) \times 0.2 = 9\text{m}$

∴ $H = 49.76 + 9 + 10 = 68.76\text{m}$

② 전양정을 압력으로 단위환산

$P = 9.8\text{kN/m}^3 \times 68.76\text{m} = 673.85\text{kPa}$

③ 체절압력계산

$P = 673.85 \times 1.4 = 943.39\text{kPa}$

○답 : 943.39kPa

(물음 2) ○계산과정 :

① 펌프의 토출량 계산

$Q = 30 \times 80\text{L/min} = 2400\text{L/min} = 2.4\text{m}^3/60\text{s} = 0.04\text{m}^3/\text{s}$

② 펌프의 축동력 계산

$L_S(\text{kW}) = \dfrac{9.8 \times 0.04 \times 68.76}{0.68} = 39.64\text{kW}$

○답 : 39.64kW

상세해설

(물음 1) ① 전양정 계산

$H = h_1 + h_2 + 10\text{m}$

H : 펌프의 전양정(m)

h_1 : 낙차(흡입양정 + 토출양정)

h_2 : 배관 및 관부속품 마찰손실수두(m)

② 전양정을 압력으로 단위환산

물의 비중량 $\gamma = 1000\text{kgf/m}^3 = 9.8\text{KN/m}^3 = 9800\text{N/m}^3$

$P = \gamma h = 9.8\text{kN/m}^3 \times 68.76\text{m} = 673.85(\text{kN/m}^2)\text{kPa}$

③ 체절압력계산

$P = 673.85 \times 1.4 = 943.39\text{kPa}$

(물음 2) ① 펌프의 토출량 계산

소방대상물이 백화점이므로 폐쇄형헤드의 기준개수는 30개

$Q = N \times 80\text{L/min}$

② 펌프의 동력계산

㉠ 수동력

$$L_W(\text{kW}) = \gamma Q H$$

※ 주의 : 수동력 계산 시 펌프의 효율 및 전달계수 K값은 무시한다.

ⓛ 축동력

$$L_S(\text{kW}) = \frac{\gamma QH}{E}$$

※ 주의 : 축동력 계산 시 전달계수 K값은 무시한다.

ⓒ 모터동력

$$P(\text{kW}) = \frac{\gamma \times Q \times H}{E} \times K$$

γ : 비중량(kN/m³), 물의 비중량=9.8kN/m³)
Q : 유량(m³/s), H : 전양정(m)
E : 펌프의 효율(%/100), K : 전달계수

참고 (1) 1PS = 75kgf · m/s, (2) 1HP = 76.07kgf · m/s, (3) 1kW = 101.97kgf · m/s

---

17년-04월, 17년-11월, 18년-11월

74 다음 그림은 습식스프링클러설비 계통도의 일부를 나타낸 것이다. 조건을 참조하여 다음 각 물음에 답하시오. **(12점)**

[조건] ① H_1헤드 : 방수량(80L/min), 방수압력(0.1MPa)
② 각 헤드 $H_1 \sim H_5$ 간의 방수압력 차이는 0.01MPa이다.
    (단, 배관마찰손실압력 계산 시 배관부속의 마찰손실은 무시한다)
③ A~B 구간의 마찰손실압력은 0.04MPa이다.
④ 가지배관 내 유속은 6m/s이다.

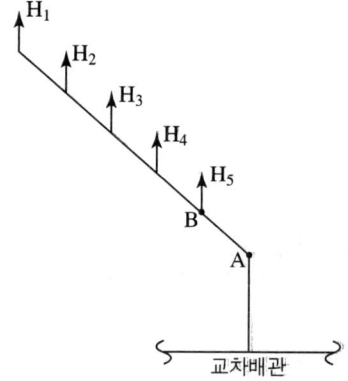

(물음 1) A지점에서 필요한 최소압력(MPa)은 얼마인가?
(물음 2) A~B구간에서의 유량(L/min)은 얼마인가?
(물음 3) A~B구간의 배관 최소호칭경(mm)은 얼마인가?

풀이 **(물음 1)** ○계산과정 :
A지점의 압력 $P_A = 0.1 + (0.01 \times 4) + 0.04 = 0.18\text{MPa}$
○답 : 0.18MPa

(물음 2) ○계산과정 :

$$Q = K\sqrt{10P}, \quad K = \frac{Q}{\sqrt{10P}} = \frac{80}{\sqrt{10 \times 0.1}} = 80$$

① $Q_{H_1} = 80 \times \sqrt{10 \times 0.1} = 80\text{L/min}$

② $Q_{H_2} = 80 \times \sqrt{10 \times (0.1 + 0.01)} = 83.90\text{L/min}$

③ $Q_{H_3} = 80 \times \sqrt{10 \times (0.1 + 0.01 + 0.01)} = 87.64\text{L/min}$

④ $Q_{H_4} = 80 \times \sqrt{10 \times (0.1 + 0.01 + 0.01 + 0.01)} = 91.21\text{L/min}$

⑤ $Q_{H_5} = 80 \times \sqrt{10 \times (0.1 + 0.01 + 0.01 + 0.01 + 0.01)} = 94.66\text{L/min}$

$Q = 80 + 83.90 + 87.64 + 91.21 + 94.66 = 437.41\text{L/min}$

○답 : 437.41L/min

(물음 3) ○계산과정 : $d = \sqrt{\dfrac{4 \times (437.41 \times 10^{-3}/60)}{\pi \times 6}} \times 1000 = 39.33\text{mm}$

○답 : 40mm

상세해설

(물음 1) B지점에 필요한 압력
$P_B = H_1$헤드의 방사압력+각 헤드간의 방수압력차

(물음 2) A~B구간의 유량
- $Q_A = H_1 \sim H_5$ 헤드의 방수량
- 헤드의 방수량

$$Q = K\sqrt{10P}$$

여기서, Q : 방수량(L/min), K : 방출계수, P : 방수압력(MPa)

(물음 3) A~B구간의 배관 호칭구경
- 배관내경 산출공식

$$d(\text{mm}) = \sqrt{\frac{4Q}{\pi u}} \times 1000$$

여기서, d : 배관내경(mm), Q : 유량(m^3/s), u : 배관내 유속(m/s),
1000 : m를 mm로 환산하기 위한 상수

- 급수관의 구경(호칭구경)(단위 : mm)

25	32	40	50	65	80	90	100	125	150

04년-10월, 08년-07월, 10년-07월, 17년-11월, 18년-11월

75 18층의 복도식 아파트 1동에 아래와 같은 조건으로 습식 스프링클러 소화설비를 설치하고자 한다. 아래의 문제에 답하시오. (8점)

[조건] 층별 방호면적은 990m², 실 양정이 65m, 마찰손실 수두 25m, 헤드의 방사압력 0.1MPa, 배관 내의 유속 2.0m/s, 펌프의 효율 60%, 전달계수 1.1 이다.

(물음 1) 본 소화설비의 주 펌프의 토출량을 구하시오. (단, 헤드 적용 수량은 최대 기준 개수를 적용한다.)
　　　　○ 계산과정 및 답 :
(물음 2) 전용 수원의 확보량을 구하시오.
　　　　○ 계산과정 및 답 :
(물음 3) 소화펌프의 축동력(kW)을 구하시오.
　　　　○ 계산과정 및 답 :
(물음 4) 만약 옥상수조를 없애면 추가되는 설비 2가지를 쓰시오.

풀이 (물음 1) 주 펌프의 토출량
　　　　○ 계산과정 : $Q = 10 \times 80\,\text{L/min} = 800\,\text{L/min}$
　　　　○ 답 : 800L/min

(물음 2) 전용수원의 확보량
　　　　○ 계산과정 : $Q = 10 \times 1.6\,\text{m}^3 = 16\,\text{m}^3$
　　　　○ 답 : 16m³

(물음 3) 소화펌프의 축동력(kW)
　　　　○ 계산과정 : 전양정 $H = 65\,\text{m} + 25\,\text{m} + 10\,\text{m} = 100\,\text{m}$
$$P(\text{kW}) = \frac{9.8 \times (0.8\,\text{m}^3/60\text{s}) \times 100}{0.6} = 21.78\,[\text{kW}]$$
　　　　○ 답 : 21.78kW

(물음 4) 옥상수조를 없애면 추가되는 설비 2가지
　　　　○ 답 : ① 주 펌프와 동등이상의 성능이 있는 별도의 펌프로서 내연기관의 기동과 연동하여 작동하거나 비상전원을 연결하여 설치한 예비펌프
　　　　　　　② 자가발전설비 또는 축전지설비에 따른 비상전원

상세해설

(물음 1) 주 펌프의 토출량 계산

$Q = N \times 80 \text{L/min}$ (N : 기준개수 또는 기준개수보다 적은 경우 설치개수)

(물음 2) 전용수원의 확보량

$Q = N \times 1.6 \text{m}^3$ (N : 기준개수 또는 기준개수보다 적은 경우 설치개수)

(물음 3) 펌프의 동력계산

(1) 전동기 용량(모터동력)

$$P(\text{kW}) = \frac{\gamma \times Q \times H}{E} \times K$$

여기서, γ : 비중량(kN/m³, 물의 비중량=9.8kN/m³)
Q : 유량(m³/s), H : 전양정(m), E : 펌프의 효율(%/100)
K : 전달계수

(2) 내연기관의 용량

$$1\text{HP} = 0.746\text{kW}[76.07(\text{kgf} \cdot \text{m/s}) \div 101.97(\text{kgf} \cdot \text{m/s})]$$
$$1\text{PS} = 0.7355\text{kW}[75(\text{kgf} \cdot \text{m/s}) \div 101.97(\text{kgf} \cdot \text{m/s})]$$

[참고] 1kW = 101.97kgf · m/s
1HP = 76.07kgf · m/s
1PS = 75kgf · m/s

(3) 축동력

$$L_S(\text{KW}) = \frac{\gamma QH}{E}$$

[주의] 축동력 계산시 전달계수 K값은 무시한다.

(4) 수동력

$$L_W(\text{kW}) = \gamma QH$$

[주의] 수동력 계산 시 펌프의 효율 및 전달계수 K값은 무시한다.

10년-07월, 19년-06월

76 아래의 헤드 설치 도면은 폐쇄형 습식스프링클러설비에 대한 가지배관의 최고 말단부를 나타낸 것이다. 다음 각 물음에 답하시오. (9점)

[조건]
1. 헤드 설치 도면

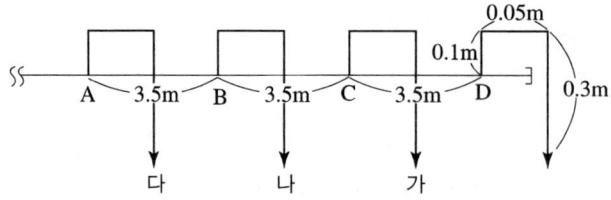

2. 구간별 배관 내 유량은 다음과 같다.

구간	유량(L/min)
A~B	240
B~C	160
C~D	80

3. 배관에 설치된 관 부속품의 등가길이(m)는 아래 표와 같다.

호칭경	90°엘보	분류 T	직류 T	레듀샤
32A	1.2	1.8	0.36	0.72
25A	0.9	1.5	0.27	0.50

4. 호칭경에 따른 내경 표는 아래와 같다.

호칭경	50A	40A	32A	25A
내경	53	42	36	28

5. 최종헤드의 방사압력은 0.1MPa이다.

6. 배관의 마찰손실은 헤이젠-윌리엄스공식을 따르되, 이 식에서 "C"값은 120으로 한다.

$$\Delta P = \frac{6.053 \times 10^4 \times Q^{1.85}}{C^{1.85} \times D^{4.87}}$$

여기서, ΔP : 배관 1m당 마찰손실압력(MPa)
  Q : 배관내 유수량(L/min)
  D : 배관의 안지름(mm)

(물음 1) A~B구간 배관의 마찰손실압력(kPa)을 구하시오.
         (단, 배관의 호칭구경은 32A)
(물음 2) B~C구간 배관의 마찰손실압력(kPa)을 구하시오.
         (단, 배관의 호칭구경은 25A)
(물음 3) C~D구간 배관의 마찰손실압력(kPa)을 구하시오.
         (단, 배관의 호칭구경은 25A)
(물음 4) D~최종헤드 구간 배관의 마찰손실압력(kPa)을 구하시오.
         (단, 배관의 호칭구경은 25A)
(물음 5) A지점에서의 압력(kPa)을 구하시오.
(물음 6) C지점 헤드의 방사압력(kPa)을 구하시오.

풀이 (물음 1) A~B구간 배관의 마찰손실압력(kPa)

○계산과정 :
  유량 $Q = 240\text{L/min}$
  배관의 총길이 $L = $ 직관(3.5m)+분류티(1.8m)+레듀샤(32×25)(0.72)
            $= 6.02\text{m}$
  $$\Delta P = \frac{6.053 \times 10^4 \times 240^{1.85}}{120^{1.85} \times 36^{4.87}} \times 6.02 \times 10^3 = 34.62\text{kPa}$$

○답 : 34.62kPa

(물음 2) B~C구간 배관의 마찰손실압력(kPa)

○계산과정 :
  유량 $Q = 160\text{L/min}$
  배관의 총길이 $L = $ 직관(3.5m)+분류티(1.5m) = 5m
  $$\Delta P = \frac{6.053 \times 10^4 \times 160^{1.85}}{120^{1.85} \times 28^{4.87}} \times 5 \times 10^3 = 46.18\text{kPa}$$

○답 : 46.18kPa

(물음 3) C~D구간 배관의 마찰손실압력(kPa)

○계산과정 :
  유량 $Q = 80\text{L/min}$
  배관의 총길이 $L = $ 직관3.5m+분류티1.5m = 5m
  $$\Delta P = \frac{6.053 \times 10^4 \times 80^{1.85}}{120^{1.85} \times 28^{4.87}} \times 5 \times 10^3 = 12.81\text{kPa}$$

○답 : 12.81kPa

(물음 4) D~최종헤드 구간 배관의 마찰손실압력(kPa)
○계산과정 :
유량 $Q = 80\text{L/min}$
배관의 총길이 L = 직관0.45m(0.1+0.05+0.3)
  +90°엘보2개1.8m(0.9×2) +레듀샤0.5m(25×15)
  = 2.75m

$$\Delta P = \frac{6.053 \times 10^4 \times 80^{1.85}}{120^{1.85} \times 28^{4.87}} \times 2.75 \times 10^3 = 7.04\text{kPa}$$

○답 : 7.04kPa

(물음 5) A지점에서의 압력(kPa)
○계산과정 :
① P_A = A~최종헤드 마찰손실압력(kPa)+최종헤드의 방사압력(kPa)
  -낙차의 환산수두압(kPa)
② A~최종헤드 마찰손실압력 = 34.62+46.18+12.81+7.04
  = 100.65kPa
③ 낙차(H) = 0.3m - 0.1m = 0.2m
④ 낙차의 환산수두압(P) = $0.2\text{m} \times \dfrac{101.325\text{kPa}}{10.332\text{m}}$ = 1.96kPa

P_A = 100.65kPa + 100kPa - 1.96kPa = 198.69kPa

○답 : 198.69kPa

(물음 6) C지점 헤드의 방사압력(kPa)
○계산과정 :
P = 최종헤드의 방사압력 + C~D배관마찰손실압력
P = 100kPa + 12.81kPa = 112.81kPa
○답 : 112.81kPa

상세해설

77 아래 그림은 어느 스프링클러설비의 배관계통도이다. 이 도면과 주어진 조건에 따라 각 물음에 답하시오. (11점)

[조건]
① 배관 마찰손실압력은 헤이젠 윌리엄스 공식을 따르되 계산의 편의상 다음 식과 같다고 가정한다.

$$\Delta P = 6 \times 10^4 \times \frac{Q^2}{C^2 \times D^5}$$

여기서, ΔP : 배관 1m당 마찰손실압력(MPa), Q : 유량(L/min)
C : 조도, D : 내경(mm)

② 배관 호칭구경과 내경은 같다고 한다.
③ 관부속 마찰손실은 무시한다.
④ 헤드는 개방형이고 조도 C는 100으로 한다.
⑤ 배관의 호칭구경은 15, 20, 25, 32, 40, 50, 65, 80, 100으로 한다.
⑥ A헤드의 방수압은 0.1MPa, 방수량은 80L/min으로 가정한다.

[도 면]

(1) B헤드의 방수압(MPa)은?
(2) B헤드의 방수량(L/min)은?
(3) C헤드의 방수압(MPa)은?
(4) C헤드의 방수량(L/min)은?
(5) D지점의 압력(MPa)은?
(6) ②지점의 유량(L/min)은?
(7) ②지점의 배관최소 호칭구경을 선택하시오.

[풀이] **(1) B헤드의 방수압(MPa)**

○ 계산과정 : ① $\Delta P_{AB} = 6 \times 10^4 \times \dfrac{80^2}{100^2 \times 25^5} \times 2.4 = 0.01\text{MPa}$

② $P_B = 0.1\text{MPa} + 0.01\text{MPa} = 0.11\text{MPa}$

○ 답 : 0.11MPa

(2) B헤드의 방수량(L/min)

○ 계산과정 : ① $K = \dfrac{Q}{\sqrt{10P}} = \dfrac{80}{\sqrt{10 \times 0.1}} = 80$

② $Q_B = 80 \times \sqrt{10 \times 0.11} = 83.90\text{L/min}$

○ 답 : 83.90L/min

(3) C헤드의 방수압(MPa)

○ 계산과정 : ① $\Delta P_{BC} = 6 \times 10^4 \times \dfrac{(80 + 83.9)^2}{100^2 \times 25^5} \times 1.2 = 0.02\text{MPa}$

② $P_C = 0.11\text{MPa} + 0.02\text{MPa} = 0.13\text{MPa}$

○ 답 : 0.13MPa

(4) C헤드의 방수량(L/min)

○ 계산과정 : $Q_C = 80 \times \sqrt{10 \times 0.13} = 91.21\text{L/min}$

○ 답 : 91.21L/min

(5) D지점의 압력(MPa)

○ 계산과정 : ① $\Delta P_{CD} = 6 \times 10^4 \times \dfrac{(80 + 83.9 + 91.21)^2}{100^2 \times 32^5} \times 1.2 = 0.01\text{MPa}$

② $P_D = 0.1\text{MPa} + 0.01\text{MPa} + 0.02\text{MPa} + 0.01\text{MPa} = 0.14\text{MPa}$

○ 답 : 0.14MPa

(6) ②지점의 유량(L/min)

○ 계산과정 : $Q_② = (80 + 83.9 + 91.21) \times 2 = 510.22\text{L/min}$

○ 답 : 510.22L/min

(7) ②지점의 배관최소 호칭구경

○ 계산과정 : $D = \sqrt{\dfrac{4 \times (510.22 \times 10^{-3}/60s)}{\pi \times 10}} \times 1000 = 32.90\text{mm}$

○ 답 : 40mm

상세해설

(1) B헤드의 방수압(MPa)

　① A~B구간의 마찰손실압(MPa) : $\Delta P_{AB} = 6 \times 10^4 \times \dfrac{80^2}{100^2 \times 25^5} \times 2.4 = 0.01\text{MPa}$

　② B헤드의 방수압(MPa) : P_B =A헤드 방수압+A~B구간의 마찰손실압

(2) B헤드의 방수량(L/min)

　① 방출계수 K값 : $K = \dfrac{Q}{\sqrt{10P}} = \dfrac{80}{\sqrt{10 \times 0.1}} = 80$

　② 방수량 계산 : $Q_B = K\sqrt{10P} = 80 \times \sqrt{10 \times 0.11} = 83.90\text{L/min}$

(3) C헤드의 방수압(MPa)

　① B~C구간의 마찰손실압(MPa) : $\Delta P_{BC} = 6 \times 10^4 \times \dfrac{(80+83.9)^2}{100^2 \times 25^5} \times 1.2 = 0.02\text{MPa}$

　② C헤드의 방수압(MPa) : P_C =B헤드 방수압+B~C구간의 마찰손실압

(4) C헤드의 방수량(L/min)

　방수량 계산 : $Q_C = K\sqrt{10P} = 80 \times \sqrt{10 \times 0.13} = 91.21\text{L/min}$

(5) D지점의 압력(MPa)

　① C~D구간의 마찰손실압(MPa) : $\Delta P_{CD} = 6 \times 10^4 \times \dfrac{(80+83.9+91.21)^2}{100^2 \times 32^5} \times 1.2$

　　$= 0.01\text{MPa}$

　② D지점의 방수압(MPa) : P_D =A헤드방수압+A~B구간 마찰손실압
　　　　　　　　　　　　　　+B~C구간 마찰손실압
　　　　　　　　　　　　　　+C~D구간 마찰손실압

(6) ②지점의 유량(L/min)

　$Q_② =$ (A헤드의 방수량+B헤드의 방수량+C헤드의 방수량)×2

(7) ②지점의 배관최소 호칭구경

　$D(\text{mm}) = \sqrt{\dfrac{4Q}{\pi u}} \times 1000$

[별표 1] 스프링클러헤드 수별 급수관의 구경　　　　　　　　　　(단위 : mm)

구분\구경	25	32	40	50	65	80	90	100	125	150
가	2	3	5	10	30	60	80	100	160	161 이상
나	2	4	7	15	30	60	65	100	160	161 이상
다	1	2	5	8	15	27	40	55	90	91 이상

① 폐쇄형스프링클러헤드를 사용하는 설비의 경우로서 1개층에 하나의 급수배관(또는 밸브 등)이 담당하는 구역의 최대면적은 3,000m²를 초과하지 아니할 것

② 폐쇄형스프링클러헤드를 설치하는 경우에는 "가"란의 헤드 수에 따를 것. 다만, 100개

이상의 헤드를 담당하는 급수배관(또는 밸브)의 구경을 100mm로 할 경우에는 수리계산을 통하여 배관의 유속(가지배관의 유속은 6m/s, 그 밖의 배관의 유속은 10m/s를 초과할 수 없다.)에 적합하도록 할 것
③ 폐쇄형스프링클러헤드를 설치하고 반자 아래의 헤드와 반자속의 헤드를 동일 급수관의 가지관상에 병설하는 경우에는 "나"란의 헤드 수에 따를 것
④ 무대부ㆍ특수가연물을 저장 또는 취급하는 장소로서 폐쇄형스프링클러헤드를 설치하는 설비의 배관구경은 "다"란에 따를 것
⑤ 개방형스프링클러헤드를 설치하는 경우 하나의 방수구역이 담당하는 헤드의 개수가 30개 이하일 때는 "다"란의 헤드수에 의하고, 30개를 초과할 때는 수리계산 방법에 따를 것

20년-10월

78 아래 그림은 지하1층, 지상10층인 특정소방대상물에 습식스프링클러설비를 설치한 펌프 주변 상세도이다. 조건을 참조하여 각 물음에 답하시오. (13점)

[조건]
① 특정소방대상물의 지하층은 주차장으로 지상층은 업무시설로 사용한다.
② 특정소방대상물은 내화구조이고 연면적 20,000m²이며 층당 헤드의 부착높이는 4m이다.
③ 특정소방대상물은 동결의 우려가 없으며 스프링클러헤드는 총 200개가 설치되어 있다.
④ 펌프의 효율은 65%이며 전달계수는 1.1이다.
⑤ 실양정은 52m이고 배관의 마찰손실은 실양정의 30%로 가정한다.
⑥ 스프링클러헤드의 방수압력은 0.1MPa로 한다.

(1) 헤드의 설치간격(m)를 구하시오.(단, 헤드는 정방형으로 설치한다)
(2) 펌프의 전동기 용량(kW)를 구하시오.
(3) 수원의 최소유효 저수량(m^3)을 구하시오.(옥상수조 포함)
(4) 기호 Ⓐ의 명칭과 최소용량(L)를 쓰시오.
(5) 기호 Ⓑ의 명칭과 그 기능을 쓰시오.
(6) 기호 Ⓒ의 명칭과 작동압력범위를 쓰시오.
(7) 기호 Ⓐ 급수관의 최소구경(mm)를 쓰시오.

풀이 (1) 헤드의 설치간격(m)
　　○ 계산과정 : $S = 2r\cos 45° = 2 \times 2.3 \times \cos 45° = 3.25\text{m}$
　　○ 답 : 3.25m

(2) 펌프의 전동기 용량(kW)
　　○ 계산과정 : $\gamma(물) = 9.8\text{kN/m}^3$
　　　　　　　　$Q = 80\text{L/min} \times 10개 = 800\text{L/min} = 0.8\text{m}^3/60\text{s}$
　　　　　　　　$H = h_1 + h_2 + 10\text{m} = 52\text{m} + (52 \times 0.3)\text{m} + 10\text{m} = 77.6\text{m}$
　　　　　　　　$E = 65\% = 0.65,\ K = 1.1$
　　　　　　　　$P = \dfrac{\gamma QH}{E} \times K = \dfrac{9.8 \times (0.8/60) \times 77.6}{0.65} \times 1.1 = 17.16\text{kW}$
　　○ 답 : 17.16kW

(3) 수원의 최소유효 저수량(m^3)
　　○ 계산과정 : $Q = 10개 \times 1.6\text{m}^3 + (10개 \times 1.6\text{m}^3) \times \dfrac{1}{3} = 21.33\text{m}^3$
　　○ 답 : 21.33m^3

(4) 기호 Ⓐ의 명칭과 최소용량(L)
　　○ 답 : 명칭 : 물올림수조(물올림장치)
　　　　　용량 : 100L 이상

(5) 기호 Ⓑ의 명칭과 그 기능
　　○ 답 : 명칭 : 압력챔버(기동용수압개폐장치)
　　　　　기능 : 소화펌프의 자동기동 및 정지

(6) 기호 Ⓒ의 명칭과 작동압력범위
　　○ 답 : 명칭 : 릴리프밸브
　　　　　작동압력범위 : 체절압력 이하

(7) 기호 Ⓐ 급수관의 최소구경(mm)
　　○ 답 : 15mm

(1) 헤드의 배치(정방형)

$$S = 2r\cos 45°$$

여기서, S : 헤드 상호간의 거리(m), r : 수평거리(m)

(2) 스프링클러헤드의 배치기준

설치장소			설치기준
천장·반자·천장과 반자 사이·덕트·선반 기타 이와 유사한 부분(폭이 1.2m를 초과하는 것)	무대부, 특수가연물 저장 취급 장소 및 창고		수평거리 1.7m 이하
	특정 소방대상물	기타구조	수평거리 2.1m 이하
		내화구조	수평거리 2.3m 이하
	아파트		수평거리 2.6m 이하
랙식 창고			랙 높이 3m 이하 마다

(3) 폐쇄형헤드를 사용하는 경우 설치장소별 스프링클러헤드의 기준개수

스프링클러설비 설치장소			기준개수
지하층을 제외한 층수가 10층 이하	공장	특수가연물을 저장·취급하는 것	30
		그 밖의 것	20
	근린생활시설·판매시설·운수시설 또는 복합건축물	판매시설 또는 복합건축물 (판매시설이 설치된 복합건축물)	30
		그 밖의 것	20
	그 밖의 것	헤드의 부착높이가 8m 이상인 것	20
		헤드의 부착높이가 8m 미만인 것	10
아파트			10
지하층을 제외한 층수가 11층 이상인 소방대상물(아파트를 제외)·지하가 또는 지하역사			30

(4) 펌프의 동력계산(kW)

① 수동력

$$L_W(\text{kW}) = \gamma QH$$

※ 주의 : 수동력 계산 시 펌프의 효율 및 전달계수 K값은 무시한다.

② 축동력

$$L_S(\text{kW}) = \frac{\gamma QH}{E}$$

※ 주의 : 축동력 계산 시 전달계수 값은 무시한다.

③ 모터동력

$$L_S(\text{kW}) = \frac{\gamma QH}{E} \times K$$

여기서, γ : 비중량(물의 비중량=9.8kN/m³), Q : 토출량(m³/s)
H : 전양정(m), E : 효율(%/100), K : 전달계수

02년-01월, 03년-10월, 06년-07월, 20년-11월

79 지하 2층 지상 12층의 사무소 건물에 있어서 11층 이상에 화재안전기술기준과 아래 조건에 따라 스프링클러설비를 설계하려고 한다. 다음 각 물음에 답하시오.

(12점)

> [조건]
> ① 11층 및 12층에 설치하는 폐쇄형 스프링클러헤드의 수량은 각각 80개이다.
> ② 입상관의 내경은 150mm이고 배관길이는 40m이다.
> ③ 펌프의 풋밸브로부터 최상층 스프링클러헤드까지의 실고는 50m이다.
> ④ 입상관의 마찰손실수두를 제외한 펌프의 풋밸브로부터 최상층, 가장 먼 스프링클러헤드까지의 마찰 및 저항손실수두는 15m이다.
> ⑤ 모든 규격치는 최소량을 적용한다.
> ⑥ 펌프의 효율은 65%이다.

(1) 펌프의 최소 토출량[L/min]을 구하시오.
(2) 수원의 최소 유효저수량[m³]을 구하시오.
(3) 입상관에서의 마찰손실수두[m]를 구하시오.(단, 입상관은 직관으로 간주하고, Darcy Weisbach의 식을 사용하며, 마찰손실계수는 0.02로 한다.)
(4) 펌프 최소양정[m]을 구하시오.
(5) 펌프의 축동력[kW]을 구하시오.
(6) 불연재료로 된 천정에 헤드를 아래 그림과 같이 정방형으로 배치하려고 한다. A 및 B의 최대길이를 계산하시오.(단, 건물은 내화구조이다.)

풀이 (1) **펌프의 최소 토출량**[L/min]
  ○ 계산과정 : $Q = 30 \times 80\text{L/min} = 2400\text{L/min}$
  ○ 답 : 2400L/min

(2) **수원의 최소 유효저수량**[m³]
  ○ 계산과정 : $Q = 30 \times 1.6\text{m}^3 = 48\text{m}^3$
  ○ 답 : 48m³

(3) 입상관에서의 마찰손실수두[m]

○ 계산과정 : $u = \dfrac{Q}{A} = \dfrac{2.4\text{m}^3/60\text{s}}{\dfrac{\pi}{4} \times (0.15\text{m})^2} = 2.2635\text{m/s}$

$\Delta h_L = f \times \dfrac{L}{d} \times \dfrac{u^2}{2g} = 0.02 \times \dfrac{40}{0.15} \times \dfrac{2.2635^2}{2 \times 9.8} = 1.39\text{m}$

○ 답 : 1.39m

(4) 펌프 최소양정[m]

○ 계산과정 : $H = 50 + (1.39 + 15) + 10 = 76.39\text{m}$

○ 답 : 76.39m

(5) 펌프의 축동력[kW]

○ 계산과정 : $P = \dfrac{\gamma Q H}{E} = \dfrac{9.8 \times (2.4/60) \times 76.39}{0.65} = 46.07\text{kW}$

○ 답 : 46.07kW

(6) A 및 B의 최대길이

○ 계산과정 : $A = 2 \times 2.3 \times \cos 45° = 3.25\text{m}$, $B = \dfrac{A}{2} = \dfrac{3.25}{2} = 1.63\text{m}$

○ 답 : A = 3.25m, B = 1.63m

상세해설

스프링클러설비

(1) 펌프의 최소 토출량(L/min)

$Q = N \times 80\text{L/min}$ (N : 기준개수 또는 기준개수보다 적은 경우 설치개수)

(2) 수원의 최소 유효저수량(m³)

$Q = N \times 1.6\text{m}^3$ (N : 기준개수 또는 기준개수보다 적은 경우 설치개수)

(3) 달시(DARCY WEISBACH)방정식

$$\Delta h_L = f \times \dfrac{L}{d} \times \dfrac{u^2}{2g}$$

여기서, Δh_L : 마찰손실수두(m), f : 마찰손실계수, d : 배관내경(m)
L : 배관길이(m), u : 유속(m/s), g : 중력가속도(m/s²)

(4) 전양정

$$H = h_1 + h_2 + 10\text{m}$$

여기서, h_1 : 실양정(흡입+토출양정), h_2 : 배관 및 관부속품 마찰손실수두

(5) 펌프의 축동력

$$P(\text{kW}) = \frac{\gamma QH}{E}$$

여기서, P : 축동력(kW), γ : 비중량(물의 비중량 $=9.8\text{kN/m}^3$), Q : 토출량(m^3/s)
H : 전양정(m), E : 효율(%/100)

(6) 헤드의 배치

① 정방형 $S = 2r\cos 45°$

　　　여기서, S : 헤드 상호간의 거리(m), r : 수평거리(m)

② 벽과 스프링클러헤드간의 거리 : $\frac{1}{2}S$ 이하(S : 헤드간의 거리(m))

③ 벽과 스프링클러헤드간의 공간은 10cm 이상

14년-07월

80
근린생활시설, 숙박시설 중 생활형숙박시설, 복합건축물에 해당되지 않는 소방대상물에 간이스프링클러설비를 설치하고자 한다. 수조를 사용하는 경우 확보하여야 할 수원의 양(m^3)을 계산하시오.

[풀이]
○ 계산과정 : $Q = 50\,\text{L/min} \times 10\,\text{min} \times 2 = 1000\,\text{L} = 1\text{m}^3$
○ 답 : 1m^3 이상

[상세해설]

간이스프링클러설비의 수원
① 상수도직결형의 경우에는 수돗물
② 수조("캐비닛형"을 포함)를 사용하는 경우에는 1개 이상의 자동급수장치를 설치
③ 2개의 간이헤드에서 최소 10분[근린생활시설(1000m^2 이상), 생활형 숙박시설(600m^2 이상), 복합건축물(1000m^2 이상)에 해당하는 경우에는 5개의 간이헤드에서 최소20분] 이상 방수할 수 있는 양 이상을 수조에 확보할 것
④ 방수압력은 가장 먼 가지배관에서 2개의 간이헤드를 동시에 개방할 경우 각각의 간이헤드 선단 방수압력은 **0.1MPa 이상**, **방수량은 50L/min 이상**이어야 한다. 다만, 주차장에 표준반응형스프링클러헤드를 사용할 경우 헤드 1개의 **방수량은 80L/min 이상**이어야 한다.

제 06 장

물분무 및 미분무소화설비

제 06 장 물분무 및 미분무소화설비

06년-07월, 09년-10월, 14년-11월

01 최대 방수구역 바닥 면적이 100m²인 주차장에 물분무소화설비를 하려고 한다. 수원의 저수량(m³)을 계산하시오. (5점)

○ 계산과정 : $Q = 100\text{m}^2 \times 20\text{L/m}^2 \cdot \text{min} \times 20\text{min} = 40000\text{L} = 40\text{m}^3$
○ 답 : 40m^3

상세해설

물분무소화설비의 수원의 양

소방대상물	수원의 저수량(m³)
특수가연물 저장, 취급	바닥면적(m²)(최대방수구역기준 최소 50m²) × 10L/m² · 분 × 20분
차고, 주차장	바닥면적(m²)(최대방수구역기준 최소 50m²) × 20L/m² · 분 × 20분
절연유 봉입 변압기	표면적(바닥부분제외)(m²) × 10L/m² · 분 × 20분
케이블 트레이, 닥트	투영된 바닥면적(m²) × 12L/m² · 분 × 20분
콘베이어벨트 등	벨트부분의 바닥면적(m²) × 10L/m² · 분 × 20분

17년-11월, 18년-11월

02 다음은 미분무소화설비의 화재안전기술기준에서 사용하는 용어의 정의이다. ( )안에 알맞은 답을 쓰시오. (5점)

> "미분무"란 물만을 사용하여 소화하는 방식으로 최소설계압력에서 헤드로부터 방출되는 물입자 중 (①)%의 누적체적분포가 (②)μm 이하로 분무되고 (③)화재에 적응성을 갖는 것을 말한다.

○ 답 : ① 99　② 400　③ A, B, C급

상세해설

미분무소화설비의 화재안전기술기준(NFTC 104A)
용어의 정의
① "미분무"란 물만을 사용하여 소화하는 방식으로 최소설계압력에서 헤드로부터 방출되는 물입자 중 99%의 누적체적분포가 400μm 이하로 분무되고 A, B, C급 화재에 적응성을 갖는 것을 말한다.
② "저압 미분무 소화설비"란 최고사용압력이 1.2MPa 이하인 미분무소화설비를 말한다.
③ "중압 미분무 소화설비"란 사용압력이 1.2MPa을 초과하고 3.5MPa 이하인 미분무소화설비를 말한다.
④ "고압 미분무 소화설비"란 최저사용압력이 3.5MPa을 초과하는 미분무소화설비를 말한다.

11년-11월, 20년-11월

03 다음은 물분무 소화설비의 배수설비 설치기준이다. ( )안에 알맞은 답을 쓰시오. (3점)

(1) 차량이 주차하는 장소의 적당한 곳에 (①) 이상의 경계턱으로 배수구를 설치할 것
(2) 배수구에는 새어나온 기름을 모아 소화할 수 있도록 길이 (②) 이하마다 집수관, 소화핏트 등 기름분리장치를 설치할 것
(3) 차량이 주차하는 바닥은 배수구를 향하여 (③) 이상의 기울기를 유지할 것
(4) 배수설비는 가압송수장치의 최대송수능력의 수량을 유효하게 배수할 수 있는 크기 및 기울기로 할 것

○답 : ① 10cm
② 40m
③ 2/100

00년-04월, 00년-11월, 02년-04월, 07년-04월, 08년-11월, 11년-11월, 16년-04월

04 절연유 봉입 변압기에 소화설비를 그림과 같이 적용하고자 한다. 바닥부분을 제외한 변압기의 표면적이 100m²이고 8개의 헤드로부터 물을 분무하는 경우 각 물음에 답하시오. (4점)

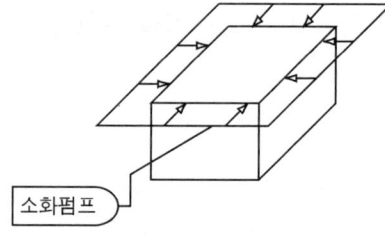
(물분무헤드 8개 설치)

(물음 1) 헤드 1개에서 분무되는 유량(L/min)을 구하시오.
　　　　○ 계산과정 :
　　　　○ 답 :
(물음 2) 수원의 양은 얼마(m³) 이상이어야 하는가?
　　　　○ 계산과정 :
　　　　○ 답 :

풀이 **(물음 1)** ○계산과정 :
① 절연유 봉입변압기의 표준방사량= $10\text{L}/\text{m}^2 \cdot \text{min}$
② 표면적에 방사되어야 할 물의 양
$Q = 100\text{m}^2 \times 10\text{L}/\text{m}^2 \cdot \text{min} = 1000\text{L}/\text{분}$
③ 헤드 1개의 분당 방사량
$Q = 1000\text{L}/\text{min} \div 8\text{개} = 125\text{L}/\text{min}$
○답 : 125L/min

(물음 2) ○계산과정 : $Q = A(\text{m}^2) \times K \times 20\text{min}$
$= 100\text{m}^2 \times 10\text{L}/\text{m}^2 \cdot \text{min} \times 20\text{min} = 2 \times 10^4 \text{L} = 20\text{m}^3$
○답 : 20m³

상세해설

물분무소화설비의 펌프 토출량 및 수원의 양

소방대상물	표준 방사량(K) (L/m²·min)	펌프의 토출량 (L/min)	수원의 양(L)
특수가연물	10	$Q = A(\text{최소 } 50\text{m}^2) \times K$ A : 최대방수구역 바닥면적 기준	$Q = A(\text{최소 } 50\text{m}^2) \times K \times 20\text{min}$
차고, 주차장	20	$Q = A(\text{최소 } 50\text{m}^2) \times K$ A : 최대방수구역 바닥면적 기준	$Q = A(\text{최소 } 50\text{m}^2) \times K \times 20\text{min}$
절연유 봉입 변압기	10	$Q = A(\text{m}^2) \times K$ A : 바닥부분 제외한 표면적을 합한 면적	$Q = A(\text{m}^2) \times K \times 20\text{min}$
케이블 트레이, 닥트	12	$Q = A(\text{m}^2) \times K$ A : 투영된 바닥면적	$Q = A(\text{m}^2) \times K \times 20\text{min}$
콘베이어 벨트	10	$Q = A(\text{m}^2) \times K$ A : 벨트부분의 바닥면적	$Q = A(\text{m}^2) \times K \times 20\text{min}$

★ [어두문자 암기법 : 특, 절, 콘10 / 케12 / 차20] ★

05 아래 그림과 같이 바닥이 자갈로 되어있는 절연유 봉입변압기에 물분무소화설비를 하고자 한다. 다음 각 물음에 답하시오. (8점)

(물음 1) 소화펌프의 최소 토출량(L/min)을 구하시오.
(물음 2) 필요한 최소 수원의 양(m^3)을 구하시오.
(물음 3) 다음은 전기기기와 물분무헤드 사이에 다음 표에 따른 거리를 두어야 한다. (   )안에 알맞은 답을 쓰시오.

전압(kV)	거리(cm)	전압(kV)	거리(cm)
66 이하	( ) 이상	154 초과 181 이하	( ) 이상
66 초과 77 이하	( ) 이상	181 초과 220 이하	( ) 이상
77 초과 110 이하	( ) 이상	220 초과 275 이하	( ) 이상
110 초과 154 이하	150 이상		

풀이 (물음 1) 소화펌프의 최소 토출량(L/min)
  ○ 계산과정 :
  $Q(m^3) = A(m^2) \times K(L/m^2 \cdot min)$
  $A = 5m \times 3m \times \underline{1면} + 5m \times 1.5m \times \underline{2면} + 3m \times 1.5m \times \underline{2면}$
  　　　　　(상부)　　　　　　(앞면, 뒷면)　　　　　(좌면, 우면)
  　$= 39m^2$
  $Q = 39m^2 \times 10L/m^2 \cdot min = 390L/min$
  ○ 답 : 390L/min

(물음 2) 필요한 최소 수원의 양(m^3)
  ○ 계산과정 : $Q = 390L/min \times 20min = 7800L = 7.8m^3$
  ○ 답 : $7.8m^3$

(물음 3) 거리(cm)

○답 :

전압(kV)	거리(cm)	전압(kV)	거리(cm)
66 이하	(70) 이상	154 초과 181 이하	(180) 이상
66 초과 77 이하	(80) 이상	181 초과 220 이하	(210) 이상
77초과 110 이하	(110) 이상	220 초과 275 이하	(260) 이상
110 초과 154 이하	150 이상		

상세해설

(물음 1) 물분무소화설비의 펌프 분당토출량

소방대상물	펌프의 토출량(L/분)
특수가연물 저장, 취급	바닥면적(m^2)(최대방수구역기준 최소 $50m^2$)×$10L/m^2 \cdot$ 분
차고, 주차장	바닥면적(m^2)(최대방수구역기준 최소 $50m^2$)×$20L/m^2 \cdot$ 분
절연유 봉입 변압기	표면적(바닥부분제외)(m^2)×$10L/m^2 \cdot$ 분
케이블 트레이, 닥트	투영된 바닥면적(m^2)×$12L/m^2 \cdot$ 분
콘베이어벨트 등	벨트부분의 바닥면적(m^2)×$10L/m^2 \cdot$ 분

(물음 2) 물분무소화설비의 수원의 양

소방대상물	수원의 저수량(m^3)
특수가연물 저장, 취급	바닥면적(m^2)(최대방수구역기준 최소 $50m^2$)×$10L/m^2 \cdot$ 분×20분
차고, 주차장	바닥면적(m^2)(최대방수구역기준 최소 $50m^2$)×$20L/m^2 \cdot$ 분×20분
절연유 봉입 변압기	표면적(바닥부분제외)(m^2)×$10L/m^2 \cdot$ 분×20분
케이블 트레이, 닥트	투영된 바닥면적(m^2)×$12L/m^2 \cdot$ 분×20분
콘베이어벨트 등	벨트부분의 바닥면적(m^2)×$10L/m^2 \cdot$ 분×20분

(물음 3) 물분무헤드와 전기기기와의 이격거리

전압(KV)	거리(cm)	전압(KV)	거리(cm)
66 이하	70 이상	154 초과 181 이하	180 이상
66 초과 77 이하	80 이상	181 초과 220 이하	210 이상
77 초과 110 이하	110 이상	220 초과 275 이하	260 이상
110 초과 154 이하	150 이상	—	—

00년-08월, 03년-04월, 10년-10월, 11년-07월, 20년-10월

06 물분무소화설비를 설치하는 차고 또는 주차장에는 배수설비를 하여야 한다. 다음 각 물음에 답하시오. (6점)

(1) 배수구의 설치기준을 쓰시오.
(2) 기름분리장치의 설치기준을 쓰시오.
(3) 기울기에 대한 기준을 쓰시오.

○ 답 : (1) 차량이 주차하는 장소의 적당한 곳에 높이 10cm 이상의 경계턱으로 배수구를 설치할 것
(2) 배수구에는 새어나온 기름을 모아 소화할 수 있도록 길이 40m 이하마다 집수관·소화핏트 등 기름분리장치를 설치할 것
(3) 차량이 주차하는 바닥은 배수구를 향하여 100분의 2 이상의 기울기를 유지할 것

물분무소화설비를 설치하는 차고 또는 주차장의 배수설비 설치기준
① 차량이 주차하는 장소의 적당한 곳에 높이 10cm 이상의 경계턱으로 배수구를 설치할 것
② 배수구에는 새어나온 기름을 모아 소화할 수 있도록 길이 40m 이하마다 집수관·소화핏트 등 기름분리장치를 설치할 것
③ 차량이 주차하는 바닥은 배수구를 향하여 100분의 2 이상의 기울기를 유지할 것
④ 배수설비는 가압송수장치의 최대송수능력의 수량을 유효하게 배수할 수 있는 크기 및 기울기로 할 것

제 07 장

포소화설비

제 07 장 포소화설비

00년-02월

01 포 소화 약제의 25% 환원시간이란 무엇이며 또한 환원시간 측정방법을 설명하시오. (5점)

[풀이]

○ **답 : 25% 환원시간** : 채취한 포로부터 낙하하는 포수용액의 25%($\frac{1}{4}$)를 배액하는데 요하는 시간을 분으로 나타낸 것을 말한다.

측정 방법 : 콘테이너에 채취한 포시료의 정확한 무게를 평량한 후 포에 포함된 수용액 25% 용량값(mL)을 계산한다. 콘테이너를 콘테이너대에 올려놓은 후 콘테이너 밑에 고이는 액을 1000mL 용량의 투명 플라스틱 용기에 배액하여 25% 용량값이 되는 시간을 분으로 나타낸다.

$$25\% \text{ 용량값(ml)} = \frac{\text{포의 시료무게(g)}}{4}$$

03년-10월

02 포소화약제 6g의 원액과 물 100g을 섞었을 때 농도를 계산하시오.

[풀이]

○ 계산과정 : 포약제의 농도(%) = $\frac{\text{포원액 양}}{\text{포수용액(원액 + 물)양}} \times 100$

$$\therefore \frac{6g}{6g + 100g} \times 100 = 5.66\%$$

○ 답 : 5.66%

02년-07월

03 포소화약제 혼합장치의 종류 중 송수관 배관에 흡입기를 접속하여 약제의 혼합농도를 맞춰 포방출구로 보내는 방식으로 포약제 흡입원리는 벤츄리효과에 의한다. 그리고 구조가 간단하여 이동식으로도 사용 가능한 이 혼합장치의 종류는 무엇인가?

[풀이] ○ 답 : 라인프로포셔너 방식

10년-04월, 14년-07월

04 합성계면활성제 포 소화약제 1.5% 형을 650 : 1로 방출하였더니 포의 체적이 16.25m³ 이었다. 다음 각 물음에 답하시오.

(물음 1) 사용된 합성계면활성제 포 1.5%형의 포 수용액의 양(L)을 구하시오.

(물음 2) 사용된 물의 양(L)을 구하시오.

(물음 3) (물음 1)에서 사용된 합성계면활성제 포수용액을 사용하여 팽창비가 280이 되게 포를 방출한다면 방출된 포의 체적(L)을 구하시오.

풀이 (물음 1) 포 수용액의 양(L)

○계산과정 : ① 발포후 체적(V_2) = 16.25 m³ = 16250(L)

② $650 = \dfrac{16250}{V_1}$

③ $V_1 = \dfrac{16250}{650} = 25\,L$

○답 : 25L

(물음 2) 사용된 물의 양(L)

○계산과정 : $Q(L) = 25L \times 0.985 = 24.63L$

○답 : 24.63L

(물음 3) 방출된 포의 체적(L)

○계산과정 : $280 = \dfrac{V_2}{25}$ $V_2 = 7000\,L$

○답 : 7000L

상세해설

(물음 1) 포 수용액의 양(L)

① 팽창비 = $\dfrac{\text{발포후 체적}(V_2)}{\text{발포전 포수용액}(V_1)}$

② 발포후 체적(V_2) = 16.25 m³ = 16250(L)

③ $650 = \dfrac{16250}{V_1}$

④ $V_1 = \dfrac{16250}{650} = 25\,L$

(물음 2) 사용된 물의 양(L)

① 물의 농도 = 100 - 1.5 = 98.5%

② Q물의 양(l) = 25L × 0.985 = 24.63L

05 합성계면활성제포 소화약제 6%형 원액 300L를 16 : 1로 방호구역에 전량 방출하였다. 다음 각 물음에 답하시오.

12년-07월

(물음 1) 포 원액 전량으로 포수용액을 만들 경우 포수용액의 부피(L)를 계산하시오.

(물음 2) 방출된 포의 체적(m^3)을 구하시오.

(물음 3) 다음 빈칸에 알맞은 답을 쓰시오.

팽창비율에 따른 포의 종류	팽창비율
저발포	(①) 배 이하
고발포	(②) 배 이상 (③) 배 미만

풀이 (물음 1)

○ 계산과정 : $V = \dfrac{300}{6} \times 100 = 5000L$

○ 답 : 5000L

(물음 2)

○ 계산과정 : $16 = \dfrac{V}{5000}$

$\therefore V = 16 \times 5000 = 80000L = 80m^3$

○ 답 : $80m^3$

(물음 3)

○ 답 : ① 20 ② 80 ③ 1000

상세해설

(물음 1) 6%형 원액 6L + 물 94L → 100L
         6%형 원액 300L   → V

(물음 2) 팽창비 = $\dfrac{\text{발포후 체적}}{\text{발포전 포수용액체적}}$

00년-02월, 06년-07월

06 팽창비가 300인 포소화설비에서 3%포원액 저장량이 100L이라면 포를 방출한 후 포의 체적은 몇 m³가 되는가? (5점)

○ 계산과정 : 팽창비 = $\dfrac{\text{발포 후 포의 부피}(y)}{\text{발포 전 포수용액의 부피}(x)}$

포수용액 = 포약제(원액) + 물

3%형은 포원액 3L + 물 97L ⇒ 포수용액 100L

즉, 포원액 3L → 포수용액 100L

포원액 100L → 포수용액 xL

∴ $x = \dfrac{100 \times 100}{3}\text{L} = \dfrac{10000}{3}\text{L} = \dfrac{10}{3}\text{m}^3$

∴ $300 = \dfrac{y\text{m}^3}{\left(\dfrac{10}{3}\right)\text{m}^3}$ $y = 1000\text{m}^3$

○ 답 : 1000m^3

02년-10월, 09년-04월

07 3%용의 포원액을 사용하여 800 : 1의 발포배율로 고팽창포 1600L 속에는 몇 L의 물이 함유되어 있는가? (5점)

○ 계산과정 : 발포배율(팽창비) = $\dfrac{\text{발포 후 체적}(V_2)}{\text{발포 전 포수용액 체적}(V_1)}$

① $800 = \dfrac{1600\text{L}}{\text{발포 전 포수용액 체적}(V_1)}$

② $800\,V_1 = 1600\text{L}$

③ $V_1 = \dfrac{1600}{800} = 2\text{L}$

④ 포원액이 3%이므로 물의 농도는 97%이다.

⑤ $Q_w(\text{물의 함량}) = 2\text{L} \times \dfrac{97}{100} = 1.94\text{L}$

○ 답 : 1.94L

00년-04월, 00년-11월

08 포소화약제는 다음과 같은 종류로 나눌 수 있다. ( )안에 알맞은 답을 쓰시오.
(1) (㉮)는 가수분해 단백질에 안정제를 첨가하여 제조한 것이다.
(2) 합성계면활성제포는 계면활성제에 안정제를 첨가한 것으로 변질우려가 적다.
(3) (㉯)는 불소계통의 습윤제에 합성계면활성제가 첨가되어 있는 약제로서 물과 혼합하여 사용한다. 소화시 액면상에 수용액의 박막을 만드는 특성이 있다.
(4) (㉰)는 알콜, 에테르와 같은 수용성 액체의 소화 작업에 주로 사용된다.
(5) 불화 단백포는 단백포에 불소계 계면활성제를 혼합하여 제조한 것이다.

○답 : ㉮ 단백포   ㉯ 수성막포   ㉰ 알콜포

02년-07월

09 콘루프탱크(Cone Roof Tank)와 플루팅루프탱크(Folating Roof Tank)에 설치할 수 있는 고정포 방출구 종류를 ( )안에 알맞게 쓰시오. **(4점)**

- 콘루프탱크 : (①)방출구, (②)방출구, (③)방출구
- 플루팅루프탱크 : (④)방출구

○답 : ① Ⅰ형   ② Ⅱ형   ③ Ⅲ형 또는 Ⅳ형   ④ 특형

03년-04월

10 가로 20m, 세로 36m인 주차장에 홈워터 스프링클러설비를 설치하려고 한다. 홈워터스프링클러 헤드는 최소 몇 개를 설치하여야 하는가?

○계산과정 : 홈워터 스프링클러헤드는 바닥면적 $8m^2$마다 1개 이상 설치한다.
바닥면적 $= 20m \times 36m = 720m^2$
∴ 헤드수 $= 720m^2 / 8m^2 = 90$개
○답 : 90개

04년-04월

11 다음 그림은 주차장의 일부이다. 이곳에 포 소화설비를 설치할 경우 다음 물음에 답하시오. (단, 방호구역은 2개이며, 기타 조건은 무시한다)

(물음 1) 주차장에 설치할 수 있는 포 소화설비의 종류는? (2가지만 명기하시오.)

(물음 2) 상기 면적에 설치해야 할 포 헤드의 수는 몇 개인가? (단, 헤드간 거리 산출 시 소수점은 반올림하고 정방형 배치방식으로 산출하시오.)

(물음 3) 한 개의 방사 구역에 대한 분당 포 소화 약제 수용액의 최저 방사량은 몇 L인가?
① 단백포 소화약제의 경우
② 합성계면활성제포 소화약제의 경우
③ 수성막포 소화약제의 경우

(물음 4) 포헤드 및 일제개방밸브를 상기도면에 정방형 배치방식으로 표시하시오.(단, 헤드간 거리, 기둥중심선으로부터 포헤드 설치간격을 꼭 표시해야 함)

풀이 (물음 1) ○답 : ① 포워터스프링클러설비
② 포헤드 설비
③ 고정포 방출설비
④ 압축공기포소화설비

(물음 2) ○계산과정 :
정방형 $S = 2r\cos 45°$
S : 포헤드 상호간의 거리(m), r : 유효반경(2.1m)
∴ $S = 2 \times 2.1 \times \cos 45° = 2.97\text{m}$ ∴ 3m(조건에서 소숫점은 반올림)
가로 소요헤드수 9m ÷ 3m : 3개
세로 소요헤드수 9m ÷ 3m : 3개
1개의 방호구역 소요헤드수 : 3×3 = 9개/구역
총 소요 헤드수 : 9개/구역 × 2구역 = 18개

○답 : 18개

(물음 3) ○계산과정 :
① 단백포 소화약제 : $9m \times 9m \times 6.5L/m^2 \cdot 분 = 526.5L/분$
② 합성계면활성제포 소화약제 : $9m \times 9m \times 8L/m^2 \cdot 분 = 648L/분$
③ 수성막포 소화약제 : $9m \times 9m \times 3.7L/m^2 \cdot 분 = 299.7L/분$
○답 : ① 526.5L/분 ② 648L/분 ③ 299.7L/분

(물음 4) ○답 :

07년-04월

12 아래 그림은 포소화설비에서 포소화약제의 혼합방식 중 한가지이다. 혼합방식의 종류를 쓰고 (가)에 설치하여야 하는 장치의 명칭을 쓰시오. (5점)

○답 : ① **혼합방식종류** : 프레져 사이드 프로포셔너 방식
② **(가)의 설치장치** : 혼합기

05년-10월

13 고정포방출구 방식의 보조소화전이 6개 설치되어 있을 때 저장하여야 할 약제의 양[m³] 및 수원의 양 [m³]을 계산하시오.(단, 3% 단백포를 사용하는 것으로 한다) (6점)

$Q = N \times S \times 8000L$ [N : 호스접결구수(최대 3개)]

- **약제의 양** ○계산과정 : $Q = 3 \times 0.03 \times 8000 = 720L = 0.72m^3$
  ○답 : $0.72m^3$

- **수원의 양** ○계산과정 : $Q = 3 \times 0.97 \times 8000 = 23280L = 23.28m^3$
  ○답 : $23.28m^3$

14 위험물을 저장하는 옥외 탱크의 액표면적이 80m²이고, 저장된 비수용성 위험물의 인화점이 21℃ 미만이고 설치할 고정포 방출구는 I형이다. 또한 포 소화약제는 수성막포로서 4L/m² · min이고 방사시간은 30분이며, 포적용 농도는 3%를 기준으로 할 경우 필요한 원액량(L)을 구하시오.

풀이
○ 계산과정 : $Q = 80\,\text{m}^2 \times 30\text{min} \times 4\,\text{L/m}^2 \cdot \text{min} \times 0.03 = 288\,\text{L}$
○ 답 : 288L

상세해설

고정포방출구방식의 약제량 계산

구 분	약제 저장량
❶ 고정포 방출구	$Q = A \times Q_1 \times T \times S$ Q : 포소화약제의 양(L) A : 저장탱크의 액표면적(m²) Q_1 : 단위 포소화수용액의 양(L/m²분) T : 방출시간(분) S : 포소화약제의 사용농도(%)
❷ 보조소화전	$Q = N \times S \times 8000\text{L}$ Q : 포소화약제의 양(L) N : 호스 접결구 개수(3개 이상의 경우는 3) S : 포소화약제의 사용농도(%)
❸ 배관보정	가장 먼 탱크까지의 송액관(내경 75mm 이하 제외)에 충전하기 위하여 필요한 양 $Q = V \times S \times 1000$ Q : 포소화약제의 양(L) V : 송액관 내부의 체적(m³) S : 포소화약제의 사용농도(%)
❹ 합계	고정포 방출구방식의 약제량 = ❶ + ❷ + ❸

∴ $Q = A \times T \times Q_1 \times S = 80\,\text{m}^2 \times 30\text{분} \times 4\text{L/m}^2 \cdot \text{분} \times 0.03 = 288\text{L}$

04년-07월, 05년-7월, 07년-11월

15 다음 그림은 주차장에 설치된 포 소화설비의 입체도이다. 그림과 주어진 조건을 이용하여 다음 각 물음에 답하시오.

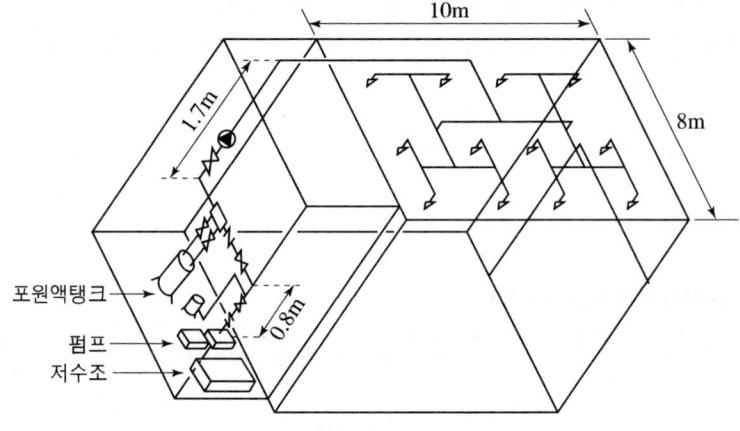

[조건]
1. 사용하는 포 원액은 단백포로서 3%용이다.
2. 포 혼합방식은 다이어프램식 원액탱크를 사용하는 프레셔프로포셔닝 방식이다.
3. 수용액 방출은 6.5L/m² · min이며, 시간은 10분으로 한다.

(물음 1) 포 원액의 최소 소요량(L)를 구하시오.
(물음 2) 소화수 펌프의 최소 소요 양정, 최소 소요 토출량 및 전동기 최소 소요동력을 계산하시오. (단, 각 포헤드에서의 방사압력은 245.17 kPa, 펌프 토출구로부터 포헤드까지의 마찰 손실압은 137.3kPa, 포용액의 비중은 물의 비중과 동일, 펌프의 효율은 0.6, 축동력 전달계수는 1.1)
 ① 최소 소요 양정(m)
 ② 최소 소요 토출량(L/min)
 ③ 전동기 최소 소요 동력(kW)
(물음 3) 펌프 흡입 측에 설치하는 레듀서로는 편심 레듀서를 사용하는 것이 가장 합리적이다. 그 이유를 쓰시오.

풀이 (물음 1) 포 원액의 최소 소요량(L/min)
  ○계산과정 : $Q = (10 \times 8)\text{m}^2 \times 10\text{min} \times 6.5\text{L/m}^2 \cdot \text{min} \times 0.03 = 156\text{L}$
  ○답 : 156L

(물음 2) ① 최소 소요양정(m)

○계산과정 : $H = (0.8\text{m} + 1.7\text{m}) + \left(137.3\text{kPa} \times \dfrac{10.332\text{m}}{101.325\text{kPa}}\right)$
$+ \left(245.17\text{kPa} \times \dfrac{10.332\text{m}}{101.325\text{kPa}}\right) = 41.5\text{m}$

○답 : 41.5m

② 최소 토출량(L/min)

○계산과정 : $Q = 10\text{m} \times 8\text{m} \times 6.5\text{L/m}^2 \cdot \min = 520\,\text{L/min}$
$= 0.52\,\text{m}^3/\min$

○답 : $0.52\text{m}^3/\min$

③ 최소 소요동력(kW)

○계산과정 : $P(\text{kW}) = \dfrac{9.8 \times (0.52/60) \times 41.5}{0.6} \times 1.1 = 6.46\text{kW}$

○답 : 6.46kW

(물음 3) 펌프 흡입측 편심 레듀샤 사용 이유

○답 : 수원의 위치가 펌프보다 낮은 경우 펌프 흡입측의 공기고임현상(공동현상)을 방지하기 위하여

상세해설

(물음 1) 포원액의 최소 소요량(L/min)

$Q = A \times T \times Q_1 \times S$

$\therefore\ Q(\text{L}) = 10\text{m} \times 8\text{m} \times 10\text{분} \times 6.5\text{L/m}^2 \cdot \min \times 0.03 = 156\,\text{L}$

(물음 2) ① 최소 소요양정(m)

$H = h_1 + h_2 + h_3$

$\therefore\ H = (0.8\text{m} + 1.7\text{m}) + \left(137.3\text{kPa} \times \dfrac{10.332\text{m}}{101.325\text{kPa}}\right) +$
$\left(245.17\text{kPa} \times \dfrac{10.332\text{m}}{101.325\text{kPa}}\right)$
$= 41.5\text{m}$

② 최소 토출량(L/min)

$Q = A \times Q_1$

$\therefore\ Q = 10\text{m} \times 8\text{m} \times 6.5\text{L/m}^2 \cdot 분 = 520\,\text{L/분} = 0.52\,\text{m}^3/분$

③ 최소 소요동력 (kw)

$$P[\text{kW}] = \dfrac{\gamma \times Q \times H}{E} \times K$$

여기서, γ : 비중량(kN/m³, 물의 비중량=9.8kN/m³), Q : 유량(m³/s)
H : 전양정(m), E : 펌프의 효율(%/100), K : 전달계수

01년-07월, 01년-11월, 10년-10월, 17년-06월

16 그림과 같이 휘발유 탱크 1기와 경유탱크 1기를 1개의 방유제에 설치하는 옥외 탱크 저장소에 대하여 각 물음에 답하시오. (단, 그림에서 길이 단위는 mm이다.)

(11점)

[조건]
1. 탱크용량 및 형태
   - 휘발유탱크 : 2,000m³(지정수량의 10,000배) 플루팅루프탱크(탱크 내 측면과 굽도리판(Foam Dam)사이의 거리는 0.6m이다.(인화점 : 21℃ 미만)
   - 경유탱크 : 850m³(지정수량의 850배) 콘루프탱크(인화점 : 21℃ 이상 70℃ 미만)
2. 고정포 방출구 – 경유탱크 : Ⅱ형, 휘발유탱크 : 특형
3. 포소화약제의 종류 : 수성막포(사용농도 3%)
4. 보조포 소화전 : 쌍구형×2개 설치
5. 참고사항 :
   ① 옥외탱크 저장소의 보유공지

저장 또는 취급하는 위험물의 최대저장량	공지의 너비
지정수량의 500배 이하	3m 이상
지정수량의 500배 초과 1,000배 이하	5m 이상
지정수량의 1,000배 초과 2,000배 이하	9m 이상
지정수량의 2,000배 초과 3,000배 이하	12m 이상
지정수량의 3,000배 초과 4,000배 이하	15m 이상
지정수량의 4,000배 초과	당해 탱크의 최대지름과 탱크의 높이 또는 길이 중 큰 것과 같은 거리 이상 (단, 30m 초과의 경우에는 30m 이상으로 할 수 있고, 15m 미만의 경우는 15m 이상으로 하여야 한다.)

② 고정포 방출구의 방출율 및 방사시간

위험물의 종류	I 형		II 형		특형	
	방출율 (L/m²분)	방사시간 (분)	방출율 (L/m²분)	방사시간 (분)	방출율 (L/m²분)	방사시간 (분)
제4류 위험물 중 인화점이 섭씨 21도 미만의 것	4	30	4	55	8	30
제4류 위험물 중 인화점이 섭씨 21도 이상 70도 미만의 것	4	20	4	30	8	20
제4류 위험물 중 인화점이 섭씨 70도 이상의 것	4	15	4	25	8	15

(물음 1) 다음 A, B, C의 거리를 구하시오. (단, 탱크 측판 두께의 보온 두께는 무시한다.)
   ① A(휘발유탱크 측판과 방유제 내측거리, m)
   ② B(휘발유탱크 측판과 경유탱크 측판사이거리, m) (단, 휘발유탱크만 보유공지 단축을 위한 기준에 적합한 물분무 소화설비가 설치됨)
   ③ C(경유탱크 측판과 방유제 내측거리, m)

(물음 2) 다음에서 요구하는 각 장비의 용량을 구하시오.
   ① 포소화약제 저장탱크의 최소 용량(L)을 아래 표에 선정하시오. (단, 75A 이상의 배관길이는 50m이고, 배관크기는 100A이다.)

> [포소화약제의 저장탱크의 종류]
> 700L, 750L, 800L, 900L, 1,000L, 1,200L, 1,500L
> (단, 포소화약제의 저장탱크 용량은 포소화약제의 저장량을 말한다.)

   ② 가압송수장치(펌프)의 유량(Lpm)
   ③ 소화설비의 수원(저수량, m³) (단, 소수점 이하는 반올림하여 정수로 표시한다.)
   ④ 포소화약제의 혼합장치는 프레져 프로포셔너 방식을 사용할 경우에 최소유량과 최대유량의 범위를 정하시오.
      A. 최소유량(Lpm)
      B. 최대유량(Lpm)

풀이 (물음 1) A, B, C의 거리

① A(휘발유탱크 측판과 방유제 내측거리, m)

○ 계산과정 : $A =$ 탱크높이 $12\text{m} \times \dfrac{1}{2} = 6\text{m}$ 이상

○ 답 : 6m

② B(휘발유탱크 측판과 경유탱크 측판사이 거리, m)

○ 계산과정 : $B =$ 탱크지름 $16\text{m} \times \dfrac{1}{2} = 8\text{m}$ 이상

○ 답 : 8m

③ C(경유탱크 측판과 방유제 내측거리, m)

○ 계산과정 : $C =$ 탱크높이 $12\text{m} \times \dfrac{1}{3} = 4\text{m}$

○ 답 : 4m

(물음 2) 각 장비의 용량

① 포소화약제 저장탱크의 최소용량(L)

○ 계산과정 :

㉠ 휘발유탱크 약제소요량

Q_1(고정포방출구)$= \dfrac{\pi}{4}(16^2 - 14.8^2)\text{m}^2 \times 8\text{L/m}^2 \cdot$ 분 $\times 30$분 $\times \dfrac{3}{100}$

$= 209\text{L}$

Q_2(배관)$= 50\text{m} \times \dfrac{\pi}{4} \times 0.1^2 \times \dfrac{3}{100} \times \dfrac{10^3 \text{L}}{\text{m}^3} = 11.78\text{L}$

Q_3(보조소화전)$= 3 \times \dfrac{3}{100} \times 8000\text{L} = 720\text{L}$

$Q_T = Q_1 + Q_2 + Q_3 = 209 + 11.78 + 720 = 940.78\text{L}$

㉡ 경유 탱크 약제소요량

Q_1(고정포방출구)$= \dfrac{\pi}{4} \times 10^2 \text{m}^2 \times 4\text{L/m}^2 \cdot$ 분 $\times 30$분 $\times \dfrac{3}{100}$

$= 282.74\text{L}$

Q_2(배관)$= 50\text{m} \times \dfrac{\pi}{4}(0.1\text{m})^2 \times \dfrac{3}{100} \times 10^3 \text{L/m}^3 = 11.78\text{L}$

Q_3(보조소화전)$= 3 \times \dfrac{3}{100} \times 8000\text{L} = 720\text{L}$

$Q_T = 282.74 + 11.78 + 720 = 1014.52\text{L}$

∴ 많은 약제소요량 기준이므로 약제소요량은 1014.52L이다.
[조건]에서 선택하면 1200L이다.

○ 답 : 1200L

② 가압송수장치(펌프)의 유량(Lpm)
  ○ **계산과정** : 경유탱크에 분당 필요한 포수용액의 양(L/분)
  $$= Q_1\left(\frac{\pi}{4}\times 10^2 \text{m}^2 \times 4\text{L/m}^2\cdot\text{분}\right) + Q_3(400\,\text{L/분}\times 3)$$
  $$= 1514.16\,\text{L/분(Lpm)}$$
  ○ **답** : 1514.16 Lpm

③ 소화설비의 수원(저수량, m^3) (단, m^3 이하는 반올림하여 정수로 표시한다)
  ○ **계산과정** : 경유탱크 수원의 양이 최대이므로
  $$Q_1(\text{고정포방출구}) = \frac{\pi}{4}\times 10^2\text{m}^2 \times 4\text{L/m}^2\cdot\text{분} \times 30\text{분} \times \frac{97}{100}$$
  $$= 9142.03\text{L} = 9.14\text{m}^3$$
  $$Q_2(\text{배관}) = 50\text{m} \times \frac{\pi}{4}(0.1\text{m})^2 \times \frac{97}{100} = 0.37\text{m}^3$$
  $$Q_3(\text{보조소화전}) = 3 \times \frac{97}{100} \times 8000\text{L} = 23280\text{L} = 23.28\text{m}^3$$
  $$\therefore\ Q_T = 9.14 + 0.38 + 23.28 = 32.80\,\text{m}^3 \qquad \therefore\ 33\text{m}^3$$
  ○ **답** : 33m^3

④ 최소유량과 최대유량의 범위
  A. 최소유량(LPm)
    ○ **계산과정** : 정격용량의 50%
      1514.16L/분 × 50/100 = 757.08L/분(Lpm)
    ○ **답** : 757.08Lpm
  B. 최대유량(LPm)
    ○ **계산과정** : 정격용량의 200%
      1514.16L/분 × 200/100 = 3028.32L/분(Lpm)
    ○ **답** : 3028.32 Lpm

상세해설

(물음 1) A, B, C의 거리
방유제와 탱크 측면의 이격거리(단, 인화점 200℃ 이상 제외)

탱크지름	이격거리
15m 미만	탱크높이의 $\frac{1}{3}$ 이상
15m 이상	탱크높이의 $\frac{1}{2}$ 이상

① A(휘발유탱크 측판과 방유제 내측거리, m)
  휘발유 탱크의 지름(16m)이 15m 이상이므로 방유제와 탱크 측면의 이격거리는 탱크높이의 $\frac{1}{2}$ 이상

$$\therefore A = 탱크높이\ 12m \times \frac{1}{2} = 6m\ 이상$$

② B(휘발유탱크 측판과 경유탱크 측판사이 거리, m)

휘발유 탱크는 지정수량의 1만 배이므로 조건 ⑤의 표에서 지정수량의 4,000배 초과에 해당 탱크 지름(16m)이 탱크높이(12m) 보다 크므로 공지의 너비는 탱크지름(16m) 이상이다. 그러나 보유공지단축을 위한 물분무소화설비가 설치되어 있으므로 보유공지의 2분의 1 이상의 너비로 할 수 있다.

$$\therefore B = 16m \times \frac{1}{2} = 8m$$

> 지정수량의 **4,000배를 초과**하여 위험물을 저장 또는 취급하는 옥외저장탱크에 있어서는 당해 옥외저장탱크에 다음 각목의 기준에 적합한 **물분무설비로 방호조치를 하는 경우**
> (1) 보유공지를 규정에 의한 보유공지의 2분의 1 이상의 너비로 할 수 있다. 이 경우 공지단축 옥외저장탱크의 화재시 1m²당 20kW 이상의 복사열에 노출되는 표면을 갖는 인접한 옥외저장탱크가 있으면 당해 표면에도 다음 각목의 기준에 적합한 물분무설비로 방호조치를 함께 하여야 한다.
> (2) 규정에 불구하고, 옥외저장탱크에 다음 각목의 기준에 적합한 물분무설비로 방호조치를 하는 경우에는 그 보유공지를 제1호의 규정에 의한 보유공지의 2분의 1 이상의 너비(최소 3m 이상)로 할 수 있다.
> ① 탱크의 표면에 방사하는 물의 양은 탱크의 높이(기초의 높이를 제외한 높이) 15m 이하마다 원주길이 1m에 대하여 분당 37L 이상으로 할 것
> ② 수원의 양은 20분 이상 방사할 수 있는 수량으로 할 것
> ③ 탱크에 보강링이 설치된 경우에는 보강링의 아래에 물분무헤드를 설치하되, 분무헤드는 탱크의 높이 및 구조를 고려하여 분무가 적정하게 이루어질 수 있도록 배치할 것
> ④ 물분무소화설비의 설치기준에 준할 것

③ C(경유탱크 측판과 방유제 내측거리, m)

경유 탱크의 지름(10m)이 15m 미만이므로 방유제와 탱크측면의 이격거리는 탱크높이의 $\frac{1}{3}$ 이상

$$\therefore C = 탱크높이\ 12m \times \frac{1}{3} = 4m$$

(물음 2) 각 장비의 용량

① ㉠ 휘발유탱크 약제소요량
 • 플루팅루프탱크이므로 특형 방출구를 선정한다.
 • 휘발유는 위험물 4류 제1석유류(인화점 21℃ 미만)이다.

$$Q_1(고정포\ 방출구를\ 위한\ 약제\ 저장량) = AQTS$$

$$Q_1 = \frac{\pi}{4}(16^2 - 14.8^2)m^2 \times 8\,L/m^2 \cdot 분 \times 30분 \times \frac{3}{100} = 209L$$

$$Q_2(배관\ 충전\ 필요량) = Q_A \times S\ [75mm\ 이하는\ 제외]$$

$$Q_2 = 50\text{m} \times \frac{\pi}{4}(0.1\text{m})^2 \times \frac{3}{100} \times 10^3 \text{L/m}^3 = 11.78\text{L}$$

Q_3(보조소화전 약제량) $= N \times S \times 8000l$ [N : 호스접결구수(최대3개)]

$$Q_3 = 3 \times \frac{3}{100} \times 8000\text{L} = 720\text{L}$$

$$Q_T = Q_1 + Q_2 + Q_3 = 209 + 11.78 + 720 = 940.78\text{L}$$

ⓒ **경유 탱크 약제소요량** : 수성막포 3%사용
- Ⅱ형 포방출구이다.
- 경유는 위험물 제4류 제2석유류(인화점 21℃ 이상 70℃ 미만)이다.

$$Q_1 = \frac{\pi}{4} \times 10^2 \text{m}^2 \times 4\text{L/m}^2 \cdot \text{분} \times 30\text{분} \times \frac{3}{100} = 282.74\text{L}$$

$$Q_2 = 50\text{m} \times \frac{\pi}{4}(0.1\text{m})^2 \times \frac{3}{100} \times 10^3 \text{L/m}^3 = 11.78\text{L}$$

$$Q_3 = 3 \times \frac{3}{100} \times 8000\text{L} = 720\text{L}$$

$$Q_T = 282.74 + 11.78 + 720 = 1014.52\text{L}$$

∴ 많은 약제소요량 기준이므로 약제소요량은 1014.52L이다.
[조건]에서 선택하면 1200L이다.

② 펌프의 토출량은 포수용액을 기준시간이내에 토출할 수 있어야 한다.
경유탱크에 분당 필요한 포수용액의 양(L/분)

$$Q_1\left(\frac{\pi}{4} \times 10^2 \text{m}^2 \times 4\text{L/m}^2 \cdot \text{분}\right) + Q_3(400\text{L/분} \times 3) = 1514.16\text{L/분}$$

③ 경유 탱크 수원의 양이 최대이므로

$$Q_1\text{(고정포방출구)} = \frac{\pi}{4} \times 10^2 \text{m}^2 \times 4\text{L/m}^2 \cdot \text{분} \times 30\text{분} \times \frac{97}{100}$$

$$= 9142.03\text{L} = 9.14\text{m}^3$$

$$Q_2\text{(배관)} = 50\text{m} \times \frac{\pi}{4}(0.1\text{m})^2 \times \frac{97}{100} = 0.37\text{m}^3$$

$$Q_3\text{(보조소화전)} = 3 \times \frac{97}{100} \times 8000\text{L} = 23280\text{L} = 23.28\text{m}^3$$

∴ $Q_T = 9.14 + 0.38 + 23.28 = 32.80\text{m}^3$ ∴ 33m^3

④ 프레져 프로포셔너 방식
  ㉠ 격막식(다이아프램 내장)
  ㉡ 비격막식(다이아프램 없음)
   - 혼합가능 유량의 범위 : 정격용량의 50~200%
   - 혼합기 압력손실 : 0.04~0.21Mpa
   - 정격 혼합비 도달시간   소형 : 2~3분   대형 : 약15분
   - 물과 약제의 비중량이 비슷한 경우 혼합에 어려움이 있음.
   - 포수용액 소요량이 다른 다수의 방호대상물을 1개의 혼합기로 어느 정도 충족 가능
   - 작동 중에는 포약제 보충 불가능함

• 비격막식인 경우 한번 작동하면 약제를 모두 소모 후 재충전해야 함.
〈최소유량(Lpm)〉: 정격용량의 50%
1514.16L/분×50/100=757.08L/분(Lpm)
〈최대유량(Lpm)〉: 정격용량의 200%
1514.16L/분×200/100=3028.32L/분(Lpm)

11년-11월, 16년-11월

17 콘루프탱크(고정지붕구조)인 위험물 옥외저장탱크에 Ⅰ형 고정포방출구를 설치하였다. 다음 조건을 참조하여 각 물음에 답하시오. (8점)

[조건]
① 탱크는 위험물을 저장하는 옥외저장탱크로 직경 12m이다.
② 수성막포(6%)를 사용하며 포수용액의 방사량은 $2.27L/m^2 \cdot min$이고 방사시간은 30분이다.
③ 포소화전이 1개 설치되어 있으며 호스 접결구 수는 1개이다.
④ 배관의 내경은 150mm이며 길이는 20m이다

(물음 1) 포소화약제의 원액의 양(L)을 구하시오.
　　　○ 계산공식:
　　　○ 답:
(물음 2) 수원의 양(m^3)을 구하시오.
　　　○ 계산공식:
　　　○ 답:

풀이 (물음 1) ○ 계산과정:
① 고정포방출구 필요 약제량
$$Q_1 = \frac{\pi}{4} \times (12m)^2 \times 30min \times 2.27L/m^2 \cdot 분 \times \frac{6}{100} = 462.12L$$
② 보조소화전 약제량
$$Q_2 = 1 \times \frac{6}{100} \times 8000 = 480L$$
③ 배관보정 약제량
$$Q_3 = 20m \times \frac{\pi}{4} \times (0.15m)^2 \times \frac{1000L}{1m^3} \times \frac{6}{100} = 21.21L$$
④ 포소화약제 저장량 = 462.12L + 480L + 21.21L = 963.33L
○ 답: 963.33L

(물음 2) ○ 계산과정 :

① 고정포방출구 필요 수원의 양

$$Q_1 = \frac{\pi}{4} \times (12\text{m})^2 \times 30\text{min} \times 2.27\text{L/m}^2 \cdot \text{분} \times \frac{94}{100} = 7239.81\text{L}$$

② 보조소화전 필요 수원의 양

$$Q_2 = 1 \times \frac{94}{100} \times 8000 = 7520\text{L}$$

③ 배관보정 필요 수원의 양

$$Q_3 = 20\text{m} \times \frac{\pi}{4} \times (0.15\text{m})^2 \times \frac{1000\text{L}}{1\text{m}^3} \times \frac{94}{100} = 332.22\text{L}$$

④ 수원의 필요량 = 7239.81L + 7520L + 332.22L = 15092.03L = 15.09m³

○ 답 : 15.09m³

상세해설

(물음 1) 포소화약제의 원액의 양(L)

구 분	약제 저장량
❶ 고정포 방출구	$Q = A \times Q_1 \times T \times S$ 여기서, Q : 포소화약제의 양(L), A : 저장탱크의 액표면적(m²) Q_1 : 단위 포소화수용액의 양(L/m²분) T : 방출시간(분), S : 포소화약제의 사용농도(%)
❷ 보조 소화전	$Q = N \times S \times 8000\text{L}$ 여기서, Q : 포소화약제의 양(L) N : 호스 접결구 개수(3개 이상의 경우는 3) S : 포소화약제의 사용농도(%)
❸ 배관보정	가장 먼 탱크까지의 송액관(내경 75mm 이하 제외)에 충전하기 위하여 필요한 양 $Q = V \times S \times 1000$ 여기서, Q : 포소화약제의 양(L), V : 송액관 내부의 체적(m³) S : 포소화약제의 사용농도(%)
❹ 합계	고정포 방출구방식의 약제량 = ❶ + ❷ + ❸

(물음 2) 수원의 양(m³)

① 고정포방출구 필요 수원의 양
② 보조소화전 필요 수원의 양
   $Q = N \times S \times 8000\text{L}$ (N : 최대3개)
③ 배관보정 필요 수원의 양
   가장 먼 탱크까지의 송액관(내경 75mm 이하 제외)에 충전하기 위하여 필요한 량
   $Q_3 = Q_A \times S$ 여기서, Q_A : 송액관 충전량, S : 물의 농도

01년-04월, 12년-07월, 17년-11월

18 다음은 위험물 옥외저장탱크에 포소화설비를 설치한 도면이다. 도면 및 주어진 조건을 참조하여 각 물음에 답하시오.

[도면]

[조건] ① 원유저장탱크는 플루팅루프탱크이며 탱크직경은 16m, 탱크내 측면과 굽도리판(foam Dam) 사이의 거리는 0.6m, 특형방출구 수는 2개이다.
② 등유저장탱크는 콘루프 탱크이며 탱크직경은 10m, Ⅱ형 방출구 수는 2개이다.
③ 포약제는 3%형 단백포이다.
④ 각 탱크별 포수용액의 방수량 및 방사시간은 아래와 같다.

구 분	원유저장탱크	등유저장탱크
방수량	8L/m²·분	4L/m²·분
방사시간	30분	30분

⑤ 보조소화전 : 4개
⑥ 구간별 배관의 길이는 다음과 같다.

번 호	①	②	③	④	⑤	⑥
배관길이(m)	20	10	50	100	20	150

⑦ 송액배관의 내경 산출은 $D = 2.66\sqrt{Q}$ 공식을 이용한다.
⑧ 송액배관내의 유속은 3m/s로 한다.
⑨ 화재는 저장탱크 2개에서 동시에 발생하는 경우는 없는 것으로 간주한다.

(물음 1) 각 옥외저장탱크의 고정포방출구에 필요한 포수용액의 양(L/분)을 산출하시오.
① 원유탱크   ② 등유탱크
(물음 2) 각 옥외저장탱크의 고정포방출구에 필요한 포원액의 양(L)을 산출하시오.
① 원유탱크   ② 등유탱크
(물음 3) 보조소화전에 필요한 포수용액의 양(L/분)을 산출하시오.

(물음 4) 보조소화전에 필요한 포원액의 양(L)을 산출하시오.
(물음 5) 번호별로 각 송액배관의 구경(mm)을 산출하시오.
(물음 6) 송액배관에 필요한 포약제의 양(L)을 산출하시오.
(물음 7) 포소화설비에 필요한 포약제의 양(L)을 산출하시오.

풀이 (물음 1)

○계산과정 : ① 원유탱크 : $Q = A \times Q_1 = \dfrac{\pi}{4} \times (16^2 - 14.8^2)\text{m}^2 \times 8\text{L/m}^2 \cdot \text{분}$
$= 232.23\text{L/분}$

② 등유탱크 : $Q = A \times Q_1 = \dfrac{\pi}{4} \times 10^2 \text{m}^2 \times 4\text{L/m}^2 \cdot \text{분} = 314.16\text{L/분}$

○답 : ① 원유탱크 : 232.23L/분
② 등유탱크 : 314.16L/분

(물음 2)

○계산과정 : ① 원유탱크 : $Q = A \times T \times Q_1 \times S$
$= \dfrac{\pi}{4} \times (16^2 - 14.8^2)\text{m}^2 \times 30\text{분} \times 8\text{L/m}^2 \cdot \text{분} \times 0.03$
$= 209.00\text{L}$

② 등유탱크 : $Q = A \times T \times Q_1 \times S$
$= \dfrac{\pi}{4} \times 10^2 \text{m}^2 \times 30\text{분} \times 4\text{L/m}^2 \cdot \text{분} \times 0.03$
$= 282.74\text{L}$

○답 : ① 원유탱크 : 209.00L
② 등유탱크 : 282.74L

(물음 3)

○계산과정 : $Q = N(\text{호스접결구수(3개 이상인 경우 3개)}) \times Q_1(400\text{L/분})$
∴ $Q = 3 \times 400\text{L/분} = 1200\text{L/분}$

○답 : 1200L/분

(물음 4)

○계산과정 : $Q = N(\text{호스접결구수(3개 이상인 경우 3개)}) \times S \times 8000\text{L}$
∴ $Q = 3 \times 0.03 \times 8000 = 720\text{L}$

○답 : 720L

(물음 5)

○**계산과정** : 조건 ⑦의 내경산출 공식 $D = 2.66\sqrt{Q}$를 이용한다.

D(mm) : 내경, Q(L/분) : 유량

[배관번호 ①]

유량 Q(L/분) = 탱크 중 최대 송액량 + 보조소화전 송액량(최대 3개)

∴ $Q = 314.16$L/분 $+ 3 \times 400$L/분 $= 1514.16$L/분

∴ $D = 2.66\sqrt{1514.16} = 103.51$mm   ∴ 125mm

[배관번호 ②]

유량 Q(L/분) = 탱크 중 최대송액량 + 보조소화전 송액량(최대3개)

∴ $Q = 314.16$L/분 $+ 2$개 $\times 400$L/분 $= 1114.16$L/분

∴ $D = 2.66\sqrt{1114.16} = 88.79$mm   ∴ 90mm

[배관번호 ③]

유량 Q(L/분) = 탱크 중 최대송액량

∴ $Q = 314.16$L/분

∴ $D = 2.66\sqrt{314.16} = 47.15$mm   ∴ 50mm

[배관번호 ④]

유량 Q(L/분) = 보조소화전 송액량

∴ $Q = 1$개 $\times 400$L/분 $= 400$L/분

∴ $D = 2.66\sqrt{400} = 53.2$mm   ∴ 65mm

[배관번호 ⑤]

유량 Q(L/분) = 보조소화전 송액량

∴ $Q = 2$개 $\times 400$L/분 $= 800$L/분

∴ $D = 2.66\sqrt{800} = 75.24$mm   ∴ 80mm

[배관번호 ⑥]

유량 Q(L/분) = 보조소화전 송액량

∴ $Q = 1$개 $\times 400$L/분 $= 400$L/분

∴ $D = 2.66\sqrt{400} = 53.2$mm   ∴ 65mm

○**답** : 배관번호① : 125mm   배관번호② : 90mm
  배관번호③ : 50mm   배관번호④ : 65mm
  배관번호⑤ : 80mm   배관번호⑥ : 65mm

(물음 6)

○**계산과정** : $Q = Q_A \times S$

Q : 배관충전량(L), Q_A : 송액관 내용적(L), S : 포소화약제 사용농도
(단, 내경 75mm 이하 제외)

Q_A(송액관 내용적)

$$= \left[Q_{①}\left(\frac{\pi}{4} \times (0.125\text{m})^2 \times 20\text{m}\right) + Q_{②}\left(\frac{\pi}{4} \times (0.09\text{m})^2 \times 10\text{m}\right) \right.$$
$$\left. + Q_{⑤}\left(\frac{\pi}{4} \times (0.08\text{m})^2 \times 20\text{m}\right) \right] \times 1000\text{L/m}^3 = 409.59\text{L}$$
$$\therefore Q = 409.59\text{L} \times 0.03 = 12.29\text{L}$$

○답 : 12.29L

(물음 7)
○계산과정 : Q = 고정포 방출구 필요량(탱크 중 최대필요량)+보조소화전 필요량+송액관 필요량

$\therefore Q$ = 282.74L(등유탱크 필요량)+720L(보조소화전 필요량)+12.29L (송액배관 필요량)

$\qquad$ = 1015.03L

○답 : 1015.03L

18년-04월, 19년-04월

19 경유를 저장하는 내부직경이 50m인 플루팅루프탱크(부상식 지붕구조)에 포 방출구를 설치하여 방호하려고 할 때 아래의 조건을 참조하여 다음 각 물음에 답하시오.

(9점)

[조건] ① 소화약제는 6%용의 단백포를 사용하며 수용액의 표준 방사량은 $8L/m^2 \cdot$ 분이고 방사시간은 30분을 기준으로 한다.
② 탱크내면과 굽도리판의 간격은 1.2m로 한다.
③ 보조소화전은 3개 설치되어 있다.
④ 송액배관의 길이는 200m이며 내경은 100mm이다.
⑤ 물의 밀도는 $1000kg/m^3$, 포소화약제의 밀도는 $1050kg/m^3$이다.

(물음 1) 고정식 포방출구의 종류는 무엇인가?
(물음 2) 가압송수장치의 최소 분당 토출량(L/분)을 계산하시오.
　　　　○ 계산과정 :
　　　　○ 답 :
(물음 3) 최소 수원의 양(m^3)을 계산하시오.
　　　　○ 계산과정 :
　　　　○ 답 :
(물음 4) 최소 포소화약제의 양(L)을 계산하시오.
　　　　○ 계산과정 :
　　　　○ 답 :
(물음 5) 배관 내 물의 질량 유량(kg/s)과 포소화약제의 질량유량(kg/s)을 계산하시오.
　　　　○ 계산과정 :
　　　　○ 답 :
(물음 6) 포소화약제의 혼합방식을 쓰시오.

풀이 (물음 1) 고정포방출구의 종류
　　　○ 답 : 특형방출구

(물음 2) 가압송수장치의 분당 토출량(L/분)
　　　○ 계산과정 : $Q = \dfrac{\pi}{4} \times (50^2 - 47.6^2)m^2 \times 8L/m^2 \cdot min + 3 \times 400L/min$
　　　　　　　　　$= 2671.77L/min$
　　　○ 답 : 2671.77L/min

(물음 3) 수원의 양(m^3)
　　　○ 계산과정 :
　　　　$Q_1 = \dfrac{\pi}{4} \times (50^2 - 47.6^2)m^2 \times 8L/m^2 \cdot min \times 30min \times 0.94$
　　　　　　$= 41504.01L = 41.50m^3$

$$Q_2 = 3 \times 0.94 \times 8000(400\text{L/min} \times 20\text{min}) = 22560\text{L} = 22.56\text{m}^3$$

$$Q_3 = \frac{\pi}{4} \times (0.1\text{m})^2 \times 200\text{m} \times 0.94 \times \frac{1000\text{L}}{\text{m}^3} = 1476.55\text{L} = 1.48\text{m}^3$$

$$Q = Q_1 + Q_2 + Q_3 = 41.50 + 22.56 + 1.48 = 65.54\text{m}^3$$

○답 : 65.54m^3

(물음 4) 포소화약제의 양(l)
   ○계산과정 :

$$Q_1 = \frac{\pi}{4} \times (50^2 - 47.6^2)\text{m}^2 \times 8\text{L/m}^2 \cdot \text{min} \times 30\text{min} \times 0.06 = 2649.19\text{L}$$

$$Q_2 = 3 \times 0.06 \times 8000(400\text{L/min} \times 20\text{min}) = 1440\text{L}$$

$$Q_3 = \frac{\pi}{4} \times (0.1\text{m})^2 \times 200\text{m} \times 0.06 \times \frac{1000\text{L}}{\text{m}^3} = 94.25\text{L}$$

$$Q = Q_1 + Q_2 + Q_3 = 2649.19 + 1440 + 94.25 = 4183.44\text{L}$$

○답 : 4183.44L

(물음 5) 물의 질량유량(kg/s) 및 포소화약제의 질량유량(kg/s)
   ① 물의 질량유량

   ○계산과정 : $\overline{m} = Au\rho = Q\rho = \dfrac{2671.77\text{L}}{60\text{s}} \times 0.94 \times 1\text{kg/L} = 41.86\text{kg/s}$

   ○답 : 41.86kg/s

   ② 포소화약제의 질량유량

   ○계산과정 : $\overline{m} = Au\rho = Q\rho = \dfrac{2671.77\text{L}}{60\text{s}} \times 0.06 \times 1.05\text{kg/L} = 2.81\text{kg/s}$

   ○답 : 2.81kg/s

(물음 6) 포소화약제의 혼합방식
   ○답 : 프레져 푸로포셔너방식

15년-11월, 18년-06월

20 경유를 저장하는 위험물 옥외 저장 탱크의 높이가 7m, 직경 10m인 콘루프 탱크(Cone Roof Tank)에 Ⅱ형 포방출구 및 옥외보조소화전 2개가 설치되었다.

(10점)

[조건] ① 배관의 낙차 수두와 마찰손실 수두는 55m이다.
② 폼챔버 압력 수두로 양정계산(그림 참조, 보조소화전 압력수두는 무시)한다.
③ 펌프의 효율은 65%(전동기와 펌프 직결), $K=1.1$이다.
④ 배관의 송액량은 제외한다.
• 그림 및 별표 참조로 계산하시오.

[별표] 고정포방출구의 방출량 및 방사시간

포방출구의 종류 위험물의 구분	Ⅰ형		Ⅱ형		특형		Ⅲ형		Ⅳ형	
	포수용 액량 (L/m^2)	방출율 ($L/m^2 \cdot min$)	포수용 액량 (L/m^2)	방출율 ($L/m^2 \cdot min$)	포수용 액량 (L/m^2)	방출율 ($L/m^2 \cdot min$)	포수용 액량 (L/m^2)	방출율 ($L/m^2 \cdot min$)	포수용 액량 (L/m^2)	방출율 ($L/m^2 \cdot min$)
제4류 위험물 중 인화점이 21℃ 미만인 것	120	4	220	4	240	8	220	4	220	4
제4류 위험물 중 인화점이 21℃ 이상 70℃ 미만인 것	80	4	120	4	160	8	120	4	120	4
제4류 위험물 중 인화점이 70℃ 이상인 것	60	4	100	4	120	8	100	4	100	4
제4류 위험물 중 수용성인 것	160	8	240	8	–	–	–	–	240	8

(물음 1) 포소화약제의 량(L)을 구하라.
① 고정포방출구의 포소화약제량(Q_1)
○ 계산과정 :
○ 답 :

② 옥외보조소화전 약제량(Q_2) (단, 수성막포 3%이다.)
　　　○ 계산과정 :
　　　○ 답 :
(물음 2) 펌프 동력(kW)을 계산하시오.
　　　○ 계산과정 :
　　　○ 답 :

풀이 (물음 1) ① 고정포방출구의 포소화약제량
　○계산과정 : $Q = A \times Q_1 \times T \times S$
　　여기서, Q : 포소화약제의 양(L), A : 탱크의 액표면적(m^2)
　　　　Q_1 : 단위 포소화수용액의 양(L/m^2 · 분)
　　　　T : 방출시간(분)
　　　　S : 포소화 약제의 농도
　　　　　경유 : 제2석유류(인화점 21℃ 이상 70℃ 미만)
　　∴ $Q = \dfrac{\pi}{4} \times (10m)^2 \times 120L/m^2 \times \dfrac{3}{100} = 282.74L$

○답 : 282.74L

② 보조 포화전의 포소화약제량
　○계산과정 : $Q = N \times S \times 8000L$
　　여기서, Q : 포소화약제의 양(L), S : 포소화약제의 농도
　　　　N : 호스접결구 수(3개 이상일 경우 3개)
　　∴ $Q = 2 \times \dfrac{3}{100} \times 8000L = 480L$

○답 : 480L

(물음 2) ○계산과정 : $P[kW] = \dfrac{9.8 \times Q[m^3/s] \times H[m]}{E[\%/100]} \times K$

• 펌프의 분당 토출량(m^3/분)은 포수용액의 양을 방사시간 이내에 모두 토출시켜야 한다.

$Q = A \times Q_1 + N \times 400l/분 = \dfrac{\pi}{4} \times (10m)^2 \times 4L/m^2 \cdot 분 + 2개 \times 400L/분$

$= 1114.16L/분 = 1.11m^3/분$

$H = h_1 + h_2 + h_3$　　$h_1 + h_2 = 55m$　　$h_3 = 0.3MPa = 30m$

∴ $H = 55 + 30 = 85m$　　$E = \dfrac{65}{100} = 0.65$　　$K = 1.1$

∴ $P[kW] = \dfrac{9.8 \times (1.11/60) \times 85}{0.65} \times 1.1 = 26.08kW$

○답 : 26.08kW

13년-07월, 18년-06월

21 특수가연물을 저장하는 창고에 포소화설비를 설치하고자 한다. 다음 조건을 참조하여 각 물음에 답하시오. (10점)

[조건] ① 창고의 크기는 가로20m, 세로10m이다.
② 포워터스프링클러헤드를 정방형으로 배치한다.
③ 포원액은 3% 수성막포를 사용한다.
④ 전양정은 35m, 효율은 65%, 여유율은 10%이다.

(물음 1) 필요한 포워터스프링클러헤드의 수량은 몇 개인가?
(물음 2) 수원의 저수량은 몇 m^3 이상으로 하여야 하는가?
(물음 3) 포 원액의 양은 몇 L 이상으로 하여야 하는가?
(물음 4) 펌프의 분당 토출량(L/min)은 얼마 이상인가?
(단, 포원액의 양은 토출량에서 제외한다)
(물음 5) 전동기의 출력은 몇 kW인가?

(물음 1) 필요한 포헤드의 수량
○계산과정 : 헤드간의 거리 $S = 2 \times 2.1 \times \cos 45° = 2.97m$

가로열 헤드설치 수 $N = \dfrac{20m}{2.97m} = 6.73개$ ∴ 7개

세로열 헤드설치 수 $N = \dfrac{10m}{2.97m} = 3.37개$ ∴ 4개

포헤드 수량 $N = 7 \times 4 = 28개$

○답 : 28개

(물음 2) 수원의 저수량
○계산과정 : $Q = 28 \times 75L/min \times 10min \times 0.97 = 20370L = 20.37m^3$
○답 : $20.37m^3$

(물음 3) 포 원액의 량
○계산과정 : $Q = 28 \times 75L/min \times 10min \times 0.03 = 630L$
○답 : 630L

(물음 4) 펌프의 분당 토출량
○계산과정 : $Q = 28 \times 75L/min \times 0.97 = 2037L/min$
○답 : 2037L/min

(물음 5) 전동기의 출력
 ○ 계산과정 : $P = \dfrac{9.8 \times (2.037/60) \times 35}{0.65} \times 1.1 = 19.71\text{kW}$
 ○ 답 : 19.71kW

상세해설

(물음 1) 포헤드(포워터스프링클러헤드 및 포헤드)
 정방형 설치시 헤드간의 거리

$$S = 2r\cos 45°$$

(물음 2) 포워터스프링클러헤드의 수원의 양(m^3)

$Q = N(\text{헤드의 개수}) \times K(\text{표준방사량}) \times T(\min)(\text{방사시간}) \times S_w(\text{물의 농도})$

※ 포워터스프링클러헤드 표준방사량 : 75L/min

포헤드의 방식

소방대상물	수원의 양
차고, 주차장 및 항공기 격납고	• 포워터스프링클러설비 : 포워터스프링클러헤드수 × 75L/분 × 10분 • 포헤드설비 : 바닥면적(200m² 이상인 경우 200) × 표준방사량(K값) × 10분 [표준방사량 K값(L/m² · 분)] | 포소화약제의 종류 | 바닥면적 1m²당 방사량 | |---|---| | 단백포 | 6.5L 이상 | | 합성계면활성제포 | 8.0L 이상 | | 수성막포 | 3.7L 이상 |
특수가연물 저장 · 취급장소	| 포소화약제의 종류 | 바닥면적 1m²당 방사량 | |---|---| | 단백포 | 6.5L 이상 | | 합성계면활성제포 | 6.5L 이상 | | 수성막포 | 6.5L 이상 |

(물음 3) 포 원액의 양(L)

$Q = N(\text{헤드의 개수}) \times K(\text{표준방사량}) \times T(\min)(\text{방사시간}) \times S(\text{약제의 농도})$

(물음 4) 펌프의 분당 토출량(L/min)

$Q = N(\text{헤드의 개수}) \times K(\text{표준방사량} : 75\text{L/min})$

(물음 5) 전동기의 출력(kW)
 모터동력

$$P(\text{kW}) = \dfrac{\gamma \times Q \times H}{E} \times K$$

여기서, γ : 비중량(kN/m³, 물의 비중량 = 9.8kN/m³), K : 전달 계수
 Q : 유량(m³/s), H : 전양정(m), E : 펌프의 효율(%/100)

18년-11월

22 다음은 위험물 옥외저장탱크에 포소화설비를 설치한 도면이다. 도면 및 주어진 조건을 참조하여 각 물음에 답하시오. (14점)

[도면]

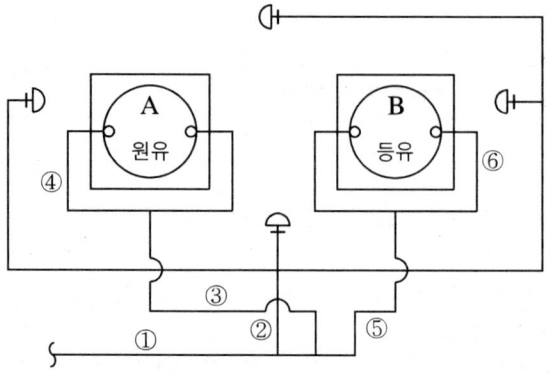

[조건]
① 원유저장탱크는 플루팅루프탱크이며 탱크직경은 12m, 탱크내 측면과 굽도리판(Foam Dam) 사이의 거리는 1.2m, 특형 방출구수는 2개이다.
② 등유저장탱크는 콘루프탱크이며 탱크직경은 25m, Ⅱ형 방출구수는 2개이다.
③ 포약제는 3%형 단백포이다.
④ 각 탱크별 포수용액의 방수량 및 방사시간은 아래와 같다.

구 분	원유저장탱크	등유저장탱크
방사량	8L/m² · 분	4L/m² · 분
방사시간	30분	30분

⑤ 보조소화전 : 4개
⑥ 번호별 배관의 길이는 다음과 같다고 가정한다.

번 호	①	②	③	④	⑤	⑥
배관길이(m)	10	100	20	60	20	80

⑦ 배관의 호칭구경은 다음과 같다고 가정한다

호칭구경(mm)	40	50	65	80	90	100	125	150

⑧ 송액배관내의 유속은 3m/s로 한다.
⑨ 화재는 저장탱크 2개에서 동시에 발생하는 경우는 없는 것으로 간주한다.

(물음 1) 각 옥외저장탱크에 필요한 포수용액의 최소 방사량(L/분)을 산출하시오.

(물음 2) 보조소화전에 필요한 포수용액의 최소 방사량(L/분)을 산출하시오.
(물음 3) 각 옥외저장탱크에 필요한 포원액의 최소량(L)을 산출하시오.
(물음 4) 보조소화전에 필요한 포원액의 최소량(L)을 산출하시오.
(물음 5) 번호별로 각 송액배관의 구경(mm)을 산출하시오.
(물음 6) 송액배관에 필요한 포약제의 양(L)을 산출하시오.
(물음 7) 포소화설비에 필요한 포약제의 양(L)을 산출하시오.

풀이 (물음 1) 각 옥외저장탱크에 필요한 포수용액의 최소 방사량(L/분)
① 원유탱크
  ○계산과정 : $Q = A \times Q_1 = \dfrac{\pi}{4} \times (12^2 - 9.6^2) \times 8 = 325.72 \text{L/min}$
  ○답 : 325.72L/분
② 등유탱크
  ○계산과정 : $Q = A \times Q_1 = \dfrac{\pi}{4} \times 25^2 \times 4 = 1963.5 \text{L/min}$
  ○답 : 1963.5L/분

(물음 2) 보조소화전에 필요한 포수용액의 최소 방사량(L/분)
  ○계산과정 : $Q = N \times 400 \text{L/min} = 3 \times 400 = 1200 \text{L/min}$
  ○답 : 1200L/분

(물음 3) 각 옥외저장탱크에 필요한 포원액의 최소량(L)
① 원유탱크
  ○계산과정 : $Q = A \times Q_1 \times T \times S = \dfrac{\pi}{4} \times (12^2 - 9.6^2) \times 8 \times 30 \times 0.03$
  $= 293.15 \text{L}$
  ○답 : 293.15L
② 등유탱크
  ○계산과정 : $Q = A \times Q_1 \times T \times S = \dfrac{\pi}{4} \times 25^2 \times 4 \times 30 \times 0.03 = 1767.15 \text{L}$
  ○답 : 1767.15L

(물음 4) 보조소화전에 필요한 포원액의 최소량(L)
  ○계산과정 : $Q = N \times 400 \text{L/min} \times 20 \text{min} \times S = 3 \times 400 \times 20 \times 0.03$
  $= 720 \text{L}$
  ○답 : 720L

(물음 5) 번호별로 각 송액배관의 구경(mm)

[배관번호①] 유량(Q) = 등유탱크유량 + 보조소화전유량

○ 계산과정 : $Q = \dfrac{(1963.5+1200)\text{L}}{\text{min}} \times \dfrac{\text{m}^3}{1000\text{L}} \times \dfrac{\text{min}}{60\text{s}} = 0.0527\,\text{m}^3/\text{s}$

$D(\text{mm}) = \sqrt{\dfrac{4Q}{\pi \times u}} \times 1000 = \sqrt{\dfrac{4 \times 0.0527}{\pi \times 3}} \times 1000$

$= 149.55\,\text{mm}$

∴ 표에서 150mm선택

○ 답 : 150mm

[배관번호②] 유량(Q) = 보조소화전유량

○ 계산과정 : $Q = \dfrac{1200\text{L}}{\text{min}} \times \dfrac{\text{m}^3}{1000\text{L}} \times \dfrac{\text{min}}{60\text{s}} = 0.02\,\text{m}^3/\text{s}$

$D(\text{mm}) = \sqrt{\dfrac{4Q}{\pi \times u}} \times 1000 = \sqrt{\dfrac{4 \times 0.02}{\pi \times 3}} \times 1000$

$= 92.13\,\text{mm}$

∴ 표에서 100mm선택

○ 답 : 100mm

[배관번호③] 유량(Q) = 원유탱크유량

○ 계산과정 : $Q = \dfrac{325.72\text{L}}{\text{min}} \times \dfrac{\text{m}^3}{1000\text{L}} \times \dfrac{\text{min}}{60\text{s}} = 5.4287 \times 10^{-3}\,\text{m}^3/\text{s}$

$D(\text{mm}) = \sqrt{\dfrac{4Q}{\pi \times u}} \times 1000 = \sqrt{\dfrac{4 \times 5.4287 \times 10^{-3}}{\pi \times 3}} \times 1000$

$= 48.00\,\text{mm}$

∴ 표에서 50mm선택

○ 답 : 50mm

[배관번호④] 유량(Q) = 원유탱크유량 $\times \dfrac{1}{2}$

○ 계산과정 : $Q = \dfrac{325.72\text{L}}{\text{min}} \times \dfrac{\text{m}^3}{1000\text{L}} \times \dfrac{\text{min}}{60\text{s}} \times \dfrac{1}{2} = 2.7143 \times 10^{-3}\,\text{m}^3/\text{s}$

$D(\text{mm}) = \sqrt{\dfrac{4Q}{\pi \times u}} \times 1000 = \sqrt{\dfrac{4 \times 2.7143 \times 10^{-3}}{\pi \times 3}} \times 1000$

$= 33.94\,\text{mm}$

∴ 표에서 40mm선택

○ 답 : 40mm

[배관번호⑤] 유량(Q) = 등유탱크유량

○계산과정 : $Q = \dfrac{1963.5\text{L}}{\min} \times \dfrac{\text{m}^3}{1000\text{L}} \times \dfrac{\min}{60\text{s}} = 0.03273\text{m}^3/\text{s}$

$D(\text{mm}) = \sqrt{\dfrac{4Q}{\pi \times u}} \times 1000 = \sqrt{\dfrac{4 \times 0.03273}{\pi \times 3}} \times 1000$

$= 117.86\text{mm}$

∴ 표에서 125mm선택

○답 : 125mm

[배관번호⑥] 유량(Q) = 등유탱크유량 $\times \dfrac{1}{2}$

○계산과정 : $Q = \dfrac{1963.5\text{L}}{\min} \times \dfrac{\text{m}^3}{1000\text{L}} \times \dfrac{\min}{60\text{s}} \times \dfrac{1}{2} = 0.0164\text{m}^3/\text{s}$

$D(\text{mm}) = \sqrt{\dfrac{4Q}{\pi \times u}} \times 1000 = \sqrt{\dfrac{4 \times 0.0164}{\pi \times 3}} \times 1000$

$= 83.43\text{mm}$

∴ 표에서 90mm선택

○답 : 90mm

(물음 6) 송액배관에 필요한 포약제의 양(L)

○계산과정 :

$Q = Q_A \times S$

여기서, Q : 배관충전량(L), Q_A : 송액관내용적(L)

S : 포소화약제 사용농도(단, 내경 75mm 이하 제외)

$Q_A = \dfrac{\pi}{4} \times (0.15^2 \times 10 + 0.1^2 \times 100 + 0.125^2 \times 20 + 0.09^2 \times 80) \times 10^3$

$= 1716.49\text{L}$

$Q = 1716.49 \times 0.03 = 51.49\text{L}$

○답 : 51.49L

(물음 7) 포소화설비에 필요한 포약제의 양(L)

○계산과정 :

Q = 고정포방출구 필요량(탱크 중 최대필요량) + 보조소화전 필요량 + 송액관 필요량

$Q = 1767.15 + 720 + 51.49 = 2538.64\text{L}$

○답 : 2538.64L

00년-02월, 19년-11월

23 포소화약제 중 수성막포의 장점과 단점을 각각 2가지씩 쓰시오. (4점)

○답 : [장점] ① 포약제 중 소화력이 가장 우수하다.
② 화학적으로 안정하여 장기보존이 가능하다.
③ 화학적으로 안정하여 다른 소화약제와 겸용이 가능하다.
[단점] ① 다른 약제에 비해 가격이 비싸다.
② 유동성과 열안정성에 약하다.
③ 대형화재 및 고온화재(1000℃ 이상)에 표면막 생성곤란

11년-05월, 20년-05월

24 포소화설비의 포소화약제혼합장치의 종류를 5가지만 쓰시오. (5점)

○답 : ① 펌프 푸로포셔너방식
② 프레져 푸로포셔너방식
③ 라인 푸로포셔너방식
④ 프레져사이드 푸로포셔너방식
⑤ 압축공기포 믹싱챔버방식

상세해설

포소화약제의 혼합장치

① 펌프 프로포셔너 방식(pump proportioner type)(펌프 조합방식)
  펌프의 토출관과 흡입관 사이의 배관도중에 설치한 흡입기에 펌프에서 토출된 물의 일부를 보내고, 농도 조정밸브에서 조정된 포 소화약제의 필요량을 포 소화약제 탱크에서 펌프 흡입측으로 보내어 이를 혼합하는 방식

② 프레져 프로포셔너 방식(pressure proportioner type)(차압 조합방식)
  펌프와 발포기의 중간에 설치된 벤추리관의 벤추리작용과 펌프 가압수의 포 소화약제 저장탱크에 대한 압력에 의하여 포소화약제를 흡입·혼합하는 방식

③ 라인 프로포셔너 방식(line proportioner type)(관로 조합방식)
   펌프와 발포기의 중간에 설치된 벤추리관의 벤추리 작용에 의하여 포소화약제를 흡입·혼합하는 방식

④ 프레져사이드 프로포셔너 방식(pressure side proportioner type)(압입 혼합방식)
   펌프의 토출관에 압입기를 설치하여 포 소화약제 압입용 펌프로 포소화약제를 압입시켜 혼합하는 방식

⑤ 압축공기포 믹싱챔버방식(Compressed Air Foam Mixing Chamber Type)
   압축공기 또는 압축질소를 일정비율로 포수용액에 강제 주입 혼합하는 방식

11년-11월, 14년-07월, 14년-11월, 16년-11월, 20년-07월

25 포소화설비 중 배액밸브를 설치하는 목적과 설치위치에 대하여 쓰시오.
(4점)

풀이 ○답 : ① **설치목적** : 포 약제방출 후 배관안의 액을 배출하기 위하여
② **설치위치** : 배관의 가장 낮은 부분에 설치

00년-04월, 06-11월, 13년-11월, 14년-04월, 15년-07월, 17년-04월, 20년-10월, 20년-11월

26 경유를 저장하는 탱크의 내부직경이 40m인 플루팅루프(Floating Roof) 탱크에 포소화설비의 특형 방출구를 설치하여 방출하려고 할 때 다음 각 물음에 답하시오.
(11점)

> [조건] ① 소화약제는 3%용의 단백포를 사용하며 수용액의 분당 방출량은 $12L/m^2 \cdot min$이고 방사시간은 20분으로 한다.
> ② 탱크내면과 굽도리판의 간격은 2.5m로 한다.
> ③ 펌프의 효율은 60%, 전동기 전달계수는 1.2로 한다.

(1) 포수용액의 양[m^3]은 얼마 이상인지 구하시오.
(2) 수원의 양[m^3]은 얼마 이상인지 구하시오.
(3) 포원액의 양[m^3]은 얼마 이상인지 구하시오.
(4) 가압송수장치의 최소 분당 토출량(L/min)을 구하시오.
(5) 펌프의 전양정이 100m라고 할 때 전동기의 출력(kW)은 최소얼마 이상인지 구하시오.(단, 포수용액의 비중은 물의 비중과 동일하다고 가정한다.)
(6) 팽창비를 구하는 식을 쓰시오.
(7) 고발포의 팽창비 범위를 쓰시오.
(8) 저발포의 팽창비 범위를 쓰시오.
(9) 포소화약제의 종류를 5가지만 쓰시오.

풀이 (1) **포수용액의 양[m^3]**

○계산과정 : $Q = A \times Q_1 \times T = \dfrac{\pi}{4}(40^2 - 35^2)m^2 \times 12L/m^2 \cdot min \times 20min$
$= 70685.83L = 70.69m^3$

○답 : $70.69m^3$

(2) 수원의 양[m³]
   ○ 계산과정 : $Q = A \times Q_1 \times T \times S_W$
   $= \dfrac{\pi}{4}(40^2 - 35^2)\mathrm{m}^2 \times 12\mathrm{L/m}^2 \cdot \min \times 20\min \times 0.97$
   $= 68565.26\mathrm{L} = 68.57\mathrm{m}^3$
   ○ 답 : $68.57\mathrm{m}^3$

(3) 포원액의 양[m³]
   ○ 계산과정 : $Q = A \times Q_1 \times T \times S$
   $= \dfrac{\pi}{4}(40^2 - 35^2)\mathrm{m}^2 \times 12\mathrm{L/m}^2 \cdot \min \times 20\min \times 0.03$
   $= 2120.58\mathrm{L} = 2.12\mathrm{m}^3$
   ○ 답 : $2.12\mathrm{m}^3$

(4) 가압송수장치의 최소 분당 토출량(L/min)
   ○ 계산과정 : $Q = A \times Q_1 = \dfrac{\pi}{4}(40^2 - 35^2)\mathrm{m}^2 \times 12\mathrm{L/m}^2 \cdot \min$
   $= 3534.29\mathrm{L/min}$
   ○ 답 : 3534.29L/min

(5) 전동기의 출력(kW)
   ○ 계산과정 : $\gamma = 9.8\mathrm{kN/m}^3$, $H = 100\mathrm{m}$, $E = 60\% = 0.60$, $K = 1.2$
   $Q = 3534.29\mathrm{L/min} = 3.53\mathrm{m}^3/60\mathrm{s}$
   $P = \dfrac{\gamma Q H}{E} \times K = \dfrac{9.8 \times (3.53/60) \times 100}{0.60} \times 1.2 = 115.31\mathrm{kW}$
   ○ 답 : 115.31kW

(6) 팽창비를 구하는 식
   ○ 답 : 팽창비 = 발포 후 포의 부피/발포 전 포수용액의 부피

(7) 고발포의 팽창비 범위
   ○ 답 : 팽창비가 80 이상 1000 미만인 것

(8) 저발포의 팽창비 범위
   ○ 답 : 팽창비가 20 이하인 것

(9) 포소화약제의 종류를 5가지
   ○ 답 : ① 단백포 ② 합성계면활성제포 ③ 수성막포 ④ 알코올포 ⑤ 불화단백포

상세해설

(1) 특형방출구의 환상부분 액표면적 계산

$$A = \frac{\pi}{4} \times (D_1^2 - D_2^2)$$

(2) 고정포방출구방식의 약제량 계산

구 분	약제 저장량
❶ 고정포 방출구	$Q = A \times Q_1 \times T \times S$ 여기서, Q : 포소화약제의 양(L) A : 저장탱크의 액표면적(m^2) Q_1 : 단위 포소화수용액의 양(L/m^2분) T : 방출시간(분) S : 포소화약제의 사용농도(%)
❷ 보조소화전	$Q = N \times S \times 8000L$ 여기서, Q : 포소화약제의 양(L) N : 호스 접결구 개수(3개 이상의 경우는 3) S : 포소화약제의 사용농도(%)
❸ 배관보정	가장 먼 탱크까지의 송액관(내경 75mm 이하 제외)에 충전하기 위하여 필요한 양 $Q = V \times S \times 1000$ 여기서, Q : 포소화약제의 양(L) V : 송액관 내부의 체적(m^3) S : 포소화약제의 사용농도(%)
❹ 합계	고정포 방출구방식의 약제량 = ❶ + ❷ + ❸

16년-11월, 20년-05월

27 위험물옥외저장탱크에 Ⅰ형 포방출구로 포소화설비를 설치하였다. 다음 조건을 참조하여 각 물음에 답하시오. (6점)

[조건] ① 탱크의 내부 직경은 12m이다.
② 소화약제는 6%의 수성막포를 사용하며 분당 방출량은 2.27L/m² · 분, 방사시간은 30분을 기준으로 한다.
③ 보조소화전은 1개 설치되어있다.
④ 포원액탱크에서 포방출구까지의 배관길이는 20m, 배관내경은 150mm이다.
⑤ 기타의 조건은 무시한다.

(1) 포원액의 양(L)을 계산하시오.
(2) 수원의 양(m³)을 계산하시오.

풀이 (1) **포원액의 양**(L)

○ 계산과정 : 고정포방출구 : $Q_1 = \dfrac{\pi}{4} \times 12^2 \times 2.27 \times 30 \times 0.06 = 462.12\text{L}$

보조소화전 : $Q_2 = 1 \times 0.06 \times 8000 = 480\text{L}$

배관 : $Q_3 = \dfrac{\pi}{4} \times 0.15^2 \times 20 \times 0.06 \times 1000 = 21.21\text{L}$

필요한 원액의 양 : $Q_T = 462.12 + 480 + 21.21 = 963.33\text{L}$

○ 답 : 963.33L

(2) **수원의 양**(m³)

○ 계산과정 : 고정포방출구 : $Q_1 = \dfrac{\pi}{4} \times 12^2 \times 2.27 \times 30 \times 0.94 = 7239.81\text{L}$

보조소화전양 : $Q_2 = 1 \times 0.94 \times 8000 = 7520\text{L}$

배관 : $Q_3 = \dfrac{\pi}{4} \times 0.15^2 \times 20 \times 0.94 \times 1000 = 333.22\text{L}$

필요한 수원의 양 : $Q_T = \dfrac{7239.81 + 7520 + 333.22}{1000} = 15.09\text{m}^3$

○ 답 : 15.09m³

06년-04월, 12년-11월

28 아래 그림은 포소화설비의 방출구이다. 각 물음에 답하시오.

(물음 1) 각 번호의 명칭을 쓰시오.
(물음 2) ⑧번의 경사진 이유를 쓰시오.
(물음 3) 작동시 ②번의 상태를 쓰시오.

풀이 (물음 1) ○답 : ① 세로형 챔버 ② 홈메이카
　　　　　　　　③ 포 방출구 ④ 봉판
　　　　　　　　⑤ 에어흡입구 ⑥ 챔버 뚜껑
　　　　　　　　⑦ 라이져 스트레이너

(물음 2) ○답 : 방출된 포가 전부 탱크 속으로 용이하게 흘러들어 가도록 하기 위하여

(물음 3) ○답 : 하부에서 송액된 포약제가 트로트(Throat)를 통하여 방출되면 에어흡입구로 흡입된 공기와 함께 발포가 된다.

소방설비기사 실기 (기계분야)

제 08 장
이산화탄소소화설비

00년-08월, 02년-01월, 06년-07월, 13년-04월

01 피스톤 릴리이져란 무엇인지 간단히 설명하시오. (5점)

[선택밸브에 설치된 피스톤 릴리이져]

○ **답** : 기동용 가스용기의 가스압력이나 주배관의 가스압력을 이용하여 선택밸브를 개방하거나 자동폐쇄장치, 급배기닥트의 방화댐퍼, 창문, 환기팬 등의 개구부를 자동으로 폐쇄하는 장치이다.

02년-04월, 02년-07월

02 이산화탄소 약제저장용기의 내용적이 68L이다. 이 용기에 이산화탄소 45kg을 저장하였을 경우 충전비는 얼마인가? (4점)

○ **계산과정** : 충전비 $C(\mathrm{L/kg}) = \dfrac{V(\mathrm{L})}{G(\mathrm{kg})} = \dfrac{68\mathrm{L}}{45\mathrm{kg}} = 1.51$

○ **답** : 1.51

00년-08월

03 체적이 500m³인 방호구역에 전역방출방식으로 CO_2를 방사하였을 때 다음 조건을 참조하여 각 물음에 답하시오.

[조건] 1. 실내온도는 15℃이다.
2. CO_2 방사 후 실내의 O_2 농도는 10% 이다.
3. 실내 압력은 121.59KPa이다.

(물음 1) 방사된 CO_2의 양은 몇 kg인가?
(물음 2) 운무현상에 대하여 간단히 설명하시오.

(물음 1) ○계산과정 :

$$G_v = \frac{21 - O_2(\%)}{O_2(\%)} \times V$$

G_v : 방출가스량(m³), V : 방호구역 체적(m³)

$$\therefore G_v = \frac{21 - 10}{10} \times 500 = 550 \text{m}^3$$

그러므로 부피를 무게(kg)로 구한다.

$$PV = \frac{W}{M}RT$$

P : 압력(atm), V : 방출가스량(m³), M : 분자량, W : 무게(kg)
R : 기체상수(0.082atm·m³/kmol·K), T : 절대온도(K)

$$\therefore P = 121.59\text{KPa} \times \frac{1\text{atm}}{101.325\text{KPa}} = 1.2\text{atm}$$

$$1.2 \times 550 = \frac{W}{44} \times 0.082 \times (273+15) \quad \therefore W = 1229.67\text{kg}$$

○답 : 1229.67kg

(물음 2) ○답 : 액화 CO_2가 분사헤드에서 방사시 대부분 기화되어 기체로 방사되지만 일부가 줄, 톰슨 효과에 따라 온도가 강하하여 고체탄산가스가 생성되어 흰 연기와 같이 보이는 현상이다.

94년-10월, 01년-11월

04 이산화탄소의 삼중점이란 무엇인지 간단히 쓰시오.

○답 : 물질의 삼태인 기체, 액체, 고체가 공존하는 온도이며 온도는 약 $-56.3℃$이다.
K=임계점($31℃$, $75.2kg/cm^2$), T=삼중점($-56.3℃$, $5.3kg/cm^2$)

04년-04월, 04년-10월

05 다음은 이산화탄소 소화설비의 수동식 기동장치의 설치기준이다. ( ) 안에 알맞은 답을 쓰시오.

① 전역방출 방식은 (㉮)마다 국소방출방식은 (㉯)마다 설치할 것
② 당해 방호구역의 출입구부분 등 조작자가 (㉰)에 설치할 것
③ 기동장치 조작부는 바닥으로부터 높이 (㉱) 이상 (㉲) 이하의 위치에 설치하고 보호장치를 할 것
④ 기동장치에는 가까운 곳의 보기 쉬운 곳에 (㉳)라고 표시한 표지를 할 것
⑤ 전기를 사용하는 기동장치에는 (㉴)을 설치 할 것
⑥ 기동장치의 방출용 스위치는 (㉵)와 연동하여 조작될 수 있는 것으로 할 것

○답 : ㉮ 방호구역　㉯ 방호대상물　㉰ 쉽게 피난할 수 있는 장소
　　　㉱ 0.8m　　㉲ 1.5m　　㉳ 이산화탄소소화설비 기동장치
　　　㉴ 전원표시등　㉵ 음향경보장치

03년-10월

06 이산화탄소 소화설비를 고압식으로 설치하였다. 조건을 참조하여 각 물음에 답하시오.

[조건]
1. 약제방출방식은 전역방출방식이다.
2. 면화창고와 전기실은 가로 8m 세로 6m이다.
3. 면화창고와 전기실에는 가로 1m 세로 2m의 개구부가 1개씩 있으며 자동폐쇄장치가 없다.
4. 서고와 케이블실은 가로 6m 세로 5m이다.
5. 서고와 케이블실에는 가로 1m 세로 2m의 개구부가 1개씩 설치되어 있으며 자동폐쇄장치가 있다.
6. 각실의 층고는 3m이다.
7. 약제방사시간은 7분을 기준으로 한다.

(물음 1) 면화창고에 대한 약제소요량(kg)은 얼마인가?
(물음 2) 약제 저장용기 1병에 대한 약제량을 계산하시오.(단, 저장용기의 충전비는 1.51이고 내용적은 68L이다.)
(물음 3) 선택밸브의 필요한 개수는 몇 개인가?
(물음 4) 필요한 가스저장용기의 수는 몇 병인가?
(물음 5) 면화창고 및 서고의 선택밸브 직후의 유량(kg/min)은 얼마인가? (단, 실제 저장하는 약제량을 전량 방사하는 것으로 한다.)
(물음 6) 약제저장용기의 설치장소 기준을 5가지만 쓰시오.

풀이 (물음 1) ○계산과정 : ① 면화창고의 방호구역당 약제량은 $2.7kg/m^3$이다.
② CO_2 소화설비의 개구부 가산량은 $10kg/m^2$이다.
∴ $Q = 8m \times 6m \times 3m \times 2.7kg/m^3 + 1m \times 2m \times 10kg/m^2$
    $= 408.8kg$

○답 : 408.8kg

(물음 2) ○계산과정 : 충전비 $C(L/kg) = \dfrac{V(내용적 : L)}{G(약제량 : kg)}$

∴ $G = \dfrac{V}{C} = \dfrac{68}{1.51} = 45.03kg$

○답 : 45.03kg

(물음 3) ○계산과정 : 선택밸브는 방호구역당 1개씩 설치한다.
○답 : 4개

(물음 4) ○계산과정 :
　　　　　① 면화창고의 소요병수
　　　　　　 408.8kg/45.03kg＝9.09　∴ 10병
　　　　　② 전기실의 소요병수
　　　　　　 약제소요량＝8m×6m×3m×1.3kg/m³＋1m×2m×10kg/m²
　　　　　　　　　　＝207.2kg
　　　　　　 ∴ 207.2kg/45.03kg＝4.60 ∴ 5병
　　　　　③ 서고의 소요병수
　　　　　　 약제소요량＝6m×5m×3m×2.0kg/m³＝180kg
　　　　　　 ∴ 180kg/45.03kg＝4.0 ∴ 4병
　　　　　④ 케이블실의 소요병수
　　　　　　 약제소요량＝6m×5m×3m×1.3kg/m³＝117kg
　　　　　　 ∴ 117kg/45.03kg＝2.60 ∴ 3병
　　　　　※ 가장 많은 병수를 필요로 하는 방호구역을 기준하므로 10병이다.
　　　　○답 : 10병

(물음 5)　○계산과정 : ① 면화창고
$$Q(\text{kg/s}) = \frac{10병 \times 45.03\text{kg/병}}{7\text{min}} = 64.33\text{kg/min}$$
　　　　　② 서고
$$Q(\text{kg/s}) = \frac{4병 \times 45.03\text{kg/병}}{7\text{min}} = 25.73\text{kg/min}$$
　　　　○답 : ① 면화창고 64.33kg/min
　　　　　　 ② 서고 25.73kg/min

(물음 6)　○답 : ① 방호구역 외의 장소에 설치할 것
　　　　　　　　(단, 방호구역 내에 설치시 피난구 부근에 설치)
　　　　　② 온도가 40℃ 이하이고, 온도변화가 작은 곳에 설치할 것
　　　　　③ 직사광선 및 빗물이 침투할 우려가 없는 곳에 설치할 것
　　　　　④ 방화문으로 구획된 실에 설치할 것
　　　　　⑤ 용기의 설치장소에는 당해 용기가 설치된 곳임을 표시하는 표지를 할 것
　　　　　⑥ 용기간의 간격은 점검에 지장이 없도록 3cm 이상의 간격을 유지할 것
　　　　　⑦ 저장용기와 집합관을 연결하는 연결배관에는 체크밸브를 설치할 것
　　　　　중 5가지

03년-04월

07 이산화탄소소화설비의 소화농도는 이론소화농도와 설계소화농도로 구분된다. 이를 간략하게 구별하여 설명하시오.

(가) 이론 소화농도   (나) 설계 소화농도

○답 : (가) **이론소화농도** : 방호구역 내의 산소농도를 21%에서 15% 이하로 소화가 된다. 즉, 방호구역내의 산소농도를 15% 이하로 유지하기 위한 CO_2농도 약 28%를 말한다.

(나) **설계소화농도** : CO_2소화설비를 설계하는 경우 이론소화농도는 필요최저농도이므로 가스누설을 고려하여 20%의 안전율을 가한 값이며 이 값은 이론농도 28%의 경우에 34%에 해당된다.

참고

$$CO_2[\%] = \frac{21 - O_2[\%]}{21} \times 100 = \frac{21-15}{21} \times 100 ≒ 28\%(\text{이론소화농도})$$

$28\% \times 1.2(20\% \text{ 안전율}) ≒ 34\%(\text{설계 소화농도})$

02년-07월, 08년-11월

08 액화 이산화탄소 100kg을 0℃, 101.325KPa 상태의 방호구역에 방사시 기체의 부피(m^3)을 구하시오.(단, 이산화탄소의 순도는 99.5%이다.) **(5점)**

○계산과정 :

$$PV = \frac{W}{M}RT$$

P : 압력(atm), V : 기체부피(m^3), W : 무게(kg), M : 분자량
R : 기체상수(0.082atm · m^3/kmol · K), T : 절대온도(273+t℃(K))

※ W(순수한 CO_2무게) = 100kg × $\frac{99.5}{100}$ = 99.5kg

※ 1atm = 101.325kPa

∴ 1atm × $V(m^3)$ = $\frac{99.5\text{kg}}{44}$ × 0.082atm · m^3/kmol · K × (273+0)K

V = 50.62m^3

○답 : 50.62m^3

04년-07월

09 이산화탄소 소화설비의 호스릴 방식에서 노즐 1개당 약제 저장량(kg)은 얼마인가?

풀이 ○답 : 90kg 이상

참고 20℃에서 노즐 1개당 방사량 : 60kg/분 이상

04년-07월

10 전역방출방식으로 방호구역내의 산소 농도를 14%를 유지하려고 한다. 필요한 이산화탄소의 양(kg)은 얼마인가?

[조건] ① 방호구역 체적은 10m × 15m × 4m이다.
② 기준압력은 770mmHg이고 온도는 20℃이다.

풀이 ○계산과정 : $G = \dfrac{21 - Q_1}{Q_1} \times V$

G : 방출된 CO_2 가스량(m^3), Q_1 : 물질의 연소한계 산소농도(%)
V : 방호구역체적(m^3)

∴ $G = \dfrac{21 - 14}{14} \times (10 \times 15 \times 4) = 300 m^3$

$PV = \dfrac{W}{M} RT$

P : 압력(atm), V : 방출가스량(m^3), M : 분자량, W : 무게(kg)
R : 기체상수(0.082atm · m^3/kmol · K), T : 절대온도(273+t℃)K

$W = \dfrac{PVM}{RT} = \dfrac{770\text{mmHg} \times \dfrac{1\text{atm}}{760\text{mmHg}} \times 300 \times 44}{0.082 \times (273 + 20)} = 556.63 \text{kg}$

○답 : 556.63kg

10년-10월

11 고압식 이산화탄소 소화설비 약제 저장용기 상단에 「V : 68.3L」 라는 각인이 되어 있고, 액화가스레벨 메타로 약제량을 측정하였더니 44kg 이었다. 이때 충전비를 구하시오. (3점)

[풀이]
○ 계산과정 : $C = \dfrac{68.3\text{L}}{44\text{kg}} = 1.55$

○ 답 : 1.55

[상세해설]

충전비(l/kg)

$$C = \dfrac{V : \text{용기의 내용적(L)}}{G : \text{소화약제의 무게(kg)}}$$

∴ $C = \dfrac{68.3\text{L}}{44\text{kg}} = 1.55$

14년-04월

12 다음은 이산화탄소 소화설비의 분사헤드 설치제외 장소이다. ( )안에 알맞은 답을 쓰시오. (4점)

① 방재실, 제어실 등 사람이 (㉮) 하는 장소
② 니트로 셀룰로오스, 셀룰로이드제품 등 (㉯)을 저장, 취급하는 장소
③ 나트륨, 칼륨, 칼슘 등 (㉰)을 저장, 취급하는 장소
④ 전시장 등의 관람을 위하여 다수인이 (㉱), 통행하는 통로 및 전시실 등

[풀이] ○ 답 : ㉮ 상시근무
㉯ 자기연소성 물질
㉰ 활성금속물질
㉱ 출입

05년-07월

13 다음 ( )안에 알맞은 답을 쓰시오. (5점)

CO_2는 대기압 상온에서 (㉮) 상태로 존재하고 증기 비중은 (㉯)이다. 그리고 (㉰)과 (㉱) 과정에서 쉽게 액화하며 고체, 액체, 기체가 공존하는 (㉲)을 가진다.

[풀이] ○답 : ㉮ 기체 ㉯ 1.52 ㉰ 압축 ㉱ 냉각 ㉲ 삼중점

10년-10월

14 다음은 이산화탄소 소화설비(고압식) 배관공사시 강관을 사용하는 경우 배관의 재료사용 기준에 대하여 간략히 기술한 것이다. (   )속에 알맞은 단어를 적으시오. (4점)

(   )중 (   ) 이상의 것 또는 이와 동등 이상의 강도를 가진 것으로 (   )등으로 (   )된 것을 사용할 것

[풀이] ○답 :
① 압력배관용탄소강관 ② 스케줄 80 ③ 아연도금 ④ 방식처리

상세해설

이산화탄소소화설비의 배관 설치기준
① 배관은 전용으로 할 것
② **강관**을 사용하는 경우의 배관은 **압력배관용탄소강관**(KS D 3562)중 **스케줄 80**(저압식에 있어서는 스케줄 40) 이상의 것 또는 이와 동등 이상의 강도를 가진 것으로 **아연도금** 등으로 **방식처리**된 것을 사용할 것. 다만, 배관의 호칭구경이 20mm 이하인 경우에는 스케줄 40 이상인 것을 사용할 수 있다.
③ 동관을 사용하는 경우의 배관은 이음이 없는 동 및 동합금관(KS D 5301)으로서 고압식은 16.5MPa 이상, 저압식은 3.75MPa 이상의 압력에 견딜 수 있는 것을 사용할 것
④ 고압식과 저압식의 배관부속

고압식	1차측 배관부속의 최소사용설계압력은 9.5MPa
	2차측 배관부속의 최소사용설계압력은 4.5MPa
저압식	배관부속의 최소사용설계압력은 4.5MPa

11년-05월

15 이산화탄소의 설계가스 농도가 34%인 경우 방호구역 내 산소농도(%)는 얼마가 되어야 하는가?

○ 계산과정 :
○ 답 :

[풀이]

○ 계산과정 : ① $34 = \dfrac{21 - O_2(\%)}{21} \times 100$

② $34 \times 21 = (21 - O_2) \times 100$

③ $21 - O_2 = 7.14$

④ $O_2 = 21 - 7.14 = 13.86\%$

○ 답 : 13.86%

[상세해설]

CO_2 소화설비 설계공식

(1) CO_2 농도 계산방법

$$CO_2(\%) = \dfrac{21 - O_2(\%)}{21} \times 100$$

$$CO_2(\%) = \dfrac{\text{방출된 } CO_2 \text{가스체적}(m^3)}{\text{방호구역체적}(m^3) + \text{방출된 } CO_2 \text{가스체적}(m^3)} \times 100$$

(2) 방출된 CO_2가스량 계산방법

$$G_V = \dfrac{21 - Q_1}{Q_1} \times V$$

여기서, G_V : 방출된 CO_2가스량(m^3)
Q_1 : 물질의 연소한계산소농도(%) 또는 측정된 산소농도(%)
V : 방호구역체적(m^3)

(3) 이상기체 상태방정식

$$PV = \dfrac{W}{M} RT$$

여기서, P : 압력(atm)　　　V : 체적(m^3)
W : CO_2무게(kg)　　M : CO_2분자량(44)
R : 기체상수(0.082atm·m^3/kmol·K)
T : 절대온도(273+t℃)K

12년-04월, 20년-11월

16 다음 표는 이산화탄소소화설비의 전역방출방식에 있어서 가연성액체 또는 가연성가스등 표면화재 방호대상물의 경우에 방호구역에 대한 소화약제의 양이다. 빈칸의 (　)안에 알맞은 답을 쓰시오. **(4점)**

방호구역 체적	방호구역의 체적 1m³에 대한 소화약제의 양	소화약제 저장량의 최저한도의 양
45m³ 미만	(①) kg	(③) kg
45m³ 이상 150m³ 미만	0.90 kg	
150m³ 이상 1450m³ 미만	(②) kg	135 kg
1,450m³ 이상	0.75 kg	(④) kg

풀이 ○답 : ① 1　　② 0.80　　③ 45　　④ 1125

상세해설

이산화탄소소화설비의 방호구역에 대한 소화약제의 양
(1) 전역방출방식의 가연성액체 또는 가연성가스등 표면화재 방호대상물

방호구역의 체적 (m³)	방호구역의 체적 1m³에 대한 소화약제의 양 kg (K_1 : kg/m³)	저장량의 최저한도량 (kg)	개구부 가산량 (K_2 : kg/m²) (자동폐쇄장치 미설치시)
45 미만	1	45	5
45 이상 150 미만	0.9		
150 이상 1450 미만	0.8	135	
1450 이상	0.75	1125	

[K_1(kg/m³) : 방호구역 체적계수, K_2(kg/m²) : 개구부 면적계수]

(2) 전역방출방식의 종이·목재·석탄·섬유류·합성수지류 등 심부화재 방호대상물

방호대상물	방호구역의 체적 1m³에 대한 소화약제의 양 kg (K_1 : kg/m³)	설계농도 (%)	개구부 가산량 (K_2 : kg/m²) (자동폐쇄장치 미설치시)
유압기기를 제외한 전기설비, 케이블실	1.3	50%	10
체적 55m³ 미만의 전기설비	1.6	50%	
서고, 전자제품창고, 목재가공품창고, 박물관	2.0	65%	
고무류, 면화류창고, 모피창고, 석탄창고, 집진설비	2.7	75%	

17 체적이 500m³인 방호구역에 전역방출방식으로 CO_2를 방사하였을 때 방사된 CO_2의 양(kg)은 얼마인지 조건을 참조하여 계산하시오?

[조건] ① 실내온도는 15℃이다.
② CO_2 방사 후 실내의 O_2 농도는 14% 이다.
③ 실내 압력은 121.59KPa이다.
④ CO_2의 순도는 99.5%이다.

○ 계산과정 : (1) 방사된 CO_2의 부피 계산

$$G_v = \frac{21-14}{14} \times 500 = 250\text{m}^3$$

(2) 방사된 CO_2의 무게 계산

① $P = 121.59\text{kPa} \times \dfrac{1\text{atm}}{101.325\text{kPa}} = 1.2\text{atm}$

② $1.2 \times 250 = \dfrac{W}{44} \times 0.082 \times (273+15)$

③ $W = \dfrac{1.2 \times 250 \times 44}{0.082 \times (273+15)} = 558.94\text{kg}$

④ CO_2의 순도가 99.5%이므로 $W = \dfrac{558.94}{0.995} = 561.75\text{kg}$

○ 답 : 561.75kg

상세해설

(1) 방출 가스량 계산방법

$$G_V = \frac{21-O_2}{O_2} \times V$$

여기서, G_V : 방출가스량(m³), V : 방호구역체적(m³)

(2) 이상기체 상태방정식

$$PV = \frac{W}{M}RT$$

여기서, P : 압력(atm), V : 방출가스량(m³), W : 무게(kg), M : 분자량
R : 기체상수(0.082atm · m³/kmol · K), T : 절대온도(K)

18년-04월

18 다음 그림은 위험물저장탱크에 국소방출방식의 이산화탄소소화설비를 설치한 도면이다. 각 물음에 답하시오.(단, 고압식이며 방호대상물 주위에는 동일한 크기의 벽이 설치되어 있다) (5점)

(물음 1) 방호공간의 체적(m^3)은 얼마인가?
  ○ 계산과정 :
  ○ 답 :
(물음 2) 소화약제 최소저장량(kg)은 얼마인가?
  ○ 계산과정 :
  ○ 답 :
(물음 3) 저압식으로 하였을 경우 소화약제 최소저장량(kg)은 얼마인가?
  ○ 계산과정 :
  ○ 답 :

풀이 (물음 1) 방호공간의 체적(m^3)
  ○계산과정 : $V = 7(가로) \times 3(세로) \times 3.6(높이+0.6m) = 75.6 m^3$
  ○답 : $75.6 m^3$

(물음 2) 고압식 CO_2 최소저장량(kg)
  ○계산과정 :
   ① a : 방호대상물 주위에 설치된 벽의 면적의 합계(m^2)
      a = 가로7×높이3×2면(전면 및 후면)+세로3×높이3×2면(좌면 및 우면)
        = $60 m^2$
   ② A : 방호공간의 벽 면적(m^2)
      A = 가로7×높이3.6×2면(전면 및 후면)+세로3×높이3.6×2면(좌면 및 우면)
        = $72 m^2$
   ③ 방호공간 $1m^3$에 대한 CO_2소화약제의 양
      $Q(kg/m^3) = 8 - 6 \times \dfrac{60}{72} = 3 kg/m^3$

④ 필요한 CO_2 소화약제의 양
$$Q(kg) = 75.6m^3 \times 3kg/m^3 \times 1.4(고압식) = 317.52kg$$
○답 : 317.52kg

(물음 3) 저압식 CO_2 최소저장량(kg)
○계산과정 : 필요한 CO_2 소화약제의 양
$$Q(kg) = 75.6m^3 \times 3kg/m^3 \times 1.1(저압식) = 249.48kg$$
○답 : 249.48kg

상세해설

(물음 1) 방호공간의 체적(m^3)
방호대상물 주위에는 동일한 크기의 벽이 설치되어 있으므로 벽 방향으로는 연장할 수 없고 높이 방향으로만 0.6m를 연장한다.

[a 면적]

[A 면적]

국소방출방식
① • 윗면이 개방된 용기에 저장하는 경우
 • 화재시 연소면이 한정되고 가연물이 비산할 우려가 없는 경우
$Q(kg) =$ 방호대상물 표면적$(m^2) \times 13kg/m^2 \times$ [고압식 1.4, 저압식 1.1]
② ① 이외의 경우
$Q(kg) = V$(방호공간의 체적)$\times Q_1 \times$ [고압식 1.4, 저압식 1.1]

$Q_1 = 8 - 6\dfrac{a}{A}$ 여기서, Q_1 : (kg/m^3)
a : 방호대상물 주위에 설치된 벽면적 합계(m^2)
A : 방호공간의 벽면적 합계(m^2)

※ **방호공간** : 방호대상물의 각부분으로부터 0.6m의 거리에 따라 둘러싸인 공간
[주] (1) 바닥은 밀폐된 것으로 간주하는 것이 원칙이며 별도의 규정이 없는 한 0.6m 연장을 적용하면 안된다.
(2) 방호대상물로부터 0.6m이내에 기둥 또는 칸막이가 설치되어 더 이상 연장할 수 없는 경우에는 해당부분까지만 연장하여야 한다.

19년-04월

19 가로4m, 세로3m, 높이2m인 방호대상물에 국소방출방식으로 고압식 이산화탄소소화설비가 설치되어 있다. 필요한 소화약제의 최소 저장량(kg)을 계산하시오. (단, 화재 시 가연물이 비산할 우려가 있고 방호대상물 주위에는 설치된 벽이 없는 것으로 간주한다) (5점)

풀이 ○ 계산과정 :
① 방호공간의 체적(m^3)
$V = 5.2m(가로) \times 4.2m(세로) \times 2.6(높이) = 56.784m^3$
② a는 방호대상물 주위에 설치된 벽의 면적의 합계(m^2)
$a = 0$(방호대상물 주위에는 설치된 벽이 없다)
③ A는 방호공간의 벽 면적(m^2)
$A = 가로5.2 \times 높이2.6 \times \underline{2면}_{(전면 및 후면)} + 세로4.2 \times 높이2.6 \times \underline{2면}_{(좌면 및 우면)} = 48.88m^2$
④ 방호공간 $1m^3$에 대한 CO_2소화약제의 양
$Q(kg/m^3) = 8 - 6 \times \dfrac{0}{48.88} = 8kg/m^3$
⑤ 필요한 CO_2소화약제의 양
$Q(kg) = 56.78m^3 \times 8kg/m^3 \times 1.4(고압식) = 635.94kg$
○ 답 : 635.94kg

상세해설

(1) **방호공간의 체적(m^3)**
방호대상물의 각 부분으로부터 0.6m의 거리에 따라 둘러싸인 공간

[방호대상물]　　　　　　　[방호공간]

(2) **국소방출방식**
① • 윗면이 개방된 용기에 저장하는 경우
　• 화재시 연소면이 한정되고 가연물이 비산할 우려가 없는 경우
$Q(kg) = 방호대상물 표면적(m^2) \times 13kg/m^2 \times [고압식 1.4, 저압식 1.1]$

② ① 이외의 경우
  $Q(\text{kg}) = V(\text{방호공간의 체적}) \times Q_1 \times [\text{고압식 1.4, 저압식 1.1}]$
  $Q_1 = 8 - 6\dfrac{a}{A}$
  여기서, Q_1 : (kg/m^3)
  a : 방호대상물 주위에 설치된 벽면적 합계(m^2)
  A : 방호공간의 벽면적 합계(m^2)

※ **방호공간** : 방호대상물의 각 부분으로부터 0.6m의 거리에 따라 둘러싸인 공간
[주] (1) 방호공간의 벽 면적 계산 시 상부(뚜껑)의 면적은 적용하지 않는다.
    (2) 바닥은 밀폐된 것으로 간주하는 것이 원칙이며 별도의 규정이 없는 한 0.6m 연장을 적용하면 안된다.
    (3) 방호대상물로부터 0.6m 이내에 기둥 또는 칸막이가 설치되어 더 이상 연장할 수 없는 경우에는 해당부분까지만 연장하여야 한다.

14년-07월

20 이산화탄소소화설비의 작동기능점검 중 솔레노이드밸브(전자밸브)를 작동시키는 방법을 4가지만 쓰시오. (4점)

○답 : ① 수동조작함의 기동스위치 작동
     ② 감시제어반에서 솔레노이드밸브 기동스위치 작동
     ③ 감시제어반에서 감지기 2회로(교차회로)동작
     ④ 해당 방호구역 감지기 2회로 작동

상세해설

(1) **가스압력식에서 솔레노이드밸브 작동방법**
    ① 수동조작함의 기동스위치 작동
    ② 감시제어반에서 솔레노이드밸브 기동스위치 작동
    ③ 감시제어반에서 감지기 2개회로(교차회로)동작
    ④ 해당 방호구역 감지기 2개회로 작동
    ⑤ 솔레노이드밸브의 수동 기동스위치 작동

(2) **전기식에서 솔레노이드밸브 작동방법**
    ① 수동조작함의 기동스위치 작동
    ② 감시제어반에서 솔레노이드밸브 기동스위치 작동
    ③ 감시제어반에서 감지기 2회로(교차회로)동작
    ④ 해당 방호구역 감지기 2회로 작동
    ⑤ 솔레노이드밸브의 수동 기동스위치 작동

21 다음 그림은 국소방출방식의 이산화탄소 소화설비이다. 각 물음에 답하시오. (단, 고압식이며 화재시 가연물이 비산할 우려가 있는 경우이다.)

(물음 1) 방호 공간 체적(m^3)은 얼마인가?
(물음 2) 소화약제 최소저장량(kg)은 얼마인가?
(물음 3) 헤드 1개의 방출량(kg/s)은 얼마인가?

풀이

$Q = 8 - 6\dfrac{a}{A}$

Q : 소화약제량(kg/m^3)
a : 방호대상물 주위에 설치된 벽면적 합계(m^2)
A : 방호공간의 벽면적(벽이 없는 경우 있는 것으로 가정한 당해부분의 면적) 합계(m^2)

(물음 1)
○ **계산과정** : 방호공간의 체적(m^3) = 방호대상물의 각 부분으로부터 0.6m의 거리에 둘러싸인 공간을 말한다.

　　(a 면적)　　　　　　(A 면적)

∴ 방호공간체적 = 4.2 × 2.2 × 1.6 = 14.784 m^3

○ **답** : 14.78 m^3

(물음 2)
○ **계산과정** : a = 설치된 고정측벽이 없으므로 0 즉, a = 0
　　　　　A = 4.2m × 1.6m × 2면 + 2.2m × 1.6m × 2면 = 20.48 m^2

∴ $Q(kg/m^3) = 8 - 6 \times \dfrac{0}{20.48} = 8\,kg/m^3$

∴ 약제량(kg) = $14.78\text{m}^3 \times \dfrac{8\text{kg}}{\text{m}^3} \times 1.4(\text{고압식}) = 165.54\text{kg}$

○답 : 165.54kg

(물음 3)

○계산과정 : 약제 방사시간은 국소방출방식이므로 30초 이내이다.

∴ 헤드 1개당 방출량(kg/s) = $165.54\text{kg} \div 30\text{s} \div 4\text{개} = 1.38\text{kg/s}$

○답 : 1.38kg/s

22 액화이산화탄소 45kg을 20℃ 대기 중(표준대기압)에 방출 하였을 경우 각 물음에 답 하시오.

(물음 1) 이산화탄소의 부피(m^3)는 얼마가 되겠는가?

(물음 2) 방호구역공간의 체적이 90m^3인 곳에 약제를 방출하였다면 CO_2의 농도(%)는 얼마가 되겠는가?

풀이 (물음 1)

○계산과정 : $PV = \dfrac{W}{M}RT$

P : 기압(atm), V : 부피(m^3), W : 무게(kg), M : 분자량

R : 기체상수(0.082atm · m^3/kmol · K)

T : 절대온도(K=273+t℃)

표준대기압 = 1atm

CO_2의 분자량(M) = 12+16×2 = 44

∴ $V = \dfrac{WRT}{PM} = \dfrac{45 \times 0.082 \times (273+20)}{1 \times 44} = 24.57\text{m}^3$

○답 : 24.57m^3

(물음 2)

○계산과정 : $CO_2(\%) = \dfrac{\text{방출 가스량}(G_V)}{\text{방호구역체적}(V) + \text{방출가스량}(G_V)} \times 100$

∴ $CO_2(\%) = \dfrac{24.57}{90+24.57} \times 100 = 21.45\%$

○답 : 21.45%

13년-11월

23 체적이 500m³인 특정소방대상물에 이산화탄소소화설비를 설치하고자 한다. 화재시 실내산소의 농도를 10%로 하려면 방사하여야 할 이산화탄소는 몇 kg인가? (단, 실내기준은 1기압 40℃를 기준으로 한다) (5점)

○ 계산과정 : 방출된 CO_2의 부피 $G = \dfrac{21-10}{10} \times 500 = 550 \text{m}^3$

방출된 CO_2의 무게 $W = \dfrac{1 \times 550 \times 44}{0.082 \times (273+40)} = 942.88 \text{kg}$

○ 답 : 942.88kg

상세해설

방출된 CO_2가스량 산출공식

$$G = \dfrac{21-Q_1}{Q_1} \times V$$

여기서, G : 방출된 CO_2 가스량(m³), Q 물질의 연소한계 산소농도(%)
V : 방호구역체적(m³)

이상기체 상태방정식

$$PV = \dfrac{W}{M}RT = nRT, \quad W = \dfrac{PVM}{RT}$$

여기서, P : 압력(atm), V : 방출된 CO_2가스량(m³), M : 분자량, W : 무게(kg)
R : 기체상수(0.082atm · m³/kmol · K), R : 절대온도(273+t℃)K

10년-07월

24 방호대상물 규격이 가로 3m, 세로 7m, 높이 2m인 특수 가연물 제1종이 있다. 화재시 비산할 우려가 있어 밀폐된 용기에 저장하였다. 국소방출방식으로 설계할 때, 고압식과 저압식의 경우 각각의 약제 저장량은 몇 kg인지 구하시오. (단, 소방대상물 주위에 가로 3.2m, 세로 7.2m, 높이 2.2m의 벽을 설치하였다.) (6점)

○ 고압식(계산과정 및 답) :
○ 저압식(계산과정 및 답) :

(1) 고압식

○ 계산과정 : $a = 3.2\text{m} \times 2.2\text{m} \times 2\text{면} + 7.2\text{m} \times 2.2\text{m} \times 2\text{면} = 45.76\text{m}^2$,

349

$$A = a = 45.76\text{m}^2$$
$$V = 3.2\text{m} \times 7.2\text{m} \times 2.2\text{m} = 50.69\text{m}^3$$
$$K = 8 - 6\frac{a}{A} = 8 - 6\frac{45.76}{45.76} = 2\text{kg/m}^3$$
$$Q = 50.69\text{m}^3 \times 2\text{kg/m}^3 \times 1.4 = 141.93\text{kg}$$

○ 답 : 141.93kg

(2) 저압식

○ 계산과정 : $Q = 50.69\text{m}^3 \times 2\text{kg/m}^3 \times 1.1 = 111.52\text{kg}$

○ 답 : 111.52kg

상세해설

(1) **입면화재**(용적식) : 화재 시 소방대상물 모든 면이 연소면인 것

(2) $Q = V \times K \times h$
  여기서, Q : 약제저장량(kg), V : 방호공간의 체적(m^3), K : 방출계수(kg/m^3)
     h : 할증계수(고압식 = 1.4, 저압식 = 1.1)

(3) $K = 8 - 6\dfrac{a}{A}$
  여기서, K : 방호공간 1m^3당 CO_2의 양(kg)
     a : 방호대상물 주위에 설치된 벽면적 합계(m^2)
     A : 방호공간의 벽면적 합계(m^2)

(4) **방호공간** : 방호대상물의 각 부분으로부터 0.6m의 거리에 둘러쌓인 공간

(5)

$a = 3.2\text{m} \times 2.2\text{m} \times 2\text{면} + 7.2\text{m} \times 2.2\text{m} \times 2\text{면} = 45.76\text{m}^2$
$A = a = 45.76\text{m}^2$
방호공간의 벽면적 합계 A는 방호대상물 주위 0.6m이내 부분에 벽이 있어 벽 부분까지만 연장할 수 있으므로 방호대상물 주위에 설치된 벽면적 합계 a와 같다.

(6) **방호공간 계산**
  방호공간의 체적 V는 방호대상물 주위 0.6m이내 부분에 벽이 있어 소방대상물 주위에 설치된 벽 부분까지만 연장할 수 있으므로
  $V = 3.2\text{m} \times 7.2\text{m} \times 2.2\text{m} = 50.69\text{m}^3$

06년-04월, 06년-11월, 13년-11월

25 어떤 사무소 건물의 지하층에 있는 발전기실 및 축전지실에 전역방출방식 이산화탄소 소화설비를 설치하려고 한다. 화재안전기술기준과 주어진 조건에 의하여 다음 각 물음에 답하시오. (15점)

[조건] ① 소화설비는 고압식으로 한다.
② 발전기실의 크기 : 가로 5m×세로 8m×높이 4m
③ 발전기실의 개구부크기 : 1.8m×3m×2개소(자동폐쇄장치 있음)
④ 축전지실의 크기 : 가로 4m×세로 5m×높이 4m
⑤ 축전지실의 개구부 크기 : 0.9m×2m×1개소(자동폐쇄장치 없음)
⑥ 가스용기 1병당 충전량 : 45kg
⑦ 가스저장용기는 공용으로 한다.
⑧ 가스량은 다음 표를 이용하여 산출한다.

방호구역의 체적(m^3)	소화약제의 양 (kg/m^3)	소화약제 저장량의 최저한도(kg)
50 이상~150 미만	0.9	45
150 이상~1500 미만	0.8	135

※ 개구부 가산량은 $5kg/m^2$으로 계산한다.

(물음 1) 각 방호구역별로 필요한 가스용기의 병수는 몇 병인가?
(물음 2) 집합장치에 필요한 가스용기의 병수는 몇 병인가?
(물음 3) 각 방호구역별 선택밸브 직후의 유량은 몇 [kg/s]인가?
(물음 4) 저장용기의 내압시험 압력은 몇 [MPa]인가?
(물음 5) 안전장치의 작동압력 범위는 얼마인가?
(물음 6) 분사헤드의 방출압력은 21℃에서 몇 [MPa] 이상이어야 하는가?
(물음 7) 음향경보장치는 약제방사 개시 후 몇 분 동안 경보를 계속할 수 있어야 하는가?
(물음 8) 각 방호구역에 필요한 음향경보장치는 각각 몇 개씩인가?
(물음 9) 가스용기의 개방밸브는 작동방식에 따라 3가지로 분류되는데 그 각각의 명칭은 무엇인가?

풀이 (물음 1) ○ 계산과정 :
발전기실 : $5m \times 8m \times 4m \times 0.8kg/m^3 = 128kg$
그러나 조건 ⑧의 표에서 저장량의 최저한도가 135kg 이므로 135kg을 저장하여야 한다. 135kg/45kg=3.0 ∴ 3병
축전지실 : $4m \times 5m \times 4m \times 0.9kg/m^3 + 0.9m \times 2m \times 5kg/m^2 = 81kg$

$81\text{kg}/45\text{kg}=1.8$ ∴ 2병
○답 : 발전기실 : 3병, 축전지실 : 2병

(물음 2) 가장 많은 약제소요량의 방호구역기준이므로 3병
○답 : 3병

(물음 3) ○답 : 발전실 : $(45\text{kg}\times3)/60\text{s}=2.25\text{kg/s}$
축전지실 : $(45\text{kg}\times2)/60\text{s}=1.50\text{kg/s}$

(물음 4) ○답 : 25MPa 이상

(물음 5) ○답 : 내압 시험압력의 0.8배

(물음 6) 고압식으로
○답 : 2.1MPa 이상

(물음 7) ○답 : 1분 이상

(물음 8) ○답 : 1개씩

(물음 9) ○답 : 전기식, 가스압력식, 기계식

12년-11월, 15년-07월

26 이산화탄소 소화설비가 설치된 방호구역의 체적이 150m³이고 소화약제의 방출계수가 1.33kg/m³일 때 용기저장실에 저장하여야 할 약제 저장용기수 (병)을 구하시오.(단, 용기의 내용적은 68L이고 충전비는 1.8이다.) **(5점)**

○계산과정 : 약제 소요량 $=150\text{m}^3\times\dfrac{1.33\text{kg}}{\text{m}^3}=199.5\text{kg}$

충전비 $C=\dfrac{V(\text{L})}{G(\text{kg})}$

∴ $1.8=\dfrac{68\text{L}}{G(\text{kg})}$ $G=37.78\text{kg/병}$

$199.5\text{kg}/37.78\text{kg}=5.28$ ∴ 6병

○답 : 6병

15년-04월

27 아래와 같은 조건으로 전역방출방식의 고압식 이산화탄소소화설비를 설치하였을 경우 각 물음에 답하시오. (13점)

[조건]
① 방호구역의 크기는 가로 10m, 세로 20m, 높이 5m이다.
② 개구부의 조건

개구부의 크기	자동폐쇄장치 설치여부
가로2.4m×세로1.8m	설치안됨
가로1.2m×세로0.8m	설치됨

③ 개구부의 상태에 따라 개구부 면적 $1m^2$당 가산하는 소화약제의 양은 5kg으로 한다.
④ 설치된 분사헤드의 방사율은 1개당 $1.05kg/mm^2 \cdot$분으로 하며 CO_2방출시간은 1분을 기준으로 한다.
⑤ CO_2 저장용기는 내용적 68L/충전량 45kg 용의 것을 사용하는 것으로 한다.
⑥ 분사헤드의 분구면적은 1개당 $0.51cm^2$이다.
⑦ 소화약제의 산정기준 및 기타 필요한 사항은 국가화재안전기술기준에 따른다.

(물음 1) 필요한 소화약제의 양(kg)을 산출하시오.
(물음 2) 용기저장소에 저장하여야 할 소화약제의 용기수는 얼마인가?
(물음 3) 선택밸브 직후의 유량은 몇(kg/s) 인가?
(물음 4) 설치하여야 할 헤드 수는 모두 몇 개인지 구하시오.
         (단, 실제방출 병 수로 계산)

풀이 (물음 1) ○계산과정 : $Q = 10 \times 20 \times 5(m^3) \times 0.8kg/m^3 + 2.4 \times 1.8m^2 \times 5kg/m^2$
                              $= 821.6kg$
         ○답 : 821.6kg

(물음 2) ○계산과정 : $N = \dfrac{821.6kg}{45kg} = 18.26 \ \therefore 19$병
         ○답 : 19병

(물음 3) ○계산과정 : $Q = \dfrac{19병 \times 45kg}{60s} = 14.25kg/s$
         ○답 : 14.25kg/s

(물음 4) ○계산과정 : $N = \dfrac{19병 \times 45\text{kg}}{1.05 \times 0.51 \times 1분} = 15.97$ ∴16개

○답 : 16개

상세해설

(물음 1) 표면화재의 방호구역 체적계수 및 면적계수

방호구역의 체적 (m³)	방호구역의 체적 1m³에 대한 소화약제의 양 kg (K_1 : kg/m³)	저장량의 최저한도량 (kg)	개구부 가산량 (K_2 : kg/m²) (자동폐쇄장치 미설치시)
45 미만	1	45	5
45 이상 150 미만	0.9	45	5
150 이상 1450 미만	0.8	135	5
1450 이상	0.75	1125	5

[K_1(kg/m³) : 방호구역 체적계수, K_2(kg/m²) : 개구부 면적계수]

(물음 2) 전역방출방식 표면화재 방호대상물의 약제저장량

$Q = V \times K_1 + A \times K_2$

여기서, Q : CO_2약제저장량(kg), V : 방호구역체적(m³)
K_1(kg/m³) : 방호구역 체적계수, A : 개구부면적(m²)
K_2(kg/m²) : 개구부 면적계수

(물음 4) 헤드 1개의 방사량 계산

$Q = 1.05\text{kg/mm}^2 \cdot \min \times 0.51\text{cm}^2 \times 100\text{mm}^2/\text{cm}^2 = 53.55\text{kg/min}$

헤드개수 산출

$N(헤드수)$
$= \dfrac{약제저장량(\text{kg})}{헤드의\ 방출율(\text{kg/mm}^2 \cdot \min \cdot 개) \times 헤드분구면적(\text{mm}^2) \times 방사시간(\min)}$

11년-07월, 14년-04월

28 소방설비 배관방식 중 토너먼트 배관방식을 일반적으로 적용하기 유리한 소화설비의 종류를 4가지 쓰시오.

○답 : ① 이산화탄소 소화설비
② 할론 소화설비
③ 할로겐화합물 및 불활성기체 소화설비
④ 분말 소화설비

14년-07월

29 다음 조건을 기준으로 이산화탄소 소화설비에 대한 저장 용기실에 저장하여야 할 용기수를 계산하시오.

[조건] ① 소방대상물의 크기는 가로5m×세로6m×높이4m이다.
② 소화약제는 고압저장방식으로 하고 충전비는 1.5, 충전량은 45kg이다.
③ 소방대상물의 용도는 집진시설이다
④ 주어진 조건 외는 소방관련법규 및 화재안전기술기준에 준한다.

풀이 ○ 계산과정 : $Q = (5 \times 6 \times 4)\text{m}^3 \times 2.7 \text{kg/m}^3 = 324 \text{kg}$

$N = \dfrac{324 \text{kg}}{45 \text{kg}} = 7.2$ ∴ 8병

○ 답 : 8병

상세해설

(1) 전역방출방식
종이·목재·석탄·섬유류·합성수지류 등 심부화재 방호대상물

방호대상물	방호구역의 체적 1m^3에 대한 소화약제의 양 kg (K_1 : kg/m^3)	설계농도 (%)	개구부 가산량 (K_2 : kg/m^2) (자동폐쇄장치 미설치시)
유압기기를 제외한 전기설비, 케이블실	1.3	50%	10
체적 55m^3 미만의 전기설비	1.6	50%	
서고, 전자제품창고, 목재가공품창고, 박물관	2.0	65%	
고무류, 면화류창고, 모피창고, 석탄창고, 집진설비	2.7	75%	

(2) 약제 저장량 계산

$$Q = V \times K_1 + A \times K_2$$

여기서, Q : CO_2 약제저장량(kg)
V : 방호구역체적(m^3)
K_1 : 방호구역 체적계수(kg/m^3)
A : 개구부 면적(m^2)
K_2 : 개구부 면적계수(kg/m^2)

14년-11월

30 이산화탄소 100mol이 방호구역(15℃ 대기압 상태)에 방출되었다. 압력은 일정하고 방호구역내의 온도가 30℃로 상승하였을 경우 방출된 이산화탄소의 부피(m^3)를 계산하시오.

○ 계산과정 : ① 100mol = 0.1kmol

② $V = \dfrac{nRT}{P} = \dfrac{0.1 \times 0.082 \times (273+30)}{1} = 2.48m^3$

○ 답 : $2.48m^3$

상세해설

(1) mol(몰)의 개념정리
 ① 물질의 분자량과 동일한 그램 단위의 질량을 그 물질의 1그램(g) 분자 또는 1몰(mol)이라고 한다.
 ② 수소는 분자량이 $H_2 = 2$이므로 2g이 1mol, 이산화탄소는 분자량이 $CO_2 = 44$이므로 44g이 1mol이다.
 ③ 1mol의 천 배 즉 1kmol을 단위로 한다.
(2) 100mol = 0.1kmol
(3) 이상기체 상태방정식

$$PV = nRT = \dfrac{W}{M}RT$$

여기서, P : 압력(atm)
 V : 체적(m^3)
 n : kmol
 W : CO_2무게(kg)
 M : CO_2분자량
 R : 기체상수(0.082atm·m^3/kg-mol·K)
 T : 절대온도(273+t℃)K

31

00년-02월, 01년-10월, 05년-10월, 15년-07월

사무소 건물의 지하층에 있는 발전기실에 화재안전기술기준과 다음 조건에 따라 전역방출식 이산화탄소 소화설비를 설치하려고 한다. 다음 각 물음에 답하시오. (10점)

(물음 1) 가스 용기는 몇 병이 필요한가?
(물음 2) 개방밸브 직후의 유량은 몇 [kg/s]인가?
(물음 3) 음향경보장치는 약제방출개시 후 얼마동안 경보를 계속할 수 있어야 하는가?
(물음 4) 약제저장용기의 개방밸브는 작동방식에 따라 3가지로 분류된다. 그 명칭을 쓰시오.

[조건] ㉮ 소화설비는 고압식으로 한다.
㉯ 발전기실의 크기 : 가로7m×세로10m×높이5m
발전기실의 개구부 크기 : 1.8m×3m×2개소(자동폐쇄장치 있음)
㉰ 가스용기 1병당 충진량 : 45kg
㉱ 소화약제의 양은 $0.8kg/m^3$, 개구부 가산량 $5kg/m^2$을 기준으로 산출한다.

풀이 (물음 1) ○계산과정 : $7 \times 10 \times 5(m^3) \times 0.8kg/m^3 = 280kg$
∴ 280kg/45kg = 6.22 ∴ 7병

○답 : 7병

(물음 2) ○계산과정 : 소화약제의 양은 $0.8kg/m^3$이므로 표면화재이다. 따라서 약제방사시간은 1분이고 개방밸브는 선택밸브를 뜻한다.
∴ 45kg×7병/60s = 5.25kg/s

○답 : 5.25kg/s

(물음 3) ○답 : 1분 이상

(물음 4) ○답 : ① 전기식 ② 가스압력식 ③ 기계식

32

업무시설의 지하층 전기설비 등에 다음과 같이 이산화탄소소화설비를 설치하고자 한다. 주어진 조건에 적합하게 답하시오. (11점)

[조건]
1. 설비는 전역방출방식으로 하며 설치장소는 전기설비 실, 케이블 실, 서고, 모피창고임.
2. 전기설비실과 모피창고에는 가로 1m×세로 2m의 자동폐쇄장치가 설치되지 않은 개구부가 각각 1개씩 설치됨.
3. 저장용기의 내 용적은 68L이며, 충전 비는 1.511으로 동일 충전 비를 가짐.
4. 전기설비실과 케이블 실은 동시 방호구역으로 설계함.
5. 소화약제 방출시간은 모두 7분으로 함.
6. 각 실에 설치할 노즐의 방사량은 각 노즐 1개당 10(kg/분)으로 함.
7. 각 실의 평면도는 다음과 같다. (각 실의 층고는 모두 3m임)

```
┌─────────────┬─────────────────┐
│             │   모피창고       │
│             │  (10m × 3m)     │
│  전기설비실  ├─────────────────┤
│ (8.0m × 6m) │                 │
│             │     서 고       │
├─────────────┤  (10m × 7m)     │
│  케이블실   │                 │
│  (2m × 6m)  │                 │
└─────────────┴─────────────────┘

┌─────────────┐
│  저장용기실 │
│  (2m × 3m)  │
└─────────────┘
```

(물음 1) 모피창고의 실제 소요 가스량(kg)을 구하시오.
(물음 2) 저장용기 1병에 충전되는 가스량(kg)을 구하시오.
(물음 3) 저장 용기 실에 설치할 저장용기의 수는 몇 병인지 구하시오.
(물음 4) 설치하여야 할 선택밸브의 수는 몇 개인지 구하시오.
(물음 5) 모피창고에 설치할 헤드 수는 모두 몇 개인지 구하시오.(단, 실제 방출 병 수로 계산)
(물음 6) 서고의 선택밸브 주 배관의 유량은 몇(kg/분)인지 구하시오.(실제 방출 병 수로 계산)

풀이 (물음 1) 모피창고의 실제 소요가스량(kg)
   ○계산과정 : $Q(\text{kg}) = 10 \times 3 \times 3(\text{m}^3) \times 2.7\text{kg/m}^3 + 1 \times 2\text{m}^2 \times 10\text{kg/m}^2$
   $= 263\,\text{kg}$
   ○답 : 263kg

(물음 2) 저장용기 1병에 충전되는 가스량(kg)
   ○계산과정 : $G = \dfrac{68(\text{L})}{1.511} = 45.00\,\text{kg}$
   ○답 : 45kg

(물음 3) 저장용기실에 설치 할 저장용기의 수
   ○계산과정 : 각 실별 소요병수 계산
   ① 전기설비실+케이블실(동시방호구역)
   $Q(\text{kg}) = [(8\text{m} \times 6\text{m}) + (2\text{m} \times 6\text{m})] \times 3\text{m} \times 1.3\text{kg/m}^3$
   $+ 1\text{m} \times 2\text{m} \times 10\text{kg/m}^2$
   $= 254\,\text{kg}$
   $N = 254\,\text{kg} \times \dfrac{1병}{45\text{kg}} = 5.64병 \quad \therefore 6병$

   ② 모피창고
   $Q(\text{kg}) = 10\text{m} \times 3\text{m} \times 3\text{m} \times 2.7\text{kg/m}^3 + 1\text{m} \times 2\text{m} \times 10\text{kg/m}^2$
   $= 263\,\text{kg}$
   $N = 263\text{kg} \times \dfrac{1병}{45\text{kg}} = 5.84병 \quad \therefore 6병$

   ③ 서 고
   $Q(\text{kg}) = 10\text{m} \times 7\text{m} \times 3\text{m} \times 2.0\text{kg/m}^3 = 420\text{kg}$
   $N = 420\text{kg} \times \dfrac{1병}{45\text{kg}} = 9.33병 \quad \therefore 10병$
   ∴ 가장 많은 양의 약제를 필요로 하는 방호구역 기준이므로 10병
   ○답 : 10병

(물음 4) 선택밸브의 수
   ○계산과정 : $N = 3구역 \times \dfrac{1개}{구역} = 3개$
   ○답 : 3개

(물음 5) 모피창고에 설치할 헤드 수
   ○계산과정 : $N = (6 \times 45) \div 10 \div 7 = 3.86개 \quad \therefore 4개$
   ○답 : 4개

(물음 6) 서고의 선택밸브 주 배관의 유량(kg/분)
○ 계산과정 : $Q = (10병 \times 45kg/병) \div 7분 = 64.29 kg/분$
○ 답 : 64.29kg/분

상세해설

(물음 1) (1) 전역방출방식
[심부화재(종이 · 목재 · 석탄 · 섬유류 · 합성수지류) 의 방호구역 체적계수 및 개구부 면적계수]

방호대상물	방호구역의 체적 1m³에 대한 소화약제의 양 kg (K_1 : kg/m³)	설계농도 (%)	개구부 가산량 (K_2 : kg/m²) (자동폐쇄장치 미설치시)
유압기기를 제외한 전기설비, 케이블실	1.3	50%	10
체적 55m³ 미만의 전기설비	1.6	50%	
서고, 전자제품창고, 목재가공품창고, 박물관	2.0	65%	
고무류, 면화류창고, 모피창고, 석탄창고, 집진설비	2.7	75%	

$Q(kg) = V(m^3) \times K_1(kg/m^3) + A(m^2) \times K_2(kg/m^2)$

여기서, Q : 약제저장량(kg)
　　　　V : 방호구역체적(m^3)
　　　　A : 개구부면적(m^2)
　　　　K_1 : 방호구역 체적계수
　　　　K_2 : 개구부면적계수

(물음 2) 충전비$(C) = \dfrac{V(L)}{G(kg)}$

∴ $1.511 = \dfrac{68(L)}{G(kg)}$　　$G = \dfrac{68(L)}{1.511} = 45.00 kg$

(물음 4) (1) 선택밸브는 방호구역 당 1개 설치
　　　　(2) 방호구역 수 = (전설비실+케이블실⇒동시방호구역)1구역+모피창고1구역+서고1구역 = 3구역

(물음 5) 헤드개수 N=약제저장량(kg)÷헤드1개 개방율(kg/분)÷방사시간(분)

15년-11월

33. 이산화탄소소화설비의 기동장치 설치기준 중 수동식기동장치와 자동식기동장치의 설치기준을 각각 3가지만 쓰시오. (5점)

○답 : • **수동식기동장치**
① 수동식 기동장치의 부근에는 소화약제의 방출을 지연시킬 수 있는 방출지연스위치를 설치할 것
② 전역방출방식은 방호구역마다, 국소방출방식은 방호대상물마다 설치할 것
③ 해당방호구역의 출입구부분 등 조작을 하는 자가 쉽게 피난할 수 있는 장소에 설치할 것
④ 기동장치의 조작부는 바닥으로부터 높이 0.8m 이상 1.5m 이하의 위치에 설치하고, 보호판 등에 따른 보호장치를 설치할 것

• **자동식기동장치**
① 자동화재탐지설비의 감지기의 작동과 연동하는 것으로서 할 것
② 자동식 기동장치에는 수동으로도 기동할 수 있는 구조로 할 것
③ 전기식 기동장치로서 7병 이상의 저장용기를 동시에 개방하는 설비는 2병 이상의 저장용기에 전자 개방밸브를 부착할 것

상세해설

이산화탄소소화설비의 기동장치 설치기준
(1) **수동식 기동장치**
① 수동식 기동장치의 부근에는 소화약제의 방출을 지연시킬 수 있는 방출지연스위치를 설치할 것
② 전역방출방식은 방호구역마다, 국소방출방식은 방호대상물마다 설치할 것
③ 해당방호구역의 출입구부분 등 조작을 하는 자가 쉽게 피난할 수 있는 장소에 설치할 것
④ 기동장치의 조작부는 바닥으로부터 높이 0.8m 이상 1.5m 이하의 위치에 설치하고, 보호판 등에 따른 보호장치를 설치할 것
⑤ 기동장치에는 그 가까운 곳의 보기쉬운 곳에 "이산화탄소소화설비 기동장치"라고 표시한 표지를 할 것
⑥ 전기를 사용하는 기동장치에는 전원표시등을 설치할 것
⑦ 기동장치의 방출용 스위치는 음향경보장치와 연동하여 조작될 수 있는 것으로 할 것

(2) **자동식 기동장치**
① 자동화재탐지설비의 감지기의 작동과 연동하는 것으로서 할 것
② 자동식 기동장치에는 수동으로도 기동할 수 있는 구조로 할 것
③ 전기식 기동장치로서 7병 이상의 저장용기를 동시에 개방하는 설비는 2병 이상의 저장용기에 전자 개방밸브를 부착할 것
④ 가스압력식 기동장치는 다음 각 목의 기준에 따를 것

㉠ 기동용가스용기 및 해당 용기에 사용하는 밸브는 25MPa 이상의 압력에 견딜 수 있는 것으로 할 것
㉡ 기동용가스용기에는 내압시험압력의 0.8배부터 내압시험압력 이하에서 작동하는 안전장치를 설치할 것
㉢ 기동용가스용기의 용적은 5L 이상으로 하고, 해당 용기에 저장하는 질소 등의 비활성기체는 6.0MPa 이상(21℃ 기준)의 압력으로 충전할 것
㉣ 기동용가스용기에는 충전여부를 확인할 수 있는 압력게이지를 설치할 것
㉤ 기계식 기동장치는 저장용기를 쉽게 개방할 수 있는 구조로 할 것

00년-02월, 09년-07월, 09년-10월, 16년-06월

34 방호구역 체적이 500m³인 소방대상물에 이산화탄소 소화설비를 하였다. 이곳에 CO₂ 100kg을 방사하였을 경우 CO₂(%)는 얼마인가?(단, 실내압력은 121.59kPa, 실내온도는 25℃로 가정한다.) (5점)

○ 계산과정 : ① 이상기체상태 방정식 $PV = \dfrac{W}{M}RT$을 이용한다.

여기서, P : 압력(atm), V : 부피(방출가스량 : m³)
W : CO_2무게(kg), M : CO_2분자량(44)
R : 기체상수(0.082atm · m³/kmol · K)
T : 절대온도(K = 273 + t℃)

② $CO_2 = \dfrac{방출된\ CO_2\ 가스량(m^3)}{방호구역\ 체적(m^3) + 방출된\ CO_2\ 가스량(m^3)} \times 100$

③ $P = 121.59\text{kPa} \times \dfrac{1\text{atm}}{101.325\text{kPa}} = 1.2\text{atm}$

방출된 CO₂ 가스량 계산

$1.2 \times V = \dfrac{100}{44} \times 0.082 \times (273+25)$ ∴ $V = 46.28\text{m}^3$

CO₂(%) 계산

$CO_2(\%) = \dfrac{46.28}{500 + 46.28} \times 100 = 8.47\%$

○ 답 : 8.47%

35

표면화재 방호대상물인 A, B, C, D실에 아래와 같은 조건으로 전역방출방식의 고압식 이산화탄소소화설비를 설치하였을 경우 각 물음에 답하시오.

[조건]
① 방호구역의 조건

방호구역	크기(m) 면적	크기(m) 높이	개구부면적 (m^2)	개구부 상태	분사헤드 설치 수
A	18×18	5	6	자동폐쇄 불가	40
B	11×17	6	4	자동폐쇄 가능	30
C	5×8	4	4	자동폐쇄 불가	8
D	5×3	3	2	자동폐쇄 가능	3

② 이산화탄소저장용기는 내용적 68L, 충전량 45kg인 것을 사용하는 것으로 한다.
③ 각 실에 설치된 분사헤드의 방사율은 1개당 $1.16kg/mm^2 \cdot min$이며 방출시간은 1분을 기준으로 한다.
④ 소화약제의 산정기준 및 기타 필요한 사항은 국가화재안전기술기준에 따른다.

(물음 1) 각 방호구역에 필요한 소화약제의 양(kg)을 계산하시오.
(물음 2) 용기저장소에 저장하여야 할 소화약제의 용기 수는 얼마인가?
(물음 3) 각 방호구역에 설치된 분사헤드의 분구면적(mm^2)은 얼마이어야 하는가?
(물음 4) 각 방호구역별 개방밸브 직후의 유량(kg/s)은 얼마인가?
(단, 실제 저장하는 약제량을 전량 방사하는 것으로 한다.)

풀이 (물음 1)

○ 계산과정 :

방호구역	약제량 계산식	필요한 소화약제량
A실	$Q = (18 \times 18 \times 5)1620m^3 \times 0.75kg/m^3 + 6m^2 \times 5kg/m^2$ $= 1245kg$	1245kg
B실	$Q = (11 \times 17 \times 6)1122m^3 \times 0.80kg/m^3 = 897.60kg$	897.60kg
C실	$Q = (5 \times 8 \times 4)160m^3 \times 0.80kg/m^3 = 128kg$ ∴ 최저한도량 = 135kg $Q = 135kg + 4m^2 \times 5kg/m^2 = 155kg$	155kg
D실	$Q = (5 \times 3 \times 3)45m^3 \times 0.90kg/m^3 = 40.5kg$ ∴ 최저한도량 = 45kg	45kg

○답 :

방호구역	필요한 소화약제량	방호구역	필요한 소화약제량
A실	1245.00kg	C실	155.00kg
B실	897.60kg	D실	45.00kg

(물음 2)

○계산과정 :

방호구역	소요병수 계산식	소요병수
A실	$N = \dfrac{1245\text{kg}}{45\text{kg}} = 27.67$병 ∴ 28병	28병
B실	$N = \dfrac{897.60\text{kg}}{45\text{kg}} = 19.95$병 ∴ 20병	20병
C실	$N = \dfrac{155\text{kg}}{45\text{kg}} = 3.44$병 ∴ 4병	4병
D실	$N = \dfrac{45\text{kg}}{45\text{kg}} = 1$병 ∴ 1병	1병

○답 : 28병

(물음 3)

○계산과정 :

방호구역	분출구면적 계산식	분구면적
A실	$A = \dfrac{45\text{kg} \times 28\text{병}}{1.16(\text{kg/mm}^2 \cdot \text{min} \cdot \text{개}) \times 40\text{개} \times 1\text{min}} = 27.16\text{mm}^2$	27.16mm^2
B실	$A = \dfrac{45\text{kg} \times 20\text{병}}{1.16(\text{kg/mm}^2 \cdot \text{min} \cdot \text{개}) \times 30\text{개} \times 1\text{min}} = 25.86\text{mm}^2$	25.86mm^2
C실	$A = \dfrac{45\text{kg} \times 4\text{병}}{1.16(\text{kg/mm}^2 \cdot \text{min} \cdot \text{개}) \times 8\text{개} \times 1\text{min}} = 19.40\text{mm}^2$	19.40mm^2
D실	$A = \dfrac{45\text{kg} \times 1\text{병}}{1.16(\text{kg/mm}^2 \cdot \text{min} \cdot \text{개}) \times 3\text{개} \times 1\text{min}} = 12.93\text{mm}^2$	12.93mm^2

○답 :

방호구역	분구면적	방호구역	분구면적
A실	27.16mm^2	C실	19.40mm^2
B실	25.86mm^2	D실	12.93mm^2

(물음 4)

○계산과정 :

방호구역	유량 계산식	유량
A실	$Q = \dfrac{45\text{kg} \times 28\text{병}}{60\text{s}} = 21\text{kg/s}$	21kg/s
B실	$Q = \dfrac{45\text{kg} \times 20\text{병}}{60\text{s}} = 15\text{kg/s}$	15kg/s
C실	$Q = \dfrac{45\text{kg} \times 4\text{병}}{60\text{s}} = 3\text{kg/s}$	3kg/s
D실	$Q = \dfrac{45\text{kg} \times 1\text{병}}{60\text{s}} = 0.75\text{kg/s}$	0.75kg/s

○답 :

방호구역	유량	방호구역	유량
A실	21kg/s	C실	3kg/s
B실	15kg/s	D실	0.75kg/s

상세해설

표면화재 방호대상물

방호구역 체적	방호구역 체적계수 (kg/m³)	최저 한도량	개구부 면적계수(kg/m²) (자동폐쇄장치 미설치시)
45m³ 미만	1.0	45kg	5
45m³ 이상 150m³ 미만	0.9	45kg	
150m³ 이상 1450m³ 미만	0.8	135kg	
1450m³ 이상	0.75	1125kg	

(물음 1) 필요한 소화약제의 양(kg)

이산화탄소의 약제저장량(kg)

$$Q = V \times K_1 + A \times K_2$$

여기서, Q : 이산화탄소 약제저장량(kg)
V : 방호구역체적(m³)
K_1 : 방호구역 체적계수(kg/m³)
A : 개구부 면적(m²)(자동폐쇄장치가 없는 개구부면적)
K_2 : 개구부 면적계수(kg/m²)

(물음 2) 소화약제의 용기 수

$$N = \frac{약제저장량(kg)}{용기1병당\ 약제량(kg)} (소수점\ 이하는\ 무조건\ 절상)$$

(물음 3) 분사헤드의 분구(분출구)면적(mm²)

분사헤드의 분구(분출구) 면적(mm²)

$$= \frac{약제저장량(kg)}{방출율(kg/mm^2 \cdot min \cdot 개) \times 헤드개수 \times 방사시간}$$

(물음 4) 개방밸브(선택밸브)직후의 유량(kg/s)

$$Q(kg/s) = \frac{약제저장량(kg)}{기준방사시간(s)}$$

01년-11월, 04년-07월, 14년-04월, 19년-11월

36 이산화탄소소화설비의 분사헤드를 설치하여서는 아니되는 장소를 4가지만 쓰시오. (4점)

○답 : ① 방재실 · 제어실 등 사람이 상시 근무하는 장소
② 니트로셀룰로스 · 셀룰로이드제품 등 자기연소성물질을 저장 · 취급하는 장소
③ 나트륨 · 칼륨 · 칼슘 등 활성금속물질을 저장 · 취급하는 장소
④ 전시장 등의 관람을 위하여 다수인이 출입 · 통행하는 통로 및 전시실 등

19년-04월

37 바닥면적 400m², 높이 3.5m되는 통신기기실에 이산화탄소소화설비를 설치하고자 한다. 다음 조건을 참조하여 각 물음에 답하시오 (5점)

[조건] ① 전역방출방식이며 심부화재로 간주 한다.
② CO_2의 방사는 21℃, 1atm을 기준으로 한다.
③ 기체상수 $R = 8.3143$ kJ/mol · K로 한다.
④ 방호구역에는 5m²의 개구부가 있으며 자동폐쇄장치가 없다.

(물음 1) 필요한 CO_2의 저장용기(68L/45kg)의 병수를 구하시오.
(물음 2) 저장된 CO_2 약제량의 방사시간이 7분이라면 선택밸브 1차 측의 최소 체적유량(m³/min)은 얼마인가?

(물음 1) 필요한 CO_2의 저장용기의 병수
○계산과정 :
방호구역체적 $V = 400\text{m}^2 \times 3.5\text{m} = 1400\text{m}^3$, 개구부면적 $A = 5\text{m}^2$
필요한 약제량 $Q = 1400\text{m}^3 \times 1.3\text{kg/m}^3 + 5\text{m}^2 \times 10\text{kg/m}^2 = 1870\text{kg}$
필요한 저장용기수 $N = \dfrac{1870\text{kg}}{45\text{kg}} = 41.56$병 ∴ 42병
○답 : 42병

(물음 2) 체적유량(m³/min)
○계산과정 :
○약제 방사량 무게 $Q = 42$병 $\times 45$kg/병 $= 1890$kg
○0℃, 1atm에서 CO_2의 비체적(선형상수)
$K_1 = \dfrac{RT}{PM} = \dfrac{8.3143\text{kJ/mol} \cdot \text{K} \times (273+0)\text{K} \times 1\text{mol}}{101.325\text{kPa} \times 44\text{kg}}$

$$= 0.509119 \text{m}^3/\text{kg}$$

◦ 21℃에서 비체적(선형상수)

$$S = K_1 + K_2 t = 0.509119 + \frac{0.509119}{273} \times 21 = 0.548282 \text{m}^3/\text{kg}$$

◦ CO_2 42병(1890kg)을 체적으로 환산

$$V = 1890 \text{kg} \times \frac{0.548282 \text{m}^3}{\text{kg}} = 1036.25 \text{m}^3$$

◦ 체적유량 $Q = \dfrac{1036.25 \text{m}^3}{7\text{min}} = 148.04 \text{m}^3/\text{min}$

◦ 답 : $148.04 \text{m}^3/\text{min}$

상세해설

(1) 전역방출방식

종이 · 목재 · 석탄 · 섬유류 · 합성수지류 등 심부화재 방호대상물

방호 대상물	방호구역의 체적 1m³에 대한 소화약제의 양 kg (K_1 : kg/m³)	설계농도 (%)	개구부 가산량 (K_2 : kg/m²) (자동폐쇄장치 미설치시)
유압기기를 제외한 전기설비, 케이블실	1.3	50%	10
체적 55m³ 미만의 전기설비	1.6	50%	
서고, 전자제품창고, 목재가공품창고, 박물관	2.0	65%	
고무류, 면화류창고, 모피창고, 석탄창고, 집진설비	2.7	75%	

(2) 약제 저장량 계산

$$Q = V \times K_1 + A \times K_2$$

여기서, Q : CO_2약제저장량(kg), V : 방호구역체적(m^3)
K_1 : 방호구역 체적계수(kg/m³), A : 개구부 면적(m^2)
K_2 : 개구부 면적계수(kg/m²)

07년-07월, 12년-07월, 19년-06월

38 다음 조건을 기준으로 이산화탄소소화설비에 대한 물음에 답하시오. (12점)

[조건] (1) 소방대상물의 천장까지의 높이는 3m이고 방호구역의 크기와 용도는 다음과 같다.

| 통신기기실
가로 12m×세로 10m
(자동폐쇄장치 설치) | 전자제품창고
가로 20m×세로 10m
개구부 2m×2m
(자동폐쇄장치 미설치) |

| 위험물저장창고
가로 32m×세로 10m
(자동폐쇄장치 설치) |

(2) 소화약제의 저장은 고압용기저장방식이며 충전량은 45kg/병이다.
(3) 통신기기실과 전자제품창고는 전역방출방식으로 설치하고 위험물 저장창고에는 국소방출방식을 적용한다.
(4) 개구부 가산량은 $10kg/m^2$, 사용하는 헤드의 방출율은 $1.5kg/mm^2 \cdot 분 \cdot 개$이다.
(5) 위험물저장창고에는 가로 세로가 각각 5m, 높이가 2m인 개방된 용기에 제4류 위험물을 저장한다.
(6) 주어진 조건 외는 소방관련법규 및 소방화재안전기술기준에 준한다.

(물음 1) 각 방호구역에 대한 약제저장량은 몇 kg 이상인가?
 (1) 통신기기실
 (2) 전자제품창고
 (3) 위험물저장창고
(물음 2) 각 방호구역별 약제저장용기는 몇 병인가?
 (1) 통신기기실
 (2) 전자제품창고
 (3) 위험물저장창고
(물음 3) 통신기기실 헤드의 방사압력은 몇 MPa이어야 하는가?
(물음 4) 통신기기실에서 설계농도에 도달하는 시간은 몇 분 이내여야 하는가?
(물음 5) 전자제품창고의 헤드 수를 14개로 할 때 헤드의 오리피스 최소직경 (mm)은 얼마인가?

(물음 6) 약제저장용기의 저장온도가 15℃일 때 저장용기의 압력(MPa)은 얼마인가?
(물음 7) 전자제품창고에 저장된 약제가 모두 분사되었을 때 CO_2의 체적은 몇 m^3가 되는가? (단, 압력은 1기압, 온도는 25℃로 한다.)
(물음 8) 소화설비용으로 강관을 사용할 때의 배관기준을 설명하시오.

풀이 (물음 1) 방호구역별 약제저장량
 (1) 통신기기실
  ○ **계산과정** : $Q = 12m \times 10m \times 3m \times 1.3 kg/m^3 = 468 kg$
  ○ **답** : 468kg
 (2) 전자제품창고
  ○ **계산과정** : $Q = 20m \times 10m \times 3m \times 2kg/m^3 + 2m \times 2m \times 10kg/m^2$
        $= 1240 kg$
  ○ **답** : 1240kg
 (3) 위험물 저장창고
  ○ **계산과정** : $Q = 5m \times 5m \times 13 kg/m^2 \times 1.4(고압식) = 455 kg$
  ○ **답** : 455kg

(물음 2) 방호구역별 약제저장용기 수
 (1) 통신기기실
  ○ **계산과정** : 468kg ÷ 45kg/병 = 10.4병   ∴ 11병
  ○ **답** : 11병
 (2) 전자제품창고
  ○ **계산과정** : 1240kg ÷ 45kg/병 = 27.56병   ∴ 28병
  ○ **답** : 28병
 (3) 위험물 저장창고
  ○ **계산과정** : 455kg ÷ 45kg/병 = 10.11병   ∴ 11병
  ○ **답** : 11병

(물음 3) 헤드의 방사압력(고압식)
 ○ **답** : 2.1MPa 이상

(물음 4) 설계농도에 도달하는 시간
 CO_2 약제 소요량 방사시간

표면화재	심부화재
1분 이내	7분 이내(단, 설계농도가 2분 이내에 30%에 도달)

 ○ **답** : 7분 이내

(물음 5) 헤드의 오리피스직경(mm)
○ 계산과정 :
① 헤드의 오리피스 분구면적 A(mm²)
$A = $ 약제저장량 ÷ 방사시간 ÷ 헤드방출율 ÷ 헤드개수
$A = (45kg \times 28병) \div 7분 \div 1.5kg/mm^2 \cdot 분 \cdot 개 \div 14개 = 8.57mm^2$

② 헤드의 오리피스 최소직경(mm)
$A = \dfrac{\pi d^2}{4}$ 에서 $d = \sqrt{\dfrac{4A}{\pi}}$, $d = \sqrt{\dfrac{4 \times 8.57mm^2}{\pi}} = 3.30mm$

○ 답 : 3.30mm

(물음 6) 저장용기의 압력(MPa)
○ 답 : 5.3MPa

(물음 7) CO_2 체적
○ 계산과정 : $V = \dfrac{WRT}{PM} = \dfrac{1260(28병 \times 45kg) \times 0.082 \times 298}{1 \times 44}$
$= 699.76m^3$

○ 답 : 699.76m³

(물음 8) CO_2 소화설비의 강관 배관기준
○ 답 : 배관은 압력배관용 탄소강관(KS D 3562) 중 스케줄 80(저압식에 있어서는 스케줄 40) 이상의 것 또는 이와 동등 이상의 강도를 가진 것으로 아연도금 등으로 방식처리된 것을 사용할 것. 다만, 배관의 호칭이 20mm 이하인 경우에는 스케줄 40 이상인 것을 사용할 수 있다.

상세해설

(1) 전역방출방식

종이, 목재, 석탄, 섬유류, 합성수지류 등 심부화재 방호대상물

방호대상물	방호구역 1m³에 대한 소화약제의 양	설계농도 (%)	개구부 가산량(kg/m²) (자동폐쇄장치 미설치시)
유압기기를 제외한 전기설비 · 케이블실	1.3kg	50	
체적 55m³ 미만의 전기설비	1.6kg	50	10
서고, 전자제품창고, 목재가공품 창고, 박물관	2.0kg	65	
고무류, 면화류창고, 모피창고, 석탄창고, 집진설비	2.7kg	75	

$Q = V \times K_1(kg/m^3) + A \times K_2(kg/m^2)$

여기서, V : 방호구역체적(m³), A : 개구부 면적(m²)
K_1 : 방호구역 체적계수, K_2 : 개구부 면적계수

(2) 국소방출방식

① • 윗면이 개방된 용기에 저장하는 경우
   • 화재시 연소면이 한정되고 가연물이 비산할 우려가 없는 경우
   $Q(\text{kg}) = $ 방호대상물 표면적$(\text{m}^2) \times 13\text{kg/m}^2 \times $ [고압식 1.4, 저압식 1.1]

② ① 이외의 경우
   $Q(\text{kg}) = V($방호공간의 체적$) \times Q_1 \times $ [고압식 1.4, 저압식 1.1]

   $Q_1 = 8 - 6\dfrac{a}{A}$

   여기서, Q_1 : (kg/m^3)
   a : 방호대상물 주위에 설치된 벽면적 합계(m^2)
   A : 방호공간의 벽면적 합계(m^2)

   ※ **방호공간** : 방호대상물의 각 부분으로부터 0.6m의 거리에 따라 둘러싸인 공간

(3) CO_2 저장용기 저장방식

① 고압용기 저장방식(High pressure storage Container Type) : 고압용기에 액화 CO_2 가스가 저장된다. 액화CO_2가스는 게이지압력 5.3MPa(15℃)를 갖는다.

② 저압용기 저장방식(Low pressure storage Container Type) : 저압용기에 자동냉동기를 설치하여 게이지압력 2.1MPa(-18℃)를 유지하며 액화CO_2가스를 저장하는 방법이다.

(4) 이상기체 상태방정식

$$PV = nRT = \dfrac{W}{M}RT$$

여기서, P : 압력(atm)
V : 체적(m^3)
n : kmol
W : CO_2무게(kg)
M : CO_2분자량
R : 기체상수$(0.082\text{atm} \cdot \text{m}^3/\text{mol} \cdot \text{K})$
T : 절대온도$(273 + t℃)\text{K}$

19년-11월

39
표면화재 방호대상물에 아래와 같은 조건으로 전역방출방식의 고압식 이산화탄소소화설비를 설치하였을 경우 각 물음에 답하시오. (12점)

[조건]
① 방호구역의 조건

방호구역	크기(m) 면적	크기(m) 높이	개구부면적(m^2)	개구부상태
발전기실	12×5	5	5.2	자동폐쇄 가능
축전지실	13×2	5	2.4	자동폐쇄 가능

② 이산화탄소저장용기는 내용적 68L, 충전량 45kg인 것을 사용하는 것으로 한다.
③ CO_2 방출시간은 1분을 기준으로 한다.
④ CO_2 저장용기는 내용적 68L/충전량 45kg 용의 것을 사용하는 것으로 한다.

(가) 각 방호구역별 필요한 약제저장용기의 수는 몇 [병]인가?
(나) 용기저장소에 저장해야하는 소화약제의 용기 수는 몇 [병]인가?
(다) 각 방호구역별 선택밸브 직후의 유량은 몇 [kg/s]인가? (실제 방출 병수로 계산)
(라) 저장용기는 몇 [MPa] 이상의 내압시험에 합격한 것으로 하여야 하는가?
(마) 저장용기와 선택밸브 또는 개폐밸브 사이에 설치하는 안전장치의 작동압력 범위를 쓰시오.
(바) 분사헤드의 방사압력 몇 [MPa] 이상으로 하여야 하는가?
(사) 약제저장용기 밸브의 작동방식을 3가지로 분류하여 쓰시오.

풀이 (가) 각 실별 필요한 약제저장용기의 수
○ 계산과정 : ○ 발전기실 : $Q = 12 \times 5 \times 5m^3 \times 0.8kg/m^3 = 240kg$

$$N = \frac{240kg}{45kg} = 5.33 \quad \therefore 6병$$

○ 축전지실 : $Q = 13 \times 2 \times 5m^3 \times 0.9kg/m^3 = 117kg$

$$N = \frac{117kg}{45kg} = 2.60 \quad \therefore 3병$$

○답 : 발전기실 6병, 축전지실 3병

(나) 용기 저장소에 저장해야하는 소화약제의 용기 수
가장 많은 양의 약제를 필요로 하는 방호구역 기준이므로
○답 : 6병

(다) 각 방호구역별 선택밸브 직후의 유량
　　○계산과정 : ○발전기실 : $Q = \dfrac{6병 \times 45\text{kg}}{60\text{s}} = 4.5\text{kg/s}$
　　　　　　　　○축전지실 : $Q = \dfrac{3병 \times 45\text{kg}}{60\text{s}} = 2.25\text{kg/s}$
　　○답 : 발전기실 4.5kg/s, 축전지실 2.25kg/s

(라) 약제저장용기의 내압시험압력
　　○답 : 25MPa 이상

(마) 안전장치의 작동압력 범위
　　○답 : 배관의 최소사용설계압력과 최대허용압력 사이의 압력

(바) 분사헤드의 방사압력
　　○답 : 2.1MPa 이상

(사) 약제저장용기 밸브의 작동방식을 3가지
　　○답 : ① 전기식　② 가스압력식　③ 기계식

상세해설

(1) 표면화재의 방호구역 체적계수 및 면적계수

방호구역의 체적 (m^3)	방호구역의 체적 $1m^3$에 대한 소화약제의 양 kg (K_1 : kg/m^3)	저장량의 최저한도량 (kg)	개구부 가산량 (K_2 : kg/m^2) (자동폐쇄장치 미설치시)
45 미만	1	45	5
45 이상 150 미만	0.9		
150 이상 1450 미만	0.8	135	
1450 이상	0.75	1125	

[$K_1(kg/m^3)$: 방호구역 체적계수, $K_2(kg/m^2)$: 개구부 면적계수]

(2) 전역방출방식 표면화재 방호대상물의 약제저장량

$$Q = V \times K_1 + A \times K_2$$

여기서, Q : CO_2약제저장량(kg), V : 방호구역체적(m^3)
　　　　$K_1(kg/m^3)$: 방호구역 체적계수, A : 개구부면적(m^2)
　　　　$K_2(kg/m^2)$: 개구부 면적계수

00년-04월, 20년-07월

40 에탄을 저장하는 창고에 이산화탄소소화설비를 설치하려고 할 때 다음 조건을 참조하여 각 물음에 답하시오.

[조건]
가. 전역방출방식(고압식)이며 표면화재 방호대상물로 간주한다.
나. 저장창고의 방호구역체적은 $125m^3$이다.
다. 이산화탄소의 설계농도는 40%이며 보정계수는 1.2이다.
라. 개구부는 2m×1m×1개소이며 자동폐쇄장치가 설치되어 있지 않다.
마. 약제저장용기는 충전비가 1.9이며 내용적은 68L이다.
바. 기타의 조건은 화재안전기술기준을 적용한다.

(1) 필요한 이산화탄소 소화약제의 양(kg)을 계산하시오.
(2) 방호구역내에 이산화탄소가 설계농도로 유지될 때의 산소의 농도(%)는 얼마인가?
(3) 필요한 소화약제의 저장용기는 몇 병 인가?
(4) 다음은 이산화탄소소화설비의 화재안전기술기준에 관한 내용이다. ( )안에 알맞은 답을 쓰시오.

① 고압식의 경우 분사헤드의 방사압력이 ( )MPa 이상의 것으로 할 것
② 전역방출방식에 있어서 가연성액체 또는 가연성가스등 표면화재 방호대상물의 경우에는 이산화탄소의 소요량이 ( )분 이내에 방사되어야 한다.
③ 이산화탄소소화약제의 저장용기실의 온도는 ( )℃ 이하가 되어야 한다.
④ 이산화탄소소화설비의 배관은 강관을 사용하는 경우 ( )(저압식은 스케쥴 40) 이상의 것

(5) 이산화탄소소화설비의 자동식 기동장치에 사용되는 화재감지기의 회로는 어떤 방식으로 설치 하여야 하는지 그 회로방식과 정의를 쓰시오.

풀이 (1) **소화약제의 양**(kg)
○계산과정 : $Q = 125(m^3) \times 0.9kg/m^3 \times 1.2 + (2 \times 1)m^2 \times 5kg/m^2 = 145kg$
○답 : 145kg

(2) **산소의 농도**(%)
○계산과정 : $CO_2(\%) = \dfrac{21 - O_2(\%)}{21} \times 100$

$$40(\%) = \frac{21 - O_2(\%)}{21} \times 100 \qquad 0.4 = \frac{21 - O_2(\%)}{21}$$

$$21 - O_2(\%) = 0.4 \times 21 = 8.4 \qquad O_2(\%) = 21 - 8.4 = 12.6\%$$

○답 : 12.6%

(3) 저장용기의 병수
   ○계산과정 : 1병당 약제저장량 계산

$$충전비 \ C = \frac{V(L)}{G(kg)} \qquad G(kg) = \frac{V(L)}{C} = \frac{68L}{1.9} = 35.79kg$$

$$N = \frac{145kg}{35.79kg/병} = 4.05 \qquad \therefore \ 5병(소수점 \ 이하는 \ 무조건 \ 절상)$$

○답 : 5병

(4) ○답 : ① 2.1   ② 1   ③ 40   ④ 압력배관용탄소강관 중 스케줄 80

(5) 회로방식과 정의
   ○답 : ① 회로방식 : 교차회로방식
        ② 정의 : 하나의 방호구역 내에 2 이상의 화재감지기회로를 설치하고 인접한
                 2 이상의 화재감지기가 화재를 감지하는 때에 소화설비가 작동하는 방식

상세해설

(1) 표면화재의 방호구역 체적계수 및 면적계수

방호구역의 체적 (m^3)	방호구역의 체적 $1m^3$에 대한 소화약제의 양 kg (K_1 : kg/m^3)	저장량의 최저한도량 (kg)	개구부 가산량 (K_2 : kg/m^2) (자동폐쇄장치 미설치시)
45 미만	1	45	5
45 이상 150 미만	0.9		
150 이상 1450 미만	0.8	135	
1450 이상	0.75	1125	

[$K_1(kg/m^3)$: 방호구역 체적계수, $K_2(kg/m^2)$: 개구부 면적계수]

(2) 전역방출방식 표면화재 방호대상물의 약제저장량

$$Q = V \times K_1 + A \times K_2$$

여기서, Q : CO_2약제저장량(kg), V : 방호구역체적(m^3)
       $K_1(kg/m^3)$: 방호구역 체적계수, A : 개구부면적(m^2)
       $K_2(kg/m^2)$: 개구부 면적계수

01년-11월, 08년-04월, 14년-04월, 20년-10월

41 가로 10m, 세로 15m, 높이 4m인 전기실에 화재안전기술기준과 다음 조건에 따라 전역방출방식의 이산화탄소 소화설비를 설치하려고 한다. 조건을 참조하여 각 물음에 답하시오. (7점)

[조건]
① 공기 중 산소의 부피농도는 21%이고 이산화탄소약제를 방사한 후 방호구역의 산소농도를 측정한 결과 부피농도는 14%이었다.
② 대기압은 760mmHg이고 이산화탄소약제 방출 후 방호구역의 압력은 770mmHg이다.
③ 방호구역의 기준 온도는 20℃이다.
④ 개구부는 자동폐쇄장치가 설치되어 있다.

(1) 이산화탄소약제를 방사한 후 이산화탄소의 부피농도(%)를 구하시오.
(2) 방호구역에 방사된 이산화탄소의 양(kg)은 얼마인가?
(3) 약제용기는 내용적이 68L이고 충전비가 1.7인 경우 필요한 용기 수는 몇 병인가?
(4) 다음은 이산화탄소 소화설비의 분사헤드 설치제외 장소이다. ( )안에 알맞은 답을 쓰시오.

① 방재실, 제어실 등 사람이 ( ) 하는 장소
② 니트로셀룰로오스, 셀룰로이드제품 등 ( )을 저장, 취급하는 장소
③ 나트륨, 칼륨, 칼슘 등 ( )을 저장, 취급하는 장소
④ 전시장 등의 관람을 위하여 다수인이 출입, 통행하는 통로 및 전시실 등

풀이 (1) **이산화탄소의 부피농도**(%)

○계산과정 : $CO_2(\%) = \dfrac{21 - O_2(\%)}{21} \times 100 = \dfrac{21 - 14(\%)}{21} \times 100 = 33.33\%$

○답 : 33.33%

(2) **이산화탄소의 양**(kg)

○계산과정 : $G_V = \dfrac{21 - O_2(\%)}{O_2(\%)} \times V = \dfrac{21 - 14}{14} \times (10 \times 15 \times 4)\text{m}^3 = 300\text{m}^3$

$W = \dfrac{PVM}{RT} = \dfrac{(770/760) \times 300 \times 44}{0.082 \times (273 + 20)} = 556.63\text{kg}$

○답 : 556.63kg

(3) 용기 수

  ○계산과정 : 저장용기 1병당 약제저장량 $G = \dfrac{V}{C} = \dfrac{68\text{L}}{1.7\text{L/kg}} = 40\text{kg}$

  $N = \dfrac{556.63\text{kg}}{40\text{kg}} = 13.92$

  ○답 : 14병

(4) ○답 : ① 상시 근무
      ② 자기연소성물질
      ③ 활성금속물질

상세해설

이산화탄소소화설비의 분사헤드 설치제외 장소
① 방재실·제어실 등 사람이 **상시 근무**하는 장소
② 니트로셀룰로스·셀룰로이드제품 등 **자기연소성물질**을 저장·취급하는 장소
③ 나트륨·칼륨·칼슘 등 **활성금속물질**을 저장·취급하는 장소
④ 전시장 등의 관람을 위하여 다수인이 출입·통행하는 **통로 및 전시실** 등

18년-06월

42 어느 특정소방대상물에 전역방출방식의 이산화탄소소화설비를 설치하였다. 다음 조건을 참조하여 과압 배출구의 면적(m²)을 계산하시오. (5점)

[조건] ① CO_2의 유량은 250kg/min이다.
    ② CO_2 방호구역의 허용압력은 2.4kPa이다.

풀이

○계산과정 : $A = \dfrac{239 \times 250}{\sqrt{2.4}} = 38568.46\text{mm}^2 = 0.04\text{m}^2$

○답 : 0.04m²

상세해설

과압 배출구의 면적 계산공식

$$A = \dfrac{239 \times Q}{\sqrt{P}}$$

여기서, A : 과압 배출구의 면적(mm²), Q : CO_2의 유량(kg/min), P : 허용압력(kPa)

12년-11월, 17년-04월, 20년-05월

43 그림은 CO_2 소화설비의 소화약제 저장용기 주위의 배관 계통도이다. 방호구역은 A, B 두 부분으로 나누어지고, 각 구역의 소요 약제량은 A 구역은 2B/T, B 구역은 5B/T 이라 할 때 그림을 보고 다음 물음에 답하시오. (5점)

(1) 각 방호구역에 소요 약제량을 방출할 수 있게 조작관에 설치할 체크밸브의 위치를 표시하시오.(단, 저장용기와 집합관사이의 연결배관에는 체크밸브가 설치된 것으로 한다)
(2) ①, ②, ③, ④ 기구의 명칭은 무엇인가?

(1) 체크밸브의 위치
 ○답 :

(2) **기구의 명칭**
　　○**답** : ① 압력스위치　② 선택밸브　③ 안전밸브　④ 기동용가스용기

> 참고　B/T = Bottle(병)

00년-04월, 00년-11월, 08년-04월, 16년-04월

44 다음은 저압식 이산화탄소 소화설비 계통도이다. 항상 닫혀 있는 밸브와 열려 있는 밸브의 번호를 열거 하시오.　　　　　　　　　　　　　　　(9점)

> 풀이　○**답** : 항상 닫혀 있는 밸브 : ① ② ④ ⑤ ⑦
> 　　　　　　항상 열려 있는 밸브 : ③ ⑥ ⑧ ⑨

제 09 장

할론소화설비

제 09 장 할론소화설비

00년-08월

01 할로겐 화합물 소화약제의 오존층 파괴 메카니즘(mechanism)을 4단계로 구분하여 쓰시오.

풀이 ○ 답 : $CF_3Br + H \rightarrow CF_3 + HBr$
　　　　$HBr + H \rightarrow H_2 + Br$
　　　　$Br + O_3 \rightarrow BrO + O_2$
　　　　$BrO + O \rightarrow Br + O_2$

02년-01월

02 할론 1301 고압식 전역방출방식 소화설비의 출발압력은 다음 식에 의하여 산출한다. (5점)

출발압력(MPa)
$= 4.2 - \dfrac{(저장용기의 저장압력 - 할론 1301의 증기압) \times 배관내용적}{저장용기의 기체부용적 + 배관내용적}$

68L 내용적을 가지는 고압식의 저장용기 1개의 할론 1301 소화약제의 용적을 43L이라 하고, 배관 내용적을 50L라고 할 때 출발압력을 구하시오. (단, 할론 1301의 증기압은 1.4MPa이고, 할론 1301 저장 용기수는 2병이다.)

풀이 ○ 계산과정 : 출발압력(MPa) $= 4.2 - \dfrac{(4.2-1.4) \times 50}{(68-43) \times 2 + 50} = 2.8 MPa$

○ 답 : 2.8MPa

02년-04월, 03년-10월, 06년-04월

03 할로겐화합물 소화설비의 헤드 1개당 분구면적이 $1cm^2$, 헤드방출량 $2kg/s \cdot cm^2$, 헤드개수 5개일 때 약제소요량(kg)을 계산하시오. (5점)

풀이 ○ 계산과정 : 헤드의 분구면적 = 약제소요량 ÷ 방사시간 ÷ 헤드의 방출율 ÷ 헤드개수
　　　　∴ 약제소요량 $= 1cm^2 \times 10s \times 2kg/s \cdot cm^2 \times 5개 = 100kg$

○ 답 : 100kg

03년-04월

04 바닥면적이 1,000m², 높이가 6m인 전기실에 HALON 1301소화설비를 설치하고자한다. 본실에는 자동폐쇄장치가 설치되지 않은 개구부의 면적이 15m²일 때 필요한 약제량[kg]은 얼마인가?(단, 방호구역 1m³당 최소 소화약제량은 0.32kg이고, 개구부의 가산량은 1m²당 2.4kg이다.)

[풀이] ○ 계산과정 :

할론 1301 약제량[kg]

$= 방호구역 체적[m^3] \times \dfrac{약제량[kg]}{방호구역\ 1[m^3]} + 개구부면적 \times \dfrac{약제량[kg]}{개구부\ 1[m^2]}$

∴ 할론 1301 약제량[kg] $= (1000m^2 \times 6m) \times \dfrac{0.32kg}{1m^3} + 15m^2 \times \dfrac{2.4kg}{1m^2}$

$= 1956kg$

○ **답** : 1956kg

02년-04월, 04년-04월

05 아래의 도면과 같은 방호대상물에 할론 1301 소화설비를 설계하려한다. 설계 조건을 참조하여 각 물음에 답하시오.

[조건]
1. 건물의 층고(높이)는 5m이다.
2. 약제 방출방식은 전역방출 방식이다.
3. 개구부는 자동폐쇄 장치가 설치되어 있음
4. 약제저장용기는 50kg/병 이다.
5. A, C실의 기본약제량은 0.33kg/m³
   B, D실의 기본약제량은 0.52kg/m³이다.

(물음 1) 각실의 약제소요량과 용기수를 구하시오. **(8점)**
(물음 2) 할론 1301 소화설비의 Isometric Diagram을 설계하시오. **(8점)**
(단, 도시기호는 저장용기 : ◎ 선택밸브 : ⊠, 기동용기 : ▯, 동관 : ----(점선), 가스체크밸브 : ⤏, 배관 : ──(실선)으로 한다)

[풀이] **(물음 1)** ○답 : 약제소요량 A실 6m×5m×5m×0.33kg/m³=49.5kg
B실 10m×5m×5m×0.52kg/m³=130kg
C실 6m×6m×5m×0.33kg/m³=59.4kg
D실 12m×7m×5m×0.52kg/m³=218.4kg

용기 수 A실=49.5kg/50kg=0.99   ∴ 1병
B실=130kg/50kg =2.6   ∴ 3병
C실=59.4kg/50kg =1.19   ∴ 2병
D실=218.4kg/50kg=4.37   ∴ 5병

(물음 2) ○답 : ISOMETRIC DIAGRAM

02년-10월, 05년-07월

06 다음의 글을 잘 읽어보고 ( )안에 적당한 답을 쓰시오. (8점)

할론1301은 대기압 및 상온에서 (①) 상태로만 존재하는 물질로서 무색, 무취하고 21℃에서 공기보다 약 (②)배 무겁다. 할론 1301은 21℃, 상온에서 약 (③)kg/cm²의 압력으로 가압하면 액화된다. 할론 1301은 약 (④)℃ 이상의 온도에서 CO^2는 약 (⑤)℃ 이상의 온도에서는 아무리 큰 압력으로 압축하여도 결코 액화하지 않는데 이 온도를 (⑥)라고 부른다. CO_2는 불에 대해 산소의 농도를 낮추어 주는 이른바 (⑦)효과에 의하여 소화하지만, 할론 1301은 불꽃의 연쇄반응에 대한 (⑧)로서 소화의 기능을 보여준다.

[풀이] ○답 : ① 기체   ② 5.16   ③ 14   ④ 67
⑤ 31.35   ⑥ 임계온도   ⑦ 질식   ⑧ 부촉매

09년-07월

07 아래의 도면과 같은 방호대상물에 이산화탄소 소화설비를 설계하려한다. 설계 조건을 참조하여 각 물음에 답하시오. (15점)

[설계조건] 1. 각 실의 크기는 다음과 같다

구 분	실의 크기
A 실	가로 12m 세로 6m
B 실	가로 10m 세로 6m
C 실	가로 10m 세로 10m

2. 건물의 층고(높이)는 4m이다.
3. 약제 방출방식은 전역방출 방식이다.
4. 개구부는 자동폐쇄 장치가 설치되어 있음
5. 약제저장용기는 45kg/병이다.
6. 각 실의 기본 약제량은 $0.8kg/m^3$

(물음 1) 각 실의 소요 용기수를 구하시오. (6점)
(물음 2) 이산화탄소 소화설비의 Isometric Diagram을 설계하시오. (9점)
(단, 도시기호는 저장용기 : ◯ 선택밸브 : ⊠ , 기동용기 : ⌂ ,
동관 : ----(점선), 가스체크밸브 : ⇾ , 배관 : ──(실선)
으로 한다)

(물음 1) ○계산과정 : 약제소요량
A실 $12m \times 6m \times 4m \times 0.8kg/m^3 = 230.4kg \div 45kg/병 = 5.12$ ∴ 6병
B실 $10m \times 6m \times 4m \times 0.8kg/m^3 = 192kg \div 45kg/병 = 4.27$ ∴ 5병
C실 $10m \times 10m \times 4m \times 0.8kg/m^3 = 320kg \div 45kg/병 = 7.11$ ∴ 8병
○답 : A실 6병, B실 5병, C실 8병

(물음 2) ○답 : Isometric DIAGRAM

05년-10월

08 할론 1301 소화약제의 증기비중을 계산 하시오.(단, 할론 1301의 분자량은 149이고 공기는 부피[%]로 산소가 21%, 질소가 79%로 구성되어 있다고 가정한다.

[풀이]

○ 계산과정 : 증기비중 = $\dfrac{\text{분자량}}{\text{공기 평균 분자량}}$

∴ 공기 평균 분자량 = $32(O_2) \times 0.21 + 28(N_2) \times 0.79 = 28.84$

∴ $S = \dfrac{149}{28.84} = 5.17$

○ 답 : 5.17

11년-11월

09 할론 1301 설비의 전역방출방식과 국소방출방식의 개념차이를 설명하시오. (5점)

[풀이]

○ 답 : 전역방출방식은 방호구역 전체의 연소반응을 억제시켜 소화하는 방법이며 국소방출방식은 방호대상물의 한정된 부분의 연소반응을 일시적으로 억제시켜 소화하는 방법이다.

[상세해설]

① **전역방출방식**
고정식 할론 공급장치에 배관 및 분사헤드를 고정 설치하여 밀폐 방호구역 내에 할론을 방출하는 설비

② **국소방출방식**
고정식 할론 공급장치에 배관 및 분사헤드를 설치하여 직접 화점에 할론을 방출하는 설비로 화재발생부분에만 집중적으로 소화약제를 방출하도록 설치하는 방식

07년-07월

10 청정 소화약제 소화설비의 시공시 배관과 배관, 배관과 배관부속 및 밸브류의 접속방법 3가지를 쓰시오.

[풀이]

○ 답 : ① 나사접합 ② 용접접합
　　　③ 플랜지접합 ④ 압축접합 중 3가지

01년-11월, 08년-07월

11 다음은 할론 소화설비의 배치도이다. 아래 그림의 조건에 적합하도록 체크밸브를 도시하시오.(단, 저장용기와 집합관 사이의 연결배관에는 첵크밸브가 설치된 것으로 한다.) **(10점)**

○답 :

08년-04월, 14년-04월, 20년-07월

12 할로겐화합물 소화약제의 구비조건을 5가지만 쓰시오. (5점)

○답 : ① ODP(오존파괴지수)가 낮을 것
② GWP(지구온난화지수)가 낮을 것
③ 소화능력이 우수할 것
④ 독성이 낮을 것
⑤ 가격이 적당할 것
⑥ 유지관리측면에서 경제적일 것

13년-04월

13 할론 소화설비에서 사용하는 soaking time에 대하여 간단히 설명하시오. (3점)

○답 : 할론 소화약제는 표면화재의 화재초기에 저농도(5~10%)로 사용되나 심부화재에 적용할 경우 고농도를 일정시간 유지시켜 주어야 소화가 된다. 이때 필요한 시간을 말한다.

상세해설

할론 소화약제는 표면화재의 화재초기에 저농도(5~10%)로 사용되나 심부화재에 적용할 경우 소화를 위하여 고농도를 일정시간 유지시켜 주어야 소화가 된다. 이때 필요한 시간을 쇼킹타임(Soaking Time)이라 한다. 할론 소화약제의 쇼킹타임은 약10분이다.

20년-10월

14 전역방출방식의 할론소화설비의 분사헤드 설치기준을 3가지만 쓰시오. (3점)

○답 : ① 방사된 소화약제가 방호구역의 전역에 균일하게 신속히 확산할 수 있도록 할 것
② 할론 2402를 방출하는 분사헤드는 해당 소화약제가 무상으로 분무되는 것으로 할 것
③ 분사헤드의 방사압력은 할론 2402를 방사하는 것은 0.1MPa 이상, 할론 1211을 방사하는 것은 0.2MPa 이상, 할론 1301을 방사하는 것은 0.9MPa 이상으로 할 것
④ 기준저장량의 소화약제를 10초 이내에 방사할 수 있는 것으로 할 것

04년-04월, 14년-04월

15 어떤 소방대상물에 할론 1301 소화설비를 설치하였다. 조건을 참조하여 각 물음에 답하시오.

[조건] 1. 약제소요량은 500kg이다.
2. 전역방출방식이다
3. 약제의 헤드 방출률은 3kg/s/cm²이라고 한다.
4. 설치된 헤드수는 14개이다.

(물음 1) 헤드1개의 방출유량(kg/s)을 계산하시오.
(물음 2) 헤드의 직경(cm)을 계산하시오.
(물음 3) 헤드의 등가분구면적(cm²)은 얼마인가?

(물음 1) ○계산과정 : 할론 소화설비의 약제방출시간은 전역방출방식 및 국소방출방식 모두 10초 이내이다.
∴ $Q = 500\text{kg} \div 14\text{개} \div 10\text{s} = 3.57\text{kg/s}$
○답 : 3.57kg/s

(물음 2) ○계산과정 : $A = \dfrac{\pi}{4}D^2$

$$D = \sqrt{\dfrac{4A}{\pi}} = \sqrt{\dfrac{4 \times 1.19}{\pi}} = 1.23\text{cm}$$

○답 : 1.23cm

(물음 3) ○계산과정 :
A(헤드의 분출구 면적) = 약제소요량 ÷ 방사시간 ÷ 헤드방출률 ÷ 헤드개수
∴ $A = 500\text{kg} \div 10\text{s} \div 3\text{kg/s/cm}^2 \div 14 = 1.19\text{cm}^2$
○답 : 1.19cm²

02년-04월, 07년-04월, 14년-04월

16 가스 계통의 소화설비에 사용되는 할론 소화약제는 환경에 미치는 영향 때문에 할로겐화합물 소화약제 소화설비로 대체되는 과정에 있다. 다음 각 물음에 답하시오. (5점)

(물음 1) 할론 소화약제 방사시 지구촌에 미치는 영향 2가지만 쓰시오.
(물음 2) 할로겐화합물 소화약제는 방사시간을 10초 이내로 제한하고 있는데 그 이유를 간단히 쓰시오.

풀이 (물음 1) ○답 : ① 오존층 파괴로 지구촌에 자외선이 증가하여 환경파괴
② 지구의 온난화 현상 초래

(물음 2) ○답 : 약제 방사시 열분해하여 생성되는 독성 물질을 최소화하기 위하여

15년-04월

17 다음 그림은 할론 소화설비를 나타낸 것이다. 그림의 방출방식의 종류를 쓰고 해당 방출방식에 대하여 설명하시오. (5점)

풀이 ○답 : ① 전역 방출 방식
② 고정식 할론 공급장치에 배관 및 분사헤드를 고정 설치하여 밀폐 방호구역 내에 할론을 방출하는 설비

02년-10월, 05년-10월, 07년-04월, 15년-11월

18 다음과 같은 조건이 주어질 때 HALON 1301의 소화설비를 설계하는데 필요한 다음 각 물음에 답하시오. (5점)

[조건]
1. 약제소요량 120kg(출입구 자동폐쇄장치 설치)
2. 초기 압력강하 1.6(MPa)
3. 고저에 의한 압력손실 0.04(MPa)
4. A, B간의 마찰저항에 의한 압력손실 0.04(MPa)
5. B-C, B-D간의 각 압력손실 0.02(MPa)
6. 약제 저장압력 4.2(MPa)
7. 작동 30초 이내에 약제 전량이 방출

(물음 1) 소화설비가 작동하였을 때 A-B간의 배관 내를 흐르는 유량(kg/s)은 얼마인가?
(물음 2) B-C간 약제의 유량(kg/s)은 얼마인가?(단, B-D간 약제의 유량과 같다.)
(물음 3) C점 노즐에서 방출되는 약제의 압력(MPa)은 얼마인가?
(물음 4) 노즐 1개의 방사량(kg/개)은 얼마인가?
(물음 5) C점 노즐에서의 방출량이 2.5(kg/s·cm^2)이면 헤드의 등가분구면적(cm^2)은 얼마인가?

풀이

(물음 1) ○계산과정 : 유량 = $\dfrac{방출량}{시간}$

$\therefore Q = 120\text{kg}/30\text{s} = 4\text{kg/s}$

○답 : 4kg/s

(물음 2) ○계산과정 : A~B의 유량이 두 배관으로 분기하여 흐르므로

$Q = \dfrac{A \sim B 유량}{2} = \dfrac{4\text{kg/s}}{2} = 2\text{kg/s}$

○답 : 2kg/s

(물음 3) ○계산과정 : P = 저장압력 − 전 손실압력(초기압력 강하+압력손실)
∴ P = 4.2MPa − (1.6MPa + 0.04MPa + 0.04MPa + 0.02MPa)
= 2.5MPa
○답 : 2.5MPa

(물음 4) ○계산과정 : 약제 소요량 120kg 노즐 2개로 방사하므로
120kg/2개 = 60kg/개
○답 : 60kg/개

(물음 5) ○계산과정 : 헤드의 등가분구면적(cm^2) = $\dfrac{Q(유량\ kg/s)}{방출량(kg/s \cdot cm^2)}$

∴ 등가 분구 면적 = $\dfrac{2kg/s}{2.5kg/s \cdot cm^2}$ = $0.8cm^2$

○답 : $0.8cm^2$

05년-07월, 15년-04월

19 체적이 600m^3인 밀폐된 통신기기실에 설계농도 5%의 할론1301소화설비를 전역방출방식으로 적용하였다. 68L 내용적을 가진 축압식 저장용기수를 3병으로 할 경우 저장용기의 충전비는 얼마인가? (6점)

○계산과정 : (충전비) $C = \dfrac{V(L)}{G(kg)}$

$0.32kg/m^3$(설계농도 5%)~$0.64kg/m^3$(설계농도 10%)
약제 소요량 = 600m^3 × $0.32kg/m^3$ = 192kg
병당 약제 저장량(kg) = 192kg/3병 = 64kg/병

∴ $C = \dfrac{68L}{64kg}$ = 1.06L/kg

○답 : 1.06L/kg

11년-11월, 16년-11월

20 아래의 도면과 같은 방호대상물에 전역방출방식으로 할론 1301 소화설비를 설계하려한다. 각 실에 설치된 분사 노즐당 설계 방출유량(kg/s)을 계산하시오.
(8점)

[설계조건]
① 건물의 바닥으로부터 천장까지 높이(층고)는 5m이다.
② 개구부는 자동폐쇄 장치가 설치되어 있음
③ 약제저장용기는 50kg/병 이다.
④ A, C실의 기본약제량은 $0.33kg/m^3$
　B, D실의 기본약제량은 $0.52kg/m^3$이다.
⑤ 분사헤드의 개수는 다음과 같다

A실	B실	C실	D실
1개	2개	1개	4개

⑥ 각 실의 분사 노즐당 설계 방출량은 약제용기의 저장량을 기준으로 한다.

○계산과정 :
○답 :

풀이 ○계산과정 :
① A실의 분사노즐 1개당 설계방출유량(kg/s)
　A실 약제소요량 = 6m×5m×5m×$0.33kg/m^3$ = 49.5kg
　A실 약제용기수 = 49.5kg/50kg = 0.99　∴ 1병
　분사노즐 1개당 설계방출유량 $Q = \dfrac{1병 \times 50kg/병}{1개 \times 10s} = 5kg/s$

○답 : 5kg/s

② B실의 분사노즐 1개당 설계방출유량(kg/s)
　B실 약제소요량 = 10m×5m×5m×$0.52kg/m^3$ = 130kg
　B실 약제용기수 = 130kg/50kg = 2.6　∴ 3병
　분사노즐 1개당 설계방출유량 $Q = \dfrac{3병 \times 50kg/병}{2개 \times 10sec} = 7.5kg/s$

○답 : 7.5kg/s

③ **C실의 분사노즐 1개당 설계방출유량**(kg/s)

C실 약제소요량 = 6m × 6m × 5m × 0.33kg/m³ = 59.4kg

C실 약제용기수 = 59.4kg/50kg = 1.19   ∴ 2병

분사노즐 1개당 설계방출유량 $Q = \dfrac{2병 \times 50kg/병}{1개 \times 10s} = 10kg/s$

○답 : 10kg/s

④ **D실의 분사노즐 1개당 설계방출유량**(kg/s)

D실 약제소요량 = 12m × 7m × 5m × 0.52kg/m³ = 218.4kg

D실 약제용기수 = 218.4kg/50kg = 4.37   ∴ 5병

분사노즐 1개당 설계방출유량 $Q = \dfrac{5병 \times 50kg/병}{4개 \times 10s} = 6.25kg/s$

○답 : 6.25kg/s

19년-04월

21 할론소화설비의 화재안전기술기준에서 규정한 전역방출방식의 할론1301의 방사량이 0.52kg/m³ 인 경우에 대한 설계농도를 계산하시오(단, 할론1301의 농도측정온도인 25℃의 경우 비체적은 0.162m³/kg이다) (5점)

풀이 ○계산과정 : ① 방출가스량 계산(방호구역 1m³ 기준)

$$G_v = 1m^3 \times \dfrac{0.52kg}{m^3} \times \dfrac{0.162m^3}{kg} = 0.08424m^3$$

② 방호구역체적 $V = 1m^3$ 기준

③ 설계농도 계산

$$C = \dfrac{0.08424m^3}{1m^3 + 0.08424m^3} \times 100 = 7.77\%$$

○답 : 7.77%

상세해설

설계농도 계산공식

$$C(\%) = \dfrac{v}{V+v} \times 100$$

여기서, C : 설계농도(%), V : 방호구역체적(m³), v : 방출가스체적(m³)

00년-02월, 11년-05월, 14년-07월, 18년-06월

22 아래 도면은 어느 소방대상물인 전기실(A실), 발전기실(B실), 방제반실(C실), 밧데리실(D실)을 방호하기위한 할론1301의 배관평면도이다. 도면 및 조건을 참조하여 할론1301 소화약제의 최소용기 개수 및 독립배관방식 필요여부를 답란의 빈칸에 채우시오.

(8점)

[도면]

[조건]
1) 약제저장용기 방식은 고압식이다.
2) 용기 1개의 약제량은 50kg이고 내용적은 68L이다.
3) 도면상 각 실에 대한 배관내용적(용기실내의 입상관 포함)은 다음과 같다.

A실 배관내용적 : 198L	B실 배관내용적 : 78L
C실 배관내용적 : 28L	D실 배관내용적 : 10L

4) A실에 대한 할론 집합관의 배관내용적은 88L이다.
5) 할론약제저장용기와 집합관 사이의 연결관에 대한 내용적은 무시한다.
6) 설비의 설계기준온도는 20℃로 한다.
7) 액화할론1301의 비중은 20℃에서 1.6이다.
8) 각 실의 개구부는 없다고 가정한다.

9) 약제 소요량 산출시 각 실의 내부기둥 및 내용물은 무시한다.
10) 각 실의 층고(바닥으로부터 천정까지 높이)는 각각 다음과 같다.

| A실 및 B실 : 5m | C실 및 D실 : 3m |

○ 계산과정 :
○ 답 :

구 분	A실	B실	C실	D실
최소소요병수				
독립배관방식 필요여부				

[풀이] ○ 계산과정 :

할론1301 소화약제 저장량

소방대상물	방호구역의 소요약제량	개구부 가산량 (자동폐쇄장치 미설치시)
차고, 주차장, 전기실, 통신기기실, 전산실, 기타 이와 유사한 전기설비가 설치되어 있는 부분	0.32kg/m^3	2.4kg/m^2

- 약제장량(kg) = 방호구역체적(m^3)×소요약제량(kg/m^3)+개구부면적(m^2) ×개구부가산량(kg/m^2)

A실(전기실)
① 방호구역 약제소요량 계산

$Q = (30\text{m} \times 30\text{m} - 15\text{m} \times 15\text{m}) \times 5\text{m} \times 0.32\text{kg/m}^3 = 1080\text{kg}$

② 소요 용기 수 = 1080kg/50kg = 21.6병 ∴ 22병

③ 독립배관방식 필요여부
   ㉠ 배관 내용적(집합관+배관) = 88 + 198 = 286L
   ㉡ 저장용기 소화약제량의 체적 = 22병 × 50kg ÷ 1.6 = 687.5L
   ㉢ 배관 내용적에 대한 약제량의 체적비 = $\frac{286}{687.5}$ = 0.42배
   ㉣ 1.5배 미만이므로 별도 독립배관방식 불필요

B실(발전기실)
① 방호구역 약제소요량

$Q = 15\text{m} \times 15\text{m} \times 5\text{m} \times 0.32\text{kg/m}^3 = 360\text{kg}$

② 소요 용기 수 = 360kg/50kg = 7.2병 ∴ 8병

③ 독립배관방식 필요여부
   ㉠ 배관 내용적(집합관+배관) = 88 + 78 = 166L

ⓒ 저장용기 소화약제량의 체적 = 8병 × 50kg ÷ 1.6 = 250L

  ⓒ 배관 내용적에 대한 약제량의 체적비 = $\dfrac{166}{250}$ = 0.66배

  ⓔ 1.5배 미만이므로 별도 독립배관방식 불필요

C실(방재반실)
① 방호구역 약제소요량
  $Q = 10\text{m} \times 15\text{m} \times 3\text{m} \times 0.32\text{kg/m}^3 = 144\text{kg}$
② 소요 용기 수 = 144kg/50kg = 2.88병 ∴ 3병
③ 독립배관방식 필요여부
  ㉠ 배관 내용적(집합관+배관) = 88 + 28 = 116L
  ⓒ 저장용기 소화약제량의 체적 = 3병 × 50kg ÷ 1.6 = 93.75L
  ⓒ 배관 내용적에 대한 약제량의 체적비 = $\dfrac{116}{93.75}$ = 1.24배
  ⓔ 1.5배 미만이므로 별도 독립배관방식 불필요

D실(밧데리실)
① 방호구역 약제소요량
  $Q = 10\text{m} \times 5\text{m} \times 3\text{m} \times 0.32\text{kg/m}^3 = 48\text{kg}$
② 소요 용기 수 = 48kg/50kg = 0.96병 ∴ 1병
③ 독립배관방식 필요여부
  ㉠ 배관 내용적(집합관+배관) = 88 + 10 = 98L
  ⓒ 저장용기 소화약제량의 체적 = 1병 × 50kg ÷ 1.6 = 31.25L
  ⓒ 배관 내용적에 대한 약제량의 체적비 = $\dfrac{98}{31.25}$ = 3.14 배
  ⓔ 1.5배 이상이므로 별도 독립배관방식 필요

○답 :

구 분	A실	B실	C실	D실
최소소요병수	22병	8병	3병	1병
독립배관방식 필요여부	불필요	불필요	불필요	필요

저장실에 저장하여야 할 용기 수
N = 22병(같은 집합관사용 소요용기수중 최대) + 1병(별도 독립배관 사용 소요용기수)
 = 23병

○답 : 23병

> **참고** **할론 소화설비의 배관**
> 하나의 구역을 담당하는 소화약제 저장용기의 소화약제량의 체적합계보다 그 소화약제 방출시 방출경로가 되는 배관(집합관 포함)의 내용적이 1.5배 이상일 경우에는 당해 방호구역에 대한 설비는 별도 독립방식으로 하여야 한다.

실	저장용기 소화약제량의 체적(A)	배관내용적(B) (집합관+배관)	B/A	독립배관방식
A	1080÷50=21.6 ∴ 22병×50kg÷1.6=687.5L	286L	0.42	필요없음
B	360÷50=7.2 ∴ 8병×50kg÷1.6=250L	166L	0.66	필요없음
C	140÷50=2.88 ∴ 3병×50kg÷1.6=93.75L	116L	1.23	필요없음
D	48÷50=0.96 ∴ 1병×50kg÷1.6=31.25L	98L	3.14	필요

20년-05월

23 어느 특정소방대상물에 전역방출방식으로 할론 1301 소화설비를 설계하려 한다. 설계조건을 참조하여 다음 각 물음에 답하시오. (10점)

[설계조건]
① 약제저장용기는 50kg/병 이다.
② 방호구역의 크기 및 개구부 면적은 다음과 같다.

방호구역명	크기		개구부면적(m^2)	개구부 상태
	면적(m^2)	높이(m)		
전산실	10×8	3	5	자동폐쇄 불가
통신기기실	12×20	3	5	자동폐쇄 불가
전기실	12×20	3	5	자동폐쇄 가능

(1) 방호구역상 필요한 저장용기의 수량(병)을 각 실별로 산출하시오.
(2) 분사헤드의 방사압력(MPa)은?
(3) 전기실에 저장된 약제가 전량 방출되었을 경우 할론 1301의 농도(%)는 얼마가 되겠는가? (단, 할론1301의 분자량은 149, 표준상태 0℃ 1atm 기준이다.)

풀이 (1) 저장용기의 수량(병)

  [전산실] ○계산과정 : $Q = 10 \times 8 \times 3m^3 \times 0.32 + 5 \times 2.4 = 88.8kg$
  $N = 88.8kg/50kg = 1.78$병
  ○답 : 2병

  [통신기기실] ○계산과정 : $Q = 12 \times 20 \times 3m^3 \times 0.32 + 5 \times 2.4 = 242.4kg$
  $N = 242.4kg/50kg = 4.85$병
  ○답 : 5병

[전기실] ○계산과정 : $Q = 12 \times 20 \times 3\text{m}^3 \times 0.32 = 230.4\text{kg}$
$N = 230.4\text{kg}/50\text{kg} = 4.61$병
○답 : 5병

(2) 헤드의 방사압력(MPa)
○답 : 0.9MPa 이상

(3) 할론 1301의 농도(%)
○계산과정 : ① 방출된 가스량 계산
$$G_V = \frac{WRT}{PM} = \frac{50\text{kg} \times 5 \times 0.082 \times (273+0)}{1 \times 149} = 37.56\text{m}^3$$
② 농도(%) 계산
$$C = \frac{G_V}{G_V + V} = \frac{37.56}{37.56 + 720} \times 100 = 4.96\%$$
○답 : 4.96%

상세해설

(1) 할론1301 소화약제 저장량

소방대상물	방호구역의 소요약제량	개구부 가산량 (자동폐쇄장치 미설치시)
차고, 주차장, 전기실, 통신기기실, 전산실, 기타 이와 유사한 전기설비가 설치되어 있는 부분	0.32kg/m³	2.4kg/m²

(2) 전역방출방식(심부화재) 방호대상물의 약제저장량

$$Q = V \times K_1 + A \times K_2$$

여기서, Q : 약제저장량(kg), V : 방호구역체적(m^3)
K_1 : 방호구역 체적계수(kg/m^3), A : 개구부 면적(m^2)
K_2 : 개구부 면적계수(kg/m^2)

(3) 할론소화설비 분사헤드의 방사압력

구 분	할론 2402	할론 1211	할론 1301
방사압력	0.1MPa 이상	0.2MPa 이상	0.9MPa 이상

(4) 이상기체 상태방정식

$$PV = nRT = \frac{W}{M}RT$$

여기서, P : 압력(atm) V : 체적(m^3)
n : mol W : CO_2무게(kg)
M : CO_2분자량 R : 기체상수(0.082atm · m^3/mol · K)
T : 절대온도(273+t℃)K

(5) 할론1301(%)

$$C(\%) = \frac{G_V}{G_V + V}$$

여기서, G_V : 방출가스체적(m^3), V : 방호구역체적(m^3)

11년-11월, 16년-11월, 20년-11월

24 아래의 도면과 같은 방호대상물에 전역방출방식으로 할론1301소화설비를 설계하려한다. 각 실에 설치된 분사노즐 당 설계방출량(kg/s)을 계산하시오.
(8점)

[설계조건]
① 각 실의 바닥으로부터 천장까지 높이(층고)는 5m이다.
② 할론저장용기는 고압식으로 병당 약제저장량은 50kg이다.
③ 분사헤드의 수는 도면에 설치된 수량을 기준으로 한다.
④ 각 실의 방호구역체적(m^3) 당 필요한 약제소요량(kg)은 다음 표와 같다.

A실	B실	C실	D실
0.33kg/m^3	0.52kg/m^3	0.33kg/m^3	0.52kg/m^3

⑤ 방호구역은 4개 구역이며 각 구역별 개구부는 무시한다.
⑥ 약제저장용기의 개방방식은 가스압력식으로 한다.
⑦ 각 실의 분사노즐 당 설계 방출량은 약제저장용기의 저장량을 기준으로 한다.

풀이 ① A실의 분사노즐 1개당 설계방출량(kg/s)
  ○ 계산과정 : A실에 필요한 약제의 양 $= 6m \times 5m \times 5m \times 0.33 kg/m^3 = 49.5 kg$
      A실에 필요한 약제저장용기의 수 $= 49.5 kg/50 kg = 0.99$ ∴ 1병
      분사노즐 1개당 설계방출량 $Q = \dfrac{1병 \times 50kg/병}{1개 \times 10s} = 5 kg/s$

  ○ 답 : 5kg/s

② B실의 분사노즐 1개당 설계방출량(kg/s)
  ○ 계산과정 : B실에 필요한 약제의 양 $= 12m \times 7m \times 5m \times 0.52 kg/m^3 = 218.4 kg$
      B실에 필요한 약제저장용기의 수 $= 218.4 kg/50 kg = 4.37$ ∴ 5병
      분사노즐 1개당 설계방출량 $Q = \dfrac{5병 \times 50kg/병}{4개 \times 10s} = 6.25 kg/s$

  ○ 답 : 6.25kg/s

③ C실의 분사노즐 1개당 설계방출량(kg/s)
  ○ 계산과정 : C실에 필요한 약제의 양 $= 6m \times 6m \times 5m \times 0.33 kg/m^3 = 59.4 kg$
      C실에 필요한 약제저장용기의 수 $= 59.4 kg/50 kg = 1.19$ ∴ 2병
      분사노즐 1개당 설계방출량 $Q = \dfrac{2병 \times 50kg/병}{1개 \times 10s} = 10 kg/s$

  ○ 답 : 10kg/s

④ D실의 분사노즐 1개당 설계방출량(kg/s)
  ○ 계산과정 : D실에 필요한 약제의 양 $= 10m \times 5m \times 5m \times 0.52 kg/m^3 = 130 kg$
      D실에 필요한 약제저장용기의 수 $= 130 kg/50 kg = 2.6$ ∴ 3병
      분사노즐 1개당 설계방출량 $Q = \dfrac{3병 \times 50kg/병}{2개 \times 10s} = 7.5 kg/s$

  ○ 답 : 7.5kg/s

상세해설

할론소화설비에서 전역방출방식의 약제저장량
$Q = V \times K_1 + A \times K_2$

여기서, Q : 약제저장량(kg), V : 방호구역체적(m^3)
  K_1 : 방호구역 체적계수(kg/m^3), A : 개구부면적(m^2)
  K_2 : 개구부 면적계수(kg/m^2)

할론소화설비에서 기준약제저장량의 방사시간

전역 방출 방식	국소 방출 방식
10초 이내	10초 이내

19년-11월

25
다음은 할론소화설비에 대한 화재안전기술기준이다. ( )안에 알맞은 답을 쓰시오. (8점)

> (1) 축압식 저장용기의 압력은 온도 20℃에서 할론 1211을 저장하는 것은 (①)MPa 또는 (②)MPa, 할론 1301을 저장하는 것은 (③)MPa 또는 (④)MPa이 되도록 질소가스로 축압할 것
> (2) 가압용 가스용기는 질소가스가 충전된 것으로 하고, 그 압력은 21℃에서 (⑤)MPa 또는 (⑥)MPa이 되도록 하여야 한다.
> (3) 가압식 저장용기에는 (⑦)MPa 이하의 압력으로 조정할 수 있는 압력조정장치를 설치하여야 한다.
> (4) 하나의 구역을 담당하는 소화약제 저장용기의 소화약제량의 체적합계보다 그 소화약제 방출시 방출경로가 되는 배관(집합관 포함)의 내용적이 (⑧)배 이상일 경우에는 해당 방호구역에 대한 설비는 별도 독립방식으로 하여야 한다.

풀이 ○답 : ① 1.1, ② 2.5, ③ 2.5, ④ 4.2, ⑤ 2.5, ⑥ 4.2, ⑦ 2.0, ⑧ 1.5

상세해설

할론소화약제의 저장용기등
(1) 축압식 저장용기의 압력은 온도 20℃에서 할론 1211을 저장하는 것은 1.1MPa 또는 2.5MPa, 할론 1301을 저장하는 것은 2.5MPa 또는 4.2MPa이 되도록 질소가스로 축압할 것
(2) 저장용기의 **충전비**는 할론 2402를 저장하는 것 중 가압식 저장용기는 0.51 이상 0.67 미만, 축압식 저장용기는 0.67 이상 2.75 이하, 할론 1211은 0.7 이상 1.4 이하, 할론 1301은 0.9 이상 1.6 이하로 할 것.
(3) 동일 집합관에 접속되는 용기의 소화약제 충전량은 동일충전비의 것이어야 할 것
(4) 가압용 가스용기는 질소가스가 충전된 것으로 하고, 그 압력은 21℃에서 2.5MPa 또는 4.2MPa이 되도록 하여야 한다.
(5) 할론소화약제 저장용기의 개방밸브는 **전기식 · 가스압력식 또는 기계식**에 따라 자동으로 개방되고 수동으로도 개방되는 것으로서 안전장치가 부착된 것으로 하여야 한다.
(6) 가압식 저장용기에는 2.0MPa 이하의 압력으로 조정할 수 있는 **압력조정장치**를 설치하여야 한다.
(7) 하나의 구역을 담당하는 소화약제 저장용기의 소화약제량의 체적합계보다 그 소화약제 방출시 방출경로가 되는 배관(집합관 포함)의 내용적이 1.5배 이상일 경우에는 해당 방호구역에 대한 설비는 **별도 독립방식**으로 하여야 한다.

제 10 장

할로겐화합물 및 불활성기체소화설비

제 10 장 할로겐화합물 및 불활성기체소화설비

19년-06월, 20년-05월

01 다음 조건을 참조하여 할로겐화합물소화설비의 10초 동안 방사된 소화약제량을 구하시오. (6점)

[조건] ① 10초 동안 약제가 방사될 시 설계농도의 95%에 해당하는 약제가 방출된다.
② 방호구역의 크기는 가로 4m 세로 5m 높이 4m 이다.
③ $K_1 = 0.2413$, $K_2 = 0.00088$, 실온은 20℃이다.
④ A급 화재 발생 가능 장소로써 소화농도는 8.5%이다.

○ 계산과정 : $W = \dfrac{V}{S} \times \left\{ \dfrac{C}{(100-C)} \right\}$

여기서, W : 소화약제의 무게(kg), V : 방호구역의 체적(m^3)
S : 소화약제별 선형상수($K_1 + K_2 \times t$)(m^3/kg)
C : 체적에 따른 소화약제의 설계농도(%)
t : 방호구역의 최소예상온도(℃)

① V(방호구역 체적) = $4 \times 5 \times 4 = 80 m^3$
② S(소화약제별 선형상수) = $K_1 + K_2 \times t = 0.2413 + 0.00088 \times 20$
   $= 0.2589 (m^3/kg)$
③ 설계농도(C) = 소화농도 × 1.2(안전률 A급화재) = 8.5% × 1.2
   $= 10.2\%$
④ 설계농도의 95%에 해당하는 농도 = 10.2% × 0.95 = 9.69%

∴ $W = \dfrac{V}{S} \times \left(\dfrac{C}{100-C} \right) = \left(\dfrac{80}{0.2589} \right) \times \left(\dfrac{9.69}{100-9.69} \right) = 33.15 \text{kg}$

○ 답 : 33.15kg

상세 해설

할로겐화합물소화약제량 산출 공식

$$W = \dfrac{V}{S} \times \left(\dfrac{C}{100-C} \right)$$

여기서, W : 소화약제의 무게(kg)
V : 방호구역의 체적(m^3)
S : 소화약제별 선형상수($K_1 + K_2 \times t$)(m^3/kg)
C : 체적에 따른 소화약제의 설계농도(%)
  C = 소화농도(%) × K[안전계수(A급 : 1.2, B급 : 1.3, C급 : 1.35)]
  ※ C급(통전상태)의 안전계수는 A급(전기차단상태)소화농도의 1.35
t : 방호구역의 최소예상온도(℃)

04년-07월, 18년-04월

02 바닥면적 270m², 높이 3.5m의 발전기실에 할로겐화합물 및 불활성기체 소화설비를 설치하고자한다. 다음 조건을 참조하여 각 물음에 답하시오. (7점)

[조건]
① HCFC Blend-A의 소화농도는 A급 화재는 7.2%, B급 화재는 10%이다.
② HCFC Blend-A의 저장용기는 68L이며 충전밀도는 714kg/m³이다.
③ 발전기실의 연료는 경유를 사용한다.
④ 선형상수를 이용하며 방사 시 기준온도는 20℃이다.

소화약제	K_1	K_2
HCFC Blend-A	0.2413	0.00088

(물음 1) 필요한 HCFC Blend-A의 약제량(kg)은 얼마인가?
(물음 2) 저장용기의 병당 약제 저장량(kg)은 얼마인가?
(물음 3) HCFC Blend-A의 저장용기 수는 최소 몇 병인가?

풀이 (물음 1) 필요한 약제량(kg)
○계산과정 :
$V = 270 \times 3.5 = 945 \text{m}^3$
$S = 0.2413 + (0.00088 \times 20) = 0.2589 \text{m}^3/\text{kg}$
B급 화재시 C = 소화농도 × K(안전계수) = 10% × 1.3(B급) = 13%
$W = \dfrac{945}{0.2589} \times \left(\dfrac{13}{100-13}\right) = 545.41 \text{kg}$
○답 : 545.41kg

(물음 2) 병당 약제 저장량
○계산과정 :
충전밀도 $\rho = 714 \text{kg/m}^3 = 714 \text{kg}/1000\text{L} = 0.714 \text{kg/L}$
$W = 68\text{L} \times 0.714 \text{kg/L} = 48.55 \text{kg/병}$
○답 : 48.55kg

(물음 3) 저장용기 수
○계산과정 : 저장용기 수 : $N = \dfrac{545.41 \text{kg}}{48.55 \text{kg}} = 11.23$병
∴ 12병
○답 : 12병

상세해설

HCFC 등의 소화약제량 산출 공식

$$W = \frac{V}{S} \times \left(\frac{C}{100 - C} \right)$$

여기서, W : 소화약제의 무게(kg), V : 방호구역의 체적(m^3)
S : 소화약제별 선형상수($K_1 + K_2 \times t$)(m^3/kg)
C : 체적에 따른 소화약제의 설계농도(%)
　　[C=소화농도(%)$\times K$(안전계수, A급 : 1.2, B급 : 1.3, C급 : 1.35)]
　　※ C급(통전상태)의 안전계수는 A급(전기차단상태)소화농도의 1.35
t : 방호구역의 최소예상온도(℃)

16년-04월

03 다음은 할로겐화합물 및 불활성기체 소화약제의 저장용기 설치기준이다. ( )안에 알맞은 답을 쓰시오.

저장용기의 약제량 손실이 (①)를 초과하거나 압력손실이 (②)를 초과할 경우에는 재충전하거나 저장용기를 교체할 것. 다만, 불활성기체 소화약제 저장용기의 경우에는 압력손실이 (③)를 초과할 경우 재충전하거나 저장용기를 교체하여야 한다.

풀이 ○답 : ① 5% ② 10% ③ 5%

상세해설

할로겐화합물 및 불활성기체 소화약제의 저장용기
① 저장용기의 충전밀도 및 충전압력은 별표 1에 따를 것
② 저장용기는 약제명·저장용기의 자체중량과 총중량·충전일시·충전압력 및 약제의 체적을 표시할 것
③ 집합관에 접속되는 저장용기는 동일한 내용적을 가진 것으로 충전량 및 충전압력이 같도록 할 것
④ 저장용기에 충전량 및 충전압력을 확인할 수 있는 장치를 하는 경우에는 해당 소화약제에 적합한 구조로 할 것
⑤ 저장용기의 약제량 손실이 5%를 초과하거나 압력손실이 10%를 초과할 경우에는 재충전하거나 저장용기를 교체할 것. 다만, 불활성기체 소화약제 저장용기의 경우에는 압력손실이 5%를 초과할 경우 재충전하거나 저장용기를 교체하여야 한다.

19년-04월

04. 가로8m 세로10m 높이4m인 전산실에 할로겐화합물 소화약제 중 FK-5-1-12를 사용할 경우 아래 조건을 참조하여 다음 각 물음에 답하시오. (5점)

[조건]
① FK-5-1-12의 설계농도는 12%이다.
② FK-5-1-12의 저장용기는 80L이며 충전밀도는 1441kg/m³이다.
③ 소화약제량 산정 시 선형상수를 이용하며 방사 시 기준온도는 21℃이다.

소화약제	K_1	K_2
FK-5-1-12	0.0664	0.0002741

(물음 1) FK-5-1-12의 저장량은 최소 몇(kg)인가?
(물음 2) FK-5-1-12의 저장용기 수는 최소 몇 병 인가?

풀이 (물음 1) FK-5-1-12의 저장량

○계산과정 : $V = 8 \times 10 \times 4 = 320\text{m}^3$

$$S = 0.0664 + (0.0002741 \times 21) = 0.072156\text{m}^3/\text{kg}$$

$$W = \frac{320}{0.072156} \times \left(\frac{12}{100-12}\right) = 604.75\text{kg}$$

○답 : 604.75kg

(물음 2) FK-5-1-12의 저장용기 수

○계산과정 : 충전밀도 $\rho = \frac{1441\text{kg}}{\text{m}^3} = 1441\text{kg}/1000\text{L} = 1.441\text{kg/L}$

병당 약제저장량 $W = 80(\text{L}) \times 1.441(\text{kg/L}) = 115.28\text{kg}$

$N = \frac{604.75\text{kg}}{115.28\text{kg}} = 5.25$병 ∴ 6병

○답 : 6병

상세해설

(1) 할로겐화합물소화약제량 산출 공식

$$W = \frac{V}{S} \times \left(\frac{C}{100-C}\right)$$

여기서, W : 소화약제의 무게(kg), V : 방호구역의 체적(m³)
S : 소화약제별 선형상수 $(K_1 + K_2 \times t)(\text{m}^3/\text{kg})$
C : 체적에 따른 소화약제의 설계농도(%)
　C=소화농도(%)×K[안전계수(A급 : 1.2, B급 : 1.3, C급 : 1.35)]
　※ C급(통전상태)의 안전계수는 A급(전기차단상태)소화농도의 1.35
t : 방호구역의 최소예상온도(℃)

(2) 용기 1병당 약제량(kg)

$$W = V(L) \times G(kg/L)$$

여기서, $V(L)$: 용기의 부피, $G(kg/L)$: 용기의 충전밀도

13년-07월

05 할로겐화합물 및 불활성기체 소화설비에서 저장용기 재충전 또는 교체기준을 할로겐화합물 소화약제와 불활성기체 소화약제로 구분하여 쓰시오. (5점)

○답 : ① **할로겐화합물 소화약제** : 저장용기의 약제량 손실이 5%를 초과하거나 압력손실이 10%를 초과할 경우에는 재충전하거나 저장용기를 교체할 것.
② **불활성기체 소화약제** : 저장용기의 압력손실이 5%를 초과할 경우 재충전하거나 저장용기를 교체할 것

상세해설

(1) 할로겐화합물 소화약제의 저장용기 설치장소기준
① 방호구역외의 장소에 설치할 것. 다만, 방호구역 내에 설치할 경우에는 피난 및 조작이 용이하도록 피난구 부근에 설치 할 것.
② 온도가 55℃ 이하이고 온도의 변화가 작은 곳에 설치할 것
③ 직사광선 및 빗물이 침투할 우려가 없는 곳에 설치할 것
④ 저장용기를 방호구역 외에 설치한 경우에는 방화문으로 구획된 실에 설치할 것
⑤ 용기의 설치장소에는 해당 용기가 설치된 곳임을 표시하는 표지를 할 것
⑥ 용기간의 간격은 점검에 지장이 없도록 3cm 이상의 간격을 유지할 것
⑦ 저장용기와 집합관을 연결하는 연결배관에는 체크밸브를 설치할 것. 다만, 저장용기가 하나의 방호구역만을 담당하는 경우에는 그러하지 아니하다.

(2) 할로겐화합물 소화약제의 저장용기 설치기준
① 저장용기의 충전밀도 및 충전압력은 별표 1에 따를 것
② 저장용기는 약제명 · 저장용기의 자체중량과 총중량 · 충전일시 · 충전압력 및 약제의 체적을 표시할 것
③ 집합관에 접속되는 저장용기는 동일한 내용적을 가진 것으로 충전량 및 충전압력이 같도록 할 것
④ 저장용기에 충전량 및 충전압력을 확인할 수 있는 장치를 하는 경우에는 해당 소화약제에 적합한 구조로 할 것
⑤ 저장용기의 약제량 손실이 5%를 초과하거나 압력손실이 10%를 초과할 경우에는 재충전하거나 저장용기를 교체할 것. 다만, 불활성기체 소화약제 저장용기의 경우에는 압력손실이 5%를 초과할 경우 재충전하거나 저장용기를 교체하여야 한다.

18년-06월

06 바닥면적이 162m², 높이 3.5m인 전산실에 할로겐화합물 및 불활성기체 소화약제 중 IG-541을 사용할 경우 아래 조건을 참조하여 다음 각 물음에 답하시오. (6점)

[조건]
① IG-541의 소화농도는 33%이다.
② IG-541의 저장용기는 80L, 충전압력은 19,996kPa이다.
③ 소화약제량 산정 시 선형상수를 이용하며 방사 시 기준온도는 20℃이다.

K_1	K_2
0.65799	0.00239

④ 20℃에서 소화약제의 비체적(m³/kg)은 선형상수와 같다.
⑤ 전산실의 화재는 C급(전기화재)로 간주 한다.

(물음 1) IG-541의 약제 저장량은 최소 몇 m³인가?
(물음 2) IG-541의 저장용기 수는 최소 몇 병인가?
(물음 3) 배관구경산정 조건에 따라 IG-541의 약제량 방사 시 주배관의 방사유량은 몇 m³/s인가?

풀이 (물음 1) 약제 저장량(m³)
○ 계산과정:
① $V = 162 \times 3.5 = 567 \text{m}^3$
② $V_S = 0.65799 + (0.00239 \times 20) = 0.7058 \text{m}^3/\text{kg}$
③ $S = 0.65799 + (0.00239 \times 20) = 0.7058 \text{m}^3/\text{kg}$
④ C급 화재시 $C = $ 소화농도 $\times K$(안전계수) $= 33\% \times 1.35$(C급) $= 44.55\%$
⑤ $X = 2.303 \times \dfrac{0.7058}{0.7058} \times \log_{10}\left(\dfrac{100}{100-44.55}\right) = 0.5898 \text{m}^3/\text{m}^3$
⑥ $W = 567\text{m}^3 \times 0.5898\text{m}^3/\text{m}^3 = 334.42\text{m}^3$
○ 답 : 334.42m³

(물음 2) 저장 용기 수
○ 계산과정:
① 충전량 : $V = \dfrac{80l \times 19996\text{kPa}}{101.325\text{kPa}} = 15787.61\text{L} = 15.79\text{m}^3/\text{병}$
② 저장용기 수 : $N = \dfrac{334.42\text{m}^3}{15.79\text{m}^3} = 21.18$병 ∴ 22병
○ 답 : 22병

(물음 3) 주배관의 방사유량

○ 계산과정 :

① $V_S = 0.65799 + (0.00239 \times 20) = 0.7058 \text{m}^3/\text{kg}$

② $S = 0.65799 + (0.00239 \times 20) = 0.7058 \text{m}^3/\text{kg}$

③ C급 화재 시 $C = 33\% \times 1.35(\text{C급}) \times 0.95 = 42.32\%$

④ $X = 2.303 \times \dfrac{0.7058}{0.7058} \times \log_{10}\left(\dfrac{100}{100-42.32}\right) = 0.5504 \text{m}^3/\text{m}^3$

⑤ 기준시간 내에 방사되어야 할 약제의 부피

$$V = 567\text{m}^3 \times \dfrac{0.5504\text{m}^3}{\text{m}^3} = 312.08\text{m}^3$$

⑥ 약제 방사 시 유량 $Q = \dfrac{312.08\text{m}^3}{120\text{s}} = 2.60 \text{m}^3/\text{s}$

○ 답 : $2.60\text{m}^3/\text{s}$

상세해설

(1) IG-541의 저장량(m^3)

불활성기체 소화약제량 산출 공식

$$X = 2.303 \times \dfrac{V_S}{S} \times \log_{10}\left(\dfrac{100}{100-C}\right)$$

여기서, X : 공간체적당 더해진 소화약제의 부피(m^3/m^3)
  V_S : 20℃에서 소화약제의 비체적(m^3/kg)
  S : 소화약제별 선형상수($K_1 + K_2 \times t$)(m^3/kg)
  C : 체적에 따른 소화약제의 설계농도(%)

(2) 설계농도는 소화농도(%)에 안전계수(A급화재 1.2, B급화재 1.3, C급화재 1.35)를 곱한 값으로 할 것
  ※ C급(통전상태)의 안전계수는 A급(전기차단상태)소화농도의 1.35

(3) 용기 1병당 충전량

$$V(\text{L/병}) = \dfrac{\text{용기의 내용적}(\text{L}) \times \text{충전압력}(\text{kPa})}{\text{표준대기압}(101.325\text{kPa})}$$

(4) 배관의 구경은 해당 방호구역에 할로겐화합물 소화약제는 10초 이내에, 불활성기체 소화약제는 A·C급 화재 2분, B급 화재 1분 이내에 방호구역 각 부분에 최소설계농도의 95% 이상 해당하는 약제량이 방출되도록 하여야 한다.

13년-11월, 16년-11월

07

바닥면적 270m², 높이 3.5m의 발전기실에 할로겐화합물 및 불활성기체 소화설비를 설치하고자한다. 다음 조건을 참조하여 각 물음에 답하시오. (10점)

[조건]
① HCFC Blend-A의 소화농도는 A급 화재는 7.2%, B급 화재는 10%이다.
② HCFC Blend-A의 저장용기는 68L용 50kg으로 한다.
③ IG-541의 A급 및 B급 소화농도는 32%이다.
④ 발전기실의 연료는 경유를 사용한다.
⑤ IG-541의 저장용기는 80(L)용 12.4m³으로 한다.
⑥ 선형상수를 이용하며 방사시 기준온도는 20℃이다.

소화약제	K_1	K_2
HCFC Blend-A	0.2413	0.00088
IG-541	0.65799	0.00239

(물음 1) 필요한 HCFC Blend-A의 약제량(kg)과 용기의 수는 몇 병인가?
(물음 2) 필요한 IG-541의 약제량(m³)과 용기의 수는 몇 병인가?

(물음 1) HCFC Blend-A의 약제량과 용기의 수

HCFC Blend-A의 약제량(kg)

○계산과정 : ① $V = 270\text{m}^2 \times 3.5\text{m} = 945\text{m}^3$
② $S = 0.2413 + (0.00088 \times 20) = 0.2589\text{m}^3/\text{kg}$
③ $C = $ 소화농도 $\times K$(안전계수) $= 10\% \times 1.3 = 13\%$
④ $W = \dfrac{945}{0.2589} \times \left(\dfrac{13}{100-13}\right) = 545.41\text{kg}$

○답 : 545.41kg

용기의 병수

○계산과정 : $N = \dfrac{545.41\text{kg}}{50\text{kg/병}} = 10.91$병 ∴ 11병

○답 : 11병

(물음 2) IG-541의 약제량과 용기의 병수

IG-541의 약제량(m³)

○계산과정 : ① $V = 270\text{m}^2 \times 3.5\text{m} = 945\text{m}^3$
② $V_s = 0.65799 + (0.00239 \times 20) = 0.7058\text{m}^3/\text{kg}$
$S = 0.65799 + (0.00239 \times 20) = 0.7058\text{m}^3/\text{kg}$

③ $C = 32\% \times 1.3(\text{B급}) = 41.6\%$

④ $X = 2.303 \times \dfrac{0.7058}{0.7058} \times \log_{10}\left(\dfrac{100}{100-41.6}\right)$

$= 0.5380 \text{m}^3/\text{m}^3$

⑤ $W = 945\text{m}^3 \times 0.5380\text{m}^3/\text{m}^3 = 508.41\text{m}^3$

○답 : 508.41m^3

용기의 병수

○계산과정 : $N = \dfrac{508.41\text{m}^3}{12.4\text{m}^3/\text{병}} = 41.00\text{병}$ ∴ 41병

○답 : 41병

상세해설

(물음 1) HCFC Blend-A의 저장량(kg)

HCFC Blend-A 등의 소화약제량 산출 공식

$$W = \dfrac{V}{S} \times \left(\dfrac{C}{100-C}\right)$$

여기서, W : 소화약제의 무게(kg)
V : 방호구역의 체적(m^3)
S : 소화약제별 선형상수($K_1 + K_2 \times t$)(m^3/kg)
C : 체적에 따른 소화약제의 설계농도(%)
(C = 소화농도(%) × K(안전계수, A급 1.2, B급 1.3, C급 1.35))
※ C급(통전상태)의 안전계수는 A급(전기차단상태)소화농도의 1.35
t : 방호구역의 최소예상온도(℃)

IG-541의 저장량(m^3)

불활성기체 소화약제량 산출 공식

$$X = 2.303 \times \dfrac{V_S}{S} \times \log_{10}\left(\dfrac{100}{100-C}\right)$$

여기서, X : 공간체적당 더해진 소화약제의 부피(m^3/m^3)
V_S : 20℃에서 소화약제의 비체적(m^3/kg)
S : 소화약제별 선형상수($K_1 + K_2 \times t$)(m^3/kg)
C : 체적에 따른 소화약제의 설계농도(%)

참고
※ $\log_{10}$은 log로 하여도 값은 같다.
[예] $\log_{10} 80 = \log 80$

20년-07월

08 할로겐화합물 및 불활성기체소화약제 중 HFC-23과 IG-541을 사용하여 소화설비를 설치하고자한다. 다음 조건을 참조하여 각 물음에 답하시오.

[조건] ① HFC-23의 소화농도는 7.3%이다.
② IG-541의 소화농도는 31.25%이다.
③ 발전기실의 연료는 경유를 사용한다.
④ 방호구역의 체적은 1400m³이다.
⑤ 소화약제량 산출시 선형상수를 이용하며 방사시 기준온도는 20℃이다.

소화약제	K_1	K_2
HFC-23	0.3164	0.0012
IG-541	0.65799	0.00239

(1) HFC-23의 저장량은 최소 몇 kg인가?
(2) IG-541의 저장량은 최소 몇 m³인가?

풀이 (1) HFC-23의 저장량

○계산과정 : $V = 1400 m^3$

$S = K_1 + (K_2 \times t℃) = 0.3164 + (0.0012 \times 20) = 0.3404$

$C = $ 소화농도(%) $\times K$(안전계수) $= 7.3 \times 1.3 = 9.49\%$

$W = \dfrac{V}{S} \times \left(\dfrac{C}{100-C}\right) = \dfrac{1400}{0.3404} \times \left(\dfrac{9.49}{100-9.49}\right) = 431.23 kg$

○답 : 431.23kg

(2) IG-541의 저장량

○계산과정 : $V_s = 0.65799 + (0.00239 \times 20) = 0.7058 m^3/kg$

$S = 0.65799 + (0.00239 \times 20) = 0.7058 m^3/kg$

$C = $ 소화농도(%) $\times K$(안전계수) $= 31.25 \times 1.3 = 40.625\%$

$X = 2.303 \times \dfrac{0.7058}{0.7058} \times \log_{10}\left(\dfrac{100}{100-40.625}\right) = 0.5214 m^3/m^3$

$W = 1400 m^3 \times 0.5214 m^3/m^3 = 729.96 m^3$

○답 : 729.96m³

상세해설

(1) 할로겐화합물소화약제량 산출 공식

$$W = \frac{V}{S} \times \left(\frac{C}{100-C}\right)$$

여기서, W : 소화약제의 무게(kg)
 V : 방호구역의 체적(m^3)
 S : 소화약제별 선형상수$(K_1 + K_2 \times t)(m^3/kg)$
 C : 체적에 따른 소화약제의 설계농도(%)
  C = 소화농도(%) × K[안전계수(A급 : 1.2, B급 : 1.3, C급 : 1.35)]
  ※ C급(통전상태)의 안전계수는 A급(전기차단상태)소화농도의 1.35
 t : 방호구역의 최소예상온도(℃)

(2) IG-541의 저장량(m^3)

불활성기체 소화약제량 산출공식

$$X = 2.303 \times \frac{V_S}{S} \times \log_{10}\left(\frac{100}{100-C}\right)$$

여기서, X : 공간 체적당 더해진 소화약제의 부피(m^3)
 V_S : 20℃에서 소화약제의 비체적(m^3/kg)
 S : 소화약제별 선형상수$(K_1 + K_2 \times t)(m^3/kg)$
 C : 체적에 따른 소화약제의 설계농도(%)
  [C = 소화농도(%) × K(안전계수, A급 : 1.2, B급 : 1.3, C급 : 1.35)]
  ※ C급(통전상태)의 안전계수는 A급(전기차단상태)소화농도의 1.35

(3) 배관구경 : 방호구역에 할로겐화합물 소화약제가 10초(불활성기체 소화약제는 A, C급 화재 2분, B급 화재 1분) 이내에 최소설계농도의 95% 이상 방출되도록 하여야 한다.

20년-11월

09 가로9m 세로10m 높이9m인 전기실에 불활성기체소화약제인 IG-541을 사용할 경우 아래 조건을 참조하여 필요한 IG-541의 최소저장 용기수(병)을 계산하시오. (6점)

[조건] ① 방호구역의 예상온도는 50℃이며 20℃에서의 IG-541의 비체적은 $0.697\text{m}^3/\text{kg}$이다.
② IG-541의 설계농도는 37%이다.
③ IG-541의 저장용기는 80(L)용 $12.5(\text{m}^3/\text{병})$을 적용한다.
④ 소화약제량 산정 시 선형상수를 이용하며 방사시 기준온도는 50℃이다.

K₁	K₂
0.65799	0.00239

풀이 ○ 계산과정 : $V = 9 \times 10 \times 9 = 810\text{m}^3$

$V_S = 0.697\text{m}^3/\text{kg}$

$S = 0.65799 + (0.00239 \times 50) = 0.7775\text{m}^3/\text{kg}$

C(설계농도) $= 37\%$

$X = 2.303 \times \dfrac{0.697}{0.7775} \times \log\left(\dfrac{100}{100-37}\right) = 0.4143\text{m}^3/\text{m}^3$

$W = 810\text{m}^3 \times 0.4143\text{m}^3/\text{m}^3 = 335.58\text{m}^3$

$N = \dfrac{335.58\text{m}^3}{12.5\text{m}^3} = 26.85$병 ∴ 27병

○ 답 : 27병

상세해설

IG-541의 저장량(m^3)
불활성기체 소화약제량 산출공식

$$X = 2.303 \times \dfrac{V_S}{S} \times \log_{10}\left(\dfrac{100}{100-C}\right)$$

여기서, X : 공간 체적당 더해진 소화약제의 부피(m^3)
V_S : 20℃에서 소화약제의 비체적(m^3/kg)
S : 소화약제별 선형상수($K_1 + K_2 \times t$)(m^3/kg)
C : 체적에 따른 소화약제의 설계농도(%)
 [C = 소화농도(%) × K(안전계수, A급 1.2, B급 1.3, C급 1.35)]
 ※ C급(통전상태)의 안전계수는 A급(전기차단상태)소화농도의 1.35

13년-04월, 17년-06월

10 가로15m 세로14m 높이3.5m인 전산실에 할로겐화합물 및 불활성기체 소화약제 중 HFC-23과 IG-541을 사용할 경우 아래 조건을 참조하여 다음 각 물음에 답하시오. (12점)

[조건]
① HFC-23의 소화농도는 A, C급 화재는 38%, B급 화재는 35%이다.
② HFC-23의 저장용기는 68L이며 충전밀도는 720.8kg/m³이다.
③ IG-541의 소화농도는 33%이다.
④ IG-541의 저장용기는 80(L)용 15.8(m³/병)을 적용하며 충전압력은 19.996MPa이다.
⑤ 소화약제량 산정 시 선형상수를 이용하며 방사시 기준온도는 30℃이다.

소화약제	K_1	K_2
HFC-23	0.3164	0.0012
IG-541	0.65799	0.00239

(물음 1) HFC-23의 저장량은 최소 몇 kg인가?
(물음 2) HFC-23의 저장용기 수는 최소 몇 병 인가?
(물음 3) 배관구경 산정 조건에 따라 HFC-23의 약제량 방사 시 주배관의 방사 유량은 몇 kg/s인가?
(물음 4) IG-541의 저장량은 최소 몇 m³인가?
(물음 5) IG-541의 저장용기 수는 최소 몇 병 인가?
(물음 6) 배관구경산정 조건에 따라 IG-541의 약제량 방사 시 주배관의 방사유량은 몇 m³/s인가?

풀이 (물음 1)

○계산과정 : ① $V = 15 \times 14 \times 3.5 = 735 \text{m}^3$

② $S = 0.3164 + (0.0012 \times 30) = 0.3524 \text{m}^3/\text{kg}$

③ C급 화재시 C = 소화농도 × K(안전계수) = 38% × 1.35(C급) = 51.3%

④ $W = \dfrac{735}{0.3524} \times \left(\dfrac{51.3}{100-51.3}\right) = 2197.05 \text{kg}$

○답 : 2197.05kg

(물음 2)

○계산과정 : $W = 68(\text{L}) \times 0.7208(\text{kg/L}) = 49.01 \text{kg}$

$N = \dfrac{2197.05 \text{kg}}{49.01 \text{kg}} = 44.83$병 ∴ 45병

○답 : 45병

(물음 3)

○계산과정 : ① $V = 15 \times 14 \times 3.5 = 735\text{m}^3$

② $S = 0.3164 + (0.0012 \times 30) = 0.3524\text{m}^3/\text{kg}$

③ $C = 38\% \times 1.35(\text{C급}) \times 0.95 = 48.74\%$

④ $W = \dfrac{735}{0.3524} \times \left(\dfrac{48.74}{100 - 48.74}\right) = 1983.16\text{kg}$

⑤ $Q = \dfrac{1983.16\text{kg}}{10\text{s}} = 198.32\text{kg/s}$

○답 : 198.32kg/s

(물음 4)

○계산과정 : $V_S = 0.65799 + (0.00239 \times 20) = 0.7058\text{m}^3/\text{kg}$

$S = 0.65799 + (0.00239 \times 30) = 0.7297\text{m}^3/\text{kg}$

C급 화재시 C = 소화농도 × K(안전계수) = 33% × 1.35(C급) = 44.55%

$X = 2.303 \times \dfrac{0.7058}{0.7297} \times \log_{10}\left(\dfrac{100}{100 - 44.55}\right) = 0.57\text{m}^3/\text{m}^3$

$W = 735\text{m}^3 \times 0.57\text{m}^3/\text{m}^3 = 418.95\text{m}^3$

○답 : 418.95m³

(물음 5)

○계산과정 : $N = \dfrac{418.95\text{m}^3}{15.8\text{m}^3} = 26.52$병 ∴ 27병

○답 : 27병

(물음 6)

○계산과정 : ① $V_S = 0.7058\text{m}^3/\text{kg}$

② $S = 0.65799 + (0.00239 \times 30) = 0.7297\text{m}^3/\text{kg}$

③ C급 화재시 C = 33% × 1.35(C급) × 0.95 = 42.32%

④ $X = 2.303 \times \dfrac{0.7058}{0.7297} \times \log_{10}\left(\dfrac{100}{100 - 42.32}\right) = 0.53\text{m}^3/\text{m}^3$

⑤ $W = 735\text{m}^3 \times 0.53\text{m}^3/\text{m}^3 = 389.55\text{m}^3$

⑥ $Q = \dfrac{389.55\text{m}^3}{120\text{s}} = 3.25\text{m}^3/\text{s}$

○답 : 3.25m³/s

상세해설

(물음 1) HFC-23의 저장량(kg)

HCFC 등의 소화약제량 산출 공식

$$W = \frac{V}{S} \times \left(\frac{C}{100-C}\right)$$

여기서, W : 소화약제의 무게(kg), V : 방호구역의 체적(m^3)
S : 소화약제별 선형상수($K_1 + K_2 \times t$)(m^3/kg)
C : 체적에 따른 소화약제의 설계농도(%)
　　　[C=소화농도(%)$\times K$(안전계수, A급 1.2, B급 1.3, C급 1.35)]
　　　※ C급(통전상태)의 안전계수는 A급(전기차단상태)소화농도의 1.35
t : 방호구역의 최소예상온도(℃)

(물음 2) HFC-23의 저장용기 수

용기1병당 약제량(kg)

$$W = V(L) \times G(kg/L)$$

여기서, V(L) : 용기의 부피
　　　G(kg/L) : 용기의 충전밀도
　　　V = 68L, G = 720.8kg/m^3 = 720.8kg/1000L = 0.7208kg/L

(물음 3) 배관구경

방호구역에 할로겐화합물 소화약제가 10초(불활성기체 소화약제는 A, C급 화재 2분, B급 화재 1분) 이내에 최소설계농도의 95% 이상 방출되도록 하여야 한다.

(물음 4) IG-541의 저장량(m^3)

불활성기체 소화약제량 산출 공식

$$X = 2.303 \times \frac{V_S}{S} \times \log_{10}\left(\frac{100}{100-C}\right)$$

여기서, X : 공간체적당 더해진 소화약제의 부피(m^3/m^3)
　　　V_S : 20℃에서 소화약제의 비체적(m^3/kg)
　　　S : 소화약제별 선형상수($K_1 + K_2 \times t$)(m^3/kg)
　　　C : 체적에 따른 소화약제의 설계농도(%)
　　　[C=소화농도(%)$\times K$(안전계수, A급 1.2, B급 1.3, C급 1.35)]
　　　※ C급(통전상태)의 안전계수는 A급(전기차단상태)소화농도의 1.35

10년-10월, 12년-04월, 14년-04월, 16년-06월

11 바깥지름이 2m이고 길이 1.5m인 원통형 내압용기가 두께 3mm의 연강판으로 제작되었다. 용접에 의한 허용응력감소를 무시할 때 이 용기 내부에 허용할 수 있는 최고압력(MPa)을 구하시오. (단, 내압용기 재료의 허용응력은 σ_w =250MPa이다.) (3점)

○ 계산과정 :
○ 답 :

[풀이]

○ 계산과정 : $3 = \dfrac{P \times 2000}{2 \times 250 \times 10^3}$ ∴ $P = \dfrac{3 \times 2 \times 250 \times 10^3}{2000} = 750\,\text{kPa} = 0.75\,\text{MPa}$

○ 답 : 0.75MPa

[상세해설]

관의 두께

$$t = \dfrac{PD}{2SE} + A$$

여기서, t : 관의 두께(mm)
  P : 최대허용압력(kPa)
  D : 배관의 바깥지름(mm)
  SE : 최대허용응력(kPa)(배관재질 인장강도의 1/4값과 항복점의 2/3 값 중 적은 값×배관이음효율×1.2)
  A : 나사이음(mm) (헤드설치부분은 제외한다)

- 나사이음 : 나사의 높이 • 절단홈이음 : 홈의 깊이   • 용접이음 : 0

※ 배관이음효율
  ① 이음매 없는 배관 : 1.0
  ② 전기저항 용접배관 : 0.85
  ③ 가열맞대기 용접배관 : 0.60

t=3mm, P=?, D=2m=2000mm, SE=250×10³kPa, A=무시

$3 = \dfrac{P \times 2000}{2 \times 250 \times 10^3}$ ∴ $P = \dfrac{3 \times 2 \times 250 \times 10^3}{2000} = 750\,\text{kPa} = 0.75\,\text{Mpa}$

∴ 0.75MPa

16년-11월, 20년-10월

12 할로겐화합물 및 불활성기체 소화설비에 압력배관용탄소강관(KS D 3562)을 사용할 때 다음 조건을 참조하여 최대허용압력(MPa)을 계산하시오. **(4점)**

> [조건] ① 압력배관용탄소강관(KS D 3562)의 인장강도 420MPa, 항복점 250MPa이다.
> ② 배관이음효율은 0.85를 적용한다.
> ③ 배관의 최대허용응력(SE)은 배관재질 인장강도의 1/4값과 항복점의 2/3값 중 작은 값(σ)을 기준으로 다음의 식을 적용한다.
> $$SE = \sigma \times 배관이음효율 \times 1.2$$
> ④ 적용되는 배관의 바깥지름은 114.3mm이고 두께는 6.0mm이다.
> ⑤ 나사이음, 홈이음 등의 허용 값(mm)(헤드설치부분은 제외한다)은 무시한다.

○ 계산과정 : ① 인장강도의 1/4값 $= 420\text{MPa} \times \dfrac{1}{4} = 105\text{MPa}$

② 항복점의 2/3값 $= 250\text{MPa} \times \dfrac{2}{3} = 166.67\text{MPa}$

③ 배관의 최대허용응력 계산(작은 값(σ)=105MPa적용)
$SE = \sigma \times 배관이음효율 \times 1.2 = 105 \times 0.85 \times 1.2 = 107.1\text{MPa}$

④ $SE = 107.1\text{MPa}$, $t = 6\text{mm}$, $D = 114.3\text{mm}$, $A = 0$(무시)

⑤ $P = \dfrac{2SE}{D}(t-A) = \dfrac{2 \times 107.1}{114.3} \times (6-0) = 11.24\text{MPa}$

○ 답 : 11.24MPa

상세해설

관의 두께

$$t = \dfrac{PD}{2SE} + A$$

여기서, t : 관의 두께(mm), P : 최대허용압력(kPa), D : 배관의 바깥지름(mm)
SE : 최대허용응력(kPa)(배관재질 인장강도의 1/4값과 항복점의 2/3 값 중 적은 값×배관이음효율×1.2)
A : 나사이음(mm) (헤드설치부분은 제외한다)

• 나사이음 : 나사의 높이　• 절단홈이음 : 홈의 깊이　• 용접이음 : 0
※ 배관이음효율 : ① 이음매 없는 배관 : 1.0
　　　　　　　　② 전기저항 용접배관 : 0.85
　　　　　　　　③ 가열맞대기 용접배관 : 0.60

14년-04월, 20년-07월

13 할로겐화합물 소화약제의 구비조건을 5가지만 쓰시오. (5점)

○답 : ① ODP(오존파괴지수)가 낮을 것
② GWP(지구온난화지수)가 낮을 것
③ 소화능력이 우수할 것
④ 독성이 낮을 것
⑤ 가격이 적당할 것
⑥ 유지관리측면에서 경제적일 것

13년-04월, 13년-11월, 14년-04월, 16년-11월, 17년-06월, 19년-11월

14 가로15m 세로14m 높이3.2m인 전기실에 불활성기체소화약제인 IG-541을 사용할 경우 아래 조건을 참조하여 다음 각 물음에 답하시오. (9점)

[조건]
① IG-541의 소화농도는 33%이다.
② IG-541의 저장용기는 80(L)용 12.5(m^3/병)을 적용하며 충전압력은 19.996MPa이다.
③ 소화약제량 산정 시 선형상수를 이용하며 방사시 기준온도는 30℃이다.

K_1	K_2
0.65799	0.00239

(물음 1) 필요한 소화약제 저장용기는 몇[병]인가?
(물음 2) 배관구경은 몇 [분] 이내에 방호구역 각 부분에 최소설계농도의 몇 [%] 이상 해당하는 약제량이 방출되도록 하여야 하는가?

(물음 1) 필요한 저장용기의 병수
○계산과정 :
$$V = 15 \times 14 \times 3.2 = 672 m^3$$
$$V_S = 0.65799 + (0.00239 \times 20) = 0.7058 m^3/kg$$
$$S = 0.65799 + (0.00239 \times 30) = 0.7297 m^3/kg$$
C급화재시 C(설계농도) = 소화농도 × K(안전계수) = 33% × 1.35(C급)
$$= 44.55\%$$
$$X = 2.303 \times \frac{0.7058}{0.7297} \times \log\left(\frac{100}{100-44.55}\right) = 0.57 m^3/m^3$$

$$W = 672\text{m}^3 \times 0.57\text{m}^3/\text{m}^3 = 383.04\text{m}^3$$

$$N = \frac{383.04\text{m}^3}{12.5\text{m}^3} = 30.64병 \quad \therefore \ 31병$$

○답 : 31병

(물음 2) ○답 : 2분 이내, 95% 이상

상세해설

IG-541의 저장량(m^3)
불활성기체 소화약제량 산출공식

$$X = 2.303 \times \frac{V_S}{S} \times \log_{10}\left(\frac{100}{100-C}\right)$$

여기서, X : 공간 체적당 더해진 소화약제의 부피(m^3/m^3)
  V_S : 20℃에서 소화약제의 비체적(m^3/kg)
  S : 소화약제별 선형상수($K_1 + K_2 \times t$)(m^3/kg)
  C : 체적에 따른 소화약제의 설계농도(%)
    [C = 소화농도(%) × K(안전계수, A급 1.2, B급 1.3, C급 1.35)]
    ※ C급(통전상태)의 안전계수는 A급(전기차단상태)소화농도의 1.35

배관구경 : 방호구역에 할로겐화합물 소화약제가 10초(불활성기체 소화약제는 A, C급 화재 2분, B급 화재 1분) 이내에 최소설계농도의 95% 이상 방출되도록 하여야 한다.

19년-11월

15 할로겐화합물 및 불활성기체소화설비에 대한 다음 각 물음에 답하시오.

(8점)

(물음 1) 할로겐화합물소화약제란 어떤 원소를 기본성분으로 하는지 원소의 명칭을 쓰시오.
(물음 2) 불활성기체소화약제란 어떤 원소를 기본성분으로 하는지 원소의 명칭을 쓰시오.
(물음 3) 다음은 할로겐화합물 및 불활성기체소화설비의 약제저장용기를 재충전하거나 저장용기를 교체하여야하는 기준이다. ( )안에 알맞은 답을 쓰시오.

> 저장용기의 약제량 손실이 (①)를 초과하거나 압력손실이 (②)를 초과할 경우에는 재충전하거나 저장용기를 교체할 것. 다만, 불활성기체 소화약제 저장용기의 경우에는 압력손실이 (③)를 초과할 경우 재충전하거나 저장용기를 교체하여야 한다.

(물음 4) 할로겐화합물 및 불활성기체소화설비 설치제외 장소를 2가지만 쓰시오.

(물음 5) 할로겐화합물소화약제를 1가지만 쓰시오.
(단, 할론 1301, 할론 2402, 할론 1211, 할론1011은 제외한다)

(물음 1) ○답 : 불소, 염소, 브롬, 요오드
(물음 2) ○답 : 헬륨, 네온, 아르곤, 질소
(물음 3) ○답 : ① 5%,   ② 10%,   ③ 5%
(물음 4) ○답 : ① 사람이 상주하는 곳으로써 최대허용설계농도를 초과하는 장소
　　　　　　　② 제3류 위험물 및 제5류 위험물을 사용하는 장소
(물음 5) ○답 : 퍼플루오로부탄(FC-3-1-10)

상세해설

할로겐화합물 및 불활성기체소화약제

소 화 약 제	화 학 식
도데카플루오로-2-메틸펜탄-3-원(FK-5-1-12)	$CF_3CF_2C(O)CF(CF_3)_2$
퍼플루오로부탄(FC-3-1-10)	C_4F_{10}
하이드로클로로플루오르카본혼화제 (HCFC BLEND A)	HCFC-123($CHCl_2CF_3$) : 4.75% HCFC-22($CHClF_2$) : 82% HCFC-124($CHClFCF_3$) : 9.5% $C_{10}H_{16}$: 3.75%
클로로테트라플루오르에탄(HCFC-124)	$CHClFCF_3$
펜타플루오르에탄(HFC-125)	CHF_2CF_3
헵타플루오르프로판(HFC-227ea)	CF_3CHFCF_3
트리플루오르메탄(HFC-23)	CHF_3
헥사플루오르프로판(HFC-236fa)	$CF_3CH_2CF_3$
트리플루오르이오다이드(FIC-13 I 1)	CF_3I
불연성·불활성기체혼합가스(IG-01)	Ar
불연성·불활성기체혼합가스(IG-100)	N_2
불연성·불활성기체혼합가스(IG-541)	N_2 : 52%, Ar : 40%, CO_2 : 8%
불연성·불활성기체 혼합가스(IG-55)	N_2 : 50%, Ar : 50%

소방설비기사실기 (기계분야)

제 11 장

분말소화설비

소방설비기사 실기(기계분야)

06년-04월

01 분말소화약제의 종류와 주성분을 쓰시오. (4점)

○답 :

종류	주성분
제1종 분말	$NaHCO_3$(탄산수소나트륨)
제2종 분말	$KHCO_3$(탄산수소칼륨)
제3종 분말	$NH_4H_2PO_4$(인산암모늄)
제4종 분말	$(NH_2)_2CO + KHCO_3$(요소 + 탄산수소칼륨)

08년-04월

02 아래의 표는 분말소화설비에 관한 것이다. 빈칸에 적당한 답을 쓰시오. (8점)

종별	주성분	기타	
1종		안전밸브 작동압력	가압식 :
2종			축압식 :
3종		충전비 : ( ) 이상	
4종			

○답 :

종별	주성분	기타	
1종	탄산수소나트륨	안전밸브 작동압력	가압식 : 최고사용압력의 (1.8배) 이하
2종	탄산수소칼륨		축압식 : 내압시험압력의 (0.8배) 이하
3종	제1인산암모늄	충전비 : (0.8) 이상	
4종	탄산수소칼륨+요소		

12년-04월

03 분말소화약제의 소화특성 중 하나인 녹다운 효과(Knockdown effect)에 대하여 간단히 설명하시오.

○답 : 약제방사 개시 후 10초~20초 이내에 소화하는 것을 Knockdown 효과라고 한다. 30초 이내에 Knockdown 되지 않으면 소화 불가능으로 판단되며, 이는 불꽃 규모에 대하여 방출율이 부족할 때 발생한다.

07년-11월

04 다음 각 물음에 답하시오.

(물음 1) 분말소화약제 중 A, B, C급 화재에 적용되는 소화약제의 화학식을 쓰시오.
(물음 2) 할론소화약제 중 염소가 포함되지 않고, 소화력이 가장 우수한 약제의 화학식을 쓰시오.
(물음 3) 소화약제 중 증기비중이 1.53이고 임계온도가 31℃, 삼중점이 -56.3℃인 약제의 화학식을 쓰시오.

[풀이]
(물음 1) ○답 : $NH_4H_2PO_4$
(물음 2) ○답 : CF_3Br
(물음 3) ○답 : CO_2

10년-04월

05 전역방출방식 분말 소화 설비에서 10m(W)×10m(L)×10m(H) 크기를 갖는 방호대상물에 3종 분말 소화약제($NH_4H_2PO_4$)를 적용시 소요약제량을 구하시오. (단, 모든 출입구는 자동폐쇄장치를 설치하였다.)

○ 계산과정 :
○ 답 :

[풀이]
○계산과정 : $Q(\text{kg}) = 10 \times 10 \times 10 (\text{m}^3) \times 0.36 \text{kg/m}^3 = 360 \text{kg}$
○답 : 360kg

[상세해설]

(1) 분말소화약제의 저장량(전역방출방식)

[방호구역체적에 대한 약제량 및 개구부 가산량]

약제의 종별	방호구역의 체적 1m³에 대한 소화약제의 양 kg(K_1 : kg/m³)	개구부 가산량(K_2 : kg/m²) (자동폐쇄장치 미설치시)
제1종	0.60	4.5
제2종 또는 제3종	0.36	2.7
제4종	0.24	1.8

(2) 분말소화약제의 저장량 계산
$Q(\text{kg}) = V(\text{m}^3) \times K_1(\text{kg/m}^3) + A(\text{m}^2) \times K_2(\text{kg/m}^2)$

08년-11월

06 위험물을 취급하는 옥내 일반취급소에 전역방출방식의 분말소화설비를 설치하고자 한다. 방호대상이 되는 일반취급소의 용적은 3000m³이며 60분+ 방화문 또는 60분 방화문이 설치되지 않은 개구부의 면적은 20m²이고, 방호구역 내에 설치되어 있는 불연성 물체의 용적은 500m³이다. 이때 분말약제 소요량(kg)을 구하시오. **(4점)**

[조건] (1) 방호구역 1m³당 약제량은 0.36kg으로 한다.
(2) 개구부 가산량은 1m²당 2.7kg으로 한다.

○ 계산과정 : $Q = (3000-500)\text{m}^3 \times \dfrac{0.36\text{kg}}{\text{m}^3} + 20\text{m}^2 \times \dfrac{2.7\text{kg}}{\text{m}^2} = 954\text{kg}$

○ 답 : 954kg

12년-07월

07 방호구역체적이 3000m³이고 자동폐쇄장치가 설치되지 않은 개구부면적이 20m²인 특정소방대상물에 제2종 분말소화설비를 설치하고자 한다. 필요한 분말약제의 최소 양(kg)을 산출하시오.

○ 계산과정 : $Q = 3000 \times 0.36 + 20 \times 2.7 = 1134\text{kg}$
○ 답 : 1134kg

상세해설

① **전역방출방식의 분말약제량**

소화약제의 종별	체적계수 (K_1 : kg/m³)	면적계수(K_2 : kg/m²) (자동폐쇄장치가 없는 경우)
제1종 분말	0.6	4.5
제2종 및 제3종 분말	0.36	2.7
제4종 분말	0.24	1.8

② **분말약제 저장량**
$Q(\text{kg}) = V(\text{m}^3) \times K_1 + A(\text{m}^2) \times K_2$

02년-07월, 13년-11월, 19년-11월

08 주방의 식용유 화재에는 중탄산나트륨계의 분말약제가 비누화현상 때문에 특히 유효하다. 비누화현상을 간단히 설명하고 소화효과 2가지만 쓰시오? (4점)

○답 : ① **비누화(검화)현상** : 알칼리를 작용하면 가수분해 되어서 그 성분의 산의 염과 알코올이 되는 변화
② **소화효과** : 질식효과, 부촉매효과(억제효과)

13년-07월, 14년-04월, 16년-04월

09 전기실에 제1종 분말약제를 사용한 분말소화설비를 전역방출방식의 가압식으로 설치하고자 한다. 다음 조건을 참조하여 각 물음에 답하시오. (7점)

[조건] ① 전기실의 크기는 가로20m, 세로10m, 높이3m이다.
② 헤드1개의 방사량은 1.5kg/s 이다.
③ 약제저장량은 30초 이내에 방사한다.

(물음 1) 소화설비에 필요한 약제저장량은 몇(kg)인가?
(물음 2) 가압용가스로 질소를 사용할 때 필요한 양(L)은 얼마 이상인가?
(물음 3) 소화설비에 필요한 분사헤드의 수는 몇 개인가?
(물음 4) 분사헤드의 수를 화재안전기술기준에 맞게 도면에 그리시오.

(물음 1) 소화설비에 필요한 약제저장량(kg)
○계산과정 : $V = 20\text{m} \times 10\text{m} \times 3\text{m} = 600\text{m}^3$
$Q = 600\text{m}^3 \times 0.6\text{kg/m}^3 = 360\text{kg}$
○답 : 360kg

(물음 2) 가압용가스로 질소를 사용할 때 필요한 양
○계산과정 : $Q = 360\text{kg} \times \dfrac{40\text{L}}{1\text{kg}} = 14400\text{L}$
○답 : 14400L

(물음 3) 필요한 분사헤드의 수
○계산과정 : $N = \dfrac{360\text{kg}}{1.5\text{kg/s} \times 30\text{s}} = 8$개
○답 : 8개

(물음 4) 도면
  ○답 :

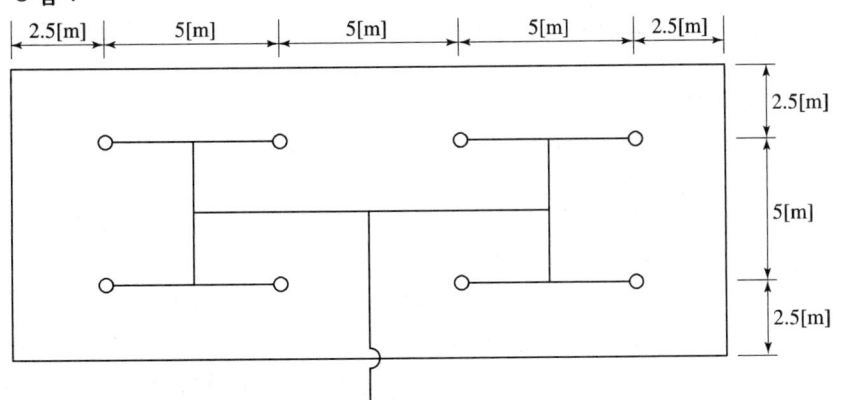

상세해설

1. 분말약제의 전역방출방식

종별	체적계수 $K_1(kg/m^3)$	면적계수 $K_2(kg/m^2)$ (자동폐쇄장치 미설치 시)
제1종	0.60	4.5
제2종, 제3종	0.36	2.7
제4종	0.24	1.8

2. 분말약제의 저장량(kg)

$$Q = V \times K_1 + A \times K_2$$

여기서, Q : 분말약제 저장량(kg), V : 방호구역체적(m^3)
  K_1 : 방호구역 체적계수(kg/m^3)
  A : 개구부면적(m^2)(자동폐쇄장치 없는 개구부면적)
  K_2 : 개구부 면적계수(kg/m^2)

3. 가압용 또는 축압용 가스

구 분	질소가스 사용 시	이산화탄소 사용 시
가압용가스	40L(질소)/1kg(약제) 이상 (35℃, 1기압 기준)	20g(CO_2)/1kg(약제)+배관청소에 필요한 양
축압용가스	10L(질소)/1kg(약제) 이상 (35℃, 1기압 기준)	20g(CO_2)/1kg(약제)+배관청소에 필요한 양

4. 분말소화설비의 약제저장량 방사시간
  ① 전역방출방식 : 30초 이내
  ② 국소방출방식 : 30초 이내

5. 분사헤드의 개수

$$N = \frac{약제저장량(kg)}{헤드1개의\ 방사량(kg/s) \times 방사시간(sec)}$$

10 전기실에 제1종 분말소화약제를 사용한 분말소화설비를 전역방출방식의 가압식으로 설치하려고 한다. 다음 조건을 참조하여 각 물음에 답하시오. **(14점)**

[조건]
(1) 소방 대상물의 크기는 가로 11m, 세로 9m, 높이 4.5m인 내화구조로 되어 있다.
(2) 소방대상물의 중앙에 가로 1m, 세로 1m의 기둥이 있고, 기둥을 중심으로 가로, 세로 보가 교차되어 있으며 보는 천장으로부터 0.6m, 너비 0.4m의 크기이고, 보와 기둥은 내열성 재료이다.
(3) 전기실에는 0.7m×1.0m, 1.2m×0.8m인 개구부가 각각 1개씩 설치되어 있으며, 1.2m×0.8m인 개구부에는 자동폐쇄장치가 설치되어 있다.
(4) 방호 공간에 내화 구조 또는 내열성 밀폐재료가 설치된 경우에는 방호 공간에서 제외할 수 있다.
(5) 방사 헤드의 방출률은 $7.82 kg/mm^2 \cdot min \cdot 개$ 이다.
(6) 약제 저장용기 1개의 내용적은 50L이다.
(7) 방사 헤드 1개의 오리피스(방출구) 면적은 $0.45cm^2$이다.
(8) 소화약제 산정기준 및 기타 필요한 사항은 국가 화재 안전 기준에 준한다.

(물음 1) 저장에 필요한 제1종 분말 소화약제의 최소 양[kg] :
　　　　　○계산과정 :
　　　　　○답 :
(물음 2) 저장에 필요한 약제 저장용기의 수[병] :
　　　　　○계산과정 :
　　　　　○답 :
(물음 3) 설치에 필요한 방사 헤드의 최소 개수[개] :
　　　　　(단, 소화약제의 양은 (물음 2에서 구한 저장용기 수의 소화약제 양으로 한다.)
　　　　　○계산과정 :
　　　　　○답 :
(물음 4) 설치에 필요한 전체 방사 헤드의 오리피스 면적[mm^2] :
　　　　　○계산과정 :
　　　　　○답 :
(물음 5) 방사 헤드 1개의 방사량[kg/min] :
　　　　　○계산과정 :
　　　　　○답 :

(물음 6) 문항 (물음 2)에서 산출한 저장용기수의 소화약제가 방출되어 모두 열분해 시 발생한 CO_2의 양은 몇 kg이며, 이때 CO_2의 부피는 몇 m^3 인가? (단, 방호구역내의 압력은 120kPa, 주위온도는 500℃이고, 제1종 분말소화약제 주성분에 대한 각 원소의 원자량은 다음과 같으며, 이상기체상태 방정식을 따른다고 한다.)

원소기호	Na	H	C	O
원자량	23	1	12	16

○ 계산과정 :
○ 답 : CO_2의 양[kg] =
　　　CO_2의 부피[m^3] =

풀이 (물음 1) ○ 계산과정 :

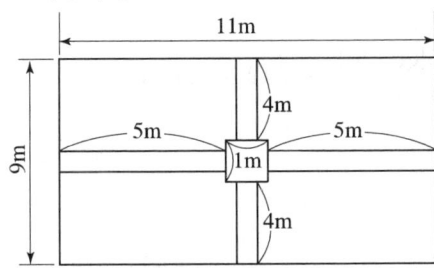

[전기실의 상세도면]

① 방호공간 체적 : $V = 11m \times 9m \times 4.5m = 445.5m^3$
② 방호공간 제외 체적
　기둥의 체적 $V_1 = 1m \times 1m \times 4.5m = 4.5m^3$
　가로 보의 체적 $V_2 = 0.4m \times 0.6m \times 10m = 2.4m^3$
　세로 보의 체적 $V_3 = 0.4m \times 0.6m \times 8m = 1.92m^3$
　$V_1 + V_2 + V_3 = 4.5 + 2.4 + 1.92 = 8.82m^3$
③ 실제 방호공간 체적 : $V = 445.5 - 8.82 = 436.68m^3$
④ 개구부 면적 : $A = 0.7m \times 1.0m = 0.7m^2$
⑤ $Q(kg) = 436.68(m^3) \times 0.6(kg/m^3) + 0.7(m^2) \times 4.5(kg/m^2)$
　　　　 $= 265.16kg$

○ 답 : 265.16kg

(물음 2) ○ 계산과정 : ① 용기 1병당 약제 저장량
$$G(kg) = \frac{50(L)}{0.8} = 62.5kg$$

② 약제 저장용기의 수[병]

$$N(병) = \frac{265.16(\text{kg})}{62.5(\text{kg})} = 4.24병 \quad \therefore 5병$$

○답 : 5병

(물음 3) ○계산과정 :

$$N(헤드수) = \frac{62.5 \times 5병}{0.5\min \times 7.82(\text{kg}/\text{mm}^2 \cdot \min \cdot 개) \times 0.45 \times 10^2(\text{mm}^2)} = 1.78$$

∴ 2개

○답 : 2개

(물음 4) ○계산과정 : $A = 2개 \times 0.45 \times 10^2(\text{mm}^2) = 90\text{mm}^2$

○답 : 90mm^2

(물음 5) ○계산과정 : $Q = \dfrac{62.5\text{kg} \times 5병}{0.5\min \times 2개} = 312.5\text{kg}/\min$

○답 : 312.5kg/min

(물음 6) ○계산과정 :

① 발생한 CO_2의 양(kg)

$2NaHCO_3 \rightarrow Na_2CO_3 + CO_2 + H_2O$
$2 \times 84\text{kg}\qquad\qquad\qquad\quad 44\text{kg}$

$NaHCO_3$의 분자량 $= 23 + 1 + 12 + 16 \times 3 = 84$

CO_2의 분자량 $= 12 + 16 \times 2 = 44$

제1종 분말약제의 방사량 $= 62.5\text{kg}/병 \times 5병 = 312.5\text{kg}$

$2 \times 84\text{kg} \rightarrow 44\text{kg}$

$312.5\text{kg} \rightarrow X$

$X(CO_2) = \dfrac{312.5 \times 44}{2 \times 84} = 81.85\text{kg}$

○답 : 81.85kg

② 발생한 CO_2의 부피(m^3)

$$P = 120\text{kPa} \times \frac{1\text{atm}}{101.325\text{kPa}} = 1.1843\text{atm}$$

$$V = \frac{WRT}{PM} = \frac{81.85 \times 0.082 \times (273 + 500)}{1.1843 \times 44} = 99.56\text{m}^3$$

○답 : 99.56m^3

상세해설

(물음 1) 저장에 필요한 제1종 분말 소화약제의 최소 양

① 전역방출방식

종 별	방호구역 체적계수 : K_1[kg/m³]	자동폐쇄장치 미설치 개구부 면적계수 : K_2[kg/m³]
제1종	0.60	4.5
제2종, 3종	0.36	2.7
제4종	0.24	1.8

② 소화약제 저장량 계산

$$Q(\text{kg}) = V(\text{m}^3) \times K_1(\text{kg/m}^3) + A(\text{m}^2) \times K_2(\text{kg/m}^2)$$

(물음 2) 저장에 필요한 약제 저장용기의 수

① 용기 1병당 약제 저장량

$C = \dfrac{V(l)}{G(\text{kg})}$ 여기서, C : 충전비, V : 내용적, G : 약제의 무게

② 분말약제 저장용기의 내용적(충전비)

소화약제의 종별		내용적(L)/약제(kg)=충전비
$NaHCO_3$	(제1종 분말)	0.8
$KHCO_3$	(제2종 분말)	1.0
$NH_4H_2PO_4$	(제3종 분말)	1.0
$KHCO_3 + (NH_2)_2CO$	(제4종 분말)	1.25

③ 약제 저장용기의 수[병]

$$N(\text{병}) = \dfrac{\text{약제 소요량(kg)}}{\text{1병당 저장량(kg)}}$$

(물음 3) 설치에 필요한 방사 헤드의 최소 개수

① N(헤드수)

$$= \dfrac{\text{약제저장량(kg)}}{\text{방사시간(min)} \times \text{헤드의 방출율(kg/mm}^2\text{.min.개)} \times \text{헤드 분구면적(mm}^2\text{)}}$$

② 분말소화설비의 소화약제 저장량 방사시간
  ㉠ 전역방출방식 : 30초(0.5min) 이내
  ㉡ 국소방출방식 : 30초(0.5min) 이내

(물음 4) 설치에 필요한 전체 방사 헤드의 오리피스 면적

A(필요한 헤드의 오리피스 면적) = 헤드의 개수 × 헤드 1개의 분구면적(mm²)

(물음 5) 방사 헤드 1개의 방사량

① Q(헤드 1개의 방사량) $= \dfrac{\text{약제저장량(kg)}}{\text{방사시간(min)} \times \text{헤드개수(개)}}$

② 분말소화설비의 소화약제 저장량 방사시간
  ㉠ 전역방출방식 : 30초(0.5min) 이내
  ㉡ 국소방출방식 : 30초(0.5min) 이내

(물음 6) 열분해 시 발생한 CO_2의 양 및 CO_2의 부피
① 발생한 CO_2의 부피(m^3)
이상기체상태방정식을 이용

$$PV = \frac{W}{M}RT = nRT$$

여기서, P : 압력(atm), V : 부피(m^3), W : 무게(kg), M : 분자량,
R : 기체상수($0.082\,atm \cdot m^3/kmol \cdot K$)
T : 절대온도($273 + t\,℃$)K

② 분말약제의 열분해 반응식

종 별	약제명	착색	열분해 반응식
제1종	탄산수소나트륨 중탄산나트륨 중조	백색	270℃ $2NaHCO_3 \rightarrow Na_2CO_3 + CO_2 + H_2O$ 850℃ $2NaHCO_3 \rightarrow Na_2O + 2CO_2 + H_2O$
제2종	탄산수소칼륨 중탄산칼륨	담회색	190℃ $2KHCO_3 \rightarrow K_2CO_3 + CO_2 + H_2O$ 590℃ $2KHCO_3 \rightarrow K_2O + 2CO_2 + H_2O$
제3종	제1인산암모늄	담홍색	$NH_4H_2PO_4 \rightarrow HPO_3 + NH_3 + H_2O$
제4종	중탄산칼륨+요소	회(백)색	$2KHCO_3 + (NH_2)_2CO \rightarrow K_2CO_3 + 2NH_3 + 2CO_2$

02년-01월

11 위험물을 일반 취급하는 옥내 일반취급소에 전역방출방식의 분말소화설비를 설치하고자 한다. 방호대상이 되는 일반취급소의 용적은 3000m^3이며, 60분+ 방화문 또는 60분 방화문이 설치되지 않은 개구부의 면적은 20m^2이고 방호구역내에 설치되어 있는 불연성 물체의 용적은 500m^3이다. 이때 다음 식을 이용하여 분말 약제 소요량을 구하시오. **(4점)**

$W = C(V-U) + 2.4A$ (단, C는 0.70으로 계산한다.)

○ 계산과정 : W(kg) : 소요약제량, $V(m^3)$: 방호구역 용적, C : 상수
  $U(m^3)$: 방호구역내의 불연성물체의 용적
  $A(m^2)$: 자동폐쇄장치가 없는 개구부 합계 면적
  ∴ $W = 0.7(3000 - 500) + 2.4 \times 20 = 1798\,kg$

○ **답** : 1798kg

제 11 장 분말소화설비

12 방호구역의 체적이 400m³인 특정소방대상물에 분말소화설비를 전역방출방식으로 설치 하고자 할 때 분사헤드의 최소개수는? (단, 사용 분말약제는 제3종이며 분사헤드 1개의 방사량은 10kg/min이다.) (5점)

13년-04월

풀이

○ 계산과정 : $Q = 400\text{m}^3 \times 0.36\text{kg/m}^3 = 144\text{kg}$

헤드1개의 방사량 = 10kg/분 = 10kg/60s

분사헤드의 개수 $N = \dfrac{144\text{kg}}{(10\text{kg}/60\text{s}) \times 30\text{s}} = 28.8$개 ∴ 29개

○ 답 : 29개

상세해설

1. 분말약제의 전역방출방식

종별	체적계수 K_1(kg/m³)	면적계수 K_2(kg/m²) (자동폐쇄장치 미설치 시)
제1종	0.60	4.5
제2종, 제3종	0.36	2.7
제4종	0.24	1.8

2. 분말약제의 저장량(kg)

$$Q = V \times K_1 + A \times K_2$$

여기서, Q : 분말약제 저장량(kg)
V : 방호구역체적(m³)
K_1 : 방호구역 체적계수(kg/m³)
A : 개구부면적(m²)(자동폐쇄장치 없는 개구부면적)
K_2 : 개구부 면적계수(kg/m²)

3. 분말소화설비의 약제저장량 방사시간
① 전역방출방식 : 30초 이내
② 국소방출방식 : 30초 이내

4. 분사헤드의 개수

$$N = \dfrac{\text{약제저장량(kg)}}{\text{헤드1개의 방사량(kg/s)} \times \text{방사시간(s)}}$$

03년-10월, 07년-04월

13 물분무등 소화설비의 하나인 분말소화설비에서 정압작동장치의 설치목적과 종류 3가지를 설명하시오.

○ **답** : **설치목적** : 가압용 가스용기로부터 가스가 분말약제 저장용기에 유입되어 분말약제를 혼합 유동시킨 후 설정된 방출압력이 된 후 메인밸브(주 밸브)를 개방시키기 위하여

종류
① 압력스위치 방식 : 분말약제 저장용기에 유입된 가스압력에 의하여 설정된 압력이 되면 스위치가 닫혀 전자 밸브를 개방시켜 메인밸브를 개방시키는 방식
② 기계적 방식 : 분말약제 저장용기에 유입된 가스압력에 의하여 밸브의 레버를 당겨서 가스의 통로를 개방, 가스를 메인밸브로 보내어 메인밸브를 개방시키는 방식
③ 시한릴레이 방식 : 분말약제 저장용기에 유입된 가스가 설정된 압력에 도달하는 시간을 미리 산출하여 시한릴레이에 입력시키고 기동과 동시에 시한릴레이를 작동케하여 입력시간이 지나면 릴레이가 작동, 전자밸브를 개방하여 메인밸브를 개방시키는 방식

20년-05월

14 전기실에 제3종 분말약제를 사용한 분말소화설비를 전역방출방식의 가압식으로 설치하고자 한다. 다음 조건을 참조하여 각 물음에 답하시오. **(8점)**

[조건] ① 전기실의 크기는 가로20m, 세로20m, 높이3m이다.
② 헤드1개의 방사량은 2.7kg/s 이다.
③ 약제저장량은 10초 이내에 방사한다.

(1) 소화설비에 필요한 약제저장량은 몇(kg)인가?
(2) 가압용가스로 질소를 사용할 때 필요한 양(L)은 얼마 이상인가?
(3) 가압용가스로 이산화탄소를 사용할 때 필요한 양(g)은 얼마 이상인가?
    (단, 배관청소에 필요한 양은 제외한다)
(4) 소화설비에 필요한 분사헤드의 수는 몇 개인가?
(5) 분사헤드의 수를 화재안전기술기준에 맞게 도면에 그리시오.

풀이 (1) 소화설비에 필요한 약제저장량(kg)
  ○계산과정 : $V = 20\text{m} \times 20\text{m} \times 3\text{m} = 1200\text{m}^3$
  　　　　　　$Q = 1200\text{m}^3 \times 0.36\text{kg/m}^3 = 432\text{kg}$
  ○답 : 432kg

(2) 가압용가스로 질소를 사용할 때 필요한 양(L)
  ○계산과정 : $Q = 432\text{kg} \times 40\text{L/kg} = 17280\text{L}$
  ○답 : 17280L

(3) 가압용가스로 이산화탄소를 사용할 때 필요한 양(L)
  ○계산과정 : $Q = 432\text{kg} \times 20\text{g/kg} = 8640\text{g}$
  ○답 : 8640g

(4) 필요한 분사헤드의 수
  ○계산과정 : $N = \dfrac{432\text{kg}}{2.7\text{kg/s} \times 10\text{s}} = 16\text{개}$
  ○답 : 16개

(5) 도면
  ○답 :
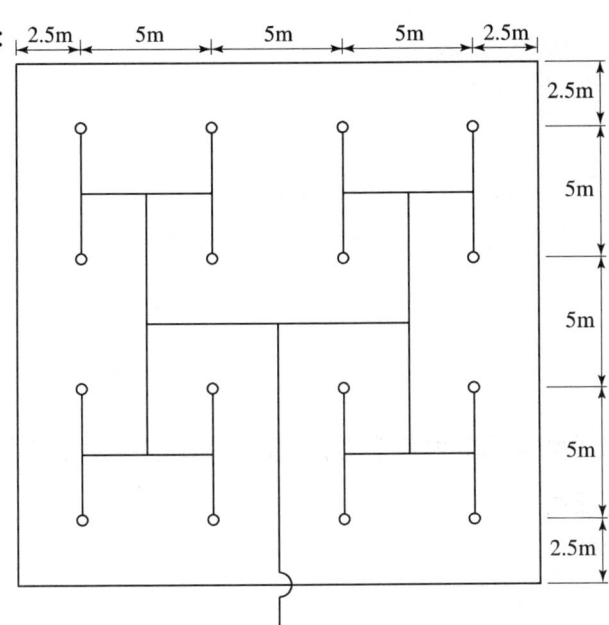

상세해설

1. 분말약제의 전역방출방식

종별	체적계수 $K_1(kg/m^3)$	면적계수 $K_2(kg/m^2)$ (자동폐쇄장치 미설치 시)
제1종	0.60	4.5
제2종, 제3종	0.36	2.7
제4종	0.24	1.8

2. 분말약제의 저장량(kg)

$$Q = V \times K_1 + A \times K_2$$

여기서, Q : 분말약제 저장량(kg), V : 방호구역체적(m^3)
K_1 : 방호구역 체적계수(kg/m^3), K_2 : 개구부 면적계수(kg/m^2)
A : 개구부면적(m^2)(자동폐쇄장치 없는 개구부면적)

3. 가압용 또는 축압용 가스

구 분	질소가스 사용 시	이산화탄소 사용 시
가압용 가스	40L(질소)/1kg(약제) 이상 (35℃, 1기압기준)	20g(CO_2)/1kg(약제)+배관청소에 필요한 양
축압용 가스	10L(질소)/1kg(약제) 이상 (35℃, 1기압기준)	20g(CO_2)/1kg(약제)+배관청소에 필요한 양

4. 분말소화설비의 약제저장량 방사시간
① 전역방출방식 : 30초 이내
② 국소방출방식 : 30초 이내

5. 분사헤드의 개수

$$N = \frac{\text{약제저장량(kg)}}{\text{헤드1개의 방사량(kg/s)} \times \text{방사시간(s)}}$$

13년-04월, 17년-11월

15 분말소화설비에서 사용되는 다음 용어에 대하여 간단히 설명하시오. (6점)

가. 정압작동장치
나. 클리닝장치

풀이 ○답

가. 정압작동장치
가압용 가스용기로부터 가스가 분말약제 저장용기에 유입되어 분말약제를 혼합 유동시킨 후 설정된 방출압력이 된 후 메인밸브(주 밸브)를 개방시키기 위한 장치이다.

나. 클리닝장치
분말약제 방사 후 배관내에 남아 있는 분말약제를 청소하기 위한 장치이다.

상세해설

정압작동장치의 종류
① 압력스위치 방식 : 분말약제 저장용기에 유입된 가스압력에 의하여 설정된 압력이 되면 스위치가 닫혀 전자 밸브를 개방시켜 메인밸브를 개방시키는 방식
② 기계적 방식 : 분말약제 저장용기에 유입된 가스압력에 의하여 밸브의 레버를 당겨서 가스의 통로를 개방, 가스를 메인밸브로 보내어 메인밸브를 개방시키는 방식
③ 시한릴레이 방식 : 분말약제 저장용기에 유입된 가스가 설정된 압력에 도달하는 시간을 미리 산출하여 시한릴레이에 입력시키고 기동과 동시에 시한릴레이를 작동시켜 입력시간이 지나면 릴레이가 작동, 전자밸브를 개방하여 메인밸브를 개방시키는 방식

클리닝장치 : 분말약제 방사 후 배관 내에 남아 있는 분말약제를 청소하기 위한 장치이다. 만약 배관 내 남아있는 분말약제를 청소하지 않으면 잔존약제가 수분을 흡수하여 굳어져 배관이 막히게 된다.

03년-10월, 07년-04월, 10년-10월, 18년-11월, 20년-10월

16 분말 소화설비에 설치하는 정압작동 장치의 기능과 압력 스위치 방식에 대하여 작성하시오. (4점)

(1) 정압작동 장치 기능   (2) 압력 스위치 방식

풀이 ○답 : (1) **정압작동장치의 기능**
저장용기의 내부압력이 설정압력이 되었을 때 주 밸브를 개방시키는 기능
(2) **압력스위치 방식**
분말약제 저장용기에 유입된 가스압력에 의하여 설정된 압력이 되면 스위치가 닫혀 전자밸브를 개방시켜 메인밸브를 개방시키는 방식

상세해설

(1) 기계적 방식
분말약제 저장용기에 유입된 가스압력에 의하여 밸브의 레버를 당겨서 가스의 통로를 개방, 가스를 메인밸브로 보내어 메인밸브를 개방시키는 방식
(2) 시한릴레이 방식
분말약제 저장용기에 유입된 가스가 설정된 압력에 도달하는 시간을 미리 산출하여 시한릴레이에 입력시키고 기동과 동시에 시한릴레이를 작동 하게하여 입력시간이 지나면 릴레이가 작동, 전자밸브를 개방하여 주 밸브를 개방시키는 방식

17 위험물을 저장하는 5m(가로)×6m(세로)×4m(높이)의 방호대상물에 국소방출방식으로 제4종 분말 약제를 사용하는 분말소화설비를 설치하려고 한다. 조건을 참조하여 필요한 소화약제의 최소 저장량(kg)을 계산하시오. (5점)

[조건]
① 국소방출방식의 계산식에서 방호공간에 대한 분말소화약제의 양을 산출하기 위한 X 및 Y의 값은 다음 표에 따른다.

소화약제의 종별	X의 수치	Y의 수치
제1종 분말	5.2	3.9
제2종 분말 또는 제3종 분말	3.2	2.4
제4종 분말	2.0	1.5

② 방호대상물의 주위에는 동일한 크기의 벽이 설치되어 있으며 바닥면적을 제외하고 5면을 기준으로 계산한다.

○계산과정 :
① 방호공간의 체적(m^3)
$V = 5m(가로) \times 6m(세로) \times 4.6m(높이+0.6m) = 138m^3$
② a : 방호대상물의 주변에 설치된 벽면적의 합계(m^2)
$a = 5m(가로) \times 4m(높이) \times 2면(전면 및 후면) + 6m(세로) \times 4m(높이) \times 2면(좌면 및 우면)$
$= 88m^2$
③ A : 방호공간의 벽면적의 합계(m^2)
$A = 5m \times 4.6m \times 2면(전면 및 후면) + 6m(세로) \times 4.6m(높이) \times 2면(좌면 및 우면)$
$= 101.2m^2$
④ 할증 계수
$K = 1.1$
⑤ 소화약제의 종별(제4종) X 및 Y의 수치
$X = 2.0, \ Y = 1.5$
⑥ 방호공간에 대한 분말소화약제의 양(kg/m^3)
$Q = X - Y\dfrac{a}{A} = 2 - 1.5 \times \dfrac{88}{101.2} = 0.6957 kg/m^3$
⑦ 소화약제의 최소 저장량(kg)
$V = 138m^3, \ Q = 0.6957 kg/m^3, \ K = 1.1$
$W = V \times Q \times K = 138 \times 0.6957 \times 1.1 = 105.61 kg$

○답 : 105.61kg

상세해설

(1) 국소방출방식의 분말소화약제 최소저장량(kg)

$$W = V \times \left(X - Y\frac{a}{A}\right) \times K$$

여기서, W : 국소방출방식의 분말소화약제 최소저장량(kg)
V : 방호공간의 체적(m^3), X 및 Y : 분말소화약제의 종별 수치
K : 할증계수(1.1)

(2) 국소방출방식은 다음의 기준에 따라 산출한 양에 1.1을 곱하여 얻은 양 이상으로 할 것

$$Q = X - Y\frac{a}{A}$$

여기서, Q : 방호공간(방호대상물의 각 부분으로부터 0.6m의 거리에 따라 둘러싸인 공간) $1m^3$에 대한 분말소화약제의 양(kg/m^3)
a : 방호대상물의 주변에 설치된 벽면적의 합계(m^2)
A : 방호공간의 벽면적(벽이 없는 경우에는 벽이 있는 것으로 가정한 당해 부분의 면적)의 합계(m^2)
X 및 Y : 다음표의 수치

소화약제의 종별	X의 수치	Y의 수치
제1종 분말	5.2	3.9
제2종 분말 또는 제3종 분말	3.2	2.4
제4종 분말	2.0	1.5

(3) 방호공간의 체적(m^3)

방호대상물 주위에는 동일한 크기의 벽이 설치되어 있으므로 벽 방향으로는 연장할 수 없고 높이 방향으로만 0.6m를 연장한다.

[a 면적]

[A 면적]

※ 방호공간 : 방호대상물의 각 부분으로부터 0.6m의 거리에 따라 둘러싸인 공간

[주] (1) 바닥은 밀폐된 것으로 간주하는 것이 원칙이며 별도의 규정이 없는 한 0.6m 연장을 적용하면 안된다.
(2) 방호대상물로부터 0.6m 이내에 기둥 또는 칸막이가 설치되어 더 이상 연장 할 수 없는 경우에는 해당부분까지만 연장하여야 한다.

15년-07월, 18년-04월, 20년-11월

18 주차장에 제3종 분말약제를 사용한 분말소화설비를 전역방출방식으로 설치하고자 한다. 다음 조건을 참조하여 각 물음에 답하시오. (6점)

[조건] ① 주차장의 바닥면적은 600m²이고 층고는 4m이다.
② 자동폐쇄장치가 없는 개구부의 크기는 10m²이다.

(1) 소화설비에 필요한 약제저장량은 몇(kg)인가?
(2) 축압용가스로 질소를 사용할 때 필요한 질소가스의 양(m³)은 얼마 이상인가?

풀이 (1) 소화설비에 필요한 약제저장량(kg)

○계산과정 : $V = 600\text{m}^2 \times 4\text{m} = 2400\text{m}^3$

$Q = 2400\text{m}^3 \times 0.36\text{kg/m}^3 + 10\text{m}^2 \times 2.7\text{kg/m}^2 = 891\text{kg}$

○답 : 891kg

(2) 축압용가스로 질소를 사용할 때 필요한 양

○계산과정 : $Q = 891\text{kg} \times 10\text{L/kg} = 8910\text{L} = 8.91\text{m}^3$

○답 : 8.91m^3

상세해설

1. 분말약제의 전역방출방식

종별	체적계수 K_1(kg/m³)	면적계수 K_2(kg/m²) (자동폐쇄장치 미설치 시)
제1종	0.60	4.5
제2종, 제3종	0.36	2.7
제4종	0.24	1.8

2. 분말약제의 저장량(kg)

$$Q = V \times K_1 + A \times K_2$$

여기서, Q : 분말약제 저장량(kg), V : 방호구역체적(m³)
K_1 : 방호구역 체적계수(kg/m³), K_2 : 개구부 면적계수(kg/m²)
A : 개구부면적(m²)(자동폐쇄장치 없는 개구부면적)

3. 가압용 또는 축압용 가스

구 분	질소가스 사용 시	이산화탄소 사용 시
가압용 가스	40L(질소)/1kg(약제) 이상 (35℃, 1기압기준)	20g(CO_2)/1kg(약제)+배관청소에 필요한 양
축압용 가스	10L(질소)/1kg(약제) 이상 (35℃, 1기압기준)	20g(CO_2)/1kg(약제)+배관청소에 필요한 양

제 12 장

피난구조설비

제 12 장 피난구조설비

20년-05월

01 다음은 피난기구의 화재안전기술기준(NFTC 301) 중 승강식피난기 및 하향식 피난구용 내림식사다리 설치기준이다. ( )안에 알맞은 답을 쓰시오.
(5점)

> (1) 대피실의 면적은 (①)(2세대 이상일 경우에는 3m²) 이상으로 하고, 「건축법 시행령」규정에 적합하여야 하며 하강구(개구부) 규격은 직경 (②) 이상일 것
> (2) 대피실의 출입문은 (③)으로 설치하고, 피난방향에서 식별할 수 있는 위치에 "대피실" 표지판을 부착할 것
> (3) 착지점과 하강구는 상호 수평거리 (④) 이상의 간격을 둘 것
> (4) 승강식피난기는 (⑤) 또는 성능시험기관으로 지정받은 기관에서 그 성능을 검증받은 것으로 설치할 것

○답 : ① 2m² ② 60cm ③ 60분+ 방화문 또는 60분 방화문
　　　④ 15cm ⑤ 한국소방산업기술원

07년-07월

02 피난설비 중 실제 화재시 사용할 수 있는 피난기구 중 7가지를 쓰시오.

○답 : ① 피난사다리 ② 완강기 ③ 구조대 ④ 미끄럼대
　　　⑤ 피난교 ⑥ 피난용트랩 ⑦ 공기안전매트 ⑧ 다수인피난장비
　　　⑨ 승강식피난기
　　　중 7가지

11년-07월, 17년-11월, 18년-11월

03 피난설비는 피난기구와 인명구조기구로 나뉜다. 이때 인명구조기구의 종류를 3가지 쓰시오.
(5점)

○답 : ① 방열복 또는 방화복(안전모, 보호장갑 및 안전화를 포함)
　　　② 공기호흡기
　　　③ 인공소생기

13년-07월, 19년-06월

04 다음은 피난기구에 대한 화재안전기술기준이다. 각 물음에 답하시오. (6점)

(물음 1) 의료시설에 설치하여야 하는 피난기구를 층별로 구분하여 답하시오.
① 지상3층
② 지상4층 이상 10층 이하

(물음 2) 피난기구 설치 시 개구부에 관련되는 사항으로 ( )안에 알맞은 답을 쓰시오.

> 피난기구는 계단·피난구 기타 피난시설로부터 적당한 거리에 있는 안전한 구조로 된 피난 또는 소화활동상 유효한 개구부(가로 (①)m 이상 세로 (②)m 이상인 것을 말한다. 이 경우 개부구 하단이 바닥에서 (③)m 이상이면 발판 등을 설치하여야 하고, 밀폐된 창문은 쉽게 파괴할 수 있는 파괴장치를 비치)에 고정하여 설치하거나 필요한 때에 신속하고 유효하게 설치할 수 있는 상태에 둘 것

풀이 (물음 1) ○답 : ① **지상3층**
　　　　　　　　미끄럼대·구조대·피난교·피난용트랩·다수인피난장비·승강식피난기
　　　　　② **지상4층 이상 10층 이하**
　　　　　　　　구조대·피난교·피난용트랩·다수인피난장비·승강식피난기

(물음 2) ○답 : ① 0.5　　② 1　　③ 1.2

상세해설

소방대상물의 설치장소별 피난기구의 적응성

구분 \ 층별	1층	2층	3층	4층 이상 10층 이하
노유자시설			미구교다승	구[1]교다승
의료시설·근린생활시설 중 입원실이 있는 의원·접골원·조산원			미트구교다승	트구교다승
다중이용업소로서 영업장의 위치가 4층 이하인 다중이용업소			미사구 완다승	
그 밖의 것			트공[3]간[2]교미사구 완다승	공[3]간[2]교사구 완다승

[비고] 1) 구조대의 적응성은 장애인 관련 시설로서 주된 사용자 중 스스로 피난이 불가한 자가 있는 경우 추가로 설치하는 경우에 한한다.
2) 간이완강기의 적응성은 숙박시설의 3층 이상에 있는 객실에 한한다.
3) 공기안전매트의 적응성은 공동주택에 추가로 설치하는 경우에 한한다.

어두문자 암기방법

피난용트랩 ⇒ 트   피난교 ⇒ 교
피난사다리 ⇒ 사   미끄럼대 ⇒ 미
구조대 ⇒ 구   다수인피난장비 ⇒ 다
승강식피난기 ⇒ 승   완강기 ⇒ 완
간이완강기 ⇒ 간   공기안전매트 ⇒ 공

피난기구 설치기준

(1) 피난기구는 계단·피난구 기타 피난시설로부터 적당한 거리에 있는 안전한 구조로 된 피난 또는 소화활동상 유효한 개구부(가로 0.5m 이상 세로 1m 이상인 것을 말한다. 이 경우 개부구 하단이 바닥에서 1.2m 이상이면 발판 등을 설치하여야 하고, 밀폐된 창문은 쉽게 파괴할 수 있는 파괴장치를 비치하여야 한다)에 고정하여 설치하거나 필요한 때에 신속하고 유효하게 설치할 수 있는 상태에 둘 것

(2) 피난기구를 설치하는 개구부는 서로 동일직선상이 아닌 위치에 있을 것. 다만, 피난교·피난용트랩·간이완강기·아파트에 설치되는 피난기구(다수인 피난장비는 제외) 기타 피난 상 지장이 없는 것에 있어서는 그러하지 아니하다.

13년-07월, 19년-06월, 17년-04월, 20년-10월

05 4층 이상 10층 이하의 의료시설에 설치하여야 할 피난기구를 3가지만 쓰시오. (3점)

답: ① 구조대 ② 피난교 ③ 피난용트랩 ④ 다수인피난장비 ⑤ 승강식피난기

소방대상물의 설치장소별 피난기구의 적응성

구분	1층	2층	3층	4층 이상 10층 이하
노유자시설			미구교다승	구[1]교다승
의료시설·근린생활시설 중 입원실이 있는 의원·접골원·조산원			미트구교다승	트구교다승
다중이용업소로서 영업장의 위치가 4층 이하인 다중이용업소			미사구 완다승	
그 밖의 것			트공[3]간[2]교미사구 완다승	공[3]간[2]교사구 완다승

[비고] 1) 구조대의 적응성은 장애인 관련 시설로서 주된 사용자 중 스스로 피난이 불가한 자가 있는 경우 추가로 설치하는 경우에 한한다.
2) 간이완강기의 적응성은 숙박시설의 3층 이상에 있는 객실에 한한다.
3) 공기안전매트의 적응성은 공동주택에 추가로 설치하는 경우에 한한다.

어두문자 암기방법

피난용트랩 ⇒ 트　　피난교 ⇒ 교
피난사다리 ⇒ 사　　미끄럼대 ⇒ 미
구조대 ⇒ 구　　　　다수인피난장비 ⇒ 다
승강식피난기 ⇒ 승　완강기 ⇒ 완
간이완강기 ⇒ 간　　공기안전매트 ⇒ 공

피난기구 설치기준
(1) 피난기구는 계단·피난구 기타 피난시설로부터 적당한 거리에 있는 안전한 구조로 된 피난 또는 소화활동상 유효한 개구부(가로 0.5m 이상 세로 1m 이상인 것을 말한다. 이 경우 개부구 하단이 바닥에서 1.2m 이상이면 발판 등을 설치하여야 하고, 밀폐된 창문은 쉽게 파괴할 수 있는 파괴장치를 비치하여야 한다)에 고정하여 설치하거나 필요한 때에 신속하고 유효하게 설치할 수 있는 상태에 둘 것
(2) 피난기구를 설치하는 개구부는 서로 동일직선상이 아닌 위치에 있을 것. 다만, 피난교·피난용트랩·간이완강기·아파트에 설치되는 피난기구(다수인 피난장비는 제외) 기타 피난 상 지장이 없는 것에 있어서는 그러하지 아니하다.

제 13 장

제연설비

13년-04월

01 다음은 제연설비에 대한 설명이다. ( )안에 알맞은 답을 쓰시오. (3점)

(1) 하나의 제연구역의 면적은 (①)m^2 이내로 하고 거실과 통로(복도를 포함)는 상호 제연구획 할 것
(2) 예상제연구역의 각 부분으로부터 하나의 배출구까지의 수평거리는 (②)m 이내가 되도록 하여야 한다.
(3) 유입풍도안의 풍속은 (③)m/s 이하로 하여야 한다.

○답 : ① 1000 ② 10 ③ 20

상세해설

제연설비의 설치장소의 제연구역 구획기준
① 하나의 제연구역의 면적은 1,000m^2 이내로 할 것
② 거실과 통로(복도를 포함한다. 이하 같다)는 상호 제연구획 할 것
③ 통로상의 제연구역은 보행중심선의 길이가 60m를 초과하지 아니할 것
④ 하나의 제연구역은 직경 60m 원내에 들어갈 수 있을 것
⑤ 하나의 제연구역은 2개 이상 층에 미치지 아니하도록 할 것. 다만, 층의 구분이 불분명한 부분은 그 부분을 다른 부분과 별도로 제연구획 하여야 한다.

배출구의 설치기준
예상제연구역의 각 부분으로부터 하나의 배출구까지의 수평거리는 10m 이내가 되도록 하여야 한다.

유입풍도등
유입풍도안의 풍속은 20m/s 이하로 하고 풍도의 강판두께는 기준이상으로 설치하여야 한다.

06년-04월

02 제연설비에 이용되는 원심식 송풍기는 깃의 경사에 따라 팬(fan)을 분류하는 데 팬(fan)의 종류를 5가지만 쓰시오. (5점)

○답 : ① 다익팬(시로코팬 : siroco fan) ② 터보팬(turbo fan)
   ③ 익형팬(airfoil fan) ④ 리밋로드팬(limit load fan)
   ⑤ 프로펠러팬(propeller fan) ⑥ 튜블러팬
   ⑦ 크로스플로팬

10년-07월, 17년-11월, 18년-11월, 19년-04월

03 제연설비의 설치장소는 제연구역으로 구획하도록 명시하고 있다. 아래의 ( )안에 해당되는 단어를 기재하시오. (5점)

1. 하나의 제연구역의 면적은 (①)m^2 이내로 할 것
2. 거실과 통로(복도를 포함한다. 이하 같다)는 (②)할 것
3. 통로상의 제연구역은 보행중심선의 길이가 (③)m를 초과하지 아니할 것
4. 하나의 제연구역은 직경 (④)m 원내에 들어갈 수 있을 것
5. 하나의 제연구역은 (⑤)이상 층에 미치지 아니하도록 할 것
   다만, 층의 구분이 불분명한 부분은 그 부분을 다른 부분과 별도로 제연구획 하여야 한다.

○답 : ① 1000   ② 상호제연구획   ③ 60   ④ 60   ⑤ 2개

상세해설

제연구역의 구획기준
① 하나의 제연구역의 면적은 1,000m^2 이내로 할 것
② 거실과 통로(복도를 포함)는 상호 제연구획 할 것
③ 통로상의 제연구역은 보행중심선의 길이가 60m를 초과하지 아니할 것
④ 하나의 제연구역은 직경 60m 원내에 들어갈 수 있을 것
⑤ 하나의 제연구역은 2개 이상 층에 미치지 아니하도록 할 것

11년-07월, 20년-10월

04 초고층 건물에 심하게 발생하는 연돌효과(stack effect)를 간략하게 설명하고, 제연설비에 미치는 영향은 무엇인지 쓰시오. (4점)

(1) 연돌효과(stack effect)
(2) 제연설비에 미치는 영향

○답 : (1) **연돌효과** : 건축물 내부와 외부의 온도차이로 인하여 발생한 공기밀도의 차이로 인해 저층부의 공기가 고층부로 상승하는 현상
(2) **제연설비에 미치는 영향** : 유독성연기와 화염이 각종 수직개구부인 계단, 엘리베이터샤프트, 공조닥트 등을 통하여 급속하게 전 층으로 확대

09년-10월 기출, 16년-11월, 19년-11월

05 전압이 100mmAq 이고 송풍기효율은 50%, A실의 소요배출량 8000m³/h, B실의 소요배출량 8000m³/h 일 때 다음 각 물음에 답하시오. (3점)
(물음 1) 송풍기의 소요 풍량(m³/min)을 계산하시오.
(물음 2) 송풍기의 축동력(kW)을 계산하시오.

풀이 (물음 1) ○계산과정 : 소요풍량 = 8000+8000 = 16000m³/h = 16000m³/60min
= 266.67m³/min
○답 : 266.67m³/min

(물음 2) ○계산과정 : 송풍기의 축동력 계산 : $P(kW) = \dfrac{Q \times P_T}{102 \times 60 \times E}$
여기서, P : 송풍기의 축동력(kW), Q : 풍량(m³/min)
P_T : 전압(mmH₂O), E : 송풍기 효율
$P(kW) = \dfrac{266.67 \times 100}{102 \times 60 \times 0.5} = 8.71kW$
○답 : 8.71kW

03년-07월

06 제연설비의 요구되는 이론적 풍량이 600m³/min이고 이때의 풍압이 2.5mmHg로 하려면 전동기의 용량을 몇 kW 것으로 설치하여야 하는가? (단, 누연량은 0.5m³/s이며, 누설 손실압력은 0.02mmHg이고 전동기의 효율은 60%, 전달계수는 1.1)

풀이 ○계산과정 : $P[kW] = \dfrac{Q \times P_T}{102 \times E} \times K$
P : 전동기용량(kW), Q : 풍량(m³/s), P_T : 전압(mmHg)
E : 전동기효율(%/100), K : 전달계수
Q = 풍량 + 누연량 = 600m³/60s + 0.5m³/s = 10.5m³/s
P_T = 풍압 + 누설손실압 = 2.5 + 0.02 = 2.52mmHg

$\therefore P[kW] = \dfrac{10.5m³/s \times 2.52mmHg \times \dfrac{10332mmH_2O}{760mmHg}}{102 \times 0.6} \times 1.1$
= 6.47kW
○답 : 6.47kW

10년-10월, 17년-04월

07 판매장에 제연설비를 아래 조건과 같이 설치할 때 전동기의 출력(kW)은 최소 얼마이어야 하는지 구하시오. (5점)

[조건]
1. 팬(FAN)의 풍량은 50,000CMH이다.
2. 덕트의 길이는 120m, 단위 길이당 덕트저항은 0.2mmAq/m로 한다.
3. 배기구 저항은 8mmAq, 배기그릴 저항은 4mmAq, 부속류의 저항은 덕트저항의 40%로 한다.
4. 송풍기 효율은 50%로 하고, 전달계수 K는 1.1로 한다.

○ 계산과정 :
○ 답 :

풀이 ○ 계산과정 : ① $Q = 50000\text{CMH} = 50000\text{m}^3/\text{hr} = 50000\text{m}^3/60\text{min}$

② $P_T = 120\text{m} \times \dfrac{0.2\text{mmAq}}{\text{m}} + 8\text{mmAq} + 4\text{mmAq} + \left[120\text{m} \times \dfrac{0.2\text{mmAq}}{\text{m}}\right] \times 0.4 = 45.6\text{mmAq}$

③ $P(\text{kW}) = \dfrac{Q \times P_T}{102 \times 60 \times E} \times K$

$P(\text{kW}) = \dfrac{(50000/60) \times 45.6}{102 \times 60 \times 0.50} \times 1.1 = 13.66\,\text{kW}$

○ 답 : 13.66kW

상세해설

송풍기의 전동기출력 계산

① $P(\text{kW}) = \dfrac{Q \times P_T}{102 \times 60 \times E} \times K$

여기서, Q : 풍량(m³/min)
P_T : 전압(mmAq)
E : 송풍기 효율
K : 전달계수

② CMH(Cubic Meter Per Hour) : m³/hr

00년-04월, 11년-05월, 15년-07월

08 6층 이상의 건축물로서 해당 용도로 사용되는 구역은 건설부령이 정하는 바에 의해서 제연설비를 설치해야 한다. 다음 제연 설비에 관한 물음에 답 하시오. (6점)

(물음 1) 제연구(배출구)에서 측정한 평균 풍속이 2m/s, 배연구의 유효 면적이 2.0m²이고 실내의 온도가 20℃일 때 풍량(m³/min)은 얼마인가?
○ 계산과정 :   ○ 답 :

(물음 2) 전압이 30mmAq이고 전동기 효율이 60%, 전압력 손실과 제연량 누수도 고려한 여유율을 10% 증가시킨 것으로 할 때 1)의 풍량을 송풍할 수 있는 배출기의 동력(kW)을 구하시오.
○ 계산과정 :   ○ 답 :

풀이 (물음 1) ○계산과정 : $Q = 2\,\text{m/s} \times 60\,\text{s/min} \times 2\,\text{m}^2 = 240\,\text{m}^3/\text{min}$
○답 : 240m³/min

(물음 2) ○계산과정 : $P(\text{KW}) = \dfrac{240 \times 30}{102 \times 60 \times 0.6} \times 1.1 = 2.16\,\text{kW}$
○답 : 2.16kW

상세해설

$Q = UA$ 여기서, Q : 풍량(m³/min), U : 풍속(m/min), A : 단면적(m²)

송풍기의 전동기 출력

$$P(\text{kW}) = \dfrac{Q(\text{m}^3/\text{min}) \times P_T(\text{mmAq})}{102 \times 60 \times E} \times K$$

00년-04월, 00년-11월, 08년-11월

09 smoke hatch에 대하여 설명하시오. (5점)

풀이 ○답 : 대형건물의 지붕에 설치하는 배연구이다.
즉 화재시 드레프트(Draft)커텐을 작동시켜 연기의 확산을 차단하고 지붕에 설치한 뚜껑(hatch)을 개방하여 발생한 연기를 제연시키는 지붕배연구이다.

00년-08월, 05년-05월, 05년-10월, 07년-07월, 11년-07월, 13년-07월, 15년-04월

10 어떤 지하상가 제연설비를 화재안전기술기준과 아래조건에 따라 설치하려고 한다. 조건을 참조하여 각 물음에 답하시오. (10점)

[조건] ① 주닥트의 높이제한은 1000mm이다.
(강판 두께, 닥트 후렌지 및 보온두께는 고려하지 않는다.)
② 배출기는 원심 다익형이다.
③ 각종 효율은 무시한다.
④ 예상 제연구역의 설계 배출량은 43200m³/H이다.

(물음 1) 배출기의 배출측 주닥트의 최소폭[m]를 계산하시오.
(물음 2) 배출기의 흡입측 주닥트의 최소폭[m]를 계산하시오.
(물음 3) 준공 후 풍량 시험을 한 결과 풍량은 36000m³/H, 회전수는 650 rpm, 축동력은 7.5kW로 측정되었다. 배출량 43200m³/H를 만족시키기 위한 배출기 회전수[rpm]를 계산하시오.
(물음 4) 준공 후 전압을 측정한 결과 50mmAq일 때 회전수 변화에 따른 전압(mmAq)을 계산하시오.
(물음 5) 회전수를 높여서 배출량을 만족시킬 경우의 예상 축동력[kW]을 계산하시오.

풀이 (물음 1) ○계산과정 : $Q = 43200 \text{m}^3/\text{H} = 12 \text{m}^3/\text{s}$

$Q = uA$에서 닥트 단면적 $A = \dfrac{Q}{u}$

배출측 주 닥트의 풍속 $u = 20\text{m/s}$ 이하

$\therefore A = \dfrac{12\text{m}^3/\text{s}}{20\text{m/s}} = 0.6\text{m}^2$ 닥트 최소폭 $L = \dfrac{0.6\text{m}^2}{1\text{m}} = 0.6\text{m}$

○답 : 0.6m

(물음 2) ○계산과정 : $Q = 43200 \text{m}^3/\text{H} = 12 \text{m}^3/\text{s}$

$Q = uA$에서 닥트 단면적 $A = \dfrac{Q}{u}$

흡입측 주 닥트의 풍속 $u = 15\text{m/s}$ 이하

$\therefore A = \dfrac{12\text{m}^3/\text{s}}{15\text{m/s}} = 0.8\text{m}^2$ 닥트 최소폭 $L = \dfrac{0.8\text{m}^2}{1\text{m}} = 0.8\text{m}$

○답 : 0.8m

(물음 3) ○계산과정 : $43200 = 36000 \times \left(\dfrac{N_2}{650}\right)$ $N_2 = \dfrac{43200}{36000} \times 650 = 780 \text{rpm}$
 ○답 : 780rpm

(물음 4) ○계산과정 : $H_2 = 50 \times \left(\dfrac{780}{650}\right)^2 = 72 \text{mmAq}$
 ○답 : 72mmAq

(물음 5) ○계산과정 : $P_2 = 7.5 \times \left(\dfrac{780}{650}\right)^3 = 12.96 \text{kW}$
 ○답 : 12.96kW

상세해설

상사의 법칙
① 유량 $Q_2 = Q_1 \times \left(\dfrac{N_2}{N_1}\right)$ ② 양정(압력) $H_2 = H_1 \times \left(\dfrac{N_2}{N_1}\right)^2$ ③ 동력 $P_2 = P_1 \times \left(\dfrac{N_2}{N_1}\right)^3$

07년-04월, 11년-05월

11 다음 도면은 비화재시 즉, 평상시에는 공조설비로 사용하고 화재시에는 제연설비로 사용할 때 도면이다. 아래 도면에 댐퍼의 설치위치를 도시하고 평상시 및 화재시 댐퍼의 개방 및 폐쇄 관계를 간단히 설명하시오.

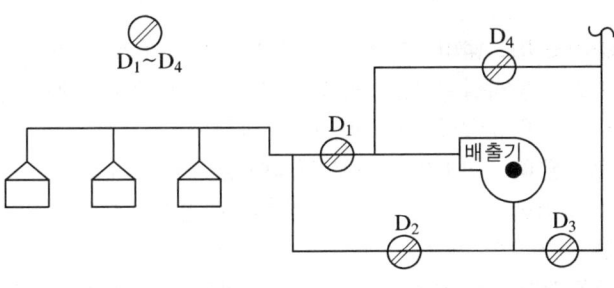

○답 : **평상시** : 댐퍼 D_1, D_3 개방, 댐퍼 D_2, D_4 폐쇄
    화재시 : 댐퍼 D_2, D_4 개방, 댐퍼 D_1, D_3 폐쇄

14년-11월

12 풍량이 24000m³/hr, 전압이 20mmAq, 전동기 효율이 65%, 회전수는 1700rpm 전압력 손실과 제연량 누수도 고려한 여유율을 10% 증가시킨 것으로 할 때 배출기의 최소동력(kW)을 구하시오.

○ 계산과정 : $Q = 24000\text{m}^3/\text{hr} = 24000\text{m}^3/60\text{min} = 400\text{m}^3/\text{min}$

$$P(\text{kW}) = \frac{400 \times 20}{102 \times 60 \times 0.65} \times 1.1 = 2.21\text{kW}$$

○ 답 : 2.21kW

송풍기의 동력계산

$$P(\text{kW}) = \frac{Q \times P_T}{102 \times 60 \times E} \times K$$

여기서, Q : 풍량(m³/min), P_T : 전압(mmAq), E : 송풍기 효율, K : 전달계수(여유율)

00년-04월, 00년11월, 04년-07월, 15년-11월

13 제연설비에서 많이 사용하는 솔레노이드 댐퍼, 모터댐퍼 및 휴즈댐퍼 기능을 비교 설명하시오. (7점)

○ 답 :
- **솔레노이드 댐퍼** : 댐퍼의 개구부 면적이 적어서 3~4개의 날개를 이용하여 댐퍼를 작동시킬 수 있는 곳에 설치하는 방연댐퍼로 연기에 의하여 작동하며 솔레노이드가 누르게핀을 이동하여 작동
- **모터 댐퍼** : 댐퍼의 개구부 면적이 넓어 다수의 날개를 이용하여 댐퍼를 작동시킬 수 있는 곳에 설치하는 방연댐퍼로 연기에 의하여 작동하며 모터가 누르게핀을 이동하여 작동
- **휴즈 댐퍼** : 폐쇄형 헤드의 휴즈블링크의 작동원리와 같으며 온도에 의하여 휴즈가 용융되어 자동으로 폐쇄되는 댐퍼이다.

Fusible Link는 설비작동 최고온도보다 약 9℃ 높은 온도로서 최고 74℃ 이내에서 작동되어야 함

04년-10월, 06년-07월, 08년-07월, 14년-04월, 16년-06월

14 아래 그림은 어느 거실에 대한 급기 및 배출풍도와 급기 및 배출 FAN을 나타내고 있는 평면도이다. 각 물음에 답하시오.(단, ⊘ 표기는 댐퍼를 뜻한다.) (18점)

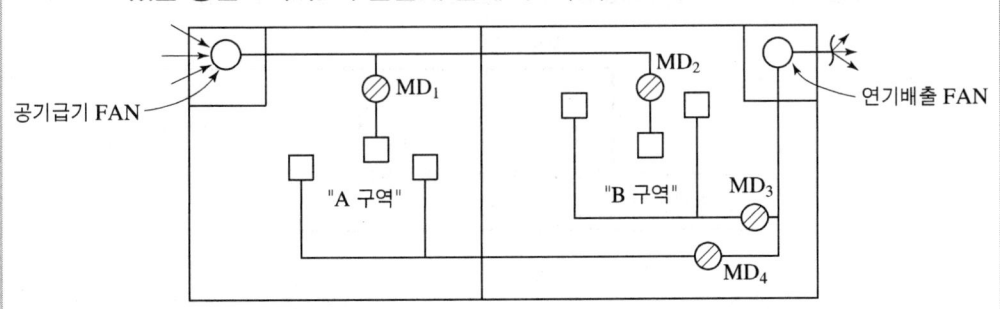

(물음 1) 동일실 제연방식에 대하여 간단히 서술하시오.
(물음 2) 상기 평면도에서 동일실 제연방식을 적용할 경우 상황에 따른 댐퍼의 닫힘(close) 및 열림(open) 상태를 쓰시오.
(물음 3) 인접구역 상호제연방식에 대하여 간단히 서술하시오.
(물음 4) 상기 평면도에서 인접구역 상호제연방식을 적용할 경우 상황에 따른 댐퍼의 닫힘(close) 및 열림(open) 상태를 쓰시오.

풀이 **(물음 1)** ○답 : 일반적으로 소규모 화재구역에서 화재 시 급기 및 배연을 동시에 실시하는 방식

(물음 2) ○답 :

화재 구역	급기 댐퍼	배연 댐퍼
A 구역	MD_1 열림	MD_4 열림
	MD_2 닫힘	MD_3 닫힘
B 구역	MD_2 열림	MD_3 열림
	MD_1 닫힘	MD_4 닫힘

(물음 3) ○답 : 화재시 화재구역은 연기를 배출하고 인접구역은 외부공기를 급기하는 방식

(물음 4) ○답 :

화재 구역	급기 댐퍼	배기 댐퍼
A 구역	MD_2 열림	MD_4 열림
	MD_1 닫힘	MD_3 닫힘
B 구역	MD_1 열림	MD_3 열림
	MD_2 닫힘	MD_4 닫힘

19년-04월

15 아래 그림은 어느 거실에 대한 급기 및 배출풍도와 급기 및 배출 FAN을 나타내고 있는 평면도이다. 그림 및 조건을 참조하여 각 물음에 답하시오. **(14점)**

[조건]
① 제연방식은 인접구역 상호제연방식으로 한다.
② 제연구역의 구획은 상호제연방식으로 공동예상제연구역이 제연경계로 구획되어 있다.
③ 바닥으로부터 천장까지의 높이는 3.5m이다.
④ 바닥으로부터 반자까지의 높이는 3m이다.
⑤ 제연경계의 폭은 0.8m이다.

(물음 1) 예상제연구역에 대한 최소배출량(m^3/h)을 산정하시오.
(물음 2) B구역 화재 시 댐퍼의 동작 상태를 쓰시오.
　　　　(댐퍼의 작동여부(○ : open ● : close))

풀이 **(물음 1)** 예상제연구역에 대한 최소배출량(m^3/h)
　　○ 계산과정 :
　　　① 바닥면적 = 30m × 28m = 840m^2
　　　　∴ 바닥면적 400m^2 이상
　　　② 직경 40m원의 범위 = $\sqrt{30^2 + 28^2}$ = 41.05m
　　　　∴ 직경 40m원의 범위를 초과
　　　③ 수직거리 = 3m(바닥으로부터 반자까지 높이) − 0.8m(제연경계의 폭)
　　　　　　　　= 2.2m
　　　　∴ 수직거리 2m 초과 2.5m 이하에 해당
　　　④ 표에서 배출량은 50,000m^3/hr 이상
　　○ 답 : 50,000m^3/hr 이상

(물음 2) B구역 화재 시 댐퍼의 동작 상태
　　○ 답 :

화재구역	급기댐퍼			배기댐퍼		
	1	2	3	A	B	C
B 구역	○	●	○	●	○	●

상세해설

바닥면적 400m² 이상인 거실의 예상제연구역의 배출량
① 직경 40m인 원의 범위 안에 있을 경우에는 배출량이 40,000m³/hr 이상
② 예상제연구역이 제연경계로 구획된 경우 배출량

수 직 거 리	배 출 량
2m 이하	40,000m³/hr 이상
2m 초과 2.5m 이하	45,000m³/hr 이상
2.5m 초과 3m 이하	50,000m³/hr 이상
3m 초과	60,000m³/hr 이상

③ 직경 40m인 원의 범위를 초과할 경우에는 배출량이 45,000m³/hr 이상
④ 제연경계로 구획된 경우에는 그 수직거리에 따라 배출량

수 직 거 리	배 출 량
2m 이하	45,000m³/hr 이상
2m 초과 2.5m 이하	50,000m³/hr 이상
2.5m 초과 3m 이하	55,000m³/hr 이상
3m 초과	65,000m³/hr 이상

11년-11월, 14년-11월, 18년-4월, 19년-04월

16 아래 그림은 어느 거실에 대한 급기 및 배출풍도와 급기 및 배출 FAN을 나타내고 있는 평면도이다. 그림 및 조건을 참조하여 각 물음에 답하시오. **(14점)**

[조건] ① 제연방식은 인접구역 상호제연방식으로 한다.
② 닥트의 표시는 실선으로 표시 한다.
③ 급기닥트 풍속은 15m/s, 배기닥트 풍속은 20m/s로 한다.
④ fan의 정압은 40mmAq로 한다.
⑤ 제연구역의 구획은 상호제연방식으로 공동예상제연구역이 제연경계로 구획되어 있다.
⑥ 바닥으로부터 천장까지의 높이는 2.5m이다.

(물음 1) 예상제연구역에 대한 최소배출량(m³/hr)을 산정하시오.
(물음 2) 제연 팬을 구동하기 위한 전동기의 최소 소요동력(kW)을 계산하시오.(단, 전동기효율은 55% 여유율은 110%이다.)

(물음 3) 다음 조건을 참조하여 그림에 설계도면을 물음에 따라 완성하시오.

[조건]
① 닥트의 형태는 사각형이며 높이는 400mm이다.
② 급기구 및 배기구의 형태는 정사각형이고 배기구는 제연구역당 4개, 급기구는 제연구역당 3개를 설치하는 것으로 한다
③ 급기구 및 배기구의 단면적은 급기/배기량 m^3/min당 $35cm^2$ 이상으로 한다.
④ 댐퍼의 작동여부는 표의 빈칸에 표기하시오.
⑤ 닥트는 실선으로 표기한다.

(1) 아래 그림에 급기구 및 배기구, 닥트 등을 완성하시오.

(2) 댐퍼의 작동여부
   댐퍼의 작동여부(○ : open ● : close)

화재 구역	배기 댐퍼			급기 댐퍼		
	A구역	B구역	C구역	A구역	B구역	C구역
A 구역						
B 구역						
C 구역						

(3) 다음 표를 완성하시오.(단, 풍량, 닥트 단면적, 닥트크기는 계산결과 소수점 첫째자리에서 반올림하여 정수로 나타내시오.)

구분		풍량 (m^3/h)	닥트 단면적 (mm^2)	닥트크기 (가로mm×세로mm)
급기구	1개소	①	⑦	⑬
	2개소	②	⑧	⑭
	3개소	③	⑨	⑮
배기구	1개소	④	⑩	⑯
	2개소	⑤	⑪	⑰
	4개소	⑥	⑫	⑱

(4) 급기구의 단면적(cm^2) 및 크기(가로mm×세로mm)을 계산하시오.

(5) 배기구의 단면적(cm^2) 및 크기(가로mm×세로mm)을 계산하시오.

[풀이] **(물음 1)** ○계산과정 :

(1) 바닥면적 400m² 이상인 거실의 예상제연구역의 배출량
예상제연구역이 직경 40m인 원의 범위 안에 있을 경우에는 배출량이 40,000m³/hr 이상으로 할 것. 다만, 예상제연구역이 제연경계로 구획된 경우에는 그 수직거리에 따라 배출량은 다음 표에 따른다.

수 직 거 리	배 출 량
2m 이하	40,000m³/hr 이상
2m 초과 2.5m 이하	45,000m³/hr 이상
2.5m 초과 3m 이하	50,000m³/hr 이상
3m 초과	60,000m³/hr 이상

(2) 바닥면적 $= 30 \times 20\text{m}^2 = 600\text{m}^2$ ∴ 바닥면적 400m² 이상

(3) 직경40m원의 범위 $= \sqrt{30^2 + 20^2} = 36.06\text{m}$ ∴ 직경40m원의 범위 안

(4) 수직거리 $= 2.5\text{m}$(천장높이) $- 0.6\text{m}$(제연경계의 최소폭) $= 1.9\text{m}$
∴ 수직거리 2m 이하

(5) 표에서 수직거리 2m 이하의 배출량은 40,000m³/hr 이상
① "수직거리"라 함은 제연경계의 바닥으로부터 그 수직하단까지의 거리를 말한다.
② 제연경계는 제연경계의 폭이 0.6m 이상이고, 수직거리는 2m 이내이어야 한다. (다만, 구조상 불가피한 경우는 2m를 초과할 수 있다.)

○답 : 40,000m³/hr 이상

(물음 2) ○계산과정 :

배풍기의 전동기동력 계산방법

$$P(\text{kW}) \geqq \frac{Q(\text{m}^3/\text{min}) \times P_T(\text{mmAq})}{102 \times 60 \times E} \times K$$

여기서, Q : 풍량, P_T : 전압, E : 펌프의 효율, K : 전달계수

$$P(\text{kW}) \geqq \frac{(40000\text{m}^3/60\text{min}) \times 40(\text{mmAq})}{102 \times 60 \times 0.55} \times 1.1 = 8.71\text{kW}$$

○답 : 8.71kW

(물음 3) (1)

(2) 댐퍼의 작동여부

댐퍼의 작동여부(○ : open ● : close)

화재 구역	배기 댐퍼			급기 댐퍼		
	A구역	B구역	C구역	A구역	B구역	C구역
A 구역	○	●	●	●	○	○
B 구역	●	○	●	○	●	○
C 구역	●	●	○	○	○	●

(3) 표완성

구분		풍량 (m³/h)	닥트 단면적 (mm²)	닥트크기 (가로mm×세로mm)
급기구	1개소	① 40,000	⑦ 740,741	⑬ 1,852×400
	2개소	② 20,000	⑧ 370,370	⑭ 926×400
	3개소	③ 13,333	⑨ 246,907	⑮ 617×400
배기구	1개소	④ 40,000	⑩ 555,556	⑯ 1,389×400
	2개소	⑤ 20,000	⑪ 277,778	⑰ 694×400
	4개소	⑥ 10,000	⑫ 138,889	⑱ 347×400

○ 계산과정 :

급기구 풍량

① 급기구 1개소인 경우 풍량 $Q_1 = 40000 \text{m}^3/\text{h}$

② 급기구 2개소인 경우 풍량 $Q_2 = 40000 \text{m}^3/\text{hr} \times \frac{1}{2} = 20000 \text{m}^3/\text{h}$

③ 급기구 3개소인 경우 풍량 $Q_3 = 40000 \text{m}^3/\text{hr} \times \frac{1}{3} = 13333 \text{m}^3/\text{h}$

배기구 풍량

④ 배기구 1개소인 경우 풍량 $Q_1 = 40,000 \text{m}^3/\text{h}$

⑤ 배기구 2개소인 경우 풍량 $Q_2 = 40000 \text{m}^3/\text{hr} \times \frac{1}{2} = 20000 \text{m}^3/\text{h}$

⑥ 배기구 4개소인 경우 풍량 $Q_4 = 40000 \text{m}^3/\text{hr} \times \frac{1}{4} = 10000 \text{m}^3/\text{h}$

급기닥트 단면적(급기닥트 풍속 $u = 15\text{m/s}$)

⑦ 급기닥트 1개소인 경우 단면적이므로 풍량은 40,000m³/h

$$A = \frac{Q}{u} = \frac{40,000 \text{m}^3/3,600\text{s}}{15\text{m/s}} \times \frac{10^6 \text{mm}^2}{\text{m}^2} = 740,741 \text{mm}^2$$

⑧ 급기닥트 2개소인 경우 단면적이므로 풍량은 20,000m³/h

$$A = \frac{Q}{u} = \frac{20,000 \text{m}^3/3,600\text{s}}{15\text{m/s}} \times \frac{10^6 \text{mm}^2}{\text{m}^2} = 370,370 \text{mm}^2$$

⑨ 급기닥트 3개소인 경우 단면적이므로 풍량은 $13,333\text{m}^3/\text{h}$

$$A = \frac{Q}{u} = \frac{13,333\text{m}^3/3,600\text{s}}{15\text{m/s}} \times \frac{10^6\text{mm}^2}{\text{m}^2} = 246,907\text{mm}^2$$

배기닥트 단면적(배기닥트 풍속 $u = 20\text{m/s}$)

⑩ 배기닥트 1개소인 경우 단면적이므로 풍량은 $40,000\text{m}^3/\text{h}$

$$A = \frac{Q}{u} = \frac{40,000\text{m}^3/3,600\text{s}}{20\text{m/s}} \times \frac{10^6\text{mm}^2}{\text{m}^2} = 555,556\text{mm}^2$$

⑪ 배기닥트 2개소인 경우 단면적이므로 풍량은 $20,000\text{m}^3/\text{h}$

$$A = \frac{Q}{u} = \frac{20,000\text{m}^3/3,600\text{s}}{20\text{m/s}} \times \frac{10^6\text{mm}^2}{\text{m}^2} = 277,778\text{mm}^2$$

⑫ 배기닥트 4개소인 경우 단면적이므로 풍량은 $10,000\text{m}^3/\text{h}$

$$A = \frac{Q}{u} = \frac{10,000\text{m}^3/3,600\text{s}}{20\text{m/s}} \times \frac{10^6\text{mm}^2}{\text{m}^2} = 138,889\text{mm}^2$$

닥트크기

A(단면적)$= W$(폭 : 가로)$\times H$(높이 : 세로)

닥트의 높이(세로)는 400mm로 한정

⑬ $W = \dfrac{A}{H} = \dfrac{740,741}{400} = 1,852\text{mm}$ ∴ 가로 1,852mm × 세로 400mm

⑭ $W = \dfrac{A}{H} = \dfrac{370,370}{400} = 926\text{mm}$ ∴ 가로 926mm × 세로 400mm

⑮ $W = \dfrac{A}{H} = \dfrac{246,907}{400} = 617\text{mm}$ ∴ 가로 617mm × 세로 400mm

⑯ $W = \dfrac{A}{H} = \dfrac{555,556}{400} = 1,389\text{mm}$ ∴ 가로 1,389mm × 세로 400mm

⑰ $W = \dfrac{A}{H} = \dfrac{277,778}{400} = 694\text{mm}$ ∴ 가로 694mm × 세로 400mm

⑱ $W = \dfrac{A}{H} = \dfrac{138,889}{400} = 347\text{mm}$ ∴ 가로 347mm × 세로 400mm

(4) 급기구의 단면적 및 크기

① 급기구의 단면적(cm^2)

$$A = \frac{40,000\text{m}^3/60\text{min}}{3\text{개소}} \times \frac{35\text{cm}^2}{\text{m}^3/\text{min}} = 7,777.78\text{cm}^2$$

○ 답 : $7,777.78\text{cm}^2$

② 급기구의 크기(가로mm × 세로mm)

정사각형이므로 $A =$ 가로 × 세로 $= 7,777.78\text{cm}^2$

가로 $= \sqrt{7,777.78\text{cm}^2} = 88.1917\text{cm} = 881.92\text{mm}$

세로 = $\sqrt{7,777.78 \text{cm}^2}$ = 88.1917cm = 881.92mm

○ **답** : 가로881.92mm × 세로881.92mm

(5) 배기구의 단면적 및 크기

① 배기구의 단면적(cm^2)

$$A = \frac{40,000\text{m}^3/60\text{min}}{4\text{개소}} \times \frac{35\text{cm}^2}{\text{m}^3/\text{min}} = 5,833.33\text{cm}^2$$

○ **답** : 5,833.33cm^2

② 배기구의 크기(가로mm × 세로mm)

정사각형이므로 A = 가로 × 세로 = 5,833.33cm^2

가로 = $\sqrt{5,833.33\text{cm}^2}$ = 76.3762cm = 763.76mm

세로 = $\sqrt{5,833.33\text{cm}^2}$ = 76.3762cm = 763.76mm

○ **답** : 가로763.76mm × 세로763.76mm

15년-04월

17 지상 200m높이의 고층건물에서 1층 부분에 발생하는 압력차는 몇[Pa]인지 구하시오.(단, 외기온도는 0℃, 실내온도는 20℃이고 중성대는 건물의 높이 중앙에 있다고 본다) (6점)

○ 계산과정 : $\Delta P = 3460 \times 100 \times \left(\frac{1}{273+0} - \frac{1}{273+20} \right) = 86.51\text{Pa}$

○ **답** : 86.51Pa

연돌효과(굴뚝효과)에 의한 압력차

$$\Delta P = 3460 H \left(\frac{1}{T_a} - \frac{1}{T_i} \right)$$

여기서, ΔP : 연돌효과(굴뚝효과)에 의한 압력차(Pa)

H : 중성대로부터 높이(m)

T_a : 외부공기의 절대온도($273+t℃$)[K]

T_i : 실내공기의 절대온도($273+t℃$)[K]

※ 중성대는 건물의 중앙에 있으므로 $H = \frac{200\text{m}}{2} = 100\text{m}$

08년-11월, 09년-07월, 14년-07월

18 그림은 어느 판매장의 무창층에 대한 제연설비 중 연기 배출풍도와 배출 FAN을 나타내고 있는 평면도이다. 주어진 조건을 이용하여 풍도에 설치되어야 할 제어댐퍼를 가장 적합한 지점에 표기한 다음 물음에 답하시오.(단, 댐퍼의 표기는 ⊘의 모양으로 할 것) **(12점)**

[조건]
1. 건물의 주요구조부는 모두 내화구조이다.
2. 각 실은 불연성 구조물로 구획되어 있다.
3. 복도의 내부면은 모두 불연재이고, 복도 내에 가연물을 두는 일은 없다.
4. 각 실에 대한 연기 배출방식에서 공동배출구역 방식은 없다.
5. 이 판매장에는 음식점은 없다.

(물음 1) 제어댐퍼를 설치하시오.
(물음 2) 각실(A, B, C, D, E, F)의 최소 소요배출량은 얼마인가?
(물음 3) 배출 FAN의 소요 최소 배출용량은 얼마인가?
(물음 4) C실에 화재가 발생했을 경우 제어댐퍼의 작동상황(개폐여부)이 어떻게 되어야 하는지 설명하시오.

풀이 (물음 1) ○답:

(물음 2) 최소 소요배출량
○ 계산과정 :
A실 : $6m \times 5m \times m^3/m^2 \cdot 분 \times 60분/시간 = 1800m^3/hr$
∴ $5000m^3/hr$
B실 : $6m \times 10m \times m^3/m^2 \cdot 분 \times 60분/시간 = 3600m^3/hr$
∴ $5000m^3/hr$
C실 : $6m \times 25m \times m^3/m^2 \cdot 분 \times 60분/시간 = 9000m^3/hr$
D실 : $4m \times 5m \times m^3/m^2 \cdot 분 \times 60분/시간 = 1200m^3/hr$
∴ $5000m^3/hr$
E실 : $15m \times 15m \times m^3/m^2 \cdot 분 \times 60분/시간 = 13500m^3/hr$
F실 : $15m \times 30m = 450m^2$ ($400m^2$ 이상이며 제연구역이 40m 원안에 있음)
∴ $40000m^3/hr$ 이상

○ 답 : A실 $5000m^3/hr$ B실 $5000m^3/hr$
　　　C실 $9000m^3/hr$ D실 $5000m^3/hr$
　　　E실 $13500m^3/hr$ F실 $40000m^3/hr$

(물음 3) ○ 답 : 가장 많은 소요배출량 기준이므로 $40000m^3/hr$ 이상

(물음 4) ○ 답 : C실의 2개 댐퍼는 개방되고 A B D E F실 댐퍼는 모두 폐쇄된다.

07년-11월, 19년-06월

19 다음의 조건을 참조하여 제연설비의 배출기의 ① 배출량(풍량) [CMH], ② 전압[mmAq], ③ 전동기의 최소동력[kW], ④ 다익팬의 장점을 쓰시오. (4점)

[조건] ① 거실 바닥면적은 $390m^2$이다.
② Duct의 길이는 150m이고, Duct저항은 0.8mmAq/m이다.
③ 배출구 저항은 8mmAq, 그릴저항은 3mmAq, 관부속류는 Duct 저항의 50%로 한다.
④ 효율(E)은 60%로 하고 전동기 전달계수 k=1.1이다.

풀이 ① **배출량(풍량) [CMH]**
○ 계산과정 :
거실의 바닥면적이 $400m^2$ 미만으로 구획된 예상제연구역에 대한 배출량
$$Q = S \times m^3/min \cdot m^2$$

여기서, Q : 배출량(m^3/min)[최솟값은 $5000\text{m}^3/\text{hr}$($83.33\text{m}^3/\text{min}$) 이상]
  S : 바닥면적(m^2)
$\therefore Q = 390\text{m}^2 \times 1\text{m}^3/\text{min, m}^2 \times 60\text{min/hr}$
  $= 23,400\text{m}^3/\text{hr} = 23,400\text{CMH}$
○답 : 23,400CMH

② 전압[mmAq]
○계산과정 :
$P_T = 150\text{m} \times 0.8\text{mmAq/m} + 8\text{mmAq} + 3\text{mmAq} + (150\text{m} \times 0.8\text{mmAq/m}) \times 0.5$
  $= 191\text{mmAq}$
○답 : 191mmAq

③ 전동기의 최소동력[kW]
○계산과정 :
$Q = 23,400\text{m}^3/\text{hr} = 23,400\text{m}^3/60\text{min}$
$P_T = 191\text{mmAq}, \quad E = 60\% = 0.6, \quad K = 1.1$
$\therefore P(\text{kW}) = \dfrac{Q(\text{m}^3/\text{min}) \times P_T(\text{mmH}_2\text{O})}{102 \times 60 \times E} \times K = \dfrac{(23,400/60) \times 191}{102 \times 60 \times 0.6} \times 1.1$
  $= 22.31\text{kW}$
○답 : 22.31kW

④ 다익팬(시로코팬)의 장점
○답 : ㉠ 풍량 변화시 풍압변화가 작다.
  ㉡ 설치공간을 적게 차지한다.
  ㉢ 비교적 큰 풍량을 얻을 수 있다.

02년-07월

20 비화재시 즉 평상시에는 공조 설비로 사용하고 화재시에는 제연설비로 사용할 때의 단점을 5가지만 쓰시오.

풀이 ○답 : ① 화재시 작동신뢰도가 낮다.
  ② 댐퍼의 설치개수가 많다.
  ③ 설비가 복잡하여 유지, 관리가 어렵다.
  ④ 설비의 수명이 짧아진다.
  ⑤ 설비의 변동대처에 불리하다.

02년-01월, 08년-04월

21 다음 그림은 어느 실등의 평면도이다. 이들 실중 A실을 급기 가압하고자 한다. 주어진 조건을 참조하여 문의 총합성 틈새면적(m²)을 계산하시오.

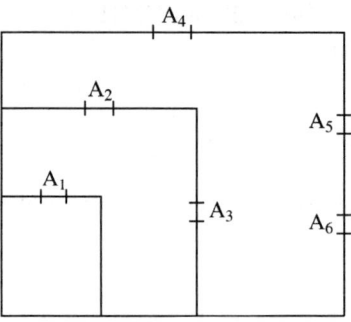

[조건] ① $A_1 \sim A_3$ 문의 틈새면적은 $0.02m^2$이다.
② $A_4 \sim A_6$ 문의 틈새면적은 $0.01m^2$이다.

○ 계산과정 : $A_4 \sim A_6$의 합성 틈새면적은 병렬상태이므로
$A_4 \sim A_6 = 0.01 + 0.01 + 0.01 = 0.03m^2$
$A_2 \sim A_3$의 합성 틈새면적은 병렬상태이므로
$A_2 \sim A_3 = 0.02 + 0.02 = 0.04m^2$

∴ 총합성 틈새면적 $A_1 \sim A_6 = \dfrac{1}{\sqrt{\dfrac{1}{0.02^2} + \dfrac{1}{0.04^2} + \dfrac{1}{0.03^2}}} = 0.01536m^2$

○ 답 : $0.02m^2$

20년-05월

22 어떤 지하상가에 제연설비를 화재안전기술기준과 아래 조건에 따라 설치하려고 한다. 다음 각 물음에 답하시오. **(4점)**

[조건] ① 전압은 80mmAq이다.
② 배출기의 풍량은 $24,000m^3/h$, 효율은 60%, 여유율은 10%이다.

(1) 배출기의 축동력(kW)을 계산하시오.
(2) 준공 후 풍량 시험을 한 결과 풍량은 $18000m^3/h$ 회전수는 600rpm으로 측정되었다. 배출량 $24000m^3/h$를 만족시키기 위한 배출기 회전수 [rpm]를 계산하시오.

[풀이] (1) 배출기의 축동력(kW)

○ 계산과정 : $P(\text{kW}) = \dfrac{24000\text{m}^3/60\text{min} \times 80\text{mmAq}}{102 \times 60 \times 0.6} = 8.71\text{kW}$

○ 답 : 8.71kW

(2) 배출기 회전수(rpm)

○ 계산과정 : $N_2 = \dfrac{24000}{18000} \times 600 = 800\text{rpm}$

○ 답 : 800rpm

[상세해설]

(1) 배출기의 동력계산

① 축동력

$$L_S(\text{kW}) = \frac{Q(\text{m}^3/\text{min}) \times P_T(\text{mmAq})}{102 \times 60 \times E}$$

※ 주의 : 축동력 계산 시 전달계수 값은 무시한다.

② 모터동력

$$P(\text{kW}) = \frac{Q(\text{m}^3/\text{min}) \times P_T(\text{mmAq})}{102 \times 60 \times E} \times K$$

여기서, Q : 풍량(m^3/min), P_T : 전압(mmAq), E : 효율(%/100), K : 전달계수

(2) 상사의 법칙

$$Q_2 = Q_1 \times \frac{N_2}{N_1} \times \left(\frac{D_2}{D_1}\right)^3 \qquad H_2 = H_1 \times \left(\frac{N_2}{N_1}\right)^2 \times \left(\frac{D_2}{D_1}\right)^2 \qquad P_2 = P_1 \times \left(\frac{N_2}{N_1}\right)^3 \times \left(\frac{D_2}{D_1}\right)^5$$

여기서, Q_1 : 변경 전 유량　　　Q_2 : 변경 후 유량
　　　　H_1 : 변경 전 양정　　　H_2 : 변경 후 양정
　　　　P_1 : 변경 전 동력　　　P_2 : 변경 후 동력
　　　　N_1 : 변경 전 회전수　　N_2 : 변경 후 회전수
　　　　D_1 : 변경 전 임펠러직경　D_2 : 변경 후 임펠러직경

08년-04월, 10년-04월, 15년-11월, 20년-07월

23 다음은 각종 제연방식 중 자연제연방식에 대한 내용이다. 주어진 조건을 참조하여 각 물음에 답하시오. (10점)

[조건] ① 연기층과 공기층의 높이차는 3m이다.
② 화재실의 온도는 707℃이고, 외부온도는 27℃이다.
③ 공기평균분자량은 28이고, 연기평균분자량은 29라고 가정한다.
④ 화재실 및 실외의 기압은 1기압이다.
⑤ 중력가속도는 9.8m/s²으로 한다.

(1) 연기의 유출속도(m/s)를 산출하시오.
(2) 외부풍속(m/s)를 산출하시오.
(3) 자연제연방식을 변경하여 화재실 상부에 배연기(배풍기)를 설치하여 연기를 배출하는 형식으로 한다면 그 방식은 무엇인가?
(4) 일반적으로 가장 많이 이용하고 있는 제연방식을 3가지만 쓰시오.
(5) 화재실의 바닥면적이 300m²이고 fan의 효율은 60%, 전압 70mmAq, 여유율 10%로 할 경우 설비의 풍량을 송풍할 수 있는 배출기의 최소동력(kW)을 산출하시오.

풀이 (1) 연기의 유출속도(m/s)

○계산과정 : 공기의 비중량 $\gamma_a = \dfrac{PM}{RT} = \dfrac{1 \times 28}{0.082 \times (273+27)} = 1.1382 \text{kg/m}^3$

연기의 비중량 $\gamma_s = \dfrac{PM}{RT} = \dfrac{1 \times 29}{0.082 \times (273+707)} = 0.3609 \text{kg/m}^3$

연기의 유출속도 : $V_S = \sqrt{2gH\left(\dfrac{\gamma_a}{\gamma_s}-1\right)}$

$= \sqrt{2 \times 9.8 \times 3 \times \left(\dfrac{1.1382}{0.3609}-1\right)}$

$= 11.25 \text{m/s}$

○답 : 11.25m/s

(2) 외부풍속(m/s)

○계산과정 : $V_o = \sqrt{\dfrac{\gamma_s}{\gamma_a}} \times V_s = \sqrt{\dfrac{0.3609}{1.1382}} \times 11.25 = 6.33 \text{m/s}$

○답 : 6.33m/s

(3) 연기를 배출하는 형식
  ○답 : 제3종 기계제연방식

(4) 제연방식 3가지
  ○답 : ① 자연제연방식 ② 스모그타워 제연방식 ③ 기계제연방식

(5) 배출기의 최소동력(kW)
  ○계산과정 : $Q = 300\text{m}^2 \times \dfrac{1\text{m}^3}{\text{m}^2 \cdot \text{min}} = 300\text{m}^3/\text{min}$

  $P_T = 70\text{mmAq}, \ E = 60\% = 0.6, \ K = 1.1$

  $P\text{n(kW)} = \dfrac{Q \times P_T}{102 \times 60 \times E} \times K = \dfrac{300 \times 70}{102 \times 60 \times 0.6} \times 1.1 = 6.29\text{kW}$

  ○답 : 6.29kW

상세해설

(1) 연기의 유출속도

$$\dfrac{V_s^2}{2g}\gamma_s = (\gamma_a - \gamma_s)H$$

여기서, V_s : 연기의 유출속도(m/s), g : 중력 가속도(9.8m/s^2)
  γ_s : 연기의 비중량(kg/m^3), γ_a : 화재실 외부의 공기 비중량(kg/m^3)
  H : 연기층과 공기층과의 높이차(m)

$$\gamma = \dfrac{PM}{RT}$$

여기서, γ : 비중량(kg/m^3), R : 0.082atm · m^3/mol · K, P : 압력(atm)
  T : 절대온도(273+t℃)(K), M : 분자량

(2) 연기의 동압=외부풍의 동압

$$\dfrac{\gamma_s}{2g} \times V_s^2 = \dfrac{\gamma_a}{2g} \times V_o^2$$

(3) 배출기의 전동기 출력

$$P(\text{kW}) = \dfrac{Q \times P_T}{102 \times 60 \times E} \times K$$

여기서, P : 배출기의 전동기 출력(kW), Q : 풍량(m^3/min), P_T : 전압(mmAq)
  E : 효율, K : 전달계수(여유율)

01년-07월, 05년-07월, 09년-04월, 11년-11월, 12년-11월, 15년-07월, 16년-06월, 17년-11월, 18년-11월, 20년-10월

24 다음 그림은 어느 실 등의 평면도이다. 이 실들 중 A실을 급기 가압하고자 한다. 주어진 조건을 이용하여 각 물음에 답하시오. (6점)

[조건]
1. 실외부 대기의 기압은 절대압력으로 101300파스칼로서 일정하다.
2. A실에 유지하고자 하는 기압은 절대압력으로 101400파스칼이다.
3. 각 실의 문(Door)들의 틈새 면적은 $0.01m^2$이다.
4. 어느 실을 급기 가압할 때 그 실의 문의 틈새를 통하여 누출되는 공기의 양은 다음의 식을 따른다.

$$Q = 0.827 A P^{\frac{1}{2}} = 0.827 A \sqrt{P}$$

여기서, Q : 누출되는 공기의 양(m^3/s), A : 문의 틈새 면적(m^2)
P : 문을 경계로 한 실내외 기압차(파스칼)

(1) 각 실의 문의 틈새면적 합계(m^2)를 소수점 5째 자리까지 구하시오.
(2) A실에 유입시켜야 할 풍량은 몇 (m^3/s)가 되는지 소숫점 4째 자리까지 구하시오.

풀이 (1) 각 실의 문의 틈새면적 합계(m^2)
○ 계산과정 :

(가) 우선 D실의 ⑤+⑥ [직렬관계]의 합성 틈새 면적

$$A = \cfrac{1}{\sqrt{\cfrac{1}{0.01^2} + \cfrac{1}{0.01^2}}} = 0.00707 m^2$$

(나) ③+④+(⑤+⑥) [병렬관계]의 합성틈새면적

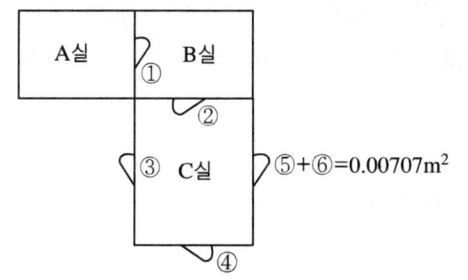

$$A = 0.01 + 0.01 + 0.00707 = 0.02707\text{m}^2$$

(다) ①+②+[③+④+(⑤+⑥)] [직렬관계]의 합성틈새면적

③+④+(⑤+⑥)=0.02707m²

$$A = \cfrac{1}{\sqrt{\cfrac{1}{0.01^2}+\cfrac{1}{0.01^2}+\cfrac{1}{0.02707^2}}} = \cfrac{1}{146.166538} = 0.0068415\text{m}^2$$

○답 : 0.00684m^2

(2) A실에 유입시켜야 할 풍량(m³/s)

○계산과정 : $Q = 0.827AP^{\frac{1}{2}} = 0.827A\sqrt{P}$ 식에 대입

$A = 0.00684\text{m}^2$, $P = 101400 - 101300 = 100\text{Pa}$

$Q = 0.827A\sqrt{P} = 0.827 \times 0.00684 \times \sqrt{100} = 0.05657\text{m}^3/\text{s}$

○답 : $0.0566\text{m}^3/\text{s}$

03년-07월, 20년-05월

25 다음 그림은 어느 건축물의 평면도이다. 이 실들 중 A실에 급기가압을 하고 문 A_4, A_5, A_6는 외기와 접해있을 경우 조건을 참조하여 각 물음에 답하시오.

(7점)

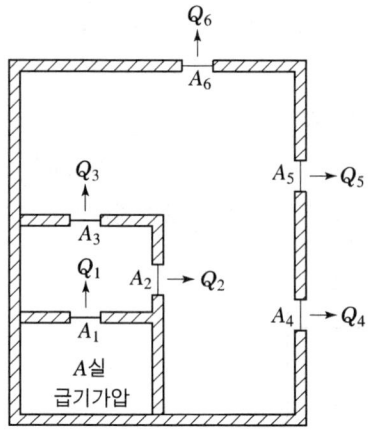

[조건] ① 모든 개구부 틈새면적은 $0.02m^2$으로 동일하다.
② 각 실은 출입문이외의 틈새는 없다.
③ 임의의 어느 실에 대한 급기량 $Q(m^3/s)$와 얻고자하는 기압차 (Pa)의 관계식은 $Q = 0.827 \times A \times \sqrt{P}$이다.

(1) A실을 기준으로 외기와의 유효개구부 틈새면적을 소수점 5째 자리까지 구하시오.
(2) A실과 외부간에 0.1kPa의 기압차를 얻기 위하여 A실에 급기 시켜야 할 풍량(m^3/s)은 얼마가 되겠는가?

풀이 (1) **유효개구부 틈새면적**
　○ 계산과정 :

 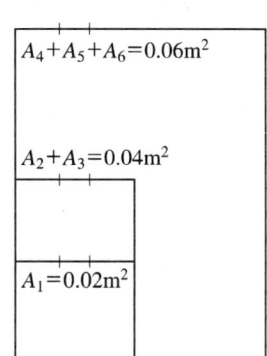

① 도면에서 A_4, A_5, A_6는 병렬상태이므로
$A_4 + A_5 + A_6 = 0.02 + 0.02 + 0.02 = 0.06\text{m}^2$

② 도면에서 A_2, A_3는 병렬상태이므로 $A_2 + A_3 = 0.02 + 0.02 = 0.04\text{m}^2$

③ A_1, $A_2 + A_3$, $A_4 + A_5 + A_6$는 직렬상태
∴ $A_1 = 0.02\text{m}^2$, $A_2 \sim A_3 = 0.04\text{m}^2$, $A_4 \sim A_6 = 0.06\text{m}^2$

④ $A_T = \dfrac{1}{\sqrt{\dfrac{1}{0.02^2} + \dfrac{1}{0.04^2} + \dfrac{1}{0.06^2}}} = 0.017143\text{m}^2$

○답 : 0.01714m^2

(2) 풍량(m³/s)
○계산과정 : $P = 0.1\text{kPa} = 100\text{Pa}$, $Q = 0.827 \times 0.017143 \times \sqrt{100} = 0.14\text{m}^3/\text{s}$
○답 : $0.14\text{m}^3/\text{s}$

04년-10월, 15년-04월, 16년-11월

26 그림은 어느 실의 평면도로서 A₁, A₂는 출입문이며 출입문외의 틈새가 없다고 한다. 출입문이 닫힌 상태에서 실을 가압하여 실과 외부 간에 50파스칼의 기압차를 얻기 위하여 실에 급기시켜야 할 풍량은 몇(m³/s)가 되겠는가? (단, 닫힌 문 A₁, A₂에 의해 공기가 유통될 수 있는 틈새의 면적은 각각 0.01m²이다.)

(4점)

○계산과정 : $Q = 0.827 \times A \times \sqrt{P}$
Q : 풍량(m³/s), A : 닫힌 문 틈새면적(m²), P : 압력차(Pa)
닫힌 두개의 문의 틈새면적은 병렬관계이므로
$A_T = 0.01\text{m}^2 + 0.01\text{m}^2 = 0.02\text{m}^2$
∴ $Q = 0.827 \times 0.02 \times \sqrt{50} = 0.12\text{m}^3/\text{s}$
○답 : $0.12\text{m}^3/\text{s}$

02년-10월, 17년-04월, 19년-11월

27 그림은 서로 직열된 2개의 실 Ⅰ, Ⅱ의 평면도로서 A_1, A_2는 출입문이며, 각 실은 출입문 이외의 틈새가 없다고 한다. 출입문이 닫힌 상태에서 실 Ⅰ을 급기 가압하여 실 Ⅰ과 외부간에 50파스칼의 기압차를 얻기 위하여 실 Ⅰ에 급기시켜야 할 풍량은 몇 (m³/s)가 되겠는가? (단, 닫힌 문 A_1, A_2에 의해 공기가 유통될 수 있는 틈새의 면적은 각각 0.02m²이며, 임의의 어느 실에 대한 급기량 Q[m³/s]와 얻고자 하는 기압차[파스칼]의 관계식은 $Q = 0.827 \times A \times P^{1/2}$이다.) (3점)

○계산과정 :
$$Q = 0.827 \times A \times \sqrt{P}$$
Q : 풍량(m³/s), A : 닫힌 문 틈새면적(m²), P : 압력차(Pa)

닫힌 두 개의 문의 틈새면적 $A = \dfrac{1}{\sqrt{\dfrac{1}{A_1^2} + \dfrac{1}{A_2^2}}}$ 이므로

$$A = \dfrac{1}{\sqrt{\dfrac{1}{(0.02)^2} + \dfrac{1}{(0.02)^2}}} = \dfrac{1}{\sqrt{2500 + 2500}} = \dfrac{1}{\sqrt{5000}} = 0.01414 \text{m}^2$$

$P = 50\text{Pa}$

∴ $Q = 0.827 \times 0.01414 \times \sqrt{50} = 0.0827 \text{m}^3/\text{s}$

○답 : 0.08m³/s

01년-04월, 02년-04월

28 아래 그림은 어느 소방대상물의 평면도이다. 출입문이 닫힌 상태에서 계단실과 부속실을 급기가압 하고자 할 때 거실과 부속실 사이에 가압공기가 누설되는 문의 틈새면적[m²]을 산출하시오. (8점)

[조건] (1) ⓐ~ⓕ는 출입문이다.
(2) 각실의 문의 틈새면적은 0.02m²이다.
(3) 계단실에는 외부와 직접 연결되는 창문은 없다.

○계산과정:

① $A ⓔ + ⓕ (병렬) = 0.02 + 0.02 = 0.04\text{m}^2$

② $A ⓓ + (ⓔ + ⓕ)(직렬) = \dfrac{1}{\sqrt{\dfrac{1}{0.02^2} + \dfrac{1}{0.04^2}}} = 0.0179\text{m}^2$

③ $A ⓒ + \{ⓓ + (ⓔ + ⓕ)\}(병렬) = 0.02 + 0.0179 = 0.0379\text{m}^2$

$A ⓑ + [ⓒ + \{ⓓ + (ⓔ + ⓕ)\}](직렬) = \dfrac{1}{\sqrt{\dfrac{1}{0.02^2} + \dfrac{1}{0.0379^2}}} = 0.0177\text{m}^2$

∴ 0.02m^2

○답 : 0.02m^2

07년-07월, 12년-07월, 16년-04월

29 그림에서 "㉮" 실을 급기 가압하여 옥외와의 압력차가 50Pa이 유지되도록 하려고 한다. 급기량은 몇 m³/분 이어야 하는가?

[조건] (1) 급기량(Q)은 $Q = 0.827 \times A \times \sqrt{P_1 - P_2}$ 로 구한다.
(2) [그림]에서 A_1, A_2, A_3, A_4는 닫힌 출입문으로 공기누설 틈새 면적은 모두 0.01m^2로 한다. (Q : 급기량(m³/s), A : 틈새 면적(m²), P_1, P_2 : 급기 가압실 내·외의 기압(Pa))

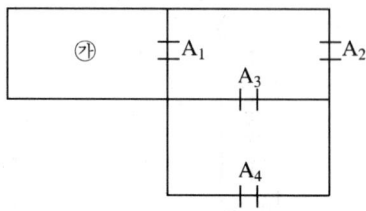

[풀이] ○계산과정 :

① A_3와 A_4는 직렬관계

$$\therefore A_3 + A_4 = \frac{1}{\sqrt{\frac{1}{A_3^2} + \frac{1}{A_4^2}}} = \frac{1}{\sqrt{\frac{1}{0.01^2} + \frac{1}{0.01^2}}} = 7.07 \times 10^{-3}\text{m}^2$$

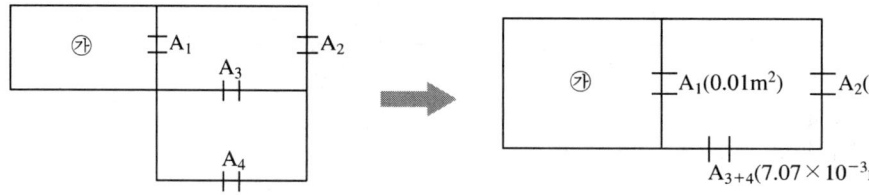

② A_2와 A_{3+4}는 병렬관계

$$\therefore A_2 + A_{3+4} = 0.01\text{m}^2 + 7.07 \times 10^{-3}\text{m}^2 = 0.01707\text{m}^2$$

③ A_1과 $A_{2+(3+4)}$는 직렬관계

$$\therefore A_1 + A_{2+(3+4)} = \frac{1}{\sqrt{\frac{1}{A_1^2} + \frac{1}{A_{2+(3+4)}^2}}} = \frac{1}{\sqrt{\frac{1}{0.01^2} + \frac{1}{0.01707^2}}}$$

④ $Q = 0.827 \times 8.63 \times 10^{-3} \times \sqrt{50} = 0.050466 \text{m}^3/\text{s}$

∴ $Q = \dfrac{0.050466 \text{m}^3}{\text{s}} \times \dfrac{60\text{s}}{\text{min}} = 3.03 \text{m}^3/\text{분}$

○답 : $3.03 \text{m}^3/\text{분}$

10년-10월

30. 판매시설의 예상제연구역이 바닥면적 350m^2로 구획된 경우 이 예상제연구역의 최소한의 배출량(m^3/h)을 구하시오. (3점)

○ 계산과정 :
○ 답 :

풀이

○계산과정 : $Q_1 = 350 \text{m}^2 \times \dfrac{\text{m}^3}{\text{m}^2 \cdot \text{min}} \times \dfrac{60\text{min}}{1\text{hr}} = 21000 \text{m}^3/\text{hr}$

○답 : $21000 \text{m}^3/\text{hr}$

상세해설

거실의 바닥면적이 400m^2 미만으로 구획된 예상제연구역에 대한 배출량

$$Q = S \times \text{m}^3/\text{min} \cdot \text{m}^2$$

여기서, Q : 배출량(m^3/min)[최솟값은 $5000\text{m}^3/\text{hr}(83.33\text{m}^3/\text{min})$ 이상]
S : 바닥면적(m^2)

20년-11월

31 아래 도면은 어느 특정소방대상물에 거실제연설비를 설치한 것이다. 도면 및 조건을 참조하여 각 물음에 답하시오. (6점)

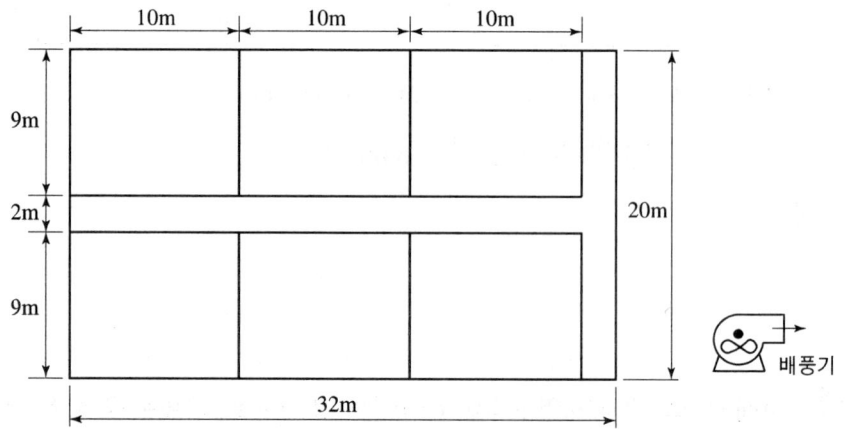

[조건] ① 각 실은 공동예상제연구역으로 칸막이(벽)로 구획되어 있다.
② 각 거실은 배기를 복도통로는 급기를 실시한다.
③ 바닥으로부터 천장까지의 높이는 2.3m이다.

(1) 배출FAN의 최소 소요배출량(m^3/hr)을 구하시오.
(2) 배출기의 흡입측 주덕트의 최소면적(m^2)을 구하시오.
(3) 배출기의 배출측 주덕트의 최소면적(m^2)을 구하시오.

풀이 (1) 소요배출량(m^3/hr)
○ 계산과정 : ① 각 실별 예상제연구역에 대한 배출량(바닥면적이 $400m^2$ 미만)
② $Q = 9m \times 10m \times 1m^3/min \cdot m^2 = 90m^3/min = 5400m^3/hr$
③ 배출기 소요풍량의 합계 $Q = 5400m^3/hr \times 6구역 = 32400m^3/hr$
○ 답 : $32400m^3/hr$

(2) 흡입측 주덕트의 최소면적(m^2)
○ 계산과정 : ① 흡입측 풍도안의 풍속 $u = 15m/s$ 이하
② 배출량 $Q = 32400m^3/hr = 32400m^3/3600s = 9m^3/s$
③ $A = \dfrac{Q}{u} = \dfrac{9m^3/s}{15m/s} = 0.6m^2$
○ 답 : $0.6m^2$

(3) 배출측 주덕트의 최소면적(m^2)
　　○ 계산과정 : ① 배출측의 풍속 $u = 20m/s$ 이하

　　　　　　　② $A = \dfrac{Q}{u} = \dfrac{9m^3/s}{20m/s} = 0.45m^2$

　　○ 답 : $0.45m^2$

상세해설

(1) 바닥면적이 400m^2 미만으로 구획(제연경계구획 제외)된 경우 배출량
　① 바닥면적 1m^2당 1m^3/min 이상으로 할 것
　② 최저 배출량은 5,000m^3/hr 이상으로 할 것

(2) 공동예상제연구역을 동시에 배출하고자 할 때의 배출량

구획의 구분	벽으로 구획된 경우	제연경계로 구획된 경우
배출량	• 각 예상제연구역의 배출량을 합한 것 이상 • 예상제연구역의 바닥면적이 400m^2 미만인 경우 배출량은 바닥면적 1m^2당 1m^3/min 이상으로 하고 공동예상구역 전체배출량은 5,000m^3/hr 이상으로 할 것	• 각 예상제연구역의 배출량 중 최대의 것 • 공동제연예상구역이 거실일 때에는 그 바닥면적이 1,000m^2 이하이며, 직경 40m 원 안에 들어가야 하고, 공동제연예상구역이 통로일 때에는 보행중심선의 길이를 40m 이하로 해야 한다.

(3) 주덕트의 풍속

구분	흡입측	배출측
풍속	15m/s 이하	20m/s 이하

(4) 주덕트의 최소면적(m^2)

$$A(m^2) = \dfrac{Q(m^3/s)}{u(m/s)}$$

여기서, A : 덕트의 단면적, Q : 배출량

09년-10월

32 각 배연구역의 소요배출량을 계산하여 보니 A(5000CMH), B(7000CMH), C(5000CMH), D(10000CMH), E(15000CMH)이었다. ABC는 공동 배연구역으로 DE는 각각 독립 배연구역으로 할 경우 배출 FAN의 소요 풍량을 계산하시오. (2점)

[풀이] ○ 계산과정 : ① 공동 배연구역의 배출량은 각 예상 제연구역의 배출량을 합한 것 이상으로 하여야 한다.(벽으로 구획된 경우)
∴ 공동 배연구역 배출량 = 5000 + 7000 + 5000 = 17000CMH
② 독립 배연구역의 배출량은 그대로이다.
D 배연구역 배출량 = 10000CMH × 1.0 = 10000CMH
E 배연구역 배출량 = 15000CMH × 1.0 = 15000CMH
③ 가장 많은 배출량 기준이므로 소요 풍량은 17000CMH
CMH = Cubic Meter Per Hour(m^3/hr)
CMM = Cubic Meter Per Minute(m^3/min)
CMS = Cubic Meter Per Second(m^3/s)
○ 답 : 17000CMH

07년-04월

33 어떤 예상 제연구역의 바닥면적이 60m^2인 경우 배출기의 배출량(m^3/hr)은 얼마 이상으로 하여야 하는가?

[풀이] ○ 계산과정 : $Q = 60m^2 \times 1m^3/min \cdot m^2 \times 60min/hr = 3500m^3/hr$
∴ 5000m^3/hr
○ 답 : 5,000m^3/hr

[상세해설]

거실의 바닥면적이 400m^2 미만으로 구획된 예상제연구역에 대한 배출량

$$Q = S \times m^3/min \cdot m^2$$

여기서, Q : 배출량(m^3/min)[최솟값은 5000m^3/hr(83.33m^3/min) 이상]
S : 바닥면적(m^2)

20년-07월

34 바닥면적이 350m²인 거실에 제연설비를 설치하고자 한다. 배출기의 흡입측 풍도의 풍속을 15m/s 이하가 되도록 하고자 할 때 흡입측 닥트의 최소 폭 [mm]을 구하시오. (단, 닥트의 높이제한은 600mm이며 강판 두께, 닥트 후렌지 및 보온두께는 고려하지 않는다.) (3점)

풀이 ○계산과정 : ① 소요 배출량 계산

$$Q = 350\text{m}^2 \times 1\text{m}^3/\text{m}^2 \cdot \min$$
$$= 350\text{m}^3/\min \times \frac{1\min}{60\text{s}} = 350\text{m}^3/60\text{s}$$

② 풍도의 풍속
$u = 15\text{m/s}$ 이하

③ 닥트의 단면적
$$A = \frac{Q}{u} = \frac{350\text{m}^3/60\text{s}}{15\text{m/s}}$$

④ 흡입측 닥트의 최소 폭
$$W = \frac{A}{H} = \frac{\frac{350\text{m}^3/60\text{s}}{15\text{m/s}}}{0.6\text{m}} \times 1000 = 648.15\text{mm}$$

○답 : 648.15mm

상세해설

(1) 흡입측 닥트의 상세도면

(2) 닥트의 단면적 및 풍량

$$A = W \times H, \quad Q = uA, \quad u = \frac{Q}{A}$$

여기서, A : 단면적(m²) W : 폭(m)
H : 높이(m) Q : 풍량(m³/s)
u : 풍속(m/s)

00년-08월

35 아래 그림과 같이 제연설비를 설계하고자 한다. 설계조건을 참조하여 각 물음에 답하시오.

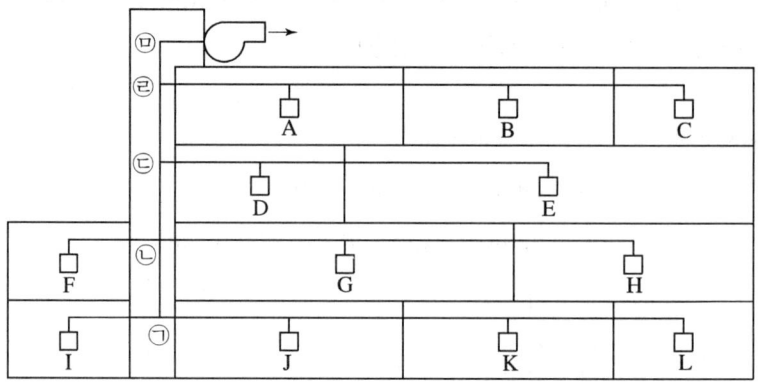

[설계조건]
① ㉠~㉤은 주 Duct와 분기 Duct의 교차 지점이다
② A~L는 구획된 제연구역이다.
③ 각 제연구역의 바닥면적의 크기의 순서는 아래와 같다.
 E > G > A > B > H > J > K > D > L > C > I > F
④ 각 제연구역의 배풍량은 아래와 같다.

제연구역명	배풍량(m³/min)	제연구역명	배풍량(m³/min)
A	200	G	240
B	190	H	180
C	145	I	100
D	165	J	175
E	250	K	170
F	80	L	150

⑤ 주 Duct 풍도안의 풍속은 14m/s, 분기 Duct풍도안의 풍속은 10m/s로 한다.
⑥ 제연배관의 계통중 한 부분을 통과하는 풍량은 같은 분기 Duct에 연결된 말단 배출구의 해당 최대풍량의 2배가 통과할 수 있도록 한다.
⑦ Duct의 관경(cm)은 32, 40, 50, 65, 80, 100, 125, 150으로 한다.

(물음 1) 아래 표는 제연설비에 관한 것이다. 빈칸을 채우시오.

제연 Duct 부분	통과풍량 (m³/min)	담당 제연구역	닥트의 관경(cm)
I~㉠	$I_Q(100)$	I	⑬
J~㉠	①	J K L	⑭
J~K	$2K_Q(340)$	K L	⑮
K~L	②	L	65
㉠~㉡	$2J_Q(350)$	⑧	⑯
F~㉡	$F_Q(80)$	F	⑰
G~㉡	③	⑨	125
G~H	$H_Q(180)$	H	65
㉡~㉢	④	F G H I J K L	⑱
D~㉢	$2E_Q(500)$	⑩	⑲
D~E	$E_Q(250)$	E	⑳
㉢~㉣	⑤	D E F G H I J K L	100
A~㉣	⑥	⑪	100
A~B	$2B_Q(380)$	B C	㉑
B~C	$C_Q(145)$	C	65
㉣~㉤	⑦	⑫	㉒

(물음 2) 이 Duct의 소요전압이 30mmHg이며 효율은 60%, 전압력 손실과 제연량 누수도 고려한 여유율을 10% 증가시킨 것으로 할 때 설비의 풍량을 송풍할 수 있는 배출기의 동력(kW)을 구하시오.

(물음 3) 위 제연설비의 방식은 무엇인가?

풀이 (물음 1) ○계산과정 :

1. 통과 풍량

① J~㉠ 분기 Duct에서 JKL 담당으로 J가 가장 크므로 $2J_Q(350)$

② K~L 분기 Duct에서 L만 담당하므로 $L_Q(150)$

③ G~㉡ 분기 Duct에서 G, L 담당으로 G가 가장 크므로 $2G_Q(480)$

④ ㉡~㉢은 담당 구역 중 G가 가장 크므로 $2G_Q(480)$

⑤ ㉢~㉣은 담당 구역 중 E가 가장 크므로 $2E_Q(500)$

⑥ A~㉣은 분기 Duct에서 ABC 담당으로 A가 가장 크므로 $2A_Q(400)$

⑦ ㉣~㉤은 전 구역 담당으로 E가 가장 크므로 $2E_Q(500)$

2. 담당제연구역

⑧ ㉠이 담당하는 제연구역은 I, J, K, L이다.

⑨ G~㉡이 담당하는 제연구역은 G, H이다.

⑩ D~ⓒ이 담당하는 제연구역은 D, E이다.
⑪ A~㉣이 담당하는 제연구역은 A, B, C이다.
⑫ ㉤이 담당하는 제연 구역은 전부이다. A~L까지

3. Duct의 관경

$$Q = UA = U\frac{\pi D^2}{4} \quad \therefore D = \sqrt{\frac{4Q}{\pi U}}$$

여기서, Q : 풍량(m^3/min), U : 풍속(m/min)

A : 단면적(m^2) = $\frac{\pi}{4}D^2$, D : 관경(m)

⑬ $Q = 100m^3/min \quad U = 10m/s = 600m/min$

$\therefore D = \sqrt{\frac{4 \times 100}{\pi \times 600}} = 0.4607m = 46.07cm$

∴ DUCT는 50cm 사용

⑭ $Q = 350m^3/min \quad U = 10m/s = 600m/min$

$\therefore D = \sqrt{\frac{4 \times 350}{\pi \times 600}} = 0.8618m = 86.18cm$

∴ DUCT는 100cm 사용

⑮ $Q = 340m^3/min \quad U = 10m/s = 600m/min$

$\therefore D = \sqrt{\frac{4 \times 340}{\pi \times 600}} = 0.8494m = 84.94cm$

∴DUCT는 100cm 사용

⑯ $Q = 350m^3/min \quad U = 14m/s = 840m/min$

$\therefore D = \sqrt{\frac{4 \times 350}{\pi \times 840}} = 0.7284m = 72.84cm$

∴ DUCT는 80cm 사용

⑰ $Q = 80m^3/min \quad U = 10m/s = 600m/min$

$\therefore D = \sqrt{\frac{4 \times 80}{\pi \times 600}} = 0.4120m = 41.20cm$

∴ DUCT는 50cm 사용

⑱ $Q = 480m^3/min \quad U = 14m/s = 840m/min$

$\therefore D = \sqrt{\frac{4 \times 480}{\pi \times 840}} = 0.8530m = 85.30cm$

∴ DUCT는 100cm 사용

⑲ $Q = 500m^3/min \quad U = 10m/s = 600m/min$

$\therefore D = \sqrt{\frac{4 \times 500}{\pi \times 600}} = 1.0301m = 103.01cm$

∴ DUCT는 125cm 사용

⑳ $Q = 250m^3/min \quad U = 10m/s = 600m/min$

$$\therefore D = \sqrt{\frac{4 \times 250}{\pi \times 600}} = 0.7284\text{m} = 72.84\text{cm}$$

∴ DUCT는 80cm 사용

㉑ $Q = 380\text{m}^3/\text{min}$ $U = 10\text{m/s} = 600\text{m/min}$

$$\therefore D = \sqrt{\frac{4 \times 380}{\pi \times 600}} = 0.8980\text{m} = 89.80\text{cm}$$

∴ DUCT는 100cm 사용

㉒ $Q = 500\text{m}^3/\text{min}$ $U = 14\text{m/s} = 840\text{m/min}$

$$\therefore D = \sqrt{\frac{4 \times 500}{\pi \times 840}} = 0.8706\text{m} = 87.06\text{cm}$$

∴ DUCT는 100cm 사용

○답 :

제연 Duct부분	통과풍량(m³/min)	담당 제연구역	닥트의 관경(cm)
I~㉠	$I_Q(100)$	I	⑬ 50
J~㉠	① $2J_Q(350)$	J K L	⑭ 100
J~K	$2K_Q(340)$	K L	⑮ 100
K~L	② $L_Q(150)$	L	65
㉠~㉡	$2J_Q(350)$	⑧ I J K L	⑯ 80
F~㉡	$F_Q(80)$	F	⑰ 50
G~㉡	③ $2G_Q(480)$	⑨ G H	125
G~H	$H_Q(180)$	H	65
㉡~㉢	④ $2G_Q(480)$	F G H I J K L	⑱ 100
D~㉢	$2E_Q(500)$	⑩ D E	⑲ 125
D~E	$E_Q(250)$	E	⑳ 80
㉢~㉣	⑤ $2E_Q(500)$	D E F G H I J K L	100
A~㉣	⑥ $2A_Q(400)$	⑪ A B C	100
A~B	$2B_Q(400)$	B C	㉑ 100
B~C	$C_Q(145)$	C	65
㉣~㉤	⑦ $2E_Q(500)$	⑫ABCDEFGHIGKL	㉒ 100

(물음 2)   ○계산과정 : 배출기의 전동기 출력 $P(\text{kW}) = \dfrac{Q \times P_T}{102 \times 60 \times E} \times K$

P : 배출기 전동기 출력(kW), Q : 풍량(m³/min)
P_T : 전압(mmH₂O), E : 전동기 효율, K : 전달계수

$$P_T = 30\text{mmHg} \times \frac{1.0332 \times 10^4 \text{mmH}_2\text{O}}{760\text{mmHg}} = 407.84\text{mmH}_2\text{O}$$

$Q =$ 풍량이 가장 큰 $2E_Q = 500\text{m}^3/\text{min}$로 한다.

$$\therefore P(\text{kW}) = \frac{500 \times 407.84}{102 \times 60 \times 0.6} \times 1.1 = 61.087\text{kW}$$

○답 : 61.09kW

(물음 3)   ○답 : 제3종 기계 제연 방식

03년-04월

36 다음의 도면, 조건 및 덕트 설계도를 참고로 하여 제연설비의 설계과정중의 공란을 채우고 배출기의 소요동력[kW]을 구하시오.

[도면해설]
가) A-H는 각 거실의 명칭(제연구획)
나) ①-④는 메인 덕트와 분기 덕트의 분기점
다) $A_Q - H_Q$는 각 거실의 설계 배연 풍량

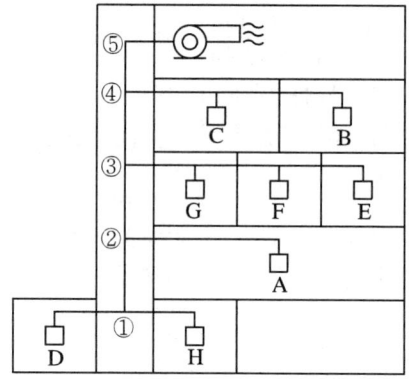

[조건]
① 배출풍도 계통 중 한 부분의 통과 풍량은 같은 분기 덕트에 속하는 말단에 있는 배연구의 해당 풍량 가운데 최대 풍량의 2배가 통과할 수 있게 한다.
② 거실의 용적 A > B > C > D > E > F > G > H
③ 메인 덕트 내의 풍속 15m/s, 분기 덕트의 풍속은 10m/s로 가정한다.
④ 각 거실의 설계 배출풍량은 다음 표와 같다.

구분	배출풍량(m³/min)	구분	배출풍량(m³/min)
A_Q	400	E_Q	180
B_Q	300	F_Q	150
C_Q	250	G_Q	100
D_Q	200	H_Q	80

[설계과정]

(물음 1) 배출풍도 각 부분의 통과 풍량

배출풍도의 부분	통과풍량(m³/min)	담당구역	덕트의 직경(cm)
D-①	$D_Q(200)$	D	65
H-①	$H_Q(80)$	H	42
①-②	$2D_Q(400)$	D.H	⑤
A-②	$A_Q(400)$	A	92
②-③	$2A_Q(800)$	A.D.H	108
E-F	$E_Q(180)$	E	⑥
F-G	$2E_Q(360)$	E.F	85
G-③	①	E.F.G	⑦
③-④	②	A.D.E.G.F.H	108
B-C	$B_Q(300)$	B	80
C-④	③	B.C	⑧
④-⑤	④	A-H	108

1) 통과풍량 : ①~④의 빈칸을 답란의 예시와 같이 구하시오.
2) ⑤~⑧덕트의 직경을 주어진 조건 및 덕트 설계도를 이용하여 구하되, 적당한 수치는 아래 보기에서 골라 기재하시오.

[보기] 33, 42, 50, 62, 70, 75, 80, 85, 92, 108, 115, 130

(물음 2) 이 덕트의 소요 전압이 1.47mmHg이고, 배출기는 터보형 원심 송풍기를 사용하려 한다. 이 배출기의 이론 소요동력은 몇[kW]인가? (단, 송풍기의 효율은 50%로 본다)

풀이 (물음 1) 1) 통과풍량 ①~④

　○계산과정 :

　　① : G~③구간

　　　담당구역이 $G_Q(100)$, $F_Q(150)$, $E_Q(180)$이므로 최대 풍량은 $E_Q(180)$이다. 또한 최대 풍량의 2배가 통과할 수 있어야 함으로

　　　G-③ = $2E_Q$ = 2 × 180 = 360

　　　∴ $2E_Q(360)$

　　② : ③~④구간

　　　담당구역이 $A_Q(400)$, $D_Q(200)$, $E_Q(180)$, $G_Q(100)$, $F_Q(150)$, $H_Q(80)$이므로 최대풍량은 $A_Q(400)$ 이다. 또한 최대풍량의 2배가 통과할 수 있어야 함으로

　　　③~④ = $2A_Q$ = 2 × 400 = 800

∴ $2A_Q(800)$

③ : C~④구간

　담당구역이 $B_Q(300)$, $C_Q(250)$이므로 최대풍량은 $B_Q(300)$이다. 또한 최대풍량의 2배가 통과할 수 있어야 함으로

　C~④ = $2B_Q = 2 \times 300 = 600$

　∴ $2B_Q(600)$

④ : ④~⑤구간

　담당구역이 전부이므로 $A_Q \sim H_Q$ 중 최대풍량은 $A_Q(400)$이다. 또한 최대풍량의 2배가 통과할 수 있어야 하므로

　④~⑤ = $2A_Q = 2 \times 400 = 800$

　∴ $2A_Q(800)$

○답 : ① $2E_Q(360)$　② $2A_Q(800)$
　　　③ $2B_Q(600)$　④ $2A_Q(800)$

2) 덕트직경 ⑤~⑧

○계산과정 :

$Q = uA$ 에서 $Q = u \times \dfrac{\pi}{4} D^2$

∴ $D^2 = \dfrac{4Q}{\pi u}$　$D = \sqrt{\dfrac{4Q}{\pi u}}$

D : 덕트직경(m), Q : 풍량(m³/s), U : 풍속(m/s)

⑤ : (①~②구간)

　메인덕트이므로 $u = 15\text{m/s}$

　$Q = 2DQ(400) = 400\text{m}^3/\text{min} = 400\text{m}^3/60\text{s}$

　∴ $D = \sqrt{\dfrac{4 \times 400\text{m}^3/60\text{s}}{\pi \times 15\text{m/s}}} = 0.7523\text{m} = 75.23\text{cm}$

　보기에서 75.23cm보다 크고 근사값은 80cm

⑥ : (E~F구간)

　분기덕트이므로 $u = 10\text{m/s}$

　$Q = E_Q(180)$(E구역만 담당) $= 180\text{m}^3/\text{min} = 180\text{m}^3/60\text{s}$

　∴ $D = \sqrt{\dfrac{4 \times 180\text{m}^3/60\text{s}}{\pi \times 10\text{m/s}}} = 0.6180\text{m} = 61.80\text{cm}$

　보기에서 61.80cm보다 크고 근사값은 62cm

⑦ : (G-③구간)

　분기덕트이므로 $u = 10\text{m/s}$

　$Q = 2E_Q(360) = 360\text{m}^3/\text{min} = 360\text{m}^3/60\text{s}$

$$\therefore D = \sqrt{\frac{4 \times 360\text{m}^3/60\text{s}}{\pi \times 10\text{m/s}}} = 0.8740\text{m} = 87.40\text{cm}$$

보기에서 87.40cm보다 크고 근사값은 92cm

⑧ : (C~④구간)

분기덕트이므로 $u = 10\text{m/s}$

$Q = 2B_Q(600) = 600\text{m}^3/\text{min} = 600\text{m}^3/60\text{s}$

$$\therefore D = \sqrt{\frac{4 \times 600\text{m}^3/60\text{s}}{\pi \times 10\text{m/s}}} = 1.1284\text{m} = 112.84\text{cm}$$

보기에서 112.84cm보다 크고 근사값은 115cm

○답 : ⑤ 80 ⑥ 62
　　　⑦ 92 ⑧ 115

(물음 2) ○계산과정 : 송풍기 소요동력 $P[\text{kw}] = \dfrac{Q \times P_T}{102 \times 60 \times E} \times K$

P : 송풍기 소요동력(kW), Q = 풍량(m^3/분)

P_T : 전압(mmH$_2$O), E : 송풍기 효율, K : 전달계수

$P_T = 1.47\text{mmHg} \times \dfrac{10332\text{mmH}_2\text{O}}{760\text{mmHg}} = 19.98\text{mmH}_2\text{O}$

Q = 풍량이 가장 큰 $2A_Q = 2 \times 400\text{m}^3/\text{분} = 800\text{m}^3/\text{분}$

$E = 50\% = \dfrac{50}{100} = 0.5$

$\therefore P[\text{kW}] = \dfrac{800 \times 19.98}{102 \times 60 \times 0.5} = 5.22\text{kW}$

○답 : 5.22kW

11년-11월, 14년-11월, 18년-04월

37 거실의 크기가 가로20m×세로15m×높이5m인 공간에서 커다란 화염의 화재가 발생하여 t초 시간이 지난 후의 청결층높이 y(m)의 값이 1.8m가 되었다. 다음의 식을 이용하여 각 물음에 답하시오. (5점)

[조건]

① $Q = \dfrac{A(H-y)}{t}$ [Q : 연기 발생량(m³/min), A : 바닥면적(m²), H : 층고(m)]

② 위 식에서 시간 t(초)는 다음의 Hinkley식을 만족한다.

  Hinkley식 : $t = \dfrac{20A}{Pf \times \sqrt{g}} \times \left(\dfrac{1}{\sqrt{y}} - \dfrac{1}{\sqrt{H}} \right)$

  (단, $g = 9.81\text{m/s}^2$이고 Pf는 화재경계의 길이로서 큰 화염의 경우 12m, 중간화염의 경우 6m, 작은 화염의 경우 4m를 적용한다)

③ 연기 생성률(kg/s)계산공식은 다음과 같다

  $M(\text{kg/s}) = 0.188 \times Pf \times y^{\frac{3}{2}}$

(물음 1) 상부에 설치된 배연구에서 몇 m³/min의 연기를 배출해야 이 청결층의 높이가 유지되는지 계산하시오.

(물음 2) 연기 생성률(kg/s)을 계산하시오.

(물음 1) ○계산과정 : $t = \dfrac{20A}{Pf \times \sqrt{g}} \times \left(\dfrac{1}{\sqrt{y}} - \dfrac{1}{\sqrt{H}} \right)$

$= \dfrac{20 \times 300\text{m}^2}{12\text{m} \times \sqrt{9.81}} \times \left(\dfrac{1}{\sqrt{1.8\text{m}}} - \dfrac{1}{\sqrt{5\text{m}}} \right)$

$= 47.59$초

$t = 47.59\text{s} \times \dfrac{\min}{60\text{s}} = 0.7932\min$

$Q = \dfrac{A(H-y)}{t} = \dfrac{300\text{m}^2 \times (5\text{m} - 1.8\text{m})}{0.7932\min} = 1210.29\text{m}^3/\min$

○답 : $1210.29\text{m}^3/\min$

(물음 2) ○계산과정 : 연기 생성률 $M = 0.188 \times Pf \times y^{\frac{3}{2}} = 0.188 \times 12 \times 1.8^{\frac{3}{2}}$
$= 5.45\text{kg/s}$

○답 : 5.45kg/s

제 14 장

특별피난계단 및 부속실의 제연설비

제 14 장 특별피난계단 및 부속실의 제연설비

03년-07월

01 특별 피난계단 및 비상용 승강기 승강장에 설치하는 급기 가압방식인 제연설비의 제연구역과 옥내사이의 압력차[Pa]는 얼마이어야 하는가?

풀이 ○답 : 40Pa 이상

11년-05월

02 특별피난계단의 계단실 및 부속실 제연설비에서 계단실과 부속실을 동시에 제연하는 경우 부속실만 급기 가압할 수 있는 경우의 조건과 그 기준에 대하여 쓰시오.

풀이 ○답 : ① 조건 : 피난 층에 부속실이 설치되어 있는 경우
② 기준 : 계단실과 부속실을 동시에 제연 하는 경우 부속실의 기압은 계단실과 같게 하거나 계단실의 기압보다 낮게 할 경우에는 부속실과 계단실의 압력차이는 5Pa 이하가 되도록 하여야 한다.

상세해설

특별피난계단의 계단실 및 부속실 제연설비의 화재안전기술기준(NFTC 501A)
제 6 조(차압 등)
① 제연구역과 옥내와의 사이에 유지하여야 하는 최소차압은 40Pa(옥내에 스프링클러설비가 설치된 경우에는 12.5Pa)이상으로 하여야 한다.
② 제연설비가 가동되었을 경우 출입문의 개방에 필요한 힘은 110N 이하로 하여야 한다.
③ 출입문이 일시적으로 개방되는 경우 개방되지 아니하는 제연구역과 옥내와의 차압은 제1항의 기준에 불구하고 제1항의 기준에 따른 차압의 70% 미만이 되어서는 아니 된다.
④ 계단실과 부속실을 동시에 제연 하는 경우 부속실의 기압은 계단실과 같게하거나 계단실의 기압보다 낮게 할 경우에는 부속실과 계단실의 압력차이는5Pa 이하가 되도록 하여야 한다.

14년-04월, 16년-04월

03 특별피난계단의 계단실 및 부속실 제연설비의 제연구역의 선정 기준을 3가지 쓰시오. (3점)

풀이 ○답 : ① 계단실 및 그 부속실을 동시에 제연하는 것
② 부속실만을 단독으로 제연하는 것
③ 계단실만 단독으로 제연하는 것

20년-11월

04 특별피난계단의 계단실 및 부속실 제연설비에 대한 다음 각 물음에 답하시오.
(5점)

(1) 화재실의 바닥면적이 350m², FAN의 효율 65%, 전압이 75mmAq일 때 제연 FAN을 구동하기 위한 전동기의 최소 소요동력(kW)를 구하시오. (단, 전동기의 여유율은 10%로 한다.)
(2) 제연구역의 선정기준을 3가지만 쓰시오.
(3) 방연풍속은 제연구역의 선정방식에 따라 다음 표의 기준에 따라야 한다. 빈칸의 ( )안에 알맞은 답을 쓰시오.

제연구역		방연풍속
계단실 및 그 부속실을 동시에 제연하는 것 또는 계단실만 단독으로 제연하는 것		(①)m/s 이상
부속실만 단독으로 제연하는 것	부속실 또는 승강장이 면하는 옥내가 거실인 경우	(②)m/s 이상
	부속실이 면하는 옥내가 복도로서 그 구조가 방화구조(내화시간 30분 이상인 구조를 포함한다)인 것	(③)m/s 이상

풀이 (1) 전동기의 최소 소요동력(kW)
○계산과정 : ① 예상제연구역의 바닥면적이 400m² 미만인 경우
$Q = A(\text{m}^2) \times 1\text{m}^3/\text{m}^2 \cdot \min = 350 \times 1 = 350\text{m}^3/\min$
② $P_T = 75\text{mmAq}$, $E = 65\% = 0.65$, $K = 1.1$(여유율 10%)
③ $P = \dfrac{Q(\text{m}^3/\min) \times P_T(\text{mmAq})}{102 \times 60 \times E} \times K$
$= \dfrac{350 \times 75}{102 \times 60 \times 0.65} \times 1.1 = 7.26\text{kW}$

○답 : 7.26kW

(2) 제연구역의 선정기준
○답 : ① 계단실 및 그 부속실을 동시에 제연하는 것
② 부속실만을 단독으로 제연하는 것
③ 계단실만 단독 제연하는 것

(3) ○답 : ① 0.5   ② 0.7   ③ 0.5

상세해설

배풍기의 전동기동력 계산방법

$$P(\text{kW}) = \frac{Q(\text{m}^3/\text{min}) \times P_T(\text{mmAg})}{102 \times 60 \times E} \times K$$

여기서, Q : 풍량, P_T : 전압, E : 펌프의 효율, K : 전달계수

15년-11월

05 다음은 특별피난계단의 계단실 및 부속실 제연설비에 관한 것이다. 각 물음에 답하시오.

(물음 1) 제연구역의 선정기준을 3가지만 쓰시오.
(물음 2) 다음 조건을 참조하여 제연구역과 옥내와의 차압(Pa)을 구하시오.

[조건] ① 평상시 출입문 개방에 필요한 힘은 60N이다.
② 화재시 출입문 개방에 필요한 힘은 110N이다.
③ 출입문 크기는 1m×2m이다.
④ 누설은 없는 것으로 가정한다.

풀이 (물음 1) ○답 : ① 계단실 및 그 부속실을 동시에 제연하는 것
② 부속실만을 단독으로 제연하는 것
③ 계단실만 단독 제연하는 것

(물음 2) ○계산과정 : $P_1 = \dfrac{60\text{N}}{1\text{m} \times 2\text{m}} = 30\text{N/m}^2(\text{Pa})$

$P_2 = \dfrac{110\text{N}}{1\text{m} \times 2\text{m}} = 55\text{N/m}^2(\text{Pa})$

$\Delta P = 55 - 30 = 25\text{Pa}$

○답 : 25Pa

상세해설

(물음 2) $\Delta P = P_2 - P_1$

$P_1 = \dfrac{F}{A} = \dfrac{60\text{N}}{1\text{m} \times 2\text{m}} = 30\text{N/m}^2(\text{Pa})$

$P_2 = \dfrac{F}{A} = \dfrac{110\text{N}}{1\text{m} \times 2\text{m}} = 55\text{N/m}^2(\text{Pa})$

$\Delta P = P_2 - P_1 = 55 - 30 = 25\text{Pa}$

18년-06월, 19년-06월, 20년-11월

06 특별피난계단의 계단실 및 부속실제연설비에 대한 제연구역과 옥내와의 차압(Pa)을 다음 조건을 참조하여 계산하시오. (5점)

[조건] ① 출입문 개방에 필요한 전체 힘은 화재안전기술기준으로 한다.
② 출입문의 폭(W)은 0.9m, 높이(H)는 2.1m이다.
③ 자동폐쇄장치 및 경첩에 의해 폐쇄되는 힘은 30N이다.
④ 문의 손잡이와 문의 끝까지(모서리까지)의 거리는 0.1m이다.
⑤ K_d(상수) = 1.0으로 한다.
⑥ 차압에 의한 방화문에 미치는 힘은 다음과 같이 계산한다.

$$F_P = \frac{K_d \times W \times A \times \Delta P}{2(W-d)}$$

여기서, F_P : 차압에 의한 방화문에 미치는 힘(N)
K_d : 상수 값(1.0)
W : 출입문의 폭(m)
A : 출입문의 면적(m²)
ΔP : 제연구역과 옥내와의 차압(Pa)
d : 문의 손잡이와 문의 끝까지(모서리까지)의 거리(m)

○ 계산과정 : 화재안전기술기준상 제연설비가 가동되었을 경우 출입문의 개방에 필요한 힘은 110N 이하로 하여야 한다.

$$110 = 30\text{N} + \frac{1 \times 0.9 \times (0.9 \times 2.1) \times \Delta P}{2 \times (0.9 - 0.1)}$$

$$\Delta P = \frac{(110-30) \times 2 \times (0.9-0.1)}{1 \times 0.9 \times (0.9 \times 2.1)} = 75.25\text{Pa}$$

○ 답 : 75.25Pa

상세해설

(1) **출입문 개방에 필요한 힘**(제연설비가 가동된 상태에서)

$$F[\text{N}] = F_{dc}[\text{N}] + F_P[\text{N}]$$

여기서, F : 출입문개방에 필요한 전체 힘(N)
F_{dc} : 자동폐쇄장치(도어체크)의 저항력(N)
F_P : 차압에 의해 출입문에 미치는 힘(N)

(2) **차압에 의한 방화문에 미치는 힘**(제연설비가 가동된 상태에서)

$$F_P = \frac{K_d \times W \times A \times \Delta P}{2(W-d)}$$

여기서, K_d : 상수 값(1.0), W : 출입문의 폭(m), A : 출입문의 면적(m²)
ΔP : 제연구역과 옥내와의 차압(Pa)
d : 문의 손잡이와 문의 끝까지(모서리까지)의 거리(m)

[제연구역 출입문에 미치는 힘]

(3) **특별피난계단의 계단실 및 부속실 제연설비의 화재안전기술기준**(NFTC 501A)
① 제연설비가 가동되었을 경우 출입문의 개방에 필요한 힘은 110N 이하
② 제연구역과 옥내와의 사이에 유지하여야 하는 최소 차압은 40Pa
 (옥내에 스프링클러설비가 설치된 경우에는 12.5Pa) 이상

18년-06월

07 특별피난계단의 계단실 및 부속실 제연설비에 대한 다음 각 물음에 답하시오.
(7점)

[조건] ① 제연구역과 옥내와의 차압은 50Pa이다.
② 문의 폭(W)은 1m, 높이(H)는 2.1m이다.
③ 자동폐쇄장치 및 경첩에 의해 폐쇄되는 힘은 40N이다.
④ 문의 손잡이와 문의 끝까지(모서리까지)의 거리는 20cm이다.
⑤ K=상수(1.0)으로 한다.

(물음 1) 제연설비가 가동된 상태에서 출입문 개방에 필요한 힘[N]을 계산하시오.
(물음 2) 플랩댐퍼를 설치하여야 하는지의 여부를 화재안전기술기준을 근거하여 설명하시오.

풀이 (물음 1) ○계산과정 : $F = 40\text{N} + \dfrac{1 \times 1\text{m} \times (1\text{m} \times 2.1\text{m}) \times 50\text{pa}}{2 \times (1\text{m} - 0.2\text{m})} = 105.63\text{N}$

○답 : 105.63N

(물음 2) ○답 : 화재안전기술기준에 따른 출입문개방에 필요한 힘은 110N 이하이다. 따라서 출입문 개방에 필요한 힘이 105.63N이므로 플랩댐퍼를 설치할 필요가 없다.

17년-06월

08 다음은 특별피난계단의 계단실 및 부속실 제연설비의 화재안전기술기준이다. ( )안에 알맞은 답을 쓰시오. (4점)

(1) 제연구역과 옥내와의 사이에 유지하여야 하는 최소차압은 (①)Pa(옥내에 스프링클러설비가 설치된 경우에는 (②)Pa 이상으로 하여야 한다.
(2) 제연설비가 가동되었을 경우 출입문의 개방에 필요한 힘은 (③)N 이하로 하여야 한다.
(3) 출입문이 일시적으로 개방되는 경우 개방되지 아니하는 제연구역과 옥내와의 차압은 제1항의 기준에 불구하고 제1항의 기준에 따른 차압의 70% 미만이 되어서는 아니 된다.
(4) 계단실과 부속실을 동시에 제연 하는 경우 부속실의 기압은 계단실과 같게 하거나 계단실의 기압보다 낮게 할 경우에는 부속실과 계단실의 압력차이는 (④)Pa 이하가 되도록 하여야 한다.

○답 : ① 40 ② 12.5 ③ 110 ④ 5

상세해설

특별피난계단의 계단실 및 부속실 제연설비의 화재안전기술기준(NFTC 501A)
차압 등
① 제4조제1호의 기준에 따라 제연구역과 옥내와의 사이에 유지하여야 하는 최소차압은 40Pa(옥내에 스프링클러설비가 설치된 경우에는 12.5Pa) 이상으로 하여야 한다.
② 제연설비가 가동되었을 경우 출입문의 개방에 필요한 힘은 110N 이하로 하여야 한다.
③ 제4조제2호의 기준에 따라 출입문이 일시적으로 개방되는 경우 개방되지 아니하는 제연구역과 옥내와의 차압은 제1항의 기준에 불구하고 제1항의 기준에 따른 차압의 70% 미만이 되어서는 아니 된다.
④ 계단실과 부속실을 동시에 제연 하는 경우 부속실의 기압은 계단실과 같게 하거나 계단실의 기압보다 낮게 할 경우에는 부속실과 계단실의 압력차이는 5Pa 이하가 되도록 하여야 한다.

00년-11월

09 다음 그림은 어느 실의 출입문 도면이다. 화재시 출입문을 개방하는데 필요한 힘(kgf)은 얼마인지 조건을 참조하여 산출하시오.

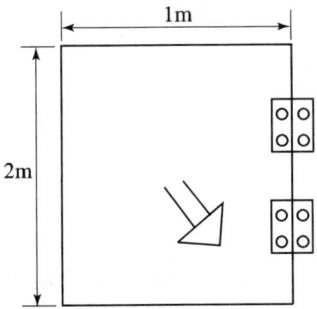

[조건]
1. 출입문에는 자동폐쇄장치가 설치되어 있으며 폐쇄되는 힘은 0.9kgf이다.
2. 출입문을 지지하고 있는 지지대(경첩)의 마찰력은 무시한다.
3. 화재시 급기풍량으로 인한 제연공간의 차압은 60Pa이다.

풀이 ○ 계산과정 :

(방법 1) $F(\text{kgf}) = P(\text{kgf/m}^2) \times A(\text{m}^2)$

1기압 $= 1.0332 \times 10^4 \text{kgf/m}^2 = 101325\text{Pa} = 101.325\text{kPa}$

$P = 60\text{Pa} \times \dfrac{1.0332 \times 10^4 \text{kgf/m}^2}{101325\text{Pa}} \qquad A = 2 \times 1\text{m}^2$

$F = 60 \times \dfrac{1.0332 \times 10^4}{101325} \times 2 \times 1 = 12.2363 \text{kgf}$

∴ 경첩이 한쪽 면을 지지하고 있으므로 필요한 힘은 $\dfrac{1}{2}$ 이다.

∴ $F = \dfrac{12.2363}{2} = 6.12 \text{kgf}$

∴ 전체 필요한 힘 $F(\text{kgf}) = 6.12 + 0.9 + 0 = 7.02 \text{kgf}$

(방법 2) 출입문 개방에 필요한 힘(kgf)

$F(\text{kgf}) = \dfrac{A \times P}{19.6} + F_1 + F_2$

$P(\text{Pa})$: 실내·외 압력차(차압), A : 출입문 단면적(m^2)
$F_1(\text{kgf})$: 자동폐쇄장치 폐쇄력, $F_2(\text{kgf})$: 경첩(지지대)의 마찰력
19.6 = 압력단위 Pa을 kgf/m^2로 환산하기 위한 상수

$$\frac{101325 \text{P}_a}{1.0332 \times 10^4 \text{kgf/m}^2} \times 2 = 19.6138$$

$$\therefore F(\text{kgf}) = \frac{(2 \times 1) \times 60}{19.6} + 0.9 = 7.02 \text{kgf}$$

○ 답 : 7.02kgf

19년-6월

10 특별피난계단의 계단실 및 부속실제연설비에 대한 제연구역과 옥내와의 차압(Pa)을 다음 조건을 참조하여 계산하시오. **(4점)**

[조건]
① 출입문 개방에 필요한 힘은 화재안전기술기준상 110N 이하이다.
　그러나 실제 출입문개방에 필요한 힘을 측정하여보니 100N이었다.
② 출입문의 폭(W)은 0.9m, 높이(H)는 2.1m이다.
③ 자동폐쇄장치 및 경첩에 의해 폐쇄되는 힘은 30N이다.
④ 문의 손잡이와 문의 끝까지(모서리까지)의 거리는 0.1m이다.
⑤ K(상수) = 1.0으로 한다.

○ 계산과정 : $100\text{N} = 30\text{N} + \dfrac{1 \times 0.9 \times (0.9 \times 2.1) \times \Delta P}{2 \times (0.9 - 0.1)}$

$$\Delta P = \frac{(100-30) \times 2 \times (0.9-0.1)}{1 \times 0.9 \times (0.9 \times 2.1)} = 65.84 \text{Pa}$$

○ 답 : 65.84Pa

제 15 장
소화수조 및 저수조

13년-07월

01 1, 2층의 바닥면적합계가 20000[m²]인 어느 공장에 소화수조를 설치하는데 수원(m³)의 양과 채수구의 개수를 구하시오. (5점)

풀이 ① 수원(m³)의 양
- 계산과정 : $Q = K \times 20\text{m}^3$, $K = \dfrac{20000}{7500} = 2.67$

  ∴ $K = 3$(소수점 이하의 수는 무조건 절상)

  $Q = 3 \times 20\text{m}^3 = 60\text{m}^3$

- 답 : 60m^3

② 채수구의 개수
   소요수량이 40m^3 이상 100m^3 미만인 것은 2개 이상
- 답 : 2개 이상

상세해설

1. 소화수조 또는 저수조의 저수량

$$Q = K \times 20\text{m}^3 \text{ 이상}$$

여기서, Q : 소화수조 또는 저수조의 저수량(m³)

$K = \dfrac{\text{연면적}(\text{m}^2)}{\text{기준면적}(\text{m}^2)}$ (소수점 이하의 수는 1로 본다)

2. 소방대상물의 구분에 따른 기준면적

소방대상물의 구분	면적
1. 1층 및 2층의 바닥면적 합계가 15,000m² 이상인 소방대상물	7,500m²
2. 제1호에 해당되지 아니하는 그 밖의 소방대상물	12,500m²

3. 채수구 설치기준

소요수량	20m³ 이상 40m³ 미만	40m³ 이상 100m³ 미만	100m³ 이상
채수구의 수	1개	2개	3개

02 지상 5층이고 각 층의 바닥면적이 6000m²인 특정소방대상물에 소화수조 및 저수조를 설치하고자 한다. 다음 각 물음에 답하시오. (6점)

13년-04월, 18년-04월, 19년-11월

(물음 1) 소화수조의 저수량은 몇 [m³]인가?
(물음 2) 흡수관투입구는 몇 개 이상으로 설치하여야 하는가?
(물음 3) 가압송수장치를 설치하는 경우 1분당 양수량은 몇 [L] 이상으로 하여야 하는가?

풀이 (물음 1) 소화용수의 저수량[m³]

○계산과정 : $Q = K \times 20\text{m}^3$, $K = \dfrac{30000\text{m}^2}{12500\text{m}^2} = 2.40$

$K = 3$ (소수점 이하는 무조건 절상하여 정수로 표기)

∴ $Q = 3 \times 20\text{m}^3 = 60\text{m}^3$

○답 : 60m³

(물음 2) 흡수관투입구의 수
소요수량이 80m³ 미만인 것은 1개 이상, 80m³ 이상인 것은 2개 이상
○답 : 1개 이상

(물음 3) 가압송수장치의 1분당 양수량[L]
소요수량이 40m³ 이상 100m³ 미만이므로 2200L/분 이상
○답 : 2200L 이상

상세해설

1. 소화수조 또는 저수조의 저수량

$$Q = K \times 20\text{m}^3 \text{ 이상}$$

여기서, Q : 소화수조 또는 저수조의 저수량(m³)

$K = \dfrac{\text{연면적}(\text{m}^2)}{\text{기준면적}(\text{m}^2)}$ (소수점 이하의 수는 1로 본다)

2. 소방대상물의 구분에 따른 기준면적

소방대상물의 구분	면적
1. 1층 및 2층의 바닥면적 합계가 15,000m² 이상인 소방대상물	7,500m²
2. 제1호에 해당되지 아니하는 그 밖의 소방대상물	12,500m²

3. 흡수관투입구 또는 채수구 설치기준

(1) 지하에 설치하는 소화용수설비의 흡수관투입구 설치기준
 한 변이 0.6m 이상이거나 직경이 0.6m 이상인 것으로 하고, 소요수량이 80m³ 미만인 것은 1개 이상, 80m³ 이상인 것은 2개 이상을 설치하여야 하며, "흡관투입구"라고 표시한 표지를 할 것

(2) 소화용수설비에 설치하는 채수구 설치기준
 ① 채수구는 다음 표에 따라 소방용호스 또는 소방용흡수관에 사용하는 구경 65mm 이상의 나사식 결합금속구를 설치할 것

소요수량	20m³ 이상 40m³ 미만	40m³ 이상 100m³ 미만	100m³ 이상
채수구의 수	1개	2개	3개

 ② 채수구는 지면으로부터의 높이가 0.5m 이상 1m 이하의 위치에 설치하고 "채수구"라고 표시한 표지를 할 것

4. 가압송수장치 설치기준

소화수조 또는 저수조가 지표면으로부터의 깊이(수조 내부바닥까지의 길이)가 4.5m 이상인 지하에 있는 경우에는 다음 표에 따라 가압송수장치를 설치하여야 한다. 다만, 저수량을 지표면으로부터 4.5m 이하인 지하에서 확보할 수 있는 경우에는 소화수조 또는 저수조의 지표면으로부터의 깊이에 관계없이 가압송수장치를 설치하지 아니할 수 있다.

소요수량	20m³ 이상 40m³ 미만	40m³ 이상 100m³ 미만	100m³ 이상
가압송수장치의 1분당 양수량	1,100L 이상	2,200L 이상	3,300L 이상

18년-04월

03 다음과 같은 특정소방대상물에 소화수조 및 저수조를 설치하고자 한다. 다음 각 물음에 답하시오. (6점)

구 분	지하2층	지하1층	지상1층	지상2층	지상3층
바닥면적[m²]	2,500	2,500	13,500	13,500	6,500

(물음 1) 소화용수의 저수량은 몇 [m³]인가?
(물음 2) 흡수관투입구 및 채수구는 몇 개 이상으로 설치하여야 하는가?
(물음 3) 가압송수장치의 1분당 양수량은 몇 [L] 이상으로 하여야 하는가?

풀이 (물음 1) 소화용수의 저수량

○계산과정 : $Q = K \times 20\text{m}^3$, $K = \dfrac{38,500}{7500} = 5.13$

∴ $K = 6$(소수점 이하의 수는 무조건 절상)
$Q = 6 \times 20\text{m}^3 = 120\text{m}^3$

○답 : 120m³

(물음 2) 흡수관투입구 및 채수구
① 흡수관투입구 : 소요수량이 80m³ 미만인 것은 1개 이상, 80m³ 이상인 것은 2개 이상
○답 : 2개 이상
② 채수구 : 소요수량이 100m³ 이상이므로 채수구 수는 3개
○답 : 3개

(물음 3) 가압송수장치의 1분당 양수량
소요수량이 100m³ 이상이므로 3300L/분 이상
○답 : 3300L

제 16 장
연결송수관, 연결살수, 연소방지설비

제 16 장 연결송수관, 연결살수, 연소방지설비

05년-05월, 11년-07월, 19년-11월

01 연결송수관 설비가 설치된 높이 120m인 건물이 있다. 가압송수장치가 설치된 경우 다음 물음에 답하시오. (5점)

(물음 1) 가압송수장치 설치 이유를 쓰시오.
(물음 2) 가압송수장치 펌프의 토출량은 몇 m^3/min 이상이어야 하는지 쓰시오. (단, 계단식 아파트가 아니고, 당해 층에 설치된 방수구가 3개 이하이다.)
(물음 3) 최상층 노즐 선단의 방수압력은 몇 MPa 이상이어야 하는지 쓰시오.

풀이 (물음 1) 가압송수장치 설치 이유
  ○ **답** : 지표면에서 최상층 방수구의 높이가 70m 이상의 소방대상물에서는 소방펌프자동차의 토출압력만으로는 규정방수압력 및 방수량을 얻기가 어렵기 때문이다.

(물음 2) 가압송수장치 펌프의 토출량(m^3/min)
  ○ **답** : $2.4m^3/min$ 이상

(물음 3) 최상층 노즐선단의 방수압력(MPa)
  ○ **답** : 0.35MPa 이상

상세해설

(물음 1) **연결송수관설비의 가압송수장치 설치대상**
지표면에서 최상층 방수구의 높이가 70m 이상의 소방대상물에는 연결송수관설비의 가압송수장치를 설치하여야한다.

(물음 2) **연결송수관설비의 펌프토출량**
펌프의 토출량은 2,400L/min(계단식 아파트의 경우에는 1,200L/min) 이상이 되는 것으로 할 것. 다만, 당해 층에 설치된 방수구가 3개를 초과(방수구가 5개 이상인 경우에는 5개)하는 것에 있어서는 1개마다 800L/min(계단식 아파트의 경우에는 400L/min)를 가산한 양이 되는 것으로 할 것

(물음 3) **연결송수관설비의 펌프의 양정**
최상층에 설치된 노즐선단의 압력이 0.35MPa 이상의 압력이 되도록 할 것

02년-01월, 09년-04월, 13년-07월, 15년-04월

02 그림과 같이 소방대 연결송수구와 체크밸브 사이에 자동배수장치(Auto Drip)를 설치하는 이유를 간단히 설명하시오. (5점)

○**답** : 소화작업 후 배관내의 물을 자동으로 배수하여 동파방지 및 배관부식 방지

20년-07월

03 연결송수관설비에 대한 다음 각 물음에 답하시오. (9점)

(1) 가압송수장치를 설치하여야하는 것은 지표면에서 최상층 방수구의 높이(m)가 얼마 이상이며 그 이유를 간단히 설명하시오.
(2) 펌프의 흡입측에 연성계 또는 진공계를 설치하지 아니할 수 있는 경우를 2가지만 쓰시오.
(3) 해당 층에 설치된 방수구가 6개인 경우 펌프의 최소 토출량(L/min)을 구하시오.
(4) 펌프의 양정은 최상층에 설치된 노즐선단의 압력(MPa)은 얼마이상의 압력이 되도록 하여야 하는가?
(5) 11층 이상의 부분에 설치하는 방수구를 단구형으로 설치할 수 있는 경우를 2가지만 쓰시오.

(1) **최상층 방수구의 높이(m)와 그 이유**
   ○답 : ① 높이 : 70m 이상
        ② 이유 : 소방자동차에서 공급되는 수압력만으론 규정 노즐방사압력(0.35 MPa) 이상을 유지하기 어렵기 때문에 가압송수장치를 설치한다.

(2) **진공계를 설치하지 아니할 수 있는 경우**
   ○답 : ① 수원의 수위가 펌프의 위치보다 높은 경우
        ② 수직회전축 펌프의 경우

(3) 펌프의 최소 토출량(L/min)
   ○계산과정 : $Q = 2400 + 800 \times 2 = 4000 \text{L/min}$
   ○답 : 4000L/min

(4) 노즐선단의 압력(MPa)
   ○답 : 0.35MPa 이상

(5) 11층 이상의 부분에 설치하는 방수구를 단구형으로 설치할 수 있는 경우
   ○답 : ① 아파트의 용도로 사용되는 층
        ② 스프링클러설비가 유효하게 설치되어 있고 방수구가 2개소 이상 설치된 층

상세해설

연결송수관설비의 펌프 토출량

구 분	해당 층의 방수구 수		
	3개 이하	4개	5개 이상
계단식아파트가 아닌 경우	2400L/min 이상	2400+800×1 =3200L/min 이상	2400+800×2 =4000L/min 이상
계단식아파트인 경우	1200L/min 이상	1200+400×1 =1600L/min 이상	1200+400×2 =2000L/min 이상

17년-04월

04 연결송수관설비의 송수구 설치기준을 5가지만 쓰시오.

○답 : ① 연결 송수관의 수직배관마다 설치
     ② 송수구 부근에 자동배수밸브 및 체크밸브 설치
     ③ 송수구 가까운 보기 쉬운 곳에 연결송수관 설비 송수구 표지 설치
     ④ 소방펌프 자동차가 쉽게 접근할 수 있고 노출된 장소에 설치
     ⑤ 지면으로부터 0.5m 이상 1m 이하의 위치에 설치
     ⑥ 구경 65mm의 쌍구형으로 할 것

06년-04월, 11년-11월, 17년-11월, 20년-10월

05 다음은 지하구의 화재안전기술기준에 관한 설치기준이다. ( ) 안에 알맞은 답을 쓰시오.
(6점)

> (1) 연소방지설비전용헤드를 사용하는 경우 하나의 배관에 부착하는 살수헤드의 개수가 4개 또는 5개인 경우 배관의 구경은 (①)mm 이상의 것으로 할 것
> (2) 소방대원의 출입이 가능한 (②)·(③)마다 지하구의 양쪽방향으로 살수헤드를 설정하되, 한쪽 방향의 살수구역의 길이는 (④)m 이상으로 할 것. 다만, 환기구 사이의 간격이 (⑤)m를 초과할 경우에는 (⑥)m 이내마다 살수구역을 설정 할 것
> (3) 방수헤드간의 수평거리는 연소방지설비 전용헤드의 경우에는 (⑦)m 이하, 스프링클러헤드의 경우에는 (⑧)m 이하로 할 것

풀이 ○ **답** : (1) ① 65
(2) ② 환기구   ③ 작업구   ④ 3   ⑤ 700   ⑥ 700
(3) ⑦ 2   ⑧ 1.5

상세해설

(1) 연소방지설비전용헤드를 사용하는 경우 배관의 구경

하나의 배관에 부착하는 살수헤드의 개수	1개	2개	3개	4개 또는 5개	6개 이상
배관의 구경(mm)	32	40	50	65	80

(2) 연소방지설비의 헤드 설치기준
① 헤드간의 수평거리

연소방지설비 전용헤드	스프링클러헤드
2m 이하	1.5m 이하

② 소방대원의 출입이 가능한 환기구·작업구마다 지하구의 양쪽방향으로 살수헤드를 설정하되, 한쪽 방향의 살수구역의 길이는 3m 이상으로 할 것. 다만, 환기구 사이의 간격이 700m를 초과할 경우에는 700m 이내마다 살수구역을 설정하되, 지하구의 구조를 고려하여 방화벽을 설치한 경우에는 그러하지 아니하다.

소방설비기사 실기 (기계분야)

2021년도 출제문제

소방설비기사 실기(기계분야)

소방설비기사 – 기계분야

2021년 4월 25일 시행

12년-04월, 16년-06월 기출

01 지하2층 지상11층인 내화구조의 특정소방대상물에 아래 조건과 같이 스프링클러설비를 설계하려고 한다. 다음 각 물음에 답하시오. (6점)

[조건] ① 각 층에 대한 바닥의 평면도는 다음과 같이 모두 같다.

② 펌프로부터 최상층 헤드까지 수직거리는 48m이다.
③ 배관 및 관 부속품 마찰손실수두는 12m로 한다.
④ 모든 규격치는 최소량을 적용한다.
⑤ 펌프의 효율은 65%이며 전달계수는 1.1이다.
⑥ 배관은 연결송수관설비와 겸용이다.

(1) 지상 층에 필요한 헤드의 개수를 산출하시오.(단, 헤드는 정방형으로 배치한다.)
(2) 펌프의 전양정[m]을 산출하시오.
(3) 펌프의 전동기 용량[kW]을 산출하시오.

풀이 (1) 지상 층에 필요한 헤드의 개수

○ 계산과정 :
① 헤드간의 거리(정방형) $S = 2r\cos\theta = 2 \times 2.3 \times \cos 45°$
② 가로 열에 필요한 헤드 수 $N = \dfrac{W}{S} = \dfrac{30\text{m}}{2 \times 2.3 \times \cos 45°} = 9.22$ ∴ 10개
③ 세로 열에 필요한 헤드 수 $N = \dfrac{D}{S} = \dfrac{20m}{2 \times 2.3 \times \cos 45°} = 6.15$ ∴ 7개
④ 층 당 필요한 헤드개수 $= 10 \times 7 = 70$개

⑤ 지상 층에 필요한 헤드개수 $N = 11층 \times \dfrac{70개}{층} = 770개$

○ 답 : 770개

(2) 펌프의 전양정[m]

○ 계산과정 : $H = 48\text{m}(실양정) + 12\text{m}(배관마찰손실) + 10\text{m} = 70\text{m}$

○ 답 : 70m

(3) 펌프의 전동기 용량[kW]

○ 계산과정 : $Q = N \times 80\text{L/min} = 30개(11층이상) \times 80\text{L/min}$
$= 2400\text{L/min} = 2.4\text{m}^3/60\text{s}$

$P = \dfrac{9.8 \times (2.4/60) \times 70}{0.65} \times 1.1 = 46.44\text{kW}$

○ 답 : 46.44kW

상세해설

(1) 헤드의 배치(정방형)

$$S = 2r\cos 45°$$

여기서, S : 헤드 상호간의 거리(m), r : 수평거리(m)

(2) 스프링클러헤드의 배치기준

설치장소			설치기준
천장·반자·천장과 반자 사이·덕트·선반 기타 이와 유사한 부분(폭이 1.2m를 초과하는 것)	무대부, 특수가연물 저장 취급 장소 및 창고		수평거리 1.7m 이하
	특정 소방대상물	기타구조	수평거리 2.1m 이하
		내화구조	수평거리 2.3m 이하
	아파트		수평거리 2.6m 이하
랙식 창고			랙 높이 3m 이하 마다

(3) 펌프의 전동기 용량

$$P(\text{kW}) = \dfrac{\gamma QH}{E} \times K$$

여기서, γ : 비중량(물의 비중량=9.8kN/m³), Q : 토출량(m³/s)
H : 전양정(m), E : 효율(%/100), K : 전달계수

05년-05월, 12년-11월, 17년-06월 기출

02 배관의 관부속품 중 유체의 역류를 방지하기 위해 한쪽 방향으로만 흐르게 하는 밸브를 체크밸브라 한다. 체크밸브의 종류 중 스윙형 체크밸브와 리프트형 체크밸브의 차이점을 2가지씩만 쓰시오. **(4점)**

○답:

스윙형 체크밸브	리프트형 체크밸브
① 수평배관 및 수직배관에 설치	① 수평배관에만 설치
② 압력손실이 작다	② 압력손실이 크다

상세해설

[스윙형 체크밸브]   [리프트형 체크밸브]

11년-05월 기출

03 유량이 1.228m³/min인 펌프가 3600rpm의 회전으로 128m의 양정이 필요하다면 비속도가 200~260m³/min · m · rpm 범위에 속하는 다단펌프를 사용할 경우 몇 단의 펌프를 사용하여야 하는가? **(5점)**

○계산과정:

① $n = \left(\dfrac{N_S \times H^{\frac{3}{4}}}{N \times \sqrt{Q}}\right)^{\frac{4}{3}}$

② $N_S = 200$일 때 이론 단수를 구하면

③ $n = \left(\dfrac{200 \times 128^{\frac{3}{4}}}{3600 \times \sqrt{1.228}}\right)^{\frac{4}{3}} = 2.37$ ∴ 3단

④ $N_S = 260$일 때 이론 단수를 구하면

⑤ $n = \left(\dfrac{260 \times 128^{\frac{3}{4}}}{3600 \times \sqrt{1.228}}\right)^{\frac{4}{3}} = 3.36$ ∴ 4단

따라서 이론 최소 단수 이므로 3단을 선정한다.

○ 답 : 3단

상세해설

① $N_s = \dfrac{N \times Q^{1/2}}{\left(\dfrac{H}{n}\right)^{3/4}} = \dfrac{N \times \sqrt{Q}}{\left(\dfrac{H}{n}\right)^{3/4}}$ ② $n^{\frac{3}{4}} = \dfrac{N_S \times H^{\frac{3}{4}}}{N \times \sqrt{Q}}$ ③ $n = \left(\dfrac{N_S \times H^{\frac{3}{4}}}{N \times \sqrt{Q}}\right)^{\frac{4}{3}}$

비교 회전도

$$N_s = \dfrac{N \times Q^{1/2}}{\left(\dfrac{H}{n}\right)^{3/4}} = \dfrac{N \times \sqrt{Q}}{\left(\dfrac{H}{n}\right)^{3/4}}$$

여기서, N_S : 비교회전도(m^3/min · m · rpm), N : 회전수(rpm)
Q : 토출량(m^3/min), H : 양정(m), n : 단수(단)

14년-11월, 16년-11월 기출

04 소화설비의 배관 중 소방용 합성수지배관으로 설치할 수 있는 경우를 3가지만 쓰시오. (5점)

○ 답 : ① 배관을 지하에 매설하는 경우
② 다른 부분과 내화구조로 구획된 덕트 또는 피트의 내부에 설치하는 경우
③ 천장과 반자를 불연재료 또는 준불연 재료로 설치하고 그 내부에 습식으로 배관을 설치하는 경우

상세해설

배관의 설치기준

배관 이음은 각 배관과 동등 이상의 성능에 적합한 배관이음쇠를 사용하고 배관용 스테인리스강관(KS D 3576)의 이음을 용접으로 할 경우에는 알곤용접방식에 따른다.
(1) 배관 내 사용압력이 1.2MPa 미만일 경우에는 다음 각 목의 어느 하나에 해당하는 것
 ① 배관용 탄소강관(KS D 3507)
 ② 이음매 없는 구리 및 구리합금관(KS D 5301). 다만, 습식의 배관에 한한다.
 ③ 배관용 스테인리스강관(KS D 3576) 또는 일반배관용 스테인리스강관(KS D 3595)
 ④ 덕타일 주철관(KS D 4311)
(2) 배관 내 사용압력이 1.2MPa 이상일 경우
 ① 압력배관용탄소강관(KS D 3562)
 ② 배관용 아크용접 탄소강관(KS D 3583)

05

거실의 크기가 가로20m×세로15m×높이5m인 공간에서 커다란 화염의 화재가 발생하여 t초 시간이 지난 후의 청결층높이 y(m)의 값이 1.8m가 되었다. 다음의 식을 이용하여 각 물음에 답하시오. (4점)

[조건]
① $Q = \dfrac{A(H-y)}{t}$ [Q : 연기 발생량(m³/min), A : 바닥면적(m²), H : 층고(m)]

② 위 식에서 시간 t(초)는 다음의 Hinkley식을 만족한다.

Hinkley식 : $t = \dfrac{20A}{Pf \times \sqrt{g}} \times \left(\dfrac{1}{\sqrt{y}} - \dfrac{1}{\sqrt{H}} \right)$

(단, $g = 9.81\text{m/s}^2$이고 Pf는 화재경계의 길이로서 큰 화염의 경우 12m, 중간화염의 경우 6m, 작은 화염의 경우 4m를 적용한다)

③ 연기 생성률(kg/s)계산공식은 다음과 같다

$M(\text{kg/s}) = 0.188 \times Pf \times y^{\frac{3}{2}}$

(1) 상부에 설치된 배연구에서 몇 m³/min의 연기를 배출해야 이 청결층의 높이가 유지되는지 계산하시오.
(2) 연기 생성률(kg/s)을 계산하시오.

풀이 (1) **연기 배출량**

○계산과정 : $t = \dfrac{20A}{Pf \times \sqrt{g}} \times \left(\dfrac{1}{\sqrt{y}} - \dfrac{1}{\sqrt{H}} \right)$

$= \dfrac{20 \times 300\text{m}^2}{12\text{m} \times \sqrt{9.81}} \times \left(\dfrac{1}{\sqrt{1.8\text{m}}} - \dfrac{1}{\sqrt{5\text{m}}} \right)$

$= 47.59$초

$t = 47.59\text{s} \times \dfrac{\text{min}}{60\text{s}} = 0.7932\text{min}$

$Q = \dfrac{A(H-y)}{t} = \dfrac{300\text{m}^2 \times (5\text{m} - 1.8\text{m})}{0.7932\text{min}} = 1210.29\text{m}^3/\text{min}$

○답 : $1210.29\text{m}^3/\text{min}$

(2) **연기 생성률**

○계산과정 : 연기 생성률 $M = 0.188 \times Pf \times y^{\frac{3}{2}} = 0.188 \times 12 \times 1.8^{\frac{3}{2}}$
$= 5.45\,\text{kg/s}$

○답 : 5.45kg/s

06 특정소방대상물에 피난기구를 설치하고자 한다. 다음 조건을 참조하여 각 물음에 답하시오. (6점)

[조건]
(1) 각 특정소방대상물의 구조, 바닥면적, 용도는 다음과 같다.
  ① 바닥면적은 1,200m²이며 주요구조부가 내화구조이고 거실의 각 부분으로 직접 복도로 피난할 수 있는 4층의 학교(강의실 용도로 사용되는 층)
  ② 바닥면적은 800m²이며 5층의 객실 수가 6개인 숙박시설
  ③ 바닥면적은 1,000m²이며 주요구조부가 내화구조이고 직통계단인 피난계단이 2개소 설치된 8층 병원
(2) 피난기구 중 간이완강기는 설치하지 않는 것으로 가정한다.
(3) 만약 피난기구를 설치하지 않아도 되는 경우에는 계산과정을 적지 아니하고 답란에 0으로 쓰시오.

(1) ①, ②, ③ 의 특정소방대상물에 설치하여야 할 피난기구의 개수를 각각 구하시오.
(2) ②의 경우 적응성 있는 피난기구 3가지를 쓰시오.
  (단, 완강기와 간이완강기는 제외하고 답할 것)

풀이 (1) ① **4층의 학교(강의실 용도)** : ○답 : 0개

② **5층의 객실수 6개인 숙박시설**
  ○계산과정 : • 바닥면적별 설치개수 $N = 800\text{m}^2 \times \dfrac{1개}{500\text{m}^2} = 1.6개 \quad \therefore 2개$

  • 객실마다 완강기 추가설치 개수 $N = 6(객실수) \times \dfrac{1개}{객실} = 6개$

  • 총 설치개수 $N = 2개 + 6개 = 8개$

  ○답 : 8개

③ **피난계단이 2개소 설치된 8층 병원**
  ○계산과정 : • 바닥면적별 설치개수 $N = 1,000\text{m}^2 \times \dfrac{1개}{500\text{m}^2} = 2개$

  • 피난기구의 설치감소 $N = 2개 \times \dfrac{1}{2} = 1개$

  • 설치개수 $N = 2개 - 1개 = 1개$

  ○답 : 1개

(2) ②의 경우 적응성 있는 피난기구
　　○ **답** : 피난사다리, 구조대, 피난교, 다수인피난장비, 승강식피난기

상세해설

1. 피난기구 설치제외
- 주요구조부가 내화구조로서 거실의 각 부분으로 직접 복도로 피난할 수 있는 학교(강의실 용도로 사용되는 층)

2. 피난기구의 설치기준
(1) 층마다 설치
(2) 설치개수 산정기준

층의 용도	설치개수 기준
• 숙박시설 · 노유자시설 및 의료시설	바닥면적 500m²마다 1개 이상
• 위락시설 · 문화집회 및 운동시설 · 판매시설 • 복합용도	바닥면적 800m²마다 1개 이상
• 계단실형 아파트	각 세대마다 1개 이상
• 그 밖의 용도	바닥면적 1,000m²마다 1개 이상

(3) 숙박시설(휴양콘도미니엄을 제외)의 경우에는 추가로 객실마다 완강기 또는 둘 이상의 간이완강기를 설치할 것

3. 피난기구설치의 감소
(1) 피난기구를 설치하여야 할 소방대상물중 다음 각 호의 기준에 적합한 층에는 피난기구의 2분의 1을 감소할 수 있다. 이 경우 설치하여야 할 피난기구의 수에 있어서 소수점 이하의 수는 1로 한다.
　① 주요구조부가 내화구조로 되어 있을 것
　② 직통계단인 피난계단 또는 특별피난계단이 2 이상 설치되어 있을 것
(2) 피난기구를 설치하여야 할 소방대상물 중 주요구조부가 내화구조이고 다음 각 호의 기준에 적합한 건널 복도가 설치되어 있는 층에는 피난기구의 수에서 해당 건널 복도의 수의 2배의 수를 뺀 수로 한다.
　① 내화구조 또는 철골조로 되어 있을 것
　② 건널 복도 양단의 출입구에 자동폐쇄장치를 한 60분+ 방화문 또는 60분 방화문(방화셔터를 제외한다)이 설치되어 있을 것
　③ 피난 · 통행 또는 운반의 전용 용도일 것
(3) 피난기구를 설치하여야 할 소방대상물 중 다음 각 호에 기준에 적합한 노대가 설치된 거실의 바닥면적은 피난기구의 설치개수 산정을 위한 바닥면적에서 이를 제외한다.
　① 노대를 포함한 소방대상물의 주요구조부가 내화구조일 것
　② 노대가 거실의 외기에 면하는 부분에 피난 상 유효하게 설치되어 있어야 할 것
　③ 노대가 소방사다리차가 쉽게 통행할 수 있는 도로 또는 공지에 면하여 설치되어 있거나, 또는 거실부분과 방화 구획되어 있거나 또는 노대에 지상으로 통하는 계단 그 밖의 피난기구가 설치되어 있어야 할 것

4. 소방대상물의 설치장소별 피난기구의 적응성

구분 \ 층별	1층	2층	3층	4층 이상 10층 이하
노유자시설			미구교다승	구[1]교다승
의료시설·근린생활시설 중 입원실이 있는 의원·접골원·조산원			미트구교다승	트구교다승
다중이용업소로서 영업장의 위치가 4층 이하인 다중이용업소			미사구 완다승	
그 밖의 것			트공[3]간[2]교미사구 완다승	공[3]간[2]교사구 완다승

[비고] 1) 구조대의 적응성은 장애인 관련 시설로서 주된 사용자 중 스스로 피난이 불가한 자가 있는 경우 추가로 설치하는 경우에 한한다.
2) 간이완강기의 적응성은 숙박시설의 3층 이상에 있는 객실에 한한다.
3) 공기안전매트의 적응성은 공동주택에 추가로 설치하는 경우에 한한다.

어두문자 암기방법

피난용트랩 ⇒ 트   피난교 ⇒ 교
피난사다리 ⇒ 사   미끄럼대 ⇒ 미
구조대 ⇒ 구   다수인피난장비 ⇒ 다
승강식피난기 ⇒ 승 완강기 ⇒ 완
간이완강기 ⇒ 간   공기안전매트 ⇒ 공

03년-04월 기출

07 직경이 300mm인 소화배관에 소화수가 $0.2m^3/s$의 유량으로 흐르고 있다. 이 관에 직경은 200mm, 길이는 1,000m인 A배관과 직경이 150mm, 길이가 300m인 B배관으로 아래 그림과 같이 평행하게 분기되었다가 다시 300mm 배관으로 합쳐 있다. 각 분기관에서의 관마찰계수는 0.022이라 할 때 다음 각 물음에 답하시오. (단, Darcy weisbach식을 사용할 것) (6점)

```
                        A
              ┌─────────────────────┐
              │ L=1,000m   D=200mm  │
  Q=0.2m³/s   │                     │   Q=0.2m³/s
  ──────────→ │ L=300m    D=150mm   │ ──────────→
              └─────────────────────┘
                        B
```

(1) 분기배관 A와 B의 유속(m/s)을 구하시오.
(2) 분기배관 A와 B의 유량(m^3/s)을 구하시오.

풀이 (1) **분기배관 A와 B의 유속**(m/s)
○ 계산과정 :
① 분기배관 A와 B의 배관마찰손실은 같다($\Delta H_A = \Delta H_B$).

$$f_A \times \frac{L_A}{d_A} \times \frac{u_A^2}{2g} = f_B \times \frac{L_B}{d_B} \times \frac{u_B^2}{2g} \ (f_A = f_B = 0.022)$$

$$\frac{L_A}{d_A} \times u_A^2 = \frac{L_B}{d_B} \times u_B^2, \ \frac{1,000}{0.2} \times u_A^2 = \frac{300}{0.15} \times u_B^2$$

$$5,000 u_A^2 = 2,000 u_B^2, \ u_A^2 = \frac{2,000}{5,000} u_B^2 = 0.4 u_B^2, \ u_A = \sqrt{0.4 u_B^2} = \sqrt{0.4}\, u_B$$

② 분기 전 유량은 분기배관에 흐르는 유량의 합과 같다($Q = Q_A + Q_B$).

$$Q = Q_A + Q_B = u_A A_A + u_B A_B$$

$$0.2 = \sqrt{0.4}\, u_B \times \frac{\pi}{4} \times 0.2^2 + u_B \times \frac{\pi}{4} \times 0.15^2$$

$$u_B = 5.33 \mathrm{m/s}, \ u_A = \sqrt{0.4} \times 5.33 = 3.37 \mathrm{m/s}$$

○답 : A의 유속=3.37m/s, B의 유속=5.33m/s

(2) **분기배관 A와 B의 유량**($\mathrm{m^3/s}$)

○계산과정 : $Q_A = u_A A_A = 3.37 \times \frac{\pi}{4} \times 0.2^2 = 0.11 m^3/s$

$$Q_B = u_B A_B = 5.33 \times \frac{\pi}{4} \times 0.15^2 = 0.09 m^3/s$$

○답 : A의 유량=0.11m³/s, B의 유량=0.09m³/s

상세해설

달시 – 바이스바하(Darcy – Weisbach) 공식

$$\Delta h_L (\mathrm{m}) = f \times \frac{l}{d} \times \frac{u^2}{2g} \qquad \Delta P(\mathrm{kPa}) = \Delta h_L(\mathrm{m}) \times \gamma(\mathrm{kN/m^3})$$

여기서, Δh_L : 마찰손실수두(m)
f : 마찰손실계수
l : 배관길이(m)
u : 유속(m/s)
g : 중력가속도(9.8m/s²)
d : 배관내경(m)
γ : 비중량($\gamma_w = 9800 \mathrm{N/m^3} = 9.8 \mathrm{kN/m^3}$)

15년-11월, 18년-06월 기출

08 경유를 저장하는 위험물 옥외저장탱크의 높이가 7m, 직경 10m인 콘루프탱크(Cone Roof Tank)에 Ⅱ형 포방출구 및 옥외보조소화전 2개가 설치되었다. [조건]을 참조하여 각 물음에 답하시오. (8점)

[조건]
① 배관의 낙차 수두와 마찰손실수두는 55m이다.
② 폼챔버의 방사압력은 0.3MPa이며 보조소화전의 압력수두는 무시한다.
③ 펌프의 효율은 65%(전동기와 펌프 직결)이며 전달계수 $K=1.1$이다.
④ 포 소화약제는 3%의 수성막포를 사용하며 포수용액의 비중은 물의 비중과 동일하다고 가정한다.
⑤ 배관의 송액량은 제외한다.
⑥ 고정포방출구의 방출량 및 방사시간

포방출구의 종류 구분	Ⅰ형		Ⅱ형		특형	
	방출률 (L/m²·분)	방사시간 (분)	방출률 (L/m²·분)	방사시간 (분)	방출률 (L/m²·분)	방사시간 (분)
제4류위험물 중 인화점이 21℃ 미만인 것	4	30	4	55	12	30
제4류위험물 중 인화점이 21℃ 이상 70℃ 미만인 것	4	20	4	30	12	20
제4류위험물 중 인화점이 70℃ 이상인 것	4	15	4	25	12	15
제4류위험물 중 수용성의 것	8	20	8	30	–	–

(1) 포소화약제의 양(L)을 구하시오.
(2) 펌프의 동력(kW)을 구하시오.

풀이 (1) 포소화약제의 양(L)
○ 계산과정 :
※ 경유-제4류 위험물-제2석유류(인화점 21℃이상 70℃미만)-비수용성

A(액표면적)$= \frac{\pi}{4} \times (10m)^2$, Q_1(방출률)$= 4L/m^2 \cdot$분,

T(방사시간)$= 30$분, S(약제농도)$= 3\% = 0.03$

• 고정포방출구 : $Q_1 = \frac{\pi}{4} \times 10^2 \times 4 \times 30 \times 0.03 = 282.74L$

• 보조소화전 : $Q_2 = 2 \times 0.03 \times 8000 = 480L$

• 포소화약제의 양 : $Q_T = 282.74 + 480 = 762.74L$

○ 답 : 762.74L

(2) **펌프의 동력**(kW)
○ 계산과정 :
- $\gamma_W = 9.8 \text{kN/m}^3$
- 포수용액의 방출량 $Q = \dfrac{\pi}{4} \times 10^2 \times 4 + 2 \times 400 = 1114.16 \text{L/min}$

  $\qquad\qquad\qquad\quad = 1.1142 \text{m}^3/60\text{s}$

- 전양정 $H = 30.61\text{m} + 55\text{m} = 85.61\text{m}$

  $h_1 = \dfrac{0.3 \times 10^3 \text{kPa}(\text{kN/m}^2)}{9.8 \text{kN/m}^3} = 30.61\text{m}$

  $h_2 + h_3 = 55\text{m}$

  $h_4 = $ 생략(조건에 없음)

- $P(\text{kW}) = \dfrac{9.8 \text{kN/m}^3 \times (1.1142/60) \times 85.61}{0.65} \times 1.1 = 26.37 \text{kW}$

○ 답 : 26.37kW

상세해설

(1) **고정포방출구방식의 약제량 계산**

구 분	약제 저장량
❶ 고정포 방출구	$Q = A \times Q_1 \times T \times S$ 여기서, Q : 포소화약제의 양(L), A : 저장탱크의 액표면적(m²) Q_1 : 단위 포소화수용액의 양(L/m²분) T : 방출시간(분), S : 포소화약제의 사용농도(%)
❷ 보조소화전	$Q = N \times S \times 8000\text{L}$ 여기서, Q : 포소화약제의 양(L) N : 호스 접결구 개수(3개 이상의 경우는 3) S : 포소화약제의 사용농도(%)
❸ 배관보정	가장 먼 탱크까지의 송액관(내경 75mm 이하 제외)에 충전하기 위하여 필요한 양 $Q = V \times S \times 1000$ 여기서, Q : 포소화약제의 양(L), V : 송액관 내부의 체적(m³) S : 포소화약제의 사용농도(%)
❹ 합계	고정포 방출구방식의 약제량 = ❶ + ❷ + ❸

(2) **포소화설비에서 펌프의 양정**

$H = h_1 + h_2 + h_3 + h_4$

여기서, H : 펌프의 양정(m)
$\quad h_1$: 방출구의 설계압력 환산수두 또는 노즐 선단의 방사압력 환산수두(m)
$\quad h_2$: 배관의 마찰손실수두(m)

h_3 : 낙차(m)
h_4 : 소방용 호스의 마찰손실수두(m)

(3) 펌프의 토출량(포소화설비의 화재안전기술기준)
 포헤드·고정포방출구 또는 이동식 포노즐의 설계압력 또는 노즐의 방사압력의 허용범위 안에서 포수용액을 방출 또는 방사할 수 있는 양 이상이 되도록 할 것

09 다음은 압력수조를 이용한 옥내소화전설비의 가압송수장치의 설계도면이다. 각 물음에 답하시오. (단, 배관 및 소방용호스의 마찰손실수두는 6.5m이다.)

(6점)

(1) 압력수조 내 바닥의 압력(MPa)을 구하시오.
(2) 화재안전기술기준에 의한 규정방수압력에 적합하도록 설계할 수 있는 건축물의 높이(m)를 구하시오.
(3) 자동식 공기압축기의 설치목적에 대하여 간단히 설명하시오.

풀이 (1) 압력수조 내 바닥의 압력(MPa)
 ○계산과정 : $P = 0.5\text{MPa} + (9.8\text{kN/m}^3 \times 3.5\text{m} \times 10^{-3} = 0.034\text{MPa})$
  $= 0.53\text{MPa}$
 ○답 : 0.53MPa

(2) 설계할 수 있는 건축물의 높이(m)
 ○계산과정 : $P_3 = P - P_1 - P_2 - 0.17$

 $P_3 = \dfrac{0.53 \times 10^3 \text{kPa}}{9.8\text{kN/m}^3} - 6.5\text{m} - \dfrac{0.17 \times 10^3 \text{kPa}}{9.8\text{kN/m}^3} = 30.23\text{m}$

 ○답 : 30.23m

(3) 자동식 공기압축기의 설치목적
 ○답 : 압력수조 내 압력을 일정하게 유지하여 노즐선단에서 규정방수압력 유지

상세해설

(1) 압력과 수두 관계

$$P = \gamma H \text{ 또는 } H = \frac{P}{\gamma}$$

여기서, P : 압력(kPa)
  γ : 비중량(kN/m³)(물의 비중량=9.8kN/m³)
  H : 압력수두(m)

(2) 옥내소화전설비의 압력수조의 압력

$$P = P_1 + P_2 + P_3 + 0.17$$

여기서, P : 필요한 압력(MPa)
  P_1 : 소방용호스의 마찰손실 수두압(MPa)
  P_2 : 배관의 마찰손실 수두압(MPa)
  P_3 : 낙차의 환산 수두압(MPa)
  0.17 : 노즐선단의 방수압(0.17MPa)

03년-04월 기출

10 다음의 도면, 조건 및 덕트 설계도를 참고로 하여 제연설비의 설계과정중의 공란을 채우고 배출기의 소요동력[kW]을 구하시오. (12점)

[조건]
① A-H는 각 거실의 명칭(제연구획)이다.
② ①-④는 메인덕트와 분기덕트의 분기점이다.
③ $A_Q - H_Q$는 각 거실의 설계 배연 풍량이다.
④ 배출풍도 계통 중 한 부분의 통과 풍량은 같은 분기덕트에 속하는 말단에 있는 배연구의 해당 풍량 가운데 최대 풍량의 2배가 통과할 수 있게 한다.
⑤ 거실의 용적 A > B > C > D > E > F > G > H
⑥ 메인덕트 내의 풍속 15m/s, 분기덕트의 풍속은 10m/s로 가정한다.
⑦ 각 거실의 설계 배출풍량은 다음 표와 같다.

구 분	배출풍량(m³/min)	구 분	배출풍량(m³/min)
A_Q	400	E_Q	180
B_Q	300	F_Q	150
C_Q	250	G_Q	100
D_Q	200	H_Q	80

[설계과정]

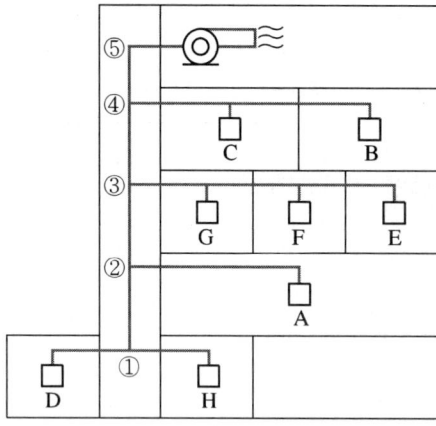

[배출풍도 각 부분의 통과 풍량]

배출풍도의 부분	통과풍량(m³/min)	덕트의 직경(cm)
D~①	$D_Q(200)$	70
H~①	$H_Q(80)$	42
①~②	$2D_Q(400)$	㉤
A~②	$A_Q(400)$	108
②~③	$2A_Q(800)$	108
E~F	$E_Q(180)$	㉥
F~G	$2E_Q(360)$	92
G~③	㉠	㉦
③~④	㉡	108
B~C	$B_Q(300)$	80
C~④	㉢	115
④~⑤	㉣	㉧

[별표1] 덕트의 마찰손실선도

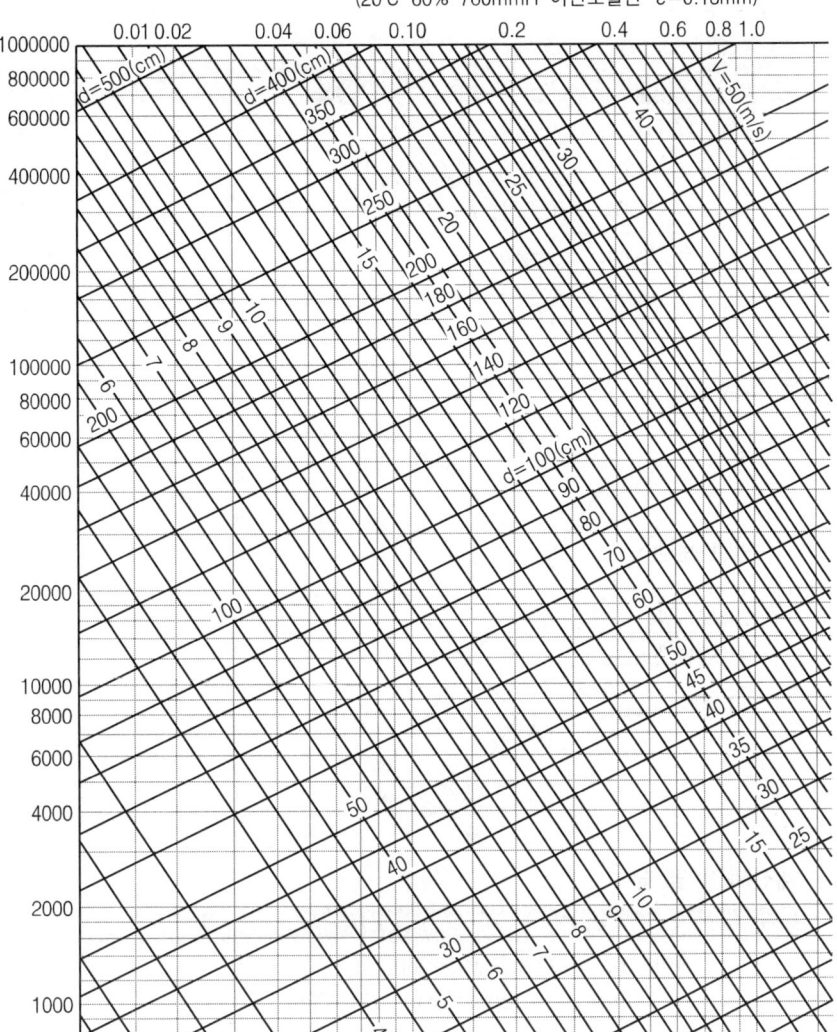

(1) 통과풍량 : ㉠~㉣의 빈칸을 답란의 예시와 같이 구하시오.
(2) ㉤~㉧덕트의 직경을 주어진 조건 및 [별표1]의 그래프를 이용하여 구하되, 적당한 수치는 아래의 보기에서 골라 기재하시오.

[보기] 32cm, 42cm, 50cm, 62cm, 70cm, 80cm, 92cm, 108cm, 115cm, 130cm, 142cm

(3) 이 덕트의 소요 전압이 19.98mmAq이고, 배출기는 터보형 원심송풍기를 사용하려 한다. 이 배출기의 이론 소요동력은 몇 kW인가? (단, 송풍기의 효율은 50%이며 기타 사항은 무시한다)

풀이 (1) 통과풍량(m^3/min)
  ○계산과정 및 답 :

구간	담당구역	통과풍량(m^3/min) ($2\times$최대풍량)	정답
G~③	$G_Q(100)$, $F_Q(150)$, $E_Q(180)$	$2\times E_Q(2\times 180)=360$	㉠ $2E_Q(360)$
③~④	$A_Q(400)$, $D_Q(200)$, $E_Q(180)$, $G_Q(100)$, $F_Q(150)$, $H_Q(80)$	$2\times A_Q(2\times 400)=800$	㉡ $2A_Q(800)$
C~④	$B_Q(300)$, $C_Q(250)$	$2\times B_Q(2\times 300)=600$	㉢ $2B_Q(600)$
④~⑤	$A_Q(400) \sim H_Q(80)$	$2\times A_Q(2\times 400)=800$	㉣ $2A_Q(800)$

(2) 덕트 직경(cm)

○계산과정 및 답 :

구간	풍속	풍량	직경	정답
①~②	메인덕트 $u=15m/s$	$Q=2D_Q(2\times 200)$ $=400m^3/min=24{,}000m^3/h$	덕트의 마찰손실선도에서 풍량과 풍속이 교차하는 점에서 덕트의 직경을 선정하면 된다.	㉤ 80
E~F	분기덕트 $u=10m/s$	$Q=E_Q(180)$ $=180m^3/min=10{,}800m^3/h$		㉥ 62
G~③	분기덕트 $u=10m/s$	$Q=2E_Q(2\times 180)$ $=360m^3/min=21{,}600m^3/h$		㉦ 92
④~⑤	메인덕트 $u=15m/s$	$Q=2A_Q(2\times 400)$ $=800m^3/min=48{,}000m^3/h$		㉧ 108

(3) 송풍기 동력(kW)
  ○계산과정 : $P=\dfrac{800\times 19.98}{102\times 60\times 0.5}=5.22kW$
  ○답 : 5.22kW

상세해설

(1) 덕트 직경(cm)에 대한 수리 계산방법

구간	풍속	풍량	직경	정답
①~②	메인덕트 $u=15$m/s	$Q=2D_Q(2\times200)$ $=400\text{m}^3/\text{min}$ $=400\text{m}^3/60\text{s}$	$d=\sqrt{\dfrac{4\times400/60}{\pi\times15}}\times100$ $=75.23\text{cm}$	보기에서 75.23cm보다 크고 근사값은 80cm ⑤ 80
E~F	분기덕트 $u=10$m/s	$Q=E_Q(2\times180)$ $=180\text{m}^3/\text{min}$ $=180\text{m}^3/60\text{s}$	$d=\sqrt{\dfrac{4\times180/60}{\pi\times10}}\times100$ $=61.80\text{cm}$	보기에서 61.80cm보다 크고 근사값은 62cm ⑥ 62
G~③	분기덕트 $u=10$m/s	$Q=2E_Q(2\times180)$ $=360\text{m}^3/\text{min}$ $=360\text{m}^3/60\text{s}$	$d=\sqrt{\dfrac{4\times360/60}{\pi\times10}}\times100$ $=87.40\text{cm}$	보기에서 87.40cm보다 크고 근사값은 92cm ⑦ 92
④~⑤	메인덕트 $u=15$m/s	$Q=2A_Q(2\times400)$ $=800\text{m}^3/\text{min}$ $=800\text{m}^3/60\text{s}$	$d=\sqrt{\dfrac{4\times800/60}{\pi\times15}}\times100$ $=106.38\text{cm}$	보기에서 106.38cm보다 크고 근사값은 108cm ⑧ 108

(2) 송풍기의 전동기출력 계산

① $P(\text{kW}) = \dfrac{Q\times P_T}{102\times60\times E}\times K$

여기서, Q : 풍량(m^3/min)

P_T : 전압(mmAq)

E : 송풍기 효율

K : 전달계수

② CMH(Cubic Meter Per Hour) : m^3/hr

15년-04월 기출

11 다음 그림은 할론 소화설비를 나타낸 것이다. 그림의 방출방식의 종류를 쓰고 해당 방출방식에 대하여 설명하시오. (4점)

○답 : (1) 방출방식 : 전역방출방식
(2) 설명 : 고정식 할론 공급장치에 배관 및 분사헤드를 고정 설치하여 밀폐 방호구역 내에 할론을 방출하는 설비

할론소화설비의 화재안전기술기준(NFTC 106)

(1) 전역방출방식
   고정식 할론 공급장치에 배관 및 분사헤드를 고정 설치하여 밀폐 방호구역 내에 할론을 방출하는 설비
(2) 국소방출방식
   고정식 할론 공급장치에 배관 및 분사헤드를 설치하여 직접 화점에 할론을 방출하는 설비로 화재발생부분에만 집중적으로 소화약제를 방출하도록 설치하는 방식
(3) 호스릴방식
   분사헤드가 배관에 고정되어 있지 않고 소화약제 저장용기에 호스를 연결하여 사람이 직접 화점에 소화약제를 방출하는 이동식 소화설비

13년-04월 기출

12 방호구역의 체적이 400m³인 특정소방대상물에 분말소화설비를 전역방출방식으로 설치 하고자 할 때 분사헤드의 최소개수는? (단, 사용 분말약제는 제3종이며 분사헤드 1개의 방사량은 10kg/min이다.) (3점)

풀이 ○계산과정 : $Q = 400\text{m}^3 \times 0.36\text{kg/m}^3 = 144\text{kg}$

헤드1개의 방사량 = 10kg/분 = 10kg/60s

분사헤드의 개수 $N = \dfrac{144\text{kg}}{(10\text{kg}/60\text{s}) \times 30\text{s}} = 28.8$개 ∴ 29개

○답 : 29개

상세해설

1. 분말약제의 전역방출방식

종별	체적계수 $K_1(\text{kg/m}^3)$	면적계수 $K_2(\text{kg/m}^2)$ (자동폐쇄장치 미설치 시)
제1종	0.60	4.5
제2종, 제3종	0.36	2.7
제4종	0.24	1.8

2. 분말약제의 저장량(kg)

$$Q = V \times K_1 + A \times K_2$$

여기서, Q : 분말약제 저장량(kg)
V : 방호구역체적(m³)
K_1 : 방호구역 체적계수(kg/m³)
A : 개구부면적(m²)(자동폐쇄장치 없는 개구부면적)
K_2 : 개구부 면적계수(kg/m²)

3. 분말소화설비의 약제저장량 방사시간
① 전역방출방식 : 30초 이내
② 국소방출방식 : 30초 이내

4. 분사헤드의 개수

$$N = \dfrac{\text{약제저장량(kg)}}{\text{헤드1개의 방사량(kg/s)} \times \text{방사시간(s)}}$$

13년-07월, 15년-11월 기출

13 다음 조건을 참조하여 수원의 수위가 펌프보다 낮을 때 펌프 운전 중 공동현상이 발생하지 않도록 하기 위하여 수면으로부터 소화펌프까지의 설치높이는 몇 m 미만으로 해야 하는지 구하시오. (5점)

[조건] ① 흡입배관의 마찰손실수두는 2m이다.
② 대기압은 표준대기압으로 하고 속도수두는 무시한다.
③ 물의 온도는 20℃이고 이때의 포화수증기압은 2,340Pa이다.
④ 물의 비중량은 9800N/m³이라고 가정한다.
⑤ 펌프의 필요흡입양정은 7.5m이다.

풀이 ○ 계산과정 :
① P_a(표준대기압) = 101325Pa(N/m²), γ_w(물의 비중량) = 9800N/m³

P_v(포화수증기압) = 2340Pa(N/m²), $f\dfrac{V_s^2}{2g}$(흡입배관 마찰손실수두) = 2m

$NPSH_{re}$(필요흡입양정) = 7.5m

② $NPSH_{av} = \dfrac{101325\text{N/m}^2}{9800\text{N/m}^3} - \dfrac{2340\text{N/m}^2}{9800\text{N/m}^3} - H_S - 2\text{m} = 8.1\text{m} - H_S$

③ $8.1\text{m} - H_S > 7.5\text{m}$ ∴ $H_S = 8.1\text{m} - 7.5\text{m} = 0.6\text{m}$

○ 답 : 0.6m 미만

상세해설

(1) $NPSH_{av}$(유효흡입양정)과 $NPSH_{re}$(필요흡입양정)의 관계
① 캐비테이션 발생한계조건(임계조건) $NPSH_{av} = NPSH_{re}$
② 캐비테이션 발생방지 조건 $NPSH_{av} > NPSH_{re}$
③ 캐비테이션 발생방지 설계조건 $NPSH_{av} \geq NPSH_{re} \times 1.3$

(2) $NPSH_{av}$(유효흡입양정) $= \dfrac{P_a}{\gamma} - \dfrac{P_v}{\gamma} - \pm H_S - f\dfrac{V_s^2}{2g}$

여기서, P_a : 대기압(N/m²), P_v : 포화증기압(N/m²=Pa), γ : 비중량(N/m³)

H_S : (+) 압입양정(m), (-) 흡입양정(m), $f\dfrac{V_s^2}{2g}$: 흡입배관총손실(m)

11년-05월, 14년-04월 기출

14 스프링클러헤드의 반응시간지수(Response Time Index)를 구하는 식을 쓰고 간단히 설명하시오. (4점)

풀이 ○답 : (1) 반응시간지수 구하는 식

$$RTI = \tau\sqrt{u}$$

여기서, RTI : 반응시간지수$((m \cdot s)^{0.5})$
τ : 감열체의 시간상수
u : 기류속도(m/s)

(2) 반응시간지수 설명
 기류의 온도, 속도, 작동시간에 대하여 스프링클러헤드의 반응을 예상한 지수

상세해설

감도에 따른 분류	RTI값 범위	비 고
표준반응 (standard response)형 헤드	80 초과 ~ 350 이하	• 가장 일반적으로 사용하는 헤드
특수반응 (special response)형 헤드	50 초과 ~ 80 이하	• 특수용도에 사용하는 헤드
조기반응 (fast response)형 헤드	50 이하	• 표준형헤드보다 기류온도 및 기류속도에 조기에 반응하는 헤드

14년-07월, 17년-06월 기출

15 그림은 어느 연결살수설비의 Isometric Diagram이다. 이 도면과 주어진 조건을 참조하여 설비가 작동되었을 경우 표의 유량, 구간별 마찰손실, 마찰손실 합계 등을 답란의 요구순서대로 수리계산하여 산출하시오. (단, 0.1MPa=10m로 한다.) **(12점)**

[조건]
① 설치된 개방형헤드 A의 방수량은 100Lpm, 방수압력은 0.25MPa이다.
② 배관부속 및 밸브류의 마찰손실은 무시한다.
③ 연결송수구에서 압력은 일정하다고 가정한다.
④ 수리계산 시 속도수두는 무시한다.

구 간	유량 (Lpm)	배관길이 (m)	1m당 마찰손실압(MPa)	구간별 마찰손실압(MPa)	낙차 (m)	마찰손실압 합계(MPa)
헤드 A	100	-	-	-	-	0.25
A~B	100	1.5	0.02	0.03	0	①
헤드 B	②	-	-	-	-	-
B~C	③	1.5	0.04	④	0	⑤
헤드 C	⑥	-	-	-	-	-
C~D	⑦	2.5	0.06	⑧	-	⑨
D~E	⑩	14	0.01	⑪	-10	⑫

풀이 ○ 계산과정 :

구간	유량(Lpm)	배관 길이(m)	1m당 마찰 손실압 (MPa)	구간별 마찰손실압 (MPa)	낙차 (m)	마찰손실압 합계(MPa)
헤드A	100	–	–	–	–	0.25
A~B	100	1.5	0.02	0.03	0	① 0.25+0.03 =0.28
헤드B	② $K=\dfrac{Q}{\sqrt{10P}}$ $K=\dfrac{100}{\sqrt{10\times0.25}}$ $=63.2456$ $Q=K\sqrt{10P}$ $Q=63.2456\sqrt{10\times0.28}$ $=105.83$	–	–	–	–	–
B~C	③ $105.83+100=205.83$	1.5	0.04	④ 1.5×0.04 $=0.06$	0	⑤ $0.28+0.06$ $=0.34$
헤드C	⑥ $63.2456\sqrt{10\times0.34}$ $=116.62$	–	–	–	–	–
C~D	⑦ $116.62+205.83=322.45$	2.5	0.06	⑧ 2.5×0.06 $=0.15$	–	⑨ $0.34+0.15$ $=0.49$
D~E	⑩ $322.45\times2=644.9$	14	0.01	⑪ 14×0.01 $=0.14$	-10	⑫ $0.49+0.14$ $-0.1(10m)$ $=0.53$

○**답** : ① 0.28 ② 105.83 ③ 205.83 ④ 0.06 ⑤ 0.34 ⑥ 116.62
⑦ 322.45 ⑧ 0.15 ⑨ 0.49 ⑩ 644.9 ⑪ 0.14 ⑫ 0.53

상세해설

- 유량 $Q(\text{L/min})=K(\text{방출계수})\sqrt{10P(\text{MPa})}$
- 구간별 마찰손실압 $\Delta P=$ 배관길이(m) × 1m당 마찰손실압(MPa)

20년-07월 기출

16 가로 12m, 세로 18m, 높이 3m인 전기실에 화재가 발생하여 CO_2소화설비가 작동되어 화재가 진압되었다. 화재안전기술기준과 다음 조건을 참조하여 각 물음에 답하시오. **(10점)**

[조건]
① 공기 중 산소의 부피농도는 21%이고 약제를 방사한 후 산소의 부피농도는 15%이었다.
② 대기압은 760mmHg 이고 약제 방출 후 실내압력은 800mmHg이다.
③ 저장용기의 충전비는 1.6이고, 내용적은 80L이다.
④ 실내온도는 18℃이며, 기체상수 R은 $0.082atm \cdot m^3/kmol \cdot K$로 계산한다.
⑤ 개구부에는 자동폐쇄장치가 설치되어 있다.

(1) 약제 방사 후 CO_2의 부피농도(%)를 구하시오.
(2) 방사된 CO_2의 부피(m^3)를 구하시오.
(3) 방사된 CO_2의 무게(kg)를 구하시오.
(4) 약제저장용기의 수(병)를 구하시오.
(5) 심부화재일 경우 선택밸브 직후의 유량(kg/min)을 구하시오.

풀이 (1) 약제 방사 후 CO_2의 부피농도(%)

○계산과정 : $CO_2(\%) = \dfrac{21 - O_2(\%)}{21} \times 100 = \dfrac{21 - 15(\%)}{21} \times 100 = 28.57\%$

○답 : 28.57%

(2) 방사된 CO_2의 부피(m^3)

○계산과정 : $G_V = \dfrac{21 - O_2(\%)}{O_2(\%)} \times V = \dfrac{21-15}{15} \times (12 \times 18 \times 3)m^3 = 259.2m^3$

○답 : $259.2m^3$

(3) 방사된 CO_2의 무게(kg)

○계산과정 : $W = \dfrac{PVM}{RT} = \dfrac{(800/760) \times 259.2 \times 44}{0.082 \times (273+18)} = 503.10kg$

○답 : 503.10kg

(4) 약제저장용기의 수(병)

○계산과정 : • 저장용기 1병당 약제저장량 $G = \dfrac{V}{C} = \dfrac{80L}{1.6L/kg} = 50kg$

- 용기수 $N = \dfrac{503.10\text{kg}}{50\text{kg}} = 10.06$

○ 답 : 11병

(5) 선택밸브 직후의 유량(kg/min)

○ 계산과정 : $Q = \dfrac{50\text{kg/병} \times 11\text{병}}{7\text{min}} = 78.57\text{kg/min}$

○ 답 : 78.57kg/min

상세해설

(1) CO_2의 부피농도(%)

CO_2 농도 계산방법
$CO_2 = \dfrac{21 - O_2}{21} \times 100$

$CO_2(\%) = \dfrac{\text{방출된 } CO_2 \text{ 가스체적}(\text{m}^3)}{\text{방호구역체적}(\text{m}^3) + \text{방출된 } CO_2 \text{ 가스체적}(\text{m}^3)} \times 100$

(2) 방사된 CO_2의 부피(m^3)

방출 가스량 계산방법
$G_V = \dfrac{21 - O_2}{O_2} \times V$

여기서, G_V : 방출가스량(m^3), V : 방호구역체적(m^3)

(3) 방사된 CO_2의 무게(kg)

이상기체 상태방정식
$PV = \dfrac{W}{M} RT$

여기서, P : 압력(atm), V : 방출가스량(m^3), W : 무게(kg), M : 분자량
R : 기체상수($0.082\text{atm} \cdot \text{m}^3/\text{kmol} \cdot \text{K}$), T : 절대온도(K)

(4) 저장된 용기 수

$$N = \dfrac{\text{약제저장량(kg)}}{\text{저장용기 1병당 저장량(kg/병)}} \quad \text{(소수점 이하는 무조건 절상)}$$

(5) 선택밸브 직후의 유량(kg/min)

① CO_2 기준방사시간

구분	전역방출방식		국소 방출방식
	표면 화재 (가연성 액체 및 가스)	심부 화재 (종이, 목재, 석탄, 섬유류, 합성수지류)	
방사시간 기준	1분 이내	7분 이내 (설계농도가 2분 이내 30%에 도달할 것)	30초 이내

② 선택밸브 직후의 유량 $Q(\text{kg/min}) = \dfrac{\text{kg/병} \times \text{저장용기수}}{\text{기준방사시간(min)}}$

소방설비기사 – 기계분야
2021년 7월 10일 시행

16년-11월 기출

01 스프링클러설비의 급수배관 내경을 수리계산에 의하여 따르는 경우 아래 그림을 보고 각 물음에 답하시오. (단, 배관 내 유속은 스프링클러설비의 화재안전기술기준에서 정하는 기준에 적합하여야 한다.) (4점)

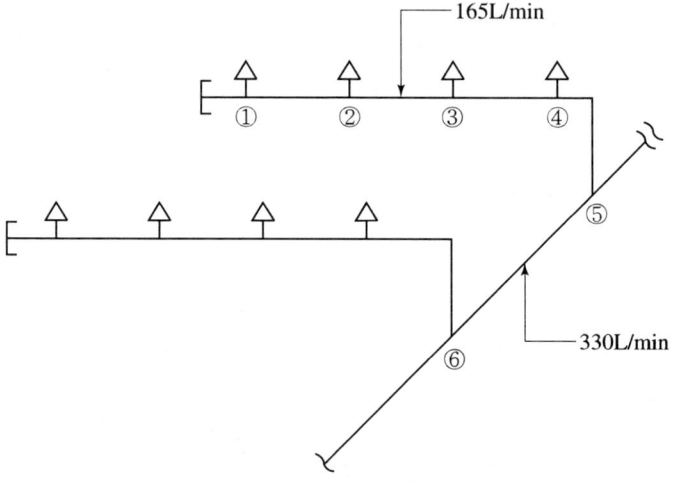

(1) ②~③구간의 배관 내경(mm)의 최소값을 구하시오.
(2) ⑤~⑥구간의 배관 내경(mm)의 최소값을 구하시오.

풀이 (1) ②~③구간의 배관 내경(mm)의 최소값

○ 계산과정 : $Q = 165\text{L/min} = 0.165\text{m}^3/60\text{s}$, $u = 6\text{m/s}$ 이하(가지배관)

$$D = \sqrt{\frac{4 \times 0.165/60}{\pi \times 6}} \times 1000 = 24.16\text{mm}$$

○ 답 : 24.16mm

(2) ⑤~⑥구간의 배관 내경(mm)의 최소값

○ 계산과정 : $Q = 330\text{L/min} = 0.33\text{m}^3/60\text{s}$, $u = 10\text{m/s}$ 이하(기타배관)

$$D = \sqrt{\frac{4 \times 0.33/60}{\pi \times 10}} \times 1000 = 26.46 \text{mm}$$

○답 : 26.46mm

상세해설

(1) 배관 내경 산출공식

$$Q = uA = u \times \frac{\pi D^2}{4} \qquad D = \sqrt{\frac{4Q}{\pi u}}$$

여기서, Q : 유량(m³/s), u : 유속(m/s), D : 관경(m)

(2) 스프링클러의 급수배관 구경(수리계산에 따르는 경우)
① 가지배관의 유속은 6m/s 이하
② 그 밖의 배관의 유속은 10m/s 이하

---

02 다음 도면은 내화구조로 된 11층 업무시설의 1층 평면도이다. 이 특정소방대상물의 1층에 정방형으로 습식스프링클러설비의 헤드를 설치하려고 한다. 다음 각 물음에 답하시오. (5점)

(1) 스프링클러헤드의 최소 소요개수를 구하시오.
(2) 도면에 헤드를 배치하시오.
 (단, 헤드간의 간격 및 벽면으로부터 헤드간의 거리(A와 B)를 표시할 것)

풀이 (1) 스프링클러헤드의 최소 소요개수
 ○계산과정 : 헤드간의 거리(최대값) $S = 2r\cos 45° = 2 \times 2.3 \times \cos 45° = 3.25 \text{m}$

가로열 헤드개수 $N = \dfrac{29\text{m}}{3.25\text{m}} = 8.92$ ∴ 9개

세로열 헤드개수 $N = \dfrac{22\text{m}}{3.25\text{m}} = 6.76$ ∴ 7개

총 소요개수 $N_T = 9 \times 7 = 63$개

○답 : 63개

(2) **헤드 배치**

○답 :

상세해설

① 헤드간의 거리(최대값) $S = 2r\cos 45° = 2 \times 2.3 \times \cos 45° = 3.25\text{m}$

② 가로변의 벽면과 헤드간의 거리 $W = \dfrac{29\text{m} - 3.25 \times (9-1)}{2} = 1.5\text{m}$

③ 세로변의 벽면과 헤드간의 거리 $L = \dfrac{22\text{m} - 3.25 \times (7-1)}{2} = 1.25\text{m}$

07년-04월, 11년-05월 기출

03 다음 도면은 비화재시 즉, 평상시에는 공조설비로 사용하고 화재시에는 제연설비로 사용할 때 도면이다. 다음 각 물음에 답하시오. (5점)

(1) 아래 도면에 화재시 유효하게 배연이 될 수 있도록 제연댐퍼를 도시하시오. (단, 제연댐퍼는 D_1~D_4까지 4개를 설치하는 것으로 한다)

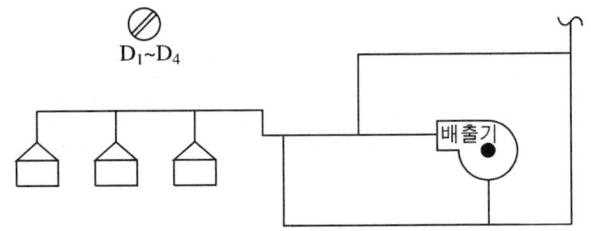

(2) 평상시 및 화재시 제연댐퍼의 개폐여부를 빈칸에 알맞게 채우시오. (단, 개방은 ○, 폐쇄는 ×로 표시하시오)

구 분	D_1	D_2	D_3	D_4
평상시				
화재시				

풀이 (1) 제연댐퍼 도시
　　○답 :

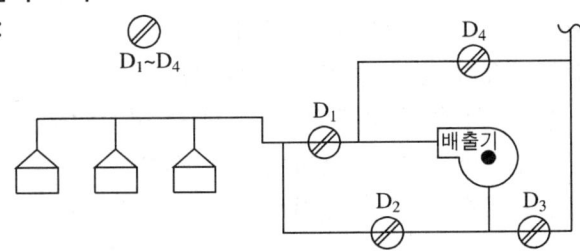

(2) 제연댐퍼의 개폐여부
　　○답 :

구 분	D_1	D_2	D_3	D_4
평상시	○	×	○	×
화재시	×	○	×	○

10년-07월, 12년-04월, 15년-11월 기출

04 특정소방대상물에 전역방출방식의 이산화탄소소화설비를 설치하고자 한다. 조건 및 도면을 참조하여 각 물음에 답하시오. (11점)

[조건]
① 각 실의 층고는 모두 3m이고, 방호구역의 크기와 용도는 아래 도면과 같다.

전기실 가로 8m×세로 3m 개구부 1m×2m(자동폐쇄장치 미설치)	모피창고 가로 10m×세로 3m 개구부 1m×2m(자동폐쇄장치 미설치)
케이블실 가로 4m×세로 3m	서고 가로 10m×세로 7m
저장용기실	

② 저장용기의 내용적은 68L이고, 충전비는 1.511이며 동일 충전비를 갖는다.
④ 유압기기가 설치된 실은 없으며 전기실과 케이블실은 약제가 동시에 방출된다고 가정한다.
⑤ 각 헤드의 분구면적은 10mm²이며 헤드의 방사율은 1.3kg/mm²·분·개이다.
⑥ 주어진 조건 외에는 화재안전기술기준을 적용한다.

(1) 저장용기 1병당 약제저장량(kg)을 구하시오.
(2) 저장용기 실에 필요한 용기 수(병)를 구하시오.
(3) 모피창고에 설치하여야 할 헤드의 개수(개)를 구하시오.
(4) 설치하여야 할 선택밸브의 개수(개)를 구하시오.
(5) 서고의 선택밸브 직후의 유량(kg/min)을 구하시오.

풀이 (1) 저장용기 1병당 약제저장량

○ 계산과정 : $G = \dfrac{68}{1.511} = 45\text{kg}$

○ 답 : 45kg

(2) 저장용기실에 필요한 용기 수(병)
○ 계산과정 :
① 전기실+케이블실(전기실과 케이블실은 약제가 동시에 방출)
$Q = (8 \times 3 + 4 \times 3) \times 3(\text{m}^3) \times 1.3\text{kg/m}^3 + 1 \times 2(\text{m}^2) \times 10\text{kg/m}^2$
$= 160.4\text{kg}$
$N = \dfrac{160.4\text{kg}}{45\text{kg/병}} = 3.56\text{병} \quad \therefore 4\text{병}$

② 모피창고

$Q = 10 \times 3 \times 3 (\text{m}^3) \times 2.7 \text{kg/m}^3 + 1 \times 2 (\text{m}^2) \times 10 \text{kg/m}^2 = 263 \text{kg}$

$N = \dfrac{263 \text{kg}}{45 \text{kg/병}} = 5.84$병 ∴ 6병

③ 서 고

$Q = 10 \times 7 \times 3 (\text{m}^3) \times 2.0 \text{kg/m}^3 = 420 \text{kg}$

$N = \dfrac{420 \text{kg}}{45 \text{kg/병}} = 9.33$병 ∴ 10병

가장 많은 약제량을 필요로 하는 방호구역 기준 ∴ 10병

○답 : 10병

(3) 모피창고에 설치하여야 할 헤드의 개수(개)

○계산과정 : $N = \dfrac{45 \text{kg/병} \times 6병}{1.3 \text{kg/mm}^2 \cdot \text{min} \cdot \text{개} \times 7 \text{min} \times 10 \text{mm}^2} = 2.97$개 ∴ 3개

○답 : 3개

(4) 선택밸브의 개수(개)

○계산과정 :
① 선택밸브는 각 방호구역마다 설치
② 방호구역의 수 = (전기실+케이블실)1구역+모피창고1구역+서고1구역
   = 3구역 ∴ 3개

○답 : 3개

(5) 서고의 선택밸브 직후의 유량(kg/min)

○계산과정 : $Q = \dfrac{45 \text{kg/병} \times 10병}{7 \text{min}} = 64.29 \text{kg/min}$

○답 : 64.29kg/min

상세해설

이산화탄소소화설비의 방호구역에 대한 소화약제의 양

(1) 전역방출방식의 가연성액체 또는 가연성가스등 표면화재 방호대상물

방호구역의 체적 (m³)	방호구역의 체적 1m³에 대한 소화약제의 양 kg (K_1 : kg/m³)	저장량의 최저한도량 (kg)	개구부 가산량 (K_2 : kg/m²) (자동폐쇄장치 미설치시)
45 미만	1	45	5
45 이상 150 미만	0.9	45	5
150 이상 1450 미만	0.8	135	5
1450 이상	0.75	1125	5

[K_1(kg/m³) : 방호구역 체적계수, K_2(kg/m²) : 개구부 면적계수]

(2) 전역방출방식의 종이·목재·석탄·섬유류·합성수지류 등 심부화재 방호대상물

방 호 대 상 물	방호구역의 체적 1m³에 대한 소화약제의 양 kg (K_1 : kg/m³)	설계농도 (%)	개구부 가산량 (K_2 : kg/m²) (자동폐쇄장치 미설치시)
유압기기를 제외한 전기설비, 케이블실	1.3	50%	10
체적 55m³ 미만의 전기설비	1.6	50%	
서고, 전자제품창고, 목재가공품창고, 박물관	2.0	65%	
고무류, 면화류창고, 모피창고, 석탄창고, 집진설비	2.7	75%	

이산화탄소의 소요량 방사시간(전역방출방식)

구 분	표면화재	심부화재
방사시간	1분 이내	7분 이내(단, 설계농도가 2분 이내에 30%에 도달)

08년-04월 기출

05 다음 표는 분말소화설비에 관한 사항이다. 빈칸에 알맞은 답을 쓰시오.

(8점)

종 별	주성분	기타사항			
제1종	①	안전밸브 작동압력		가압식	⑤
제2종	②			축압식	⑥
제3종	③	저장용기 충전비		⑦	
제4종	④	가압용가스 용기를 3병 이상 설치한 경우의 전자개방밸브 수		⑧	

풀이 ○답 : ① 탄산수소나트륨 ② 탄산수소칼륨
③ 제1인산암모늄 ④ 탄산수소칼륨+요소
⑤ 최고사용압력의 1.8배 이하 ⑥ 내압시험압력의 0.8배 이하
⑦ 0.8 이상 ⑧ 2개 이상

06

다음은 지하구의 화재안전기술기준 중 일부이다. 각 물음에 답하시오. (5점)

(1) 다음은 지하구의 정의이다. ( ) 안에 알맞은 답을 쓰시오.

> 전력·통신용의 전선이나 가스·냉난방용의 배관 또는 이와 비슷한 것을 집합수용하기 위하여 설치한 지하 인공구조물로서 사람이 점검 또는 보수를 하기 위하여 출입이 가능한 것 중 다음의 어느 하나에 해당하는 것
> ① 전력 또는 통신사업용 지하 인공구조물로서 전력구(케이블 접속부가 없는 경우는 제외한다) 또는 통신구 방식으로 설치된 것
> ② ①외의 지하 인공구조물로서 폭이 (㉠)m 이상이고 높이가 (㉡)m 이상 이며 길이가 (㉢)m 이상인 것

(2) 연소방지설비의 교차배관의 최소 구경(mm) 기준을 쓰시오.

답: (1) ㉠ 1.8 ㉡ 2 ㉢ 50
(2) 40mm 이상

상세해설

소방시설법 시행령 [별표2] 지하구의 정의
전력·통신용의 전선이나 가스·냉난방용의 배관 또는 이와 비슷한 것을 집합수용하기 위하여 설치한 지하 인공구조물로서 사람이 점검 또는 보수를 하기 위하여 출입이 가능한 것 중 다음의 어느 하나에 해당하는 것
① 전력 또는 통신사업용 지하 인공구조물로서 전력구(케이블 접속부가 없는 경우에는 제외한다) 또는 통신구 방식으로 설치된 것
② ①외의 지하 인공구조물로서 폭이 1.8m 이상이고 높이가 2m 이상이며 길이가 50m 이상인 것
③ 「국토의 계획 및 이용에 관한 법률」에 따른 공동구

지하구의 화재안전기술기준 제7조(연소방지설비)
(1) 연소방지설비의 배관
배관용 탄소강관(KS D 3507) 또는 압력배관용 탄소강관(KS D 3562)이나 이와 동등 이상의 강도·내식성 및 내열성을 가진 것으로 하여야 한다.
(2) 급수배관(송수구로부터 연소방지설비 헤드에 급수하는 배관)은 전용으로 하여야 한다.
(3) 배관의 구경은 다음 각 목의 기준에 적합한 것이어야 한다.
① 연소방지설비전용헤드를 사용하는 경우에는 다음 표에 따른 구경 이상으로 할 것

하나의 배관에 부착하는 살수헤드의 개수	1개	2개	3개	4개 또는 5개	6개 이상
배관의 구경(mm)	32	40	50	65	80

② 교차배관은 가지배관과 수평으로 설치하거나 또는 가지배관 밑에 설치하고, 그 구경은 최소구경이 40mm 이상이 되도록 할 것

07 다음 조건을 참조하여 펌프의 NPSH(유효흡입양정)을 계산하고 캐비테이션의 발생유무를 쓰시오. (5점)

13년-07월, 15년-11월 기출

[조건]
① 펌프의 흡입수두는 3m이다.
② 물의 온도는 20℃이고, 이때의 포화수증기압은 2.33kPa이다.
③ 펌프흡입배관 마찰손실압력은 3.5kPa이다.
④ 필요흡입양정(NPSHre)은 5m라고 가정한다.
⑤ 수조의 수위가 펌프보다 낮은 경우이다.
⑥ 대기압은 101.325kPa로 가정한다.
⑦ 물의 비중량은 9800N/m³이다.

○ 계산과정 : $P_a = 101.325\text{kPa} = 101325\text{Pa}(\text{N/m}^2)$

$P_V = 2.33\text{kPa} = 2330\text{Pa}(\text{N/m}^2)$

$H_s = 3\text{m}$

$\Delta H_L = 3.5\text{kPa} = 3500\text{Pa}(\text{N/m}^2)$

$\text{NPSH}_{av} = \dfrac{101325}{9800} - \dfrac{2330}{9800} - 3\text{m} - \dfrac{3500}{9800} = 6.74\text{m}$

○ 답 : ① NPSH = 6.74m
② 캐비테이션발생유무 : 유효흡입양정(6.74m)이 필요흡입양정(5m)보다 크므로 캐비테이션 발생 없음

상세해설

NPSHav(유효흡입양정)

$$\text{NPSH}_{av} = \dfrac{P_a}{\gamma} - \dfrac{P_v}{\gamma} \pm H_s - f\dfrac{V_s^2}{2g}$$

여기서, P_a : 대기압(Pa), P_V : 증기압(Pa), H_s : 흡입수두(-) 또는 압입수두(+)

$f\dfrac{V_s^2}{2g}$: 흡입배관마찰손실수두(m), γ : 물의 비중량(9800N/m³)

① NPSH
유효흡입양정으로 펌프의 흡입압력이 물의 증기압보다 낮을 때 물이 증발하여 공동현상이 발생하지 않고 펌프가 물을 액송할 수 있는 양정을 말한다.

② 공동현상 발생 방지조건
NPSH_av(유효흡입양정) ≥ NPSH_re(필요흡입양정)

③ 공동현상 방지 설계조건
NPSH_av(유효흡입양정) ≥ NPSH_re(필요흡입양정) × 1.3

08

안지름이 각각 300mm와 450mm의 원관이 직접 연결되어 있을 때 안지름이 작은 관에서 큰 관 방향으로 매초 230L의 물이 흐르고 있을 때 돌연 확대 부분에서의 손실은 얼마인가? (6점)

풀이 ○ 계산과정 : ① $d_1 = 300\text{mm} = 0.3\text{m}$, $d_2 = 450\text{mm} = 0.45\text{m}$

$Q = 230\text{L/s} = 0.23\text{m}^3/\text{s}$

② $u_1 = \dfrac{0.23\text{m}^3/\text{s}}{\dfrac{\pi}{4} \times (0.3\text{m})^2} = 3.2538\text{m/s}$

③ $u_2 = \dfrac{0.23\text{m}^3/\text{s}}{\dfrac{\pi}{4} \times (0.45\text{m})^2} = 1.4461\text{m/s}$

④ $\Delta h_L = \dfrac{(u_1 - u_2)^2}{2g} = \dfrac{(3.2538 - 1.4461)^2}{2 \times 9.8} = 0.17\text{m}$

○ 답 : 0.17m

상세해설

관이 급격히 확대하는 경우

$F(\text{m}) = \dfrac{(U_1 - U_2)^2}{2g} = K\dfrac{u_1^2}{2g}$

$K(\text{확대손실계수}) = \left[1 - \left(\dfrac{d_1}{d_2}\right)^2\right]^2$ $d_2 \gg d_1$이면 $K = 1$

$\therefore F = \dfrac{(U_1 - U_2)^2}{2g}(\text{m})$

[관의 확대]

15년-11월 기출

09 다음은 특별피난계단의 계단실 및 부속실 제연설비에 관한 것이다. 주어진 조건을 참조하여 다음 각 물음에 답하시오. (4점)

[조건] ① 평상시 거실과 부속실의 출입문 개방에 필요한 힘은 60N이다.
② 화재시 거실과 부속실의 출입문 개방에 필요한 힘은 110N이다.
③ 출입문의 크기는 폭(W)이 1m이고, 높이(H)가 2.4m이다.
④ 문의 손잡이는 출입문 끝부분에 있다고 가정한다.
⑤ 상수 값 $K_d=1$로 한다.
⑥ 스프링클러설비는 설치되어 있지 않다.

(1) 제연구역의 선정기준을 3가지만 쓰시오.
(2) 조건을 이용하여 거실과 부속실 사이의 차압[Pa]을 구하고 화재안전기술기준에 따른 최소차압 기준과 비교하여 적합여부를 설명하시오.

풀이 (1) 제연구역 선정기준 3가지
○답 : ① 계단실 및 그 부속실을 동시에 제연하는 것
② 부속실만을 단독으로 제연하는 것
③ 계단실을 단독으로 제연하는 것

(2) 차압 및 적합여부

○계산과정 : $\Delta P = \dfrac{(F-F_{dc}) \times 2 \times (W-d)}{K_d \times W \times A}$

$F=110\text{N}$, $F_{dc}=60\text{N}$, $W=1\text{m}$, $d=0$, $K_d=1$, $A=1\text{m} \times 2\text{m}$

$\Delta P = \dfrac{(110-60)\text{N} \times 2 \times (1\text{m}-0)}{1 \times 1\text{m} \times (1\text{m} \times 2.4\text{m})} = 41.67\text{Pa}$

○답 : 화재안전기술기준의 최소차압기준은 40Pa 이상이므로 적합하다.

상세해설

(1) 제연구역과 옥내와의 차압(Pa)

$$\Delta P = \dfrac{(F-F_{dc}) \times 2 \times (W-d)}{K_d \times W \times A}$$

여기서, F : 출입문 개방에 필요한 전체의 힘(N)
(화재시 제연설비가 가동되었을 경우 출입문 개방에 필요한 힘)
F_{dc} : 자동폐쇄장치(도어체크)의 저항력(N)(평상시 출입문 개방에 필요한 힘)
W : 출입문의 폭(m)
d : 문의 손잡이와 문의 끝까지(모서리까지)의 거리(m)

A : 출입문의 면적(m²)
K_d : 상수 값(1.0)

(2) 출입문 개방에 필요한 힘(제연설비가 가동된 상태에서)

$$F[N] = F_{dc}[N] + F_P[N]$$

여기서, F : 출입문개방에 필요한 전체 힘(N)
F_{dc} : 자동폐쇄장치(도어체크)의 저항력(N)
F_P : 차압에 의해 출입문에 미치는 힘(N)

(3) 차압에 의한 방화문에 미치는 힘(제연설비가 가동된 상태에서)

$$F_P = \frac{K_d \times W \times A \times \Delta P}{2(W-d)}$$

여기서, K_d : 상수 값(1.0), W : 출입문의 폭(m), A : 출입문의 면적(m²)
ΔP : 제연구역과 옥내와의 차압(Pa)
d : 문의 손잡이와 문의 끝까지(모서리까지)의 거리(m)

[제연구역 출입문에 미치는 힘]

(4) 특별피난계단의 계단실 및 부속실 제연설비의 화재안전기술기준(NFTC 501A)
① 제연설비가 가동되었을 경우 출입문의 개방에 필요한 힘은 110N 이하
② 제연구역과 옥내와의 사이에 유지하여야 하는 최소 차압은 40Pa
(옥내에 스프링클러설비가 설치된 경우에는 12.5Pa) 이상

07년-07월, 12년-07월, 16년-04월 기출

10 그림에서 "㉮" 실을 급기 가압하여 옥외와의 압력차가 50Pa이 유지되도록 하려고 한다. 다음 각 물음에 답하시오. (6점)

[조건] (1) 급기량(Q)은 $Q = 0.827 \times A \times \sqrt{P_1 - P_2}$ 로 구한다.
(2) [그림]에서 A_1, A_2, A_3, A_4는 닫힌 출입문으로 공기누설 틈새 면적은 모두 0.01m^2로 한다.(Q : 급기량(m^3/s), A : 틈새 면적(m^2), P_1, P_2 : 급기 가압실 내·외의 기압(Pa))

(1) 실의 전체 누설틈새면적(m^2)을 계산하시오.(단, 소수점 아래 다섯째자리까지 나타내시오)
(2) ㉮실에 급기하여야 하는 풍량(m^3/min)을 계산하시오.

풀이 (1) 누설틈새면적(m^2)
　○계산과정 :
　① A_3와 A_4는 직렬관계 $A_{(3+4)} = \dfrac{1}{\sqrt{\dfrac{1}{0.01^2} + \dfrac{1}{0.01^2}}} = 0.00707\text{m}^2$

　② A_2와 $A_{(3+4)}$는 병렬관계 $A_2 + A_{(3+4)} = 0.01 + 0.00707 = 0.01707\text{m}^2$
　③ A_1과 $A_2 + A_{(3+4)}$는 직렬관계

$$A_1 + A_{2+(3+4)} = \dfrac{1}{\sqrt{\dfrac{1}{0.01^2} + \dfrac{1}{0.01707^2}}} = 0.00863\text{m}^2$$

　○답 : 0.00863m^2

(2) 급기풍량(m^3/min)
　○계산과정 : $Q = 0.827 \times 0.00863 \times \sqrt{50} \times 60 = 3.03\text{m}^3/\text{min}$
　○답 : $3.03\text{m}^3/\text{min}$

상세해설

① A_3와 A_4는 직렬관계

$$\therefore A_3 + A_4 = \frac{1}{\sqrt{\frac{1}{A_3^2}+\frac{1}{A_4^2}}} = \frac{1}{\sqrt{\frac{1}{0.01^2}+\frac{1}{0.01^2}}} = 7.07 \times 10^{-3} \text{m}^2$$

② A_2와 A_{3+4}는 병렬관계

$$\therefore A_2 + A_{3+4} = 0.01 \text{m}^2 + 7.07 \times 10^{-3} \text{m}^2 = 0.01707 \text{m}^2$$

③ A_1과 $A_{2+(3+4)}$는 직렬관계

$$\therefore A_1 + A_{2+(3+4)} = \frac{1}{\sqrt{\frac{1}{A_1^2}+\frac{1}{A_{2+(3+4)}^2}}} = \frac{1}{\sqrt{\frac{1}{0.01^2}+\frac{1}{0.01707^2}}}$$

$$= 8.63 \times 10^{-3} \text{m}^2$$

④ $Q = 0.827 \times 8.63 \times 10^{-3} \times \sqrt{50} = 0.050466 \text{m}^3/\text{s}$

$$\therefore Q = \frac{0.050466 \text{m}^3}{\text{s}} \times \frac{60\text{s}}{\text{min}} = 3.03 \text{m}^3/\text{분}$$

11 항공기격납고에 전역방출방식의 고발포용 고정포방출구를 아래 [조건]과 같이 설치되어 있다. 각 물음에 답하시오. (5점)

[조건] ① 항공기격납고의 크기는 20m(가로)×10m(세로)×5m(높이)이다.
② 바닥면으로부터 방호대상물의 높이는 1.8m이다.
③ 포약제는 합성계면활성제포 3%를 사용한다.
④ 포의 팽창비는 500이며, 관포체적 1m³에 대한 포수용액 방출량은 0.29L/min이다.
⑤ 개구부 등에는 자동폐쇄장치가 설치되어 있다.

(1) 고정포방출구의 수량(개)을 구하시오.
(2) 포수용액의 양(m³)을 구하시오.
(3) 합성계면활성제포 소화약제량(L)을 구하시오.

풀이 (1) **고정포방출구의 수량**(개)

○ 계산과정 : $N = \dfrac{20\text{m} \times 10\text{m}}{500\text{m}^2/\text{개}} = 0.4$ ∴ 1개

○ 답 : 1개

(2) **포수용액의 양**(m³)

○ 계산과정 : $Q = 20\text{m} \times 10\text{m} \times (1.8+0.5)\text{m} \times 0.29\text{L}/\text{m}^3 \cdot \text{min} \times 10\text{min}$
$= 1{,}334\text{L} = 1.33\text{m}^3$

○ 답 : 1.33m³

(3) **합성계면활성제 소화약제량**(L)

○ 계산과정 : $Q = 1.33\text{m}^3 \times 0.03 \times \dfrac{1{,}000\text{L}}{\text{m}^3} = 39.9\text{L}$

○ 답 : 39.9L

상세해설

(1) **고발포용 고정포방출구의 수량**(개)
① 고정포방출구는 바닥면적 500m²마다 1개 이상
② $N = \dfrac{A(\text{m}^2)(\text{바닥면적})}{500\text{m}^2/\text{개}}$

(2) **고발포용 고정포방출구의 포수용액의 양**(m³)
① 관포체적(바닥 면으로부터 방호대상물의 높이보다 0.5m 높은 위치까지의 체적)

② 고정포방출구의 관포체적에 대한 방출량

소방대상물	포의 팽창비	1m³에 대한 분당 포수용액 방출량(K)
항공기격납고	팽창비 80 이상 250 미만의 것	2.00L
	팽창비 250 이상 500 미만의 것	0.50L
	팽창비 500 이상 1,000 미만의 것	0.29L

③ 포수용액의 양 $Q = V(\text{m}^3)(\text{관포체적}) \times K(\text{L/m}^3 \cdot \text{min}) \times T(\text{min})$

(3) 소화약제량(L)
 Q = 포수용액의 양 × 약제의 농도

---

12 스프링클러설비에는 유수검지장치를 시험할 수 있는 시험장치를 설치하여야 한다. 다음 각 물음에 답하시오. (6점)

(1) 습식스프링클러설비 및 부압식스프링클러설비의 경우 시험장치의 설치위치를 쓰시오.
(2) 건식스프링클러설비의 경우 시험장치의 설치위치를 쓰시오.
(3) 시험장치의 배관 끝부분에 설치하는 구성부품 중 2가지만 쓰시오.

풀이 (1) 습식 및 부압식 스프링클러설비의 경우 시험장치의 설치위치
  ○답 : 유수검지장치 2차측 배관에 연결하여 설치
(2) 건식스프링클러설비의 경우 시험장치의 설치위치
  ○답 : 유수검지장치에서 가장 먼 거리에 위치한 가지배관의 끝으로부터 연결하여 설치
(3) 시험장치 배관 끝부분에 설치하는 구성요소 2가지
  ○답 : ① 개폐밸브
    ② 개방형헤드 또는 스프링클러헤드와 동등한 방수성능을 가진 오리피스

상세해설

유수검지장치를 시험할 수 있는 시험 장치의 설치기준
(1) 습식스프링클러설비 및 부압식스프링클러설비에 있어서는 유수검지장치 2차측 배관에 연결하여 설치하고 건식스프링클러설비인 경우 유수검지장치에서 가장 먼 거리에 위치한 가지배관의 끝으로부터 연결하여 설치할 것. 유수검지장치 2차측 설비의 내용적이 2,840L를 초과하는 건식스프링클러설비의 경우 시험장치 개폐밸브를 완전 개방 후 1분 이내에 물이 방사되어야 한다.
(2) 시험장치 배관의 구경은 25mm 이상으로 하고, 그 끝에 개폐밸브 및 개방형헤드 또는 스프링클러헤드와 동등한 방수성능을 가진 오리피스를 설치할 것. 이 경우 개방형헤드는 반사판 및 프레임을 제거한 오리피스만으로 설치할 수 있다.

02년-05월, 07년-11월, 12년-07월 기출

13 어느 특정소방대상물에 옥내소화전설비를 설치하고자 한다. 조건을 참조하여 각 물음에 답하시오. (9점)

[조건]
① 옥내소화전은 지하 1층 2개소, 1~3층까지 각 4개소씩, 5, 6층에 각 3개소, 옥상 층에는 시험용 소화전을 설치하였다.
② 지표면으로부터 최상층 방수구까지의 수직거리는 28m이며 소화펌프는 지표면으로부터 3.5m아래에 설치되어 있으며 흡입고는 1.5m이다.
③ 직관의 마찰손실 6m, 호스의 마찰손실 6.5m, 이음쇠 밸브류 등의 마찰손실 8m이다
④ 수원 확보량은 옥상수조의 양을 포함하여 산정한다.

(1) 전용 수원의 확보 용량(m^3)을 계산하시오.
 (단, 전용 수원 확보량은 법적 수원 확보량의 15%를 가산한 양으로 한다.)
(2) 펌프의 토출량(L/min)은 얼마 이상이어야 하는가?
 (단, 펌프의 토출량은 안전율 15%를 가산한 양으로 산정한다.)
(3) 펌프를 지하층에 설치할 경우 전양정(m)을 계산하시오.
(4) 펌프의 전동기의 용량(kW)을 계산하시오.
 (단, 펌프의 효율은 65%, 전달계수는 1.1이다.)

풀이 (1) 전용 수원의 확보 용량(m^3)
 ○계산과정 : $Q = \left[2 \times 2.6 + 2 \times 2.6 \times \dfrac{1}{3}\right] \times 1.15 = 7.97 m^3$
 ○답 : $7.97 m^3$ 이상

(2) 펌프의 토출량(L/min)
 ○계산과정 : $Q = 2 \times 130 \times 1.15 = 299 L/min$
 ○답 : 299L/min 이상

(3) 전양정(m)
 ○계산과정 : 전양정 $H = h_1 + h_2 + h_3 + 17m$
  (h_1 : 낙차, h_2 : 배관의 마찰손 실수두, h_3 : 소방용 호스의 마찰손실수두)
  $H = (28 + 3.5 + 1.5) + (6 + 8) + 6.5 + 17 = 70.5m$
 ○답 : 70.5m

(4) 전동기의 용량(kW)

　　○ 계산과정 : $P = \dfrac{9.8\text{kN/m}^3 \times 0.299\text{m}^3/60\text{s} \times 70.5\text{m}}{0.65} \times 1.1 = 5.83\text{kW}$

　　○ 답 : 5.83kW 이상

상세해설

(1) 옥내소화전설비의 수원의 유효저수량

　　$Q = N \times 2.6\text{m}^3$ (N : 옥내소화전의 개수(최대2개))

(2) 옥내소화전설비의 펌프의 토출량

　　$Q = N \times 130\text{L/min}$ (N : 옥내소화전의 개수(최대2개))

(3) 옥내소화전설비의 전양정

　　전양정 $H = h_1 + h_2 + h_3 + 17\text{m}$

　　여기서, h_1 : 낙차, h_2 : 배관의 마찰손 실수두, h_3 : 소방용 호스의 마찰손실수두

(4) 펌프의 동력계산

　① 수동력

$$L_W(\text{kW}) = \gamma Q H$$

　※ 주의 : 수동력 계산 시 펌프의 효율 및 전달계수 K값은 무시한다.

　② 축동력

$$L_S(\text{kW}) = \dfrac{\gamma Q H}{E}$$

　※ 주의 : 축동력 계산 시 전달계수 값은 무시한다.

　③ 모터동력

$$P(\text{kW}) = \dfrac{\gamma Q H}{E} \times K$$

　여기서, γ : 비중량(물의 비중량=9.8kN/m³), Q : 토출량(m³/s)
　　　　　H : 전양정(m), E : 효율(%/100), K : 전달계수

14 할로겐화합물 및 불활성기체 소화설비에 압력배관용 탄소강관(KS D 3562)을 사용할 때 다음 [표]를 참조하여 각 물음에 답하시오. (8점)

[표] 압력배관용 탄소강관 SPPS 250[KS D 3562(SCH 40)]의 규격

호칭지름(A)	25	32	40	50	65	80	90	100
바깥지름(mm)	34.0	42.7	48.6	60.5	76.3	89.1	101.6	114.3
두께(mm)	3.4	3.6	3.7	3.9	5.2	5.5	5.7	6.0

(1) 호칭지름이 32A인 압력배관용 탄소강관(SCH 40)에 분사헤드가 접속되어 있다. 이때 분사헤드의 오리피스의 최대 직경(mm)을 구하시오.

(2) 호칭구경이 65A인 압력배관용 탄소강관(SCH 40)을 사용하여 용접배관을 하는 경우 배관에 적용할 수 있는 최대허용압력(MPa)을 계산하시오. (단, 인장강도는 410MPa, 항복점(항복강도)은 250MPa이며, 전기저항 용접배관으로 배관이음효율은 0.85를 적용한다.)

풀이 (1) 분사헤드의 오리피스의 최대 직경(mm)
○ 계산과정 :
① 분사헤드의 오리피스의 면적
- 분사헤드가 연결되는 배관구경면적의 70%초과 금지
- 배관의 내경 D = 배관바깥지름 $-$ (배관두께 $\times 2$) $= 42.7 - (3.6 \times 2)$
  $= 35.5$ mm
- 배관의 구경 면적 $A = \dfrac{\pi}{4} \times D^2 = \dfrac{\pi}{4} \times 35.5^2 = 989.80 \text{mm}^2$

② 분사헤드의 오리피스의 면적
$A = 989.80 \times 0.7 = 692.86 \text{mm}^2$

③ 분사헤드의 오리피스의 최대구경
$d_{\max} = \sqrt{\dfrac{4A}{\pi}} = \sqrt{\dfrac{4 \times 692.86}{\pi}} = 29.70 \text{mm}$

○ 답 : 29.70mm

(2) 최대허용압력(MPa)
○ 계산과정 :
① 최대허용응력(SE)
SE : 최대허용응력(kPa)(배관 재질 인장강도의 1/4값과 항복점의 2/3 값 중 적은 값 $\times$ 배관이음효율 $\times$ 1.2)
- 인장강도의 $\dfrac{1}{4}$값 $= 410 \text{MPa} \times \dfrac{1}{4} = 102.5 \text{MPa}$

- 항복점의 $\frac{2}{3}$ 값 $= 250\text{MPa} \times \frac{2}{3} = 166.67\text{MPa}$
- 배관의 최대허용응력 계산(작은 값(σ) $= 102.5\text{MPa}$ 적용)
- $SE = \sigma \times$ 배관이음효율 $\times 1.2 = 102.5 \times 0.85 \times 1.2 = 104.55\text{MPa}$

② 최대허용압력(P)
- A(나사이음)는 조건에 없으므로 무시한다.
- $P = \dfrac{2SE}{D} \times (t - A) = \dfrac{2 \times 104.55}{76.3} \times 5.2 = 14.25\text{MPa}$

○ 답 : 14.25MPa

상세해설

할로겐화합물 및 불활성기체소화설비의 화재안전기술기준(NFTC 107A)

(1) 분사헤드

분사헤드의 오리피스의 면적은 분사헤드가 연결되는 배관구경면적의 70%를 초과하여서는 아니 된다.

(2) 관의 두께

$$t = \frac{PD}{2SE} + A$$

여기서, t : 관의 두께(mm)
P : 최대허용압력(kPa)
D : 배관의 바깥지름(mm)
SE : 최대허용응력(kPa)(배관재질 인장강도의 1/4값과 항복점의 2/3 값 중 적은 값 $\times$ 배관이음효율 $\times 1.2$)
A : 나사이음(mm) (헤드설치부분은 제외한다)

- 나사이음 : 나사의 높이 • 절단홈이음 : 홈의 깊이 • 용접이음 : 0
※ 배관이음효율 : ① 이음매 없는 배관 : 1.0
② 전기저항 용접배관 : 0.85
③ 가열맞대기 용접배관 : 0.60

15 아래 그림과 같이 소화배관에 1500L/min의 유량으로 물이 흐르고 있다가 분기배관에 Q_1, Q_2, Q_3로 분리되어 흐른다. [조건]을 참조하여 Q_1, Q_2, Q_3의 유량(Lpm)을 계산하고 소수점 미만은 반올림하여 정수로 나타내시오. (8점)

[조건]
① 배관의 마찰손실은 다음의 Hazen-William's식을 이용한다.

$$\Delta P_m = 6.053 \times 10^4 \times \frac{Q^{1.85}}{C^{1.85} \times d^{4.87}}$$

여기서, ΔP_m : 배관 1m당 마찰손실압력(MPa)
 Q : 유량(L/min),
 C : 조도(roughness)
 d : 배관의 내경[mm]
② 배관의 조도는 모두 동일하며, 물의 비중량은 9.8kN/m^3이다.
③ 각 분기배관의 마찰손실수두는 10m로 같다.

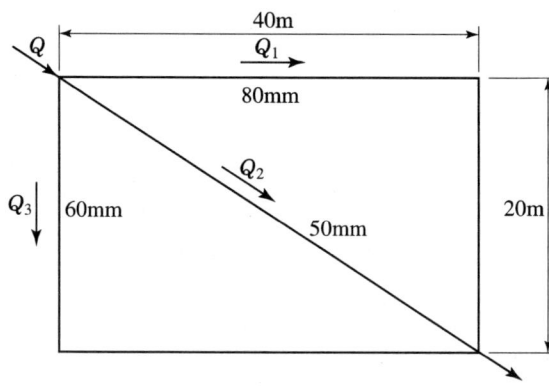

○ 계산과정 :
(1) 배관마찰손실(m)을 압력(MPa)으로 단위 환산
 $P = \gamma h = 9.8\text{kN/m}^3 \times 10\text{m} = 98\text{kN/m}^2 (\text{kPa}) = 0.098\text{MPa}$

(2) 배관의 내경, 길이 산정

배관의 내경	배관의 길이	조도
$d_1 = 80\text{mm}$	$L_1 = 40 + 20 = 60\text{m}$	
$d_2 = 50\text{mm}$	$L_2 = \sqrt{40^2 + 20^2} = 44.7214\text{m}$	모두 같다.
$d_3 = 60\text{mm}$	$L_3 = 20 + 40 = 60\text{m}$	

(3) 조도 계산

① $\Delta P_1 = 6.053 \times 10^4 \times \dfrac{Q_1^{1.85}}{C^{1.85} \times 80^{4.87}} \times 60 = 0.098 \mathrm{MPa}$

$\Delta P_2 = 6.053 \times 10^4 \times \dfrac{Q_2^{1.85}}{C^{1.85} \times 50^{4.87}} \times 44.7214 = 0.098 \mathrm{MPa}$

$\Delta P_3 = 6.053 \times 10^4 \times \dfrac{Q_3^{1.85}}{C^{1.85} \times 60^{4.87}} \times 60 = 0.098 \mathrm{MPa}$

② $Q_1 = C^{1.85 \times \frac{1}{1.85}} \times \left(\dfrac{80^{4.87} \times 0.098}{6.053 \times 10^4 \times 60} \right)^{\frac{1}{1.85}} = 8.2882\,C$

$Q_2 = C^{1.85 \times \frac{1}{1.85}} \times \left(\dfrac{50^{4.87} \times 0.098}{6.053 \times 10^4 \times 44.7214} \right)^{\frac{1}{1.85}} = 2.8192\,C$

$Q_3 = C^{1.85 \times \frac{1}{1.85}} \times \left(\dfrac{60^{4.87} \times 0.098}{6.053 \times 10^4 \times 60} \right)^{\frac{1}{1.85}} = 3.8866\,C$

③ $Q_1 + Q_2 + Q_3 = 8.2882\,C + 2.8192\,C + 3.8866\,C = 1500 \mathrm{L/min}$

$14.994\,C = 1500 \qquad C = \dfrac{1500}{14.994} = 100.0400$

(4) 유량 계산

$Q_1 = 8.2882\,C = 8.2882 \times 100.04 = 829.15 ≒ 829 \mathrm{L/min(Lpm)}$

$Q_2 = 2.8192\,C = 2.8192 \times 100.04 = 282.03 ≒ 282 \mathrm{L/min(Lpm)}$

$Q_3 = 3.8866\,C = 3.8866 \times 100.04 = 388.82 ≒ 389 \mathrm{L/min(Lpm)}$

○ 답 : $Q_1 = 829 \mathrm{Lpm}$, $Q_2 = 282 \mathrm{Lpm}$, $Q_3 = 389 \mathrm{Lpm}$

상세해설

(1) 배관마찰손실압력

$\Delta P = 6.053 \times 10^4 \times \dfrac{Q^{1.85}}{C^{1.85} \times d^{4.87}} \times L (\text{배관길이})$

(2) 유량과 조도 관계

$Q_1^{1.85} = \dfrac{C^{1.85} \times 80^{4.87} \times 0.098}{6.053 \times 10^4 \times 60}$, $Q_1^{1.85 \times \frac{1}{1.85}} = \left(\dfrac{C^{1.85} \times 80^{4.87} \times 0.098}{6.053 \times 10^4 \times 60} \right)^{\frac{1}{1.85}}$

$Q_1 = \left(\dfrac{C^{1.85} \times 80^{4.87} \times 0.098}{6.053 \times 10^4 \times 60} \right)^{\frac{1}{1.85}} = 8.2882\,C$

11년-07월 기출

16 용도가 판매시설인 지하1층으로서 바닥면적이 3000m² 이고 수동식 분말소화기를 설치하고자 한다. 분말소화기 1개의 능력단위가 A급 화재기준으로 3단위인 경우 최저로 필요한 소요 소화기 개수를 계산하시오? (단, 언급되지 않은 기타 조건은 무시한다) (3점)

[풀이]

○ 계산과정 :

① 판매시설인 경우
   소화기구의 소요 능력단위는 당해용도의 바닥면적 100m²마다 능력단위 1단위 이상

② 소요 능력단위 = $\dfrac{\text{바닥면적 (m}^2)}{\text{기준면적 (m}^2)} = \dfrac{3000\text{m}^2}{100\text{m}^2} = 30$단위

③ 필요한 소화기개수 = 30단위 × $\dfrac{1개}{3단위}$ = 10개

○ 답 : 10개

[참고] 소방대상물별 소화기구의 능력단위기준

소 방 대 상 물	소화기구의 능력단위
위락시설	바닥면적 30m² 마다 능력단위 1단위 이상
공연장 · 집회장 · 관람장 · 문화재 · 장례식장 및 의료시설	바닥면적 50m² 마다 능력단위 1단위 이상
근린생활시설 · 판매시설 · 운수시설 · 숙박시설 · 노유자시설 · 전시장 · 공동주택 · 업무시설 · 방송통신시설 · 공장 · 창고시설 · 항공기 및 자동차관련 시설 및 관광휴게시설	바닥면적 100m² 마다 능력단위 1단위 이상
그 밖의 것	바닥면적 200m² 마다 능력단위 1단위 이상

(주) 소화기구의 능력단위를 산출함에 있어서 건축물의 주요구조부가 내화구조이고, 벽 및 반자의 실내에 면하는 부분이 불연재료 · 준불연재료 또는 난연재료로 된 특정소방대상물에 있어서는 위 표의 기준면적의 2배를 해당 특정소방대상물의 기준면적으로 한다.

소방설비기사 – 기계분야

2021년 11월 14일 시행

15년-04월 기출

01 아래 그림 및 조건을 참조하여 스프링클러설비 가지배관에서의 구성부품의 규격 및 수량을 산출하여 다음 답란의 빈칸을 완성하시오. (6점)

[조건]
① 티의 접속부분은 모두 동일 구경을 사용하고 배관이 축소되는 부분은 반드시 레듀셔를 사용한다.
② 교차배관의 구성부부품은 제외한다.
③ 스프링클러헤드 수별 급수관의 구경은 다음과 같다.

급수관의 구경(mm)	25	32	40	50
헤드 수(개)	2	3	5	10

④ 티의 규격은 다음의 실례와 같은 방법으로 표기할 것
(예시)

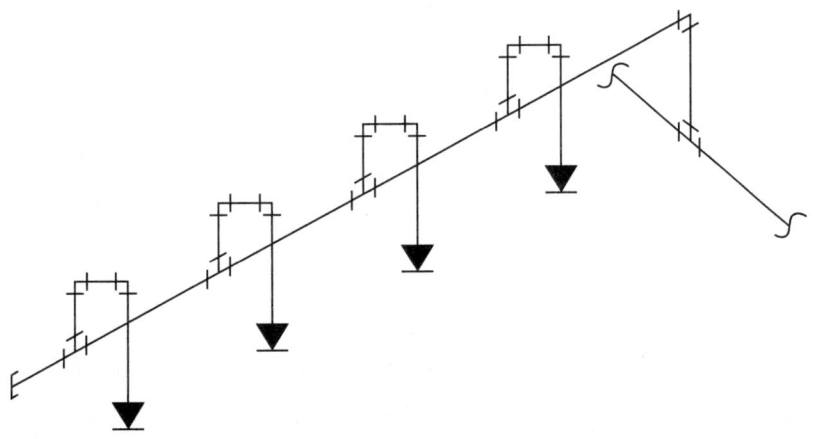

구성부품	규격(mm)	수량(개)
헤드	15	4
캡		
90° 엘보		
티		
레듀셔		

풀이 ○답:

구성부품	규격(mm)	수량(개)
헤드	15	4
캡	25	1
90° 엘보	25	8
	40	1
티	25×25×25	2
	32×32×32	1
	40×40×40	1
레듀셔	25×15	4
	32×25	2
	40×32	1
	40×25	1

상세해설

(1) 티의 접속부분을 **모두 동일구경**을 사용하는 경우

(2) 티의 직류방향의 **두 접속부만 동일구경**을 사용하는 경우

구성부품	규격(mm)	수량(개)
헤드	15	4
캡	25	1
90° 엘보	25	8
	40	1
티	25×25×25	2
	32×32×25	1
	40×40×25	1
레듀셔	25×15	4
	32×25	1
	40×32	1

04년-04월, 16년-06월 기출

02 다음은 옥내소화전설비의 물올림장치의 설치기준이다. ( )안에 알맞은 답을 쓰시오. (4점)

(1) 물올림장치는 전용의 (①)를 설치할 것
(2) (②)의 유효수량은 (③) 이상으로 하되, 구경 (④) 이상의 (⑤)에 따라 해당 탱크에 물이 계속 보급되도록 할 것

○답 : ① 탱크   ② 탱크   ③ 100L   ④ 15mm   ⑤ 급수배관

01년-07월, 09년-04월, 11년-11월, 12년-11월, 15년-07월, 16년-06월, 17년-11월, 18년-11월, 20년-10월 기출

03 다음 그림은 어느 실등의 평면도이다. 이 실들 중 A실을 급기 가압하고자 한다. 주어진 조건을 이용하여 각 물음에 답하시오. (7점)

[조건]
① 실외부 대기의 기압은 절대압력으로 101,300Pa로서 일정하다.
② A실에 유지하고자 하는 기압은 절대압력으로 101,500Pa이다.
③ 각 실의 문(Door)들의 틈새면적은 0.01m^2이다.
④ 어느 실을 급기 가압할 때 그 실의 문의 틈새를 통하여 누출되는 공기의 양은 다음의 식을 따른다.

$$Q = 0.827 A P^{\frac{1}{2}}$$

여기서, Q : 누출되는 공기의 양(m^3/s)
   A : 문의 틈새면적(m^2)
   P : 문을 경계로 한 실내외 기압차(Pa)

(1) 각 실의 문의 틈새면적 합계(m^2)를 구하시오.
 (단, 소수점 아래 6째 자리에서 반올림하여 5째 자리까지 나타내시오).
(2) A실에 유입시켜야 할 풍량(L/s)을 구하시오.

풀이 (1) 문의 틈새면적 합계(m^2)
 ○ 계산과정 :

우선 D실의 ⑤와 ⑥의 합성 틈새 면적 $A = \dfrac{1}{\sqrt{\dfrac{1}{(0.01)^2} + \dfrac{1}{(0.01)^2}}} = 0.00707\text{m}^2$

그리고 ③과 ④의 합성 틈새 면적은 외부와 직접 연결되므로

$$0.01\mathrm{m}^2 + 0.01\mathrm{m}^2 = 0.02\mathrm{m}^2$$

∴ ③~⑥까지 합성 틈새 면적 $= 0.02\mathrm{m}^2 + 0.00707\mathrm{m}^2 = 0.02707\mathrm{m}^2$

∴ ① $= 0.01\mathrm{m}^2$ ② $= 0.01\mathrm{m}^2$ ③~⑥ $= 0.02707\mathrm{m}^2$

∴ 총합성 틈새 면적 $= \dfrac{1}{\sqrt{\dfrac{1}{(0.01)^2} + \dfrac{1}{(0.01)^2} + \dfrac{1}{(0.02707)^2}}}$

$\qquad\qquad\qquad\quad = \dfrac{1}{146.166538} = 0.0068415\mathrm{m}^2$

∴ $A = 0.0068415\mathrm{m}^2$

○ 답 : $0.00684\mathrm{m}^2$

(2) A실에 유입시켜야 할 풍량(L/s)

○ 계산과정 : $P = 101{,}500\mathrm{Pa} - 101{,}300\mathrm{Pa} = 200\mathrm{Pa}$

$Q = 0.827 \times 0.00684 \times \sqrt{200} \times \dfrac{1{,}000\mathrm{L}}{1\mathrm{m}^3} = 79.997\mathrm{L/s}$

○ 답 : 80L/s

00년-04월, 00년-11월, 04년-07월, 05년-05월, 15년-11월 기출

04 제연설비에서 많이 사용하는 솔레노이드댐퍼, 모터댐퍼 및 퓨즈댐퍼의 작동 원리를 비교하여 설명하시오. (6점)

○ 답 : ① 솔레노이드댐퍼 : 연기에 의하여 작동하며 솔레노이드가 누르게핀을 이동하여 작동
② 모터댐퍼 : 연기에 의하여 작동하며 모터가 누르게 핀을 이동하여 작동
③ 퓨즈댐퍼 : 온도에 의하여 퓨즈가 용융되어 자동으로 폐쇄되는 댐퍼

08년-11월, 09년-07월, 14년-07월 기출

05 아래 도면은 어느 판매장에 대한 제연설비 중 배출풍도와 배출FAN을 나타내고 있는 평면도이다. 다음 각 물음에 답하시오. (단, 각 실은 독립배연방식이다.)

(8점)

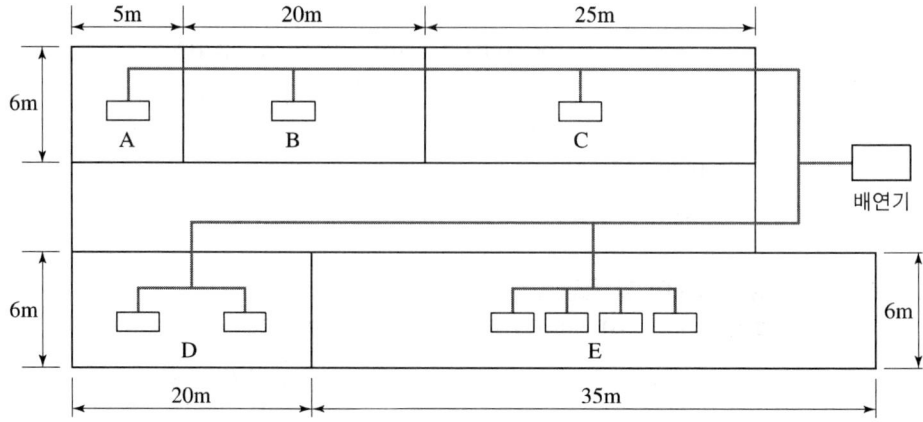

(1) 댐퍼의 설치위치를 도면에 표기하시오. (단, 댐퍼표기는 ⌀의 모양으로 할 것)
(2) 각 실의 최소 소요배출량(m^3/h)을 계산하시오.
    ① A실(계산과정 및 답)
    ② B실(계산과정 및 답)
    ③ C실(계산과정 및 답)
    ④ D실(계산과정 및 답)
    ⑤ E실(계산과정 및 답)
(3) 배연기의 최소 배출량(m^3/h)을 계산하시오.

풀이 (1) 댐퍼 설치위치

○답 :

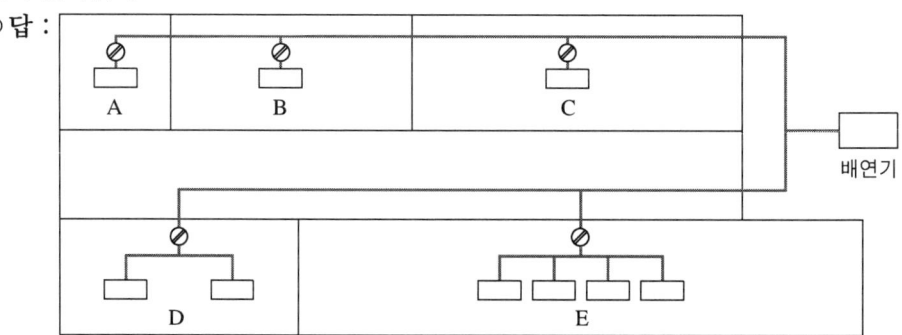

(2) 각 실의 소요배출량
 ○ 계산과정 및 답 :

구분	바닥면적	배출량 계산과정	배출량
A실	$5m \times 6m = 30m^2$	$Q_A = 30m^2 \times 1m^3/min \cdot m^2 \times 60min/h$ $= 1,800m^3/h$ ∴ 최소 배출량은 $5,000m^3/h$	$5,000m^3/h$
B실	$20m \times 6m = 120m^2$	$Q_B = 120m^2 \times 1m^3/min \cdot m^2 \times 60min/h$ $= 7,200m^3/h$	$7,200m^3/h$
C실	$25m \times 6m = 150m^2$	$Q_C = 150m^2 \times 1m^3/min \cdot m^2 \times 60min/h$ $= 9,000m^3/h$	$9,000m^3/h$
D실	$20m \times 6m = 120m^2$	$Q_D = 120m^2 \times 1m^3/min \cdot m^2 \times 60min/h$ $= 7,200m^3/h$	$7,200m^3/h$
E실	$35m \times 6m = 210m^2$	$Q_E = 210m^2 \times 1m^3/min \cdot m^2 \times 60min/h$ $= 12,600m^3/h$	$12,600m^3/h$

(3) 배출기의 최소 배출량(m^3/h)
 ○ 답 : $12,600m^3/h$

상세해설

(1) 거실의 바닥면적이 400m^2 미만으로 구획된 예상제연구역에 대한 배출량

$$Q = S \times m^3/min \cdot m^2$$

여기서, Q : 배출량(m^3/min)[최솟값은 $5000m^3/hr(83.33m^3/min)$ 이상]
    S : 바닥면적(m^2)

(2) 바닥면적이 400m^2 이상인 경우의 배출량(제연경계로 구획된 경우는 예외)

구분	직경 40m인 원의 범위 안에 있을 경우	직경 40m인 원의 범위를 초과할 경우
배출량	$40,000m^3/h$ 이상	$45,000m^3/h$ 이상

(3) 배연기의 배출량

구 분	구획의 구분	배출량
① 공동배연구역 (댐퍼 미설치)	예상제연구역이 각각 벽으로 구획된 경우	각 예상제연구역의 배출량을 합한 것 이상
② 독립배연구역 (댐퍼 설치)	예상제연구역이 각각 제연경계로 구획된 경우	각 예상제연구역의 배출량 중 최대의 것

18년-06월 기출

06 상수도소화용수설비가 설치되지 않은 특정소방대상물에 옥외소화전설비를 설치하고자 한다. 아래 도면을 참조하여 각 물음에 답하시오. (6점)

[조건]
① 도면은 가로 120m, 세로 50m인 어느 특정소방대상물의 평면도이다.

② 해당 특정소방대상물은 2층의 건축물이며, 바닥면적은 6,000m^2이고, 연면적은 12,000m^2이다.

(1) 특정소방대상물의 각 부분으로부터 하나의 호스 접결구까지의 수평거리는 몇 (m) 이하인지 쓰시오.
(2) 설치하여야 할 옥외소화전의 최소개수를 구하시오.
(3) 펌프의 토출량(L/min)을 구하시오.
(4) 수원의 양(m^3)을 구하시오.

풀이 (1) 호스 접결구까지의 수평거리
  ○답 : 40m 이하

(2) 옥외소화전의 최소개수
  ○계산과정 : $N = \dfrac{120m \times 2 + 50m \times 2}{40m \times 2} = 4.25$ ∴ 5개
  ○답 : 5개

(3) 펌프의 토출량
  ○계산과정 : $Q = 2 \times 350 L/min = 700 L/min$
  ○답 : 700L/min

(4) 수원의 양
  ○계산과정 : $Q = 2 \times 7m^3 = 14m^3$
  ○답 : 14m^3

상세해설

(1) 옥외소화전의 호스접결구
① 지면으로부터 높이가 0.5m 이상 1m 이하의 위치에 설치
② 특정소방대상물의 각 부분으로부터 하나의 호스접결구까지의 수평거리가 40m 이하

(2) 옥외소화전설비에서 펌프의 토출량

$$\text{펌프의 토출량 } Q(\text{L/min}) = N \times 350 \text{L/min}$$

여기서, N : 옥외소화전 설치개수(최대 2개)

(3) 옥외소화전설비에서 수원의 최소 유효저수량(m^3)

$$Q(\text{m}^3) = N \times 7\text{m}^3 \ (N : \text{최대 2개})$$

13년-04월 기출

07 할론 소화설비에서 사용하는 soaking time에 대하여 간단히 설명하시오.
(3점)

풀이 ○답 : 할론 소화약제는 표면화재의 화재초기에 저농도(5~10%)로 사용되나 심부화재에 적용할 경우 고농도를 일정시간 유지시켜 주어야 소화가 된다. 이때 필요한 시간을 말한다.

상세해설

할론 소화약제는 표면화재의 화재초기에 저농도(5~10%)로 사용되나 심부화재에 적용할 경우 소화를 위하여 고농도를 일정시간 유지시켜 주어야 소화가 된다. 이때 필요한 시간을 쇼킹타임(Soaking Time)이라 한다. 할론 소화약제의 쇼킹타임은 약10분이다.

00년-02월, 08년-11월, 12년-10월, 19년-06월, 20년-07월 기출

08 그림은 어느 배관의 평면도에서 화살표 방향으로 물이 흐르고 있다. 주어진 조건을 참조하여 Q_1, Q_2(L/min)의 유량을 각각 구하시오. (7점)

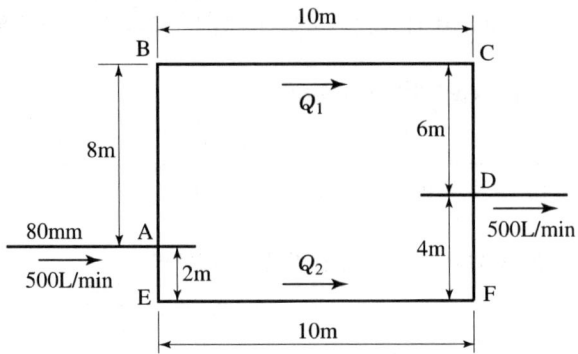

[조건]
① 루프배관 BCDFEAB의 호칭구경은 50mm이다.
② 호칭구경 50mm 배관의 안지름은 54mm이다.
③ 호칭구경 50mm 엘보의 등가길이는 1.4m이며, A 및 D점에 있는 티의 마찰손실은 무시한다.
④ 배관의 마찰손실압력은 다음의 헤이젠-윌리엄스 공식을 사용하여 구한다.

$$\Delta P = \frac{6 \times 10^4 \times Q^2}{100^2 \times d^5}$$

여기서, ΔP : 배관 1m당 마찰손실압력(MPa/m)
d : 배관의 내경(mm)
Q : 유량(L/min)

[풀이] ○ 계산과정 :

(1) Q_1과 Q_2의 유량에 대한 비율을 계산

① 관로망에서 배관마찰손실은 서로 같다.

② $\Delta P_{ABCD} = \Delta P_{AEFD}$

③ $\dfrac{6 \times 10^4 \times Q_1^2}{100^2 \times 54^5} \times [8 + 10 + 6 + (1.4 \times 2)]$

$= \dfrac{6 \times 10^4 \times Q_2^2}{100^2 \times 54^5} \times [2 + 10 + 4 + (1.4 \times 2)]$

④ $\dfrac{6 \times 10^4}{100^2 \times 54^5}$ 은 양변이 같으므로 소거한다.

⑤ $26.8Q_1^2 = 18.8Q_2^2$ $Q_1^2 = \dfrac{18.8}{26.8}Q_2^2$ $Q_1 = \sqrt{\dfrac{18.8}{26.8}}\,Q_2$ $Q_1 = 0.837Q_2$

⑥ Q_2를 1이라 가정하면 $Q_1 = 0.837$

(2) Q_1과 Q_2의 유량 계산

$$Q_1 = 500\text{L/min} \times \dfrac{0.837}{0.837+1} = 227.82\text{L/min}$$

$$Q_2 = 500\text{L/min} \times \dfrac{1}{0.837+1} = 272.18\text{L/min}$$

○답 : $Q_1 = 227.82\text{L/min}$, $Q_2 = 272.18\text{L/min}$

00년-08월, 07년-11월, 12년-07월, 16년-04월 기출

09 소화펌프가 토출량 4000l/min, 임펠러직경 150mm, 회전속도 1770rpm, 양정 50m로 운전되고 있다. 펌프를 임펠러직경 200mm, 회전속도 1170rpm으로 변경하여 운전하면 유량(l/min)과 양정(m)은 얼마로 변하는지 계산하시오.

(4점)

풀이

○계산과정 : ① 유량(l/min)계산 : $Q_2 = 4000 \times \dfrac{1170}{1770} \times \left(\dfrac{200}{150}\right)^3 = 6267.42\,l/\text{min}$

○답 : $6267.42\,l/\text{min}$

② 양정(m)계산 : $H_2 = 50 \times \left(\dfrac{1170}{1770}\right)^2 \times \left(\dfrac{200}{150}\right)^2 = 38.84\text{m}$

○답 : 38.84m

상세해설

펌프의 상사법칙

$$Q_2 = Q_1 \times \left(\dfrac{N_2}{N_1}\right) \times \left(\dfrac{D_2}{D_1}\right)^3 \qquad H_2 = H_1 \times \left(\dfrac{N_2}{N_1}\right)^2 \times \left(\dfrac{D_2}{D_1}\right)^2 \qquad P_2 = P_1 \times \left(\dfrac{N_2}{N_1}\right)^3 \times \left(\dfrac{D_2}{D_1}\right)^5$$

여기서, Q_1 : 변경 전 풍량 Q_2 : 변경 후 풍량 N_1 : 변경 전 회전수 N_2 : 변경 후 회전수
H_1 : 변경 전 전압 H_2 : 변경 후 전압 P_1 : 변경 전 동력 P_2 : 변경 후 동력
D_1 : 변경 전 임펠러 직경 D_2 : 변경 후 임펠러 직경

10 다음과 그림과 같은 옥내소화전펌프와 $NPSH_{re}$ 그래프가 있을 경우 조건을 참조하여 각 물음에 답하시오. (5점)

[조건] ① 대기압은 0.1MPa을 기준으로 한다.
② 물의 온도는 20℃ 이고, 이때의 포화수증기압은 2.45kPa이다.
③ 물의 비중량은 9.8kN/m³을 적용한다.
④ 배관 내 마찰손실수두는 0.3m이다.

(1) 유효흡입수두($NPSH_{av}$)(m)을 구하시오.
(2) 필요흡입수두($NPSH_{re}$) 그래프를 보고 펌프의 사용가능여부와 그 이유를 설명하시오.

풀이 (1) 유효흡입수두($NPSH_{av}$)(m)

○ 계산과정 : ① 대기압 환산수두 $H = \dfrac{P}{\gamma} = \dfrac{0.1 \times 10^3 \text{kPa}(\text{kN/m}^2)}{9.8 \text{kN/m}^3} = 10.20\text{m}$

② 포화수증기압 환산수두 $H = \dfrac{P}{\gamma} = \dfrac{2.45 \text{kPa}(\text{kN/m}^2)}{9.8 \text{kN/m}^3} = 0.25\text{m}$

③ 배관 내 마찰손실수두 $H = 0.3\text{m}$

④ 유효흡입수두($NPSH_{av}$) $= 10.2 - 0.25 - (4.5 + 0.5) - 0.3 = 4.65\text{m}$

○ 답 : 4.65m

(2) 펌프의 사용가능여부와 그 이유

○ 답 : ① 100%(정격) 운전 시 : $NPSH_{av}$(4.65m) > $NPSH_{re}$(4m)
② 150%(과부하) 운전 시 : $NPSH_{av}$(4.65m) < $NPSH_{re}$(5m)
따라서, 정격운전 시에는 공동현상이 발생하지 않으나, 150% 운전 시에는 공동현상이 발생하여 펌프운전이 불가능하다.

상세해설

NPSH_av (유효흡입양정)

$$\text{NPSH}_{av} = \frac{P_a}{\gamma} - \frac{P_v}{\gamma} \pm H_s - f\frac{V_s^2}{2g}$$

여기서, P_a : 대기압(Pa), P_V : 증기압(Pa), H_s : 흡입수두(-) 또는 압입수두(+)

$f\dfrac{V_s^2}{2g}$: 흡입배관마찰손실수두(m), γ : 물의 비중량(9800N/m³)

① NPSH
  유효흡입양정으로 펌프의 흡입압력이 물의 증기압보다 낮을 때 물이 증발하여 공동현상이 발생하지 않고 펌프가 물을 액송할 수 있는 양정을 말한다.
② 공동현상 발생 방지조건
  NPSH_{av}(유효흡입양정) $\geq \text{NPSH}_{re}$(필요흡입양정)
③ 공동현상 방지 설계조건
  NPSH_{av}(유효흡입양정) $\geq \text{NPSH}_{re}$(필요흡입양정) $\times 1.3$

04년-10월, 08년-07월, 10년-07월, 17년-11월, 18년-11월 기출

11 18층의 복도식 아파트에 습식스프링클러설비를 설치하고자 한다. 아래 조건을 참조하여 각 물음에 답하시오. (6점)

> [조건] 층별 방호면적은 990m², 실양정이 65m, 배관마찰손실수두 25m, 헤드의 방사압력 0.1MPa, 배관 내의 유속 2.0m/s, 펌프의 효율 60% 이다.

(1) 본 소화설비의 주 펌프의 토출량(L/min)을 구하시오.
  (단, 헤드 적용 수량은 최대 기준 개수를 적용한다.)
(2) 전용 수원의 확보량(m³)을 구하시오.
(3) 소화펌프의 모터 최소동력(kW)을 구하시오.

풀이 (1) **주 펌프의 토출량**(L/min)
  ○계산과정 : $Q = 10 \times 80\text{L/min} = 800\text{L/min}$
  ○답 : 800L/min

(2) **전용수원의 확보량**(m³)
  ○계산과정 : $Q = 10 \times 1.6\text{m}^3 = 16\text{m}^3$
  ○답 : 16m³

(3) 소화펌프의 모터 최소동력(kW)

○ 계산과정 : 전양정 $H = 65\text{m} + 25\text{m} + 10\text{m}(0.1\text{MPa}) = 100\text{m}$
전달계수는 조건에 없으므로 무시한다.

$$P = \frac{9.8 \times (0.8\text{m}^3/60\text{s}) \times 100}{0.6} = 21.78\text{kW}$$

○ 답 : 21.78kW

상세해설

1. 폐쇄형스프링클러헤드를 사용하는 경우

(1) 주 펌프의 토출량 계산

$Q = N \times 80 l/\text{min}$ (N : 기준개수 또는 기준개수보다 적은 경우 설치개수)

(2) 전용수원의 확보량

$Q = N \times 1.6\text{m}^3$ (N : 기준개수 또는 기준개수보다 적은 경우 설치개수)

(3) 모터동력

$$P(\text{kW}) = \frac{\gamma QH}{E} \times K$$

여기서, γ : 비중량(물의 비중량 = 9.8kN/m³), Q : 토출량(m³/s)
H : 전양정(m), E : 효율(%/100), K : 전달계수

2. 폐쇄형헤드를 사용하는 경우 설치장소별 스프링클러헤드의 기준개수

스프링클러설비 설치장소			기준개수
지하층을 제외한 층수가 10층 이하	공장	특수가연물을 저장·취급하는 것	30
		그 밖의 것	20
	근린생활시설·판매시설·운수시설 또는 복합건축물	판매시설 또는 복합건축물 (판매시설이 설치되는 복합건축물)	30
		그 밖의 것	20
	그 밖의 것	헤드의 부착높이가 8m 이상인 것	20
		헤드의 부착높이가 8m 미만인 것	10
아파트			10
지하층을 제외한 층수가 11층 이상인 소방대상물(아파트를 제외)·지하가 또는 지하역사			30

※ 아파트등의 각 동이 주차장으로 서로 연결된 구조인 경우 해당 주차장 부분의 기준개수는 30개로 할 것

12 다음은 특정소방대상물의 용도 및 장소별 설치하여야 할 인명구조기구이다. ( )안에 알맞은 답을 쓰시오. (6점)

특정소방대상물	인명구조기구의 종류	설치수량
○지하층을 포함하는 층수가 7층 이상인 (①) 및 5층 이상인 병원	○방열복 또는 방화복 (헬멧, 보호장갑 및 안전화를 포함한다) ○(②) ○(③)	○각 (④)개 이상 비치할 것. 다만, 병원의 경우에는 (③)를 설치하지 아니할 수 있다.
○문화 및 집회시설 중 수용인원이 (⑤)명 이상인 영화상영관 ○판매시설 중 대규모점포 ○운수시설 중 지하역사 ○지하가 중 지하상가	○(②)	○층마다 (⑥)개 이상 비치할 것. 다만, 각 층마다 갖추어 두어야 할 (②) 중 일부를 직원이 상주하는 인근 사무실에 갖추어 둘 수 있다.

풀이 ○**답** : ① 관광호텔 ② 공기호흡기 ③ 인공소생기 ④ 2 ⑤ 100 ⑥ 2

상세해설

특정소방대상물의 용도 및 장소별로 설치하여야 할 인명구조기구

특정소방대상물	인명구조기구의 종류	설치 수량
○지하층을 포함하는 층수가 7층 이상인 **관광호텔** 및 5층 이상인 **병원**	○**방열복 또는 방화복** (헬멧, 보호장갑 및 안전화를 포함한다) ○**공기호흡기** ○**인공소생기**	○각 **2개 이상** 비치할 것. 다만, 병원의 경우에는 **인공소생기**를 설치하지 않을 수 있다.
○문화 및 집회시설 중 수용인원 **100명 이상의 영화상영관** ○판매시설 중 **대규모 점포** ○운수시설 중 **지하역사** ○지하가 중 **지하상가**	○**공기호흡기**	○층마다 **2개 이상** 비치할 것. 다만, 각 층마다 갖추어 두어야 할 **공기호흡기** 중 일부를 직원이 상주하는 인근 사무실에 갖추어 둘 수 있다.
○물분무등소화설비 중 이산화탄소소화설비를 설치하여야 하는 특정소방대상물	○**공기호흡기**	○이산화탄소소화설비가 설치된 장소의 출입구 외부 인근에 **1대 이상** 비치할 것

04년-07월, 13년-11월, 16년-11월, 18년-04월 기출

13 방호구역의 크기가 15m×20m×5m인 발전기실(연료는 경유 사용)에 할로겐화합물과 불활성기체 소화설비를 비교하여 설치하고자 한다. 다음 조건과 화재안전기술기준을 참조하여 각 물음에 답하시오. (8점)

[조건]
① HCFC BLEND A의 저장용기는 내용적 60(L)용 50(kg/병)이고, IG-541의 저장용기는 80(L)용 12.4(m³/병)를 적용하다.
② 할로겐화합물 및 불활성기체 소화약제의 소화농도는 다음과 같으며, 최대 허용설계농도는 무시한다.

소화약제	상품명	소화농도(%)	
		A급 화재	B급 화재
HCFC BLEND A	NAFS-Ⅲ	7.2	10
IG-541	Inergen	31.25	31.25

③ 소화약제 산정 시 선형상수를 이용하며 기준온도는 20℃이다.

소화약제	K_1	K_2
HCFC BLEND A	0.2413	0.00088
IG-541	0.65799	0.00239

(1) HCFC BLEND A의 약제량(kg)을 구하시오.
(2) HCFC BLEND A의 약제용기의 병수(병)를 구하시오.
(3) IG-541의 약제량(m³)을 구하시오.
(4) IG-541의 약제용기의 병수(병)를 구하시오.

풀이 (1) HCFC BLEND A의 약제량(kg)

○계산과정 : ① $V = 15m \times 20m \times 5m = 1500m^3$
② $S = K_1 + (K_2 \times t℃) = 0.2413 + (0.00088 \times 20) = 0.2589$
③ $C = $ 소화농도(%) $\times K$(안전계수) $= 10\%$(B급화재) $\times 1.3 = 13\%$
④ $W = \dfrac{1500}{0.2589} \times \left(\dfrac{13}{100-13}\right) = 865.73kg$

○답 : 865.73kg

(2) HCFC BLEND A의 최소 약제용기의 병수(병)

○계산과정 : $N = \dfrac{865.73kg}{50kg/병} = 17.31$병

○답 : 18병

(3) IG-541의 최소 약제량(m^3)

　○계산과정 : ① $V_s = 0.65799 + (0.00239 \times 20) = 0.7058 m^3/kg$

　　　　　　② $S = 0.65799 + (0.00239 \times 20) = 0.7058 m^3/kg$

　　　　　　③ $C=$ 소화농도(%) $\times K$(안전계수) $= 31.25 \times 1.3 = 40.625\%$

　　　　　　④ $X = 2.303 \times \dfrac{0.7058}{0.7058} \times \log_{10}\left(\dfrac{100}{100-40.625}\right) = 0.5214 m^3/m^3$

　　　　　　⑤ $W = 1500 m^3 \times 0.5214 m^3/m^3 = 782.10 m^3$

　○답 : $782.10 m^3$

(4) IG-541의 약제용기의 병수(병)

　○계산과정 : $N = \dfrac{782.10 m^3}{12.4 m^3/병} = 63.07$병

　○답 : 64병

상세해설

(1) 할로겐화합물소화약제량 산출 공식

$$W = \dfrac{V}{S} \times \left(\dfrac{C}{100-C}\right)$$

여기서, W : 소화약제의 무게(kg), V : 방호구역의 체적(m^3)
　　　 S : 소화약제별 선형상수($K_1 + K_2 \times t$)(m^3/kg)
　　　 C : 체적에 따른 소화약제의 설계농도(%)
　　　　　$C=$ 소화농도(%)$\times K$[안전계수(A급 : 1.2, B급 : 1.3, C급 : 1.35)]
　　　　　※ C급(통전상태)의 안전계수는 A급(전기차단상태)소화농도의 1.35
　　　 t : 방호구역의 최소예상온도(℃)

(2) IG-541의 저장량(m^3)

불활성기체 소화약제량 산출공식

$$X = 2.303 \times \dfrac{V_S}{S} \times \log_{10}\left(\dfrac{100}{100-C}\right)$$

여기서, X : 공간 체적당 더해진 소화약제의 부피(m^3/m^3)
　　　 V_S : 20℃에서 소화약제의 비체적(m^3/kg)
　　　 S : 소화약제별 선형상수($K_1 + K_2 \times t$)(m^3/kg)
　　　 C : 체적에 따른 소화약제의 설계농도(%)
　　　　　[$C=$ 소화농도(%)$\times K$(안전계수, A급 : 1.2, B급 : 1.3, C급 : 1.35)]
　　　　　※ C급(통전상태)의 안전계수는 A급(전기차단상태)소화농도의 1.35

(3) 배관구경 : 방호구역에 할로겐화합물 소화약제가 10초(불활성기체 소화약제는 A, C급 화재 2분, B급 화재 1분) 이내에 최소설계농도의 95% 이상 방출되도록 하여야 한다.

14 다음은 수원 및 펌프가 중앙집결방식으로 설치되었으며 각 방호구역이 방화구획으로 구분되어 있는 방호구역 A, B, C에 대한 설명이다. 다음 조건을 보고 각 물음에 답하시오. (단 옥상수조는 무시한다) (8점)

[방호구역 A]
옥내소화전설비가 2개 설치되어 있고, 스프링클러설비는 헤드가 10개 설치되어 있다.

[방호구역 B]
옥외소화전설비가 3개 설치되어 있고, 차고에 물분무소화설비가 설치되어 있으며 바닥면적에 대한 표준방사량은 20L/min · m²으로 하고, 최소 바닥면적은 50m²을 적용하도록 한다.

[방호구역 C]
옥외에 완전 개방된 주차장에 설치하는 포소화전설비는 포소화전 방수구가 8개 설치되어 있으며 포원액의 농도는 무시하고 산출한다. 단, 포소화전설비를 설치한 1개 층의 바닥면적은 200m²을 초과한다.

(1) 펌프의 토출량(L/min)을 구하시오.
(2) 수원의 양(m^3)을 구하시오.

풀이 (1) **펌프의 토출량**(L/min)
  ○ 계산과정 : ① A구역
    • 옥내소화전설비 $Q = 2 \times 130 \text{L/min} = 260 \text{L/min}$
    • 스프링클러설비 $Q = 10 \times 80 \text{L/min} = 800 \text{L/min}$
    • 옥내소화전설비+스프링클러설비
      $Q = 260 + 800 = 1,060 \text{L/min}$
  ② B구역
    • 옥외소화전설비 $Q = 2 \times 350 \text{L/min} = 700 \text{L/min}$
    • 물분무소화설비 $Q = 50 \text{m}^2 \times 20 \text{L/m}^2 \cdot \text{min} = 1,000 \text{L/min}$
    • 옥외소화전설비+물분무소화설비
      $Q = 700 + 1,000 = 1,700 \text{L/min}$
  ③ C구역
    • 포소화전설비 $Q = 5 \times 300 \text{L/min} = 1,500 \text{L/min}$
  ④ 방호구역 A, B, C의 펌프 토출량
    A, B, C구역에 필요한 펌프 토출량 중 최대의 것
    ∴ B구역의 펌프 토출량
  ○ 답 : 1,700L/min

(2) **수원의 양**(m^3)
   ○ 계산과정 : $Q = 1.7m^3/min \times 20min = 34m^3$
   ○ 답 : $34m^3$

상세해설

옥내소화전설비의 화재안전기술기준(NFTC 102) 제12조
(수원 및 가압송수장치의 펌프 등의 겸용)

① 옥내소화전설비의 수원을 스프링클러설비 · 간이스프링클러설비 · 화재조기진압용 스프링클러설비 · 물분무소화설비 · 포소화전설비 및 옥외소화전설비의 수원과 겸용하여 설치하는 경우의 저수량은 각 소화설비에 필요한 저수량을 합한 양 이상이 되도록 하여야 한다. 다만, 이들 소화설비 중 **고정식 소화설비**(펌프 · 배관과 소화수 또는 소화약제를 최종 방출하는 방출구가 고정된 설비를 말한다. 이하 같다)가 **2 이상 설치**되어 있고, 그 소화설비가 설치된 부분이 **방화벽과 방화문으로 구획**되어 있는 경우에는 각 고정식 소화설비에 필요한 **저수량 중 최대의 것 이상**으로 할 수 있다.

② 옥내소화전설비의 가압송수장치로 사용하는 펌프를 스프링클러설비 · 간이스프링클러설비 · 화재조기진압용 스프링클러설비 · 물분무소화설비 · 포소화설비 및 옥외소화전설비의 가압송수장치와 겸용하여 설치하는 경우의 펌프의 토출량은 각 소화설비에 해당하는 **토출량을 합한 양 이상**이 되도록 하여야 한다. 다만, 이들 소화설비 중 **고정식 소화설비**가 **2 이상 설치**되어 있고, 그 소화설비가 설치된 부분이 **방화벽과 방화문으로 구획**되어 있으며 각 소화설비에 지장이 없는 경우에는 **펌프의 토출량 중 최대의 것 이상**으로 할 수 있다.

(예시) 같은 장소에 옥내소화전이 최대 2개, 스프링클러(기준량 10개)가 동시에 설치 된 경우
   • 옥내소화전 : 260Lpm = 130Lpm × 2개
   • 스프링클러 : 800Lpm = 80Lpm × 10개
   • 펌프의 토출량 : 1,060L/min

(예시) 방화구획 된 장소에 옥내소화전이 최대 3개, 다른 장소에 스프링클러(기준량 10개)가 설치된 경우
   • 옥내소화전 : 260Lpm = 130Lpm × 2개
   • 스프링클러 : 800Lpm = 80Lpm × 10개
   • 펌프의 토출량 : 800L/min(800L/min이 크므로)

15 직경이 12m, 높이가 40m인 콘루프탱크에 제1석유류(비수용성) 45,000L를 저장하는 위험물 옥외저장탱크가 있으며 Ⅱ형 고정포방출구가 설치되어 있다. 아래 조건을 참조하여 다음 각 물음에 답하시오. (10점)

[조건]
① 소화약제는 6%용의 단백포를 사용하며 포수용액의 표준방사량은 $4.2\text{L/m}^2 \cdot$ 분이고 방사시간은 30분을 기준으로 한다.
② 배관 및 관부속품의 총 마찰손실수두는 30m이다.
③ 포방출구의 압력은 350kPa이다.
④ 보조소화전은 1개 설치 되어 있으며 호스접결구 수는 1개이다.
⑤ 송액관의 내경은 100mm 이고, 길이는 30m이다.
⑥ 펌프의 효율은 60%이고, 전달계수 $K=1.1$이다.
⑦ 포수용액의 밀도는 물의 밀도와 같다고 가정한다.

(1) 포소화약제의 양(L)을 구하시오.
(2) 수원의 양(m^3)을 구하시오.
(3) 펌프의 전양정(m)을 구하시오. (단, 낙차는 탱크의 높이로 한다.)
(4) 펌프의 정격토출량(m^3/min)을 구하시오.
(5) 펌프의 최소동력(kW)을 구하시오.

풀이 (1) 포소화약제의 양(L)
○ 계산과정 : ① 고정포방출구에 필요한 포수용액

$$Q_1 = \frac{\pi}{4} \times 12^2 (\text{m}^2) \times 4.2(\text{L/m}^2 \cdot \text{min}) \times 30(\text{min}) = 14,250.26\text{L}$$

② 보조소화전에 필요한 포수용액
$$Q_2 = 1(\text{개}) \times 8,000\text{L} = 8,000\text{L}$$

③ 배관보정에 필요한 포수용액
$$Q_3 = \frac{\pi}{4} \times 0.1^2(\text{m}^2) \times 30(\text{m}) \times 1,000(\text{L/m}^3) = 235.62\text{L}$$

④ 고정포방출설비 포수용액(원액+물)의 저장량
$$Q = 14,250.26 + 8,000 + 235.62 = 22,485.88\text{L}$$

⑤ 고정포방출설비 포소화약제의 양(포 원액의 양)
$$Q = 22,485.88\text{L} \times 0.06 = 1,349.15\text{L}$$

○ 답 : 1,349.15L

(2) 수원의 양(m^3)

　　○계산과정 : $Q = 22,485.88L \times (1-0.06) = 21,136.73L = 21.14m^3$

　　○답 : $21.14m^3$

(3) 펌프의 전양정(m)

　　○계산과정 : $H = \dfrac{350\text{kPa}(\text{kN}/\text{m}^2)}{9.8\text{kN}/\text{m}^3} + 30\text{m} + 40\text{m}(탱크높이) = 105.71\text{m}$

　　○답 : 105.71m

(4) 펌프의 정격토출량(m^3/min)

　　○계산과정 : $Q = \dfrac{\pi}{4} \times 12^2(\text{m}^2) \times 4.2\text{L}/\text{m}^2 \cdot \text{min} + 1 \times 400\text{L}/\text{min}$

　　　　　　　　$= 875.01\text{L}/\text{min} = 0.88\text{m}^3/\text{min}$

　　○답 : 0.88m^3/min

(5) 펌프의 최소 동력(kW)

　　○계산과정 : $\gamma = 9.8\text{kN}/\text{m}^3$, $Q = 0.88\text{m}^3/60\text{s}$, $H = 105.71\text{m}$

　　　　　　　　$E = 60\% = 0.60$, $K = 1.1$

　　　　　　　　$P = \dfrac{9.8 \times (0.88/60) \times 105.71}{0.60} \times 1.1 = 27.86\text{kW}$

　　○답 : 27.86kW

상세해설

고정포방출구방식의 약제량 계산

구 분	약제 저장량
❶ 고정포 방출구	$Q = A \times Q_1 \times T \times S$ 여기서, Q : 포소화약제의 양(L), A : 저장탱크의 액표면적(m^2) 　　　　Q_1 : 단위 포소화수용액의 양(L/m^2분) 　　　　T : 방출시간(분), S : 포소화약제의 사용농도(%)
❷ 보조소화전	$Q = N \times S \times 8000\text{L}$ 여기서, Q : 포소화약제의 양(L) 　　　　N : 호스 접결구 개수(3개 이상의 경우는 3) 　　　　S : 포소화약제의 사용농도(%)
❸ 배관보정	가장 먼 탱크까지의 송액관(내경 75mm 이하 제외)에 충전하기 위하여 필요한 양 $Q = V \times S \times 1000$ 여기서, Q : 포소화약제의 양(L), V : 송액관 내부의 체적(m^3) 　　　　S : 포소화약제의 사용농도(%)
❹ 합계	고정포 방출구방식의 약제량 = ❶ + ❷ + ❸

16 체적이 150m³인 전기실에 이산화탄소소화설비를 전역방출방식으로 설계하고자 한다. 설계농도를 50%로 할 경우 방출체적계수는 1.3kg/m³이며, 저장용기의 충전비는 1.8, 내용적은 68L인 경우 다음 각 물음에 답하시오. (5점)

(1) 필요한 이산화탄소소화약제의 양(kg)을 구하시오.
(2) 필요한 약제저장용기의 병수를 구하시오.
(3) 이산화탄소소화설비는 고압식인지, 저압식인지 여부를 쓰시오.
(4) 저장용기는 몇 Mpa 이상의 내압시험압력에 합격한 것으로 하는가?

풀이 (1) 이산화탄소소화약제의 양(kg)
  ○계산과정 : $Q = 150\text{m}^3 \times 1.3\text{kg/m}^3 = 195\text{kg}$
  ○답 : 195kg

(2) 저장용기의 병수
  ○계산과정 : ① 저장용기 1병당 약제량 $G = \dfrac{V}{C} = \dfrac{68\text{L}}{1.8\text{L/kg}} = 37.78\text{kg/병}$

  ② 저장용기의 개수(개) $N = \dfrac{195\text{kg}}{37.78\text{kg/병}} = 5.16\text{병} \quad \therefore 6\text{병}$
  ○답 : 6병

(3) 고압식 또는 저압식 여부
  ○답 : 고압식

(4) 저장용기의 내압시험압력(MPa) 합격기준
  ○답 : 25MPa 이상

상세해설

(1) CO_2소화설비의 약제량

$$Q = V \times K_1 + A \times K_2$$

여기서, Q : CO_2약제저장량(kg)
  V : 방호구역 체적(m³)
  K_1 : 방호구역 체적계수(kg/m³)
  A : 개구부 면적(m²)
  K_2 : 개구부 면적계수(kg/m²)

(2) 충전비

$$C(\text{L/kg}) = \frac{V(\text{L})}{G(\text{kg})}$$

여기서, C : 충전비(L/kg)
  V : 용기(병)의 체적(L)
  G : 병당 저장하는 약제의 무게(kg)

(3) CO_2 저장용기의 충전비

구 분	고압식	저압식
충전비(L/kg)	1.5 이상 1.9 이하	1.1 이상 1.4 이하

(4) 저장용기의 내압시험압력(MPa) 합격기준

구 분	고압식	저압식
합격기준	25MPa 이상	3.5MPa 이상

소방설비기사실기 (기계분야)

2022년도 출제문제

소방설비기사 실기(기계분야)

14년-07월 유사

01 그림은 어느 판매장의 무창층에 대한 제연설비 중 연기 배출풍도와 배출 FAN 을 나타내고 있는 평면도이다. 주어진 조건을 이용하여 풍도에 설치되어야 할 제어댐퍼를 가장 적합한 지점에 표기한 다음 물음에 답하시오.(단, 댐퍼의 표기는 ⌀의 모양으로 할 것)

(8점)

[조건]
1. 건물의 주요구조부는 모두 내화구조이다.
2. 각 실은 불연성 구조물로 구획되어 있다.
3. 복도의 내부면은 모두 불연재이고, 복도 내에 가연물을 두는 일은 없다.
4. 각 실에 대한 연기 배출방식에서 공동배출구역 방식은 없다.
5. 이 판매장에는 음식점은 없다.

(1) 제어댐퍼를 설치하시오.
(2) 각실(A, B, C, D, E, F)의 최소 소요배출량은 얼마인가?
(3) 배출 FAN의 소요 최소 배출용량은 얼마인가?

[풀이] (1) 제어댐퍼 설치
  ○답 :

(2) 최소 소요배출량
  ○계산과정 :
   A실 : $6m \times 5m \times m^3/m^2 \cdot 분 \times 60분/시간 = 1800m^3/hr$
      ∴ $5000m^3/hr$
   B실 : $6m \times 10m \times m^3/m^2 \cdot 분 \times 60분/시간 = 3600m^3/hr$
      ∴ $5000m^3/hr$
   C실 : $6m \times 25m \times m^3/m^2 \cdot 분 \times 60분/시간 = 9000m^3/hr$
   D실 : $4m \times 5m \times m^3/m^2 \cdot 분 \times 60분/시간 = 1200m^3/hr$
      ∴ $5000m^3/hr$
   E실 : $15m \times 15m \times m^3/m^2 \cdot 분 \times 60분/시간 = 13500m^3/hr$
   F실 : $15m \times 30m = 450m^2$($400m^2$ 이상이며 제연구역이 40m 원안에 있음)
      ∴ $40000m^3/hr$ 이상
  ○답 : A실 $5000m^3/hr$ B실 $5000m^3/hr$
       C실 $9000m^3/hr$ D실 $5000m^3/hr$
       E실 $13500m^3/hr$ F실 $40000m^3/hr$

(3) 배출 FAN의 소요 최소 배출용량
  ○답 : 가장 많은 소요배출량 기준이므로 $40000m^3/hr$ 이상

02 다음과 같은 특정소방대상물에 소화수조 및 저수조를 설치하고자 한다. 다음 각 물음에 답하시오. (6점)

구 분	지하2층	지하1층	지상1층	지상2층	지상3층
바닥면적[m²]	2,500	2,500	13,500	13,500	6,500

(1) 소화용수의 저수량은 몇 [m³]인가?
  ○ 계산과정 :   ○ 답 :
(2) 흡수관투입구 및 채수구는 몇 개 이상으로 설치하여야 하는가?
  ○ 답 :
(3) 가압송수장치의 1분당 양수량은 몇 [L] 이상으로 하여야 하는가?
  ○ 답 :

풀이 (1) 소화용수의 저수량
  ○ 계산과정 : $Q = K \times 20\text{m}^3$, $K = \dfrac{38,500}{7500} = 5.13$
    $\therefore K = 6$(소수점 이하의 수는 무조건 절상)
    $Q = 6 \times 20\text{m}^3 = 120\text{m}^3$
  ○ 답 : 120m^3

(2) 흡수관투입구 및 채수구
  ○ 해설 : ① 흡수관투입구
      소요수량이 80m^3 미만인 것은 1개 이상, 80m^3 이상인 것은 2개 이상
    ② 채수구
      소요수량이 100m^3 이상이므로 채수구 수는 3개
  ○ 답 : 흡수관투입구 2개 이상, 채수구 3개

(3) 가압송수장치의 1분당 양수량
  ○ 해설 : 소요수량이 100m^3 이상이므로 3300L/분 이상
  ○ 답 : 3300L

상세해설

1. 소화수조 또는 저수조의 저수량

$$Q = K \times 20\text{m}^3 \text{ 이상}$$

여기서, Q : 소화수조 또는 저수조의 저수량(m³)
  $K = \dfrac{\text{연면적}(\text{m}^2)}{\text{기준면적}(\text{m}^2)}$ (소수점 이하의 수는 1로 본다)

2. 소방대상물의 구분에 따른 기준면적

소방대상물의 구분	면적
1. 1층 및 2층의 바닥면적 합계가 15,000m^2 이상인 소방대상물	7,500m^2
2. 제1호에 해당되지 아니하는 그 밖의 소방대상물	12,500m^2

3. 흡수관투입구 또는 채수구 설치기준

(1) 지하에 설치하는 소화용수설비의 흡수관투입구 설치기준
한 변이 0.6m 이상이거나 직경이 0.6m 이상인 것으로 하고, 소요수량이 80m^3 미만인 것은 1개 이상, 80m^3 이상인 것은 2개 이상을 설치하여야 하며, "흡관투입구"라고 표시한 표지를 할 것

(2) 소화용수설비에 설치하는 채수구 설치기준
① 채수구는 다음 표에 따라 소방용호스 또는 소방용흡수관에 사용하는 구경 65mm 이상의 나사식 결합금속구를 설치할 것

소요수량	20m^3 이상 40m^3 미만	40m^3 이상 100m^3 미만	100m^3 이상
채수구의 수	1개	2개	3개

② 채수구는 지면으로부터의 높이가 0.5m 이상 1m 이하의 위치에 설치하고 "채수구"라고 표시한 표지를 할 것

4. 가압송수장치 설치기준

소화수조 또는 저수조가 지표면으로부터의 깊이(수조 내부바닥까지의 길이)가 4.5m 이상인 지하에 있는 경우에는 다음 표에 따라 가압송수장치를 설치하여야 한다. 다만, 저수량을 지표면으로부터 4.5m 이하인 지하에서 확보할 수 있는 경우에는 소화수조 또는 저수조의 지표면으로부터의 깊이에 관계없이 가압송수장치를 설치하지 아니할 수 있다.

소요수량	20m^3 이상 40m^3 미만	40m^3 이상 100m^3 미만	100m^3 이상
가압송수장치의 1분당 양수량	1,100L 이상	2,200L 이상	3,300L 이상

13년-07월 기출

03 다음은 피난기구에 대한 화재안전기술기준이다. 각 물음에 답하시오. (6점)

(1) 의료시설에 설치하여야 하는 피난기구를 층별로 구분하여 답하시오.
   ① 지상3층   ② 지상4층 이상 10층 이하

(2) 피난기구 설치 시 개구부에 관련되는 사항으로 ( )안에 알맞은 답을 쓰시오.

> 피난기구는 계단·피난구 기타 피난시설로부터 적당한 거리에 있는 안전한 구조로 된 피난 또는 소화활동상 유효한 개구부(가로 (①)m 이상 세로 (②)m 이상인 것을 말한다. 이 경우 개부구 하단이 바닥에서 (③)m 이상이면 발판 등을 설치하여야 하고, 밀폐된 창문은 쉽게 파괴할 수 있는 파괴장치를 비치)에 고정하여 설치하거나 필요한 때에 신속하고 유효하게 설치할 수 있는 상태에 둘 것

풀이

(1) 의료시설에 설치하여야 하는 피난기구
  ○답 : ① 지상3층 :
        미끄럼대·구조대·피난교·피난용트랩·다수인피난장비·승강식피난기
      ② 지상4층 이상 10층 이하 :
        구조대·피난교·피난용트랩·다수인피난장비·승강식피난기

(2) 피난기구 설치 시 개구부에 관련되는 사항
  ○답 : ① 0.5   ② 1   ③ 1.2

상세해설

소방대상물의 설치장소별 피난기구의 적응성

구분 \ 층별	1층	2층	3층	4층 이상 10층 이하
노유자시설			미구교다승	구[1]교다승
의료시설·근린생활시설 중 입원실이 있는 의원·접골원·조산원			미트구교다승	트구교다승
다중이용업소로서 영업장의 위치가 4층 이하인 다중이용업소			미사구완다승	
그 밖의 것			트공[3]간[2]교미사구완다승	공[3]간[2]교사구완다승

[비고] 1) 구조대의 적응성은 장애인 관련 시설로서 주된 사용자 중 스스로 피난이 불가한 자가 있는 경우 추가로 설치하는 경우에 한한다.
2) 간이완강기의 적응성은 숙박시설의 3층 이상에 있는 객실에 한한다.
3) 공기안전매트의 적응성은 공동주택에 추가로 설치하는 경우에 한한다.

어두문자 암기방법

피난용트랩 ⇒ 트	피난교 ⇒ 교	피난사다리 ⇒ 사	미끄럼대 ⇒ 미
구조대 ⇒ 구	다수인피난장비 ⇒ 다	승강식피난기 ⇒ 승	완강기 ⇒ 완
간이완강기 ⇒ 간	공기안전매트 ⇒ 공		

피난기구 설치기준
(1) 피난기구는 계단·피난구 기타 피난시설로부터 적당한 거리에 있는 안전한 구조로 된 피난 또는 소화활동상 유효한 개구부(가로 0.5m 이상 세로 1m 이상인 것을 말한다. 이 경우 개부구 하단이 바닥에서 1.2m 이상이면 발판 등을 설치하여야 하고, 밀폐된 창문은 쉽게 파괴할 수 있는 파괴장치를 비치하여야 한다)에 고정하여 설치하거나 필요한 때에 신속하고 유효하게 설치할 수 있는 상태에 둘 것
(2) 피난기구를 설치하는 개구부는 서로 동일직선상이 아닌 위치에 있을 것. 다만, 피난교·피난용트랩·간이완강기·아파트에 설치되는 피난기구(다수인 피난장비는 제외) 기타 피난 상 지장이 없는 것에 있어서는 그러하지 아니하다.

04 아래와 같은 조건으로 전역방출방식의 고압식 이산화탄소소화설비를 설치하였을 경우 각 물음에 답하시오. (8점)

[조건]
① 방호구역의 크기는 가로 10m, 세로 20m, 높이 5m이다.
② 개구부의 조건

개구부의 크기	자동폐쇄장치 설치여부
가로2.4m×세로1.8m	설치안됨
가로1.2m×세로0.8m	설치됨

③ 개구부의 상태에 따라 개구부 면적 $1m^2$당 가산하는 소화약제의 양은 5kg으로 한다.
④ 설치된 분사헤드의 방사율은 1개당 $1.05kg/mm^2$·분으로 하며 CO_2방출시간은 1분을 기준으로 한다.
⑤ CO_2 저장용기는 내용적 $68l$/충전량 45kg 용의 것을 사용하는 것으로 한다.
⑥ 분사헤드의 분구면적은 1개당 $51mm^2$이다.
⑦ 소화약제의 산정기준 및 기타 필요한 사항은 국가화재안전기술기준에 따른다.

(1) 필요한 소화약제의 양(kg)을 산출하시오.
(2) 용기저장소에 저장하여야 할 소화약제의 용기수는 얼마인가?
(3) 선택밸브 직후의 유량은 몇(kg/s)인가?
(4) 설치하여야 할 헤드 수는 모두 몇 개인지 구하시오.
  (단, 실제방출 병 수로 계산)

풀이 (1) 필요한 소화약제의 양

○ 계산과정 : $Q = 10 \times 20 \times 5(\text{m}^3) \times 0.8\text{kg/m}^3 + 2.4 \times 1.8\text{m}^2 \times 5\text{kg/m}^2$
$= 821.6\text{kg}$

○ 답 : 821.6kg

(2) 소화약제의 용기수

○ 계산과정 : $N = \dfrac{821.6\text{kg}}{45\text{kg}} = 18.26$ ∴ 19병

○ 답 : 19병

(3) 선택밸브 직후의 유량

○ 계산과정 : $Q = \dfrac{19병 \times 45\text{kg}}{60\sec} = 14.25\text{kg/s}$

○ 답 : 14.25kg/s

(4) 설치하여야 할 헤드 수

○ 계산과정 : $N = \dfrac{19병 \times 45\text{kg}}{1.05 \times 51 \times 1분} = 15.97$ ∴ 16개

○ 답 : 16개

상세해설

(1) 표면화재의 방호구역 체적계수 및 면적계수

방호구역의 체적 (m³)	방호구역의 체적 1m³에 대한 소화약제의 양 kg (K_1 : kg/m³)	저장량의 최저한도량 (kg)	개구부 가산량 (K_2 : kg/m²) (자동폐쇄장치 미설치시)
45 미만	1	45	5
45 이상 150 미만	0.9		
150 이상 1450 미만	0.8	135	
1450 이상	0.75	1125	

[$K_1(\text{kg/m}^3)$: 방호구역 체적계수, $K_2(\text{kg/m}^2)$: 개구부 면적계수]

(2) 전역방출방식 표면화재 방호대상물의 약제저장량

$Q = V \times K_1 + A \times K_2$

여기서, Q : CO_2 약제저장량(kg), V : 방호구역체적(m³), A : 개구부면적(m²)
$K_1(\text{kg/m}^3)$: 방호구역 체적계수, $K_2(\text{kg/m}^2)$: 개구부 면적계수

(4) 헤드 1개의 방사량 계산

$Q = 1.05\text{kg/mm}^2 \cdot \min \times 51\text{mm}^2$

헤드개수 산출

N(헤드수)

$= \dfrac{약제저장량(\text{kg})}{헤드의\ 방출율(\text{kg/mm}^2 \cdot \min \cdot 개) \times 헤드분구면적(\text{mm}^2) \times 방사시간(\min)}$

05 다음 소방시설의 도시기호에 대한 명칭을 쓰시오. (6점)

도시기호	——WS——	←—+—	▼	⇢	▲	H
번호	①	②	③	④	⑤	⑥

풀이 ○답 :

도시기호	——WS——	←—+—	▼	⇢	▲	H
명칭	물분무배관	플러그	포헤드 (평면도)	가스체크밸브	경보밸브 (습식)	옥외소화전

06 어떤 지하상가에 제연설비를 화재안전기술기준과 아래조건에 따라 설치하려고 한다. 각 물음에 답하시오. (7점)

[조건]
1. 주덕트의 높이제한은 600mm이다. (강판 두께, 덕트 후렌지 및 보온두께는 고려하지 않는다.)
2. 배출기는 원심 다익형이다.
3. 각종 효율은 무시한다.
4. 예상 제연구역의 설계 배출량은 45000m³/H이다.

(1) 배출기의 흡입측 주덕트의 최소폭(m)를 계산하시오.
(2) 배출기의 배출측 주덕트의 최소폭(m)를 계산하시오.
(3) 준공 후 풍량시험을 한 결과 풍량은 36000m³/H, 회전수는 600 rpm, 축동력은 7.5kW로 측정되었다. 배출량 45000m³/H를 만족시키기 위한 배출기 회전수(rpm)를 계산하시오.
(4) 회전수를 높여서 배출량을 만족시킬 경우의 예상축동력(kW)을 계산하시오.

풀이 (1) 배출기의 흡입측 주덕트의 최소폭
○계산과정 : $Q = 45000 \, \text{m}^3/\text{H} = 12.5 \, \text{m}^3/\text{s}$

$Q = UA$ 에서 덕트 단면적 $A = \dfrac{Q}{U}$

흡입측 주덕트의 풍속 $U = 15 \, \text{m/s}$ 이하

$$\therefore A = \frac{12.5 \text{m}^3/\text{s}}{15 \text{m/s}} = 0.8333 \text{m}^2$$

닥트 최소폭 $L = \dfrac{0.8333}{0.6} = 1.39 \text{m}$

○ 답 : 1.39m

(2) **배출기의 배출측 주닥트의 최소폭**

○ 계산과정 : $Q = 45000 \text{m}^3/\text{H} = 12.5 \text{m}^3/\text{s}$

$Q = UA$ 에서 닥트 단면적 $A = \dfrac{Q}{U}$

배출측 주닥트의 풍속 $U = 20 \text{m/s}$ 이하

$$\therefore A = \frac{12.5 \text{m}^3/\text{s}}{20 \text{m/s}} = 0.625 \text{m}^2$$

배출측 주닥트 최소폭 $L = \dfrac{0.625}{0.6} = 1.04 \text{m}$

○ 답 : 1.04m

(3) **배출기 회전수**

○ 계산과정 :

$$Q' = Q \times \left(\frac{N'}{N}\right) \quad H' = H \times \left(\frac{N'}{N}\right)^2 \quad P' = P \times \left(\frac{N'}{N}\right)^3$$

여기서, Q : 풍량, H : 전압, P : 축동력, N : 회전수

$\therefore Q' = Q \times \dfrac{N'}{N}$ 식에 대입

$45000 = 36000 \times \left(\dfrac{N'}{600}\right) \quad N' = 750 \text{rpm}$

○ 답 : 750rpm

(4) **예상축동력**

○ 계산과정 : $P' = P \times \left(\dfrac{N'}{N}\right)^3$ 식에 대입

$P' = 7.5 \times \left(\dfrac{750}{600}\right)^3 \quad P' = 14.65 \text{kW}$

○ 답 : 14.65kW

07 습식스프링클러설비를 아래의 조건을 이용하여 그림과 같이 8층의 백화점 건물에 시공할 경우 다음 물음에 답하시오. (9점)

[조건] ① 배관 및 부속류의 총 마찰손실은 펌프 자연낙차압의 40%이다.
② 펌프의 진공계 눈금은 500mmHg이다.
③ 펌프의 체적효율(ν)=0.95, 기계효율(m)=0.85, 수력효율(h)=0.75이다.
④ 전동기의 전달계수(K)는 1.2이다.

(1) 주 펌프의 양정(m)을 구하시오.
(2) 주 펌프의 토출량(m^3/min)을 구하시오.
 (단, 스프링클러 헤드는 최대 기준개수 이상 설치되는 기준임)
(3) 주 펌프의 모터동력(kW)을 구하시오.
(4) 폐쇄형스프링클러헤드의 선정은 설치장소의 최고주위온도와 선정된 헤드의 표시온도를 고려하여야 한다. 다음 표의 설치장소의 최고 주위온도에 대한 표시온도를 쓰시오.

설치장소의 최고 주위온도	표시온도
39℃ 미만	79℃ 미만
39℃ 이상 64℃ 미만	①
64℃ 이상 106℃ 미만	②
106℃ 이상	162℃ 이상

풀이 (1) 주 펌프의 양정(m)
○계산과정 : $H = h_1 + h_2 + 10\text{m}$

H : 펌프의 전양정(m), h_1 : 낙차(흡입양정 + 토출양정)

h_2 : 배관 및 관부속품 마찰손실수두(m)

흡입양정 = $500\text{mmHg} \times \dfrac{10.332\text{m}}{760\text{mmHg}} = 6.80\text{m}$

토출양정 = 40m

∴ $h_1 = 6.8 + 40 = 46.8\text{m}$

$h_2 = (40+5)\text{m}(펌프의\ 자연낙차) \times 0.4 = 18\text{m}$

∴ $H = 46.8 + 18 + 10 = 74.8\text{m}$

○답 : 74.8m

(2) 주 펌프의 토출량(m³/min)
○계산과정 : 소방대상물이 백화점이므로 폐쇄형헤드의 기준개수는 30개

$Q = N \times 80\text{L/min}$

(N : 폐쇄형헤드의 기준개수(기준개수보다 적은 경우 그 설치 개수))

∴ $Q = 30 \times 80\text{L/min} = 2400\text{L/min} = 2.4\text{m}^3/\text{min}$

○답 : 2.4m³/min

(3) 주 펌프의 모터동력(kW)
○계산과정 : 전효율(%) = 체적효율 × 기계효율 × 수력효율 × 100

∴ 전효율(E) = $0.95 \times 0.85 \times 0.75 \times 100 = 60.56\%$

$P(\text{kW}) = \dfrac{\gamma Q H}{E} \times K$

$P(\text{kW}) = \dfrac{9.8\text{kN/m}^3 \times (2.4\text{m}^3/60\text{s}) \times 74.8\text{m}}{0.6056} \times 1.2 = 58.10\text{kW}$

○답 : 58.10kW

(4) ○답 : ① 79℃ 이상 121℃ 미만
② 121℃ 이상 162℃ 미만

참고

자연낙차
옥상수조 내 물이 펌프실의 압력챔버에 가하는 압력을 양정(m)으로 나타낸 값

08 그림과 같이 휘발유 탱크 1기와 경유탱크 1기를 1개의 방유제에 설치하는 옥외 탱크 저장소에 대하여 각 물음에 답하시오. (단, 그림에서 길이 단위는 mm 이다.)

(11점)

[조건]
1. 탱크용량 및 형태
   - 휘발유탱크 : 2,000m^3(지정수량의 10,000배) 플루팅루프탱크(탱크 내 측면과 굽도리판(Foam Dam)사이의 거리는 0.6m이다.(인화점 : 21℃ 미만)
   - 경유탱크 : 850m^3(지정수량의 850배) 콘루프탱크(인화점 : 21℃ 이상 70℃ 미만)
2. 고정포 방출구 – 경유탱크 : Ⅱ형, 휘발유탱크 : 특형
3. 포소화약제의 종류 : 수성막포(사용농도 3%)
4. 보조포 소화전 : 쌍구형×2개 설치
5. 참고사항 :
   ① 옥외탱크 저장소의 보유공지

저장 또는 취급하는 위험물의 최대저장량	공지의 너비
지정수량의 500배 이하	3m 이상
지정수량의 500배 초과 1,000배 이하	5m 이상
지정수량의 1,000배 초과 2,000배 이하	9m 이상
지정수량의 2,000배 초과 3,000배 이하	12m 이상
지정수량의 3,000배 초과 4,000배 이하	15m 이상
지정수량의 4,000배 초과	당해 탱크의 최대지름과 탱크의 높이 또는 길이 중 큰 것과 같은 거리 이상 (단, 30m 초과의 경우에는 30m 이상으로 할 수 있고, 15m 미만의 경우는 15m 이상으로 하여야 한다.)

② 고정포 방출구의 방출율 및 방사시간

위험물의 종류	Ⅰ형		Ⅱ형		특형	
	방출율 (L/m²분)	방사시간 (분)	방출율 (L/m²분)	방사시간 (분)	방출율 (L/m²분)	방사시간 (분)
제4류 위험물 중 인화점이 섭씨 21도 미만의 것	4	30	4	55	8	30
제4류 위험물 중 인화점이 섭씨 21도 이상 70도 미만의 것	4	20	4	30	8	20
제4류 위험물 중 인화점이 섭씨 70도 이상의 것	4	15	4	25	8	15

(1) 다음 A, B, C의 거리를 구하시오. (단, 탱크 측판 두께의 보온 두께는 무시한다.)

① A(휘발유탱크 측판과 방유제 내측거리, m)
  ○ 계산과정 :
  ○ 답 :

② B(휘발유탱크 측판과 경유탱크 측판사이거리, m) (단, 휘발유 탱크만 보유공지 단축을 위한 기준에 적합한 물분무 소화설비가 설치됨)
  ○ 계산과정 :
  ○ 답 :

③ C(경유탱크 측판과 방유제 내측거리, m)
  ○ 계산과정 :
  ○ 답 :

(2) 다음에서 요구하는 각 장비의 용량을 구하시오.

① 포소화약제 저장탱크의 최소 용량(L)을 아래 표에 선정하시오.
  (단, 75A 이상의 배관길이는 50m이고, 배관크기는 100A이다.)

  [포소화약제의 저장탱크의 종류]
  700L, 750L, 800L, 900L, 1,000L, 1,200L, 1,500L
  (단, 포소화약제의 저장탱크 용량은 포소화약제의 저장량을 말한다.)

  ○ 계산과정 :
  ○ 답 :

② 가압송수장치(펌프)의 유량(Lpm)
  ○ 계산과정 :
  ○ 답 :

③ 소화설비의 수원(저수량, m^3) (단, 소수점 이하는 반올림하여 정수로 표시한다.)
  ○ 계산과정 :
  ○ 답 :
④ 포소화약제의 혼합방식은 펌프와 발포기 중간에 설치된 벤추리관의 벤추리 작용과 펌프 가압수의 포 소화약제 저장탱크에 대한 압력에 의하여 포 소화약제를 흡입·혼합하는 방식이다 포소화약제의 혼합방식 명칭을 쓰시오.

풀이 (1) A, B, C의 거리
① A(휘발유탱크 측판과 방유제 내측거리, m)
  ○ **계산과정** : $A = $ 탱크높이 $12m \times \dfrac{1}{2} = 6m$ 이상
  ○ 답 : 6m
② B(휘발유탱크 측판과 경유탱크 측판사이 거리, m)
  ○ **계산과정** : $B = $ 탱크지름 $16m \times \dfrac{1}{2} = 8m$ 이상
  ○ 답 : 8m
③ C(경유탱크 측판과 방유제 내측거리, m)
  ○ **계산과정** : $C = $ 탱크높이 $12m \times \dfrac{1}{3} = 4m$
  ○ 답 : 4m

(2) 각 장비의 용량
① 포소화약제 저장탱크의 최소용량(L)
  ○ 계산과정 :
    ㉠ 휘발유탱크 약제소요량
    Q_1(고정포방출구) $= \dfrac{\pi}{4}(16^2 - 14.8^2)m^2 \times 8L/m^2 \cdot 분 \times 30분 \times \dfrac{3}{100}$
    $= 209L$
    Q_2(배관) $= 50m \times \dfrac{\pi}{4} \times 0.1^2 \times \dfrac{3}{100} \times \dfrac{10^3 L}{m^3} = 11.78L$
    Q_3(보조소화전) $= 3 \times \dfrac{3}{100} \times 8000L = 720L$
    $Q_T = Q_1 + Q_2 + Q_3 = 209 + 11.78 + 720 = 940.78L$
    ㉡ 경유 탱크 약제소요량
    Q_1(고정포방출구) $= \dfrac{\pi}{4} \times 10^2 m^2 \times 4L/m^2 \cdot 분 \times 30분 \times \dfrac{3}{100} = 282.74L$

$$Q_2(배관) = 50\text{m} \times \frac{\pi}{4}(0.1\text{m})^2 \times \frac{3}{100} \times 10^3 \text{L/m}^3 = 11.78\text{L}$$

$$Q_3(보조소화전) = 3 \times \frac{3}{100} \times 8000\text{L} = 720\text{L}$$

$$Q_T = 282.74 + 11.78 + 720 = 1014.52\,\text{L}$$

∴ 많은 약제소요량 기준이므로 약제소요량은 1014.52L이다.
[조건]에서 선택하면 1200L이다.

○ 답 : 1200L

② 가압송수장치(펌프)의 유량(Lpm)
○ 계산과정 : 경유탱크에 분당 필요한 포수용액의 양(l/분)
$$= Q_1\left(\frac{\pi}{4} \times 10^2 \text{m}^2 \times 4\text{L/m}^2 \cdot 분\right) + Q_3(400\,\text{L/분} \times 3)$$
$$= 1514.16\,\text{L/분}(\text{Lpm})$$

○ 답 : 1514.16 Lpm

③ 소화설비의 수원(저수량, m³) (단, m³ 이하는 반올림하여 정수로 표시한다)
○ 계산과정 : 경유탱크 수원의 양이 최대이므로
$$Q_1(고정포방출구) = \frac{\pi}{4} \times 10^2 \text{m}^2 \times 4\text{L/m}^2 \cdot 분 \times 30분 \times \frac{97}{100}$$
$$= 9142.03\text{L} = 9.14\text{m}^3$$

$$Q_2(배관) = 50\text{m} \times \frac{\pi}{4}(0.1\text{m})^2 \times \frac{97}{100} = 0.37\text{m}^3$$

$$Q_3(보조소화전) = 3 \times \frac{97}{100} \times 8000\text{L} = 23280\text{L} = 23.28\text{m}^3$$

∴ $Q_T = 9.14 + 0.38 + 23.28 = 32.80\,\text{m}^3$ ∴ 33m³

○ 답 : 33m³

④ ○ 답 : 프레져 프로포셔너 방식

상세해설

(1) A, B, C의 거리

방유제와 탱크 측면의 이격거리(단, 인화점 200℃ 이상 제외)

탱크지름	이격거리
15m 미만	탱크높이의 $\frac{1}{3}$ 이상
15m 이상	탱크높이의 $\frac{1}{2}$ 이상

① A(휘발유탱크 측판과 방유제 내측거리, m)
휘발유 탱크의 지름(16m)이 15m 이상이므로 방유제와 탱크 측면의 이격거리는 탱크높이의 $\frac{1}{2}$ 이상

$\therefore A = $ 탱크높이 $12m \times \dfrac{1}{2} = 6m$ 이상

② B(휘발유탱크 측판과 경유탱크 측판사이 거리, m)

휘발유 탱크는 지정수량의 1만 배이므로 조건 ⑤의 표에서 지정수량의 4,000배 초과에 해당 탱크 지름(16m)이 탱크높이(12m) 보다 크므로 공지의 너비는 탱크지름(16m) 이상이다. 그러나 보유공지단축을 위한 물분무소화설비가 설치되어 있으므로 보유공지의 2분의 1 이상의 너비로 할 수 있다.

$\therefore B = 16m \times \dfrac{1}{2} = 8m$

> 지정수량의 **4,000배를 초과**하여 위험물을 저장 또는 취급하는 옥외저장탱크에 있어서는 당해 옥외저장탱크에 다음 각목의 기준에 적합한 **물분무설비로 방호조치를 하는 경우**
> (1) 보유공지를 규정에 의한 보유공지의 2분의 1 이상의 너비로 할 수 있다. 이 경우 공지단축 옥외저장탱크의 화재시 $1m^2$당 20kW 이상의 복사열에 노출되는 표면을 갖는 인접한 옥외저장탱크가 있으면 당해 표면에도 다음 각목의 기준에 적합한 물분무설비로 방호조치를 함께 하여야 한다.
> (2) 규정에 불구하고, 옥외저장탱크에 다음 각목의 기준에 적합한 물분무설비로 방호조치를 하는 경우에는 그 보유공지를 제1호의 규정에 의한 보유공지의 2분의 1 이상의 너비(최소 3m 이상)로 할 수 있다.
> ① 탱크의 표면에 방사하는 물의 양은 탱크의 높이(기초의 높이를 제외한 높이) 15m 이하마다 원주길이 1m에 대하여 분당 37l 이상으로 할 것
> ② 수원의 양은 20분 이상 방사할 수 있는 수량으로 할 것
> ③ 탱크에 보강링이 설치된 경우에는 보강링의 아래에 물분무헤드를 설치하되, 분무헤드는 탱크의 높이 및 구조를 고려하여 분무가 적정하게 이루어질 수 있도록 배치할 것
> ④ 물분무소화설비의 설치기준에 준할 것

③ C(경유탱크 측판과 방유제 내측거리, m)

경유 탱크의 지름(10m)이 15m 미만이므로 방유제와 탱크측면의 이격거리는 탱크높이의 $\dfrac{1}{3}$ 이상

$\therefore C = $ 탱크높이 $12m \times \dfrac{1}{3} = 4m$

(2) 각 장비의 용량

① ㉠ 휘발유탱크 약제소요량
- 플루팅루프탱크이므로 특형 방출구를 선정한다.
- 휘발유는 위험물 4류 제1석유류(인화점 21℃ 미만)이다.

$$Q_1(\text{고정포 방출구를 위한 약제 저장량}) = AQTS$$

$$Q_1 = \dfrac{\pi}{4}(16^2 - 14.8^2)m^2 \times 8L/m^2 \cdot 분 \times 30분 \times \dfrac{3}{100} = 209L$$

$$Q_2(\text{배관 충전 필요량}) = Q_A \times S \ [75mm \text{ 이하는 제외}]$$

$$Q_2 = 50\text{m} \times \frac{\pi}{4}(0.1\text{m})^2 \times \frac{3}{100} \times 10^3 \text{L/m}^3 = 11.78\text{L}$$

Q_3(보조소화전 약제량) $= N \times S \times 8000l$ [N : 호스접결구수(최대3개)]

$$Q_3 = 3 \times \frac{3}{100} \times 8000\text{L} = 720\text{L}$$

$$Q_T = Q_1 + Q_2 + Q_3 = 209 + 11.78 + 720 = 940.78\text{L}$$

ⓛ 경유 탱크 약제소요량 : 수성막포 3%사용
- Ⅱ형 포방출구이다.
- 경유는 위험물 제4류 제2석유류(인화점 21℃ 이상 70℃ 미만)이다.

$$Q_1 = \frac{\pi}{4} \times 10^2 \text{m}^2 \times 4\text{L/m}^2 \cdot \text{분} \times 30\text{분} \times \frac{3}{100} = 282.74\text{L}$$

$$Q_2 = 50\text{m} \times \frac{\pi}{4}(0.1\text{m})^2 \times \frac{3}{100} \times 10^3 \text{L/m}^3 = 11.78\text{L}$$

$$Q_3 = 3 \times \frac{3}{100} \times 8000\text{L} = 720\text{L}$$

$$Q_T = 282.74 + 11.78 + 720 = 1014.52\text{L}$$

∴ 많은 약제소요량 기준이므로 약제소요량은 1014.52L이다.
[조건]에서 선택하면 1200L이다.

② 펌프의 토출량은 포수용액을 기준시간이내에 토출할 수 있어야 한다.
경유탱크에 분당 필요한 포수용액의 양(L/분)

$$Q_1\left(\frac{\pi}{4} \times 10^2 \text{m}^2 \times 4\text{L/m}^2 \cdot \text{분}\right) + Q_3(400\text{L/분} \times 3) = 1514.16\text{L/분}$$

③ 경유 탱크 수원의 양이 최대이므로

$$Q_1(\text{고정포방출구}) = \frac{\pi}{4} \times 10^2 \text{m}^2 \times 4\text{L/m}^2 \cdot \text{분} \times 30\text{분} \times \frac{97}{100}$$
$$= 9142.03\text{L} = 9.14\text{m}^3$$

$$Q_2(\text{배관}) = 50\text{m} \times \frac{\pi}{4}(0.1\text{m})^2 \times \frac{97}{100} = 0.37\text{m}^3$$

$$Q_3(\text{보조소화전}) = 3 \times \frac{97}{100} \times 8000\text{L} = 23280\text{L} = 23.28\text{m}^3$$

∴ $Q_T = 9.14 + 0.38 + 23.28 = 32.80\text{m}^3$ ∴ 33m^3

09 다음은 포소화설비의 수동식 기동장치의 설치기준이다. ( )안에 알맞은 답을 쓰시오. (6점)

(1) 직접조작 또는 원격조작에 따라 (①)·수동식개방밸브 및 소화약제 혼합장치를 기동할 수 있는 것으로 할 것
(2) 2 이상의 (②)을 가진 포소화설비에는 방사구역을 선택할 수 있는 구조로 할 것
(3) 기동장치의 조작부는 화재 시 쉽게 접근할 수 있는 곳에 설치하되, 바닥으로부터 (③) m 이상 (④) m 이하의 위치에 설치하고, 유효한 보호장치를 설치할 것
(4) 기동장치의 조작부 및 호스 접결구에는 가까운 곳의 보기 쉬운 곳에 각각 "기동장치의 조작부" 및 (⑤)라고 표시한 표지를 설치할 것
(5) 차고 또는 주차장에 설치하는 포소화설비의 수동식 기동장치는 방사구역마다 1개 이상 설치할 것
(6) 항공기격납고에 설치하는 포소화설비의 수동식 기동장치는 각 방사구역마다 2개 이상을 설치하되, 그중 1개는 각 방사구역으로부터 가장 가까운 곳 또는 조작에 편리한 장소에 설치하고, 1개는 화재감지기의 (⑥)를 설치한 감시실 등에 설치할 것

풀이 ○답 : ① 가압송수장치 ② 방사구역 ③ 0.8 ④ 1.5 ⑤ 접결구 ⑥ 화재수신기

13년-07월, 17년-11월 기출

10 아래 그림과 같이 바닥이 자갈로 되어있는 절연유 봉입변압기에 물분무소화설비를 하고자 한다. 다음 각 물음에 답하시오. (3점)

(1) 소화펌프의 최소 토출량(L/min)을 구하시오.
(2) 필요한 최소 수원의 양(m^3)을 구하시오.

풀이 (1) 소화펌프의 최소 토출량(L/min)

○ 계산과정 : $Q(\text{m}^3) = A(\text{m}^2) \times K(\text{L/m}^2 \cdot \text{min})$

$A = 5\text{m} \times 3\text{m} \times \underline{1\text{면}} + 5\text{m} \times 1.5\text{m} \times \underline{2\text{면}} + 3\text{m} \times 1.5\text{m} \times \underline{2\text{면}}$
  (상부)   (앞면, 뒷면)   (좌면, 우면)

$= 39\text{m}^2$

$Q = 39\text{m}^2 \times 10\text{L/m}^2 \cdot \text{min} = 390\text{L/min}$

○ 답 : 390L/min

(2) 필요한 최소 수원의 양(m³)

○ 계산과정 : $Q = 390\text{L/min} \times 20\text{min} = 7800\text{L} = 7.8\text{m}^3$

○ 답 : 7.8m³

상세해설

(1) 물분무소화설비의 펌프 분당토출량

소방대상물	펌프의 토출량(l/분)
특수가연물 저장, 취급	바닥면적(m²)(최대방수구역기준 최소 50m²)×10L/m²·분
차고, 주차장	바닥면적(m²)(최대방수구역기준 최소 50m²)×20L/m²·분
절연유 봉입 변압기	표면적(바닥부분제외)(m²)×10L/m²·분
케이블 트레이, 닥트	투영된 바닥면적(m²)×12L/m²·분
콘베이어벨트 등	벨트부분의 바닥면적(m²)×10L/m²·분

(2) 물분무소화설비의 수원의 양

소방대상물	수원의 저수량(m³)
특수가연물 저장, 취급	바닥면적(m²)(최대방수구역기준 최소 50m²)×10L/m²·분×20분
차고, 주차장	바닥면적(m²)(최대방수구역기준 최소 50m²)×20L/m²·분×20분
절연유 봉입 변압기	표면적(바닥부분제외)(m²)×10L/m²·분×20분
케이블 트레이, 닥트	투영된 바닥면적(m²)×12L/m²·분×20분
콘베이어벨트 등	벨트부분의 바닥면적(m²)×10L/m²·분×20분

98년-05월, 02년-01월, 03년-07월, 08년-04월 유사, 20년-05월 유사

11 다음 그림은 어느 건축물의 평면도이다. 이 실들 중 A실에 급기가압을 하고 문 A_4, A_5, A_6는 외기와 접해있을 경우 조건을 참조하여 각 물음에 답하시오.

(7점)

[조건] ① 모든 개구부 틈새면적은 0.01m^2로 동일하다.
② 각 실은 출입문이외의 틈새는 없다.
③ 임의의 어느 실에 대한 급기량 $Q(\text{m}^3/\text{s})$와 얻고자하는 기압차 (Pa)의 관계식은 $Q = 0.827 \times A \times \sqrt{P}$ 이다.

(1) A실을 기준으로 외기와의 유효개구부 틈새면적을 소수점 5째 자리까지 구하시오.
(2) A실과 외부간에 240Pa의 기압차를 얻기 위하여 A실에 급기시켜야 할 풍량(m^3/s)은 얼마가 되겠는가?

풀이 (1) 유효개구부 틈새면적
○계산과정:

 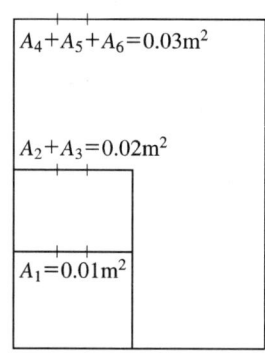

① 도면에서 A_4, A_5, A_6는 병렬상태이므로

$A_4 + A_5 + A_6 = 0.01 + 0.01 + 0.01 = 0.03 \text{m}^2$

② 도면에서 A_2, A_3는 병렬상태이므로 $A_2 + A_3 = 0.01 + 0.01 = 0.02 \text{m}^2$

③ A_1, $A_2 + A_3$, $A_4 + A_5 + A_6$는 직렬상태

∴ $A_1 = 0.01 \text{m}^2$, $A_2 \sim A_3 = 0.02 \text{m}^2$, $A_4 \sim A_6 = 0.03 \text{m}^2$

④ $A_T = \dfrac{1}{\sqrt{\dfrac{1}{0.01^2} + \dfrac{1}{0.02^2} + \dfrac{1}{0.03^2}}} = 8.57 \times 10^{-3} = 0.00857 \text{m}^2$

○답 : 0.0857m^2

(2) **풍량**(m^3/s)

○계산과정 : $A = 0.00857 \text{m}^2$, $P = 240 \text{Pa}$

$Q = 0.827 \times 0.00857 \times \sqrt{240} = 0.11 \text{m}^3/\text{s}$

○답 : $0.11 \text{m}^3/\text{s}$

12 그림과 같은 배관을 통하여 유량이 80L/min로 흐르고 있다. B, C배관의 마찰손실수두는 서로 동일하고 B배관의 유량은 30L/min일 때 아래 조건을 참조하여 C배관의 구경(mm)를 계산하시오. (5점)

[조건] 헤이젠-윌리엄스 공식

$$\Delta P_m = 6.053 \times 10^4 \times \dfrac{Q^{1.85}}{C^{1.85} \times D^{4.87}}$$

여기서, ΔP_m : 배관 1m당 마찰손실압력(MPa), Q : 유량(L/min)
C : 조도(배관의 거칠음 계수), D : 배관내경(mm)

○계산과정 : ① 관로망에서 배관마찰손실은 서로 같다.

② $Q_B = 30 \text{L/min}$, $Q_C = (80 - 30) = 50 \text{L/min}$, $\Delta P_B = \Delta P_C$

③ $\dfrac{6.053 \times 10^4 \times 30^{1.85}}{C^{1.85} \times 196^{4.87}} \times 300 = \dfrac{6.053 \times 10^4 \times 50^{1.85}}{C^{1.85} \times D^{4.87}} \times 350$

④ $\dfrac{6.053 \times 10^4}{C^{1.85}}$ 은 양변이 같으므로 소거한다.

⑤ $\dfrac{30^{1.85}}{196^{4.87}} \times 300 = \dfrac{50^{1.85}}{D^{4.87}} \times 350$

⑥ $D^{4.87} = \dfrac{196^{4.87} \times 50^{1.85} \times 350}{30^{1.85} \times 300} = 4.3717 \times 10^{11}$

⑦ $D^{4.87 \times \frac{1}{4.87}} = (4.3717 \times 10^{11})^{\frac{1}{4.87}}$ ∴ $D = 245.63\text{mm}$

○답 : 245.63mm

---

13 가로 15m, 세로 12m, 높이 5m인 전산실에 할론소화설비를 설치할 경우 다음 각 물음에 답하시오.(단, 저장용기의 내용적은 68L이다) (6점)

(1) 전산실에 가장 적합한 할론 소화약제명을 쓰시오.
(2) 전산실에 필요한 최소 약제소요량(kg)을 구하시오.
(3) 한 병당 최대로 저장할 수 약제량(kg)을 구하시오.
(4) 필요한 최소 저장용기 수를 구하시오.

풀이 (1) 할론 소화약제명
　　○답 : 할론 1301

(2) 최소 약제소요량(kg)
　　○계산과정 : $Q = (15 \times 12 \times 5)\text{m}^3 \times 0.32\text{kg/m}^3 = 288\text{kg}$
　　○답 : 288kg

(3) 한 병당 최대로 저장할 수 약제량(kg)
　　○계산과정 : ① 할론1301 충전비 $C = 0.9$ 이상 1.6 이하
　　　　　　② 충전비 $C(\text{L/kg}) = \dfrac{V(\text{L})}{G(\text{kg})}$
　　　　　　③ 한 병당 최소 저장량 $G = \dfrac{V}{C} = \dfrac{68\text{L}}{1.6} = 42.50\text{kg}$
　　　　　　④ 한 병당 최대 저장량 $G = \dfrac{V}{C} = \dfrac{68\text{L}}{0.9} = 75.55\text{kg}$
　　○답 : 75.55kg

(4) 필요한 최소 저장용기 수
　　○계산과정 : $Q = \dfrac{288}{75.55} = 3.81$병
　　○답 : 4병

14 할로겐화합물 및 불활성기체 소화설비에 압력배관용탄소강관(KS D 3562)을 사용할 때 다음 조건을 참조하여 관의 두께(mm)를 계산하시오. (4점)

[조건]
㉠ 압력배관용탄소강관(KS D 3562)의 인장강도는 400MPa, 항복점은 인장강도의 80%이다.
㉡ 최대허용압력은 15MPa이다.
㉢ 배관이음효율은 가열맞대기 용접배관을 적용한다.
㉣ 배관의 최대허용응력(SE)은 배관재질 인장강도의 1/4값과 항복점의 2/3값 중 작은 값(σ)을 기준으로 다음의 식을 적용한다.
$$SE = \sigma \times 배관이음효율 \times 1.2$$
㉤ 적용되는 배관의 바깥지름은 65mm이다.
㉥ 나사이음, 홈이음 등의 허용 값(mm)(헤드설치부분은 제외한다)은 무시한다.

풀이 ○ 계산과정 : ① P(최대허용압력) = 15MPa, D = 65mm
② SE(최대허용응력)계산
- 인장강도 400MPa
- 인장강도의 1/4값 = 400MPa × $\frac{1}{4}$ = 100MPa
- 항복점 = 인장강도의 80% = 400MPa × 0.8 = 320MPa
- 항복점의 2/3값 = 320MPa × $\frac{2}{3}$ = 213.33MPa
- 배관의 최대허용응력 계산(작은 값(σ) = 100MPa 적용)
∴ $SE = \sigma \times$ 배관이음효율 $\times 1.2$
= 100MPa × 0.6(가열맞대기 용접배관) × 1.2
= 72MPa
③ $t = \dfrac{PD}{2SE} + A = \dfrac{15 \times 65}{2 \times 72} = 6.77$mm

○ 답 : 6.77mm

상세해설

관의 두께

$$t = \frac{PD}{2SE} + A$$

여기서, t : 관의 두께(mm), P : 최대허용압력(kPa), D : 배관의 바깥지름(mm)
SE : 최대허용응력(kPa)(배관재질 인장강도의 1/4값과 항복점의 2/3 값 중 적은

값 × 배관이음효율 × 1.2)
A : 나사이음(mm) (헤드설치부분은 제외한다)
- 나사이음 : 나사의 높이
- 절단홈이음 : 홈의 깊이
- 용접이음 : 0

※ 배관이음효율 : ① 이음매 없는 배관 : 1.0
② 전기저항 용접배관 : 0.85
③ 가열맞대기 용접배관 : 0.60

05년-05월, 06년-11월, 10년-10월, 20년-05월 유사

15 그림과 같은 옥내소화전 설비를 아래의 조건에 따라 설치하려고 한다. 다음 물음에 답하시오. **(7점)**

[조건] 1. P_1 = 옥내소화전 펌프
2. P_2 = 잡용수 양수펌프
3. 펌프의 후드밸브로부터 5층 옥내소화전함 호스 접결구까지의 마찰손실 및 저항손실 수두는 실 양정의 30%로 한다.
4. 펌프의 효율은 65%이다.
5. 옥내소화전의 개수는 각층 3개씩이다.
6. 소방호스의 마찰손실 수두는 6m이다.

(1) 펌프의 양정(m)을 계산하시오.
(2) 펌프의 최소유량(L/min) 계산하시오.
(3) 펌프의 토출측 주배관의 호칭구경을 계산하시오.
    (단, 배관의 구경은 다음 표에 의한다)

호칭구경	40A	50A	65A	80A	100A
내경(mm)	42	53	69	81	105

풀이 (1) **펌프의 양정**(m)
  ○계산과정 : $h_1 = 0.8 + 1.0 + (3 \times 5) + 2 = 18.8\text{m}$
  $h_2 = 18.8 \times 0.3 = 5.64\text{m}$
  $h_3 = 6\text{m}$
  $\therefore H = 18.8 + 5.64 + 6 + 17 = 47.44\text{m}$
  ○답 : 47.44m

(2) **펌프의 최소유량**(L/min)
  ○계산과정 : $Q = 2 \times 130 = 260\,\text{L/min}$
  ○답 : 260L/min

(3) **펌프의 토출측 주배관의 호칭구경**
  ○계산과정 : $d = \sqrt{\dfrac{4 \times 0.26\text{m}^3/60\text{s}}{\pi \times 4\text{m/s}}} \times 1000 = 37.14\text{mm}$
  ∴ 주배관 중 수직배관의 최소구경은 50mm 이상
  ○답 : 50A

상세해설

(1) **펌프의 양정**(m)
  $H = h_1 + h_2 + h_3 + 17\text{m}$
  여기서, H : 전양정(m), h_1 : 실양정(흡입양정+토출양정)(m)
  h_2 : 배관의 마찰손실수두(m), h_3 : 소방용호스의 마찰손실수두(m)
  17m : 노즐선단의 방수압력 환산수두

(2) **옥내소화전설비의 펌프의 토출량**
  $Q = N(\text{최대 2개}) \times 130\,\text{L/min}$

(3) **펌프의 토출측 배관의 최소 호칭구경**
  ① 펌프 토출측 주배관의 구경은 유속이 4m/s 이하가 될 수 있는 크기 이상
  ② $D(\text{mm}) = \sqrt{\dfrac{4Q}{\pi u}} \times 1000$

(4) 옥내소화전설비의 배관
① 펌프의 토출 측 주배관의 구경은 유속이 4m/s 이하가 될 수 있는 크기 이상
② 옥내소화전방수구와 연결되는 가지배관의 구경은 40mm(호스릴옥내소화전설비의 경우에는 25mm) 이상
③ 주배관 중 수직배관의 구경은 50mm(호스릴옥내소화전설비의 경우에는 32mm) 이상
④ 연결송수관설비의 배관과 겸용할 경우의 주배관은 구경 100mm 이상, 방수구로 연결되는 배관의 구경은 65mm 이상의 것으로 할 것.

16 다음 그림과 같은 벤츄리관에 유량이 5.6m³/min로 물이 흐르고 있다. 내경이 36cm인 본관에 내경이 13cm인 벤츄리미터가 설치 장치되어 있다. 압력차 $(P_1 - P_2)$(kPa)을 구하시오. (단, 벤츄리관 송출계수(유량계수)는 0.86이라고 가정한다)

(5점)

○ 계산과정 : $P_1 - P_2 = \dfrac{\left(5.6/60 \times \sqrt{1 - \dfrac{0.13^4}{0.36^4}}\right)^2}{0.86 \times \dfrac{\pi}{4} \times 0.13^2} \div 2 = 32.86\,kPa$

○ 답 : 32.86kPa

상세해설

(1) 벤츄리미터에서 압력차 계산공식

$$P_1 - P_2 = \dfrac{\left(\dfrac{Q_v \sqrt{1 - \dfrac{D_2^4}{D_1^4}}}{CA_2}\right)^2}{2}$$

여기서, P_1 : 1지점의 압력, P_2 : 2지점의 압력
D_1 : 1지점의 내경, D_2 : 2지점의 내경
A_2 : 2지점의 단면적, C : 유량계수
Q_v : 벤츄리미터 유량

(2) 베르누이정리를 이용한 계산공식

① 배관에서의 유량 $Q = \dfrac{Q_v(\text{벤츄리미터 유량})}{C(\text{벤츄리 유량계수})}$

② 유속 계산 $V_1 = \dfrac{Q}{A_1}$, $V_2 = \dfrac{Q}{A_2}$

③ 압력차 계산

$$P_1 - P_2 = \dfrac{\gamma}{2g}\left(V_2^2 - V_1^2\right)$$

여기서, P_1 : 1지점의 압력, P_2 : 2지점의 압력
V_1 : 1지점의 유속, V_2 : 2지점의 유속
γ : 유체의 비중량, g : 중력가속도

(3) 베르누이정리를 이용한 계산공식으로 풀이

① 배관에서의 유량 $Q = \dfrac{Q_v}{C} = \dfrac{5.6\text{m}^3/60\text{s}}{0.86}$

② 유속 계산

$V_1 = \dfrac{Q}{A} = \dfrac{\dfrac{5.6/60}{0.86}\text{m}^3/\text{s}}{\dfrac{\pi}{4}\times(0.36\text{m})^2} = 1.0662\text{m/s}$, $V_2 = \dfrac{Q}{A} = \dfrac{\dfrac{5.6/60}{0.86}\text{m}^3/\text{s}}{\dfrac{\pi}{4}\times(0.13\text{m})^2} = 8.1764\text{m/s}$

③ 압력차 계산

$P_1 - P_2 = \dfrac{9.8\text{kN/m}^3}{2\times 9.8\text{m/s}^2}\times(8.1764^2 - 1.0662^2)\text{m}^2/\text{s}^2 = 32.86\text{kN/m}^2(\text{kPa})$

(4) 벤츄리의 유량

$Q_v(\text{m}^3/\text{s}) = C_v Q_2 = C_v \dfrac{\pi D_2^2}{4}\sqrt{\dfrac{2g\Delta h}{1-(D_2/D_1)}}$

$Q_v(\text{m}^3/\text{s}) = C_v Q_2 = \dfrac{C_v A_2}{\sqrt{1-(A_2/A_1)^2}}\sqrt{\dfrac{2g(P_1-P_2)}{\gamma}}$

소방설비기사 – 기계분야
2022년 7월 24일 시행

17년-06월 기출

01 가로15m 세로14m 높이3.5m인 전산실에 할로겐화합물 및 불활성기체 소화약제 중 HFC-23과 IG-541을 사용할 경우 아래 조건을 참조하여 다음 각 물음에 답하시오. (12점)

[조건]
① HFC-23의 소화농도는 A, C급 화재는 38%, B급 화재는 35%이다.
② HFC-23의 저장용기는 68l이며 충전밀도는 720.8kg/m³이다.
③ IG-541의 소화농도는 33%이다.
④ IG-541의 저장용기는 80(l)용 15.8(m³/병)을 적용하며 충전압력은 19.996MPa이다.
⑤ 소화약제량 산정 시 선형상수를 이용하며 방사시 기준온도는 30℃이다.

소화약제	K_1	K_2
HFC-23	0.3164	0.0012
IG-541	0.65799	0.00239

(1) HFC-23의 저장량은 최소 몇 kg인가?
(2) HFC-23의 저장용기 수는 최소 몇 병 인가?
(3) 배관구경 산정 조건에 따라 HFC-23의 약제량 방사 시 주배관의 방사 유량은 몇 kg/s인가?
(4) IG-541의 저장량은 최소 몇 m³인가?
(5) IG-541의 저장용기 수는 최소 몇 병 인가?
(6) 배관구경산정 조건에 따라 IG-541의 약제량 방사 시 주배관의 방사유량은 몇 m³/s인가?

풀이 (1) HFC-23의 저장량

○계산과정 : ① $V = 15 \times 14 \times 3.5 = 735 \text{m}^3$
② $S = 0.3164 + (0.0012 \times 30) = 0.3524 \text{m}^3/\text{kg}$
③ C급 화재시 C = 소화농도 × K(안전계수) = 38% × 1.35(C급)

$$= 51.3\%$$

④ $W = \dfrac{735}{0.3524} \times \left(\dfrac{51.3}{100-51.3}\right) = 2197.05\text{kg}$

○답 : 2197.05kg

(2) HFC-23의 저장용기 수

○계산과정 : $W = 68(l) \times 0.7208(\text{kg}/l) = 49.01\text{kg}$

$N = \dfrac{2197.05\text{kg}}{49.01\text{kg}} = 44.83$병 ∴ 45병

○답 : 45병

(3) HFC-23의 약제량 방사 시 주배관의 방사 유량

○계산과정 : ① $V = 15 \times 14 \times 3.5 = 735\text{m}^3$

② $S = 0.3164 + (0.0012 \times 30) = 0.3524\text{m}^3/\text{kg}$

③ $C = 38\% \times 1.35(\text{C급}) \times 0.95 = 48.74\%$

④ $W = \dfrac{735}{0.3524} \times \left(\dfrac{48.74}{100-48.74}\right) = 1983.16\text{kg}$

⑤ $Q = \dfrac{1983.16\text{kg}}{10s} = 198.32\text{kg/s}$

○답 : 198.32kg/s

(4) IG-541의 저장량

○계산과정 : $V_S = 0.65799 + (0.00239 \times 20) = 0.7058\text{m}^3/\text{kg}$

$S = 0.65799 + (0.00239 \times 30) = 0.7297\text{m}^3/\text{kg}$

C급 화재시 C = 소화농도 × K(안전계수) = 33% × 1.35(C급) = 44.55%

$X = 2.303 \times \dfrac{0.7058}{0.7297} \times \log_{10}\left(\dfrac{100}{100-44.55}\right) = 0.57\text{m}^3/\text{m}^3$

$W = 735\text{m}^3 \times 0.57\text{m}^3/\text{m}^3 = 418.95\text{m}^3$

○답 : 418.95m³

(5) IG-541의 저장용기 수

○계산과정 : $N = \dfrac{418.95\text{m}^3}{15.8\text{m}^3} = 26.52$병 ∴ 27병

○답 : 27병

(6) IG-541의 약제량 방사 시 주배관의 방사유량

○계산과정 : ① $V_S = 0.7058\text{m}^3/\text{kg}$

② $S = 0.65799 + (0.00239 \times 30) = 0.7297\text{m}^3/\text{kg}$

③ C급 화재시 $C = 33\% \times 1.35(C급) \times 0.95 = 42.32\%$

④ $X = 2.303 \times \dfrac{0.7058}{0.7297} \times \log_{10}\left(\dfrac{100}{100-42.32}\right) = 0.53 \text{m}^3/\text{m}^3$

⑤ $W = 735\text{m}^3 \times 0.53\text{m}^3/\text{m}^3 = 389.55\text{m}^3$

⑥ $Q = \dfrac{389.55\text{m}^3}{120\text{s}} = 3.25\text{m}^3/\text{s}$

○ 답 : $3.25\text{m}^3/\text{s}$

상세해설

(1) HFC-23의 저장량(kg)

HCFC 등의 소화약제량 산출 공식

$$W = \dfrac{V}{S} \times \left(\dfrac{C}{100-C}\right)$$

여기서, W : 소화약제의 무게(kg), V : 방호구역의 체적(m^3)
  S : 소화약제별 선형상수($K_1 + K_2 \times t$)(m^3/kg)
  C : 체적에 따른 소화약제의 설계농도(%)
    [C=소화농도(%)$\times K$(안전계수, A급 1.2, B급 1.3, C급 1.35)]
    ※ C급(통전상태)의 안전계수는 A급(전기차단상태)소화농도의 1.35
  t : 방호구역의 최소예상온도(℃)

(2) HFC-23의 저장용기 수

용기1병당 약제량(kg)

$$W = V(\text{L}) \times G(\text{kg/L})$$

여기서, $V(\text{L})$: 용기의 부피, $G(\text{kg/L})$: 용기의 충전밀도
  $V = 68\text{L}$, $G = 720.8\text{kg/m}^3 = 720.8\text{kg}/1000\text{L} = 0.7208\text{kg/L}$

(3) 배관구경

방호구역에 할로겐화합물 소화약제가 10초(불활성기체 소화약제는 A, C급 화재 2분, B급 화재 1분) 이내에 최소설계농도의 95% 이상 방출되도록 하여야 한다.

(4) IG-541의 저장량(m^3)

불활성기체 소화약제량 산출 공식

$$X = 2.303 \times \dfrac{V_S}{S} \times \log_{10}\left(\dfrac{100}{100-C}\right)$$

여기서, X : 공간체적당 더해진 소화약제의 부피(m^3/m^3)
  V_S : 20℃에서 소화약제의 비체적(m^3/kg)
  S : 소화약제별 선형상수($K_1 + K_2 \times t$)(m^3/kg)
  C : 체적에 따른 소화약제의 설계농도(%)
  ※ C급(통전상태)의 안전계수는 A급(전기차단상태)소화농도의 1.35

02 소화약제를 자동으로 방사하는 고정된 소화장치로서 형식승인이나 성능인증을 받은 유효설치 범위 이내에 설치하여 소화하는 자동소화장치의 종류를 5가지만 쓰시오. (5점)

○ 답 : ① 주거용 주방자동소화장치
② 상업용 주방자동소화장치
③ 캐비닛형 자동소화장치
④ 가스자동소화장치
⑤ 분말자동소화장치
⑥ 고체에어로졸자동소화장치

18년-06월 유사

03 특별피난계단의 계단실 및 부속실 제연설비에 대한 다음 각 물음에 답하시오. (7점)

[조건] ① 제연구역과 옥내와의 차압은 50Pa이다.
② 문의 폭(W)은 1m, 높이(H)는 2.5m이다.
③ 자동폐쇄장치 및 경첩에 의해 폐쇄되는 힘은 50N이다.
④ 문의 손잡이와 문의 끝까지(모서리까지)의 거리는 10cm이다.
⑤ K=상수(1.0)으로 한다.

(1) 제연설비가 가동된 상태에서 출입문 개방에 필요한 힘[N]을 계산하시오.
(2) 플랩댐퍼를 설치하여야 하는지의 여부를 화재안전기술기준을 근거하여 설명하시오.

(1) 출입문 개방에 필요한 힘(N)

○ 계산과정 : $F = F_{dc} + \dfrac{K_d \times W \times A \times \Delta P}{2(W-d)}$

여기서, F_{dc} : 도어체크의 저항력(50N)
K : 상수(1.0)
W : 폭(1m)
A : 출입문 면적(1m×2m)
ΔP : 압력차(50Pa)
d : 거리(10cm=0.1m)

$$F = 50\text{N} + \frac{1 \times 1\text{m} \times (1\text{m} \times 2.5\text{m}) \times 50\text{Pa}}{2 \times (1\text{m} - 0.1\text{m})} = 119.44\text{N}$$

○답 : 119.44N

(2) 플랩댐퍼 설치 여부

○답 : 화재안전기술기준에 따른 출입문개방에 필요한 힘은 **110N 이하**이다. 따라서 출입문 개방에 필요한 힘이 **119.44N**이므로 **플랩댐퍼가 필요**하다.

상세해설

(1) 출입문 개방에 필요한 힘(제연설비가 가동된 상태에서)

$$F[\text{N}] = F_{dc}[\text{N}] + F_P[\text{N}]$$

여기서, F : 출입문개방에 필요한 전체 힘(N)
F_{dc} : 자동폐쇄장치(도어체크)의 저항력(N)
F_P : 차압에 의해 출입문에 미치는 힘(N)

(2) 차압에 의한 방화문에 미치는 힘(제연설비가 가동된 상태에서)

$$F_P = \frac{K_d \times W \times A \times \Delta P}{2(W - d)}$$

여기서, K_d : 상수 값(1.0), W : 출입문의 폭(m), A : 출입문의 면적(m^2)
ΔP : 제연구역과 옥내와의 차압(Pa)
d : 문의 손잡이와 문의 끝까지(모서리까지)의 거리(m)

[제연구역 출입문에 미치는 힘]

(3) 특별피난계단의 계단실 및 부속실 제연설비의 화재안전기술기준(NFTC 501A)
① 제연설비가 가동되었을 경우 출입문의 개방에 필요한 힘은 110N 이하
② 제연구역과 옥내와의 사이에 유지하여야 하는 최소 차압은 40Pa
   (옥내에 스프링클러설비가 설치된 경우에는 12.5Pa) 이상

04 폐쇄형 헤드를 사용한 스프링클러 설비에서 나타난 스프링클러헤드 중 A점에 설치된 헤드 1개만이 개방되었을 때 다음 각 물음에 답하시오.

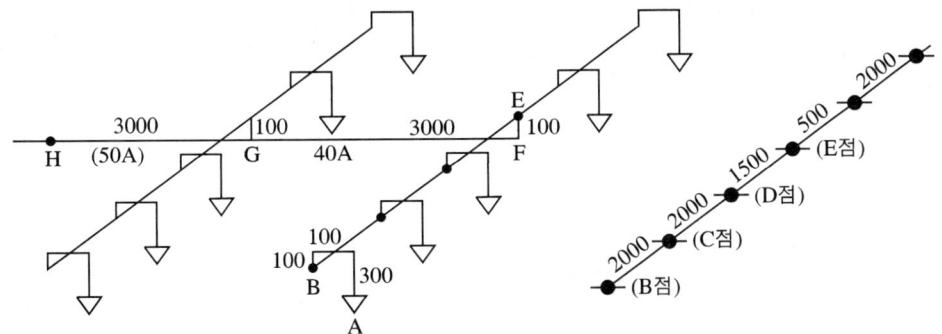

[조건] ① 급수관 중 「H점」에서의 가압수 압력은 0.15MPa로 계산한다.
② 티이 및 엘보는 직경이 다른 티이 및 엘보는 사용치 않는다.
③ 스프링클러헤드는 「15A」헤드가 설치된 것으로 한다.
④ 직관 마찰 손실(100m당)   (단위 : m)

유량	25A	32A	40A	50A
80 l/min	39.82	11.38	5.40	1.68

(A점에서의 헤드 방수량 80 l/min로 계산한다.)
⑤ 관이음쇠 마찰손실에 해당하는 직관길이   (단위 : m)

구 분	25A	32A	40A	50A
엘보(90°)	0.9	1.20	1.50	2.10
레듀샤	(25×15A)0.54	(32×25A)0.72	(40×32A)0.90	(50×40A)1.20
티이(직류)	0.27	0.36	0.45	0.60
티이(분류)	1.50	1.80	2.10	3.00

⑥ 방사압력 산정에 필요한 계산과정을 상세히 명시하고, 방사 압력을 소수점 4자리까지 구하시오.(소수점 4자리 미만은 삭제)
⑦ 물의 비중량은 9800N/m³으로 한다.

(1) H ~ A까지의 배관마찰손실수두(m)를 계산하시오.
  (단, 소수점 넷째 자리까지 나타내시오)
(2) (   )가 (   )보다 위치수두가 (   )m 높다. (   )안에 알맞은 답을 쓰시오.
(3) A점에서 방사압력(kpa)을 계산하시오.
  (단, 소수점 넷째 자리까지 나타내시오.)

풀이 (1) H ~ A까지의 배관마찰손실수두

○ 계산과정 :

관경	유량	직관 및 등가길이(m)	100m당 마찰손실수두 (m)	마찰손실수두 (m)
50A	80 L/min	직관 : 3 관부속 : 티이(직류)1개×0.60=0.60 　　　　　레듀샤(50×40)1개×1.20=1.20 계 : 4.80	1.68	$4.8 \times \dfrac{1.68}{100}$ $=0.0806$
40A	80 L/min	직관 : 3+0.1=3.1 관부속 : 엘보(90°)1개×1.50=1.50 　　　　　티이(분류)1개×2.10=2.10 　　　　　레듀샤(40×32)1개×0.90=0.90 계 : 7.60	5.40	$7.60 \times \dfrac{5.40}{100}$ $=0.4104$
32A	80 L/min	직관 : 1.5 관부속 : 티이(직류)1개×0.36=0.36 　　　　　레듀샤(32×25)1개×0.72=0.72 계 : 2.58	11.38	$2.58 \times \dfrac{11.38}{100}$ $=0.2936$
25A	80 L/min	직관 : 2+2+0.1+0.1+0.3=4.5 관부속 : 티이(직류)1개×0.27=0.27 　　　　　엘보(90°)3개×0.9=2.70 　　　　　레듀샤(25×15)1개×0.54=0.54 계 : 8.01	39.82	$8.01 \times \dfrac{39.82}{100}$ $=3.1895$
총 계				3.9741m

○ 답 : 3.9741m

(2) H의 위치수두(A점 기준)

　○ 계산과정 : $H = 0.3\text{m}(300\text{mm}) - 0.1\text{m}(100\text{mm}) - 0.1\text{m}(100\text{mm}) = 0.1\text{m}$
　○ 답 : H, A, 0.1

(3) A점에서 방사압력

　○ 계산과정 : ① $\Delta H_L(손실수두) = (0.1 + 0.1 - 0.3) + 3.9741 = 3.8741\text{m}$

　　　　　　　② 물의 비중량 $= 9800\text{N/m}^3 = 9.8\text{kN/m}^3$

　　　　　　　③ $\Delta P = \gamma h = 9.8\text{kN/m}^3 \times 3.8741\text{m} = 37.96618\text{kN/m}^2(\text{kPa})$

　　　　　　　④ $P = 0.15 \times 10^3 \text{kPa} - 37.96618\text{kPa} = 112.03382\text{kPa}$

　○ 답 : 112.0338kPa

05 경유를 저장하는 내부직경이 50m인 플루팅루프탱크(부상식 지붕구조)에 포방출구를 설치하여 방호하려고 할 때 아래의 조건을 참조하여 다음 각 물음에 답하시오. (9점)

[조건] ① 소화약제는 6%용의 단백포를 사용하며 수용액의 표준 방사량은 $8L/m^2 \cdot$분이고 방사시간은 30분을 기준으로 한다.
② 탱크내면과 굽도리판의 간격은 1.2m로 한다.
③ 보조소화전은 3개 설치되어 있다.
④ 송액배관의 길이는 200m이며 내경은 100mm이다.
⑤ 물의 밀도는 $1000kg/m^3$, 포소화약제의 밀도는 $1050kg/m^3$이다.

(1) 고정식 포방출구의 종류는 무엇인가?
(2) 가압송수장치의 최소 분당 토출량(L/분)을 계산하시오.
  ○ 계산과정 :
  ○ 답 :
(3) 최소 수원의 양(m^3)을 계산하시오.
  ○ 계산과정 :
  ○ 답 :
(4) 최소 포소화약제의 양(l)을 계산하시오.
  ○ 계산과정 :
  ○ 답 :

(5) 배관 내 물의 질량 유량(kg/s)과 포소화약제의 질량유량(kg/s)을 계산하시오.
   ○ 계산과정 :
   ○ 답 :
(6) 포소화약제의 혼합방식을 쓰시오.

풀이 (1) 고정포방출구의 종류
   ○ 답 : 특형방출구

(2) 가압송수장치의 분당 토출량(L/분)

○ 계산과정 : $Q = \dfrac{\pi}{4} \times (50^2 - 47.6^2)\text{m}^2 \times 8l/\text{m}^2 \cdot \text{min} + 3 \times 400l/\text{min}$
   $= 2671.77l/\text{min}$

○ 답 : $2671.77l/\text{min}$

(3) 수원의 양(m^3)

○ 계산과정 : $Q_1 = \dfrac{\pi}{4} \times (50^2 - 47.6^2)\text{m}^2 \times 8\text{L}/\text{m}^2 \cdot \text{min} \times 30\text{min} \times 0.94$
   $= 41504.01\text{L} = 41.50\text{m}^3$

$Q_2 = 3 \times 0.94 \times 8000 (400\text{L}/\text{min} \times 20\text{min}) = 22560\text{L} = 22.56\text{m}^3$

$Q_3 = \dfrac{\pi}{4} \times (0.1\text{m})^2 \times 200\text{m} \times 0.94 \times \dfrac{1000\text{L}}{\text{m}^3} = 1476.55\text{L} = 1.48\text{m}^3$

$Q = Q_1 + Q_2 + Q_3 = 41.50 + 22.56 + 1.48 = 65.54\text{m}^3$

○ 답 : 65.54m^3

(4) 포소화약제의 양(L)

○ 계산과정 :

$Q_1 = \dfrac{\pi}{4} \times (50^2 - 47.6^2)\text{m}^2 \times 8\text{L}/\text{m}^2 \cdot \text{min} \times 30\text{min} \times 0.06 = 2649.19\text{L}$

$Q_2 = 3 \times 0.06 \times 8000 (400\text{L}/\text{min} \times 20\text{min}) = 1440\text{L}$

$Q_3 = \dfrac{\pi}{4} \times (0.1\text{m})^2 \times 200\text{m} \times 0.06 \times \dfrac{1000\text{L}}{\text{m}^3} = 94.25\text{L}$

$Q = Q_1 + Q_2 + Q_3 = 2649.19 + 1440 + 94.25 = 4183.44\text{L}$

○ 답 : 4183.44L

(5) 물의 질량유량(kg/s) 및 포소화약제의 질량유량(kg/s)
① 물의 질량유량
○계산과정 : $\overline{m} = Au\rho = Q\rho = \dfrac{2671.77\text{L}}{60\text{s}} \times 0.94 \times 1\text{kg/L} = 41.86\text{kg/s}$
○답 : 41.86kg/s
② 포소화약제의 질량유량
○계산과정 : $\overline{m} = Au\rho = Q\rho = \dfrac{2671.77\text{L}}{60\text{s}} \times 0.06 \times 1.05\text{kg/L} = 2.81\text{kg/s}$
○답 : 2.81kg/s

(6) 포소화약제의 혼합방식
○답 : 프레져 푸로포셔너방식

11년-11월, 14년-11월, 18년-04월 기출

06 다음은 미분무소화설비의 화재안전기술기준에서 사용하는 용어의 정의이다. ( )안에 알맞은 답을 쓰시오. (4점)

> "미분무"란 물만을 사용하여 소화하는 방식으로 최소설계압력에서 헤드로부터 방출되는 물입자 중 99%의 누적체적분포가 (①)μm 이하로 분무되고 (②)화재에 적응성을 갖는 것을 말한다.

풀이 ○답 : ① 400
② A, B, C급

상세해설

미분무소화설비의 화재안전기술기준(NFTC 104A)
용어의 정의
① "미분무"란 물만을 사용하여 소화하는 방식으로 최소설계압력에서 헤드로부터 방출되는 물입자 중 99%의 누적체적분포가 400μm 이하로 분무되고 A, B, C급 화재에 적응성을 갖는 것을 말한다.
② "저압 미분무 소화설비"란 최고사용압력이 1.2MPa 이하인 미분무소화설비를 말한다.
③ "중압 미분무 소화설비"란 사용압력이 1.2MPa을 초과하고 3.5MPa 이하인 미분무소화설비를 말한다.
④ "고압 미분무 소화설비"란 최저사용압력이 3.5MPa을 초과하는 미분무소화설비를 말한다.

07 기동용수압개폐장치인 압력챔버의 기능을 3가지만 쓰시오. (3점)

○ 답 : ① 가압송수장치의 자동기동 또는 정지
② 수격작용방지
③ 배관 내 압력저하 감지

상세해설

(1) 압력챔버(기동용수압개폐장치)
소화설비의 배관내 압력변동을 검지하여 자동적으로 펌프를 기동 또는 정지시키는 것

(2) 내부용적 및 호칭압력
① 압력챔버의 내부용적은 100L 이상이어야 하며 내부용적을 증가하는 경우에는 100 단위로 하여야 한다.
② 압력챔버의 호칭압력은 사용압력에 따라 다음과 같이 구분한다.

호칭압력	1MPa	2MPa
사용압력(MPa)	1MPa 미만	1MPa 이상 2MPa 미만

(3) 압력챔버의 기능
① 압력챔버의 압력스위치는 용기내의 압력이 작동압력이 되는 경우와 중지압력이 되는 경우에 즉시 작동 및 정지되어야 한다.
② 압력챔버의 안전밸브는 호칭압력과 호칭압력의 1.3배의 압력범위내에서 작동되어야 한다.

[기동용 수압개폐 장치도]

08 아래 조건과 같은 배관의 A지점에서 B지점으로 50N/s의 소화수가 흐를 때 A, B 각 지점에서 평균속도(m/s)를 계산하시오(단, 조건에 없는 내용은 고려하지 않으며 계산과정을 쓰고 답은 소수점 넷째자리에서 반올림하여 셋째자리까지 구하시오). (3점)

[조건] ① 배관의 재질 : 배관용 탄소강관(KS D 3507)
② A지점 : 호칭지름 100, 바깥지름 : 114.3mm, 두께 4.5mm
③ B지점 : 호칭지름 80, 바깥지름 : 89.1mm, 두께 4.05mm

풀이 ○ 계산과정 :
(1) A지점 유속
$\overline{G} = 50\text{N/s}$
$d_1 = 114.3 - 4.5 \times 2 = 105.3\text{mm} = 0.1053\text{m}$
물의 비중량 $\gamma_W = 9800\text{N/m}^3$
$\overline{G} = AV\gamma$ $V = \dfrac{\overline{G}}{A\gamma} = \dfrac{50\text{N/s}}{\dfrac{\pi}{4} \times 0.1053^2 \times 9800\text{N/m}^3} = 0.5859\text{m/s}$

(2) B지점 유속
$\overline{G} = 50\text{N/s}$
$d_2 = 89.1 - 4.05 \times 2 = 81\text{mm} = 0.081\text{m}$
물의 비중량 $\gamma_W = 9800\text{N/m}^3$
$\overline{G} = AV\gamma$ $V = \dfrac{\overline{G}}{A\gamma} = \dfrac{50\text{N/s}}{\dfrac{\pi}{4} \times 0.081^2 \times 9800\text{N/m}^3} = 0.9901\text{m/s}$

○ 답 : A지점 0.586m/s
B지점 0.990m/s

09 다음 그림은 위험물저장탱크에 국소방출방식의 이산화탄소소화설비를 설치한 도면이다. 각 물음에 답하시오.(단, 고압식이며 방호대상물 주위에 설치된 벽은 없다고 가정한다.) (6점)

(1) 방호공간의 체적(m^3)을 계산하시오.
  ○ 계산과정 :   ○ 답 :
(2) 소화약제 최소저장량(kg)을 계산하시오.
  ○ 계산과정 :   ○ 답 :
(3) 하나의 분사헤드에 대한 방출량(kg/s)을 계산하시오.
  ○ 계산과정 :   ○ 답 :

풀이 (1) 방호공간의 체적(m^3)
  ○ 계산과정 : $V = (0.6 + 2 + 0.6) \times (0.6 + 1 + 0.6) \times (1.5 + 0.6) = 14.78 m^3$
  ○ 답 : $14.78 m^3$

(2) 소화약제 최소저장량(kg)
  ○ 계산과정 : $V = 14.78 m^3$
  　　　　　　　$a = 0$(방호대상물 주위에 설치된 벽은 없다)
  　　　　　　　$\dfrac{a}{A} = 0$, $K = 1.4$(고압식)
  　　　　　　　$Q = V \times \left(8 - 6 \times \dfrac{a}{A}\right) \times K = 14.78 \times (8 - 6 \times 0) \times 1.4 = 165.54 kg$
  ○ 답 : 165.54kg

(3) 하나의 분사헤드에 대한 방출량(kg/s)
  ○ 계산과정 : $Q = \dfrac{165.54 kg}{30 s \times 4} = 1.38 kg/s$
  ○ 답 : 1.38kg/s

상세해설

(1) 방호공간의 체적(m^3)

방호대상물의 각 부분으로부터 0.6m의 거리에 따라 둘러싸인 공간

[방호대상물]

[방호공간]

(2) 국소방출방식

① • 윗면이 개방된 용기에 저장하는 경우
  • 화재시 연소면이 한정되고 가연물이 비산할 우려가 없는 경우
  $Q(kg)$ = 방호대상물 표면적(m^2) × $13kg/m^2$ × [고압식 1.4, 저압식 1.1]

② ① 이외의 경우
  $Q(kg) = V$(방호공간의 체적) × Q_1 × [고압식 1.4, 저압식 1.1]

  $Q_1 = 8 - 6\dfrac{a}{A}$

  여기서, Q_1 : (kg/m^3)
  a : 방호대상물 주위에 설치된 벽면적 합계(m^2)
  A : 방호공간의 벽면적 합계(m^2)

※ **방호공간** : 방호대상물의 각 부분으로부터 0.6m의 거리에 따라 둘러싸인 공간

[주] (1) 방호공간의 벽 면적 계산 시 상부(뚜껑)의 면적은 적용하지 않는다.
   (2) 바닥은 밀폐된 것으로 간주하는 것이 원칙이며 별도의 규정이 없는 한 0.6m 연장을 적용하면 안된다.
   (3) 방호대상물로부터 0.6m 이내에 기둥 또는 칸막이가 설치되어 더 이상 연장할 수 없는 경우에는 해당부분까지만 연장하여야 한다.

15년-07월

10 아래 그림과 같은 배관 내에 물이 흐르는 경우 배관 ①, ②, ③에 흐르는 각각의 유량(Lpm)을 계산하여 소수점 미만은 반올림하여 정수로 나타내시오. (단, A, B사이의 배관 ①, ②, ③의 마찰손실수두는 모두 각각 10m로 같고 관경 및 유량은 다음 그림과 같다. 이 때 다음의 Hazen-Williams의 식을 이용하여라.)

$$\text{Hazen-Williams의 식} : \Delta Pm(\text{MPa/m}) = 6.053 \times 10^4 \times \frac{Q^{1.85}}{C^{1.85} \times d^{4.87}}$$

풀이 ○계산과정 :

(1) $\Delta Pm(\text{MPa}) = 6.053 \times 10^4 \times \dfrac{Q^{1.85}}{C^{1.85} \times d^{4.87}} \times L$ 에서

$Q = \left(\dfrac{d^{4.87} \times \Delta P \times C^{1.85}}{6.053 \times 10^4 \times L}\right)^{\frac{1}{1.85}}$

(2) ①~③의 배관마찰손실압력
$\Delta P = \gamma H = 9.8\,\text{kN/m}^3 \times 10\text{m} = 98\,\text{kN/m}^2 = 98\text{kPa} = 0.098\text{MPa}$

(3) $Q_① + Q_② + Q_③ = 2000\text{L/min}$

(4) $\left(\dfrac{50^{4.87} \times 0.098 \times C^{1.85}}{6.053 \times 10^4 \times 20}\right)^{\frac{1}{1.85}} + \left(\dfrac{80^{4.87} \times 0.098 \times C^{1.85}}{6.053 \times 10^4 \times 40}\right)^{\frac{1}{1.85}}$

$+ \left(\dfrac{100^{4.87} \times 0.098 \times C^{1.85}}{6.053 \times 10^4 \times 60}\right)^{\frac{1}{1.85}} = 2000$

(5) $4.3554C + 10.3192C + 14.9132C = 2000,\ 29.5878C = 2000,\ C = 67.5954$

(6) $Q_① = 4.3554C = 4.3554 \times 67.5954 = 294.41\text{L/min} ≒ 294\text{L/min}$
$Q_② = 10.3192C = 10.3192 \times 67.5954 = 697.53\text{L/min} ≒ 698\text{L/min}$
$Q_③ = 14.9132C = 14.91.32 \times 67.5954 = 1008.06\text{L/min} ≒ 1008\text{L/min}$

○답 : $Q_① = 294\text{L/min}$
$Q_② = 698\text{L/min}$
$Q_③ = 1008\text{L/min}$

상세해설

(1) 배관의 마찰손실을 ΔP라고 가정하면 ①, ②, ③의 마찰손실수두가 모두 같으므로 다음의 관계가 성립한다.
$\Delta P_1 = \Delta P_2 = \Delta P_3$ ················ ⓐ식

(2) 각 배관 내에 흐르는 유량을 Q라고 가정하면
$Q_1 + Q_2 + Q_3 = 2000 \text{L/min}$ ················ ⓑ식

---

11 다음 조건 및 그림을 참조하여 각 물음에 답하시오. (10점)

[조건] ① 옥내소화전은 층마다 2개씩 설치되어 있다.
② 흡입배관의 내경은 65mm, 토출배관의 내경은 100mm이다.
③ 연성계의 지시압력은 3.8mmHg이고 압력계의 지시압력은 0.5MPa이다.
④ 물의 비중량은 9.8kN/m³로 한다.

(1) A, B의 도시기호를 그리고 지시압력범위를 쓰시오.
(2) 흡입배관 및 토출측 배관 내 유속(m/s)을 구하시오.
(3) 전 양정(m)을 구하시오.
(4) 펌프의 수동력(kW)을 구하시오.

[풀이] (1) A, B의 도시기호 및 지시압력범위

○답:

구 분	A	B
도시기호	(연결된 원형 게이지)	(사선 표시 원형 게이지)
지시압력범위	대기압력 이상 및 이하	대기압력 이상

(2) 흡입배관 및 토출측 배관 내 유속(m/s)

○계산과정: 흡입측 배관 유속 $V = \dfrac{Q}{A} = \dfrac{0.26\text{m}^3/60\text{s}}{\dfrac{\pi}{4} \times (0.065\text{m})^2} = 1.31\text{m/s}$

토출측 배관 유속 $V = \dfrac{Q}{A} = \dfrac{0.26\text{m}^3/60\text{s}}{\dfrac{\pi}{4} \times (0.1\text{m})^2} = 0.55\text{m/s}$

○답: 흡입측 배관 유속 1.31m/s
　　토출측 배관 유속 0.55m/s

(3) 전 양정(m)

○계산과정: $H = 3.8\text{mmHg} \times \dfrac{10.332\text{m}}{760\text{mmHg}} + 5\text{m} + \dfrac{0.5 \times 10^3 \text{kpa}}{9.8\text{kN/m}^3} + 17\text{m}$

$= 73.07\text{m}$

○답: 73.07m

(4) 펌프의 수동력(kW)

○계산과정: $P = \gamma QH = 9.8\text{kN/m}^3 \times (0.26\text{m}^3/60\text{s}) \times 73.07\text{m} = 3.10\text{kW}$

○답: 3.10kW

16년-04월 기출

12 정격토출량 및 정격토출양정이 각각 800Lpm 및 80m인 표준수직원심펌프의 성능특성곡선을 그리고 체절점(양정, 토출량), 설계점(양정, 토출량), 운전점(양정, 토출량)을 명시하시오. **(4점)**

○답 : (1) **체절점**
　　① H(체절점 양정) $= 80\text{m} \times 1.4 = 112\text{m}$
　　② Q(체절점 유량) $= 0 l/\text{min}$
(2) **설계점**
　　① H(설계점 양정) $= 80\text{m} \times 1.0(100\%) = 80\text{m}$
　　② Q(설계점 토출량) $= 800 l/\text{min} \times 1.0(100\%) = 800 l/\text{min}$
(3) **운전점**
　　① H(운전점 양정) $= 80\text{m} \times 0.65 = 52\text{m}$
　　② Q(운전점 유량) $= 800 l/\text{min} \times 1.5 = 1200 l/\text{min}$

상세해설

펌프의 성능
- 체절운전 시 정격토출압력의 140%를 초과하지 아니할 것
- 정격토출량의 150%로 운전 시 정격토출압력의 65% 이상이 되어야 할 것.

(1) 체절점
　① 체절점 양정 = 정격 토출양정 × 1.4(140%)
　② 체절점 유량 = 펌프의 토출측 밸브가 모두 폐쇄된 상태 운전 즉 토출유량이 0인 유량
(2) 설계점
　① 설계점 양정 = 정격 토출양정 × 1.0(100%)
　② 설계점 토출량 = 정격 토출량 × 1.0(100%)
(3) 운전점
　① 운전점의 양정 = 정격 양정 × 0.65(65%)
　② 운전점 유량 = 정격토출량 × 1.5(150%)

13 아래의 소방대상물에 수동식 분말소화기를 설치하고자한다. 분말소화기 1개의 능력단위가 A급 화재기준으로 2단위인 경우 최저로 필요한 소요 소화기 개수를 계산하시오. (단, 언급되지 않은 기타 조건은 무시한다) **(4점)**

(1) 바닥면적이 400m²인 숭례문
(2) 바닥면적이 950m²인 전시장

풀이 (1) **숭례문(문화재)의 소요능력단위**는 바닥면적 50m²마다 1단위 이상

○계산과정 : 소요능력단위 = $\frac{400\text{m}^2}{50\text{m}^2}$ = 8단위

소요 소화기 개수 = $\frac{8단위}{2단위/개}$ = 4개

○답 : 4개

(2) **전시장의 소요능력단위**는 바닥면적 100m²마다 1단위 이상

○계산과정 : 소요능력단위 = $\frac{950\text{m}^2}{100\text{m}^2}$ = 9.5단위 ∴ 10단위(소수점 이하는 절상)

소요 소화기 개수 = $\frac{10단위}{2단위/개}$ = 5개

○답 : 5개

상세해설

소방대상물별 소화기구의 능력단위기준

소방대상물	능력단위기준
1. 위락시설	바닥면적 30m² 마다 능력단위 1단위 이상
2. 공연장, 집회장, 관람장, 문화재 · 장례식장 및 의료시설	바닥면적 50m² 마다 능력단위 1단위 이상
3. 근린생활시설 · 판매시설 · 운수시설 · 숙박시설 · 노유자시설 · 전시장 · 공동주택 · 업무시설 · 방송통신시설 · 공장 · 창고시설 · 항공기 및 자동차관련시설 및 관광휴게시설	바닥면적 100m² 마다 능력단위 1단위 이상
4. 그 밖의 것	바닥면적 200m² 마다 능력단위 1단위 이상

[주] 소화기구의 능력단위를 산출함에 있어서 건축물의 주요구조부가 내화구조이고, 벽 및 반자의 실내에 면하는 부분이 불연재료 · 준불연재료 또는 난연재료로 된 특정소방대상물에 있어서는 위 표의기준면적의 2배를 해당 특정소방대상물의 기준면적으로 한다.

14 다음의 조건과 같이 이산화탄소소화설비를 설치하고자 한다. 주어진 조건을 참조하여 각 물음에 답하시오. (10점)

[조건]
1. 설비는 전역방출방식으로 하며 설치장소는 케이블실, 박물관, 일산화탄소저장실 임.
2. 모든 실의 개구부에는 자동폐쇄장치가 설치
3. 각 실별 방호구역의 체적은 다음과 같다.

실 명	방호구역체적
• 케이블실	400m³
• 박물관	240m³
• 일산화탄소저장실	32m³

4. 일산화탄소저장실은 표면화재이며 설계농도가 34% 이상으로서 보정계수는 1.9로 한다.
5. 저장용기의 내용적은 68L이며, 충전비는 1.7로 동일 충전비를 가짐.

(1) 각 실별 약제소요량(kg)을 계산하시오.

실 명	약제소요량(계산과정 포함)
• 케이블실	
• 박물관	
• 일산화탄소저장실	

(2) 저장용기 1병당 약제저장량(kg)을 계산하시오.
(3) 각 실별 소요병수(병)를 계산하시오.

실 명	소요 병수(계산과정 포함)
• 케이블실	
• 박물관	
• 일산화탄소저장실	
• 저장용기실	

(4) 방호구역내의 산소농도가 14%인 경우 이산화탄소의 농도(%)를 계산하시오.
(5) 케이블실과 박물관에 이산화탄소약제를 방사하였을 경우 방사된 이산화탄소의 체적(m³)을 계산하시오.(단, 표준상태(0℃, 1atm을 기준으로 한다.)

풀이 (1) **각 실별 약제소요량**
○계산과정 및 답 :

실 명	약제소요량(계산과정 포함)
• 케이블실(심부화재)	$Q = 400\text{m}^3 \times 1.3\text{kg/m}^3 = 520\text{kg}$
• 박물관(심부화재)	$Q = 240\text{m}^3 \times 2.0\text{kg/m}^3 = 480\text{kg}$
• 일산화탄소저장실 (표면화재)	$Q_1 = 32\text{m}^3 \times 1.0\text{kg/m}^3 = 32\text{kg}$ 최저한도의 양이 45kg $Q = Q_1 \times K(보정계수) = 45\text{kg} \times 1.9 = 85.5\text{kg}$

(2) **저장용기 1병당 약제저장량**(kg)

○계산과정 : $G = \dfrac{V}{C} = \dfrac{68\text{L}}{1.7} = 40\text{kg}$

○답 : 40kg

(3) **각 실별 소요병수**
○계산과정 및 답 :

실 명	소요 병수
• 케이블실(심부화재)	$N = \dfrac{520\text{kg}}{40\text{kg}} = 13$ ∴ 13병
• 박물관(심부화재)	$N = \dfrac{480\text{kg}}{40\text{kg}} = 12$ ∴ 12병
• 일산화탄소저장실 (표면화재)	$N = \dfrac{85.5\text{kg}}{40\text{kg}} = 2.14$ ∴ 3병
• 저장용기실	가장 많은 양의 약제를 필요로 하는 방호구역 기준이므로 13병

(4) **산소농도가 14%인 경우 이산화탄소의 농도**(%)

○계산과정 : $CO_2(\%) = \dfrac{21-14}{21} \times 100 = 33.33\%$

○답 : 33.33%

(5) **이산화탄소의 체적**(m^3)
○계산과정 :

① 케이블실 $G_V = \dfrac{WRT}{PM} = \dfrac{13병 \times 40\text{kg/병} \times 0.082 \times (273+0)}{1 \times 44} = 264.56\text{m}^3$

② 박물관 $G_V = \dfrac{WRT}{PM} = \dfrac{12병 \times 40\text{kg/병} \times 0.082 \times (273+0)}{1 \times 44} = 244.21\text{m}^3$

○답 : 케이블실 264.56m^3
　　　박물관 244.21m^3

상세해설

이산화탄소소화설비의 방호구역에 대한 소화약제의 양

(1) 전역방출방식의 가연성액체 또는 가연성가스등 표면화재 방호대상물

방호구역의 체적 (m^3)	방호구역의 체적 $1m^3$에 대한 소화약제의 양 kg (K_1 : kg/m^3)	저장량의 최저한도량 (kg)	개구부 가산량 (K_2 : kg/m^2) (자동폐쇄장치 미설치시)
45 미만	1	45	5
45 이상 150 미만	0.9		
150 이상 1450 미만	0.8	135	
1450 이상	0.75	1125	

[$K_1(kg/m^3)$: 방호구역 체적계수, $K_2(kg/m^2)$: 개구부 면적계수]

(2) 전역방출방식의 종이 · 목재 · 석탄 · 섬유류 · 합성수지류 등 심부화재 방호대상물

방호대상물	방호구역의 체적 $1m^3$에 대한 소화약제의 양 kg (K_1 : kg/m^3)	설계농도 (%)	개구부 가산량 (K_2 : kg/m^2) (자동폐쇄장치 미설치시)
유압기기를 제외한 전기설비, 케이블실	1.3	50%	10
체적 $55m^3$ 미만의 전기설비	1.6	50%	
서고, 전자제품창고, 목재가공품창고, 박물관	2.0	65%	
고무류, 면화류창고, 모피창고, 석탄창고, 집진설비	2.7	75%	

이산화탄소의 소요량 방사시간(전역방출방식)

구 분	표면화재	심부화재
방사시간	1분 이내	7분 이내(단, 설계농도가 2분 이내에 30%에 도달)

전역방출방식 표면화재 방호대상물의 약제저장량

$$Q = V \times K_1 + A \times K_2$$

여기서, Q : CO_2약제저장량(kg), V : 방호구역체적(m^3)
$K_1(kg/m^3)$: 방호구역 체적계수, A : 개구부면적(m^2)
$K_2(kg/m^2)$: 개구부 면적계수

※ 설계농도가 34% 이상인 방호대상물의 소화약제량은 산출한 기본 소화약제량에 보정계수를 곱하여 산출한다.

15 다음 조건을 참조하여 각 물음에 답하시오. (5점)

[조건] ① 스프링클러설비이며 헤드의 기준개수는 20개를 적용한다.
② 준공 후 소화펌프의 시험결과 양정 80m, 회전수 1500rpm 이었다.
③ 펌프의 효율은 60%, 전달계수는 1.1로 한다.
④ 물의 비중량은 $9.8kN/m^3$로 한다.

(1) 현재의 펌프 토출량에 20%의 여유를 두는 경우 임펠러의 회전수(rpm)는 얼마로 변경하여야 하는가?
(2) 임펠러의 회전수를 변경하면 양정(m)은 얼마로 변경하여야 하는가?
(3) 펌프의 동력이 50kW로 설치되었다면 펌프 토출량에 20%의 여유를 두는 경우 적합여부를 쓰시오.

풀이 (1) **임펠러의 회전수(rpm)**

○계산과정 : $Q_2 = Q_1 \times \dfrac{N_2}{N_1}$ 에서

$N_2 = \dfrac{Q_2}{Q_1}(1.2) \times N_1 = 1.2 \times 1500 = 1800 \text{rpm}$

○답 : 1800rpm

(2) **양정(m)**

○계산과정 : $H_2 = H_1 \times \left(\dfrac{N_2}{N_1}\right)^2 = 80\text{m} \times \left(\dfrac{1800}{1500}\right)^2 = 115.2\text{m}$

○답 : 115.2m

(3) **적합여부**

○계산과정 : $Q = 20개 \times 80\text{L/min} \times 1.2(20\%증가) = 1920\text{L/min}$
$= 1.92\text{m}^3/60\text{s}$

$P = \dfrac{\gamma QH}{E} \times K = \dfrac{9.8\text{kN/m}^3 \times (1.92\text{m}^3/60\text{s}) \times 115.2\text{m}}{0.6} \times 1.1$
$= 66.23\text{kW}$

설치된 모터동력이 50kW이고 소요 모터동력이 66.23kW이므로 부적합하다.

○답 : 부적합

상세해설

상사의 법칙

$$Q_2 = Q_1 \times \frac{N_2}{N_1} \times \left(\frac{D_2}{D_1}\right)^3 \qquad H_2 = H_1 \times \left(\frac{N_2}{N_1}\right)^2 \times \left(\frac{D_2}{D_1}\right)^2 \qquad P_2 = P_1 \times \left(\frac{N_2}{N_1}\right)^3 \times \left(\frac{D_2}{D_1}\right)^5$$

여기서, Q_1 : 변경 전 유량 Q_2 : 변경 후 유량
 H_1 : 변경 전 양정 H_2 : 변경 후 양정
 P_1 : 변경 전 동력 P_2 : 변경 후 동력
 N_1 : 변경 전 회전수 N_2 : 변경 후 회전수
 D_1 : 변경 전 임펠러직경 D_2 : 변경 후 임펠러직경

13년-04월

16 다음은 제연설비에 대한 설명이다. ( )안에 알맞은 답을 쓰시오. (3점)

(1) 하나의 제연구역의 면적은 (①)m² 이내로 하고 거실과 통로(복도를 포함)는 상호 제연구획 할 것
(2) 예상제연구역의 각 부분으로부터 하나의 배출구까지의 수평거리는 (②)m 이내가 되도록 하여야 한다.
(3) 유입풍도안의 풍속은 (③)m/s 이하로 하여야 한다.

풀이 ○답 : ① 1000   ② 10   ③ 20

상세해설

제연설비의 설치장소의 제연구역 구획기준
① 하나의 제연구역의 면적은 1,000m² 이내로 할 것
② 거실과 통로(복도를 포함한다. 이하 같다)는 상호 제연구획 할 것
③ 통로상의 제연구역은 보행중심선의 길이가 60m를 초과하지 아니할 것
④ 하나의 제연구역은 직경 60m 원내에 들어갈 수 있을 것
⑤ 하나의 제연구역은 2개 이상 층에 미치지 아니하도록 할 것. 다만, 층의 구분이 불분명한 부분은 그 부분을 다른 부분과 별도로 제연구획 하여야 한다.

배출구의 설치기준
예상제연구역의 각 부분으로부터 하나의 배출구까지의 수평거리는 10m 이내가 되도록 하여야 한다.

유입풍도등
유입풍도안의 풍속은 20m/s 이하로 하고 풍도의 강판두께는 기준 이상으로 설치하여야 한다.

소방설비기사 - 기계분야

2022년 11월 19일 시행

01 다음 조건에 따라 제1종 분말소화설비를 전역방출방식으로 설치하려고 한다. 조건을 참조하여 각 물음에 답하시오. (8점)

[조건] ① 소방 대상물의 크기는 가로 20m, 세로 10m, 높이 3m인 내화구조로 되어 있다.
② 헤드의 배치는 정방형으로 하고 헤드와 벽과의 간격은 헤드간격의 1/2 이하로 한다.
③ 방사 헤드 1개의 방사량은 1.5kg/s이고 방시시간기준은 30초이다.
④ 배관은 최단거리 토너먼트 배관방식을 적용한다.

(1) 필요한 소화약제의 최소 소요량(kg)을 계산하시오.
(2) 가압용가스(질소)의 최소 필요량(35℃, 1기압 환산)(L)을 계산하시오.
(3) 필요한 분사헤드의 최소개수(개)를 계산하시오.
(4) 헤드의 배치도 및 개략적인 배관도를 작성하시오.(단, 눈금1개의 간격은 1m이고 헤드 간의 간격 및 벽과의 간격을 표시해야하며 분말배관 연결지점은 상부 중간에서 분기한다.

풀이 (1) 소화약제의 최소 소요량(kg)
 ○ 계산과정 : $Q = 20m \times 10m \times 3m \times 0.6kg/m^3 = 360kg$
 ○ 답 : 360kg

(2) 가압용가스(질소)의 최소 필요량(35℃, 1기압 환산)(L)
　○계산과정 : $V = 360\text{kg} \times 40\text{L/kg} = 14,400\text{L}$
　○답 : 14,400L

(3) 분사헤드의 최소개수(개)
　○계산과정 : $N = \dfrac{360\text{kg}}{1.5\text{kg/s} \times 30\text{s}} = 8$개
　○답 : 8개

(4) 헤드의 배치도 및 개략적인 배관도
　○답 :

상세해설

1. 분말약제의 전역방출방식

종별	체적계수 $K_1(\text{kg/m}^3)$	면적계수 $K_2(\text{kg/m}^2)$ (자동폐쇄장치 미설치 시)
제1종	0.60	4.5
제2종, 제3종	0.36	2.7
제4종	0.24	1.8

2. 분말약제의 저장량(kg)

$$Q = V \times K_1 + A \times K_2$$

여기서, Q : 분말약제 저장량(kg), V : 방호구역체적(m^3)
　　　　K_1 : 방호구역 체적계수(kg/m^3), K_2 : 개구부 면적계수(kg/m^2)
　　　　A : 개구부면적(m^2)(자동폐쇄장치 없는 개구부면적)

3. 가압용 또는 축압용 가스

구분	질소가스 사용 시	이산화탄소 사용 시
가압용 가스	40l(질소)/1kg(약제) 이상 (35℃, 1기압기준)	20g(CO_2)/1kg(약제)+배관청소에 필요한 양
축압용 가스	10l(질소)/1kg(약제) 이상 (35℃, 1기압기준)	20g(CO_2)/1kg(약제)+배관청소에 필요한 양

4. 분말소화설비의 약제저장량 방사시간
① 전역방출방식 : 30초 이내
② 국소방출방식 : 30초 이내

5. 분사헤드의 개수

$$N = \frac{\text{약제저장량(kg)}}{\text{헤드 1개의 방사량(kg/s)} \times \text{방사시간(sec)}}$$

02 내경이 100mm인 소방용 호스에 내경이 30mm인 노즐이 부착되어 있다. 1.5m³/min의 방수량으로 대기 중에 방사할 경우 플랜지 볼트에 작용하는 힘 (kN)을 구하시오. (5점)

[조건] 마찰 손실은 무시한다.

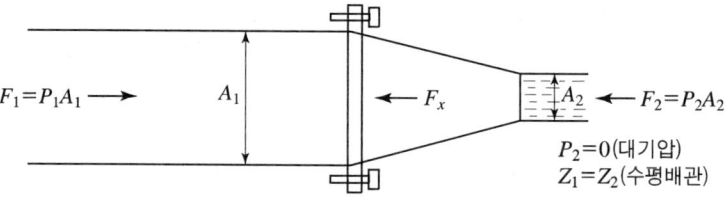

풀이 ○ 계산과정 : Flange volt(플랜지 볼트)에 작용하는 힘

$$F_x = \frac{9.8 \times \frac{\pi}{4} \times (0.1\text{m})^2 \times (1.5\text{m}^3/60\text{s})^2}{2 \times 9.8} \times \left(\frac{\frac{\pi}{4} \times (0.1\text{m})^2 - \frac{\pi}{4} \times (0.03\text{m})^2}{\frac{\pi}{4} \times (0.1\text{m})^2 \times \frac{\pi}{4} \times (0.03\text{m})^2} \right)^2$$

$= 4.07\text{kN}$

○ 답 : 4.07kN

상세해설

$$F_x = \frac{\gamma A_1 Q^2}{2g} \left(\frac{A_1 - A_2}{A_1 A_2} \right)^2$$

여기서, F_x : 플랜지볼트에 작용하는 힘(kN)
γ : 물의 비중량(9.8kN/m³)
Q : 유량(m³/s)
g : 중력가속도(9.8m/s²)
A : 단면적(m²)

09년-07월

03 아래의 도면과 같은 방호대상물에 고압식 이산화탄소소화설비를 설계하려고 한다. 설계조건을 참조하여 각 물음에 답하시오. (7점)

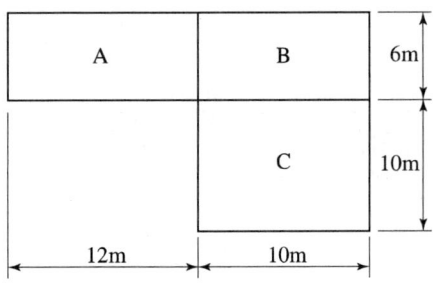

[설계조건] ① 건물의 층고(높이)는 4m이다.
② 약제 방출방식은 전역방출 방식이다.
③ 개구부는 자동폐쇄 장치가 설치되어 있음
④ 약제저장용기는 45kg/병이다.

(1) 각 실의 소요 용기수를 산출하시오.
(2) 이산화탄소소화설비의 Isometric Diagram을 설계하시오.
 (단, 도시기호는 저장용기 : ◎ 선택밸브 : ⊠, 기동용기 : ▯
 동관 : ----(점선), 가스체크밸브 : ─▷─
 배관 : ──(실선)으로 한다)

풀이 (1) 각 실의 소요 용기수
○계산과정 :
 ① A실 약제량 $Q(\text{kg}) = 12\text{m} \times 6\text{m} \times 4\text{m}\,(288\text{m}^3) \times 0.8\text{kg/m}^3 = 230.4\text{kg}$
  저장용기수 $N = \dfrac{230.4\text{kg}}{45\text{kg}} = 5.12$ ∴ 6병
 ② B실 약제량 $Q(\text{kg}) = 10\text{m} \times 6\text{m} \times 4\text{m}\,(240\text{m}^3) \times 0.8\text{kg/m}^3 = 192\text{kg}$
  저장용기수 $N = \dfrac{192\text{kg}}{45\text{kg}} = 4.27$ ∴ 5병
 ③ C실 약제량 $Q(\text{kg}) = 10\text{m} \times 10\text{m} \times 4\text{m}\,(400\text{m}^3) \times 0.8\text{kg/m}^3 = 320\text{kg}$
  저장용기수 $N = \dfrac{320\text{kg}}{45\text{kg}} = 7.11$ ∴ 8병
○**답** : A실 6병, B실 5병, C실 8병

(2) 이산화탄소소화설비의 Isometric Diagram
  ○답:

상세해설

이산화탄소소화설비 표면화재 방호대상물			
방호구역 체적	방호구역 체적계수 (kg/m³)	최저 한도량	개구부 면적계수(kg/m²) (자동폐쇄장치 미설치시)
45m³ 미만	1.0	45kg	5
45m³ 이상 150m³ 미만	0.9	45kg	5
150m³ 이상 1450m³ 미만	0.8	135kg	5
1450m³ 이상	0.75	1125kg	5

(1) **필요한 소화약제의 양**(kg)
  이산화탄소의 약제저장량(kg)

$$Q = V \times K_1 + A \times K_2$$

  여기서, Q : 이산화탄소 약제저장량(kg)
    V : 방호구역체적(m³)
    K_1 : 방호구역 체적계수(kg/m³)
    A : 개구부 면적(m²)(자동폐쇄장치가 없는 개구부면적)
    K_2 : 개구부 면적계수(kg/m²)

(2) **소화약제의 용기 수**
  $N = \dfrac{\text{약제저장량(kg)}}{\text{용기1병당 약제량(kg)}}$ (소수점 이하는 무조건 절상)

18년-06월 기출

04 특수가연물을 저장하는 창고에 포소화설비를 설치하고자 한다. 다음 조건을 참조하여 각 물음에 답하시오. (10점)

[조건] ① 창고의 크기는 가로20m, 세로10m이다.
② 포워터스프링클러헤드를 정방형으로 배치한다.
③ 포원액은 3% 수성막포를 사용한다.
④ 전양정은 35m, 효율은 65%, 여유율은 10%이다.

(1) 필요한 포워터스프링클러헤드의 수량은 몇 개인가?
  ○ 계산과정 :   ○ 답 :
(2) 수원의 저수량은 몇 m³ 이상으로 하여야 하는가?
  ○ 계산과정 :   ○ 답 :
(3) 포 원액의 양은 몇 l 이상으로 하여야 하는가?
  ○ 계산과정 :   ○ 답 :
(4) 펌프의 분당 토출량(l/min)은 얼마 이상인가?
  (단, 포원액의 양은 토출량에서 제외한다)
  ○ 계산과정 :   ○ 답 :
(5) 전동기의 출력은 몇 kW인가?
  ○ 계산과정 :   ○ 답 :

풀이 (1) **필요한 포헤드의 수량**
  ○ 계산과정 : 헤드간의 거리 $S = 2 \times 2.1 \times \cos 45° = 2.97\text{m}$

  가로열 헤드설치 수 $N = \dfrac{20\text{m}}{2.97\text{m}} = 6.73$개   ∴ 7개

  세로열 헤드설치 수 $N = \dfrac{10\text{m}}{2.97\text{m}} = 3.37$개   ∴ 4개

  포헤드 수량 $N = 7 \times 4 = 28$개

  ○ 답 : 28개

(2) **수원의 저수량**
  ○ 계산과정 : $Q = 28 \times 75 l/\text{min} \times 10\text{min} \times 0.97 = 20370 l = 20.37\text{m}^3$
  ○ 답 : 20.37m^3

(3) **포 원액의 량**
  ○ 계산과정 : $Q = 28 \times 75 l/\text{min} \times 10\text{min} \times 0.03 = 630 l$
  ○ 답 : $630 l$

(4) **펌프의 분당 토출량**

○ 계산과정 : $Q = 28 \times 75 l/\min \times 0.97 = 2037 l/\min$

○ 답 : $2037 l/\min$

(5) 전동기의 출력

○ 계산과정 : $P = \dfrac{9.8 \times (2.037/60) \times 35}{0.65} \times 1.1 = 19.71 \text{kW}$

○ 답 : 19.71kW

상세해설

(1) 포헤드(포워터스프링클러헤드 및 포헤드)
정방형 설치시 헤드간의 거리

$$S = 2r \cos 45°$$

(2) 포워터스프링클러헤드의 수원의 양(m^3)

$Q = N$(헤드의 개수) $\times K$(표준방사량) $\times T$(min)(방사시간) $\times S_w$(물의 농도)

※ 포워터스프링클러헤드 표준방사량 : $75 l/\min$

포헤드의 방식

소방대상물	수원의 양
차고, 주차장 및 항공기 격납고	• 포워터스프링클러설비 : 포워터스프링클러헤드수 × $75 l$/분 × 10분 • 포헤드설비 : 바닥면적($200 m^2$ 이상인 경우 200) × 표준방사량(K값) × 10분 [표준방사량K값($l/m^2 \cdot$ 분)] <table><tr><th>포소화약제의 종류</th><th>바닥면적 $1m^2$당 방사량</th></tr><tr><td>단백포</td><td>$6.5 l$ 이상</td></tr><tr><td>합성계면활성제포</td><td>$8.0 l$ 이상</td></tr><tr><td>수성막포</td><td>$3.7 l$ 이상</td></tr></table>
특수가연물 저장 · 취급장소	<table><tr><th>포소화약제의 종류</th><th>바닥면적 $1m^2$당 방사량</th></tr><tr><td>단백포</td><td>$6.5 l$ 이상</td></tr><tr><td>합성계면활성제포</td><td>$6.5 l$ 이상</td></tr><tr><td>수성막포</td><td>$6.5 l$ 이상</td></tr></table>

(3) 포 원액의 양(l)

$Q = N$(헤드의 개수) $\times K$(표준방사량) $\times T$(min)(방사시간) $\times S$(약제의 농도)

(4) 펌프의 분당 토출량($l/\min$)

$Q = N$(헤드의 개수) $\times K$(표준방사량 : $75 l/\min$)

(5) 전동기의 출력(kW)
모터동력

$$P(\text{kW}) = \dfrac{\gamma Q H}{E} \times K$$

여기서, γ : 비중량(kN/m^3, 물의 비중량 = $9.8 kN/m^3$), K : 전달계수
Q : 유량(m^3/s), H : 전양정(m), E : 펌프의 효율(%/100)

05 다음은 제연설비 중 배출구와 공기유입구의 설치 및 배출량 산정에서 이를 제외할 수 있는 경우이다. ( )안 알맞은 답을 쓰시오. **(4점)**

> 제연설비를 설치해야 할 특정소방대상물 중 화장실·목욕실·(①)·(②)를 설치한 숙박시설(가족호텔 및 (③)에 한한다)의 객실과 사람이 상주하지 않는 기계실·전기실·공조실·(④)m² 미만의 창고 등으로 사용되는 부분에 대하여는 배출구와 공기유입구의 설치 및 배출량 산정에서 이를 제외할 수 있다.

[풀이] ○**답** : ① 주차장 ② 발코니 ③ 휴양콘도미니엄 ④ 50

15년-04월 유사

06 아래 그림과 같이 양정 50m 성능을 갖는 펌프가 운전 중 노즐에서 방수압을 측정하여 보니 0.15MPa이었다. 만약 노즐의 방수압을 0.25MPa으로 증가하고자 할 때 조건을 참조하여 노즐의 방수량(L/분)과 펌프가 요구하는 압력(MPa)은 얼마인가? **(4점)**

[조건] ① 배관의 마찰손실은 헤이젠-윌리엄스 공식을 이용한다.
② 노즐의 방출계수 $K=100$으로 한다.
③ 펌프의 특성곡선은 토출유량과 무관하다.
④ 펌프와 노즐은 수평관계이다.

[풀이] ○**계산과정** :

(1) **노즐의 방수량**

$Q(방수량) = K\sqrt{10P} = 100\sqrt{10 \times 0.25} = 158.11\,\text{L/분}$

(2) **펌프가 요구하는 압력**

① 방수압력 0.15MPa일 때

$Q(방수량) = K\sqrt{10P} = 100\sqrt{10 \times 0.15} = 122.47\,\text{L/분}$

조건 ④에서 펌프와 노즐이 수평관계이므로 낙차＝0이다.
양정 50m를 압력으로 환산하면

$$P = \gamma H = 9.8 \text{kN/m}^3 \times 50\text{m} = 490 \text{kN/m}^2 (\text{kPa}) = 0.49 \text{MPa}$$
$$\Delta P(\text{배관마찰손실압력}) = 0.49\text{MPa} - 0.15\text{MPa} = 0.34\text{MPa}$$
$$\therefore \Delta P_1 = 6.053 \times 10^4 \times \frac{Q^{1.85}}{C^{1.85} \times D^{4.87}} \times L(\text{배관길이}) = 0.34\text{MPa}$$

② 방수압력 0.25MPa일 때

$$\Delta P_2 = 6.053 \times 10^4 \times \frac{Q^{1.85}}{C^{1.85} \times D^{4.87}} \times L(\text{배관길이}) 에서$$

C(조도), D(배관내경), L(배관길이)는 동일하므로 마찰손실압력 ΔP_2는 $Q^{1.85}$에 비례한다.

$$\therefore \Delta P_2 = \Delta P_1 \times \left(\frac{Q_2}{Q_1}\right)^{1.85} = 0.34 \times \left(\frac{158.11}{122.47}\right)^{1.85} = 0.5454\text{MPa}$$

∴ 펌프의 토출압 = 낙차 + 배관마찰손실압 + 노즐의 방수압
∴ $H = 0 + 0.5454\text{MPa} + 0.25\text{MPa} = 0.80\text{MPa}$

○ 답 : 노즐의 방수량 158.11L/분
　　　 펌프가 요구하는 압력 0.80MPa

상세해설

(1) 노즐의 방수량

$$Q = K\sqrt{10P}$$

여기서, Q : 방수량(L/분), K : 방출계수, P : 방수압력(MPa)

(2) 헤이젠-윌리엄스 공식

$$\Delta P_m = 6.053 \times 10^4 \times \frac{Q^{1.85}}{C^{1.85} \times D^{4.87}}$$

여기서, ΔP_m : 배관 1m당 마찰손실압력(MPa), Q : 유량(L/min)
　　　　C : 조도(배관의 거칠음 계수), D : 배관내경(mm)

19년-11월 기출

07 포소화약제 중 수성막포의 장점과 단점을 각각 2가지씩 쓰시오. (4점)

○ 답 : [장점] ① 포약제 중 소화력이 가장 우수하다.
　　　　　　② 화학적으로 안정하여 장기보존이 가능하다.
　　　　　　③ 화학적으로 안정하여 다른 소화약제와 겸용이 가능하다.
　　　[단점] ① 다른 약제에 비해 가격이 비싸다.
　　　　　　② 유동성과 열안정성에 약하다.
　　　　　　③ 대형화재 및 고온화재(1000℃ 이상)에 표면막 생성곤란

08 지하층으로서 가로 20m 세로 10m인 부분에 연결살수설비의 전용헤드를 정 방형으로 설치하는 경우 다음 각 물음에 답하시오. (6점)

(1) 헤드의 최소 소요개수를 구하시오.
(2) 배관의 최소구경(mm)을 구하시오.

풀이 (1) 헤드의 최소 소요개수
　○ 계산과정 : 헤드간의 거리 $S = 2 \times 3.7\text{m} \times \cos 45° = 5.23\text{m}$

　　　• 가로열 헤드설치 수 $N = \dfrac{20\text{m}}{5.23\text{m}} = 3.82$개 　∴ 4개

　　　• 세로열 헤드설치 수 $N = \dfrac{10\text{m}}{5.23\text{m}} = 1.91$개 　∴ 2개

　　　• 헤드의 최소 소요개수 $N_T = 4 \times 2 = 8$

　○ 답 : 8개

(2) 배관의 최소구경(mm)
　○ 계산과정 : 하나의 배관에 부착하는 연결살수설비 전용헤드의 개수가 6개 이상 10개 이하이므로 배관의 구경은 80mm 이상
　○ 답 : 80mm

상세해설

(1) 연결살수헤드
천장 또는 반자의 각 부분으로부터 하나의 살수헤드까지의 수평거리

구 분	연결살수설비 전용헤드	스프링클러헤드
수평거리	3.7m 이하	2.3m 이하

(2) 연결살수설비 전용헤드 수별 급수관의 구경

하나의 배관에 부착하는 연결살수설비 전용헤드의 개수	1개	2개	3개	4개 또는 5개	6개 이상 10개 이하
배관의 최소구경	32mm	40mm	50mm	65mm	80mm

09 아래 도면은 용도가 교육연구시설인 학교의 강의실에 대한 도면이다. 설치하는 소화기는 능력단위가 A급 화재기준으로 3단위인 경우 각 물음에 답하시오.(단, 강의실 출입문은 중앙에 위치하고 있다고 가정한다) (6점)

```
        20m      20m      20m
      ┌──────┬──────┬──────┐
      │ A실  │ B실  │ C실  │ 7m
      │  ╱   │  ╱   │  ╱   │
      ├──────┴──────┴──────┤
      │        통로        │ 3m
      │              ╱     │
      │           D실      │ 10m
      └────────────────────┘
```

(1) 바닥면적을 기준으로 필요한 소화기의 개수를 구하시오.
   (단, 통로는 제외하며 보행거리 기준은 고려하지 않는다.)
(2) 보행거리에 따른 통로에 설치하여야 할 소화기의 개수를 구하시오.
   (단, 복도 끝부분에 소화기를 배치한다)
(3) (1)과 (2)를 고려하였을 때 필요한 소화기의 최소개수를 구하시오.

풀이 (1) 바닥면적 기준 소화기의 개수

○ 계산과정 :

① 기본 배치기준
- 소화기의 능력단위 $N = \dfrac{(20\text{m} \times 7\text{m}) \times 3 + (20\text{m} \times 10\text{m})}{200\text{m}^2} = 3.1$ 단위

  ∴ 4단위(소수점 이하는 절상)

- 소화기의 개수산정 $N = \dfrac{4}{3} = 1.33$ 개 ∴ 2개

② 추가 배치기준
  바닥면적이 33m^2 이상으로 구획된 각 거실(아파트의 경우에는 각 세대)에도 배치
  ∴ 구획된 실이 4개이므로 소화기 4개가 필요

③ 필요한 소화기의 개수
  $N_T = 2$개 $+ 4$개 $= 6$개

○ 답 : 6개

(2) 보행거리에 따른 통로에 설치하여야 할 소화기의 개수

○ 계산과정 :

① 복도의 양 끝에 설치 : 2개

② 보행거리 20m 이내 $N = \dfrac{20\text{m} \times 3}{20\text{m}} - 1 = 2$개

③ 필요한 소화기의 개수 $N_T = 2개 + 2개 = 4개$
○답 : 4개

(3) (1)과 (2)를 고려하였을 때 필요한 소화기의 최소개수
○계산과정 : $N_T = 6개 + 4개 = 10개$
○답 : 10개

상세해설

(1) 소방대상물별 소화기구의 능력단위기준

소방대상물	능력단위기준
1. 위락시설	바닥면적 $30m^2$ 마다 능력단위 1단위 이상
2. 공연장, 집회장, 관람장, 문화재·장례식장 및 의료시설	바닥면적 $50m^2$ 마다 능력단위 1단위 이상
3. 근린생활시설·판매시설·운수시설·숙박시설·노유자시설·전시장·공동주택·업무시설·방송통신시설·공장·창고시설·항공기 및 자동차관련시설 및 관광휴게시설	바닥면적 $100m^2$ 마다 능력단위 1단위 이상
4. 그 밖의 것	바닥면적 $200m^2$ 마다 능력단위 1단위 이상

[주] 소화기구의 능력단위를 산출함에 있어서 건축물의 주요구조부가 내화구조이고, 벽 및 반자의 실내에 면하는 부분이 불연재료·준불연재료 또는 난연재료로 된 특정소방대상물에 있어서는 위 표의기준면적의 2배를 해당 특정소방대상물의 기준면적으로 한다.

(2) 특정소방대상물의 각 층마다 설치하되, 각층이 2 이상의 거실로 구획된 경우에는 **각 층마다 설치하는 것 외에 바닥면적이 $33m^2$ 이상으로 구획된 각 거실에도 배치할 것**

(3) 거리기준

구 분	소형소화기	대형소화기
각 부분으로부터 1개의 소화기까지의 보행거리	20m 이내	30m 이내

98년-05월, 02년-01월, 03년-07월, 08년-04월 유사

10 다음 그림은 어느 건축물의 평면도이다. 이 실들 중 A실에 급기가압을 하고 문 A_4, A_5, A_6는 외기와 접해있을 경우 A실을 기준으로 외기와의 유효 개구부 틈새 면적을 구하시오. (4점)

[조건]
① 개구부 틈새면적은 A_1, A_2, A_3가 각각 0.015m^2이며 A_4, A_5, A_6가 각각 0.01m^2이다.
② 각 실은 출입문이외의 틈새는 없다.
③ 틈새면적은 소수점 5째 자리까지 나타내시오.

풀이 ○ 계산과정:

 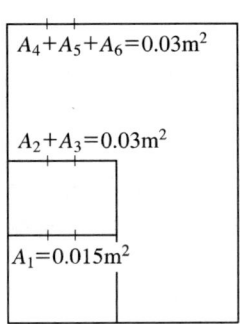

① 도면에서 A_4, A_5, A_6는 병렬상태이므로

$A_4 + A_5 + A_6 = 0.01 + 0.01 + 0.01 = 0.03\text{m}^2$

② 도면에서 A_2, A_3는 병렬상태이므로 $A_2 + A_3 = 0.015 + 0.015 = 0.03\text{m}^2$

③ A_1, $A_2 + A_3$, $A_4 + A_5 + A_6$는 직렬상태

∴ $A_1 = 0.015\text{m}^2$, $A_2 \sim A_3 = 0.03\text{m}^2$, $A_4 \sim A_6 = 0.03\text{m}^2$

④ $A_T = \dfrac{1}{\sqrt{\dfrac{1}{0.015^2} + \dfrac{1}{0.03^2} + \dfrac{1}{0.03^2}}} = 0.01225\text{m}^2$

○ 답 : 0.01225m^2

11 다음은 10층 건물에 설치한 옥내소화전 설비의 계통도이다. 각 물음에 답하시오.
(8점)

[조건] ① 배관의 마찰손실수두는 40m(소방호스, 관 부속품의 마찰손실수두 포함)
② 펌프의 효율은 65%이다.
③ 펌프의 여유율은 10%적용한다.

(1) Ⓐ~Ⓔ의 명칭을 쓰시오.
(2) Ⓓ에 보유하여야 할 최소유효저수량(m^3)은?
(3) Ⓑ의 주된 기능은?
(4) Ⓒ의 설치목적은 무엇인가?
(5) Ⓔ항의 문짝의 면적은 얼마 이상이어야 하는가?
(6) 펌프의 전동기 용량(kW)을 계산하시오.

풀이 (1) 명칭
○답 : Ⓐ : 소화수조   Ⓑ : 기동용 수압개폐장치
Ⓒ : 수격방지기   Ⓓ : 옥상수조
Ⓔ : 옥내소화전

(2) 최소유효저수량

　○계산과정 : 옥상수조의 최소유효저수량은 유효수량의 $\frac{1}{3}$ 이상이다.

$$Q = N \times 2.6\text{m}^3 \times \frac{1}{3}$$

[Q : 옥상수조 최소유효저수량(m^3), N : 옥내소화전개수(최대 2개)]

$$\therefore Q = 2 \times 2.6\text{m}^3 \times \frac{1}{3} = 1.73\text{m}^3$$

　○답 : 1.73m^3

(3) Ⓑ의 주된 기능

　○답 : 펌프의 자동기동 및 정지

(4) ⓒ의 설치목적

　○답 : 배관 내 수격작용 방지

(5) Ⓔ항의 문짝의 면적

　○답 : 0.5m^2 이상

(6) 펌프의 전동기 용량(kW)

　○계산과정 : $P[\text{kW}] = \dfrac{9.8 \times Q[\text{m}^3/\text{s}] \times H[\text{m}]}{E[\%/100]} \times K$

　　$Q = N \times 130l/\text{분} = 2 \times 130l/\text{분} = 260l/\text{분} = 0.26\text{m}^3/60\text{s}$

　　$H = h_1 + h_2 + h_3 + 17\text{m}$

　　$H = 40\text{m} + 17\text{m} = 57\text{m}\,(h_1$: 실양정은 조건 및 계통도에 없으므로 무시)

　　$E = \dfrac{65}{100} = 0.65 \qquad K = 1.1$(여유율10%)

　　$\therefore P[\text{kW}] = \dfrac{9.8 \times 0.26/60 \times 57}{0.65} \times 1.1 = 4.10\text{kW}$

　○답 : 4.10kW

12 그림과 같은 직사각형 주철 관로망에서 A 지점에서 0.6m³/s 유량으로 물이 들어와서 B와 C 지점에서 각각 0.2m³/s와 0.4m³/s의 유량으로 물이 나갈 때 관 내에서 흐르는 물의 유량 Q_1, Q_2, Q_3는 각각 몇 m³/s 인가? (단, 관로가 길기 때문에 관 마찰 손실 이외의 손실은 무시하고 d_1, d_2 관의 관 마찰계수는 $\lambda=0.025$, d_3, d_4의 관에 대한 관 마찰계수는 $\lambda=0.028$ 이다. 그리고 각각의 관의 내경은 $d_1=0.4m$, $d_2=0.4m$, $d_3=0.322m$, $d_4=0.322m$ 이며, 또한 본 문제는 Darcy-Weisbach의 방정식을 이용하여 유량을 구한다.) **(7점)**

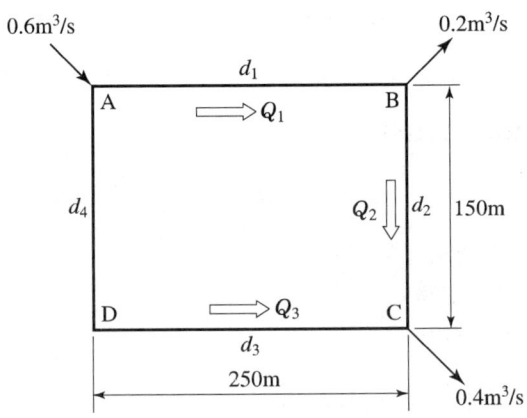

○ 계산과정 :
$$k_1 = 0.0827 \times 0.025 \times \frac{250}{0.4^5} = 50.47$$

$$k_2 = 0.0827 \times 0.025 \times \frac{150}{0.4^5} = 30.29$$

$$k_3 = 0.0827 \times 0.028 \times \frac{400}{0.322^5} = 267.57$$

$Q_1 + Q_3 = 0.6\,\mathrm{m^3/s}$ ········· ①

$Q_1 - Q_2 = 0.2\,\mathrm{m^3/s}$ ········· ②

$50.47\,Q_1^2 + 30.29\,Q_2^2 = 267.57\,Q_3^2$

∴ $50.47\,Q_1^2 + 30.29\,Q_2^2 - 267.57\,Q_3^2 = 0$

$50.47\,Q_1^2 + 30.29(Q_1 - 0.2)^2 - 267.57(0.6 - Q_1)^2 = 0$

$186.81\,Q_1^2 - 308.96\,Q_1 + 95.12 = 0$

$$Q_1 = \frac{308.96 + \sqrt{308.96^2 - 4 \times 186.81 \times 95.12}}{2 \times 186.81} = 1.24\,\mathrm{m^3/s}$$

$$Q_1 = \frac{308.96 - \sqrt{308.96^2 - 4 \times 186.81 \times 95.12}}{2 \times 186.81} = 0.41 \, \text{m}^3/\text{s}$$

$Q_1 = 1.24 \, \text{m}^3/\text{s}$ 또는 $Q_1 = 0.41 \, \text{m}^3/\text{s}$

여기서 Q_1이 역류하는 경우는 없으므로 $Q_1 = 1.24 \, \text{m}^3/\text{s}$는 발생하지 않는다. 따라서

$Q_1 = 0.41 \, \text{m}^3/\text{s}$

$Q_2 = Q_1 - 0.2 = 0.41 - 0.2 = 0.21 \, \text{m}^3/\text{s}$

$Q_3 = 0.6 - Q_1 = 0.6 - 0.41 = 0.19 \, \text{m}^3/\text{s}$

○ 답 : $Q_1 = 0.41 \, \text{m}^3/\text{s}$, $Q_2 = 0.21 \, \text{m}^3/\text{s}$, $Q_3 = 0.19 \, \text{m}^3/\text{s}$

상세해설

Darcy – Weisbach 방정식

$$\Delta H_L = f \times \frac{l}{d} \times \frac{u^2}{2g}$$

여기서, ΔH_L : 마찰손실수두(m)
 f : 마찰손실계수
 l : 배관길이(m)
 u : 유속(m/s)
 g : 중력가속도($9.8 \, \text{m/s}^2$)
 d : 배관내경(m)

$h_L = \lambda \dfrac{l}{d} \dfrac{u^2}{2g} = \lambda \dfrac{l}{d} \dfrac{1}{2g} \left(\dfrac{4Q}{\pi d^2} \right)^2 = kQ^2$

$k = \lambda \dfrac{l}{d} \dfrac{1}{2g} \left(\dfrac{4}{\pi d^2} \right)^2 = \dfrac{8 \lambda l}{g \pi^2 d^5} = 0.0827 \lambda \dfrac{l}{d^5}$

$k_1 = 0.0827 \times 0.025 \times \dfrac{250}{0.4^5} = 50.47$

$k_2 = 0.0827 \times 0.025 \times \dfrac{150}{0.4^5} = 30.29$,

$k_3 = 0.0827 \times 0.028 \times \dfrac{400}{0.322^5} = 267.57$

그림에서 $Q_1 + Q_3 = 0.6 \, \text{m}^3/\text{s}$ ········· ①, $Q_1 - Q_2 = 0.2 \, \text{m}^3/\text{s}$ ········· ②

①식에서 $Q_3 = (0.6 - Q_1) \, \text{m}^3/\text{s}$, ②식에서 $Q_2 = (Q_1 - 0.2) \, \text{m}^3/\text{s}$

$\Delta h_L ABC = \Delta h_L ADC$

$50.47 Q_1^2 + 30.29 Q_2^2 = 267.57 Q_3^2$ ∴ $50.47 Q_1^2 + 30.29 Q_2^2 - 267.57 Q_3^2 = 0$

$50.47 Q_1^2 + 30.29 (Q_1 - 0.2)^2 - 267.57 (0.6 - Q_1)^2 = 0$

$50.47 Q_1^2 + 30.29 (Q_1^2 - 0.4 Q_1 + 0.04) - 267.57 (0.36 - 1.2 Q_1 + Q_1^2) = 0$

$50.47Q_1^2 + 30.29Q_1^2 - 12.12Q_1 + 1.21 - 96.33 + 321.08Q_1 - 267.57Q_1^2 = 0$

$-186.81Q_1^2 + 308.96Q_1 - 95.12 = 0$

양변에 (−)를 곱하면 $186.81Q_1^2 - 308.96Q_1 + 95.12 = 0$

> 2차 방정식 $ax^2 + bx + c = 0 \ (a \neq 0)$의 두 근 α, β를 구하는 공식
> $$\alpha = \frac{-b + \sqrt{b^2 - 4ac}}{2a} \qquad \beta = \frac{-b - \sqrt{b^2 - 4ac}}{2a}$$

$a = 186.81, \ b = -308.96, \ c = 95.12$

$Q_1 = \dfrac{308.96 + \sqrt{(-308.96)^2 - 4 \times 186.81 \times 95.12}}{2 \times 186.81} = 1.24 \, \text{m}^3/\text{s}$

$Q_1 = \dfrac{308.96 - \sqrt{(-308.96)^2 - 4 \times 186.81 \times 95.12}}{2 \times 186.81} = 0.41 \, \text{m}^3/\text{s}$

$Q_1 = 1.24 \, \text{m}^3/\text{s}$ 또는 $Q_1 = 0.41 \, \text{m}^3/\text{s}$

여기서 Q_1이 역류하는 경우는 없으므로 $Q_1 = 1.24 \, \text{m}^3/\text{s}$는 발생하지 않음

따라서 $Q_1 = 0.41 \, \text{m}^3/\text{s}$

$\qquad Q_2 = Q_1 - 0.2 = 0.41 - 0.2 = 0.21 \, \text{m}^3/\text{s}$

$\qquad Q_3 = 0.6 - Q_1 = 0.6 - 0.41 = 0.19 \, \text{m}^3/\text{s}$

16년-04월 기출

13 폐쇄형 헤드를 사용한 스프링클러설비의 일부 배관 계통도이다. 주어진 조건을 참조하여 각 물음에 답하시오. (8점)

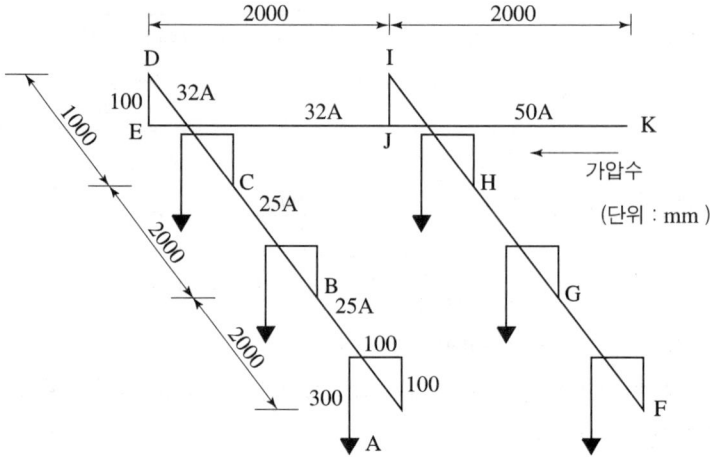

[조건] ① 직관 마찰손실수두(100m당)(단위 : m)

개수	유량	25A	32A	40A	50A
1	80*l*/min	39.82	11.38	5.40	1.68
2	160*l*/min	150.42	42.84	20.29	6.32
3	240*l*/min	307.77	87.66	41.51	12.93
4	320*l*/min	521.92	148.66	70.40	21.93
5	400*l*/min	789.04	224.75	106.31	32.99
6	480*l*/min		321.55	152.26	47.43

② 관이음쇠 마찰손실에 해당하는 직관길이(단위 : m)

구 분	25A	32A	40A	50A
엘보(90°)	0.9	1.20	1.50	2.10
레 듀 샤	0.54	0.72	0.90	1.20
티이(직류)	0.27	0.36	0.45	0.60
티이(분류)	1.50	1.80	2.10	3.00

③ 헤드나사는 $PT\frac{1}{2}(15A)$ 기준

④ 헤드방사압은 0.1MPa(10m) 기준

(1) ① A~B 구간의 마찰손실수두(m)를 산출하시오.
② B~C 구간의 마찰손실수두(m)를 산출하시오.
③ C~J 구간의 마찰손실수두(m)를 산출하시오.
④ J~K 구간의 마찰손실수두(m)를 산출하시오.

(2) 낙차수두(m)를 산출하시오.
(3) 배관상 총마찰손실수두(m)를 산출하시오.
(4) 전양정(m)을 산출하시오.
(5) K점에 필요한 압력수의 수압(kPa)을 산출하시오.

풀이 (1) 마찰손실수두
○계산과정 :

번호	구간	관경	유량	직관 및 등가길이(m)	마찰손실수두(m)
①	A~B	25A	80L/min	직관 : 2+0.1+0.1+0.3=2.5m 90°엘보3개×0.9=2.7m 레듀샤(25×15)1개=0.54m 5.74m	$5.74 \times \dfrac{39.82}{100}$ $= 2.29\text{m}$
②	B~C	25A	160L/min	직관 2m 분류 T (25×25×25)1개×1.50 =1.50m 3.50m	$3.50 \times \dfrac{150.42}{100}$ $= 5.26\text{m}$
③	C~J	32A	240L/min	직관 : 2+0.1+1=3.1m 90°엘보2개×1.2=2.4m 분류 T (32×32×25)1개×1.80 =1.80m 레듀샤(32×25)1개=0.72 8.02m	$8.02 \times \dfrac{87.66}{100}$ $= 7.03\text{m}$
④	J~K	50A	480L/min	직관 : 2m 분류 T (50×50×32)1개×3.0 =3m 레듀샤(50×32)1개=1.20m 6.2m	$6.2 \times \dfrac{47.43}{100}$ $= 2.94\text{m}$

○답 : ① 2.29m   ② 5.26m   ③ 7.03m   ④ 2.94m

(2) 낙차수두
   ○계산과정 : $h_1 = 100\text{mm} + 100\text{mm} - 300\text{mm} = -100\text{mm} = -0.1\text{m}$
   ○답 : -0.1m

(3) 총마찰손실수두
   ○계산과정 : $h_2 = 2.29\text{m} + 5.26\text{m} + 7.03\text{m} + 2.94\text{m} = 17.52\text{m}$
   ○답 : 17.52m

(4) 전양정
   ○계산과정 : $H = h_1 + h_2 + 10\text{m}$
      ∴ $H = -0.1\text{m} + 17.52\text{m} + 10\text{m} = 27.42\text{m}$
   ○답 : 27.42m

(5) K점에 필요한 압력수의 수압

  ○계산과정 : $P = 27.42\text{m} \times \dfrac{100\text{kPa}}{10\text{m}} = 274.20\text{kPa}$

  ○답 : 274.20kPa

---

14 바닥면적이 100m²이고 높이 3.5m인 발전기실에 청정소화약제 중 HFC-125를 사용할 경우 아래 조건을 참조하여 다음 각 물음에 답하시오. (6점)

[조건]
① HFC-125의 설계농도는 8%이며 방호구역의 최소예상온도는 20℃로 한다.
② HFC-125의 용기는 90L/60kg으로 한다.
③ HFC-125의 선형상수는 아래 표와 같다.

소화약제	K_1	K_2
HFC-125	0.1825	0.0007

④ 사용하는 배관은 압력배관용 탄소강관(SPPS 250)으로 항복점은 250MPa 인장강도는 410MPa이다. 이 배관의 호칭지름은 DN400이며 이음매 없는 배관이고 이 배관의 바깥지름과 스케줄에 따른 두께는 아래 표와 같다.

호칭지름	바깥지름(mm)	배관두께(mm)					
		스케줄 10	스케줄 20	스케줄 30	스케줄 40	스케줄 60	스케줄 80
DN400	406.4	6.4	7.9	9.5	12.7	16.7	21.4

(1) HFC-125의 저장용기의 수는 최소 몇 병 인가?
(2) 배관의 최대허용압력이 6.1MPa일 때 이를 만족하는 배관의 최소 스케줄 번호를 구하시오.

풀이 (1) 저장용기의 수

  ○계산과정 : $V = 100\text{m}^2 \times 3.5 = 350\text{m}^3$

  $S = 0.1825 + (0.0007 \times 20) = 0.1965\text{m}^3/\text{kg}$

  $C(\text{설계농도}) = 8\%$

  $W = \dfrac{350}{0.1965} \times \left(\dfrac{8}{100-8}\right) = 154.88\text{kg}$

$$N = \frac{154.88\text{kg}}{60\text{kg}} = 2.58\text{병} \quad \therefore \ 3\text{병}$$

○답 : 3병

(2) 배관의 최소 스케줄 번호
　　○계산과정 : ① P(최대허용압력)= 6.1MPa
　　　　　　　② SE(최대허용응력)계산

　　　　　　　　• 인장강도의 1/4값 = $410\text{MPa} \times \dfrac{1}{4} = 102.5\text{MPa}$

　　　　　　　　• 항복점의 2/3값 = $250\text{MPa} \times \dfrac{2}{3} = 166.67\text{MPa}$

　　　　　　　　• 배관의 최대허용응력 계산(작은 값(σ)= 102.5MPa 적용)
　　　　　　　　　$SE = \sigma \times$ 배관이음효율 $\times 1.2$
　　　　　　　　　　　$= 102.5\text{MPa} \times 1.0$(이음매 없는 배관) $\times 1.2$
　　　　　　　　　　　$= 123\text{MPa}$
　　　　　　　　• A(나사이음(mm))는 조건에 없으므로 무시한다.

　　　　　　　③ $t = \dfrac{PD}{2SE} + A = \dfrac{6.1 \times 406.4}{2 \times 123} = 10.08\text{mm}$

　　　　　　　조건④의 표에서 바깥지름 10.08mm는 9.5mm초과~12.7mm이
　　　　　　　하에 해당하므로 스케줄 40을 선택한다.

　　○답 : 스케줄 40

상세해설

(1) HCFC 등의 소화약제량 산출 공식

$$W = \frac{V}{S} \times \left(\frac{C}{100 - C} \right)$$

여기서, W : 소화약제의 무게(kg)
　　　　V : 방호구역의 체적(m³)
　　　　S : 소화약제별 선형상수($K_1 + K_2 \times t$)(m³/kg)
　　　　C : 체적에 따른 소화약제의 설계농도(%)
　　　　　　[C=소화농도(%)×K(안전계수, A급 1.2, B급 1.3, C급 1.35)]
　　　　　　※ C급(통전상태)의 안전계수는 A급(전기차단상태)소화농도의 1.35
　　　　t : 방호구역의 최소예상온도(℃)

(2) 관의 두께

$$t = \frac{PD}{2SE} + A$$

여기서, t : 관의 두께(mm)
　　　　P : 최대허용압력(kPa)

> D : 배관의 바깥지름(mm)
> SE : 최대허용응력(kPa)(배관재질 인장강도의 1/4값과 항복점의 2/3 값 중 적은 값×배관이음효율×1.2)
> A : 나사이음(mm) (헤드설치부분은 제외한다)
>
> • 나사이음 : 나사의 높이 • 절단홈이음 : 홈의 깊이 • 용접이음 : 0
> ※ 배관이음효율 : ① 이음매 없는 배관 : 1.0
> ② 전기저항 용접배관 : 0.85
> ③ 가열맞대기 용접배관 : 0.60

15 다음은 제연설비의 공기유입방식 및 유입구에 관한 화재안전기술기준이다. ( )안에 알맞은 답을 쓰시오. (5점)

> 1. 예상제연구역에 대한 공기유입은 유입풍도를 경유한 (①) 또는 (②)으로 하거나, 인접한 제연구역 또는 통로에 유입되는 공기가 해당구역으로 유입되는 방식으로 할 수 있다.
> 2. 예상제연구역에 설치되는 공기유입구는 다음 각 호의 기준에 적합하여야 한다.
>   (1) 바닥면적 400m² 미만의 거실인 예상제연구역에 대해서는 공기유입구와 배출구간의 직선거리는 (③)m 이상 또는 구획된 실의 장변의 2분의 1 이상으로 할 것. 다만, 공연장·집회장·위락시설의 용도로 사용되는 부분의 바닥면적이 (④)제곱미터를 초과하는 경우의 공기유입구는 (2)의 기준에 따른다.
>   (2) 바닥면적이 400m² 이상의 거실인 예상제연구역에 대하여는 바닥으로부터 (⑤)m 이하의 높이에 설치하고 그 주변은 공기의 유입에 장애가 없도록 할 것

풀이 ○답 : ① 강제유입
② 자연유입방식
③ 5
④ 200
⑤ 1.5

16

아래도면은 어느 소방대상물인 전기실(A실), 발전기실(B실), 방제반실(C실), 밧데리실(D실)을 방호하기위한 할론1301의 배관평면도이다. 도면 및 조건을 참조하여 할론1301 소화약제의 최소용기 개수를 산출하시오. **(8점)**

[도면]

[조건]
1) 약제저장용기 방식은 고압식이다.
2) 용기 1개의 약제량은 50kg이고 내용적은 68*l*이다.
3) 도면상 각 실에 대한 배관내용적(용기실내의 입상관 포함)은 다음과 같다.

A실 배관내용적 : 198*l*	B실 배관내용적 : 78*l*
C실 배관내용적 : 28*l*	D실 배관내용적 : 10*l*

4) A실에 대한 할론 집합관의 배관내용적은 88*l*이다.
5) 할론약제저장용기와 집합관 사이의 연결관에 대한 내용적은 무시한다.
6) 설비의 설계기준온도는 20℃로 한다.
7) 액화할론1301의 비중은 20℃에서 1.6이다.
8) 각 실의 개구부는 없다고 가정한다.

9) 약제 소요량 산출시 각 실의 내부기둥 및 내용물은 무시한다.
10) 각 실의 층고(바닥으로부터 천정까지 높이)는 각각 다음과 같다.

| A실 및 B실 : 5m | C실 및 D실 : 3m |

풀이 ○ 계산과정 :

할론1301 소화약제 저장량

소방대상물	방호구역의 소요약제량	개구부 가산량 (자동폐쇄장치 미설치시)
차고, 주차장, 전기실, 통신기기실, 전산실, 기타 이와 유사한 전기설비가 설치되어 있는 부분	0.32kg/m³	2.4kg/m²

- 약제장량(kg) = 방호구역체적(m^3) × 소요약제량(kg/m^3) + 개구부면적(m^2) × 개구부가산량(kg/m^2)

A실(전기실)
① 방호구역 약제소요량 계산

$Q = (30m \times 30m - 15m \times 15m) \times 5m \times 0.32 kg/m^3 = 1080 kg$

② 소요 용기 수 = 1080kg/50kg = 21.6병 ∴ 22병

③ 독립배관방식 필요여부
㉠ 배관 내용적(집합관+배관) = 88 + 198 = 286*l*
㉡ 저장용기 소화약제량의 체적 = 22병 × 50kg ÷ 1.6 = 687.5*l*
㉢ 배관 내용적에 대한 약제량의 체적비 = $\dfrac{286}{687.5}$ = 0.42배
㉣ 1.5배 미만이므로 별도 독립배관방식 불필요

B실(발전기실)
① 방호구역 약제소요량

$Q = 15m \times 15m \times 5m \times 0.32 kg/m^3 = 360 kg$

② 소요 용기 수 = 360kg/50kg = 7.2병 ∴ 8병

③ 독립배관방식 필요여부
㉠ 배관 내용적(집합관+배관) = 88 + 78 = 166*l*
㉡ 저장용기 소화약제량의 체적 = 8병 × 50kg ÷ 1.6 = 250*l*
㉢ 배관 내용적에 대한 약제량의 체적비 = $\dfrac{166}{250}$ = 0.66배
㉣ 1.5배 미만이므로 별도 독립배관방식 불필요

C실(방재반실)
① 방호구역 약제소요량

$Q = 10m \times 15m \times 3m \times 0.32 kg/m^3 = 144 kg$

② 소요 용기 수＝ 144kg/50kg ＝ 2.88병 ∴ 3병
③ 독립배관방식 필요여부
 ㉠ 배관 내용적(집합관+배관)＝ 88 + 28 ＝ 116l
 ㉡ 저장용기 소화약제량의 체적＝ 3병 × 50kg ÷ 1.6 ＝ 93.75l
 ㉢ 배관 내용적에 대한 약제량의 체적비＝ $\frac{116}{93.75}$ ＝ 1.24배
 ㉣ 1.5배 미만이므로 별도 독립배관방식 불필요

D실(밧데리실)
① 방호구역 약제소요량
 Q ＝ 10m × 5m × 3m × 0.32kg/m^3 ＝ 48kg
② 소요 용기 수＝ 48kg/50kg ＝ 0.96병 ∴ 1병
③ 독립배관방식 필요여부
 ㉠ 배관 내용적(집합관+배관)＝ 88 + 10 ＝ 98l
 ㉡ 저장용기 소화약제량의 체적＝ 1병 × 50kg ÷ 1.6 ＝ 31.25l
 ㉢ 배관 내용적에 대한 약제량의 체적비＝ $\frac{98}{31.25}$ ＝ 3.14 배
 ㉣ 1.5배 이상이므로 별도 독립배관방식 필요

저장실에 저장하여야 할 용기 수
 N ＝ 22병(같은 집합관사용 소요용기수중 최대) + 1병(별도 독립배관 사용 소요용기수)
  ＝ 23병
○답 : 23병

참고

할론 소화설비의 배관

하나의 구역을 담당하는 소화약제 저장용기의 소화약제량의 체적합계보다 그 소화약제 방출시 방출경로가 되는 배관(집합관 포함)의 내용적이 1.5배 이상일 경우에는 당해 방호구역에 대한 설비는 별도 독립방식으로 하여야 한다.

실	저장용기 소화약제량의 체적(A)	배관내용적(B) (집합관+배관)	B/A	독립배관방식
A	1080÷50＝21.6 ∴ 22병×50kg÷1.6＝687.5l	286l	0.42	필요없음
B	360÷50＝7.2 ∴ 8병×50kg÷1.6＝250l	166l	0.66	필요없음
C	140÷50＝2.88 ∴ 3병×50kg÷1.6＝93.75l	116l	1.23	필요없음
D	48÷50＝0.96 ∴ 1병×50kg÷1.6＝31.25l	98l	3.14	필요

소방설비기사 실기 (기계분야)

2023년도 출제문제

소방설비기사 실기(기계분야)

소방설비기사 – 기계분야

2023년 4월 23일 시행

16년-4월, 20년-7월 유사

01 송풍기의 시험운전을 기준으로 송풍기를 설계하고자 한다. 아래의 조건을 참조하여 송풍기에 대한 각 물음에 답하시오. (단, 시험운전 송풍기와 설계하고자 하는 송풍기는 서로 상사한다.) **(6점)**

> [조건] 시험운전 송풍기
> ① 축동력 100kW, ② 임펠러의 직경 1m, ③ 정압 50mmAq,
> ④ 전압 80mmAq, ⑤ 회전수 1750rpm, ⑥ 풍량 750m³/min,
> ⑦ 효율 75%

(1) 임펠러의 회전수를 2000rpm으로 변경하는 경우 풍량(m³/min)을 구하시오. (단, 임펠러의 직경은 1m로 일정하다)

(2) 임펠러의 직경을 1.2m로 변경하는 경우 축동력(kW)을 구하시오. (단, 임펠러의 회전수는 1750rpm으로 일정하다)

(3) 임펠러의 직경을 1.2m로 변경하는 경우 정압(mmAq)을 구하시오. (단, 임펠러의 회전수는 1750rpm으로 일정하다)

풀이 (1) **풍량**(m³/min)

○ 계산과정 :

$D_1 = D_2 = 1\text{m}$, $Q_1 = 750\text{m}^3/\text{min}$, $N_1 = 1750\text{rpm}$, $N_2 = 2000\text{rpm}$

$Q_2 = Q_1 \times \dfrac{N_2}{N_1} \times \left(\dfrac{D_2}{D_1}\right)^3 = 750 \times \dfrac{2000}{1750} = 857.14\text{m}^3/\text{min}$

○ **답** : 857.14m³/min

(2) **축동력**(kW)

○ 계산과정 :

$N_1 = N_2 = 1750\text{rpm}$, $P_1 = 100\text{kW}$, $D_1 = 1\text{m}$, $D_2 = 1.2\text{m}$

$$P_2 = P_1 \times \left(\frac{N_2}{N_1}\right)^3 \times \left(\frac{D_2}{D_1}\right)^5 = 100 \times \left(\frac{1.2}{1}\right)^5 = 248.83\text{kW}$$

○답 : 248.83kW

(3) **정압**(mmAq)

○계산과정 :

$N_1 = N_2 = 1750\text{rpm}$, $H_1 = 50\text{mmAq}$, $D_1 = 1\text{m}$, $D_2 = 1.2\text{m}$

$$H_2 = H_1 \times \left(\frac{N_2}{N_1}\right)^2 \times \left(\frac{D_2}{D_1}\right)^2 = 50 \times \left(\frac{1.2}{1}\right)^2 = 72\text{mmAq}$$

○답 : 72mmAq

상세해설

$$Q_2 = Q_1 \times \left(\frac{N_2}{N_1}\right) \times \left(\frac{D_2}{D_1}\right)^3 \quad H_2 = H_1 \times \left(\frac{N_2}{N_1}\right)^2 \times \left(\frac{D_2}{D_1}\right)^2 \quad P_2 = P_1 \times \left(\frac{N_2}{N_1}\right)^3 \times \left(\frac{D_2}{D_1}\right)^5$$

여기서, Q_1 : 변경 전 풍량 Q_2 : 변경 후 풍량
        N_1 : 변경 전 회전수 N_2 : 변경 후 회전수
        H_1 : 변경 전 전압 H_2 : 변경 후 전압
        P_1 : 변경 전 동력 P_2 : 변경 후 동력
        D_1 : 변경 전 임펠러 직경 D_2 : 변경 후 임펠러 직경

---

02 무대부 또는 연소할 우려가 있는 개구부에 적용하는 스프링클러설비의 방식을 쓰시오. (3점)

풀이 ○답 : 일제살수식스프링클러설비

상세해설

일제살수식스프링클러설비
가압송수장치에서 일제개방밸브 1차 측까지 배관 내에 항상 물이 가압되어 있고 2차 측에서 개방형스프링클러헤드까지 대기압으로 있다가 화재 시 자동감지장치 또는 수동식 기동장치의 작동으로 일제개방밸브가 개방되면 스프링클러헤드까지 소화수가 송수되는 방식의 스프링클러설비

00년-02월, 01년-10월, 05년-10월, 15년-07월 기출

03 사무소 건물의 지하층에 있는 발전기실에 화재안전기술기준과 다음 조건에 따라 전역방출방식 이산화탄소소화설비를 설치하려고 한다. 다음 각 물음에 답하시오. (6점)

[조건]
① 소화설비는 고압식으로 한다.
② 발전기실의 크기 : 가로7m×세로10m×높이5m
　발전기실의 개구부 크기 : 1.8m×3m×2개소(자동폐쇄장치 있음)
③ 가스용기 1병당 충전량 : 45kg
④ 소화약제의 양은 $0.8kg/m^3$, 개구부 가산량 $5kg/m^2$을 기준으로 산출한다.
⑤ 설계농도에 따른 보정계수는 무시한다.

(1) 가스 용기는 몇 병이 필요한지 구하시오.
(2) 선택밸브 직후의 유량(kg/s)을 구하시오.
(3) 음향경보장치는 소화약제의 방출개시 후 얼마동안 경보를 계속할 수 있어야 하는가?
(4) 약제저장용기의 개방밸브는 작동방식에 따라 3가지로 분류된다. 그 명칭을 쓰시오.

풀이 (1) 필요한 용기 수

○계산과정 : $N = \dfrac{7m \times 10m \times 5m \times \dfrac{0.8kg}{m^3}}{45kg} = 6.22$　∴ 7병

○답 : 7병

(2) 선택밸브 직후의 유량(kg/s)

○계산과정 : $Q = \dfrac{45kg/병 \times 7병}{60s} = 5.25 kg/s$

○답 : 5.25kg/s

(3) 음향경보장치 경보시간
　○답 : 1분 이상

(4) 개방밸브 작동방식
　○답 : ① 전기식 ② 가스압력식 ③ 기계식

상세해설

(1) 표면화재 또는 심부화재 여부 판단

체적계수 $K_1 = 0.8\text{kg/m}^3$, 개구부 면적계수 $K_2 = 5\text{kg/m}^2$이므로 표면화재이다.
따라서 약제방사시간은 1분(60s)이내 이다.

(2) 이산화탄소소화설비의 방호구역에 대한 소화약제의 양

① 전역방출방식의 가연성액체 또는 가연성가스등 표면화재 방호대상물

방호구역의 체적 (m^3)	방호구역의 체적 1m^3에 대한 소화약제의 양 kg (K_1 : kg/m^3)	저장량의 최저한도량 (kg)	개구부 가산량 (K_2 : kg/m^2) (자동폐쇄장치 미설치시)
45 미만	1	45	5
45 이상 150 미만	0.9		
150 이상 1450 미만	0.8	135	
1450 이상	0.75	1125	

[$K_1(\text{kg/m}^3)$: 방호구역 체적계수, $K_2(\text{kg/m}^2)$: 개구부 면적계수]

② 전역방출방식의 종이 · 목재 · 석탄 · 섬유류 · 합성수지류 등 심부화재 방호대상물

방 호 대 상 물	방호구역의 체적 1m^3에 대한 소화약제의 양 kg (K_1 : kg/m^3)	설계농도 (%)	개구부 가산량 (K_2 : kg/m^2) (자동폐쇄장치 미설치시)
유압기기를 제외한 전기설비, 케이블실	1.3	50%	10
체적 55m^3 미만의 전기설비	1.6	50%	
서고, 전자제품창고, 목재가공품창고, 박물관	2.0	65%	
고무류, 면화류창고, 모피창고, 석탄창고, 집진설비	2.7	75%	

(3) 이산화탄소소화약제의 소요량의 방출기준시간

구 분	표면화재	심부화재
전역방출방식	1분 이내	7분 이내(단, 2분 이내에 설계농도의 30 %에 도달)
국소방출방식	30초 이내	

20년-10월 유사

04 다음 도면은 옥내소화전설비의 가압송수장치 주변에 대한 것이다. 각 물음에 답하시오. (7점)

(1) 도면을 보고 번호에 따른 부품 또는 설비의 명칭을 쓰시오.

번호	명칭	번호	명칭
①		⑤	
②		⑥	
③		⑦	순환배관
④	체크밸브	⑧	

(2) 펌프의 정격토출압력이 1MPa일 때 ③은 몇 MPa 이하에서 개방이 되도록 설치하는가?
(3) ②에 연결된 급수배관의 최소구경(mm)을 쓰시오.
(4) ②의 용량(L)은 얼마 이상으로 하여야 하는가?

풀이 (1) 명칭
○답 :

번호	명 칭	번호	명칭
①	감수경보장치	⑤	유량측정장치
②	물올림수조	⑥	성능시험배관
③	릴리프밸브	⑦	순환배관
④	체크밸브	⑧	플렉시블조인트

(2) **릴리프밸브의 개방압력**
○계산과정 및 답 : $P = 1\text{MPa} \times 1.4 = 1.4\text{MPa}$ 이하

(3) **물올림수조의 최소구경**
○답 : 15mm

(4) 물올림수조의 용량
   ○ 답 : 100L 이상

상세해설

(1) **배관 등**
가압송수장치의 체절운전 시 수온의 상승을 방지하기 위하여 체크밸브와 펌프사이에서 분기한 구경 20mm이상의 배관에 **체절압력 이하에서 개방되는 릴리프밸브**를 설치할 것

(2) **가압송수장치**
펌프의 성능은 체절운전 시 **정격토출압력의 140%**를 초과하지 않고, **정격토출량의 150%로 운전 시 정격토출압력의 65% 이상**이 되어야 하며, 펌프의 성능을 시험할 수 있는 성능시험배관을 설치할 것. 다만, 충압펌프의 경우에는 그렇지 않다.

20년-5월 기출

05 다음은 피난기구의 화재안전기술기준 중 승강식 피난기 및 하향식 피난구용 내림식사다리의 설치기준이다. (   )안에 알맞는 답을 쓰시오. (6점)

(1) 대피실의 면적은 (①)(2세대 이상일 경우에는 3m²) 이상으로 하고, 하강구(개구부) 규격은 직경 (②) 이상일 것
(2) 대피실의 출입문은 (③) 또는 (④)으로 설치하고, 피난방향에서 식별할 수 있는 위치에 "대피실" 표지판을 부착할 것.
(3) 착지점과 하강구는 상호 수평거리 (⑤) 이상의 간격을 둘 것
(4) 승강식 피난기는 (⑥) 또는 성능시험기관으로 지정받은 기관에서 그 성능을 검증받은 것으로 설치할 것

풀이 ○ 답 : ① 2m²   ② 60cm   ③ 60분+ 방화문
   ④ 60분 방화문   ⑤ 15cm   ⑥ 한국소방산업기술원

상세해설

승강식 피난기 및 하향식 피난구용 내림식사다리 설치기준
① 대피실의 면적은 2m²(2세대 이상일 경우에는 3m²) 이상으로 하고, 하강구(개구부) 규격은 직경 60cm 이상일 것.
② 대피실의 출입문은 60분+ 방화문 또는 60분 방화문으로 설치하고, 피난방향에서 식별할 수 있는 위치에 "대피실" 표지판을 부착할 것.
③ 착지점과 하강구는 상호 수평거리 15cm 이상의 간격을 둘 것
④ 대피실 내에는 비상조명등을 설치할 것
⑤ 승강식 피난기는 한국소방산업기술원 또는 성능시험기관으로 지정받은 기관에서 그 성능을 검증받은 것으로 설치할 것

09년-04월, 13년-7월, 15년-4월 기출

06 아래 그림은 소방대 연결송수구와 체크밸브가 설치된 연결송수관설비이다.
각 물음에 답하시오. (5점)

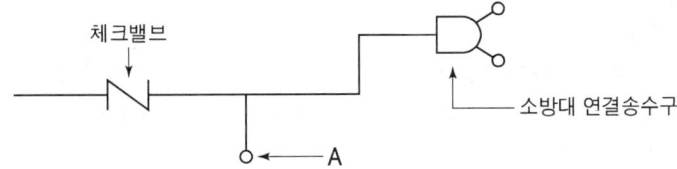

(1) 위의 그림은 습식, 건식 중 어느 것에 해당하는지 쓰시오.
(2) A의 명칭과 도시기호를 그리시오.
(3) A의 설치목적을 쓰시오.

○답 : (1) 습식

(2) 명칭 : 자동배수밸브, 도시기호 : ⌬

(3) 소화 작업 후 배관내의 물을 자동으로 배수하여 동파방지 및 배관부식 방지

상세해설

연결송수관설비의 송수구

07 지상 5층인 특정소방대상물에 연결송수관설비의 배관과 겸용인 옥내소화전 설비가 설치되어 있다. 아래 조건을 참조하여 각 물음에 답하시오. (10점)

[조건]
① 옥내소화전이 5층에 7개 그 외 다른 층에는 4개씩 설치되었다고 한다.
② 펌프의 풋 밸브로 부터 최고위 옥내소화전 앵글밸브까지의 수직거리는 20m이다.
③ 배관의 마찰손실은 실 양정의 20%이며 관부속품의 마찰손실은 배관 마찰손실의 50%로 한다.
④ 소방용 호스의 길이는 15m이며 마찰손실수두는 100m당 26m이다.
⑤ 호칭구경에 따른 배관의 구경

호칭구경	15A	20A	25A	32A	40A	50A	65A	80A	100A
내경(mm)	16.4	21.9	27.5	36.2	42.1	53.2	69	81	105.3

⑥ 펌프의 전달계수는 1.2이며 효율은 0.6이다.
⑦ 펌프의 성능 곡선

(1) 펌프의 전양정(m)을 구하시오.

(2) 펌프의 성능곡선을 참고하여 펌프의 적합성을 판정하시오.

(3) 펌프의 성능시험을 위한 유량측정장치의 최소측정유량(L/min)을 구하시오.

(4) 토출측 주 배관에서 배관의 최소호칭구경을 구하시오.

(5) 펌프의 최소동력(kW)을 구하시오.

[풀이] **(1) 펌프의 전양정(m)**
  ○ 계산과정 :
  실양정 $h_1 = 20\text{m}$
  배관 및 관부속품의 마찰손실수두 $h_2 = 20\text{m} \times 0.2 + 20\text{m} \times 0.2 \times 0.5$
  $\qquad\qquad\qquad\qquad\qquad\qquad\qquad$ (20%) $\qquad\qquad$ (50%)
  $\qquad\qquad\qquad\qquad\qquad\; = 6\text{m}$
  소방용 호스의 마찰손실수두 $h_3 = 15\text{m} \times \dfrac{26\text{m}}{100\text{m}} = 3.9\text{m} = 3.9\text{m}$
  전양정 $H = 20\text{m} + 6\text{m} + 3.9\text{m} + 17\text{m} = 46.9\text{m}$
  ○ 답 : 46.9m

(2) 펌프의 적합성 판정
  ○ 계산과정 :
  • 정격토출량 $Q = 2 \times 130 = 260\text{L/min}$
  • 정격토출압력 $P = \gamma H = 9.8\text{kN/m}^3 \times 46.9\text{m} = 459.62\text{kN/m}^2(\text{kPa})$
  • 체절압력 $P = 459.62 \times 1.4 = 643.47\text{kPa}$
  • 정격토출량의 150% $Q = 260 \times 1.5 = 390\text{L/min}$
  • 정격토출압력의 65% $P = 459.62 \times 0.65 = 298.75\text{kPa}$

구분	체절운전		정격운전		최대운전	
	이론값	측정값	이론값	측정값	이론값	측정값
토출량(L/min)	0		260		390	
토출압력(kPa)	643.47 이하	620	459.62 이상	500	298.75 이상	380
적합여부판정	적합		적합		적합	

  ○ 답 : 적합

(3) 유량측정장치의 최소측정유량(L/min)
  ○ 계산과정 : $Q = 260 \times 1.75 = 455\text{L/min}$
  ○ 답 : 455L/min

(4) 주배관 최소호칭구경
  ○ 계산과정 : $d = \sqrt{\dfrac{4Q}{\pi V}} = \sqrt{\dfrac{4 \times 0.26\text{m}^3/60\text{s}}{\pi \times 4\text{m/s}}} \times 1000 = 37.14\text{mm}$
  ∴ 연결송수관설비와 겸용이므로 펌프의 토출측 주배관의 구경은 100A
  ○ 답 : 100A

(5) 펌프의 최소동력(kW)
  ○ 계산과정 : $P = \dfrac{9.8\text{kN/m}^3 \times 0.26\text{m}^3/60\text{s} \times 46.9\text{m}}{0.6} \times 1.2 = 3.98\text{kW}$
  ○ 답 : 3.98kW

상세해설

(1) 옥내소화전설비의 수원의 양

① 수원의 유효저수량(m^3)

$$Q = N \times 2.6m^3 \text{ 이상} \quad (N: \text{옥내소화전이 가장 많은 층의 설치개수(최대 2개)})$$

② 옥상수조의 유효저수량(m^3)

$$Q = N \times 2.6m^3 \times \frac{1}{3} \text{ 이상} \quad (N: \text{옥내소화전이 가장 많은 층의 설치개수(최대 2개)})$$

(2) 펌프의 최소 토출량(m^3/분)

$$Q = N \times 130L/min \text{ 이상} \quad (N: \text{옥내소화전이 가장 많은 층의 설치개수(최대 2개)})$$

(3) 옥내소화전설비의 전양정

$$H = h_1 + h_2 + h_3 + 17m$$

여기서, h_1 : 실양정(흡입양정+토출양정)(m)
  h_2 : 배관의 마찰손실 수두(m)
  h_3 : 소방용호스 마찰손실 수두(m)

(4) 펌프의 성능
① 체절운전 시 정격토출압력의 140%를 초과하지 아니할 것
② 정격토출량의 150%로 운전 시 정격토출압력의 65% 이상이 되어야 할 것

(5) 펌프의 토출 측 주배관의 구경
① 유속이 4m/s 이하가 될 수 있는 크기 이상으로 하여야 할 것
② 옥내소화전방수구와 연결되는 가지배관의 구경은 40mm(호스릴옥내소화전설비 25mm) 이상으로 할 것
③ 주배관 중 수직배관의 구경은 50mm(호스릴옥내소화전설비 32mm) 이상으로 할 것

(6) 연결송수관설비의 배관과 겸용할 경우의 배관
① 주배관은 구경 100mm 이상
② 방수구로 연결되는 배관의 구경은 65mm 이상

(7) 펌프의 성능시험배관
① 펌프의 토출 측에 설치된 개폐밸브 이전에서 분기하여 직선으로 설치하고, 유량측정장치를 기준으로 전단 직관부에는 개폐밸브를 후단 직관부에는 유량조절밸브를 설치할 것
② 유량측정장치는 펌프의 정격토출량의 175% 이상까지 측정할 수 있는 성능이 있을 것

20년-7월, 20년-11월, 21년-11월, 22년-7월 유사

08 가로 20m, 세로 8m, 높이 3m인 발전기실에 불활성기체 소화약제 중 IG-100을 사용 할 경우 아래 조건을 참조하여 다음 각 물음에 답하시오. (10점)

[조건] ① IG-100의 소화농도는 35.85%이다.
② 소화약제량 산정시 선형상수를 이용하도록 하며 방사시 기준온도는 10℃이다.

소화약제	K_1	K_2
IG-100	0.7997	0.00293

③ 화재는 전기화재로 간주한다.
④ IG-100의 충전밀도는 1.5kg/m³이며 충전량은 100kg이다.

(1) IG-100의 저장량은 몇 m³인지 구하시오.
(2) 저장용기의 1병당 충전량(m³)을 구하시오.
(3) IG-100의 저장용기수는 최소 몇 병인지 구하시오.
(4) 배관구경 산정조건에 따라 IG-100의 약제량 방사시 유량은 몇 m³/s인지 구하시오.

풀이 (1) IG-100의 저장량(m^3)

○계산과정:

$V = 20 \times 8 \times 3 = 480 m^3$

$V_S = 0.7997 + (0.00293 \times 20) = 0.8583 m^3/kg$

$S = 0.7997 + (0.00293 \times 10) = 0.829 m^3/kg$

C급 화재시 C = 소화농도 × K(안전계수) = 35.85% × 1.35(C급) = 48.40%

$W = X \times V = 2.303 \times \dfrac{0.8583}{0.829} \times \log\left(\dfrac{100}{100-48.40}\right) \times 480 = 328.88 m^3$

○답 : 328.88m³

(2) 저장용기의 1병당 충전량(m^3)

○계산과정 : $Q = 100 kg \times \dfrac{1 m^3}{1.5 kg} = 66.67 m^3/병$

○답 : 66.67m³

(3) IG-100의 저장용기 수

○계산과정 : 저장용기 수 $N = \dfrac{328.88 m^3}{66.67 m^3} = 4.93$병

○답 : 5병

(4) IG-100의 약제량 방사시 유량(m^3/s)
  ○ 계산과정 :
   ① $V_S = 0.7997 + (0.00293 \times 20) = 0.8583 m^3/kg$
   ② $S = 0.7997 + (0.00293 \times 10) = 0.829 m^3/kg$
   ③ C급 화재 시 $C = 35.85 \times 1.35$(C급)$\times 0.95 = 45.98\%$
   ④ $X = 2.303 \times \dfrac{0.8583}{0.829} \times \log\left(\dfrac{100}{100 - 45.98}\right) = 0.6377 m^3/m^3$
   ⑤ 기준시간 내에 방사되어야 할 약제의 부피
      $V = 480 m^3 \times \dfrac{0.6377 m^3}{m^3} = 306.10 m^3$
   ⑥ 약제 방사 시 유량 $Q = \dfrac{306.10 m^3}{120 s} = 2.55 m^3/s$
  ○ 답 : $2.55 m^3/s$

상세해설

(1) 불활성기체 소화약제량 산출공식

$$X = 2.303 \left(\dfrac{V_S}{S}\right) \times \log_{10}\left[\dfrac{100}{(100 - C)}\right]$$

여기서, X : 공간체적당 더해진 소화약제의 부피(m^3/m^3)
  S : 소화약제별 선형상수($K_1 + K_2 \times t$)(m^3/kg)
   t : 방호구역의 최소예상온도(℃)
  C : 체적에 따른 소화약제의 설계농도(%)
  V_S : 20℃에서 소화약제의 비체적(m^3/kg)

(2) 설계농도는 소화농도(%)에 안전계수(A급화재 : 1.2, B급화재 : 1.3, C급화재 : 1.35)를 곱한 값으로 할 것
  ※ C급(통전상태)의 안전계수는 A급(전기차단상태)소화농도의 1.35
(3) 배관의 구경은 해당 방호구역에 할로겐화합물소화약제는 10초 이내에, 불활성기체소화약제는 A · C급 화재 2분, B급 화재 1분 이내에 방호구역 각 부분에 최소설계농도의 95% 이상 해당하는 약제량이 방출되도록 하여야 한다.

15년-7월 기출

09 펌프에서 발생하는 여러 가지 이상현상의 하나인 맥동현상에 대한 정의 및 방지대책을 2가지만 쓰시오. (6점)

풀이 ○답 : (1) **맥동현상의 정의**
 펌프 운전 시 규칙적으로 운동, 양정, 토출량이 변화하는 현상, 즉 송출 압력과 송출 유량의 주기적인 변동이 발생하는 현상
 (2) **맥동현상의 방지대책**
  ① pump의 양수량을 증가시킨다.
  ② 임펠러 회전수를 변화시킨다.
  ③ 배관내의 공기제거 및 단면적, 유속, 유량 조절

상세해설

써징 현상(Surging, 맥동 현상)
펌프 운전시 규칙적으로 운동, 양정, 토출량이 변화하는 현상, 즉 송출 압력과 송출 유량의 주기적인 변동이 발생하는 현상이다.
① 써징 현상 발생 원인
 ㉠ 펌프의 양정 곡선이 산형 특성이며 사용범위가 우상특성일 것.
 ㉡ 토출배관에 수조, 공기저장기가 있을 때
 ㉢ 토출량 조절 밸브가 수조, 공기저장기보다 아래에 있을 때
② 써징 현상 방지 대책
 ㉠ pump의 양수량을 증가시키거나 임펠러 회전수를 변화시킨다.
 ㉡ 배관내의 공기제거 및 단면적, 유속, 유량 조절

10 다음 그림은 어느 실 등의 평면도이다. 이 실들 중 A실을 $0.1\text{m}^3/\text{s}$로 급기 가압하고자 한다. 주어진 조건을 이용하여 외부와 A실의 차압(Pa)을 구하시오.

(6점)

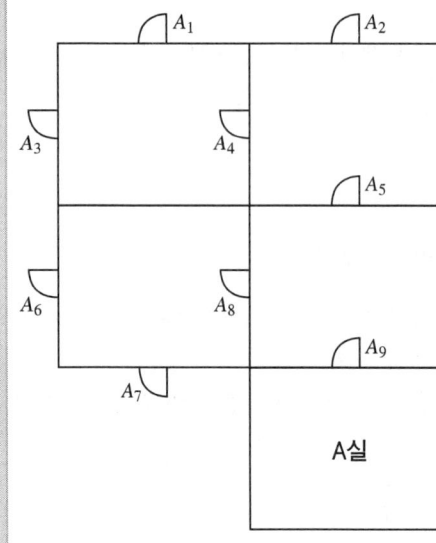

[조건]
① 각 실의 문(Door)들의 틈새 면적은 다음과 같다.
$A_1 = A_2 = 0.005\text{m}^2$
$A_3 \sim A_9 = 0.02\text{m}^2$
② 어느 실을 급기 가압할 때 그 실의 문의 틈새를 통하여 누출되는 공기의 양은 다음의 식을 따른다.
$Q = 0.827A\sqrt{P}$
Q : 누출되는 공기의 양(m^3/s)
A : 문의 틈새 면적(m^2)
P : 문을 경계로 한 실내외 기압차(파스칼)

풀이 ○ 계산과정 :

(1) **누설틈새면적**(m^2)

① A_1과 A_3는 병렬관계
$A_{1,3} = 0.005 + 0.02 = 0.025\text{m}^2$

② A_6과 A_7는 병렬관계
$A_{6,7} = 0.02 + 0.02 = 0.04\text{m}^2$

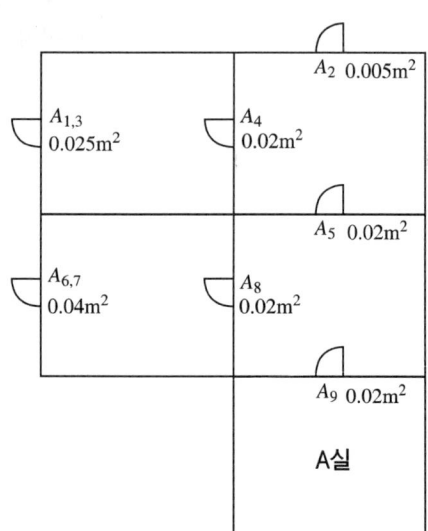

③ $A_{1,3}$와 A_4는 직렬관계

$$A_{1,3,4} = \cfrac{1}{\sqrt{\cfrac{1}{0.025^2} + \cfrac{1}{0.02^2}}} = 0.01562\text{m}^2$$

④ $A_{6,7}$와 A_8은 직렬관계

$$A_{6,7,8} = \cfrac{1}{\sqrt{\cfrac{1}{0.04^2} + \cfrac{1}{0.02^2}}} = 0.01789\text{m}^2$$

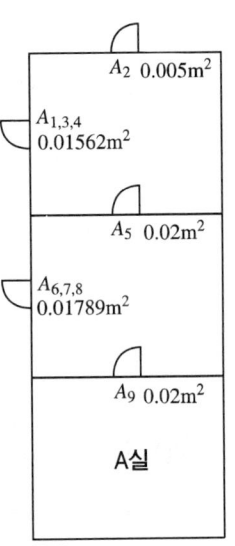

⑤ $A_{1,3,4}$와 A_2는 병렬관계

$$A_{1\sim 4} = 0.01562 + 0.005 = 0.02062\text{m}^2$$

⑥ $A_{1\sim 4}$와 A_5는 직렬관계

$$A_{1\sim 5} = \cfrac{1}{\sqrt{\cfrac{1}{0.02062^2} + \cfrac{1}{0.02^2}}} = 0.01436\text{m}^2$$

⑦ $A_{1\sim5}$와 $A_{6,7,8}$는 병렬관계

$A_{1\sim8} = 0.01436 + 0.01789 = 0.03225\text{m}^2$

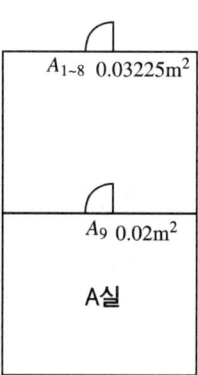

⑧ $A_{1\sim8}$과 A_9는 직렬관계

$$A_T = \cfrac{1}{\sqrt{\cfrac{1}{0.03225^2} + \cfrac{1}{0.02^2}}} = 0.01700\text{m}^2$$

(2) **A실의 차압**(Pa)

$Q = 0.1\text{m}^3/\text{s}$, $A = 0.017\text{m}^2$을 식에 대입하면

① $0.1 = 0.827 \times 0.017 \times \sqrt{P}$

② $\sqrt{P} = \cfrac{0.1}{0.827 \times 0.017}$

③ 양변을 제곱하면 $P = \left(\cfrac{0.1}{0.827 \times 0.017}\right)^2 = 50.59\text{Pa}$

○ **답** : 50.59Pa

11 다음 그림은 어느 폐쇄형 습식스프링클러설비에 대한 계통도이다. 이 도면과 주어진 조건에 의하여 헤드 A만을 개방하였을 때 각 물음에 답하시오.

(12점)

[조건]
① 설치된 헤드의 방출계수(K)는 80이다.
② 가지배관으로부터 헤드까지의 마찰손실은 무시한다.
   (단, 호칭구경 25A에서의 손실만 고려한다.)
③ 배관의 마찰손실압력은 Hazen-willam's 공식을 이용하되 계산 편의상 다음식과 같다고 가정한다.

$$\Delta P = 6 \times 10^4 \times \frac{Q^2}{C^2 \times d^5} \times L$$

여기서, ΔP : 배관의 마찰손실압력(MPa), Q : 유량(L/min)
C : 조도(120), d : 안지름(mm), L : 배관의 길이(m)

④ 티와 엘보는 동경만 사용하고 티와 엘보를 사용하는 구간의 구경이 다르면 큰 구경에 따르고 관경이 다른 곳은 리듀서로 연결한다.
⑤ 고가수조로 부터 B지점까지의 배관 및 관부속의 규격은 100A를 적용한다.
⑥ 배관의 호칭구경별 안지름은 다음과 같다.

호칭구경	25A	32A	40A	50A	65A	80A	100A
내경(mm)	27	33	42	53	66	79	102

⑦ 배관부속 및 밸브류 등의 등가길이(m)는 아래 표와 같으며 이 표에 없는 부속 또는 밸브류의 등가길이는 무시해도 좋다.

호칭구경	25A	32A	40A	50A	65A	80A	100A
90° 엘보	0.6	0.9	1.8	2.1	2.4	2.7	3.0
분류티	1.7	2.2	2.5	3.2	4.1	4.9	6.0
경보밸브	-	-	-	-	-	-	8.7
체크밸브	-	-	-	-	-	-	8.7
게이트밸브	-	-	-	-	-	-	0.7

⑧ 물의 비중량은 9.8kN/m³이다.
⑨ 경보밸브, 체크밸브, 게이트밸브의 길이는 0.3m이다.

(1) 호칭구경별 등가길이(m)를 구하시오.

호칭구경	계산식	등가길이(m)
25A		
32A		
50A		
65A		
100A		

(2) A헤드를 기준으로 고가수조의 낙차(m)를 구하시오.
(3) A헤드의 낙차압(MPa)을 구하시오.
(4) 배관 1m당 마찰손실압력(MPa)을 구하시오.
 (단, 마찰손실압력 계산 시 $2.904 \times 10^{-7} Q^2$의 형태로 작성한다)

호칭구경	계산식	마찰손실압력(MPa/m)
25A		
32A		
50A		
65A		
100A		

(5) A헤드의 분당 방수량(L/min)을 구하시오.

풀이 (1) 호칭구경별 등가길이(m)
○계산과정 및 답 :

호칭구경	계산식	등가길이(m)
25A	직관 3.5+3.5=7 90° 엘보 3개×0.6=1.8	8.8
32A	직관 0.5+3=3.5 90° 엘보 1개×0.9=0.9	4.4
50A	직관 3+3=6	6
65A	직관 3+2=5	5
100A	직관 2+1.2+2+6+45+2+0.5=58.7 분류티 1개×6=6 90° 엘보 4개×3=12 경보밸브 1개×8.7=8.7 체크밸브 1개×8.7=8.7 게이트밸브 2개×0.7=1.4	95.5

(2) A헤드를 기준으로 고가수조의 낙차(m)
○계산과정 : $H = 45 - 3.8(2 + 0.6 + 1.2) = 41.2\text{m}$
○답 : 41.2m

(3) A헤드의 낙차압(MPa)
○계산과정 : $P = \gamma H = 9.8\text{kN/m}^3 \times 41.2\text{m} = 403.76\text{kN/m}^2(\text{kPa}) = 0.40\text{MPa}$
○답 : 0.40MPa

(4) 배관 1m당 마찰손실압력(MPa)
○계산과정 및 답 :

호칭구경	계산식	마찰손실압력(MPa/m)
25A	$\Delta P = 6 \times 10^4 \times \dfrac{Q^2}{120^2 \times 27^5} = 2.904 \times 10^{-7} Q^2$	$2.904 \times 10^{-7} \times Q^2$
32A	$\Delta P = 6 \times 10^4 \times \dfrac{Q^2}{120^2 \times 33^5} = 1.065 \times 10^{-7} Q^2$	$1.065 \times 10^{-7} \times Q^2$
50A	$\Delta P = 6 \times 10^4 \times \dfrac{Q^2}{120^2 \times 53^5} = 9.963 \times 10^{-9} Q^2$	$9.963 \times 10^{-9} \times Q^2$
65A	$\Delta P = 6 \times 10^4 \times \dfrac{Q^2}{120^2 \times 66^5} = 3.327 \times 10^{-9} Q^2$	$3.327 \times 10^{-9} \times Q^2$
100A	$\Delta P = 6 \times 10^4 \times \dfrac{Q^2}{120^2 \times 102^5} = 3.774 \times 10^{-10} Q^2$	$3.774 \times 10^{-10} \times Q^2$

(5) A헤드의 분당 방수량(L/min)
○ 계산과정 :
① $Q = K\sqrt{10P}$ 에서 Q : 방수량(L/min), K : 방출계수, P : 방수압(MPa)
② P_A(A헤드 방수압)=낙차의 환산수두압-배관상 총마찰손실압
③ 배관상 총마찰손실압
$$\Delta P = 2.904 \times 10^{-7} Q^2 \times 8.8 + 1.065 \times 10^{-7} Q^2 \times 4.4 + 9.963 \times 10^{-9} Q^2 \times 6$$
$$+ 3.327 \times 10^{-9} Q^2 \times 5 + 3.774 \times 10^{-10} Q^2 \times 95.5$$
$$= 3.137 \times 10^{-6} Q^2$$
④ $Q = 80\sqrt{10 \times (0.4 - 3.137 \times 10^{-6} Q^2)}$
양변을 제곱하여 계산하면 $Q^2 = 80^2 \times (4 - 3.137 \times 10^{-5} Q^2)$
$Q^2 = 25600 - 0.200768 Q^2$, $1.200768 Q^2 = 25600$
$Q = \sqrt{\dfrac{25600}{1.200768}} = 146.01 \, \text{L/min}$
(※공학 계산기의 solve 기능을 이용하면 $Q = 146.01$ L/min)
○ 답 : 146.01L/min

12 가로20m, 세로 15m, 높이 4m인 방호구역에 포헤드를 설치하고자 한다. 조건을 참조하여 포헤드의 설치개수와 배관의 구경을 구하시오. **(4점)**

[조건] ① 감지방식 : 스프링클러헤드
② 헤드의 개수에 따른 배관구경

헤드수	1	2	5	8	15	27	40	55
호칭구경(A)	25	32	40	50	65	80	100	125

풀이 ○ 계산과정 : (1) 포헤드 개수 $N = \dfrac{20\text{m} \times 15\text{m}}{9\text{m}^2} = 33.33$개 ∴ 34개

(2) 배관구경-표에서 40개 이하에 해당 ∴ 100A

○ 답 : 포헤드 개수 34개
배관구경 100A

상세해설

포헤드의 설치기준

구 분	바닥면적당 설치기준
포워터스프링클러헤드	바닥면적 8m^2 마다 1개 이상
포헤드	바닥면적 9m^2 마다 1개 이상

13 다음과 같은 조건이 주어질 때 HALON 1301의 소화설비를 설계하는데 필요한 다음 각 물음에 답하시오. (6점)

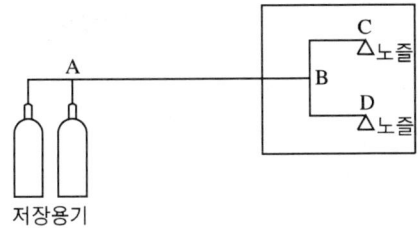

[조건]
① 방호구역의 체적은 420m³이다. (출입구에는 자동폐쇄장치 설치)
② 소방대상물 및 소화약제의 종류에 따른 소화약제의 양

소방대상물 또는 그 부분	소화약제의 종류	방호구역의 체적 1m³당 소화약제의 양
• 차고 · 주차장 · 전기실 · 통신기기실 · 전산실 • 기타 이와 유사한 전기설비가 설치되어 있는 부분	할론 1301	0.32kg 이상 0.64kg 이하

③ 초기 압력강하 1.5(MPa)
④ 고저에 의한 압력손실 0.06(MPa)
⑤ A, B간의 마찰저항에 의한 압력손실 0.06(MPa)
⑥ B-C, B-D간의 각 압력손실 0.03(MPa)
⑦ 약제 저장압력 4.2(MPa)
⑧ 저장용기 1병당 충전량은 45kg이다.
⑨ 작동 10초 이내에 약제 전량이 방출

(1) 소화약제의 저장용기의 수(병)를 구하시오.
(2) 소화설비가 작동하였을 때 A-B간의 배관 내를 흐르는 유량(kg/s)을 구하시오. (단, (1)에서 구한 실제 저장하는 약제량을 전량 방사하는 것으로 한다)
(3) C점 노즐에서 방출되는 약제의 압력(MPa)을 구하시오.
   (단, C점과 D점에서의 방사 압력은 같다)
(4) C점 노즐에서의 방출율이 3.75kg/s · cm²이면 분사헤드의 등가분구면적(cm²)을 구하시오.

풀이 (1) 소화약제의 저장용기의 수(병)

　　○계산과정 : $W = 420\text{m}^3 \times \dfrac{0.32\text{kg}}{\text{m}^3} = 134.4\text{kg}$

　　　　　　　　$N = 134.4\text{kg} \div 45\text{kg/병} = 2.99\text{병}$ 　∴ 3병

　　○답 : 3병

(2) A–B간의 유량(kg/s)

　　○계산과정 : $Q = \dfrac{3\text{병} \times 45\text{kg/병}}{10\text{s}} = 13.5\text{kg/s}$

　　○답 : 13.5kg/s

(3) C점 노즐에서 압력(MPa)

　　○계산과정 : P = 저장압력 − 전 손실압력(초기압력 강하 + 압력손실)

　　　　　　∴ P = 4.2MPa − (1.5MPa + 0.06MPa + 0.06MPa + 0.03MPa)
　　　　　　　 = 2.55MPa

　　○답 : 2.55MPa

(4) 분사헤드의 등가분구면적(cm^2)

　　○계산과정 : ① 헤드1개의 방사량 = $\dfrac{13.5\text{kg/s}}{2\text{개}} = 6.75\text{kg/s}$

　　　　　　　② 헤드의 등가분구면적(cm^2) = $\dfrac{Q(\text{헤드1개의 방사량 : kg/s})}{\text{방출율}(\text{kg/s} \cdot \text{cm}^2)}$

　　　　　　　　　　　　　　　　　　　= $\dfrac{6.75\text{kg/s}}{3.75\text{kg/s} \cdot \text{cm}^2} = 1.8\text{cm}^2$

　　○답 : 1.8cm^2

14 분말 소화설비에 설치하는 정압작동 장치의 기능과 압력 스위치 방식에 대하여 간단히 설명하시오. **(4점)**

(1) 정압작동 장치 기능
(2) 압력 스위치 방식

○답 : (1) **정압작동장치의 기능**
저장용기의 내부압력이 설정압력이 되었을 때 주 밸브를 개방시키는 기능

(2) **압력스위치 방식**
분말약제 저장용기에 유입된 가스압력에 의하여 설정된 압력이 되면 스위치가 닫혀 전자밸브를 개방시켜 메인밸브를 개방시키는 방식

상세해설

(1) **기계적 방식**
분말약제 저장용기에 유입된 가스압력에 의하여 밸브의 레버를 당겨서 가스의 통로를 개방, 가스를 메인밸브로 보내어 메인밸브를 개방시키는 방식

(2) **시한릴레이 방식**
분말약제 저장용기에 유입된 가스가 설정된 압력에 도달하는 시간을 미리 산출하여 시한릴레이에 입력시키고 기동과 동시에 시한릴레이를 작동 하게하여 입력시간이 지나면 릴레이가 작동, 전자밸브를 개방하여 주 밸브를 개방시키는 방식

16년-04월 유사

15 지하 2층, 지상 3층인 특정소방대상물의 각 층에 A급 소화기(3단위)를 설치하고자 한다 아래 조건을 참조하여 각 층별로 필요한 소화기의 최소 개수를 구하시오. (단, 건축물의 주요구조부가 내화구조가 아닌 경우이다) **(4점)**

[조건]
① 각 층의 바닥면적은 2000m^2로 동일하다.
② 지하 1층 및 지하 2층의 주 용도는 주차장이며 지하2층에는 보일러실 150m^2가 구획된 장소로 바닥면적에 포함된다.
③ 지상1층~지상3층의 주 용도는 업무시설이다.
④ 소화설비 및 대형소화기의 설치에 따른 감소기준은 적용하지 않는다.
⑥ 지하2층을 제외한 모든 층은 구획된 장소 없이 개방된 공간이다.

(1) 지하 2층 ○계산과정 :   ○답 :
(2) 지하 1층 ○계산과정 :   ○답 :
(3) 지상 1층 ○계산과정 :   ○답 :

풀이 (1) **지하 2층**(주차장 및 보일러실)
○계산과정:

① 주차장(자동차관련시설)의 소요단위 $N = \dfrac{2{,}000\text{m}^2}{100\text{m}^2} = 20$단위

 소화기 소요개수 $N = \dfrac{20단위}{3단위} = 6.67$개 ∴ 7개

 (주의) 소요단위산정 시 바닥면적은 부속용도(보일러실)의 바닥면적도 포함하여 $2{,}000\text{m}^2$로 계산한다.

② 부속용도별로 추가하여야 할 소화기구

 보일러실의 소요단위 $N = \dfrac{150\text{m}^2}{25\text{m}^2} = 6$단위

 추가 소화기 소요개수 $N = \dfrac{6단위}{3단위} = 2$개 ∴ 2개

③ 총 소요개수 = 7 + 2 = 9개

○답 : 9개

(2) **지하 1층**(주차장)

○계산과정 : 주차장(자동차관련시설)의 소요단위 $N = \dfrac{2{,}000\text{m}^2}{100\text{m}^2} = 20$단위

 소화기 소요개수 $N = \dfrac{20단위}{3단위} = 6.67$개

○답 : 7개

(3) **지상 1층**(업무시설)

○계산과정 : 지상 1층(업무시설)의 소요단위 $N = \dfrac{2{,}000\text{m}^2}{100\text{m}^2} = 20$단위

 소화기 소요개수 $N = \dfrac{20단위}{3단위} = 6.67$개 ∴ 7개

○답 : 7개

상세해설

소화기 소요개수 산정시 유의사항
① 소화기의 설치기준은 용도별, 면적별 소요단위 수 산정
② 바닥면적별 소요단위 수 만족한 경우에도 보행거리 20m초과시 추가로 소화기 설치
③ 소화기는 각 층에 대하여 당해용도별로 단위수를 산정
④ 2개 이상의 용도가 복합된 경우에도 복합건축물로 적용하지 않는다.
⑤ 소화기는 건물단위로 산정하는 것이 아니며 층별 당해용도 및 바닥면적별로 산출한다.
 • 주차장 : 자동차관련시설(바닥면적 100m^2마다 1단위 이상)

- 보일러실 : 부속용도별로 추가(바닥면적 25m²마다 1단위 이상)
- 지상층 : 업무시설(바닥면적 100m²마다 1단위 이상)

소방대상물별 소화기구의 능력단위기준

소방대상물	능력단위기준
1. 위락시설	바닥면적 30m² 마다 능력단위 1단위 이상
2. 공연장, 집회장, 관람장, 문화재·장례식장 및 의료시설	바닥면적 50m² 마다 능력단위 1단위 이상
3. 근린생활시설·판매시설·운수시설·숙박시설·노유자시설·전시장·공동주택·업무시설·방송통신시설·공장·창고시설·항공기 및 자동차관련시설 및 관광휴게시설	바닥면적 100m² 마다 능력단위 1단위 이상
4. 그 밖의 것	바닥면적 200m² 마다 능력단위 1단위 이상

[주] 소화기구의 능력단위를 산출함에 있어서 건축물의 주요구조부가 내화구조이고, 벽 및 반자의 실내에 면하는 부분이 불연재료·준불연재료 또는 난연재료로 된 특정소방대상물에 있어서는 위 표의기준면적의 2배를 해당 특정소방대상물의 기준면적으로 한다.

부속용도별로 추가하여야 할 소화기구

용 도 별	소화기구의 능력단위
다음 각목의 시설. 다만, 스프링클러설비·간이스프링클러설비·물분무등소화설비 또는 상업용 주방자동소화장치가 설치된 경우에는 자동확산소화기를 설치하지 아니 할 수 있다. ① 보일러실·건조실·세탁소·대량화기취급소 ② 음식점(지하가의 음식점을 포함)·다중이용업소·호텔·기숙사·노유자시설·의료시설·업무시설·공장의 주방 다만, 의료시설·업무시설 및 공장의 주방은 공동취사를 위한 것에 한한다. ③ 관리자의 출입이 곤란한 변전실·송전실·변압기실 및 배전반실(불연재료로 된 상자안에 장치된 것을 제외한다) ④ 지하구의 제어반 또는 분전반	1. 해당 용도의 바닥면적 25m²마다 능력단위 1단위 이상의 소화기로 하고, 그 외에 자동확산소화기를 바닥면적 10m² 이하는 1개, 10m² 초과는 2개를 설치할 것. 2. ②의 주방의 경우 1호에 의하여 설치하는 소화기 중 1개 이상은 주방화재용소화기(K급)를 설치하여야 한다.

17년-04월 기출

16 그림과 같은 벤투리미터(Venturi-meter)에서 관 속에 흐르는 물의 유량(L/s)을 구하시오. (단, 수은의 비중은 13.6, 유량계수는 0.97, 수은주의 높이 차는 500mm, 중력가속도는 9.8m/s²이다) **(5점)**

▶ 풀이 ○ 계산과정 :

$$Q = \frac{CA_2}{\sqrt{1-m^2}}\sqrt{2g\Delta h(S-1)} \qquad m = \frac{A_2}{A_1} = \left(\frac{D_2}{D_1}\right)^2 = \left(\frac{0.15}{0.3}\right)^2 = 0.25$$

$D_1 = 300\text{mm} = 0.3\text{m}$, $D_2 = 150\text{mm} = 0.15\text{m}$, $C = 0.97$, $g = 9.8\text{m/s}^2$,
$\Delta h = 500\text{mm} = 0.5\text{m}$, S(수은의 비중) $= 13.6$

$$Q = \frac{0.97 \times (\pi/4) \times 0.15^2}{\sqrt{1-0.25^2}}\sqrt{2 \times 9.8 \times 0.5 \times (13.6-1)} \times \frac{1000\text{L}}{\text{m}^3} = 196.72\text{L/s}$$

○ 답 : 196.72L/s

▶ 상세해설

$$\text{벤투리미터의 이론유량} \quad Q = \frac{A_2}{\sqrt{1-m^2}}\sqrt{2g\Delta h(S-1)}$$

$$\text{벤투리미터의 실제유량} \quad Q = \frac{CA_2}{\sqrt{1-m^2}}\sqrt{2g\Delta h(S-1)}$$

$$C(\text{유량계수}) = \frac{Q_r(\text{실제유량})}{Q_{th}(\text{이론유량})}$$

알고갑시다 ☞ 유량계수 C에 대하여
실제유체의 흐름에 있어서는 유체의 점성으로 인한 에너지의 손실이 있을 뿐 아니라 각 단면에서 유속분포가 균일하지 않으므로 계산된 유량보다 약간 작은 유량이 계산된다. 따라서 계산된 유량에 유량계수 C를 곱한 것이 실제유량이 된다. C값은 벤투리미터의 종류나 유량의 크기에 따라 약간의 차이가 있으나 대략 0.92~0.99의 값을 갖는다.

2023년 7월 22일 시행

01년-07월, 14년-04월 기출

01 아래 그림과 같이 해발고도 1000m의 고지대인 산의 정상에 펌프를 설치하였다. 조건을 참조하여 다음 각 물음에 답하시오. (5점)

[조건] ① 해발고도 0m에서 대기압 $= 1.0330 \times 10^5 \text{Pa}$
② 해발고도 1000m에서 대기압 $= 0.901 \times 10^5 \text{Pa}$
③ 물의 포화증기압 $= 2.334 \times 10^3 \text{Pa}$
④ 흡입배관 마찰손실수두 $= 0.5\text{m}$
⑤ 물의 단위체적당 중량 $= 9800\text{N/m}^3$
⑥ 펌프의 필요흡입양정은 4.5m이다.

(1) 펌프의 NPSH(유효 흡입 양정)을 계산하시오.
(2) 펌프의 공동현상 발생여부를 판정하시오.

풀이 (1) 펌프의 NPSH(유효 흡입 양정)

○ 계산과정 : $NPSH_{av} = \dfrac{0.901 \times 10^5}{9800} - \dfrac{2.334 \times 10^3}{9800} - 4 - 0.5 = 4.46\text{m}$

○ 답 : 4.46m

(2) 펌프의 공동현상 발생여부
○ 계산과정 : $NPSH_{av}(4.46\text{m}) < NPSH_{re}(4.5\text{m})$이므로 공동현상이 발생한다.
○ 답 : 공동현상 발생

상세해설

(1) $NPSH_{av}$(유효흡입양정) $= \dfrac{P_a}{\gamma} - \dfrac{P_v}{\gamma} - \pm H_S - f\dfrac{V_s^2}{2g}$

여기서, P_a : 대기압(N/m²), P_v : 포화증기압(N/m²), γ : 비중량(N/m³)

H_S : (+) 압입양정(m), (-) 흡입양정(m), $f\dfrac{V_s^2}{2g}$: 흡입배관총손실(m)

(2) $NPSH_{av}$(유효흡입양정)와 $NPSH_{re}$(필요흡입양정)의 관계
① 캐비테이션 발생한계조건(임계조건) $NPSH_{av} = NPSH_{re}$
② 캐비테이션 발생방지 조건 $NPSH_{av} > NPSH_{re}$
③ 캐비테이션 발생방지 설계조건 $NPSH_{av} \geq NPSH_{re} \times 1.3$

---

02 물분무소화설비의 화재안전기술기준 중 배관의 설치기준에도 불구하고 다음의 어느 하나에 해당하는 장소에는 소방청장이 정하여 고시한 「소방용합성수지배관의 성능인증 및 제품검사의 기술기준」에 적합한 소방용 합성수지배관으로 설치할 수 있다. ( )안에 알맞은 답을 보기에서 골라 채우시오. (6점)

[보기] 지하, 지상, 내화구조, 방화구조, 소화수, 천장, 반자, 바닥, 불연재료, 난연재료

(1) 배관을 (①)에 매설하는 경우
(2) 다른 부분과 (②)로 구획된 덕트 또는 피트의 내부에 설치하는 경우
(3) (③)과 (④)를 (⑤) 또는 준(⑤)로 설치하고 소화배관 내부에 항상 (⑥)가 채워진 상태로 설치하는 경우

풀이 ○답 : ① 지하 ② 내화구조 ③ 천장 ④ 반자 ⑤ 불연재료 ⑥ 소화수

상세해설

다음의 어느 하나에 해당하는 장소에는 소방청장이 정하여 고시한 「소방용합성수지배관의 성능인증 및 제품검사의 기술기준」에 적합한 소방용 합성수지배관으로 설치할 수 있다.
(1) 배관을 **지하**에 매설하는 경우
(2) 다른 부분과 **내화구조**로 구획된 덕트 또는 피트의 내부에 설치하는 경우
(3) **천장**(상층이 있는 경우에는 상층바닥의 하단을 포함)과 **반자**를 **불연재료** 또는 **준불연 재료**로 설치하고 소화배관 내부에 항상 **소화수**가 채워진 상태로 설치하는 경우

93년-10월, 00년-8월, 02년-4월, 12년-11월 기출

03 일제살수식스프링클러설비에서 사용되는 일제개방밸브의 작동방식 2가지와 작동원리에 대한 다음 빈칸을 채우시오. (6점)

작동방식	작동원리

○답:

작동방식	작동원리
가압 개방식	관로상에 전자밸브(솔레노이드 밸브) 또는 수동 개방밸브를 설치하여 화재시 화재감지기가 감지, 전자 밸브를 개방 또는 수동으로 수동 개방밸브를 개방하여 가압수가 밸브피스톤을 밀어올려 밸브가 열리는 방식
감압 개방식	관로상에 전자밸브(솔레노이드 밸브) 또는 수동 개방밸브를 설치하여 화재시 화재감지기가 감지, 전자밸브를 개방 또는 수동으로 수동 개방밸브를 개방하여 밸브의 실린더실이 감압되어 밸브가 열리는 방식

상세해설

(1) **가압 개방식** : 관로상에 전자밸브(솔레노이드 밸브) 또는 수동개방밸브를 설치하여 화재시 화재감지기가 감지, 전자밸브를 개방 또는 수동으로 수동개방밸브를 개방하여 가압수가 밸브피스톤을 밀어 올려 밸브가 열리는 방식

(2) **감압 개방식** : 관로상에 전자밸브(솔레노이드 밸브) 또는 수동개방밸브를 설치하여 화재시 화재감지기가 감지, 전자밸브를 개방 또는 수동으로 수동개방밸브를 개방하여 밸브의 실린더실이 감압되어 밸브가 열리는 방식

15년-07월 기출

04 건식 스프링클러 소화설비는 건식밸브 2차측이 압축공기나 압축질소 가스로 채워져 있어 설비작동시 습식설비보다 물을 방수하는데 시간이 걸린다. 이를 방지하기 위해 설치하는 기구 명칭을 2가지 쓰시오. **(4점)**

풀이 ○답 : 엑셀레이터(Accelater), 익져스터(Exhauster)

18년-06월 기출

05 다음 그림은 어느 스프링클러설비의 Isometric Diagram 이다. 이 도면과 주어진 조건에 의하여 헤드 A만을 개방하였을 때 실제 방수량을 계산하시오. **(12점)**

[조건]
① 펌프의 양정력은 토출량에 관계없이 일정하다고 가정한다.(펌프토출압 $=0.5$MPa)
② 헤드의 방출계수(k)는 80이다.
③ 배관의 마찰손실은 헤이젠 - 윌리엄스공식을 따르되 계산의 편의상 다음 식과 같다고 가정한다.

$$\Delta P = \frac{6 \times 10^4 \times Q^2}{120^2 \times d^5}$$

(단, ΔP : 배관 1m 당 마찰손실 압력[MPa]
Q : 배관내의 유수량[l/min], d : 배관의 안지름[mm])
④ 배관의 호칭구경별 안지름은 다음과 같다.

호칭구경	25ϕ	32ϕ	40ϕ	50ϕ	65ϕ	80ϕ	100ϕ
내 경	28	37	43	54	69	81	107

⑤ 배관부속 및 밸브류의 등가길이(m)는 아래 표와 같으며, 이 표에 없는 부속 또는 밸브류의 등가길이는 무시해도 좋다.

호칭 구경	25mm	32mm	40mm	50mm	65mm	80mm	100mm
90°엘보	0.8	1.1	1.3	1.6	2.0	2.4	3.2
티 측 류	1.7	2.2	2.5	3.2	4.1	4.9	6.3
게이트밸브	0.2	0.2	0.3	0.3	0.4	0.5	0.7
체크밸브	2.3	3.0	3.5	4.4	5.6	6.7	8.7
알람밸브	−	−	−	−	−	−	8.7

⑥ 가지관과 헤드간의 마찰손실은 무시한다.
⑦ 배관의 마찰손실, 등가길이, 마찰손실압력은 호칭구경 25ϕ와 같이 구하도록 한다.

※ ( )안은 배관의 길이(m)임 ISOMETRIC 계통도(축척 : 없음)

(1) 산출근거

호칭 구경	배관의 마찰손실(ΔP) 산출[MPa]	등가길이 산출	마찰손실 압력 [MPa]
25ϕ	$\Delta P =$ $2.421 \times 10^{-7} \times Q^2$	직관 : 2+2+0.1+0.1+0.3 =4.5 엘보 : 3×0.8=2.4 계 : 6.9m	$1.670 \times 10^{-6} \times Q^2$
32ϕ			
40ϕ			
50ϕ			
65ϕ			
100ϕ			

(2) 배관의 총마찰손실(MPa) :
(3) 실층고 환산 낙차수두(m) :
(4) 방수량(L/min) :
(5) 방수압(MPa) :

풀이 (1) 산출근거
  ○답 :

호칭구경	배관의 마찰 손실 (ΔP)산출(MPa)	등가길이 산출	마찰손실압력(MPa)
25φ	$\Delta P = 2.421 \times 10^{-7} \times Q^2$	직관 : 2+2+0.1+0.1+0.3 =4.5 엘보 : 3×0.8=2.4 계 : 6.9m	$1.670 \times 10^{-6} \times Q^2$
32φ	$\Delta P = \dfrac{6 \times 10^4 \times Q^2}{120^2 \times 37^5}$ $= 6.009 \times 10^{-8} \times Q^2$	직관 : 1 계 : 1m	$1 \times 6.009 \times 10^{-8} \times Q^2$ $= 6.009 \times 10^{-8} \times Q^2$
40φ	$\Delta P = \dfrac{6 \times 10^4 \times Q^2}{120^2 \times 43^5}$ $= 2.834 \times 10^{-8} \times Q^2$	직관 : 2+0.15=2.15 90°엘보 : 1.3 티측류 : 2.5 계 : 5.95m	$5.95 \times 2.834 \times 10^{-8} \times Q^2$ $= 1.686 \times 10^{-7} \times Q^2$
50φ	$\Delta P = \dfrac{6 \times 10^4 \times Q^2}{120^2 \times 54^5}$ $= 9.074 \times 10^{-9} \times Q^2$	직관 : 2 계 2m	$2 \times 9.074 \times 10^{-9} \times Q^2$ $= 1.815 \times 10^{-8} \times Q^2$
65φ	$\Delta P = \dfrac{6 \times 10^4 \times Q^2}{120^2 \times 69^5}$ $= 2.664 \times 10^{-9} \times Q^2$	직관 : 5+3=8 90°엘보 : 1×2.0=2 계 10m	$10 \times 2.664 \times 10^{-9} \times Q^2$ $= 2.664 \times 10^{-8} \times Q^2$
100φ	$\Delta P = \dfrac{6 \times 10^4 \times Q^2}{120^2 \times 107^5}$ $= 2.971 \times 10^{-10} \times Q^2$	직관 : 0.3+0.3=0.6 체크밸브 : 1×8.7=8.7 게이트밸브 : 1×0.7=0.7 알람밸브 : 1×8.7=8.7 계 : 18.7m	$18.7 \times 2.971 \times 10^{-10} \times Q^2$ $= 5.556 \times 10^{-9} \times Q^2$

(2) 배관상의 총마찰손실
  ○계산과정 :
  $(1.670 \times 10^{-6} \times Q^2) + (6.009 \times 10^{-8} \times Q^2) + (1.686 \times 10^{-7} \times Q^2)$
  $+ (1.815 \times 10^{-8} \times Q^2) + (2.664 \times 10^{-8} \times Q^2) + (5.556 \times 10^{-9} \times Q^2)$
  $= 1.949 \times 10^{-6} \times Q^2$
  ○답 : $1.949 \times 10^{-6} \times Q^2 \text{MPa}$

(3) 실층고 환산 낙차수두
  ○계산과정 : 0.3m+0.3m+0.3m+0.6m+3m+0.15m+0.1m−0.3m=4.45m
  ○답 : 4.45m

(4) 방수량
  ○계산과정 :
  $Q = k\sqrt{10P}$ 에서 $k = 80$
  P(헤드압)=펌프토출압−(실층고낙차환산수두압+배관손실압)

- 펌프토출압= 0.5MPa
- 실층고 낙차환산수두압
  $P = \gamma H = 9.8\text{kN/m}^3 \times 4.45\text{m} = 43.61\text{kN/m}^2(\text{kPa}) = 0.0436\text{MPa}$
- 배관손실압 $P = 1.949 \times 10^{-6} Q^2 \text{MPa}$

∴ $P(\text{헤드압}) = 0.5 - (0.0436 + 1.949 \times 10^{-6} Q^2) = 0.4564 - 1.949 \times 10^{-6} Q^2$

$Q = k\sqrt{10P}$ 에서 $k = 80$식에 대입하여 방수량을 계산한다.

$Q = 80\sqrt{10(0.4564 - 1.949 \times 10^{-6} Q^2)}$

양변을 제곱하면

$Q^2 = 80^2 (4.564 - 1.949 \times 10^{-5} Q^2)$

$Q^2 = 29,209.6 - 0.1247 Q^2$

$Q^2 + 0.1247 Q^2 = 29,209.6$

$1.1247 Q^2 = 29,209.6$

$Q^2 = \dfrac{29,209.6}{1.1247}$ ∴ $Q = \sqrt{\dfrac{29,209.6}{1.1247}} = 161.16\text{L/min}$

○답 : 161.16L/min

(5) 방수압
○계산과정 : $P = 0.5 - (0.0436 + 1.949 \times 10^{-6} \times 161.16^2) = 0.4058\text{MPa}$
○답 : 0.41MPa

19년-04월 기출

06 바닥면적 400m², 높이 4m되는 통신기기실에 이산화탄소소화설비를 설치하고자 한다. 다음 조건을 참조하여 각 물음에 답하시오 (6점)

[조건] ① 전역방출방식이며 심부화재로 간주 한다.
② CO_2의 방사는 20℃, 1atm을 기준으로 한다.
③ 기체상수 $R = 8.3143\text{kJ/mol} \cdot \text{K}$로 한다.
④ 방호구역에는 5m²의 개구부가 있으며 자동폐쇄장치가 없다.

(1) 필요한 CO_2의 저장용기(68L/45kg)의 병수를 구하시오.
(2) 저장된 CO_2 약제량의 방사시간이 7분이라면 선택밸브 1차 측의 최소 체적유량(m³/min)은 얼마인가?

풀이 (1) 필요한 CO_2의 저장용기의 병수
○계산과정 :
방호구역체적 $V = 400\text{m}^2 \times 4\text{m} = 1600\text{m}^3$, 개구부면적 $A = 5\text{m}^2$

필요한 약제량 $Q = 1600\text{m}^3 \times 1.3\text{kg/m}^3 + 5\text{m}^2 \times 10\text{kg/m}^2 = 2130\text{kg}$

필요한 저장용기수 $N = \dfrac{2130\text{kg}}{45\text{kg}} = 47.33\text{병} \quad \therefore 48\text{병}$

○ 답 : 48병

(2) 체적유량(m^3/min)
 ○ 계산과정 :
  ① 약제 방사량 무게 $Q = 48\text{병} \times 45\text{kg/병} = 2160\text{kg}$
  ② 0℃, 1atm에서 CO_2의 비체적(선형상수)
  $$K_1 = \dfrac{RT}{PM} = \dfrac{8.3143\text{kJ/mol}\cdot\text{K} \times (273+0)\text{K} \times 1\text{mol}}{101.325\text{kPa} \times 44\text{kg}} = 0.509119\text{m}^3/\text{kg}$$
  ③ 20℃에서 비체적(선형상수)
  $$S = K_1 + K_2 t = 0.509119 + \dfrac{0.509119}{273} \times 20 = 0.546417\text{m}^3/\text{kg}$$
  ④ CO_2 48병(2160kg)을 체적으로 환산
  $$V = 2160\text{kg} \times \dfrac{0.546417\text{m}^3}{\text{kg}} = 1180.26\text{m}^3$$
  ⑤ 체적유량 $Q = \dfrac{1180.26\text{m}^3}{7\text{min}} = 168.61\text{m}^3/\text{min}$

○ 답 : 168.61m^3/min

상세해설

(1) 전역방출방식
종이·목재·석탄·섬유류·합성수지류 등 심부화재 방호대상물

방 호 대 상 물	방호구역의 체적 1m³에 대한 소화약제의 양 kg (K_1 : kg/m³)	설계농도 (%)	개구부 가산량 (K_2 : kg/m²) (자동폐쇄장치 미설치시)
유압기기를 제외한 전기설비, 케이블실	1.3	50%	10
체적 55m³ 미만의 전기설비	1.6	50%	10
서고, 전자제품창고, 목재가공품창고, 박물관	2.0	65%	10
고무류, 면화류창고, 모피창고, 석탄창고, 집진설비	2.7	75%	10

(2) 약제 저장량 계산

$$Q = V \times K_1 + A \times K_2$$

여기서, Q : CO_2약제저장량(kg), V : 방호구역체적(m^3)
K_1 : 방호구역 체적계수(kg/m³), A : 개구부 면적(m^2)
K_2 : 개구부 면적계수(kg/m²)

22년-11월 기출

07 다음 그림은 어느 실등의 평면도이다. 이 실들 중 A실을 급기 가압하고자 한다. 주어진 조건을 이용하여 각 물음에 답하시오. (6점)

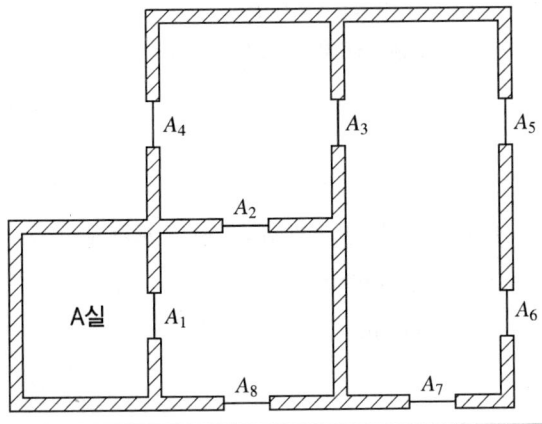

[조건]
① 실외부 대기의 압력은 절대압력으로 101.38kPa로서 일정하다.
② A실에 유지하고자 하는 압력은 절대압력으로 101.55kPa이다.
③ 각 실의 문(Door)들의 틈새면적은 다음과 같다
   $A_1 = A_2 = A_3 = 0.01 m^2$이고 $A_4 = A_5 = A_6 = A_7 = A_8 = 0.02 m^2$이다.
④ 어느 실을 급기 가압할 때 그 실의 문의 틈새를 통하여 누출되는 공기의 양은 다음의 식을 따른다.
   $Q = 0.827 \times A \times \sqrt{P}$
   여기서, Q : 누출되는 공기의 양(m^3/s), A : 문의 틈새 면적 합계(m^2)
   P : 문을 경계로 한 실내외 압력차(파스칼)

(1) 각 실의 문의 틈새면적 합계(m^2)를 소수점 5째 자리까지 구하시오.
(2) A실에 유입시켜야 할 풍량은 몇 m^3/s가 되는지 소숫점 넷째 자리에서 반올림하여 소수점 셋째자리까지 나타내시오.

풀이 (1) 각 실의 문의 틈새면적 합계(m^2)
○ 계산과정 :
① $A_5 \sim A_7$ [병렬관계] 합성 틈새면적
   $A_{5 \sim 7} = 0.02 + 0.02 + 0.02$
   $= 0.06 m^2$

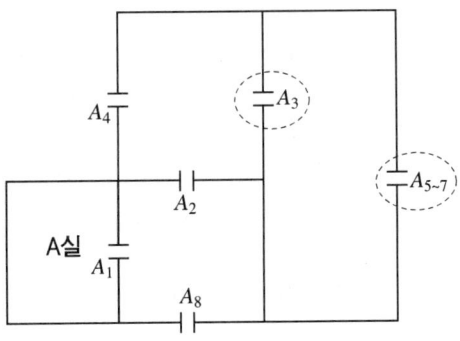

② A_3와 $A_{5\sim7}$ [직렬관계] 합성 틈새면적

$$A_3 + A_{5\sim7} = \frac{1}{\sqrt{\frac{1}{0.01^2}+\frac{1}{0.06^2}}}$$

$$= 0.0098639 ≒ 0.009864\text{m}^2$$

③ A_4와 $[A_3+A_{5\sim7}]$ [병렬관계] 합성 틈새면적

$$A_{3\sim7} = 0.02 + 0.009864$$

$$= 0.029864\text{m}^2$$

④ $A_{3\sim7}$과 A_2는 [직렬관계] 합성 틈새면적

$$A_{2\sim7} = \frac{1}{\sqrt{\frac{1}{0.029864^2}+\frac{1}{0.01^2}}}$$

$$= 0.0094825 ≒ 0.009483\text{m}^2$$

⑤ $A_{2\sim7}$과 A_8은 [병렬관계] 합성 틈새면적

$$A_{2\sim8} = 0.009483 + 0.02$$

$$= 0.029483\text{m}^2$$

⑥ $A_{2\sim8}$과 A_1은 [직렬관계] 합성 틈새면적

$$A_{1\sim8} = \frac{1}{\sqrt{\frac{1}{0.029483^2}+\frac{1}{0.01^2}}}$$

$$= 0.009470\text{m}^2$$

○ 답 : 0.00947m^2

(2) A실에 유입시켜야 할 풍량(m³/s)
　　○ 계산과정 : $Q = 0.827 \times A \times \sqrt{P}$ 식에 대입
　　　　　　　　$A = 0.00947\text{m}^2$, $P = 101.55 - 101.38 = 0.17\text{kPa} = 170\text{Pa}$
　　　　　　　　$Q = 0.827 \times 0.00947 \times \sqrt{170} = 0.1021 ≒ 0.102\text{m}^3/\text{s}$
　　○ 답 : $0.102\text{m}^3/\text{s}$

09년-07월

08 아래의 도면과 같은 방호대상물에 이산화탄소 소화설비를 설계하려한다. 설계 조건을 참조하여 각 물음에 답하시오. (5점)

[설계조건] 1. 각 실의 크기는 다음과 같다

구 분	실의 크기
A 실	가로12m 세로 6m
B 실	가로10m 세로 6m
C 실	가로 10m 세로10m

2. 건물의 층고(높이)는 4m이다.
3. 약제 방출방식은 전역방출 방식이다.
4. 개구부는 자동폐쇄 장치가 설치되어 있음
5. 약제저장용기는 45kg/병이다.
6. 각 실의 기본 약제량은 0.8kg/m^3

(1) 각 실의 소요 용기수를 구하시오.
(2) 이산화탄소 소화설비의 Isometric Diagram을 설계하시오.
　　(단, 도시기호는 저장용기 : ◎ 선택밸브 : ⋈ , 기동용기 : ▯ ,
　　동관 : ----(점선), 가스체크밸브 : ▷ , 배관 : ──(실선)
　　으로 한다)

풀이 (1) 각 실의 소요 용기수
　　○ 계산과정 : 약제소요량
　　　　A실 $12\text{m} \times 6\text{m} \times 4\text{m} \times 0.8\text{kg/m}^3 = 230.4\text{kg} \div 45\text{kg/병} = 5.12$ ∴6병
　　　　B실 $10\text{m} \times 6\text{m} \times 4\text{m} \times 0.8\text{kg/m}^3 = 192\text{kg} \div 45\text{kg/병} = 4.27$ ∴5병
　　　　C실 $10\text{m} \times 10\text{m} \times 4\text{m} \times 0.8\text{kg/m}^3 = 320\text{kg} \div 45\text{kg/병} = 7.11$ ∴8병
　　○ 답 : A실 6병, B실 5병, C실 8병

(2) Isometric DIAGRAM
○답 :

09 다음은 분말소화설비의 화재안전기술기준 중 저장용기의 설치기준이다.
( )안에 알맞은 답을 보기에서 골라 쓰시오. (5점)

[보기]
방호구역 내, 방호구역 외, 1, 2, 3, 4, 30, 40, 50, 게이트, 체크, 감압

(1) (①)의 장소에 설치할 것. 다만, (②)에 설치할 경우에는 피난 및 조작이 용이하도록 피난구 부근에 설치해야 한다.
(2) 온도가 (③)℃ 이하이고, 온도 변화가 작은 곳에 설치할 것
(3) 직사광선 및 빗물이 침투할 우려가 없는 곳에 설치할 것
(4) 방화문으로 방화구획 된 실에 설치할 것
(5) 용기의 설치장소에는 해당 용기가 설치된 곳임을 표시하는 표지를 할 것
(6) 용기 간의 간격은 점검에 지장이 없도록 (④)cm 이상의 간격을 유지할 것
(7) 저장용기와 집합관을 연결하는 연결배관에는 (⑤)밸브를 설치할 것

풀이 ○답 : ① 방호구역 외 ② 방호구역 내 ③ 40 ④ 3 ⑤ 체크

상세해설

분말소화설비의 화재안전기술기준(NFTC 108)
분말소화약제의 저장용기 설치기준
(1) **방호구역 외**의 장소에 설치할 것. 다만, **방호구역 내**에 설치할 경우에는 피난 및 조작이 용이하도록 피난구 부근에 설치해야 한다.
(2) 온도가 **40**℃ 이하이고, 온도 변화가 작은 곳에 설치할 것

(3) **직사광선 및 빗물이 침투할 우려가 없는** 곳에 설치할 것
(4) 방화문으로 **방화구획 된** 실에 설치할 것
(5) 용기의 설치장소에는 해당 용기가 설치된 곳임을 표시하는 **표지**를 할 것
(6) 용기 간의 간격은 점검에 지장이 없도록 **3cm 이상**의 간격을 유지할 것
(7) 저장용기와 집합관을 연결하는 연결배관에는 **체크밸브**를 설치할 것. 다만, 저장용기가 하나의 방호구역만을 담당하는 경우에는 그렇지 아니한다.

21년-11월 유사

10 옥내소화전설비와 옥외소화전설비를 설치한 35층의 복합건축물에 대한 것이다. 조건을 참조하여 각 물음에 답하시오. **(10점)**

[조건]
① 옥내소화전의 방수구는 지상1층부터 5층까지는 각 층에 5개씩, 6층부터 35층 까지는 각 층에 6개씩 설치하였다.
② 옥외소화전은 건축물 주변으로 5개가 설치되어있다.
③ 옥내소화전과 옥외소화전이 설치된 부분은 방화벽과 방화문으로 구획되어 있지 않다.
③ 옥내소화전펌프와 옥외소화전펌프는 겸용으로 사용한다.
④ 옥내소화전설비의 실양정 환산수두압력은 1.2MPa, 배관마찰손실은 실양정의 20%, 호스마찰손실은 배관마찰손실의 30%로 간주한다.
⑤ 옥외소화전설비의 실양정 환산수두압력은 0.05MPa, 배관 및 호스의 마찰손실은 실양정의 60%로 간주한다.

(1) 옥내소화전펌프의 최소 토출량(L/min)을 구하시오.
(2) 옥외소화전펌프의 최소 토출량(L/min)을 구하시오.
(3) 저수조에 저장하여야 할 최소 수원의 양(m^3)을 구하시오.(단, 옥상수조는 제외한다)
(4) 펌프의 최소 토출압력(MPa)을 구하시오.

풀이 (1) **옥내소화전펌프의 최소 토출량**(L/min)
  ○ 계산과정 : $Q = N(최대5개) \times 130L/min = 5 \times 130L/min = 650L/min$
  ○ 답 : 650L/min

(2) **옥외소화전펌프의 최소 토출량**(L/min)
  ○ 계산과정 : $Q = N(최대2개) \times 350L/min = 2 \times 350L/min = 700L/min$
  ○ 답 : 700L/min

(3) 최소 수원의 양(m^3)
   ○ 계산과정 :
   옥내소화전에 필요한 수원의 양 $Q_1 = N(최대 5개) \times 5.2m^3 = 5 \times 5.2m^3 = 26m^3$
   옥외소화전에 필요한 수원의 양 $Q_2 = N(최대 2개) \times 7m^3 = 2 \times 7m^3 = 14m^3$
   옥내+옥외에 필요한 수원의 양 $Q_T = Q_1 + Q_2 = 26 + 14 = 40m^3$
   ○ 답 : $40m^3$

(4) 펌프의 최소 토출압력(MPa)
   ○ 계산과정 :
   옥내소화전 펌프에 필요한 압력
   $P = P_1 + P_2 + P_3 + 0.17 = 1.2 + (1.2 \times 0.2) + (1.2 \times 0.2 \times 0.3) + 0.17$
   $= 1.68MPa$
   옥외소화전 펌프에 필요한 압력
   $P = P_1 + P_2 + P_3 + 0.25 = 0.05 + (0.05 \times 0.6) + 0.25 = 0.33MPa$
   필요한 펌프의 토출압력은 큰 것 기준 ∴ 1.68MPa
   ○ 답 : 1.68MPa

상세해설

(1) 고층건축물의 화재안전기술기준(NFTC 604)
   고층건축물 : 층수가 30층 이상이거나 높이가 120m 이상인 건축물

   옥내소화전설비의 수원의 양(49층 이하)
   $Q = N(최대 5개) \times 5.2m^3(130L/min \times 40min)$
   옥내소화전설비의 수원의 양(50층 이상)
   $Q = N(최대 5개) \times 7.8m^3(130L/min \times 60min)$

(2) 각 소화설비의 수원을 겸용하여 설치하는 경우의 저수량
   ① 소화설비가 설치된 부분이 구획되어 있지 않은 경우
      각 소화설비에 필요한 저수량을 합한 양 이상
   ② 소화설비가 설치된 부분이 구획되어 있는 경우
      각 소화설비에 필요한 저수량 중 최대의 것 이상

(3) 각 소화설비의 가압송수장치를 겸용하여 설치하는 경우의 펌프의 토출량
   ① 소화설비가 설치된 부분이 구획되어 있지 않은 경우
      각 소화설비에 해당하는 토출량을 합한 양 이상
   ② 소화설비가 설치된 부분이 구획되어 있는 경우
      각 소화설비에 해당하는 토출량 중 최대의 것 이상

11 다음 그림은 옥내소화전설비의 계통도이다. 도면을 보고 잘못된 부분 4가지를 지적하고 수정방법을 쓰시오. (8점)

○답 :

구분	잘못된 부분	수정 방법
①	펌프 흡입측 배관에 버터플라이밸브 설치	펌프 흡입측 배관에 버터플라이밸브 외의 개폐표시형밸브를 설치
②	성능시험배관상 유량조절밸브와 개폐밸브의 설치위치	유량측정장치를 기준으로 전단 직관부에는 개폐밸브를 후단 직관부에는 유량조절밸브를 설치
③	순환배관의 구경 15mm 이상	순환배관의 구경 20mm 이상
④	압력챔버의 용적 50L 이상	압력챔버의 용적 100L 이상

상세해설

① 급수배관에 설치되어 급수를 차단할 수 있는 개폐밸브는 개폐표시형으로 해야 한다. 이 경우 펌프의 흡입측배관에는 버터플라이밸브 외의 개폐표시형밸브를 설치해야 한다.
② 성능시험배관은 펌프의 토출 측에 설치된 개폐밸브 이전에서 분기하여 직선으로 설치하고, 유량측정장치를 기준으로 전단 직관부에는 개폐밸브를 후단 직관부에는 유량조절밸브를 설치할 것.
③ 가압송수장치에는 체절운전 시 수온의 상승을 방지하기 위한 순환배관을 설치할 것. 다만, 충압펌프의 경우에는 그렇지 않다.
④ 기동용수압개폐장치 중 압력챔버를 사용할 경우 그 용적은 100L 이상의 것으로 할 것

14년-7월, 15년-7월 유사

12 가로 20m, 세로 10m인 특수가연물 저장창고에 압축공기포소화설비를 설치하려고 한다. 팽창비율에 의한 포의 종류는 저발포이며 팽창비가 최대가 되도록 포약제를 방출하면 방출된 포의 체적(m^3)을 구하시오. **(4점)**

풀이 ○ 계산과정 :

① 팽창비 = $\dfrac{\text{발포 후 체적}}{\text{발포 전 포수용액의 체적}}$

② 발포 전 포수용액의 체적 = $20m \times 10m \times 2.3L/m^2 \cdot min \times 10min$
   $= 4,600L = 4.6m^3$

③ 발포 후 체적 = 발포전 포수용액의 체적 × 팽창비 = $4.6m^3 \times 20 = 92m^3$

○ 답 : $92m^3$

상세해설

(1) 방호대상물별 압축공기포 분사헤드의 방출량(m^2/min)

방호대상물	방호면적 1m^2에 대한 1분당 방출량
특수가연물	2.3L
기타의 것	1.63L

(2) 팽창비율에 따른 포 및 포방출구의 종류

팽창비율에 따른 포의 종류	포방출구의 종류
팽창비가 20 이하인 것(저발포)	포헤드, 압축공기포헤드
팽창비가 80 이상 1,000 미만인 것(고발포)	고발포용 고정포방출구

(3) 포헤드방식 및 압축공기포소화설비에 있어서는 하나의 방사구역 안에 설치된 포헤드를 동시에 개방하여 표준방사량으로 10분간 방사할 수 있는 양 이상으로 할 것

13 인화점이 10℃인 제4류 위험물(비수용성)을 저장하는 옥외저장탱크가 있다. 조건 및 표를 참조하여 각 물음에 답하시오. (8점)

[조건]
① 탱크형태 : 플루팅루프탱크(탱크내면과 굽도리판의 간격 : 0.3m)
② 탱크의 크기 및 수량 : (직경 15m, 높이 15m)1기
　　　　　　　　　　　(직경 10m, 높이 10m)1기
③ 옥외 보조소화전 : 지상식 단구형 2개
④ 포소화약제의 종류 : 수성막포 3%
⑤ 송액관 : 80A-50m(80mm로 계산), 100A-50m(100mm로 계산)
⑥ 탱크 2대에서 동시에 화재는 없는 것으로 가정한다.

[단위 포소화 수용액의 양(고정포방출구의 방출량 및 방사시간)]

포방출구의 종류 / 위험물의 구분	Ⅰ형 포수용 액량 (L/m²)	Ⅰ형 방출율 (L/m²·min)	Ⅱ형 포수용 액량 (L/m²)	Ⅱ형 방출율 (L/m²·min)	특형 포수용 액량 (L/m²)	특형 방출율 (L/m²·min)	Ⅲ형 포수용 액량 (L/m²)	Ⅲ형 방출율 (L/m²·min)	Ⅳ형 포수용 액량 (L/m²)	Ⅳ형 방출율 (L/m²·min)
제4류 위험물 중 인화점이 21℃ 미만인 것	120	4	220	4	240	8	220	4	220	4
제4류 위험물 중 인화점이 21℃ 이상 70℃ 미만인 것	80	4	120	4	160	8	120	4	120	4
제4류 위험물 중 인화점이 70℃ 이상인 것	60	4	100	4	120	8	100	4	100	4
제4류 위험물 중 수용성의 것	160	8	240	8	—	—	—	—	240	8

※ 제4류 위험물중 수용성인 것에 대해서는 다음 표의 세부 구분란의 품목에 따라 정한 계수를 각각 곱한 수치 이상으로 할 것

(1) 포방출구의 종류와 포방출구의 개수를 산정하시오.
　　① 포방출구의 종류 :
　　② 포방출구의 개수 :
(2) 각 탱크에 필요한 포수용액의 양(L/min)을 구하시오.
　　① 직경 15m 탱크　② 직경 10m 탱크　③ 보조소화전
(3) 포소화설비에 필요한 포소화약제의 총량(L)를 구하시오.

(1) 포방출구의 종류와 포방출구의 개수
　　○답 : ① 포방출구의 종류 : 특형 포방출구
　　　　　② 포방출구의 개수 : 직경 15m 탱크-3개, 직경 10m 탱크-2개

(2) 각 탱크에 필요한 포수용액의 양(L/min)-분당 포수용액의 방사량
　　○계산과정 :
　　　① 직경 15m 탱크
　　　　$Q = AQ_1 = \dfrac{\pi}{4} \times (15^2 - 14.4^2)\text{m}^2 \times 8\text{L/m}^2 \cdot \min = 110.84\text{L/min}$
　　　② 직경 10m 탱크
　　　　$Q = AQ_1 = \dfrac{\pi}{4} \times (10^2 - 9.4^2)\text{m}^2 \times 8\text{L/m}^2 \cdot \min = 73.14\text{L/min}$
　　　③ 보조소화전
　　　　$Q = N(\text{최대3개}) \times 400\text{L/min} \cdot \text{개} = 2\text{개} \times 400\text{L/min} \cdot \text{개} = 800\text{L/min}$
　　○답 : ① 직경 15m 탱크 : 110.84L/min
　　　　　② 직경 10m 탱크 : 73.14L/min
　　　　　③ 보조소화전 : 800L/min

(3) 포소화설비에 필요한 포소화약제의 총량(L)
　　○계산과정 :
　　　① 고정포방출구에서 방출하기 위하여 필요한 양(직경 15m 탱크 기준)
　　　　$Q_1 = AQ_1 TS = \dfrac{\pi}{4} \times (15^2 - 14.4^2)\text{m}^2 \times 8\text{L/m}^2 \cdot \min \times 30\min \times 0.03(3\%)$
　　　　　$= 99.75\text{L}$
　　　② 보조 소화전에서 방출하기 위하여 필요한 양(2개-단구형)
　　　　$Q_2 = N(\text{최대3개}) \times S \times 8,000\text{L/개} = 2\text{개} \times 0.03(3\%) \times 8,000\text{L/개}$
　　　　　$= 480\text{L}$
　　　③ 송액관(내경 75mm 이하 제외)에 충전하기 위하여 필요한 양
　　　　$Q_3 = V \times S \times 1000\text{L/m}^3$
　　　　　$= \left(\dfrac{\pi}{4} \times 0.08^2 \times 50 + \dfrac{\pi}{4} \times 0.1^2 \times 50\right)\text{m}^3 \times 0.03(3\%) \times 1000\text{L/m}^3$
　　　　　$= 19.32\text{L}$
　　　④ $Q_T = Q_1 + Q_2 + Q_3 = 99.75 + 480 + 19.32 = 599.07\text{L}$
　　○답 : 599.07L

상세해설

(1) 탱크의 직경, 구조 및 포방출구의 종류에 따른 개수

탱크의 구조 및 포방출구의 종류 / 탱크직경	포방출구의 개수 고정지붕구조 Ⅰ형 또는 Ⅱ형	고정지붕구조 Ⅲ형 또는 Ⅳ형	부상덮개부착 고정지붕구조 Ⅱ형	부상지붕구조 특형
13m 미만	2	1	2	2
13m 이상 19m 미만	2	1	3	3
19m 이상 24m 미만	2	1	4	4
24m 이상 35m 미만	2	2	5	5

(2) 탱크의 액표면적

① 직경15m 플루팅루프탱크 액표면적

② 직경10m 플루팅루프탱크 액표면적

(3) 고정포방출구방식의 약제량 계산

구 분	약제 저장량
❶ 고정포방출구	$Q = A \times Q_1 \times T \times S$ 여기서, Q : 포소화약제의 양(L), A : 저장탱크의 액표면적(m^2) Q_1 : 단위 포소화수용액의 양($L/m^2 \cdot min$) T : 방출시간(min), S : 포소화약제의 사용농도(%)
❷ 보조 소화전	$Q = N \times S \times 8,000L$ 여기서, Q : 포소화약제의 양(L) N : 호스 접결구 개수(3개 이상인 경우는 3개) S : 포소화약제의 사용농도(%)
❸ 배관보정	가장 먼 탱크까지의 송액관(내경 75mm 이하 제외)에 충전하기 위하여 필요한 양 $Q = V \times S \times 1,000$ 여기서, Q : 포소화약제의 양(L) V : 송액관 내부의 체적(m^3) S : 포소화약제의 사용농도(%)
❹ 합 계	고정포 방출구방식의 약제량 = ❶+❷+❸

14년-4월, 18년-6월, 19년-11월, 20년-7월, 20년-11월 기출

14 발전기실에 할로겐화합물 및 불활성기체소화약제 중 IG-541을 사용할 경우 아래 조건을 참조하여 각 물음에 답하시오. (6점)

[조건]
① 방호구역의 크기는 가로 10m, 세로 15m, 높이 5m 이다.
② IG-541의 소화농도는 23%이다.
③ IG-541의 저장용기는 80L, 충전압력은 15MPa이다.
④ 소화약제량 산정 시 선형상수를 이용하며 방사 시 기준온도는 15℃이다.

K_1	K_2
0.65799	0.00239

⑤ 화재는 C급(전기화재)로 간주한다.

(1) IG-541의 약제 저장량은 최소 몇 m^3인가?
(2) IG-541의 저장용기 수는 최소 몇 병인가?
(3) 배관구경산정 조건에 따라 IG-541의 약제량 방사 시 주배관의 방사유량은 몇 m^3/s인가?

풀이 (1) 약제 저장량(m^3)
  ○계산과정 :
   ① $V = 10m \times 15m \times 5m = 750m^3$
   ② $V_S = 0.65799 + (0.00239 \times 20) = 0.70579 m^3/kg$
   ③ $S = 0.65799 + (0.00239 \times 15) = 0.69384 m^3/kg$
   ④ C(설계농도) = 소화농도 × K(안전계수) = 23% × 1.35(C급) = 31.05%
   ⑤ 필요한 약제의 부피
   $$W = 2.303 \times \frac{0.70579}{0.69384} \times \log\left(\frac{100}{100-31.05}\right) \times 750m^3 = 283.70m^3$$
  ○답 : $283.70m^3$

(2) 저장 용기 수(병)
  ○계산과정 :
   ① 충전량 : $V = 80L/병 \times \frac{15 \times 10^3 kPa}{101.325 kPa} = 11843.08L = 11.84 m^3/병$
   ② 저장용기 수 : $N = \frac{283.70m^3}{11.84m^3} = 23.96병$ ∴ 24병
  ○답 : 24병

(3) 주배관의 방사유량(m^3/s)
  ○ 계산과정 :
    ① 설계농도의 95% 계산
    $C = 23\% \times 1.35(C급) \times 0.95(95\%) = 29.50\%$
    ② 기준시간(2분 이내) 내에 방사되어야 할 약제의 부피
    $W = 2.303 \times \dfrac{0.70579}{0.69384} \times \log\left(\dfrac{100}{100-29.50}\right) \times 750m^3 = 266.73m^3$
    ③ 약제 방사 시 유량
    $Q = \dfrac{266.73m^3}{120s} = 2.22m^3/s$
  ○ 답 : $2.22m^3/s$

상세해설

(1) IG-541의 저장량(m^3)
  불활성기체 소화약제량 산출 공식

  $$X = 2.303 \times \dfrac{V_S}{S} \times \log_{10}\left(\dfrac{100}{100-C}\right)$$

  여기서, X : 공간체적당 더해진 소화약제의 부피(m^3/m^3)
  V_S : 20℃에서 소화약제의 비체적(m^3/kg)
  S : 소화약제별 선형상수($K_1 + K_2 \times t$)(m^3/kg)
  C : 체적에 따른 소화약제의 설계농도(%)

(2) **설계농도**는 소화농도(%)에 안전계수(A급화재 : 1.2, B급화재 : 1.3, C급화재 : 1.35)를 곱한 값으로 할 것
  ※ C급(통전상태)의 안전계수는 A급(전기차단상태)소화농도의 1.35

(3) 용기 1병당 충전량

  $$V(L/병) = \dfrac{용기의\ 내용적(L) \times 충전압력(kPa)}{표준대기압(101.325kPa)}$$

(4) **배관의 구경**은 해당 방호구역에 할로겐화합물 소화약제는 10초 이내에, 불활성기체 소화약제는 A·C급 화재 2분, B급 화재 1분 이내에 방호구역 각 부분에 최소설계농도의 95% 이상 해당하는 약제량이 방출되도록 하여야 한다.

15 다음은 특별피난계단의 부속실에 설치하는 제연설비에 관한 것이다. 조건을 참조하여 다음 각 물음에 답하시오. (4점)

> [조건]
> ① 옥내의 압력은 740mmHg 이다.
> ② 옥내에는 스프링클러설비가 설치되지 아니한 경우이다.
> ③ 부속실만 단독으로 제연하는 방식이다.
> ④ 유입공기의 배출은 배출구에 따른 배출방식으로 한다.
> ⑤ 제연구역에는 옥내와 면하는 2개의 출입문이 있으며 각 출입문의 크기는 가로 1m, 세로 2m 이다.
> ⑥ 부속실이 면하는 옥내가 복도로서 그 구조가 방화구조이다.

(1) 부속실에 유지해야 할 최소압력(kPa)을 계산하시오.
(2) 개폐기의 최소 개구면적(m^2)을 계산하시오.

풀이 (1) 부속실에 유지해야 할 최소압력

○ 계산과정 : $P = 740\text{mmHg} \times \dfrac{101.325\text{kPa}}{760\text{mmHg}} + 0.04\text{kPa}(40\text{Pa}) = 98.7\text{kPa}$

○ 답 : 98.7kPa

(2) 개폐기의 최소 개구면적

○ 계산과정 : $Q_N = (1 \times 2)\text{m}^2 \times 0.5\text{m/s} = 1\text{m}^3/\text{s}$

$$A_O = \dfrac{Q_N}{2.5} = \dfrac{1\text{m}^3/\text{s}}{2.5} = 0.4\text{m}^2$$

○ 답 : 0.4m^2

상세해설

(1) 차압 등
 ① 제연구역과 옥내와의 사이에 유지해야 하는 **최소차압은 40Pa**(옥내에 스프링클러설비가 설치된 경우에는 12.5Pa) 이상으로 해야 한다.
 ② 제연설비가 가동되었을 경우 출입문의 개방에 필요한 힘은 110N 이하로 해야 한다.
 ③ 출입문이 일시적으로 개방되는 경우 개방되지 않은 제연구역과 옥내와의 차압은 ①의 기준에 따른 차압의 70% 이상이어야 한다.
 ④ 계단실과 부속실을 동시에 제연하는 경우 부속실의 기압은 계단실과 같게 하거나 계단실의 기압보다 낮게 할 경우에는 부속실과 계단실의 압력 차이는 5Pa 이하가 되도록 해야 한다.

(2) 개폐기의 개구면적

$$A_O = \frac{Q_N}{2.5}$$

여기서, A_O : 개폐기의 개구면적(m^2)
Q_N : 수직풍도가 담당하는 1개 층의 제연구역의 출입문(옥내와 면하는 출입문) 1개의 면적(m^2)과 방연풍속(m/s)를 곱한 값(m^3/s)

(3) 방연풍속

제연구역		방연풍속
계단실 및 그 부속실을 동시에 제연하는 것 또는 계단실만 단독으로 제연하는 것		0.5m/s 이상
부속실만 단독으로 제연하는 것	부속실 또는 승강장이 면하는 옥내가 거실인 경우	0.7m/s 이상
	부속실이 면하는 옥내가 복도로서 그 구조가 방화구조(내화시간이 30분 이상인 구조를 포함)인 것	0.5m/s 이상

16 다음 그림과 같은 벤투리(Venturi)관에 물이 흐르고 있다. 조건을 참조하여 속도 V_1(m/s)을 계산하시오. (6점)

[조건]
① 본관의 내경 $D_1 = 390mm$, 벤투리의 내경 $D_2 = 180mm$이다.
② 액주계에는 수은이 들어있으며 수은주의 높이 $H = 30cm$이다.
③ 벤투리관 유량계수는 0.92라고 가정한다.
④ 중력가속도는 9.8m/s^{2}이다.

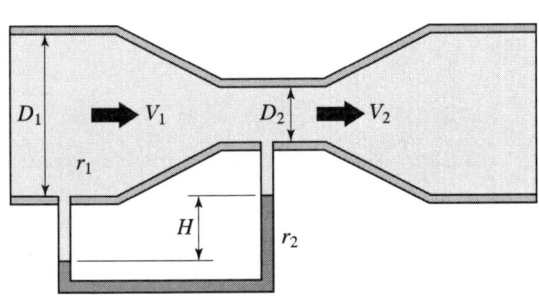

풀이 ○ 계산과정 :

$$V_2 = C\sqrt{2g\Delta h(S-1)}$$

$C = 0.92$, $g = 9.8\text{m/s}^2$, $\Delta h = 30\text{cm} = 0.3\text{m}$, $S(수은의\ 비중) = 13.6$

$$V_2 = 0.92 \times \sqrt{2 \times 9.8 \times 0.3 \times (13.6-1)} = 7.92\text{m/s}$$

$$V_1 = \left(\frac{D_2}{D_1}\right)^2 \times V_2 = \left(\frac{180}{390}\right)^2 \times 7.92 = 1.69\text{m/s}$$

○ 답 : 1.69m/s

상세해설

> 벤투리미터의 이론유량 $Q = \dfrac{A_2}{\sqrt{1-m^2}}\sqrt{2g\Delta h(S-1)}$
>
> 벤투리미터의 실제유량 $Q = \dfrac{CA_2}{\sqrt{1-m^2}}\sqrt{2g\Delta h(S-1)}$
>
> $C(유량계수) = \dfrac{Q_r(실제유량)}{Q_{th}(이론유량)}$

알고갑시다 ☞ 유량계수 C에 대하여

실제유체의 흐름에 있어서는 유체의 점성으로 인한 에너지의 손실이 있을 뿐 아니라 각 단면에서 유속분포가 균일하지 않으므로 계산된 유량보다 약간 작은 유량이 계산된다. 따라서 계산된 유량에 유량계수 C를 곱한 것이 실제유량이 된다. C값은 벤투리미터의 종류나 유량의 크기에 따라 약간의 차이가 있으나 대략 0.92~0.99의 값을 갖는다.

소방설비기사 – 기계분야

2023년 11월 5일 시행

13년-7월, 16년-4월, 19년-11월 기출

01 다음은 할로겐화합물 및 불활성기체 소화약제의 저장용기 설치기준이다. ( )안에 알맞은 답을 쓰시오. (단, 보기에서 선택하고 중복하여 선택할 수 있다) (4점)

> [보기] 5, 10, 20, 30, 50, 할로겐화합물, 불활성기체

저장용기의 약제량 손실이 (①)%를 초과하거나 압력손실이 (②)%를 초과할 경우에는 재충전하거나 저장용기를 교체할 것. 다만, (③)소화약제저장용기의 경우에는 압력손실이 (④)%를 초과할 경우 재충전하거나 저장용기를 교체하여야 한다.

○ 답 : ① 5   ② 10   ③ 불활성기체   ④ 5

할로겐화합물 및 불활성기체 소화약제의 저장용기
① 저장용기의 충전밀도 및 충전압력은 별표 1에 따를 것
② 저장용기는 약제명·저장용기의 자체중량과 총중량·충전일시·충전압력 및 약제의 체적을 표시할 것
③ 집합관에 접속되는 저장용기는 동일한 내용적을 가진 것으로 충전량 및 충전압력이 같도록 할 것
④ 저장용기에 충전량 및 충전압력을 확인할 수 있는 장치를 하는 경우에는 해당 소화약제에 적합한 구조로 할 것
⑤ 저장용기의 약제량 손실이 5%를 초과하거나 압력손실이 10%를 초과할 경우에는 재충전하거나 저장용기를 교체할 것. 다만, 불활성기체 소화약제 저장용기의 경우에는 압력손실이 5%를 초과할 경우 재충전하거나 저장용기를 교체하여야 한다.

02 소방시설 설치 및 관리에 관한 법률 시행령에 따른 수용인원의 산정방법에 따라 다음 조건을 참조하여 수용인원을 산정하시오. (3점)

[조건]
① 숙박시설로서 바닥면적의 합계는 600m²이며 침대가 없는 숙박시설이다.
② 숙박시설의 복도 바닥면적은 30m²이다.
③ 복도는 준불연재료 이상의 것을 사용하여 바닥에서 천장까지 벽으로 구획되어 있다.
④ 주어진 조건 외에는 고려하지 않는다.

풀이

○ 계산과정 : $N = \dfrac{600\text{m}^2 - 30\text{m}^2}{3\text{m}^2} = 190$명

○ 답 : 190명

상세해설

소방시설 설치 및 관리에 관한 법률 시행령 [별표 7]
수용인원의 산정 방법(제17조 관련)
1. **숙박시설이 있는 특정소방대상물**

구분	침대가 있는 숙박시설	침대가 없는 숙박시설
계산식	N = 종사자 수 + 침대 수 (2인용 침대는 2인으로 산정)	N = 종사자 수 + $\dfrac{\text{바닥면적의 합계}(\text{m}^2)}{3\text{m}^2}$

2. **제1호 외의 특정소방대상물**
   가. 강의실 · 교무실 · 상담실 · 실습실 · 휴게실 용도로 쓰는 특정소방대상물

   $N = \dfrac{\text{바닥면적의 합계}(\text{m}^2)}{1.9\text{m}^2}$

   나. 강당, 문화 및 집회시설, 운동시설, 종교시설 용도로 쓰는 특정소방대상물

   $N = \dfrac{\text{바닥면적의 합계}(\text{m}^2)}{4.6\text{m}^2}$

   (관람석이 있는 경우 고정식 의자를 설치한 부분은 그 부분의 의자 수로 하고, 긴 의자의 경우에는 의자의 정면너비를 0.45m로 나누어 얻은 수로 한다)

   다. 그 밖의 특정소방대상물

   $N = \dfrac{\text{바닥면적의 합계}(\text{m}^2)}{3\text{m}^2}$

비고
1. 위 표에서 바닥면적을 산정할 때에는 복도(준불연재료 이상의 것을 사용하여 바닥에서 천장까지 벽으로 구획한 것), 계단 및 화장실의 바닥면적을 포함하지 않는다.
2. 계산 결과 소수점 이하의 수는 반올림한다.

01-11월, 04년-7월, 06년-4월, 06년-11월, 13년-11월 기출

03 아래 그림은 일제살수식스프링클러설비 계통도의 일부를 나타낸 것이다. 주어진 조건을 참조하여 각 물음에 답하시오.   (7점)

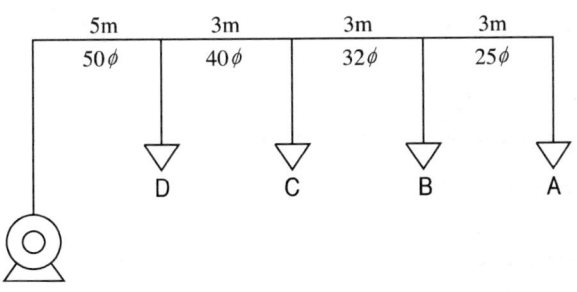

[조건]
① 배관 마찰손실 압력은 헤이젠-윌리엄스 공식을 따르되 계산의 편의상 다음 식과 같다고 가정한다.

$$\Delta P = 6 \times 10^4 \times \frac{Q^2}{100^2 \times d^5}$$

여기서, ΔP : 배관 1m당 마찰손실압력(MPa)
   Q : 배관내의 유수량(L/min)
   d : 배관의 안지름(mm)
② 헤드는 개방형헤드이며 각 헤드의 방출계수(K)는 동일하며 방수압력 변화와 관계없이 일정하고 그 값은 100이다.
③ 가지관과 헤드간의 마찰손실은 무시한다.
④ 각 헤드의 방수량은 서로 다르다.
⑤ 배관 내경은 호칭경과 같다고 가정한다.
⑥ 배관부속은 무시한다.
⑦ 계산과정 및 답은 소수점 둘째자리까지 나타내시오.
⑧ 헤드A의 방수량은 100L/min이고 방수압은 0.1MPa이다.

(1) B헤드의 방수량(L/min)을 구하시오.

(2) C헤드의 방수량(L/min)을 구하시오.

(3) D헤드의 방수량(L/min)을 구하시오.

(4) 펌프의 토출량(L/min)을 구하시오.

풀이 (1) B헤드의 방수량(L/min)
  ○ 계산과정 :
   ① A~B구간 배관마찰손실
   $$\Delta P = 6.0 \times 10^4 \times \frac{100^2}{100^2 \times 25^5} \times 3 = 0.018\text{MPa} \quad \therefore \ 0.02\text{MPa}$$
   ② B헤드 방수량
   $$Q_B = K\sqrt{10P} = 100 \times \sqrt{10 \times (0.1 + 0.02)} = 109.54\text{L/min}$$
  ○ 답 : 109.54L/min

(2) C헤드의 방수량(L/min)
  ○ 계산과정 :
   ① B~C구간 배관마찰손실
   $$\Delta P = 6.0 \times 10^4 \times \frac{(100 + 109.54)^2}{100^2 \times 32^5} \times 3 = 0.0236\text{MPa} \quad \therefore \ 0.02\text{MPa}$$
   ② C헤드 방수량
   $$Q_C = K\sqrt{10P} = 100 \times \sqrt{10 \times (0.1 + 0.02 + 0.02)} = 118.32\text{L/min}$$
  ○ 답 : 118.32L/min

(3) D헤드의 방수량(L/min)
  ○ 계산과정 :
   ① C~D구간 배관마찰손실
   $$\Delta P = 6.0 \times 10^4 \times \frac{(100 + 109.54 + 118.32)^2}{100^2 \times 40^5} \times 3 = 0.0189\text{MPa}$$
   $\therefore \ 0.02\text{MPa}$
   ② D헤드 방수량
   $$Q_D = K\sqrt{10P} = 100 \times \sqrt{10 \times (0.1 + 0.02 + 0.02 + 0.02)} = 126.49\text{L/min}$$
  ○ 답 : 126.49L/min

(4) 펌프의 토출량(L/min)
  ○ 계산과정 : $Q_T = 100 + 109.54 + 118.32 + 126.49 = 454.35\text{L/min}$
  ○ 답 : 454.35L/min

04 위험물저장탱크에 국소방출방식의 고압식 이산화탄소소화설비를 설치하고자 한다. 다음 위험물 저장탱크의 도면과 조건을 참조하여 각 물음에 답하시오.

(4점)

[조건]
① 위험물저장탱크의 크기는 가로3m 세로2m 높이 2m이다.
② 방호대상물 주위에 2면에만 그림과 같이 방호대상물과 동일한 크기의 벽이 설치되어 있다.
③ 윗면이 개방된 용기에 저장하는 경우와 화재시 연소면이 한정되고 가연물이 비산할 우려가 없는 경우가 아니다.

(1) 방호공간의 체적(m^3)을 계산하시오.
(2) 소화약제의 최소저장량(kg)을 계산하시오.
(3) 소화약제의 방사량(kg/s)를 계산하시오.

풀이 (1) **방호공간의 체적(m^3)**
  ○계산과정 : $V = (3+0.6) + (2+0.6) + (2+0.6) = 24.34 m^3$
  ○답 : $24.34 m^3$

(2) **소화약제의 최소저장량(kg)**
  ○계산과정 : a = 후면($3 \times 2 \times 1$면) + 좌측면($2 \times 2 \times 1$면) = $10 m^2$
    $A = (3.6 \times 2.6 \times 2$면$) + (2.6 \times 2.6 \times 2$면$) = 32.24 m^2$
    $Q = 24.34 m^3 \times \left(8 - 6 \times \dfrac{10}{32.24}\right) [kg/m^3] \times 1.4 = 209.19 kg$
  ○답 : 209.19kg

(3) 소화약제의 방사량(kg/s)

○ 계산과정 : $Q = \dfrac{209.19\text{kg}}{30\text{s}} = 6.97\text{kg/s}$

○ 답 : 6.97kg/s

상세해설

(1) 방호공간의 체적(m^3)

　　방호대상물의 각 부분으로부터 0.6m의 거리에 따라 둘러싸인 공간

[방호대상물]

[방호공간]

(2) 국소방출방식

① • 윗면이 개방된 용기에 저장하는 경우
　• 화재시 연소면이 한정되고 가연물이 비산할 우려가 없는 경우

$Q(\text{kg}) =$ 방호대상물 표면적(m^2) $\times 13\text{kg/m}^2 \times$ [고압식 1.4, 저압식 1.1]

② ① 이외의 경우

$Q(\text{kg}) = V$(방호공간의 체적) $\times Q_1 \times$ [고압식 1.4, 저압식 1.1]

$Q_1 = 8 - 6\dfrac{a}{A}$

여기서, Q_1 : (kg/m^3)

　　　　a : 방호대상물 주위에 설치된 벽면적 합계(m^2)

　　　　A : 방호공간의 벽면적 합계(m^2)

※ **방호공간** : 방호대상물의 각 부분으로부터 0.6m의 거리에 따라 둘러싸인 공간

[주] ① 방호공간의 벽 면적 계산 시 상부(뚜껑)의 면적은 적용하지 않는다.

　　② 바닥은 밀폐된 것으로 간주하는 것이 원칙이며 별도의 규정이 없는 한 0.6m 연장을 적용하면 안된다.

　　③ 방호대상물로부터 0.6m 이내에 기둥 또는 칸막이가 설치되어 더 이상 연장할 수 없는 경우에는 해당부분까지만 연장하여야 한다.

(3) 이산화탄소화설비에서 약제저장량의 방사시간

구 분	전역방출방식		국소방출방식
방호대상물	표면화재	심부화재	
방사시간	1분 이내	7분 이내 (단, 2분 이내에 설계농도의 30%에 도달)	30초 이내

05 그림은 어느 판매장의 무창층에 대한 제연설비 중 연기 배출풍도와 배출 FAN을 나타내고 있는 평면도이다. 주어진 조건을 이용하여 풍도에 설치되어야 할 제어댐퍼를 가장 적합한 지점에 표기하고 다음 각 물음에 답하시오. (단, 댐퍼의 표기는 ⊘의 모양으로 할 것) (8점)

[조건]
① 건물의 주요구조부는 모두 내화구조이다.
② 각 실은 불연성 구조물로 구획되어 있다.
③ 복도의 내부면은 모두 불연재이고, 복도 내에 가연물을 두는 일은 없다.
④ 각 실에 대한 연기 배출방식에서 공동배출구역 방식은 없다.
⑤ 각 실은 제연경계로 구획되어있지 않다.
⑥ 송풍기의 효율은 60% 전압 40mmAq, 전달계수는 1.1로 한다.

(1) 각 실에 대한 최소 소요배출량(m^3/min)을 구하시오.
  ① A실
  ② B실
  ③ C실
  ④ D실
  ⑤ E실

(2) 범례를 참조하여 도면에 배출댐퍼를 표기하시오.
   (단 댐퍼는 적당한 위치에 설치하고 수량은 최소로 한다)

(3) 송풍기의 최소 소요동력(kW)를 계산하시오.

(1) 각 실의 최소 소요배출량(m^3/min)
   ○ 계산과정 :
   ① A실 : $Q = (14m \times 12m)168m^2 \times 1m^3/m^2 \cdot min = 168m^3/min$
   ② B실 : 바닥면적 $A = 24m \times (12m + 6m) = 432m^2$
   직경 40m 원의 범위 안 또는 초과 여부
   $L = \sqrt{24^2 + 18^2} = 30m$ ∴ 직경 40m 원의 범위 안
   $Q = 40,000m^3/h$ 이상 $= 40,000m^3/60min$ 이상 $= 666.67m^3/min$ 이상
   ③ C실 : $Q = (12m \times 6m)72m^2 \times 1m^3/m^2 \cdot min = 72m^3/min$
   ∴ 최솟값은 $83.33m^3/min$
   ④ D실 : $Q = (6m \times 6m)36m^2 \times 1m^3/m^2 \cdot min = 36m^3/min$
   ∴ 최솟값은 $83.33m^3/min$
   ⑤ E실 : $Q = (20m \times 6m)120m^2 \times 1m^3/m^2 \cdot min = 120m^3/min$
   ○ 답 : ① A실 : $168m^3/min$
   ② B실 : $666.67m^3/min$
   ③ C실 : $83.33m^3/min$
   ④ D실 : $83.33m^3/min$
   ⑤ E실 : $120m^3/min$

(2) 배출댐퍼 표기
   ○ 답 :

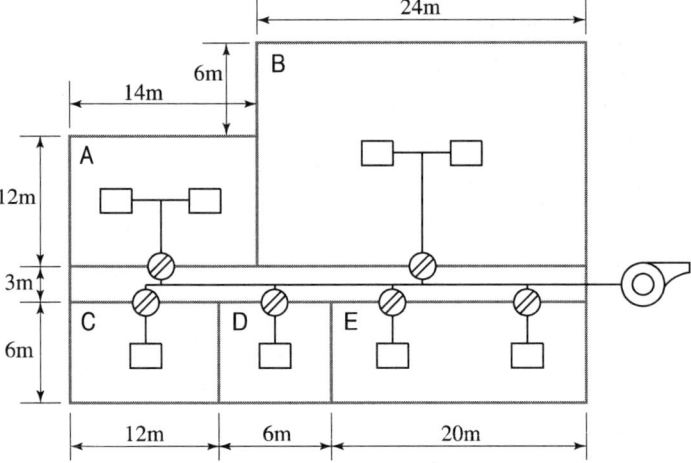

(3) 송풍기의 최소 소요동력(kW)
   ○ 계산과정 :
   $Q = \dfrac{40 \times 666.67}{102 \times 60 \times 0.6} \times 1.1 = 7.99kW$
   ○ 답 : 7.99kW

상세해설

(1) 거실의 바닥면적이 400m² 미만으로 구획된 예상제연구역에 대한 배출량

$$Q = S \times m^3/min \cdot m^2$$

여기서, Q : 배출량(m³/min)[최솟값은 5000m³/hr(83.33m³/min) 이상]
S : 바닥면적(m²)

(2) 바닥면적이 400m² 이상인 경우의 배출량(제연경계로 구획된 경우는 예외)

구분	직경 40m인 원의 범위 안에 있을 경우	직경 40m인 원의 범위를 초과할 경우
배출량	40,000m³/h 이상	45,000m³/h 이상

(3) 배풍기의 전동기동력 계산방법

$$P(kW) = \frac{Q(m^3/min) \times P_T(mmAg)}{102 \times 60 \times E} \times K$$

여기서, Q : 풍량, P_T : 전압, E : 펌프의 효율, K : 전달계수

---

06 점성계수가 0.103N·s/m², 비중이 0.85인 유체가 내경 30cm, 길이 3000m인 원관에 900L/min의 유량으로 흐르고 있다. 다음 각 물음에 답하시오.

(5점)

(1) 배관내 유속(m/s)을 계산하시오.
(2) 레이놀즈 수를 구하고 층류 또는 난류로 구분하시오.
(3) 압력손실수두(m)를 계산하시오. (단, 달시 공식을 이용하시오)

풀이 (1) 배관내 유속(m/s)

○ 계산과정 : $Q = 900L/min = 0.9m^3/60s = 0.015m^3/s$, $d = 30cm = 0.3m$

$$V = \frac{Q}{A} = \frac{Q}{\frac{\pi}{4} \times d^2} = \frac{0.015}{\frac{\pi}{4} \times 0.3^2} = 0.21 m/s$$

○ 답 : 0.21m/s

(2) 레이놀즈 수 및 층류 또는 난류 구분

○ 계산과정 : $\mu = 0.103 N \cdot s/m^2$

$$\rho = \rho_w \times S = 1000 N \cdot s^2/m^4 \times 0.85 = 850 N \cdot s^2/m^4$$

$$Re = \frac{\rho V d}{\mu} = \frac{850 \times 0.21 \times 0.3}{0.103} = 519.90$$

레이놀즈 수가 2100 이하 ∴ 층류

○답 : 519.90, 층류

(3) **압력손실수두**(m)

○계산과정 : 층류인 경우 $f = \dfrac{64}{519.9} = 0.123$

$$\Delta h_L = 0.123 \times \dfrac{3000}{0.3} \times \dfrac{0.21^2}{2 \times 9.8} = 2.77\text{m}$$

○답 : 2.77m

상세해설

(1) **배관내 유속**(m/s)

$$V = \dfrac{Q}{A} = \dfrac{Q}{\dfrac{\pi}{4} \times d^2}$$

여기서, Q : 유량(m^3/s), A : 단면적(m^2), d : 배관내경(m)

(2) **레이놀즈 수**

$$Re = \dfrac{\rho V d}{\mu}$$

여기서, Re : 레이놀즈수
ρ : 밀도(N·s^2/m^4)[$\rho = \rho_w$(물의 밀도 : 1000N·s^2/m^4) $\times S$(비중)]
V : 유속(m/s), d : 내경(m), μ : 점성계수(N·s/m^2)

유체흐름의 형태

흐름 형태	층류	난류
ReNo	ReNo < 2100	ReNo > 4000

(3) **달시 – 바이스바하**(Darcy – Weisbach) **공식**

$$\Delta h_L(\text{m}) = f \times \dfrac{l}{d} \times \dfrac{u^2}{2g} \qquad \Delta P(\text{kPa}) = \Delta h_L(\text{m}) \times \gamma(\text{kN}/\text{m}^3)$$

여기서, Δh_L : 마찰손실수두(m), f : 마찰손실계수, l : 배관길이(m)
u : 유속(m/s), g : 중력가속도(9.8m/s^2)
d : 배관내경(m), γ : 비중량(γ_w = 9800N/m^3 = 9.8kN/m^3)

07 습식유수검지장치를 사용하는 스프링클러설비에서 유수검지장치를 시험할 수 있는 시험장치를 설치한다. 다음 각 물음에 답하시오. (7점)

(1) 시험장치는 어느 배관에 연결하여 설치하는지 쓰시오.
(2) 시험장치 배관의 최소구경(mm)을 쓰시오.
(3) 다음의 미완성된 도면의 계통도를 완성하시오.
   (단, 배관 및 오리피스, 압력계, 밸브를 반드시 표시한다)

○답 : (1) 유수검지장치 2차 측 배관
(2) 25mm
(3)

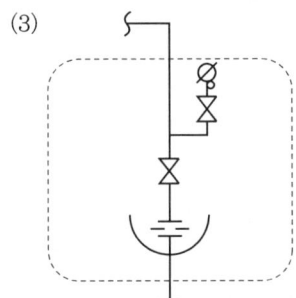

상세해설

습식유수검지장치 또는 건식유수검지장치를 사용하는 스프링클러설비와 **부압식스프링클러설비**에는 동 장치를 시험할 수 있는 **시험장치**를 다음의 기준에 따라 설치해야 한다.
(1) 습식스프링클러설비 및 부압식스프링클러설비에 있어서는 유수검지장치 2차 측 배관에 연결하여 설치하고 건식스프링클러설비인 경우 유수검지장치에서 가장 먼 거리에 위치한 가지배관의 끝으로부터 연결하여 설치할 것. 이 경우 유수검지장치 **2차 측 설비의 내용적이 2,840L를 초과**하는 건식스프링클러설비는 시험장치 개폐밸브를 완전 개방 후 1분 이내에 물이 방사되어야 한다.
(2) 시험장치 배관의 구경은 **25mm 이상**으로 하고, 그 끝에 **개폐밸브 및 개방형헤드** 또는 스프링클러헤드와 동등한 방수성능을 가진 **오리피스**를 설치할 것. 이 경우 개방형헤드는 반사판 및 프레임을 제거한 오리피스만으로 설치할 수 있다.

(3) 시험배관의 끝에는 **물받이 통 및 배수관**을 설치하여 시험 중 방사된 물이 바닥에 흘러내리지 않도록 할 것. 다만, 목욕실·화장실 또는 그 밖의 곳으로서 배수처리가 쉬운 장소에 시험배관을 설치한 경우에는 그렇지 않다.

08 옥외소화전설비의 화재안전기술기준에 대한 각 물음에 보기를 참조하여 답하시오. (4점)

[보기] 80, 130, 350, 0.17, 0.25, 0.5, 1, 1.5, 15, 20, 40, 60

(1) 노즐선단에서의 최소 방수량(L/min)
(2) 노즐선단에서의 최소 방수압력(MPa)
(3) 호스접결구의 설치높이(지면으로부터의 높이)(m)
(4) 특정소방대상물의 각 부분으로부터 하나의 호스접결구까지의 최대 수평거리(m)

○답 : (1) 350L/min
 (2) 0.25MPa
 (3) 0.5m 이상 1m 이하
 (4) 40m

옥외소화전설비의 화재안전기술기준(NFTC 109)
(1) 옥외소화전(최대2개)을 동시에 사용할 경우 각 옥외소화전의 노즐선단에서의 방수압력이 0.25MPa 이상이고, 방수량이 350L/min 이상이 되는 성능의 것으로 할 것. 다만, 하나의 옥외소화전을 사용하는 노즐선단에서의 방수압력이 0.7MPa을 초과할 경우에는 호스접결구의 인입측에 감압장치를 설치해야 한다.
(2) **호스접결구**는 지면으로부터의 높이가 0.5m 이상 1m 이하의 위치에 설치
(3) 각 부분으로부터 하나의 호스접결구까지의 수평거리가 40m 이하

09 다음 그림은 어느 실등의 평면도이다. 이 실들 중 A실을 급기 가압하고자 한다. 주어진 조건을 이용하여 각 물음에 답하시오. (7점)

[조건]
1. 실외부 대기의 기압은 절대압력으로 101300파스칼로서 일정하다.
2. A실에 유지하고자 하는 기압은 절대압력으로 101500파스칼이다.
3. 각 실의 문(Door)들의 틈새 면적은 0.01m²이다.
4. 어느 실을 급기 가압할 때 그 실의 문의 틈새를 통하여 누출되는 공기의 양은 다음의 식을 따른다.

$$Q = 0.827AP^{\frac{1}{2}} = 0.827A\sqrt{P}$$

여기서, Q : 누출되는 공기의 양(m³/s), A : 문의 틈새 면적(m²)
P : 문을 경계로 한 실내외 기압차(파스칼)

(1) 각 실의 문의 틈새면적 합계(m²)를 소수점 5째 자리까지 구하시오.
(2) A실에 유입시켜야 할 풍량은 몇 (L/s)가 되는지 소숫점 4째 자리까지 구하시오.

풀이 (1) 각 실의 문의 틈새면적 합계(m²)
  ○계산과정 :

(가) 우선 D실의 ⑤+⑥ [직렬관계]의 합성 틈새 면적

$$A = \cfrac{1}{\sqrt{\cfrac{1}{0.01^2} + \cfrac{1}{0.01^2}}} = 0.00707 \text{m}^2$$

(나) ③+④+(⑤+⑥) [병렬관계]의 합성틈새면적

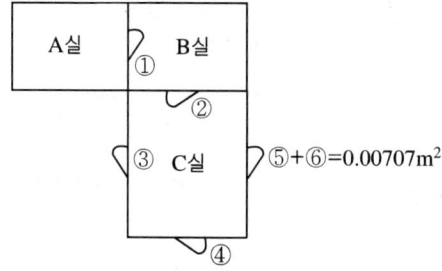

⑤+⑥=0.00707m²

$A = 0.01 + 0.01 + 0.00707 = 0.02707\text{m}^2$

(다) ①+②+[③+④+(⑤+⑥)] [직렬관계]의 합성틈새면적

③+④+(⑤+⑥)=0.02707m²

$$A = \cfrac{1}{\sqrt{\cfrac{1}{0.01^2} + \cfrac{1}{0.01^2} + \cfrac{1}{0.02707^2}}} = \cfrac{1}{146.166538} = 0.0068415\text{m}^2$$

○답 : 0.00684m^2

(2) A실에 유입시켜야 할 풍량(L/s)

○계산과정 : $Q = 0.827 A \sqrt{P}$ 식에 대입

$A = 0.00684\text{m}^2$, $P = 101500 - 101300 = 200\text{Pa}$

$Q = 0.827 \times 0.00684 \times \sqrt{200} \times \cfrac{1000\text{L}}{\text{m}^3} = 79.9975\text{L/s}$

○답 : 79.9975L/s

15년-04월, 21년-04월 기출

10 다음 그림은 할론 소화설비를 나타낸 것이다. 그림의 방출방식의 종류를 쓰고 해당 방출방식에 대하여 설명하시오. (5점)

○답 : (1) 방출방식 : 전역방출방식
(2) 설명 : 소화약제 공급장치에 배관 및 분사헤드 등을 설치하여 밀폐 방호구역 전체에 소화약제를 방출하는 설비

상세해설

(1) **전역방출방식**
소화약제 공급장치에 배관 및 분사헤드 등을 설치하여 밀폐 방호구역 전체에 소화약제를 방출하는 설비
(2) **국소방출방식**
소화약제 공급장치에 배관 및 분사헤드를 등을 설치하여 직접 화점에 소화약제를 방출하는 방식
(3) **호스릴방식**
소화수 또는 소화약제 저장용기 등에 연결된 호스릴을 이용하여 사람이 직접 화점에 소화수 또는 소화약제를 방출하는 방식

10년-7월, 16년-6월 기출

11 그림과 같이 배관에 유량이 100L/s이고 40℃인 물이 흐르고 있다. ②지점에서 공동현상이 발생하지 않기 위한 ①지점에서의 최소 압력은 몇 kPa인지 계산하시오. (단, 배관의 손실은 무시하고 40℃ 물의 증기압은 55.324mmHg abs이다.) **(5점)**

풀이 ○ 계산과정:

$Q = 100\text{L/s} = 0.1\text{m}^3/\text{s}$

$u_1 = \dfrac{4Q}{\pi d_1^2} = \dfrac{4 \times 0.1\text{m}^3/\text{s}}{\pi \times (0.5\text{m})^2} = 0.51\text{m/s}$

$u_2 = \dfrac{4Q}{\pi d_2^2} = \dfrac{4 \times 0.1\text{m}^3/\text{s}}{\pi \times (0.3\text{m})^2} = 1.41\text{m/s}$

$P_V = 55.324\text{mmHg} \times \dfrac{101325\text{N/m}^2}{760\text{mmHg}} = 7375.93\text{N/m}^2(\text{Pa})$

$P_1 = \dfrac{1000\text{N}\cdot\text{s}^2/\text{m}^4 \times (1.41^2 - 0.51^2)}{2} + 7375.93 = 8239.93\text{N/m}^2(\text{Pa})$

$= 8.24\text{kPa}$

○ 답: 8.24kPa

상세해설

(1) 유량 산출 공식

$$u = \dfrac{Q}{A} = \dfrac{Q}{\dfrac{\pi}{4} \times d^2} = \dfrac{4Q}{\pi d^2}$$

여기서, Q: 유량(m³/s), u: 유속(m/s), A: 단면적(m²), d: 배관내경(m)

(2) 베르누이 방정식

$$H = \dfrac{u_1^2}{2g} + \dfrac{P_1}{\gamma} + Z_1 = \dfrac{u_2^2}{2g} + \dfrac{P_2}{\gamma} + Z_2$$

여기서, H: 전에너지(m), $\dfrac{u^2}{2g}$: 속도수두(m), $\dfrac{P}{\gamma}$: 압력수두(m), Z: 위치수두(m)
γ: 물의 비중량(9.8kN/m³)

수평배관이므로 위치수두 $Z_1 = Z_2$,
비중량 $\gamma = \rho(밀도, N \cdot s^2/m^4) \times g(중력가속도, m/s^2)$

$$\frac{u_1^2}{2g} + \frac{P_1}{\rho g} = \frac{u_2^2}{2g} + \frac{P_2}{\rho g}$$

(3) ①지점에서의 최소 압력(공동현상발생방지 압력)

$$P_1 = \frac{\rho(u_2^2 - u_1^2)}{2} + P_2$$

여기서, P : 압력(Pa(N/m²)), ρ : 물의 밀도(1000kg/m³ = 1000N · s²/m⁴)
u : 유속(m/s)

12 스프링클러설비에서 사용하는 개방형헤드와 폐쇄형헤드의 기능상 차이점 1가지와 사용헤드별 스프링클러설비의 종류에 대한 빈칸을 채우시오. (6점)

(1) 개방형헤드와 폐쇄형헤드의 기능상 차이점
(2) 사용헤드별 스프링클러설비의 종류

구분	개방형헤드	폐쇄형헤드
스프링클러설비의 종류		

풀이 ○답 : (1) 개방형헤드와 폐쇄형헤드의 기능상 차이점
- 개방형헤드 : 감열체 없이 방수구가 항상 개방된 상태
- 폐쇄형헤드 : 감열체가 있고 일정온도에서 자동적으로 방수구가 개방되는 형태

(2) 사용헤드별 스프링클러설비의 종류

구분	개방형헤드	폐쇄형헤드
스프링클러설비의 종류	일제살수식	습식
		건식
		준비작동식
		부압식

상세해설

- **개방형스프링클러헤드**
  감열체 없이 방수구가 항상 열려져 있는 스프링클러헤드

- **폐쇄형스프링클러헤드**
  정상상태에서 방수구를 막고 있는 감열체가 일정온도에서 자동적으로 파괴·용해 또는 이탈됨으로써 방수구가 개방되는 스프링클러헤드

- **습식스프링클러설비**
  가압송수장치에서 폐쇄형스프링클러헤드까지 배관 내에 항상 물이 가압되어 있다가 화재로 인한 열로 폐쇄형스프링클러헤드가 개방되면 배관 내에 유수가 발생하여 습식유수검지장치가 작동하게 되는 스프링클러설비를 말한다.

- **부압식스프링클러설비**
  가압송수장치에서 준비작동식유수검지장치의 1차측까지는 항상 정압의 물이 가압되고, 2차측 폐쇄형 스프링클러헤드까지는 소화수가 부압으로 되어 있다가 화재 시 감지기의 작동에 의해 정압으로 변하여 유수가 발생하면 작동하는 스프링클러설비를 말한다.

- **준비작동식스프링클러설비**
  가압송수장치에서 준비작동식유수검지장치 1차 측까지 배관 내에 항상 물이 가압되어 있고 2차 측에서 폐쇄형스프링클러헤드까지 대기압 또는 저압으로 있다가 화재발생시 감지기의 작동으로 준비작동식유수검지장치가 작동하여 폐쇄형스프링클러헤드까지 소화용수가 송수되어 폐쇄형스프링클러헤드가 열에 따라 개방되는 방식의 스프링클러설비를 말한다.

- **건식스프링클러설비**
  건식유수검지장치 2차 측에 압축공기 또는 질소 등의 기체로 충전된 배관에 폐쇄형스프링클러헤드가 부착된 스프링클러설비로서, 폐쇄형스프링클러헤드가 개방되어 배관내의 압축공기 등이 방출되면 건식유수검지장치 1차 측의 수압에 의하여 건식유수검지장치가 작동하게 되는 스프링클러설비

- **일제살수식스프링클러설비**
  가압송수장치에서 일제개방밸브 1차 측까지 배관 내에 항상 물이 가압되어 있고 2차 측에서 개방형스프링클러헤드까지 대기압으로 있다가 화재발생시 자동감지장치 또는 수동식 기동장치의 작동으로 일제개방밸브가 개방되면 스프링클러헤드까지 소화용수가 송수되는 방식의 스프링클러설비

13 경유를 저장하는 탱크의 내부직경이 50m인 플루팅루프(Floating Roof) 탱크에 포소화설비의 특형 방출구를 설치하여 방출하려고 할 때 다음 각 물음에 답하시오. (7점)

[조건]
① 소화약제는 3%용의 단백포를 사용하며
   수용액의 분당 방출량은 8L/m² · min이고 방사시간은 30분으로 한다.
② 탱크내면과 굽도리판의 간격은 1m로 한다.
③ 물의 비중량은 9.8kN/m³으로 한다.
④ 약제의 혼합방식은 라인프로포셔너방식이다.
⑤ 펌프의 효율은 65%, 기타 조건(전동기 전달계수 등)은 무시한다.

(1) 플루팅루프와 탱크측판 사이의 환상면적(m²)을 계산하시오.
(2) 특형 방출구에 의하여 소화하는데 필요한 수용액의 양(L)을 구하시오.
(3) 특형 방출구에 의하여 소화하는데 필요한 수원의 양(L)을 구하시오.
(4) 특형 방출구에 의하여 소화하는데 필요한 포소화약제 원액의 양(L)을 구하시오.
(5) 펌프의 정격 전양정이 80m라고 할 때 전동기의 최소동력(kW)을 구하시오.

풀이 (1) **환상면적**(액표면적)
○계산과정 : $A = \dfrac{\pi}{4} \times (D_1^2 - D_2^2) = \dfrac{\pi}{4} \times (50^2 - 48^2) = 153.94\text{m}^2$

○답 : 153.94m²

(2) **수용액의 양**
○계산과정 :
$Q = A \times T \times Q_1$
  Q : 포소화수용액의 양(L), T : 방출시간(분)
  A : 탱크액표면적(m²), Q_1 : 단위 포소화수용액의 양(L/m² · 분)

$A = 153.94\text{m}^2$, $T = 30\text{min}$, $Q_1 = 8\text{L/m}^2 \cdot \text{min}$

$$\therefore Q = 153.94\text{m}^2 \times 30\text{min} \times 8\text{L/m}^2 \cdot \text{min} = 36945.60\text{L}$$

○답 : 36945.60L

(3) 수원의 양

  ○계산과정 :

$$Q_w = A \times T \times Q_1 \times S_w$$

    Q_w : 수원의 양(L), S_w : 물의 농도(100 − 약제사용농도)

$$\therefore Q = 153.94 \times 30\text{min} \times 8\text{L/m}^2 \cdot \text{min} \times \frac{97}{100} = 35837.23\text{L}$$

○답 : 35837.23L

(4) 포소화약제 원액의 양

  ○계산과정 :

$$Q_s = A \times T \times Q_1 \times S$$

    Q_s : 포소화약제 원액의 양(L), A : 탱크 액표면적(m^2)

    T : 방출시간(min), Q_1 : 단위 포소화 수용액의 양($\text{L/m}^2 \cdot \text{min}$)

    S : 포소화약제의 사용농도

$$\therefore Q_s = 153.94\text{m}^2 \times 30\text{min} \times 8\text{L/m}^2 \cdot \text{min} \times \frac{3}{100} = 1108.37\text{L}$$

○답 : 1108.37L

(5) 전동기의 최소동력

  ○계산과정 :

    ① 전동기의 동력 $P(\text{kW}) = \dfrac{\gamma \times Q \times H}{E} \times K$

    여기서, γ : 유체 비중량(물=9.8kN/m^3), Q : 토출량(m^3/s)

           H : 전양정(m), E : 전동기 효율, K : 전달계수

    ② 펌프의 초당 토출량(m^3/s) 계산

    펌프의 토출량=포헤드, 고정포 방출구, 이동식 포노즐의 설계압력 또는 방사압력의 허용범위 안에서 포수용액을 방출 또는 방사할 수 있는 양 이상이 되도록 할 것

    ∴ 포수용액을 방사 시간 내에 토출할 수 있어야 한다.

$$36945.60\text{L}/30\text{min} = 36945.60 \times 10^{-3}\text{m}^3/(30 \times 60\text{s})$$
$$= 0.0205\text{m}^3/\text{s}$$

    ③ $\therefore P(\text{kW}) = \dfrac{9.8 \times 0.0205 \times 80}{0.65} = 24.73\text{kW}$

○답 : 24.73kW 이상

14 지상16층의 계단실형(계단식) APT에 옥내소화전설비와 스프링클러설비를 설치한다. 옥내소화전은 3개/층, 폐쇄형스프링클러헤드는 각 세대 당 12개가 설치되며 소화펌프는 옥내소화전설비와 스프링클러설비 겸용으로 사용한다. 조건을 참조하여 다음 각 물음에 답하시오. (10점)

[조건] 1. 옥내소화전설비
① 실양정은 50m로 한다.
② 배관의 마찰손실은 실양정의 30%로 한다.
③ 소방용호스의 마찰손실은 실양정의 15%로 한다.
2. 스프링클러설비
① 실양정은 52m로 한다.
② 배관의 마찰손실은 실양정의 35%로 한다.

(1) 소화펌프의 전양정(m)을 산출하시오.
(2) 소화설비에 필요한 수원의 최소 유효저수량(m^3)을 산출하시오.
(옥상수조 포함)
(3) 펌프의 토출량(L/min)을 산출하시오.
(4) 전동기의 소요동력(kW)을 산출하시오. (단, 펌프는 체적효율 90%, 기계 효율 80%, 수력 효율 75%이며 전달계수는 1.1이다.)
(5) 다음은 감시제어반과 동력제어반으로 구분하여 설치하지 아니할 수 있는 경우이다. ( )안에 알맞은 답을 쓰시오.
① ( )에 따른 가압송수장치를 사용하는 경우
② ( )에 따른 가압송수장치를 사용하는 경우
③ ( )에 따른 가압송수장치를 사용하는 경우

풀이 (1) **전양정**(m)
○ 계산과정 :
옥내소화전설비의 전양정 $H = 50m + (50m \times 0.3) + (50m \times 0.15) + 17$
$= 89.5m$
스프링클러설비의 전양정 $H = 52m + (52m \times 0.35) + 10 = 80.2m$
○ 답 : 89.5m

(2) **수원의 최소 유효저수량**(m^3)
○ 계산과정 : $Q = [2 \times 2.6m^3 + 10 \times 1.6m^3] + [2 \times 2.6m^3 + 10 \times 1.6m^3] \times \dfrac{1}{3}$
$= 28.27m^3$
○ 답 : $28.27m^3$

(3) 펌프의 토출량(L/min)
  ○계산과정 : $Q = 2 \times 130 \text{L/min} + 10 \times 80 \text{L/min} = 1060 \text{L/min}$
  ○답 : 1060L/min

(4) 전동기의 소요동력(kW)
  ○계산과정 : 펌프의 효율 E = 체적효율 × 기계효율 × 수력효율
       펌프의 효율 $E = 0.9 \times 0.8 \times 0.75 \times 100 = 54\%$
       $P = \dfrac{9.8 \times 1.06 \text{m}^3/60\text{s} \times 89.5\text{m}}{0.54} \times 1.1 = 31.56 \text{kW}$
  ○답 : 31.56kW

(5) ( )넣기
  ○답 : ① 내연기관 ② 고가수조 ③ 가압수조

11년-07월, 13년-07월, 16년-04월, 16년-06월 기출

15 전기실에 제1종 분말소화약제를 사용한 분말소화설비를 전역방출방식의 가압식으로 설치하려고 한다. 다음 조건을 참조하여 각 물음에 답하시오. (9점)

[조건]
① 소방대상물의 크기는 가로 11m, 세로 9m, 높이 4.5m인 내화구조로 되어 있다.
② 소방대상물의 중앙에 가로 1m, 세로 1m의 기둥이 있고, 기둥을 중심으로 가로, 세로 보가 교차되어 있으며 보는 천장으로부터 0.6m, 너비 0.4m의 크기이고, 보와 기둥은 내열성 재료이다.
③ 전기실에는 0.7m×1.0m, 1.2m×0.8m인 개구부가 각각 1개씩 설치되어 있으며, 1.2m×0.8m인 개구부에는 자동폐쇄장치가 설치되어 있다.
④ 방호공간에 내화구조 또는 내열성 밀폐재료가 설치된 경우에는 방호 공간에서 제외할 수 있다.
⑤ 방사헤드의 방출률은 7.82kg/mm² · min · 개 이다.
⑥ 약제저장용기 1개의 내용적은 50L이다.
⑦ 방사헤드 1개의 오리피스(방출구) 면적은 0.45cm²이다.
⑧ 소화약제의 종류에 따른 소화약제의 양과 개구부 가산량은 다음과 같다.

소화약제의 종류	방호구역의 체적 1m³에 대한 소화약제의 양	가산량(개구부의 면적 1m²에 대한 소화약제의 양)
제1종 분말	0.6kg	4.5kg

⑨ 소화약제 산정기준 및 기타 필요한 사항은 국가 화재 안전 기준에 준한다.

(1) 저장에 필요한 제1종 분말 소화약제의 최소 양[kg] :
   ○계산과정 :
   ○답 :
(2) 저장에 필요한 약제 저장용기의 수[병] :
   ○계산과정 :
   ○답 :
(3) 설치에 필요한 방사 헤드의 최소 개수[개] :
   (단, 소화약제의 양은 (물음 2에서 구한 저장용기 수의 소화약제 양으로 한다.)
   ○계산과정 :
   ○답 :
(4) 방사 헤드 1개의 방사량[kg/s] :
   ○계산과정 :
   ○답 :

풀이 (1) 저장에 필요한 제1종 분말 소화약제의 최소 양
   ○계산과정 :

[전기실의 상세도면]

[기둥]

[보]

① 방호공간 전체체적 : $V = 11\text{m} \times 9\text{m} \times 4.5\text{m} = 445.5\text{m}^3$

② 방호공간에서 제외되는 체적

   기둥의 체적 $V_1 = 1\text{m} \times 1\text{m} \times 4.5\text{m} = 4.5\text{m}^3$

   가로 보의 체적 $V_2 = 0.4\text{m} \times 0.6\text{m} \times 10\text{m} = 2.4\text{m}^3$

   세로 보의 체적 $V_3 = 0.4\text{m} \times 0.6\text{m} \times 8\text{m} = 1.92\text{m}^3$

   $V_1 + V_2 + V_3 = 4.5 + 2.4 + 1.92 = 8.82\text{m}^3$

③ 실제 방호공간 체적 : $V = 445.5 - 8.82 = 436.68\text{m}^3$

④ 개구부 면적 : $A = 0.7\text{m} \times 1.0\text{m} = 0.7\text{m}^2$

⑤ $Q(\text{kg}) = 436.68(\text{m}^3) \times 0.6(\text{kg/m}^3) + 0.7(\text{m}^2) \times 4.5(\text{kg/m}^2)$

$$= 265.16\text{kg}$$
○답 : 265.16kg

(2) 저장에 필요한 약제 저장용기의 수
   ○계산과정 :
   ① 용기 1병당 약제 저장량
   $$G(\text{kg}) = \frac{50(l)}{0.8} = 62.5\text{kg}$$
   ② 약제 저장용기의 수[병]
   $$N(\text{병}) = \frac{265.16(\text{kg})}{62.5(\text{kg})} = 4.24\text{병} \quad \therefore 5\text{병}$$
   ○답 : 5병

(3) 설치에 필요한 방사 헤드의 최소 개수
   ○계산과정 :
   $$N(\text{헤드수}) = \frac{62.5 \times 5\text{병}}{0.5\min \times 7.82(\text{kg/mm}^2.\min.\text{개}) \times 0.45 \times 10^2(\text{mm}^2)} = 1.78$$
   $\therefore$ 2개
   ○답 : 2개

(4) 방사 헤드 1개의 방사량
   ○계산과정 : $Q = \dfrac{62.5\text{kg} \times 5\text{병}}{30\text{s} \times 2\text{개}} = 5.21\text{kg/s}$
   ○답 : 5.21kg/s

상세해설

(1) 저장에 필요한 제1종 분말 소화약제의 최소 양
   ① 전역방출방식

종 별	방호구역 체적계수 : K_1[kg/m³]	자동폐쇄장치 미설치 개구부 면적계수 : K_2[kg/m²]
제1종	0.60	4.5
제2종, 3종	0.36	2.7
제4종	0.24	1.8

   ② 소화약제 저장량 계산
   $$Q(\text{kg}) = V(\text{m}^3) \times K_1(\text{kg/m}^3) + A(\text{m}^2) \times K_2(\text{kg/m}^2)$$

(2) 저장에 필요한 약제 저장용기의 수
   ① 용기 1병당 약제 저장량
   $$C = \frac{V(l)}{G(\text{kg})} \quad \text{여기서, } C : \text{충전비, } V : \text{내용적, } G : \text{약제의 무게}$$

② 분말약제 저장용기의 내용적(충전비)

소화약제의 종별	내용적(l)/약제(kg)=충전비
$NaHCO_3$ (제1종 분말)	0.8
$KHCO_3$ (제2종 분말)	1.0
$NH_4H_2PO_4$ (제3종 분말)	1.0
$KHCO_3+(NH_2)_2CO$ (제4종 분말)	1.25

③ 약제 저장용기의 수[병]

$$N(병) = \frac{약제\ 소요량(kg)}{1병당\ 저장량(kg)}$$

(3) 설치에 필요한 방사 헤드의 최소 개수

① N(헤드수)

$$= \frac{약제저장량(kg)}{방사시간(min) \times 헤드의\ 방출율(kg/mm^2 \cdot min \cdot 개) \times 헤드\ 분구면적(mm^2)}$$

② 분말소화설비의 소화약제 저장량 방사시간
  ㉠ 전역방출방식 : 30s(0.5min) 이내
  ㉡ 국소방출방식 : 30s(0.5min) 이내

(4) 방사 헤드 1개의 방사량

① Q(헤드 1개의 방사량)$= \dfrac{약제저장량(kg)}{방사시간(min) \times 헤드개수(개)}$

② 분말소화설비의 소화약제 저장량 방사시간
  ㉠ 전역방출방식 : 30s(0.5min) 이내
  ㉡ 국소방출방식 : 30s(0.5min) 이내

---

16 할론소화설비의 화재안전성능기준 및 기술기준에 대한 다음 각 물음에 답하시오.
(5점)

(1) 용어의 정의 중 "별도 독립방식"이란 무엇인지 쓰시오.
(2) 다음 ( )안에 알맞은 답을 쓰시오.
   하나의 방호구역을 담당하는 소화약제 저장용기의 소화약제량의 체적합계보다 그 소화약제 방출 시 방출경로가 되는 배관(집합관을 포함한다)의 내용적의 비율이 ( )배 이상일 경우에는 해당 방호구역에 대한 설비는 별도 독립방식으로 해야 한다.

풀이 ○답 : (1) 소화약제 저장용기와 배관을 방호구역별로 독립적으로 설치하는 방식
         (2) 1.5

소방설비기사 실기 (기계분야)

2024년도 출제문제

소방설비기사 실기(기계분야)

2024년도

정기총회

소방설비기사 – 기계분야

2024년 4월 27일 시행

17년-04월, 17년-11월, 18년-11월 기출

01 다음 그림은 습식스프링클러설비 계통도의 일부를 나타낸 것이다. 조건을 참조하여 다음 각 물음에 답하시오. (7점)

[조건] ① H_1헤드 : 방수량(80L/min), 방수압력(0.1MPa)
② 각 헤드 $H_1 \sim H_5$ 간의 방수압력 차이는 0.02MPa이다.
(단, 배관마찰손실압력 계산 시 배관부속의 마찰손실은 무시한다)
③ A~B 구간의 마찰손실압력은 0.03MPa이다.
④ 가지배관 내 유속은 6m/s이다.

(1) A지점에서 필요한 최소압력(MPa)은 얼마인가?
(2) A~B구간에서의 유량(L/min)은 얼마인가?
(3) A~B구간의 배관 최소구경(mm)은 얼마인가?
(단, 배관의 최소구경은 호칭구경이 아닌 계산 값으로 한다.)

풀이 (1) **A지점에서 필요한 최소압력**(MPa)
  ○ 계산과정 : A지점의 압력 $P_A = 0.1 + (0.02 \times 4) = 0.18$MPa
  ○ 답 : 0.18MPa

(2) A~B구간에서의 유량(L/min)

○ 계산과정 : $Q = K\sqrt{10P}$, $K = \dfrac{Q}{\sqrt{10P}} = \dfrac{80}{\sqrt{10 \times 0.1}} = 80$

① $Q_{H_1} = 80 \times \sqrt{10 \times 0.1} = 80\text{L/min}$

② $Q_{H_2} = 80 \times \sqrt{10 \times (0.1 + 0.02)} = 87.64\text{L/min}$

③ $Q_{H_3} = 80 \times \sqrt{10 \times (0.1 + 0.02 + 0.02)} = 94.66\text{L/min}$

④ $Q_{H_4} = 80 \times \sqrt{10 \times (0.1 + 0.02 + 0.02 + 0.02)} = 101.19\text{L/min}$

⑤ $Q_{H_5} = 80 \times \sqrt{10 \times (0.1 + 0.02 + 0.02 + 0.02 + 0.02)} = 107.33\text{L/min}$

$Q = 80 + 87.64 + 94.66 + 101.19 + 107.33 = 470.82\text{L/min}$

○ 답 : 470.82L/min

(3) A~B구간의 배관 최소구경(mm)

○ 계산과정 : $d = \sqrt{\dfrac{4 \times (470.82 \times 10^{-3}/60)}{\pi \times 6}} \times 1000 = 40.81\text{mm}$

○ 답 : 40.81mm

상세해설

(1) A지점에 필요한 압력

$P_B = H_1$헤드의 방사압력 + 각 헤드간의 방수압력차

(2) A~B구간의 유량

- $Q_A = H_1 \sim H_5$ 헤드의 방수량
- 헤드의 방수량

$$Q = K\sqrt{10P}$$

여기서, Q : 방수량(L/min), K : 방출계수, P : 방수압력(MPa)

(3) A~B구간의 배관 호칭구경

- 배관내경 산출공식

$$d(\text{mm}) = \sqrt{\dfrac{4Q}{\pi u}} \times 1000$$

여기서, d : 배관내경(mm), Q : 유량(m³/s), u : 배관내 유속(m/s),
1000 : m를 mm로 환산하기 위한 상수

- 급수관의 구경(호칭구경)(단위 : mm)

| 25 | 32 | 40 | 50 | 65 | 80 | 90 | 100 | 125 | 150 |

02 다음은 주거용 주방자동소화장치의 설치기준이다. ( )안에 알맞은 답을 보기에서 골라 쓰시오. (6점)

> **[보기]** 수신부, 방출구, 차단장치, 감지부, 제어부, 천장면, 바닥면, 20cm, 30cm, 40cm

(1) 소화약제 (①)는 환기구의 청소부분과 분리되어 있어야 하며, 형식승인 받은 유효설치 높이 및 방호면적에 따라 설치할 것
(2) (②)(전기 또는 가스)는 상시 확인 및 점검이 가능하도록 설치할 것
(3) 가스용 주방자동소화장치를 사용하는 경우 탐지부는 (③)와 분리하여 설치하되, 공기보다 가벼운 가스를 사용하는 경우에는 (④)으로부터 (⑤) 이하의 위치에 설치하고, 공기보다 무거운 가스를 사용하는 장소에는 (⑥)으로부터 (⑦) 이하의 위치에 설치할 것

풀이 ○답 : (1) ① 방출구
　　　　(2) ② 차단장치
　　　　(3) ③ 수신부　④ 천장면　⑤ 30cm　⑥ 바닥면　⑦ 30cm

상세해설

주거용 주방자동소화장치 설치기준
① 소화약제 방출구는 환기구의 청소부분과 분리되어 있어야 하며, 형식승인 받은 유효설치 높이 및 방호면적에 따라 설치할 것
② 감지부는 형식승인 받은 유효한 높이 및 위치에 설치할 것
③ 차단장치(전기 또는 가스)는 상시 확인 및 점검이 가능하도록 설치할 것
④ 가스용 주방자동소화장치를 사용하는 경우 탐지부는 수신부와 분리하여 설치하되, 공기보다 가벼운 가스를 사용하는 경우에는 천장 면으로 부터 30cm 이하의 위치에 설치하고, 공기보다 무거운 가스를 사용하는 장소에는 바닥 면으로부터 30cm 이하의 위치에 설치할 것

구분	공기보다 가벼운 가스	공기보다 무거운 가스
탐지부	천장 면 30cm 이하	바닥 면 30cm 이하

⑤ 수신부는 주위의 열기류 또는 습기 등과 주위온도에 영향을 받지 아니하고 사용자가 상시 볼 수 있는 장소에 설치할 것

23년-4월 기출

03 다음은 습식유수검지장치 또는 건식유수검지장치를 사용하는 스프링클러설비와 부압식스프링클러설비에 설치하는 시험장치에 관한 내용이다. 각 물음에 답하시오.

(5점)

(1) 시험장치의 설치목적을 쓰시오.
(2) 시험장치의 배관에 대한 기준이다. ( )안에 알맞은 답을 쓰시오.

> 시험장치 배관의 구경은 (①) 이상으로 하고, 그 끝에 개폐밸브 및 (②) 또는 스프링클러헤드와 동등한 방수성능을 가진 (③)를 설치할 것. 이 경우 개방형헤드는 반사판 및 프레임을 제거한 (③)만으로 설치할 수 있다.

○답 : (1) **시험장치의 설치목적** : 유수검지장치의 정상적인 작동상태 확인
(2) **시험장치의 배관에 대한 기준**
① 25mm ② 개방형헤드 ③ 오리피스

상세해설

습식유수검지장치 또는 건식유수검지장치를 사용하는 스프링클러설비와 부압식스프링클러설비에는 동 장치를 시험할 수 있는 시험장치를 다음의 기준에 따라 설치해야 한다.

(1) 습식스프링클러설비 및 부압식스프링클러설비에 있어서는 **유수검지장치 2차 측 배관에 연결하여 설치**하고 건식스프링클러설비인 경우 유수검지장치에서 **가장 먼 거리에 위치한 가지배관의 끝으로부터 연결하여 설치할 것**. 이 경우 유수검지장치 2차 측 설비의 내용적이 **2,840L**를 초과하는 건식스프링클러설비는 시험장치 개폐밸브를 완전 개방 후 1분 이내에 물이 방사되어야 한다.

(2) 시험장치 배관의 구경은 **25mm** 이상으로 하고, 그 끝에 **개폐밸브 및 개방형헤드** 또는 스프링클러헤드와 동등한 방수성능을 가진 **오리피스**를 설치할 것. 이 경우 개방형헤드는 반사판 및 프레임을 제거한 **오리피스**만으로 설치할 수 있다.

(3) 시험배관의 끝에는 물받이 통 및 배수관을 설치하여 시험 중 방사된 물이 바닥에 흘러내리지 않도록 할 것. 다만, 목욕실·화장실 또는 그 밖의 곳으로서 배수처리가 쉬운 장소에 시험배관을 설치한 경우에는 그렇지 않다.

04 바닥면적이 가로 8m 세로 5m인 차고, 주차장에 물분무소화설비를 설치하고자 한다. 다음 각 물음에 답하시오. (4점)

(1) 소화펌프의 최소 토출량(L/min)을 구하시오.
(2) 필요한 최소 수원의 양(m^3)을 구하시오.

풀이 (1) 소화펌프의 최소 토출량(L/min)
  ○ 계산과정 : 바닥면적 $A = 8m \times 5m = 40m^2$ ∴ 최소면적 $50m^2$을 적용한다.
  $$Q = 50m^2 \times 20L/m^2 \cdot min = 1,000L/min$$
  ○ 답 : 1,000L/min

(2) 필요한 최소 수원의 양(m^3)
  ○ 계산과정 : $Q = 50m^2 \times 20L/m^2 \cdot min \times 20min = 20,000 = 20m^3$
  ○ 답 : $20m^3$

상세해설

물분무소화설비의 펌프 토출량 및 수원의 양

소방대상물	표준 방사량(K) ($L/m^2 \cdot min$)	펌프의 토출량 (L/min)	수원의 양(L)
특수가연물	10	$Q = A(최소\ 50m^2) \times K$ A : 최대방수구역 바닥면적 기준	$Q = A(최소\ 50m^2) \times K \times 20min$
차고, 주차장	20	$Q = A(최소\ 50m^2) \times K$ A : 최대방수구역 바닥면적 기준	$Q = A(최소\ 50m^2) \times K \times 20min$
절연유 봉입 변압기	10	$Q = A(m^2) \times K$ A : 바닥부분 제외한 표면적을 합한 면적	$Q = A(m^2) \times K \times 20min$
케이블 트레이, 덕트	12	$Q = A(m^2) \times K$ A : 투영된 바닥면적	$Q = A(m^2) \times K \times 20min$
콘베이어 벨트	10	$Q = A(m^2) \times K$ A : 벨트부분의 바닥면적	$Q = A(m^2) \times K \times 20min$

★ [어두문자 암기법 : 특, 절, 콘10 / 케12 / 차20] ★

00년-4월, 00년-11월, 04년-7월, 05년-5월, 15년-11월, 21년-11월 기출

05 제연설비에서 주로 사용하는 솔레노이드댐퍼, 모터댐퍼 및 퓨즈댐퍼의 작동 원리를 쓰시오. (3점)

풀이 ○답 : (1) **솔레노이드댐퍼** : 화재신호에 의하여 솔레노이드밸브(전자밸브)가 전기적인 신호에 의해 작동하는 방식
(2) **모터댐퍼** : 화재신호에 의하여 전동모터의 힘으로 작동하는 방식
(3) **퓨즈댐퍼** : 특정 온도에 도달되면 퓨즈가 녹아 스프링의 힘에 의해 작동하는 방식

상세해설

(1) **솔레노이드댐퍼** : 솔레노이드밸브(전자밸브) 구동방식으로 열·연기 또는 불꽃의 감지 신호를 받으면 **솔레노이드밸브가 전기적인 신호에 의해 작동**하여 댐퍼를 닫는 방식으로 주로 개구부 면적이 작은 곳에 설치
(2) **모터댐퍼** : 모터 구동방식으로 열·연기 또는 불꽃의 감지신호를 받은 **전동모터의 힘**으로 댐퍼가 자동으로 차단되는 방식으로 주로 **개구부 면적이 큰 곳에 설치**
(3) **퓨즈댐퍼** : 퓨즈블링크 구동방식으로 열기가 댐퍼 내부에 도달하였을 때 특정 온도에 도달되면 퓨즈가 녹아 스프링의 힘에 의해 댐퍼가 자동으로 차단되는 방식으로 주로 **주방에 설치**

06 소화설비에서 펌프의 흡입측배관에는 버터플라이밸브를 설치하면 안 되는 이유를 2가지만 쓰시오. (4점)

풀이 ○답 : ① 유체의 마찰손실이 커서 공동현상이 발생할 우려가 있기 때문
② 유로차단이 신속하게 되어 수격작용이 발생할 우려가 있기 때문

상세해설

① 급수배관에 설치되어 급수를 차단할 수 있는 개폐밸브는 개폐표시형으로 해야 한다. 이 경우 펌프의 흡입측배관에는 버터플라이밸브 외의 개폐표시형밸브를 설치해야 한다.
② 성능시험배관은 펌프의 토출 측에 설치된 개폐밸브 이전에서 분기하여 직선으로 설치하고, 유량측정장치를 기준으로 **전단 직관부에는 개폐밸브를 후단 직관부에는 유량조절밸브를 설치할 것.**
③ 가압송수장치에는 체절운전 시 수온의 상승을 방지하기 위한 **순환배관을 설치할 것**. 다만, 충압펌프의 경우에는 그렇지 않다.
④ 기동용수압개폐장치 중 압력챔버를 사용할 경우 그 용적은 100L 이상의 것으로 할 것

07 다음 표는 할로겐화합물 및 불활성기체소화설비의 화재안전기술기준에 관한 내용이다. 각 물음에 답하시오. (8점)

(1) 할로겐화합물 및 불활성기체소화약제의 방출시간과 방출량 기준에 대한 (   )안에 알맞은 답을 쓰시오.

소화약제		방출시간	방출량
할로겐화합물		( )초 이내	방호구역 각 부분에 최소설계농도의 ( )% 이상에 해당하는 약제량
불활성기체	A급	( )분 이내	
	B급	( )분 이내	
	C급	( )분 이내	

(2) 불활성기체소화약제보다 할로겐화합물소화약제의 방사시간이 더 짧은 이유에 대해 설명하시오.

풀이 ○ 답 : (1)

소화약제		방출시간	방출량
할로겐화합물		(10)초 이내	방호구역 각 부분에 최소설계농도의 (95)% 이상에 해당하는 약제량
불활성기체	A급	(2)분 이내	
	B급	(1)분 이내	
	C급	(2)분 이내	

(2) 약제방사 시 열분해하여 생성되는 독성물질을 최소화하기 위하여

상세해설

배관의 구경

소화약제		방출시간	방출량
할로겐화합물		10초 이내	방호구역 각 부분에 최소설계농도의 95% 이상에 해당하는 약제량
불활성기체	A급, C급	2분 이내	
	B급	1분 이내	

A · B · C급 화재별 안전계수

설계농도	소화농도	안전계수
A급	A급	1.2
B급	B급	1.3
C급	A급	1.35

01년-07월, 05년-07월, 09년-04월, 11년-11월, 12년-11월, 15년-07월, 16년-06월, 17년-11월, 18년-11월, 20년-10월 유사

08 다음 그림은 어느 실등의 평면도이다. 이 실들 중 A실을 급기 가압하고자 한다. 주어진 조건을 이용하여 각 물음에 답하시오. (6점)

[조건]
1. 실외부 대기의 기압은 절대압력으로 101300파스칼로서 일정하다.
2. A실에 유지하고자 하는 기압은 절대압력으로 101400파스칼이다.
3. 각 실의 문(Door)들의 틈새 면적은 0.01m^2이다.
4. 어느 실을 급기 가압할 때 그 실의 문의 틈새를 통하여 누출되는 공기의 양은 다음의 식을 따른다.

$$Q = 0.827AP^{\frac{1}{2}} = 0.827A\sqrt{P}$$

여기서, Q : 누출되는 공기의 양(m^3/s), A : 문의 틈새 면적(m^2)
P : 문을 경계로 한 실내외 기압차(파스칼)

(1) 각 실의 문의 틈새면적 합계(m^2)를 소수점 5째 자리까지 구하시오.
(2) A실에 유입시켜야 할 풍량은 몇 (m^3/s)가 되는지 소숫점 4째 자리까지 구하시오.

풀이 (1) 각 실의 문의 틈새면적 합계(m^2)
  ○ 계산과정 :

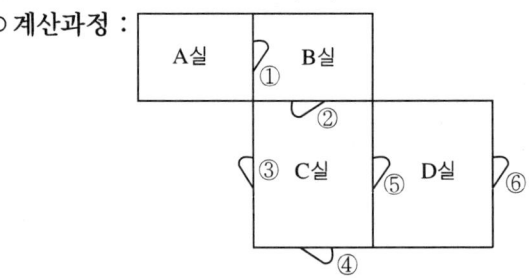

(가) 우선 D실의 ⑤+⑥ [직렬관계]의 합성 틈새 면적

$$A = \frac{1}{\sqrt{\frac{1}{0.01^2} + \frac{1}{0.01^2}}} = 0.00707\text{m}^2$$

(나) ③+④+(⑤+⑥) [병렬관계]의 합성틈새면적

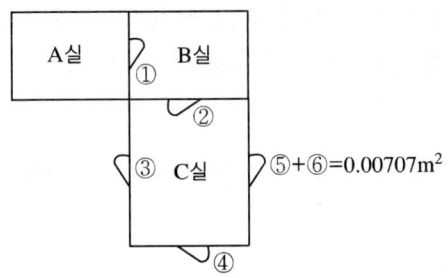

$A = 0.01 + 0.01 + 0.00707 = 0.02707\text{m}^2$

(다) ①+②+[③+④+(⑤+⑥)] [직렬관계]의 합성틈새면적

③+④+(⑤+⑥)=0.02707m²

$$A = \dfrac{1}{\sqrt{\dfrac{1}{0.01^2}+\dfrac{1}{0.01^2}+\dfrac{1}{0.02707^2}}} = \dfrac{1}{146.166538} = 0.0068415\text{m}^2$$

○답 : 0.00684m^2

(2) **A실에 유입시켜야 할 풍량**(m^3/s)

○계산과정 : $Q = 0.827AP^{\frac{1}{2}} = 0.827A\sqrt{P}$ 식에 대입

$A = 0.00684\text{m}^2$, $P = 101400 - 101300 = 100\text{Pa}$

$Q = 0.827A\sqrt{P} = 0.827 \times 0.00684 \times \sqrt{100} = 0.05657\text{m}^3/\text{s}$

○답 : $0.0566\text{m}^3/\text{s}$

18년-06월, 21년-11월 기출

09 상수도소화용수설비가 설치되지 않은 특정소방대상물에 옥외소화전설비를 설치하고자 한다. 아래 도면을 참조하여 각 물음에 답하시오. (6점)

[조건]
① 도면은 가로 120m, 세로 50m인 어느 특정소방대상물의 평면도이다.

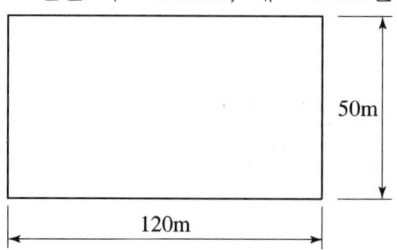

② 해당 특정소방대상물은 2층의 건축물이며, 바닥면적은 6,000m²이고, 연면적은 12,000m²이다.

(1) 특정소방대상물의 각 부분으로부터 하나의 호스 접결구까지의 수평거리는 몇 (m) 이하인지 쓰시오.
(2) 설치하여야 할 옥외소화전의 최소개수를 구하시오.
(3) 펌프의 토출량(L/min)을 구하시오.
(4) 수원의 양(m³)을 구하시오.

풀이 (1) 호스 접결구까지의 수평거리
　　○답 : 40m 이하

(2) 옥외소화전의 최소개수
　　○계산과정 : $N = \dfrac{120\text{m} \times 2 + 50\text{m} \times 2}{40\text{m} \times 2} = 4.25$ ∴ 5개
　　○답 : 5개

(3) 펌프의 토출량
　　○계산과정 : $Q = 2 \times 350\text{L/min} = 700\text{L/min}$
　　○답 : 700L/min

(4) 수원의 양
　　○계산과정 : $Q = 2 \times 7\text{m}^3 = 14\text{m}^3$
　　○답 : 14m³

상세해설

(1) 옥외소화전의 호스접결구
① 지면으로부터 높이가 0.5m 이상 1m 이하의 위치에 설치
② 특정소방대상물의 각 부분으로부터 하나의 호스접결구까지의 수평거리가 40m 이하

(2) 옥외소화전설비에서 펌프의 토출량

$$\text{펌프의 토출량 } Q(\text{L/min}) = N \times 350\text{L/min}$$

여기서, N : 옥외소화전 설치개수(최대 2개)

(3) 옥외소화전설비에서 수원의 최소 유효저수량(m^3)

$$Q(m^3) = N \times 7m^3 \ (N : \text{최대 2개})$$

---

10 전력통신 배선전용 지하구에 연소방지설비를 화재안전기술기준에 따라 설치하고자 할 때 다음 [조건]을 참조하여 각 물음에 답하시오. (5점)

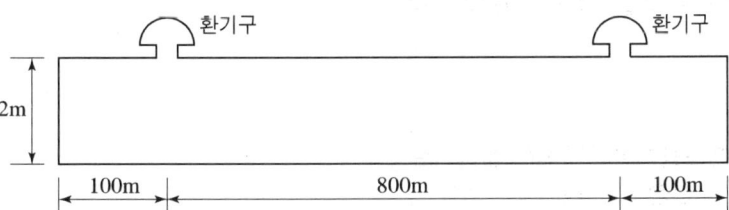

[조건]
① 지하구의 폭은 2.5m, 높이는 2m이며 지하구의 길이는 1000m이다.
② 지하구에는 방화벽이 설치되지 않았다.
③ 환기구마다 지하구의 양쪽방향으로 살수구역을 설정하며 지하구 양쪽 끝에서 100m지점에 설치한다.
④ 헤드는 연소방지설비 전용헤드를 설치하는 것으로 한다.

(1) 살수구역의 최소 구역수를 구하시오.
(2) 1구역에 설치되는 헤드의 최소개수를 구하시오. (단, 천장에 헤드를 설치한다)
(3) 1구역에 (2)에서 구한 헤드의 최소개수를 설치하는 경우 연소방지설비의 급수관의 구경(mm)을 산정하시오.

풀이 (1) 살수구역의 최소 구역수
○ 계산과정 :
① 환기구마다 지하구의 양쪽방향에 설치하므로 2개(환기구)×2구역/개＝4구역
② 환기구 사이의 간격이 700m를 초과하므로 $N = \dfrac{800m}{700m} - 1 = 0.14 \quad \therefore \quad 1구역$
③ 총 살수구역 $N_t = 4구역 + 1구역 = 5구역$
○ 답 : 5구역

(2) 1구역에 설치되는 헤드의 최소개수
○ 계산과정 :
① 살수구역 천장에 설치하는 헤드 수 $N = \dfrac{2.5m}{2m} = 1.25개 \quad \therefore 2개$
② 살수구역 벽면에 설치하는 헤드 수
살수구역의 길이는 3m 이상이므로 헤드 수 $N = \dfrac{3m}{2m} = 1.5 \quad \therefore \quad 2개$
③ 살수구역에 설치하는 총 헤드 수＝2×2＝4개
○ 답 : 4개

(3) 연소방지설비의 급수관의 구경
○ 답 : 65mm

상세해설

(1) 연소방지설비의 헤드 설치기준
① 천장 또는 벽면에 설치할 것
② 헤드간의 수평거리

연소방지설비 전용헤드	개방형스프링클러헤드
2m 이하	1.5m 이하

③ 소방대원의 출입이 가능한 환기구·작업구마다 지하구의 양쪽방향으로 살수헤드를 설정하되, 한쪽 방향의 살수구역의 길이는 3m 이상으로 할 것. 다만, 환기구 사이의 간격이 700m를 초과할 경우에는 700m 이내마다 살수구역을 설정하되, 지하구의 구조를 고려하여 방화벽을 설치한 경우에는 그렇지 않다.

(2) 연소방지설비 전용헤드 수별 급수관의 구경

하나의 배관에 부착하는 연소방지설비 전용헤드의 개수	1개	2개	3개	4개 또는 5개	6개 이상
배관의 구경	32mm	40mm	50mm	65mm	80mm

[연소방지설비의 설계도 예]

06년-4월, 09년-4월, 12년-7월 기출

11 액화이산화탄소 45kg을 20℃ 대기 중(표준대기압)에 방출 하였을 경우 각 물음에 답하시오. (5점)

(1) 방사된 이산화탄소의 부피(m^3)를 구하시오.
(2) 방호구역공간의 체적이 $90m^3$인 곳에 약제를 방출하였다면 CO_2의 농도(%)를 구하시오.

풀이 (1) 방사된 이산화탄소의 부피(m^3)

○계산과정 : $V = \dfrac{WRT}{PM} = \dfrac{45kg \times 0.082 \times (273+20)}{1 \times 44} = 24.57m^3$

○답 : $24.57m^3$

(2) CO_2의 농도(%)

○계산과정 : $CO_2(\%) = \dfrac{24.57}{90 + 24.57} \times 100 = 21.45\%$

○답 : 21.45%

상세해설

(1) 방사된 CO₂의 무게(kg)

이상기체상태방정식

$$PV = \frac{W}{M}RT$$

여기서, P : 압력(atm), V : 방출가스량(m³), W : 무게(kg), M : 분자량
R : 기체상수(0.082atm·m³/kmol·K), T : 절대온도(K)

(2) 설계농도 계산공식

$$C(\%) = \frac{v}{V+v} \times 100$$

여기서, C : 설계농도(%), V : 방호구역체적(m³), v : 방출가스체적(m³)

---

12 다음 조건을 참조하여 인명구조기구에 대한 각 물음에 답하시오. (9점)

[조건]
(1) 관광호텔 : 지하2층 지상5층
(2) 영화상영관 : 바닥면적 500m²
(3) 물분무등소화설비 중 할로겐화합물소화설비가 설치된 특정소방대상물

(1) 소방시설의 설치 및 관리에 관한 법률에 따른 수용인원의 산정방법에 따라 영화상영관의 수용인원을 산정하시오(단, 수용인원 산정 시 고정식의 자와 긴 의자는 고려하지 않는다)
(2) 특정소방대상물의 용도 및 장소별로 설치하여야 할 인명구조기구의 종류 및 설치수량에 대한 표를 완성하시오(단, 인명구조기구의 설치대상이 아닌 경우 X로 표기하고 영화상영관의 경우 물음 "(1)"에서 산정한 수용인원을 기준으로 한다)

특정소방대상물	인명구조기구의 종류	설치수량
• 관광호텔	①	②
• 영화상영관	③	④
• 물분무등소화설비 중 할로겐화합물소화설비가 설치된 특정소방대상물	⑤	⑥

풀이 (1) 영화상영관의 수용인원

○ 계산과정 : $N = \dfrac{500\text{m}^2}{4.6\text{m}^2} = 108.69$ ∴ 109명

○ 답 : 109명

(2) 인명구조기구의 종류 및 설치수량

○ 답 :

특정소방대상물	인명구조기구의 종류	설치수량
• 관광호텔	① • 방열복 또는 방화복 • 공기호흡기 • 인공소생기	② 각 2개 이상
• 영화상영관	③ 공기호흡기	④ 층마다 2개 이상
• 물분무등소화설비 중 할로 겐화합물소화설비가 설치 된 특정소방대상물	⑤ X	⑥ X

상세해설

소방시설 설치 및 관리에 관한 법률 시행령 [별표 7]
수용인원의 산정 방법(제17조 관련)
1. 숙박시설이 있는 특정소방대상물

구분	침대가 있는 숙박시설	침대가 없는 숙박시설
계산식	$N=$ 종사자 수 + 침대 수 (2인용 침대는 2인으로 산정)	$N=$ 종사자 수 + $\dfrac{\text{바닥면적의 합계}(\text{m}^2)}{3\text{m}^2}$

2. 제1호 외의 특정소방대상물

가. 강의실·교무실·상담실·실습실·휴게실 용도로 쓰는 특정소방대상물

$N = \dfrac{\text{바닥면적의 합계}(\text{m}^2)}{1.9\text{m}^2}$

나. 강당, 문화 및 집회시설, 운동시설, 종교시설 용도로 쓰는 특정소방대상물

$N = \dfrac{\text{바닥면적의 합계}(\text{m}^2)}{4.6\text{m}^2}$

(관람석이 있는 경우 고정식 의자를 설치한 부분은 그 부분의 의자 수로 하고, 긴 의자의 경우에는 의자의 정면너비를 0.45m로 나누어 얻은 수로 한다)

다. 그 밖의 특정소방대상물

$N = \dfrac{\text{바닥면적의 합계}(\text{m}^2)}{3\text{m}^2}$

비고
1. 위 표에서 바닥면적을 산정할 때에는 복도(준불연재료 이상의 것을 사용하여 바닥에서 천장까지 벽으로 구획한 것), 계단 및 화장실의 바닥면적을 포함하지 않는다.
2. 계산 결과 소수점 이하의 수는 반올림한다.

특정소방대상물의 용도 및 장소별로 설치하여야 할 인명구조기구

특정소방대상물	인명구조기구의 종류	설치 수량
○ 지하층을 포함하는 층수가 7층 이상인 관광호텔 및 5층 이상인 병원	○ 방열복 또는 방화복 (헬멧, 보호장갑 및 안전화를 포함한다) ○ 공기호흡기 ○ 인공소생기	○ 각 2개 이상 비치할 것. 다만, 병원의 경우에는 인공소생기를 설치하지 않을 수 있다.
○ 문화 및 집회시설 중 수용인원 100명 이상의 영화상영관 ○ 판매시설 중 대규모 점포 ○ 운수시설 중 지하역사 ○ 지하가 중 지하상가	○ 공기호흡기	○ 층마다 2개 이상 비치할 것. 다만, 각 층마다 갖추어 두어야 할 공기호흡기 중 일부를 직원이 상주하는 인근 사무실에 갖추어 둘 수 있다.
○ 물분무등소화설비 중 이산화탄소소화설비를 설치하여야 하는 특정소방대상물	○ 공기호흡기	○ 이산화탄소소화설비가 설치된 장소의 출입구 외부 인근에 1대 이상 비치할 것

13 다음은 위험물 옥외저장탱크에 포소화설비를 설치한 도면이다. 도면 및 주어진 조건을 참조하여 각 물음에 답하시오. (9점)

[조건]
① 원유저장탱크는 플루팅루프탱크이며 탱크직경은 12m, 탱크내 측면과 굽도리판(foam Dam) 사이의 거리는 1.2m, 특형 방출구수는 2개이다.
② 등유저장탱크는 콘루프 탱크이며 탱크직경은 25m, Ⅱ형 방출구수는 2개이다.
③ 포 약제는 3%형 단백포이다.
④ 보조 소화전은 3개가 설치되어 있으며 호스접결구 1개의 방사량은 400L/min으로 하고 방사시간은 20min을 기준으로 한다.
⑤ 각 탱크별 포수용액의 방수량 및 방사시간은 아래와 같다.

구 분	Ⅱ형	특형
방출량(L/min·m²)	4	8
방사시간(min)	30	30

⑥ 송액관에 필요한 소화약제의 양은 72.07L 이다.
⑦ 화재는 저장탱크 2개에서 동시에 발생하는 경우는 없는 것으로 간주한다.

(1) 각 옥외저장탱크의 고정포방출구에 필요한 포수용액의 양(L/min)을 산출하시오.
  ① 원유탱크   ② 등유탱크
(2) 보조 소화전에 필요한 포수용액의 양(L/min)을 산출하시오.
(3) 각 옥외저장탱크의 고정포방출구에 필요한 약제량(L)을 산출하시오.
  ① 원유탱크   ② 등유탱크
(4) 보조 소화전에 필요한 약제량(L)을 산출하시오.
(5) 포소화설비에 필요한 포약제의 양(L)을 산출하시오.

풀이 (1) **고정포방출구에 필요한 포수용액의 양**(L/min)
○ 계산과정 :
  ① 원유탱크 :
  $$Q = \frac{\pi}{4} \times (12^2 - 9.6^2)\text{m}^2 \times 8\text{L/min} \cdot \text{m}^2 = 325.72\text{L/min}$$
  ∴ 325.72L/min
  ② 등유탱크 : $Q = \frac{\pi}{4} \times (25\text{m})^2 \times 4\text{L/min} \cdot \text{m}^2 = 1,963.5\text{L/min}$
  ∴ 1,963.5L/min
○ 답 : ① 원유탱크 : 325.72L/min
    ② 등유탱크 : 1,963.5L/min

(2) 보조 소화전에 필요한 포수용액의 양(L/min)
   ○계산과정 : $Q = N \times 400\text{L/min} = 3 \times 400\text{L/min} = 1,200\text{L/min}$
   ○답 : 1,200L/min

(3) 고정포방출구에 필요한 약제량(L)
   ○계산과정 :
   ① 원유탱크 :
   $$Q = \frac{\pi}{4} \times (12^2 - 9.6^2)\text{m}^2 \times 8\text{L/min} \cdot \text{m}^2 \times 30\text{min} \times 0.03 = 293.15\text{L}$$
   ∴ 293.15L/min
   ② 등유탱크 :
   $$Q = \frac{\pi}{4} \times (25\text{m})^2 \times 4\text{L/min} \cdot \text{m}^2 \times 30\text{min} \times 0.03 = 1,767.15\text{L}$$
   ∴ 1,767.15L
   ○답 : ① 원유탱크 : 293.15L/min
          ② 등유탱크 : 1,767.15L

(4) 보조 소화전에 필요한 약제량(L)
   ○계산과정 : $Q = N \times 400\text{L/min} = 3 \times 400\text{L/min} \times 20\text{min} \times 0.03 = 720\text{L}$
   ○답 : 720L

(5) 포소화설비에 필요한 포약제의 양(L)
   ○계산과정 : $Q = 1,767.15 + 720 + 72.07 = 2,559.22\text{L}$
   　　　　　　　　　　└보조 소화전┘
   　　　　　　└고정포방출구(최대 : 경유)┘ └배관보정┘
   ○답 : 2,559.22L

상세해설

(1) 탱크의 액표면적
   ① 직경12m 플루팅루프탱크 액표면적　② 직경25m 콘루프탱크 액표면적

$$A = \frac{\pi}{2}(D_1^2 - D_2^2) = \frac{\pi}{4} \times (12^2 - 9.6^2)\text{m}^2 \qquad A = \frac{\pi}{4}D_1^2 = \frac{\pi}{4} \times (25\text{m})^2$$

(2) 고정포방출구방식의 약제량 계산

구 분	약제 저장량
❶ 고정포방출구	$$Q = A \times Q_1 \times T \times S$$ 여기서, Q : 포소화약제의 양(L), A : 저장탱크의 액표면적(m^2) Q_1 : 단위 포소화수용액의 양($L/m^2 \cdot min$) T : 방출시간(min), S : 포 소화약제의 사용농도(%)
❷ 보조 소화전	$$Q = N \times S \times 8,000L$$ 여기서, Q : 포소화약제의 양(L) N : 호스 접결구 개수(3개 이상인 경우는 3개) S : 포소화약제의 사용농도(%)
❸ 배관보정	가장 먼 탱크까지의 송액관(내경 75mm 이하의 송액관을 제외)에 충전하기 위하여 필요한 양 $$Q = V \times S \times 1,000L/m^3$$ 여기서, Q : 포소화약제의 양(L) V : 송액관 내부의 체적(m^3) S : 포소화약제의 사용농도(%)
❹ 합 계	고정포 방출구방식의 약제량 = ❶ + ❷ + ❸

14 아래 그림과 같은 루프(Loop) 배관에 직접 연결된 스프링클러헤드에서 80L/min의 유량으로 물이 방수되고 있다. 화살표 방향으로 흐르는 Q_1 및 Q_2의 유량(L/min)을 산출하시오. (단, 계산시 조건은 아래와 같다) **(6점)**

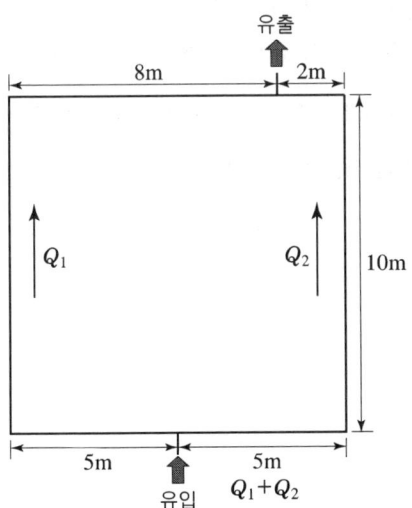

[조건]
① 90도 엘보의 등가길이는 1m로 하고 다른 관 부속품은 고려하지 않는다.
② 배관의 구경은 모두 동일하다.
③ 배관의 마찰손실압력은 다음의 헤이젠-윌리엄스 공식을 사용하되 계산의 편의상 다음과 같다고 가정한다.

$$\Delta P = \frac{6 \times 10^4 \times Q^2}{100^2 \times d^5}$$

여기서, ΔP : 배관 1m당 마찰손실압력(MPa/m)
d : 배관의 내경(mm)
Q : 유량(L/min)

○ 계산과정 :

① Q_1 방향으로 흐르는 배관 마찰손실과 Q_2 방향으로 흐르는 배관마찰손실은 같다.

② $Q = Q_1 + Q_2 = 80\text{L/min}$

③ $\Delta P_1 = \Delta P_2$, $D_1 = D_2$

$$\frac{6 \times 10^4 \times Q_1^2}{100^2 \times D_1^5} \times L_1 = \frac{6 \times 10^4 \times Q_1^2}{100^2 \times D_2^5} \times L_2, \quad Q_1^2 \times L_1 = Q_2^2 \times L_2$$

$L_1 = 5\text{m}(직관) + 1\text{m}(90도 엘보) + 10\text{m}(직관) + 1\text{m}(90도 엘보) + 8\text{m}(직관) = 25\text{m}$
$L_2 = 5\text{m}(직관) + 1\text{m}(90도 엘보) + 10\text{m}(직관) + 1\text{m}(90도 엘보) + 2\text{m}(직관) = 19\text{m}$

④ $25Q_1^2 = 19Q_2^2$, $Q_1 = \sqrt{\frac{19}{25}} Q_2 = 0.8718 Q_2$

$Q = Q_1 + Q_2 = 80\text{L/min}$이므로

$0.8718 Q_2 + Q_2 = 80\text{L/min}$, $1.8718 Q_2 = 80\text{L/min}$

$Q_2 = \frac{80}{1.8718} = 42.74\text{L/min}$, $Q_1 = 80 - 42.74 = 37.26\text{L/min}$

○ 답 : $Q_1 = 37.26\text{L/min}$, $Q_2 = 42.74\text{L/min}$

15 그림과 같은 벤투리미터(Venturi-meter)에서 관 속에 흐르는 물의 유량 (L/min)을 구하시오. (단, 수은의 비중은 13.6, 수은주의 높이 차는 25mm, 중력가속도는 9.8m/s²이다.) (5점)

풀이 ○ 계산과정 :

$$Q = \frac{CA_2}{\sqrt{1-m^2}}\sqrt{2g\Delta h(S-1)}, \quad m = \frac{A_2}{A_1} = \left(\frac{D_2}{D_1}\right)^2 = \left(\frac{0.05}{0.1}\right)^2 = 0.25$$

$D_1 = 100\text{mm} = 0.1\text{m}$, $D_2 = 50\text{mm} = 0.05\text{m}$, C=조건에 없으므로 무시,
$g = 9.8\text{m/s}^2$, $\Delta h = 25\text{mm} = 0.025\text{m}$, S(수은의 비중) $= 13.6$

$$Q = \frac{(\pi/4)\times 0.05^2}{\sqrt{1-0.25^2}}\sqrt{2\times 9.8\times 0.025\times (13.6-1)}\times \frac{1000\text{L}}{\text{m}^3}\times \frac{60\text{s}}{\text{min}}$$

$= 302.33\text{L/min}$

○ 답 : 302.33L/s

상세해설

벤투리미터의 이론유량 $Q = \dfrac{A_2}{\sqrt{1-m^2}}\sqrt{2g\Delta h(S-1)}$

벤투리미터의 실제유량 $Q = \dfrac{CA_2}{\sqrt{1-m^2}}\sqrt{2g\Delta h(S-1)}$

C(유량계수) $= \dfrac{Q_r(\text{실제유량})}{Qth(\text{이론유량})}$

알고갑시다 ☞ 유량계수 C에 대하여

실제유체의 흐름에 있어서는 유체의 점성으로 인한 에너지의 손실이 있을 뿐 아니라 각 단면에서 유속분포가 균일하지 않으므로 계산된 유량보다 약간 작은 유량이 계산된다. 따라서 계산된 유량에 유량계수 C를 곱한 것이 실제유량이 된다. C값은 벤투리미터의 종류나 유량의 크기에 따라 약간의 차이가 있으나 대략 **0.92~0.99의 값을 갖는다.**

16 아래 그림과 같이 6층 건물(철근콘크리트 건물)에 1층부터 6층까지 각 층에 옥내소화전을 1개씩 설치하고자 한다. 그림과 주어진 조건을 이용하여 각 물음에 답하시오.

(12점)

옥내소화전 상세도

[조건]
① 노즐의 최소 방수량 : 130L/min(노즐구경 13mm)
② 수원의 용량 : 소화전 사용할 때 20분간 계속 사용할 수 있는 양으로 한다.
③ 소화전 노즐의 최소 선단 압력 : 0.17MPa
④ 직관의 마찰손실은 다음 표를 참조할 것

[직관의 마찰손실(100m 당)]

유량[L/min]	130	260	390	520
40mm	14.7m			
50mm	5.1m	18.4m		
65mm	1.72m	6.20m	13.2m	
80mm	0.71m	2.57m	5.47m	9.20m

⑤ 관이음 및 밸브 등의 등가길이는 다음 표를 이용할 것

[관이음 및 밸브 등의 등가길이]

관이음 및 밸브의 호칭경mm(in)	90°(엘보)	45°(엘보)	90°T(분류)	카프링 90°T(직류)	게이트 밸브	글로우브 밸브	앵글 밸브
	등 가 길 이(m)						
40($1\frac{1}{2}$)	1.5	0.9	2.1	0.45	0.30	13.5	6.5
50(2)	2.1	1.2	3.0	0.60	0.39	16.5	8.4
65($2\frac{1}{2}$)	2.4	1.5	3.6	0.75	0.48	19.5	10.2
80(3)	3.0	1.8	4.5	0.90	0.60	24.0	12.0
100(4)	4.2	2.4	6.3	1.20	0.81	37.5	16.5
125(5)	5.1	3.0	7.5	1.50	0.99	42.0	21.0
150(6)	6.0	3.6	9.0	1.80	1.20	49.5	24.0

• 체크밸브와 풋밸브의 등가길이는 이 표의 앵글밸브에 준한다.

⑥ 호스의 마찰손실수두는 다음 표를 이용할 것

[호스의 마찰손실수두(100m 당)]

구분	호스의 호칭경					
	40mm		50mm		65mm	
유량 (L/min)	마호스	고무내장호스	마호스	고무내장호스	마호스	고무내장호스
130	26m	12m	7m	3m	–	–
350	–	–	–	–	10m	4m

⑦ 호스는 길이 15m, 구경 40mm의 마호스 2개를 사용한다.
⑧ 펌프의 효율은 55%이며, 전동기의 축동력 전달 효율은 100%로 계산한다.

(1) 펌프의 분당 송수량(L/min)을 구하시오.
(2) 수원의 소요 저수량(m^3)을 구하시오.(단, 옥상수조를 포함하여 계산)
(3) 다음 순서에 따라 전양정을 산출하시오.
   ① 낙차의 환산수두(m) : h_1
   ② 소방용호스의 마찰손실수두(m) : h_2
   ③ 배관(직관)의 마찰손실수두(m) : h_3
   ④ 관부속품의 마찰손실수두(m) : h_3
   ⑤ 전양정(m)
(4) 펌프의 소요동력(kW)을 산출하시오.

풀이 (1) 펌프의 분당 송수량(L/min)
  ○계산과정 : $Q = N \times 130 \text{L/min}$ (N : 최대 2개)
  $Q = 1 \times 130 \text{L/min} = 130 \text{L/min}$
  ○답 : 130L/min

(2) 수원의 소요 저수량(m^3)
  ○계산과정 : $Q = N \times 130 \text{N/min} \times 20\text{min} + N \times 130 \text{L/min} \times 20\text{min} \times \dfrac{1}{3}$
  $Q = 1 \times 130 \text{N/min} \times 20\text{min} + 1 \times 130 \text{L/min} \times 20\text{min} \times \dfrac{1}{3}$
  $= 3,466.67 \text{L} = 3.47 \text{m}^3$
  ○답 : 3.47m³

(3) 전양정 산출
  ① 낙차의 환산수두(m) : h_1
    ○계산과정 : $h_1 =$ (흡입양정 + 토출양정) $= 2 + 4 + (3.5 \times 5) + 1.2 = 24.7$m
    ○답 : 24.7m

  ② 소방용호스의 마찰손실수두(m) : h_2
    ○계산과정 : • 조건 ⑦에서 호스길이 15m×2개, 호스구경 40mm
      • 조건 ⑥에서 마호스 40mm의 유량 130L/min일 때 100m당 마찰손실수두는 26m이다.
    ∴ $h_2 = 15\text{m} \times 2 \times \dfrac{26\text{m}}{100\text{m}} = 7.80\text{m}$
    ○답 : 7.80m

  ③ 배관(직관)의 마찰손실수두(m) : h_3
    ○계산과정 :

구경	유량	배관길이	m당 마찰 손실수두(m)	배관 마찰 손실수두(m)
80A	130 L/min	2+(4−0.3)+8+10+13+0.3 +0.6+(3.5×5)=55.1m	$\dfrac{0.71}{100}$	$55.1 \times \dfrac{0.71}{100}$ $= 0.3912$
40A	130 L/min	0.6+1.0+1.2=2.8m	$\dfrac{14.7}{100}$	$2.8 \times \dfrac{14.7}{100}$ $= 0.4116$
계				0.8028

    ○답 : 0.80m

④ 관부속품의 마찰손실수두(m) : h_3

○ 계산과정 :

구경	유량	관부속 및 등가길이	m당 마찰 손실수두(m)	마찰 손실수두(m)
80A	130 L/min	풋밸브1개×12.0=12.0 체크밸브1개×12.0=12.0 90°엘보6개×3.0=18.0 90°T(직류)5개×0.9=4.5 90°T(분류)1개×4.5=4.5 계 51m	$\dfrac{0.71}{100}$	$51 \times \dfrac{0.71}{100}$ $= 0.3621$
40A	130 L/min	90°엘보2개×1.5=3.0 앵글밸브1개×6.5=6.5 계 9.5m	$\dfrac{14.7}{100}$	$9.5 \times \dfrac{14.7}{100}$ $= 1.3965$
계				1.7586

○ 답 : 1.76m

⑤ 전양정(m)

○ 계산과정 : $H = h_1 + h_2 + h_3 + 17\text{m}$

$H = 24.70 + 7.80 + (0.80 + 1.76) + 17 = 52.06\text{m}$

○ 답 : 52.06m

(4) 펌프의 소요동력(kW)

○ 계산과정 : $P(\text{kW}) = \dfrac{9.8\text{kN}/\text{m}^3 \times \dfrac{0.13\text{m}^3}{60\text{s}} \times 52.06\text{m}}{0.55} \times 1.0 = 2.01\text{kW}$

○ 답 : 2.01kW

소방설비기사 – 기계분야

2024년 7월 28일 시행

13년-04월, 23년-04월 기출

01 숙박시설인 소방대상물의 바닥면적이 500m²인 경우 소요되는 소화기구의 능력단위는 얼마 이상인가? (단, 소방대상물의 주요 구조부는 비 내화구조이다) (3점)

풀이

○ 계산과정 : $N(능력단위) = \dfrac{500(m^2)}{100(m^2)} = 5단위$

○ 답 : 5단위

상세해설

$$N(능력단위) = \dfrac{바닥면적(m^2)}{기준바닥면적(m^2)}$$

특정소방대상물별 소화기구의 능력단위기준

특정소방대상물	소화기구의 능력단위
1. 위락시설	해당 용도의 바닥면적 30m²마다 능력단위 1단위 이상
2. 공연장 · 집회장 · 관람장 · 문화재 · 장례식장 및 의료시설	해당 용도의 바닥면적 50m²마다 능력단위 1단위 이상
3. 근린생활시설 · 판매시설 · 운수시설 · 숙박시설 · 노유자시설 · 전시장 · 공동주택 · 업무시설 · 방송통신시설 · 공장 · 창고시설 · 항공기 및 자동차 관련 시설 및 관광휴게시설	해당 용도의 바닥면적 100m²마다 능력단위 1단위 이상
4. 그 밖의 것	해당 용도의 바닥면적 200m²마다 능력단위 1단위 이상

(주) 소화기구의 능력단위를 산출함에 있어서 건축물의 주요구조부가 내화구조이고, 벽 및 반자의 실내에 면하는 부분이 불연재료 · 준불연재료 또는 난연재료로 된 특정소방대상물에 있어서는 위 표의 기준면적의 2배를 해당 특정소방대상물의 기준면적으로 한다.

09년-4월, 11년-5월, 19년-6월 기출

02 어떤 소방대상물의 소화설비로 옥외소화전을 7개 설치하였다 다음 각 물음에 답하시오. (4점)

(1) 수원의 최소 저수량(m^3)을 구하시오.
(2) 가압송수장치의 최소 토출량(L/min)을 구하시오.
(3) 다음은 배관 등 설치기준이다. (   )안에 알맞은 답을 쓰시오.

> 호스접결구는 지면으로부터 높이가 (①)의 위치에 설치하고 특정소방대상물의 각 부분으로부터 하나의 호스접결구까지의 수평거리가 (②)가 되도록 설치하여야 한다.

풀이 (1) 수원의 최소 저수량(m^3)
 ○계산과정 : $Q = N \times 7m^3 = 2 \times 7m^3 = 14m^3$
 ○답 : $14m^3$

(2) 가압송수장치의 최소 토출량(L/min)
 ○계산과정 : $Q = N \times 350L/min = 2 \times 350L/min = 700L/min$
 ○답 : 700L/min

(3) ○답 : ① 0.5m 이상 1m 이하   ② 40m 이하

상세해설

(1) 옥외소화전의 호스접결구
  ① 지면으로부터 높이가 0.5m 이상 1m 이하의 위치에 설치
  ② 특정소방대상물의 각 부분으로부터 하나의 호스접결구까지의 수평거리가 40m 이하

(2) 옥외소화전설비에서 펌프의 토출량

> 펌프의 토출량 $Q(L/min) = N \times 350L/min$

여기서, N : 옥외소화전 설치개수(최대2개)

(3) 옥외소화전설비에서 수원의 최소 유효저수량(m^3)

> $Q(m^3) = N \times 7m^3 (N : 최대 2개)$

15년-11월 기출 유사

03 그림과 같이 물분무헤드에서 물이 분사되고 있을 때 아래의 조건을 참조하여 각 물음에 답하시오. (9점)

[조건]
(1) 각 헤드의 방출계수는 서로 같다.
(2) A헤드의 방수량은 60L/min이며 방수압은 350kPa이다.
(3) 각 구간별 배관의 길이와 안지름은 다음과 같다.

구 분	A~B	B~C	C~D
배관의 길이	8m	4m	4m
배관의 안지름	25mm	32mm	25mm

(4) 수리계산시 동압은 무시한다.
(5) 직관이외의 관로상의 마찰손실은 무시한다.
(6) 직관에서 마찰손실은 Hazen-Williams 공식을 적용하며 조도 C는 100 으로 한다.

$$\Delta P = 6.053 \times 10^7 \times \frac{Q^{1.85}}{C^{1.85} \times d^{4.87}} \times L$$

여기서, ΔP : 마찰손실압력(kPa), Q : 유량(L/min),
C : 관의 조도계수, d : 관의 내경(mm), L : 배관의 길이(m)

(1) A지점 헤드로부터 C지점까지의 계산
① A~B 구간의 마찰손실압력(kPa)을 구하시오.
② B지점 헤드의 압력(kPa)과 방수량(L/min)을 구하시오.

③ B~C 구간의 유량(L/min)과 압력손실(kPa)을 구하시오.
④ C지점의 압력(kPa)을 구하시오
(2) D지점 헤드로부터 C지점까지의 계산
  ① C~D 구간의 마찰손실압력(kPa)을 구하시오.
  ② C지점의 압력(kPa)을 구하시오.
(3) 유량과 압력을 보정하기 위하여 D지점 헤드의 압력을 380kPa로 보정하여 준다면 C지점의 압력과 비교하여 동일압력 해당 여부를 판정하시오. (단, 동일압력 여부의 기준 오차범위는 ±5kPa이다.)

풀이 (1) A지점 헤드로부터 C지점까지의 계산
  ① A~B 구간의 마찰손실압력(kPa)
    ○계산과정 : 유량 $Q_A = 60\text{L/min}$
    • A~B 구간의 마찰손실압력
    $$\Delta P_{A \sim B} = 6.053 \times 10^7 \times \frac{60^{1.85}}{100^{1.85} \times 25^{4.87}} \times 8 = 29.29\text{kPa}$$
    ○답 : 29.29kPa
  ② B지점 헤드의 압력(kPa)과 방수량(L/min)
    ○계산과정 : • B지점 헤드의 압력 $P_B = 350 + 29.29 = 379.29\text{kPa}$
    • B지점 헤드의 방수량 계산
    A헤드의 방수량과 방수압으로 헤드의 방출계수를 구하면
    $$Q = K\sqrt{10P}, \quad K = \frac{Q}{\sqrt{10P}} = \frac{60}{\sqrt{10 \times 0.35\text{MPa}}} = 32.07$$
    B헤드의 방수량을 계산하면
    $$Q_B = K\sqrt{10P} = 32.07 \times \sqrt{10 \times 0.37929\text{MPa}} = 62.46\text{L/min}$$
    ○답 : 379.29kPa, 62.46L/min
  ③ B~C 구간의 유량(L/min)과 압력손실(kPa)
    ○계산과정 : • 유량 $Q_{B \, C} = Q_A + Q_B = 60 + 62.46 = 122.46\text{L/min}$
    • B~C 구간의 마찰손실압력
    $$\Delta P_{B \sim C} = 6.053 \times 10^7 \times \frac{122.46^{1.85}}{100^{1.85} \times 32^{4.87}} \times 4 = 16.47\text{kPa}$$
    ○답 : 122.46L/min, 16.47kPa
  ④ C지점의 압력
    ○계산과정 : $P_C = P_B + \Delta P_{B \sim C} = 379.29 + 16.47 = 395.76\text{kPa}$
    ○답 : 395.76kPa

(2) D지점 헤드로부터 C지점까지의 계산
① C~D 구간의 마찰손실압력(kPa)
○계산과정 : $\Delta P_{C \sim D} = 6.053 \times 10^7 \times \dfrac{60^{1.85}}{100^{1.85} \times 25^{4.87}} \times 4 = 14.64 \text{kPa}$
○답 : 14.64kPa
② C지점의 압력
○계산과정 : $P_C = P_D + \Delta P_{C \sim D} = 350 + 14.64 = 364.64 \text{kPa}$
○답 : 364.64kPa

(3) 동일압력 해당 여부 판정
○계산과정 : D헤드의 압력을 380kPa로 보정하였을 경우
- D헤드의 방수량 $Q_D = 32.07 \times \sqrt{10 \times 0.38 \text{MPa}} = 62.52 \text{L/min}$
- C~D구간 마찰손실압력을 다시 계산하면
$$\Delta P_{C \sim D} = 6.053 \times 10^7 \times \dfrac{62.52^{1.85}}{100^{1.85} \times 25^{4.87}} \times 4 = 15.8 \text{kPa}$$
- C지점의 압력 $P_C = 380 + 15.8 = 395.8 \text{kPa}$
  A헤드 기준으로 계산하는 경우 $P_A = 395.76 \text{kPa}$
  D헤드 기준으로 계산하는 경우 $P_D = 395.80 \text{kPa}$
- $\Delta P = 395.76 - 395.80 = -0.04 \text{kPa}(\pm 5\text{kpa} \text{ 이내})$
  ∴ 동일압력에 해당

○답 : 동일압력에 해당

04 위험물옥외저장탱크에 Ⅰ형 포방출구로 포소화설비를 설치하였다. 다음 조건을 참조하여 각 물음에 답하시오. (6점)

[조건] ① 탱크의 내부 직경은 12m이다.
② 소화약제는 6%의 수성막포를 사용하며 단위 포수용액의 양은 $2.27\text{L/m}^2 \cdot$ 분, 방출시간은 30분을 기준으로 한다.
③ 보조 소화전(호스접결구 개수 1개) 1개가 설치되어있다.
④ 배관길이는 20m, 배관내경은 150mm이다.
⑤ 기타의 조건은 무시한다.

(1) 포소화약제의 양(L)을 계산하시오.
(2) 수원의 양(m^3)을 계산하시오.

풀이 (1) 포소화약제의 양(L)
○ 계산과정 :

고정포방출구 : $Q_1 = \dfrac{\pi}{4} \times (12\text{m})^2 \times 2.27\text{L/m}^2 \cdot \min \times 30\min \times 0.06$
$= 462.12\text{L}$

보조소화전 : $Q_2 = 1개 \times 0.06 \times 8000\text{L} = 480\text{L}$

배관보정 : $Q_3 = \dfrac{\pi}{4} \times (0.15\text{m})^2 \times 20\text{m} \times 0.06 \times 1000\text{L/m}^3 = 21.21\text{L}$

포소화약제의 양 : $Q_T = 462.12 + 480 + 21.21 = 963.33\text{L}$

○ 답 : 963.33L

(2) 수원의 양(m³)
○ 계산과정 :

고정포방출구 : $Q_1 = \dfrac{\pi}{4} \times (12\text{m})^2 \times 2.27\text{L/m}^2 \cdot \min \times 30\min \times 0.94$
$= 7,239.81\text{L}$

보조소화전 양 : $Q_2 = 1개 \times 0.94 \times 8000\text{L} = 7,520\text{L}$

배관보정 : $Q_3 = \dfrac{\pi}{4} \times (0.15\text{m})^2 \times 20\text{m} \times 0.94 \times 1000\text{L/m}^3 = 332.22\text{L}$

수원의 양 : $Q_T = 7,239.81 + 7,520 + 332.22 = 15,092.03\text{L} = 15.09\text{m}^3$

○ 답 : 15.09m³

상세해설

고정포방출구방식의 약제량 계산

구 분	약제 저장량
❶ 고정포방출구	$Q = A \times Q_1 \times T \times S$ 여기서, Q : 포소화약제의 양(L), A : 저장탱크의 액표면적(m²) Q_1 : 단위 포소화수용액의 양(L/m² · min) T : 방출시간(min), S : 포소화약제의 사용농도(%)
❷ 보조 소화전	$Q = N \times S \times 8,000\text{L}$ 여기서, Q : 포소화약제의 양(L) N : 호스 접결구 개수(3개 이상인 경우는 3개) S : 포소화약제의 사용농도(%)
❸ 배관보정	가장 먼 탱크까지의 송액관(내경 75mm 이하의 송액관을 제외)에 충전하기 위하여 필요한 양 $Q = V \times S \times 1,000\text{L/m}^3$ 여기서, Q : 포소화약제의 양(L), V : 송액관 내부의 체적(m³) S : 포소화약제의 사용농도(%)
❹ 합 계	고정포 방출구방식의 약제량 = ❶+❷+❸

05 다음 그림은 물계통의 소화설비에 대한 성능시험배관에 관한 내용이다. 조건을 참조하여 각 물음에 답하시오. (9점)

[조건] ① 펌프의 토출측 배관에는 플렉시블조인트를 설치할 것
② 펌프 성능시험배관의 밸브는 폐쇄상태일 것
③ 반드시 소방시설도시기호를 사용할 것

(1) 펌프의 토출측 개폐밸브까지와 성능시험배관을 배관부속류 및 계측기를 이용하여 완성하시오.

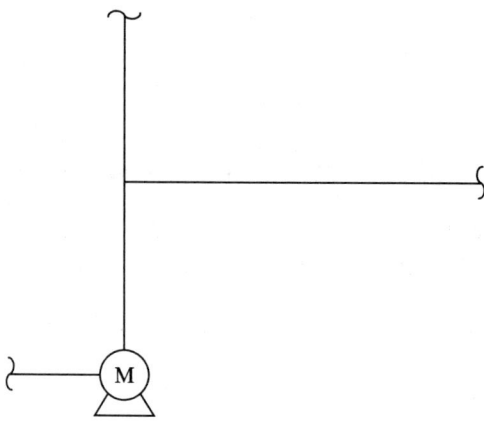

(2) 펌프의 성능시험의 명칭과 판정기준을 각각 3가지씩 작성하시오.
(단, 판정기준은 토출압력과 토출량을 기준으로 작성할 것)

풀이 (1) 펌프주변 상세도 완성
○답:

(2) 시험명칭과 판정기준
  ○답:

시험명칭	판정기준
• 체절운전시험	체절운전 시 정격토출압력의 140%를 초과하지 아니할 것
• 정격부하운전시험	정격토출량으로 운전 시 정격토출압력의 100% 이상이 될 것
• 최대운전시험 (피크부하운전시험)	정격토출량의 150% 운전 시 정격토출압력의 65% 이상이 되어야 할 것

상세해설

성능시험배관상 유량조절밸브가 설치된 경우 펌프성능시험방법
(원칙적으로 성능시험배관상 개폐밸브 및 유량조절밸브가 설치되어야 한다.)

① 무부하운전=체절운전(No Flow Condition)
  ㉠ 펌프의 토출측 개폐밸브① 폐쇄
  ㉡ 제어반에서 충압펌프 및 주펌프 운전스위치를 수동(Manual)위치로 한다.
  ㉢ 성능시험 배관 상 유량조절밸브⑧완전 폐쇄 후 개폐밸브③완전 개방
  ㉣ 제어반에서 주펌프 수동기동
  ㉤ 릴리프밸브 작동압력을 압력계④로 확인(만약 릴리프밸브가 체절압력 이하에서 개방되지 않으면 릴리프밸브를 서서히 개방하여 체절압력 이하에서 압력수가 토출되도록 한다.)
② 정격부하운전=설계점운전(Rated Load)
  ㉠ 펌프가 기동한 상태에서 성능시험 배관상 유량조절밸브⑧ 서서히 개방하여 유량계⑦의 유량이 정격토출량이 되도록 한다.
  ㉡ 압력계④의 눈금을 읽어 압력을 확인
③ 피크부하운전=최대운전(Peak Load)
  ㉠ 성능시험 배관상 유량조절밸브⑧를 더 개방하여 유량계⑦의 유량이 정격토출량의 150%가 되도록 한다.
  ㉡ 압력계④의 눈금을 읽어 압력을 확인

06 수원의 수위가 펌프보다 1m낮은 상태에서 물을 토출하는 소화펌프가 있다. 토출구의 압력계 지시값이 0.1MPa일 경우 다음 조건을 이용하여 공동현상의 발생여부를 계산과정과 함께 답하시오. (5점)

[조건] ① 흡입배관의 마찰손실수두는 0.5m이다.
② 대기압은 표준대기압으로 하고 속도수두는 무시한다.
③ 물의 온도는 20℃이고 이때의 포화수증기압은 2340Pa이다.
④ 물의 비중량은 9789N/m³이라고 가정한다.
⑤ 필요흡입양정은 11m이다.

[풀이]

○ 계산과정 : $NPSH_{av} = \dfrac{101325 \text{N/m}^2}{9789 \text{N/m}^3} - \dfrac{2340 \text{N/m}^2}{9789 \text{N/m}^3} - 1\text{m} - 0.5\text{m} = 8.61\text{m}$

$NPSH_{av}(8.61\text{m}) < NPSH_{re}(11\text{m})$ 이므로 공동현상이 발생한다.

○ 답 : 공동현상 발생

[상세해설]

$$NPSH_{av}(\text{유효흡입양정}) = \dfrac{P_a}{\gamma} - \dfrac{P_v}{\gamma} \pm h_s - f\dfrac{V_s^2}{2g}$$

여기서, P_a : 대기압(N/m²), P_v : 포화증기압(N/m² = P_a), γ : 비중량(N/m³)

h_s : (+) 압입양정(m), (−) 흡입양정(m), $f\dfrac{V_s^2}{2g}$: 흡입배관 총손실수두(m)

① $P_a = 101325 \text{pa} = 101325 \text{N/m}^2$
② $P_v = 2340 \text{pa} = 2340 \text{N/m}^2$
③ γ(물) : 9789(N/m³)
④ $h_s = -1\text{m}$ (흡입양정)
⑤ $f\dfrac{V_s^2}{2g} = 0.5\text{m}$

$NPSH_{av}$(유효흡입양정)와 $NPSH_{re}$(필요흡입양정)의 관계
① 캐비테이션 발생한계조건(임계조건)　　$NPSH_{av} = NPSH_{re}$
② 캐비테이션 발생방지 조건　　　　　　　$NPSH_{av} > NPSH_{re}$
③ 캐비테이션 발생방지 설계조건　　　　　$NPSH_{av} \geq NPSH_{re} \times 1.3$

07

6층 건물로서 업무시설에 옥내소화전이 각 층당 5개씩 설치되어 있다. 다음 각 물음에 답하시오. (6점)

[조건]
① 최고위 옥내소화전 낙차 : 24m
② 배관 마찰손실수두 : 8m
③ 소방용 호스의 마찰손실수두 : 7.8m
④ 펌프의 효율은 55%이고 동력전달계수는 1.1이다.

(1) 수원의 양(m^3)을 구하시오. (단, 옥상수조의 수원은 제외한다.)
(2) 펌프의 전양정(m)을 구하시오.
(3) 펌프의 토출량(m^3/min)을 구하시오.
(4) 펌프의 모터동력(kW)을 구하시오.

풀이

(1) 수원의 양(m^3)

○ 계산과정 : $Q = 2 \times 2.6 m^3 = 5.2 m^3$

○ 답 : $5.2 m^3$

(2) 펌프의 전양정(m)

○ 계산과정 : $H = 24m + 8m + 7.8m + 17m = 56.8m$

○ 답 : $56.8m$

(3) 펌프의 토출량

○ 계산과정 : $Q = 2 \times 130 L/min = 260 L/min = 0.26 m^3/min$

○ 답 : $0.26 m^3/min$

(4) 펌프의 모터동력(kW)

○ 계산과정 : $P = \dfrac{9.8 kN/m^3 \times 0.26 m^3/60s \times 56.8m}{0.55} \times 1.1 = 4.82 kW$

○ 답 : $4.82 kW$

상세해설

옥내소화전설비

(1) 펌프의 최소 토출량(L/min)

$Q = N \times 130 L/min$ (여기서, N : 기준개수 또는 기준개수보다 적은 경우 설치개수)

(2) 수원의 최소 유효저수량(m^3)

$Q = N \times 2.6 m^3$ (여기서, N : 기준개수 또는 기준개수보다 적은 경우 설치개수)

(3) 펌프의 전양정

$H = h_1 + h_2 + h_3 + 17\text{m}$

여기서, h_1 : 실양정(흡입+토출양정)

h_2 : 배관 및 관부속품 마찰손실수두

h_3 : 소방용호스의 마찰손실수두(m)

(4) 펌프의 모터동력

$$P(\text{kW}) = \frac{\gamma QH}{E} \times K$$

여기서, P : 축동력(kW), γ : 비중량(물의 비중량=9.8kN/m³)
Q : 토출량(m³/s), H : 전양정(m), E : 효율(%/100), K : 전달계수

08 아래의 도면과 같은 방호대상물에 고압식 이산화탄소소화설비를 설계하려고 한다. 설계조건을 참조하여 각 물음에 답하시오. **(12점)**

[설계조건]
① 방호구역의 층고는 4.5m이다.
② 방호구역의 개구부 면적은 다음과 같다.
　　(단, 수전실에는 자동폐쇄장치가 설치되어 있다.)
　　- 수전실 : 5m², 전기실 : 7m², 발전실 : 3.5m², 케이블실 : 없음
③ 전역방출방식이며 표면화재로 간주한다.
④ 방사헤드 1개의 방출량은 50kg/min이다.
⑤ 저장용기 1병당 충전량은 45kg이다.
⑥ 설계농도는 34%이고, 보정계수는 무시한다.
⑦ 물음(1)(2)의 소화약제량은 용기수에 대하여 적용하지 않고 화재안전기준에 따른 계산 값을 적용한다.
⑧ 빈칸은 계산과정 없이 답만 작성한다.
⑨ 물음(4)의 소화약제량은 저장용기수 기준에 따라 산출한다.

[참고자료]

방호구역 체적	방호구역의 체적 1m³에 대한 소화약제의 양	소화약제 저장량의 최저한도의 양
45m³ 미만	1.00kg	45kg
45m³ 이상 150m³ 미만	0.90kg	45kg
150m³ 이상 1450m³ 미만	0.80kg	135kg
1450m³ 이상	0.75kg	1125kg

(1) 각 방호구역의 빈칸에 알맞은 답을 채우시오.
(단, 개구부 가산량이 적용되지 않는 경우에는 "-" 표시를 할 것)

방호구역	체적 [m³]	체적당 가스량 [kg/m³]	소화약제량 (최저한도 고려)	개구부 면적 [m²]	개구부 가산량 [kg/m²]	총 소화약제량 [kg]
수전실				5		
전기실				7		
발전실				3.5		
케이블실				-	-	

(2) 각 방호구역에 필요한 소화약제 저장용기의 수를 구하시오.

방호구역	소화약제량[kg]	1병당 저장량	용기수[병]
수전실		45kg	
전기실		45kg	
발전실		45kg	
케이블실		45kg	

(3) 방호구역 전체에 필요한 저장용기수[병]를 구하시오.

(4) 각 방호구역에 설치하는 헤드의 개수를 구하시오.

방호구역	소화약제량[kg]	분당 방출량	헤드수[개]
수전실		50kg/min	
전기실		50kg/min	
발전실		50kg/min	
케이블실		50kg/min	

(5) 아래 도면을 참고하여 이산화탄소소화설비의 Isometric Diagram(계통도)를 완성하시오. (단, 약제저장용기를 추가로 도시하고, 기동용 가스배관(동관)은 점선으로 표시하며 가스체크밸브를 도시하도록 한다.)

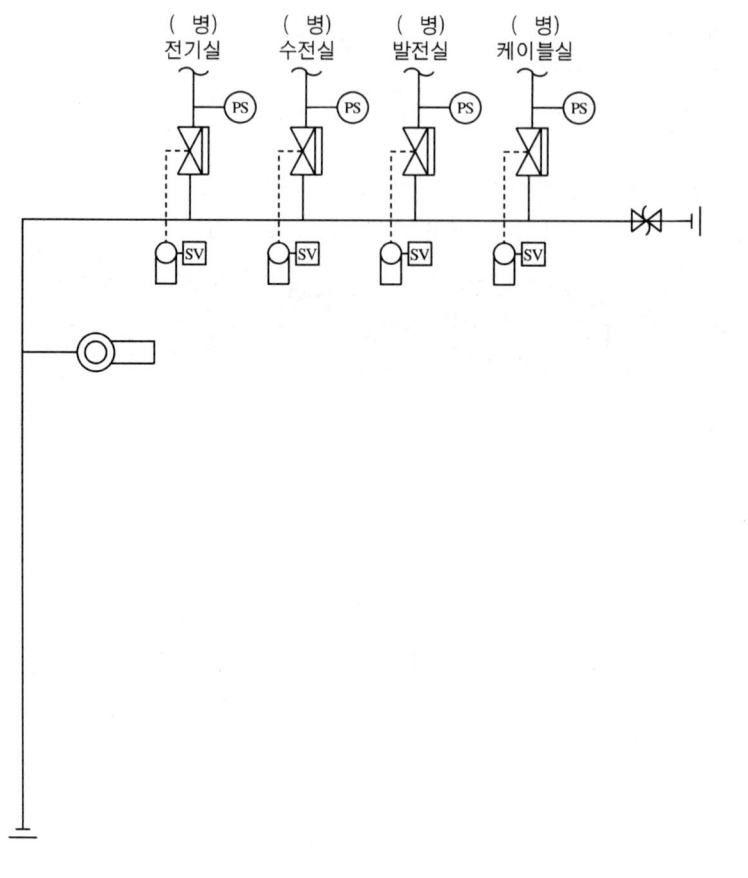

풀이 (1) 소화약제의 양

○답 :

방호구역	체적 [m³]	체적당 가스량 [kg/m³]	소화약제량[kg] (최저한도 고려)	개구부 면적 [m²]	개구부 가산량 [kg/m²]	총 소화약제량 [kg]
수전실	189	0.8	151.2	5	—	151.2
전기실	243	0.8	194.4	7	5	229.4
발전실	90	0.9	81	3.5	5	98.5
케이블실	45	0.9	45	—	—	45

(2) 소화약제 저장용기의 수

   ○답 :

방호구역	소화약제량[kg]	1병당 저장량[kg]	용기수[병]
수전실	151.2	45	4
전기실	229.4	45	6
발전실	98.5	45	3
케이블실	45	45	1

(3) 필요한 저장용기수(병)

   ○답 : 6병

(4) 헤드의 개수

   ○답 :

방호구역	소화약제량[kg]	분당 방출량	헤드수[개]
수전실	180	50kg/min	4
전기실	270	50kg/min	6
발전실	135	50kg/min	3
케이블실	45	50kg/min	1

(5) 이산화탄소소화설비의 계통도

   ○답 :

상세해설

(1) 소화약제의 양

방호구역	체적 [m³]	체적당 가스량 [kg/m³]	소화약제량[kg] (최저한도 고려)	개구부 면적 [m²]	개구부 가산량 [kg/m²]	총 소화약제량 [kg]
수전실	7×6×4.5 =189	0.8	189×0.8=151.2	5	폐쇄장치 설치 −	151.2
전기실	9×6×4.5 =243	0.8	243×0.8=194.4	7	5	194.4+7×5 =229.4
발전실	5×4×4.5 =90	0.9	90×0.9=81	3.5	5	81+3.5×5 =98.5
케이블실	5×2×4.5 =45	0.9	45×0.9=40.5 ∴ 최저한도량 45	−	−	45

(2) 소화약제 저장용기의 수

방호구역	소화약제량[kg]	1병당 저장량[kg]	용기수[병]
수전실	151.2	45	151.2/45=3.36 ∴ 4
전기실	229.4	45	229.4/45=5.10 ∴ 6
발전실	98.5	45	98.5/45=2.19 ∴ 3
케이블실	45	45	45/45=1.00 ∴ 1

(3) 필요한 저장용기수[병] 가장 많은 소요약제량의 방호구역기준 ∴ 6병

(4) 헤드의 개수

방호구역	소화약제량[kg]	분당방출량	헤드수[개]
수전실	4병×45kg/병=180	50kg/min	180kg÷50kg/min÷1min=3.6 ∴ 4
전기실	6병×45kg/병=270	50kg/min	270kg÷50kg/min÷1min=5.4 ∴ 6
발전실	3병×45kg/병=135	50kg/min	135kg÷50kg/min÷1min=2.7 ∴ 3
케이블실	1병×45kg/병=45	50kg/min	50kg÷50kg/min÷1min=1 ∴ 1

(5) 이산화탄소의 소요량 방사시간(전역방출방식)

구분	표면화재	심부화재
방사시간	1분 이내	7분 이내(단, 설계농도가 2분 이내에 30%에 도달)

22년-05월 기출

09 다음 그림과 같은 벤츄리관에 유량이 5.6m³/min로 물이 흐르고 있다. 내경이 36cm인 본관에 내경이 13cm인 벤츄리미터가 설치 장치되어 있다. 압력차 $(P_1 - P_2)$(kPa)을 구하시오. (단, 벤츄리관 송출계수(유량계수)는 0.86이라고 가정한다) (5점)

풀이

○ 계산과정 : $P_1 - P_2 = \dfrac{\left(\dfrac{5.6/60 \times \sqrt{1 - \dfrac{0.13^4}{0.36^4}}}{0.86 \times \dfrac{\pi}{4} \times 0.13^2}\right)^2}{2} = 32.86\,\text{kPa}$

○ 답 : 32.86kPa

상세해설

(1) 벤츄리미터에서 압력차 계산공식

$$P_1 - P_2 = \dfrac{\left(\dfrac{Q_v\sqrt{1 - \dfrac{D_2^4}{D_1^4}}}{CA_2}\right)^2}{2}$$

여기서, P_1 : 1지점의 압력, P_2 : 2지점의 압력
D_1 : 1지점의 내경, D_2 : 2지점의 내경
A_2 : 2지점의 단면적, C : 유량계수
Q_v : 벤츄리미터 유량

(2) 베르누이정리를 이용한 계산공식
① 배관에서의 유량 $Q = \dfrac{Q_v(\text{벤츄리미터 유량})}{C(\text{벤츄리 유량계수})}$
② 유속 계산 $V_1 = \dfrac{Q}{A_1}$, $V_2 = \dfrac{Q}{A_2}$

③ 압력차 계산

$$P_1 - P_2 = \frac{\gamma}{2g}(V_2^2 - V_1^2)$$

여기서, P_1 : 1지점의 압력, P_2 : 2지점의 압력
V_1 : 1지점의 유속, V_2 : 2지점의 유속
γ : 유체의 비중량, g : 중력가속도

(3) 베르누이정리를 이용한 계산공식으로 풀이

① 배관에서의 유량 $Q = \dfrac{Q_v}{C} = \dfrac{5.6\text{m}^3/60\text{s}}{0.86}$

② 유속 계산

$$V_1 = \frac{Q}{A} = \frac{\frac{5.6/60}{0.86}\text{m}^3/\text{s}}{\frac{\pi}{4} \times (0.36\text{m})^2} = 1.0662\text{m/s}, \quad V_2 = \frac{Q}{A} = \frac{\frac{5.6/60}{0.86}\text{m}^3/\text{s}}{\frac{\pi}{4} \times (0.13\text{m})^2} = 8.1764\text{m/s}$$

③ 압력차 계산

$$P_1 - P_2 = \frac{9.8\text{kN/m}^3}{2 \times 9.8\text{m/s}^2} \times (8.1764^2 - 1.0662^2)\text{m}^2/\text{s}^2 = 32.86\text{kN/m}^2(\text{kPa})$$

(4) 벤츄리의 유량

$$Q_v(\text{m}^3/\text{s}) = C_v Q_2 = C_v \frac{\pi D_2^2}{4} \sqrt{\frac{2g\Delta h}{1 - (D_2/D_1)}}$$

$$Q_v(\text{m}^3/\text{s}) = C_v Q_2 = \frac{C_v A_2}{\sqrt{1 - (A_2/A_1)^2}} \sqrt{\frac{2g(P_1 - P_2)}{\gamma}}$$

15년-07월, 23년-04월 기출

10 펌프에서 발생하는 여러 가지 이상 현상의 하나인 맥동현상에 대한 정의 및 방지대책을 2가지만 쓰시오. **(4점)**

○답 : (1) **맥동현상의 정의**
펌프 운전 시 규칙적으로 운동, 양정, 토출량이 변화하는 현상, 즉 송출 압력과 송출 유량의 주기적인 변동이 발생하는 현상

(2) **맥동현상의 방지대책**
① pump의 양수량을 증가시킨다.
② 임펠러 회전수를 변화시킨다.
③ 배관내의 공기제거 및 단면적, 유속, 유량 조절

상세해설

써징 현상(Surging, 맥동 현상)
펌프 운전시 규칙적으로 운동, 양정, 토출량이 변화하는 현상, 즉 송출 압력과 송출 유량의 주기적인 변동이 발생하는 현상이다.
① 써징 현상 발생 원인
　㉠ 펌프의 양정 곡선이 산형 특성이며 사용범위가 우상특성일 것.
　㉡ 토출배관에 수조, 공기저장기가 있을 때
　㉢ 토출량 조절 밸브가 수조, 공기저장기보다 아래에 있을 때
② 써징 현상 방지 대책
　㉠ pump의 양수량을 증가시키거나 임펠러 회전수를 변화시킨다.
　㉡ 배관내의 공기제거 및 단면적, 유속, 유량 조절

---

11. 특수가연물을 저장 또는 취급하는 랙식 창고에 스프링클러헤드를 설치하고자 한다. 랙크에 소요되는 헤드의 개수를 구하시오. (5점)

[조건]
① 헤드는 라지드롭형 스프링클러헤드(폐쇄형)를 정방형으로 설치한다.
② 랙식 창고의 크기는 가로15m, 세로26m, 높이8m이다.
③ 다른 스프링클러설비를 설치하는 것은 고려하지 않는다.

풀이 ○ 계산과정 : $S = 2 \times 1.7 \times \cos 45° = 2.4\text{m}$

① 가로열 소요개수 $H_W = \dfrac{15\text{m}}{2.4\text{m}} = 6.25$ ∴ 7개

② 세로열 소요개수 $H_L = \dfrac{26\text{m}}{2.4\text{m}} = 10.83$ ∴ 11개

③ 랙식 창고의 경우에는 라지드롭형 스프링클러헤드를 랙 높이 3m 이하마다 설치

높이에 따른 열 $N = \dfrac{8\text{m}}{3\text{m}} = 2.67$ ∴ 3열

④ 총 헤드 소요개수 $N = 7 \times 11 \times 3$열 $= 231$개

○ **답** : 231개

상세해설

(1) **헤드의 배치**(정방형)
　$S = 2r\cos 45°$ (여기서, S : 헤드 상호간의 거리(m), r : 수평거리(m))

(2) **스프링클러헤드의 배치기준**

설치장소		설치기준
천장·반자·천장과 반자 사이·덕트·선반 기타 이와 유사한 부분(폭이 1.2m를 초과하는 것)	무대부, 특수가연물 저장 또는 취급 장소	수평거리 1.7m 이하
	특정 소방대상물 기타구조	수평거리 2.1m 이하
	특정 소방대상물 내화구조	수평거리 2.3m 이하
	아파트	수평거리 2.6m 이하
랙식 창고		랙 높이 3m 이하 마다

(3) **창고시설의 스프링클러설비**
① 창고시설에 설치하는 스프링클러설비는 라지드롭형 스프링클러헤드를 습식으로 설치할 것
② 랙식 창고의 경우에는 라지드롭형 스프링클러헤드를 랙 높이 3m 이하마다 설치할 것
③ 수원의 저수량

> 일반 창고 $Q_1(\mathrm{m}^3) = N_1 \times 3.2\mathrm{m}^3 (160\mathrm{L/min} \times 20\mathrm{min})$
> 랙식 창고 $Q_2(\mathrm{m}^3) = N_2 \times 9.6\mathrm{m}^3 (160\mathrm{L/min} \times 60\mathrm{min})$

여기서, Q : 수원의 양, N : 헤드의 개수(최대30개)
④ 가압송수장치의 송수량
송수량은 0.1 MPa의 방수압력 기준으로 160L/min 이상의 방수성능을 가진 기준 개수의 모든 헤드로부터의 방수량을 충족시킬 수 있는 양 이상인 것으로 할 것

(4) **랙식 창고**
층고가 10m 이상으로 선반 등을 설치하고 자동식 승강장치에 의해 수납물을 운반하는 자동화창고의 일종으로 rack(선반)단위로 물품을 보관하는 곳을 말한다 랙(rack)마다 헤드를 설치하는 것이 원칙이고 높이 기준으로 헤드를 설치하고 있다 때문에 화재시 각 랙(rack)마다 살수가 되지 않는 문제점이 발생한다.

---

12 소방시설 설치 및 관리에 관한 법률 시행령에 따른 자동소화장치를 설치해야 하는 특정소방대상물 중 주거용 주방자동소화장치에 대한 내용이다. 빈칸에 알맞은 말을 넣으시오. (5점)

> 자동소화장치를 설치해야 하는 특정소방대상물은 다음의 어느 하나에 해당하는 특정소방대상물 중 (①) 및 덕트가 설치되어 있는 주방이 있는 특정소방대상물로 한다. 이 경우 해당 주방에 자동소화장치를 설치해야 한다.
> • 주거용 주방자동소화장치를 설치해야 하는 것 : (②) 및 (③)의 모든 층

○답 : ① 후드 ② 아파트 등 ③ 오피스텔

상세해설

자동소화장치를 설치해야 하는 특정소방대상물
다음의 어느 하나에 해당하는 특정소방대상물 중 후드 및 덕트가 설치되어 있는 주방이 있는 특정소방대상물로 한다. 이 경우 해당 주방에 자동소화장치를 설치해야 한다.
(1) 주거용 주방자동소화장치를 설치해야 하는 것 : 아파트 등 및 오피스텔의 모든 층
(2) 상업용 주방자동소화장치를 설치해야 하는 것
   ① 판매시설 중 대규모점포에 입점해 있는 일반음식점
   ② 집단급식소
(3) 캐비닛형 자동소화장치, 가스자동소화장치, 분말자동소화장치 또는 고체에어로졸자동소화장치를 설치해야 하는 것 : 화재안전기준에서 정하는 장소

---

13 판매장에 제연설비를 아래 조건과 같이 설치하려고 한다. 다음 각 물음에 답하시오. (9점)

[조건]
① 거실의 바닥면적은 390m²이다.
② 닥트의 길이는 80m이고, 단위 길이 당 닥트 저항은 1.96Pa/m로 한다.
③ 배기구 저항은 78Pa, 배기그릴 저항은 29Pa, 부속류의 저항은 전체 덕트 저항의 50%이다.
④ 송풍기 효율은 50%로 하고, 전달계수는 1.1로 한다.

(1) 예상제연구역에 필요한 배출량(m³/h)을 구하시오.
(2) 송풍기에 필요한 전압(Pa)을 구하시오.
(3) 송풍기의 전동기 최소동력(kW)을 구하시오.
(4) (2)에서 구한 정압으로 송풍기가 1750rpm으로 회전할 때, 송풍기의 정압을 1.2배로 높이려면 회전수(rpm)는 얼마로 증가시켜야 하는지 구하시오.

풀이 (1) 필요한 배출량(m³/h)
  ○계산과정 : $Q = 390\text{m}^2 \times 1\text{m}^3/(\text{m}^2 \cdot \text{min}) \times 60\text{min/hr} = 23,400\text{m}^3/\text{hr}$
  ○답 : 23,400m³/h

(2) 정압(Pa)
  ○계산과정 : $P = 80\text{m} \times \dfrac{1.96\text{Pa}}{\text{m}} + 78\text{Pa} + 29\text{Pa} + \left(80\text{m} \times \dfrac{1.96\text{Pa}}{\text{m}} \times 0.5\right)$
   $= 342.2\text{Pa}$
  ○답 : 342.2Pa

(3) 전동기의 최소동력(kW)

○계산과정 : $Q = 390\text{m}^2 \times 1\text{m}^3/(\text{m}^2 \cdot \text{min}) = 390\text{m}^3/\text{min}$

$$P_T = 342.2\text{Pa} \times \frac{10332\text{mmAq}}{101325\text{Pa}} = 34.89\text{mmAq}$$

$$P = \frac{390\text{m}^3/\text{min} \times 34.89\text{mmAq}}{102 \times 60 \times 0.5} \times 1.1 = 4.89\text{kW}$$

○답 : 4.89kW

(4) 회전수

○계산과정 : $N_2 = N_1 \times \sqrt{\dfrac{H_2}{H_1}} = 1750\text{rpm} \times \sqrt{\dfrac{1.2}{1}} = 1917.03\text{rpm}$

○답 : 1917.03rpm

상세해설

(1) 바닥면적이 400m² 미만으로 구획(제연경계구획 제외)된 경우 배출량
  ① 바닥면적 1m²당 1m³/min 이상으로 할 것
  ② 최저 배출량은 5,000m³/hr 이상으로 할 것

(2) 배출기의 동력계산
  ① 축동력

$$L_S(\text{kW}) = \frac{Q(\text{m}^3/\text{min}) \times P_T(\text{mmAq})}{102 \times 60 \times E}$$

  ※ 주의 : 축동력 계산 시 전달계수 값은 무시한다.
  ② 모터동력

$$P(\text{kW}) = \frac{Q(\text{m}^3/\text{min}) \times P_T(\text{mmAq})}{102 \times 60 \times E} \times K$$

여기서, Q : 풍량(m³/min), P_T : 전압(mmAq), E : 효율(%/100), K : 전달계수

(3) 상사의 법칙

$$Q_2 = Q_1 \times \frac{N_2}{N_1} \times \left(\frac{D_2}{D_1}\right)^3 \qquad H_2 = H_1 \times \left(\frac{N_2}{N_1}\right)^2 \times \left(\frac{D_2}{D_1}\right)^2 \qquad P_2 = P_1 \times \left(\frac{N_2}{N_1}\right)^3 \times \left(\frac{D_2}{D_1}\right)^5$$

여기서, Q_1 : 변경 전 유량 Q_2 : 변경 후 유량
　　　H_1 : 변경 전 양정 H_2 : 변경 후 양정
　　　P_1 : 변경 전 동력 P_2 : 변경 후 동력
　　　N_1 : 변경 전 회전수 N_2 : 변경 후 회전수
　　　D_1 : 변경 전 임펠러직경 D_2 : 변경 후 임펠러직경

14 전기실에 제3종 분말소화설비를 설치하려고 한다. 다음 조건을 참고하여 각 물음에 답하시오. (5점)

[조건]
① 전기실의 크기는 가로10m, 세로20m, 높이4m이다.
② 방사헤드의 방출률은 20kg/(min·개)이다.
③ 전역방출방식이며 개구부는 없는 것으로 한다.
④ 소화약제 산정 및 기타 사항은 국가화재안전기준에 따라 산정한다.

(1) 소화설비에 필요한 분말약제량(kg)을 산출하시오.
(2) 소화설비에 필요한 헤드의 최소개수(개)를 산출하시오.
(3) 가압용가스로 질소를 사용하는 경우 필요한 질소가스의 양(L)을 산출하시오. (단, 35℃에서 1기압의 압력상태로 환산한 것이고, 배관의 청소에 필요한 양은 제외한다.)

풀이 (1) 분말약제량
○ 계산과정 : $Q = (10 \times 20 \times 4)\text{m}^3 \times 0.36\text{kg/m}^3 = 288\text{kg}$
○ 답 : 288kg

(2) 헤드 개수
○ 계산과정 : $N = \dfrac{288\text{kg}}{20\text{kg/min·개} \times 0.5\text{min}} = 28.8$ ∴ 29개
○ 답 : 29개

(3) 질소가스의 양
○ 계산과정 : $Q = 288\text{kg} \times \dfrac{40\text{L}}{\text{kg}} = 11,520\text{L}$
○ 답 : 11,520L

상세해설

1. 분말약제의 전역방출방식

종별	체적계수 K_1(kg/m³)	면적계수 K_2(kg/m²) (자동폐쇄장치 미설치 시)
제1종	0.60	4.5
제2종, 제3종	0.36	2.7
제4종	0.24	1.8

2. 분말약제의 저장량(kg)

$$Q = V \times K_1 + A \times K_2$$

여기서, Q : 분말약제 저장량(kg), V : 방호구역체적(m^3)
K_1 : 방호구역 체적계수(kg/m^3)
A : 개구부면적(m^2)(자동폐쇄장치 없는 개구부면적)
K_2 : 개구부 면적계수(kg/m^2)

3. 가압용 또는 축압용 가스

구 분	질소가스 사용 시	이산화탄소 사용 시
가압용가스	40L(질소)/1kg(약제) 이상 (35℃, 1기압 기준)	20g(CO_2)/1kg(약제)+배관청소에 필요한 양
축압용가스	10L(질소)/1kg(약제) 이상 (35℃, 1기압 기준)	20g(CO_2)/1kg(약제)+배관청소에 필요한 양

4. 분말소화설비의 약제저장량 방사시간
① 전역방출방식 : 30초 이내
② 국소방출방식 : 30초 이내

5. 분사헤드의 개수

$$N = \frac{약제저장량(kg)}{헤드1개의\ 방사량(kg/s) \times 방사시간(sec)}$$

---

15 다음은 제연방식 중 기계제연방식에 대한 종류이다. 제연방식에 대하여 간단히 설명하시오. (6점)

(1) 제1종 기계제연방식 :

(2) 제2종 기계제연방식 :

(3) 제3종 기계제연방식 :

○답 :
(1) **제1종 기계제연방식** : 송풍기와 배출기를 설치하여 급기와 배기를 하는 방식
(2) **제2종 기계제연방식** : 송풍기만 설치하여 급기와 배기를 하는 방식
(3) **제3종 기계제연방식** : 배출기만 설치하여 급기와 배기를 하는 방식

상세해설

기계제연방식의 종류
(1) 1종 기계제연방식
　① 화재실은 배출기로 연기를 배출시키고 동시에 복도나 계단실은 송풍기로 공기를 유입시키는 방식이다.
　② 급기량은 배기량보다 적게 제어하여 화재실을 부압으로도 유지하면서 화재실의 연기확산을 방지한다.

(2) 제2종 기계제연방식
　복도, 계단부속실, 계단실등 피난통로에 송풍기로 공기를 유입시키는 방식으로 그 부분의 압력을 화재실보다 높여 연기의 침입을 방지하는 방식으로 가압급기 제연방식이라고도 한다.

(3) 제3종 기계제연방식
　① 화재시 발생한 연기를 배출기에 의하여 흡입시켜 옥외로 배출하는 방식
　② 연기의 흐름을 방지하고 흡인효과를 증대시키기 위하여 제연경계벽이나 제연커튼 등을 병용하여 사용
　③ 화재초기에 화재실내 내압을 낮추고 연기를 다른 구획으로 확산되지 않도록 하는 특징이 있다.

16 다음 도면은 업무시설과 슈퍼마켓(판매시설)에 설치하는 스프링클러설비에 대한 단면도와 평면도를 나타낸 것이다. 조건을 참조하여 각 물음에 답하시오.

(10점)

[조건]
① 건축물의 주요 구조부는 내화구조이다.
② 헤드는 표준형 스프링클러헤드를 정방형으로 설치한다.
③ 주배관은 헤드가 가장 많이 설치된 유수검지장치를 기준으로 한다.

(1) 전 층에 필요한 헤드의 개수를 산출하시오.

(2) 다음의 표를 참고하여 헤드 수에 따른 유수검지장치의 구경과 필요수량을 구하시오.

[스프링클러헤드 수별 급수관의 구경]

헤드수	2	4	7	15	30	60	65	100	160	161 이상
급수관의 구경	25	32	40	50	65	80	90	100	125	150

(3) 주배관의 유속(m/s)을 구하시오.

[풀이] (1) 전 층에 필요한 헤드의 총 소요개수
  ○ 계산과정 : 헤드간의 거리(정방형) $S = 2 \times 2.3\text{m} \times \cos 45° = 3.25\text{m}$
   ① 1F(슈퍼마켓)
    ※ 헤드의 설치제외 : 펌프실·물탱크실 엘리베이터 권상기실 그 밖의 이와 비슷한 장소
    가로열 소요개수 $N_W = \dfrac{20\text{m}}{3.25\text{m}} = 6.15$ ∴ 7개
    세로열 소요개수 $N_L = \dfrac{26\text{m}}{3.25\text{m}} = 8$ ∴ 8개
    소요개수 $N = 7 \times 8 = 56$개
   ② 2F~7F(슈퍼마켓+업무시설)
    가로열 소요개수 $N_W = \dfrac{20\text{m}}{3.25\text{m}} = 6.15$ ∴ 7개
    세로열 소요개수 $N_L = \dfrac{43\text{m}}{3.25\text{m}} = 13.23$ ∴ 14개
    소요개수 $N = 7 \times 14 \times 6$개층 $= 588$개
   ③ 8F(휴게실)
    가로열 소요개수 $N_W = \dfrac{5\text{m}}{3.25\text{m}} = 1.54$ ∴ 2개
    세로열 소요개수 $N_L = \dfrac{13\text{m}}{3.25\text{m}} = 4$ ∴ 4개
    소요개수 $N = 2 \times 4 = 8$개
   ④ 전 층에 필요한 헤드의 개수
    $N_T = 56$개 $+ 588$개 $+ 8$개 $= 652$개
  ○ 답 : 652개

(2) 유수검지장치의 규격과 필요수량
  ○ 계산과정 :
   ① 1층에 필요한 헤드개수 : $N = 7 \times 8 = 56$개
     ∴ 표에서 헤드 수 : 60개, 급수관의 구경 : 80mm
   ② 2층~7층에 필요한 층당 헤드개수 : $N = 7 \times 14 = 98$개
     ∴ 표에서 헤드 수 : 100개, 급수관의 구경 : 100mm
   ③ 8층에 필요한 헤드개수 : $N = 2 \times 4 = 8$개
     ∴ 표에서 헤드 수 : 15개, 급수관의 구경 : 50mm

[스프링클러헤드 수별 급수관의 구경]

헤드 수	2	4	7	15	30	60	65	100	160	161 이상
급수관의 구경	25	32	40	50	65	80	90	100	125	150

  ○ 답 :

구분	유수검지장치의 규격(mm)	필요수량
1F	80	1개
2F~7F	100	각 층 1개, 총 개수 6개
8F	50	1개

(3) 주배관의 유속
  ○ 계산과정 :
   ① 판매시설이 설치되는 복합건축물 : 헤드의 기준개수는 30개
   ② 유량 $Q = 30개 \times 80\text{L/min} = 2400\text{L/min} = 0.04\text{m}^3/\text{s}$
   유속 $V = \dfrac{Q}{A} = \dfrac{4Q}{\pi d^2} = \dfrac{4 \times 0.04\text{m}^3/\text{s}}{\pi \times (0.1\text{m})^2} = 5.09\text{m/s}$
  ○ 답 : 5.09m/s

상세해설

(1) 헤드의 배치(정방형)
$S = 2r\cos 45°$ (여기서, S : 헤드 상호간의 거리(m), r : 수평거리(m))

(2) 스프링클러헤드의 배치기준

설치장소			설치기준
천장 · 반자 · 천장과 반자 사이 · 덕트 · 선반 기타 이와 유사한 부분(폭이 1.2m를 초과하는 것)	무대부, 특수가연물 저장 또는 취급 장소		수평거리 1.7m 이하
	특정 소방대상물	기타구조	수평거리 2.1m 이하
		내화구조	**수평거리 2.3m 이하**
	아파트		수평거리 2.6m 이하
랙식 창고			랙 높이 3m 이하 마다

(3) 헤드의 기준개수(폐쇄형)

소방대상물			기준개수
지하층을 제외한 10층 이하	공장 또는 창고 (랙식 포함)	특수가연물	30개
		그 밖의 것	20개
	근린생활시설 · 판매시설 · 운수시설 또는 복합건축물	판매시설 또는 복합건축물 (판매시설 설치 복합건축물)	30개
		그 밖의 것	20개
	그 밖의 것	헤드 부착높이 8m 이상	20개
		헤드 부착높이 8m 이하	10개
아파트			10개
지하층제외 11층 이상 (아파트 제외) 지하가 또는 지하역사			30개

(4) 유수검지장치의 내경

내경의 구분		25	32	40	50	65	80	100	125	150	200
호칭	A(mm)	25	32	40	50	65	80	100	125	150	200
	B(inch)	1	$1\frac{1}{4}$	$1\frac{1}{2}$	2	$2\frac{1}{2}$	3	4	5	6	8

(5) 스프링클러헤드 수별 급수관의 구경

(단위 : mm)

구분 \ 구경	25	32	40	50	65	80	90	100	125	150
가	2	3	5	10	30	60	80	100	160	161 이상
나	2	4	7	15	30	60	65	100	160	161 이상
다	1	2	5	8	15	27	40	55	90	91 이상

① 폐쇄형스프링클러헤드를 사용하는 설비의 경우로서 1개 층에 하나의 급수배관(또는 밸브 등)이 담당하는 구역의 최대면적은 3,000m²를 초과하지 아니할 것
② 폐쇄형스프링클러헤드를 설치하는 경우에는 "가"란의 헤드 수에 따를 것. 다만, 100개 이상의 헤드를 담당하는 급수배관(또는 밸브)의 구경을 100mm로 할 경우에는 수리계산을 통하여 배관의 유속(가지배관의 유속은 6m/s, 그 밖의 배관의 유속은 10m/s를 초과 할 수 없다)에 적합하도록 할 것
③ 폐쇄형스프링클러헤드를 설치하고 반자 아래의 헤드와 반자속의 헤드를 동일 급수관의 가지관상에 병설하는 경우에는 "나"란의 헤드 수에 따를 것
④ 무대부·특수가연물을 저장 또는 취급하는 장소로서 폐쇄형스프링클러헤드를 설치하는 설비의 배관구경은 "다"란에 따를 것
⑤ 개방형스프링클러헤드를 설치하는 경우 하나의 방수구역이 담당하는 헤드의 개수가 30개 이하일 때는 "다"란의 헤드수에 의하고, 30개를 초과할 때는 수리계산 방법에 따를 것

소방설비기사 – 기계분야

2024년 11월 2일 시행

01년-11월, 08년-04월, 14년-04월, 20년-10월 기출유사

01 방호구역의 체적이 500m³인 특정소방대상물에 할론1301 소화약제를 방사 후 방호구역의 산소농도가 15vol% 되었다. 아래 조건을 참조하여 방사된 할론1301소화약제의 양(kg)을 구하시오. (5점)

[조건] ① 할론 1301의 분자량 : 148.9
② 기체상수 : 0.082atm · m³/kmol · K
③ 실내온도 : 15℃
④ 실내압력 : 1.2atm(절대압력)

○계산과정 : $G_V = \dfrac{21-O_2}{O_2} \times V = \dfrac{21-15}{15} \times 500 = 200\text{m}^3$

$W = \dfrac{PVM}{RT} = \dfrac{1.2\text{atm} \times 200\text{m}^3 \times 148.9}{0.082\text{atm} \cdot \text{m}^3/\text{kmol} \times (273+15)\text{K}} = 1{,}513.21\text{kg}$

○답 : 1,513.21kg

상세해설

(1) 방출 가스량 계산방법

$$G_V = \dfrac{21-O_2}{O_2} \times V$$

여기서, G_V : 방출가스량(m³), V : 방호구역체적(m³)

(2) 이상기체 상태방정식

$$PV = \dfrac{W}{M}RT$$

여기서, P : 압력(atm), V : 방출가스량(m³), W : 무게(kg), M : 분자량
R : 기체상수(0.082atm · m³/kmol · K), T : 절대온도(K)

02 조건을 참조하여 거실제연설비에 제연을 하기위한 전동기의 동력(kW)를 구하시오. (5점)

[조건]
① 거실의 바닥면적은 850m² 이다.
② 예상제연구역은 직경 50m 범위를 초과하는 경우이다.
③ 예상제연구역은 제연경계로 구획된 경우이며 수직거리는 2.7m이다.
④ 닥트 길이는 165m이다.
⑤ 저항은 다음과 같다.
  • 단위길이 당 닥트 저항 : 0.2mmAq/m
  • 배기구 저항 : 7.5mmAq
  • 배기그릴 저항 : 3mmAq
  • 관 부속품의 저항 : 닥트저항의 55% 적용
⑥ 전동기의 효율은 50%이고 전달계수는 1.1이다.
⑦ 바닥면적 400m² 이상인 거실의 예상제연구역의 배출량은 다음과 같다.

[예상제연구역이 제연경계로 구획된 경우 수직거리에 따른 배출량]

수직거리	배출량	
	예상제연구역이 직경 40m인 원의 범위 안에 있을 경우	예상제연구역이 직경 40m인 원의 범위를 초과할 경우
2m 이하	40,000m³/h	45,000m³/h
2m 초과 2.5m 이하	45,000m³/h	50,000m³/h
2.5m 초과 3m 이하	50,000m³/h	55,000m³/h
3m 초과	60,000m³/h	65,000m³/h

풀이 ○ 계산과정 :
① 예상제연구역의 배출량
  • 바닥면적 400m² 이상(바닥면적 850m²)
  • 조건 ②에서 예상제연구역이 직경 40m인 원의 범위를 초과할 경우에 해당
  • 수직거리 2.5m 초과 3m 이하(예상제연구역의 수직거리 : 2.7m)
  • 배출량 $Q = 55,000\text{m}^3/\text{h}$ 이상
② 전압 계산
$P_T = (165\text{m} \times 0.2\text{mmAq/m}) + 7.5\text{mmAq} + 3\text{mmAq}$
$\quad\quad + (165\text{m} \times 0.2\text{mmAq/m} \times 0.55)$
$\quad = 61.65\text{mmAq}$

③ 전동기의 동력(kW)

$$P = \frac{(55{,}000\text{m}^3/60\text{min}) \times 61.65\text{mmAq}}{102 \times 60 \times 0.5} \times 1.1 = 20.31\text{kW}$$

○답 : 20.31kW

상세해설

배풍기의 전동기동력 계산방법

$$P(\text{kW}) = \frac{Q(\text{m}^3/\text{min}) \times P_T(\text{mmAg})}{102 \times 60 \times E} \times K$$

여기서, Q : 풍량, P_T : 전압, E : 전동기의 효율, K : 전달계수

08년-11월, 09년-07월, 13년-07월, 14년-04월

03 내경이 40mm인 소방호스에 내경이 13mm인 노즐이 부착되어 있다. 300L/min의 방수량으로 대기 중에 방사할 경우 다음 각 물음에 답하시오. **(6점)**

(1) 소방호스의 평균유속(m/s)을 계산하시오.
(2) 소방호스에 부착된 노즐의 평균유속(m/s)을 계산하시오.
(3) 소방호스에 부착된 노즐에서 운동량 때문에 발생하는 반발력(N)을 계산하시오.

풀이 (1) 호스의 평균유속

○계산과정 : $u = \dfrac{0.3\text{m}^3/60\text{s}}{\dfrac{\pi}{4} \times (0.04\text{m})^2} = 3.98\text{m/s}$

○답 : 3.98m/s

(2) 노즐의 평균유속

○계산과정 : $u = \dfrac{0.3\text{m}^3/60\text{s}}{\dfrac{\pi}{4} \times (0.013\text{m})^2} = 37.67\text{m/s}$

○답 : 37.67m/s

(3) 노즐에서 운동량 때문에 발생하는 반발력(N)

○계산과정 : $Q = 0.3\text{m}^3/60\text{s}$
$\Delta u = (u_2 - u_1) = (37.67 - 3.98) = 33.69\text{m/s}$
$F = 0.3\text{m}^3/60\text{s} \times 33.69\text{m/s} \times 1000\text{kg/m}^3 = 168.45\text{kg} \cdot \text{m/s}^2(\text{N})$

○답 : 168.45N

상세해설

호스의 평균유속

$$Q = uA \qquad u = \frac{Q}{A} = \frac{Q}{\frac{\pi}{4}d^2}$$

노즐의 평균유속

$$Q = uA \qquad u = \frac{Q}{A} = \frac{Q}{\frac{\pi}{4}d^2}$$

노즐에서 운동량 때문에 발생하는 반발력(노즐에 걸리는 반발력)

$$F = Q\Delta u \rho = Q(u_2 - u_1)\rho$$

여기서, F : 운동량 때문에 발생하는 반발력, Q : 유량(m^3/s)
u_1 : 소방용 호스에서 유속(m/s), u_2 : 노즐에서 유속(m/s)
ρ : 밀도(물의 밀도 : 1000kg/m^3 또는 1000N·s^2/m^4)

참고 플랜지 볼트에 작용하는 힘

$$F_x = \frac{\gamma A_1 Q^2}{2g} \left(\frac{A_1 - A_2}{A_1 A_2} \right)^2$$

여기서, F_x : 플랜지 볼트에 작용하는 힘, γ : 비중량(kgf/m^3), Q : 유량(m^3/s),
g : 중력가속도(9.8m/s^2), A : 단면적(m^2)

17년-6월 기출

04 소방시설 도시기호에 관한 빈칸에 알맞은 답을 쓰시오. (4점)

명칭	①	선택밸브	편심레듀서	④
도시기호		②	③	

풀이 ○답 :

명칭	① 풋밸브	선택밸브	편심레듀서	④ 라인프로포셔너
도시기호		②	③	

05년-11월, 13년-11월, 20년-07월 기출

05 지상 5층의 특정소방대상물에 옥내소화전설비를 화재안전기술기준 및 조건에 따라 설치되었을 때 각 물음에 답하시오. (10점)

[조건]
① 옥내소화전은 각 층마다 6개씩 설치되었다고 한다.
② 실양정은 20m이고 배관상 마찰손실(소방용호스 제외)은 40m로 한다.
③ 소방용 호스의 마찰손실은 100m당 26m로 하고 호스의 길이는 15m, 수량은 2개이다.
④ 기타의 조건은 국가화재안전기술기준(NFTC)에 따른다.

(1) 옥상수조에 저장하여야 할 최소 유효저수량(m^3)은 얼마인가?
(2) 펌프의 최소 토출량(m^3/분)은 얼마인가?
(3) 전양정(m)은 얼마인가?
(4) 펌프의 성능은 정격토출량의 150%로 운전할 경우 토출압력은 최소 몇 MPa 이상이어야 하는지 구하시오.
(5) 펌프의 토출 측 주배관의 최소구경을 다음 [보기]에서 선정하시오.
(단, 주 배관내 유속은 화재안전기술기준에서 정한 최대유속 이하로 계산한다)

[보기] 25mm, 32mm, 40mm, 50mm, 65mm, 80mm, 100mm

풀이 (1) 옥상수조의 최소 유효저수량(m^3)

○ 계산과정 : $Q = 2 \times 2.6m^3 \times \dfrac{1}{3} = 1.73m^3$

○ 답 : $1.73m^3$

(2) 펌프의 최소 토출량(m^3/분)

○ 계산과정 : $Q = 2 \times 130L/min = 260L/min = 0.26m^3/분$

○ 답 : $0.26m^3/분$

(3) 전양정(m)

○ 계산과정 : $H = 20m + 40m + \left(15m \times 2 \times \dfrac{26m}{100m}\right) + 17m = 84.8m$

○ 답 : $84.8m$

(4) 토출압력(MPa)

　　○ 계산과정 : $P = 84.8\text{m} \times \dfrac{0.101325\text{MPa}}{10.332\text{m}} \times 0.65 = 0.54\text{MPa}$

　　○ 답 : 0.54MPa 이상

(5) 최소구경

　　○ 계산과정 : $d = \sqrt{\dfrac{4Q}{\pi u}} \times 1000 = \sqrt{\dfrac{4 \times 0.26\text{m}^3/60\text{s}}{\pi \times 4\text{m/s}}} \times 1000 = 37.14\text{mm}$
　　　주 배관 중 수직배관의 최소 구경은 50mm이다.

　　○ 답 : 50mm

상세해설

(1) 옥내소화전설비의 수원의 양

① 수원의 유효저수량(m^3)

$$Q = N \times 2.6\text{m}^3 \text{ 이상} \quad (N : \text{옥내소화전이 가장 많은 층의 설치개수(최대 2개)})$$

② 옥상수조의 유효저수량(m^3)

$$Q = N \times 2.6\text{m}^3 \times \dfrac{1}{3} \text{ 이상} \quad (N : \text{옥내소화전이 가장 많은 층의 설치개수(최대 2개)})$$

(2) 펌프의 최소 토출량(m^3/분)

$$Q = N \times 130\text{L/min 이상} \quad (N : \text{옥내소화전이 가장 많은 층의 설치개수(최대 2개)})$$

(3) 옥내소화전설비의 전양정

$$H = h_1 + h_2 + h_3 + 17\text{m}$$

여기서, h_1 : 실양정(흡입양정+토출양정)(m)
　　　　h_2 : 배관의 마찰손실 수두(m)
　　　　h_3 : 소방용호스 마찰손실 수두(m)

(4) 펌프의 성능
① 체절운전 시 정격토출압력의 140%를 초과하지 아니할 것
② 정격토출량의 150%로 운전 시 정격토출압력의 65% 이상이 되어야 할 것

(5) 펌프의 토출 측 주배관의 구경
① 유속이 4m/s 이하가 될 수 있는 크기 이상으로 하여야 할 것
② 옥내소화전방수구와 연결되는 가지배관의 구경은 40mm(호스릴옥내소화전설비 25mm) 이상으로 할 것
③ 주배관 중 수직배관의 구경은 50mm(호스릴옥내소화전설비 32mm) 이상으로 할 것

03년-04월, 04년-04월, 05년-07월, 07년-11월, 08년-04월, 14년-11월 기출

06 어느 배관의 인장강도가 240MPa이고 최고사용압력은 3.6MPa이었다면 이 배관의 스케줄 번호(Sch No)는 얼마인가? (단, 안전율은 5 이며 Sch No는 10, 20, 30, 40, 60, 80, 100 중에서 최소규격을 선택한다.) (4점)

【풀이】
○ 계산과정 : ① 허용응력 = $\dfrac{인장강도}{안전율} = \dfrac{240\text{MPa}}{5} = 48\text{MPa}$

② 스케줄 번호(Sch No) = $\dfrac{최대사용압력}{허용응력} \times 1000 = \dfrac{3.6\text{MPa}}{48\text{MPa}} \times 1000$
$= 75$

∴ 80 선택

○ 답 : 80

【상세해설】

스케줄 번호(Schedule Number)란 무엇인가?
① 배관의 두께를 나타낸다.
② 스케줄 번호(Schedule Number)

스케줄번호	5	10	20	30	40	60	80	100	120	140	160

스케줄번호가 클수록 두꺼운 두께를 의미한다.

③ 스케줄 번호 = $\dfrac{최대사용압력}{허용응력} \times 1000$, 안전율 = $\dfrac{인장강도}{허용응력}$

11년-7월, 14년-4월, 16년-4월 기출

07 다음은 토너먼트배관방식에 관한 내용이다. 각 물음에 답하시오. (7점)

(1) 물계통의 소화설비는 토너먼트 배관방식으로 설치하면 안 되는 이유를 간단히 쓰시오.
(2) 토너먼트 배관방식을 적용하여야 하는 소화설비의 종류를 3가지만 쓰시오. (단, 할로겐화합물 및 불활성기체소화설비는 제외한다)

【풀이】(1) 토너먼트 배관방식으로 설치하면 안 되는 이유
○ 답 : 수격작용으로 인하여 배관파손 우려

(2) 토너먼트 배관방식을 적용하여야 하는 소화설비
○ 답 : ① 이산화탄소소화설비
② 할론소화설비
③ 분말소화설비

상세해설

토너먼트배관방식
주로 가스계소화설비의 배관방식으로 동시에 방사하는 헤드의 방사압력을 일정하게 유지하기위하여 적용한다. 적용설비는 다음과 같다.
① 이산화탄소 소화설비
② 할론 소화설비
③ 할로겐화합물 및 불활성기체 소화설비
④ 분말 소화설비

[토너먼트 배관방식]

07년 7월 기출

08 습식 배관의 동파를 방지하기 위해서 보온재로 피복할 때 보온재의 구비 조건을 4가지만 쓰시오.(단, 경제적 측면은 고려하지 않을 것) **(4점)**

풀이 ○답 : ① 열전도율이 적을 것
② 흡수성이 적을 것
③ 장시간 사용해도 변질이 없을 것
④ 부피 및 비중이 작을 것
⑤ 다공질이며 기공이 균일할 것

상세해설

보온재의 구비조건
① 열전도율이 적을 것
② 흡수성이 적을 것
③ 장시간 사용해도 변질이 없을 것
④ 부피 및 비중이 작을 것
⑤ 다공질이며 기공이 균일할 것
⑥ 시공이 용이하고 가격이 저렴할 것

21년 4월 기출 유사

09 지상10층이며 용도가 업무시설인 특정소방대상물에 완강기를 설치하려고 한다. 다음 조건을 참조하여 설치하여야 할 완강기의 개수를 구하시오.

(4점)

[조건] ① 주요구조부가 내화구조이고 직통계단인 특별피난계단이 2 이상 설치되어 있다.
② 각 층의 바닥면적은 4,000m²이다.

풀이 ○ 계산과정 :

① 층 당 필요한 개수 $N = 4000\text{m}^2 \times \dfrac{1개}{1000\text{m}^2} = 4개$

② 3층~10층(8개 층)에 필요한 개수 $N = 4개 \times 8개층 = 32개$

③ 피난기구의 설치감소에 해당
주요구조부가 내화구조이고 직통계단인 특별피난계단이 2 이상 설치되어 있는 경우 필요한 피난기구를 $\dfrac{1}{2}$로 감소할 수 있다.

④ 필요한 완강기의의 개수 $N = 32개 \times \dfrac{1}{2} = 16개$

○ 답 : 16개

상세해설

1. 피난기구의 설치기준
 (1) 층 마다 설치
 (2) 설치개수 산정기준

층의 용도	설치개수 기준
• 숙박시설 · 노유자시설 및 **의료시설**	바닥면적 500m²마다 1개 이상
• 위락시설 · 문화집회 및 운동시설 · 판매시설 • 복합용도	바닥면적 800m²마다 1개 이상
• 계단실형 아파트	각 세대마다
• 그 밖의 용도	바닥면적 1,000m²마다 1개 이상

※ 숙박시설(휴양콘도미니엄 제외)의 경우에는 추가로 객실마다 완강기 또는 2 이상의 간이완강기를 설치할 것

2. 피난기구설치의 감소
 (1) 피난기구를 설치하여야 할 소방대상물 중 다음의 기준에 적합한 층에는 **피난기구의 2분의 1을 감소할 수 있다.** 이 경우 설치하여야 할 피난기구의 수에 있어서 소수점 이하의 수는 1로 한다.
  ① 주요구조부가 **내화구조**로 되어 있을 것

② 직통계단인 피난계단 또는 특별피난계단이 2 이상 설치되어 있을 것
(2) 피난기구를 설치하여야 할 소방대상물 중 주요구조부가 내화구조이고 다음의 기준에 적합한 건널 복도가 설치되어 있는 층에는 피난기구의 수에서 해당 건널 복도의 수의 2배의 수를 뺀 수로 한다.
　　① 내화구조 또는 철골조로 되어 있을 것
　　② 건널 복도 양단의 출입구에 자동폐쇄장치를 한 60분+ 방화문 또는 60분 방화문(방화셔터를 제외)이 설치되어 있을 것
　　③ 피난·통행 또는 운반의 **전용 용도**일 것
(3) 피난기구를 설치하여야 할 소방대상물 중 다음에 적합한 노대가 설치된 거실의 바닥면적은 피난기구의 설치개수 산정을 위한 **바닥면적에서 이를 제외**한다.
　　① 노대를 포함한 소방대상물의 주요구조부가 내화구조일 것
　　② 노대가 거실의 외기에 면하는 부분에 피난 상 유효하게 설치되어 있어야 할 것
　　③ 노대가 소방사다리차가 쉽게 통행할 수 있는 도로 또는 공지에 면하여 설치되어 있거나, 또는 거실부분과 방화 구획되어 있거나 또는 노대에 지상으로 통하는 계단 그 밖의 피난기구가 설치되어 있어야 할 것

3. 소방대상물의 설치장소별 피난기구의 적응성

구분 \ 층별	지하층	1층	2층	3층	4층 이상 10층 이하
노유자시설	트		미구교다승		교다승
의료시설·근린생활시설 중 입원실이 있는 의원·접골원·조산원	트			미트구교다승	트구교다승
다중이용업소로서 영업장의 위치가 4층 이하인 다중이용업소				미사구완다승	
그 밖의 것	트사			트공간교미사구완다승	공간교사구완다승

[비고] 간이완강기의 적응성은 숙박시설의 3층 이상에 있는 객실에, 공기안전매트의 적응성은 공동주택에 한한다.

어두문자 암기방법

피난용트랩 ⇒ 트　　피난교 ⇒ 교
피난사다리 ⇒ 사　　미끄럼대 ⇒ 미
구조대 ⇒ 구　　　　다수인피난장비 ⇒ 다
승강식피난기 ⇒ 승　완강기 ⇒ 완
간이완강기 ⇒ 간　　공기안전매트 ⇒ 공

10 다음 도면을 참조하여 스프링클러설비의 펌프성능시험을 실시하고자 한다.
(1) 체절운전, (2) 정격부하운전, (3) 피크부하운전의 성능시험방법을 쓰시오.
(단, 도면의 밸브 $V_1 \sim V_3$에 대한 개폐상태를 포함하여 작성하도록 한다)

(6점)

○답 : (1) **체절운전**
① 펌프의 토출 측 개폐밸브 V_1 폐쇄
② 제어반에서 충압펌프 및 주펌프 운전스위치를 수동(Manual)위치로 한다.
③ 제어반에서 주 펌프 수동기동
④ 성능시험 배관 상 개폐밸브 V_2 폐쇄상태에서 릴리프밸브 작동압력을 압력계로 확인

(2) **정격부하운전**
① 펌프가 기동한 상태에서 개폐밸브 V_2 완전개방하고 V_3 서서히 개방하여 유량계의 유량이 정격토출량이 되도록 한다.
② 압력계의 눈금을 읽어 압력을 확인

(3) **피크부하운전**
① 성능시험 배관 상 개폐밸브 V_3를 더 개방하여 유량계의 유량이 정격토출량의 150%가 되도록 한다.
② 압력계의 눈금을 읽어 압력을 확인

상세해설

성능시험배관상 유량조절밸브가 설치된 경우 펌프성능시험방법
(원칙적으로 성능시험배관상 개폐밸브 및 유량조절밸브가 설치되어야 한다.)

① 무부하운전=체절운전(No Flow Condition)
  ㉠ 펌프의 토출측 개폐밸브① 폐쇄
  ㉡ 제어반에서 충압펌프 및 주펌프 운전스위치를 수동(Manual)위치로 한다.
  ㉢ 성능시험 배관 상 유량조절밸브⑧ 완전 폐쇄 후 개폐밸브③ 완전 개방
  ㉣ 제어반에서 주펌프 수동기동
  ㉤ 릴리프밸브 작동압력을 압력계④로 확인(만약 릴리프밸브가 체절압력 이하에서 개방되지 않으면 릴리프밸브를 서서히 개방하여 체절압력 이하에서 압력수가 토출되도록 한다.)

② 정격부하운전=설계점운전(Rated Load)
  ㉠ 펌프가 기동한 상태에서 성능시험 배관상 유량조절밸브⑧ 서서히 개방하여 유량계⑦의 유량이 정격토출량이 되도록 한다.
  ㉡ 압력계④의 눈금을 읽어 압력을 확인

③ 피크부하운전=최대운전(Peak Load)
  ㉠ 성능시험 배관상 유량조절밸브⑧를 더 개방하여 유량계⑦의 유량이 정격토출량의 150%가 되도록 한다.
  ㉡ 압력계④의 눈금을 읽어 압력을 확인

10년-07월, 13년-11월, 14년-04월, 15년-11월 기출 유사

11 습식스프링클러설비를 백화점(1~9층)에 아래의 조건을 이용하여 시공하는 경우 다음 각 물음에 답하시오. (8점)

[조건]
① 최상층의 가장 먼 말단헤드의 방수압력은 0.11MPa이며 오리피스구경은 11mm이다.
② 펌프에서 최상층의 헤드까지의 수직높이는 50m이다.
③ 펌프의 흡입 측에 설치된 연성계 눈금은 300mmHg이다.
④ 배관의 마찰손실은 펌프에서 최상층의 헤드까지의 수직높이의 20%를 적용한다.
⑤ 각 층에 설치된 폐쇄형스프링클러헤드의 개수는 80개씩 설치되어 있다.
⑥ 펌프의 효율은 68%이다.

(1) 주 펌프의 양정(m)을 구하시오.
(2) 펌프에 필요한 토출량(L/min)을 구하시오.
(3) 최소 수원의 양(m^3)을 구하시오.
(4) 펌프의 효율을 고려하여 축동력(kW)를 구하시오.

풀이 (1) 주 펌프의 양정(m)

○ 계산과정 : $H = h_1 + h_2 + 11m$ (조건에 의하여)

$$h_1 = \left(300\text{mmHg} \times \frac{10.332\text{m}}{760\text{mmHg}}\right) + 50\text{m} = 54.08\text{m}$$

$$h_2 = 50\text{m} \times 0.2 = 10\text{m}$$

$$H = 54.08 + 10 + 11 = 75.08\text{m}$$

○ 답 : 75.08m

(2) 펌프에 필요한 토출량(L/min)

○ 계산과정 : ① 헤드 1개의 방수량

$$Q = 0.653 \times 11^2 \times \sqrt{10 \times 0.11} = 82.87\text{L/min}$$

② 펌프에 필요한 토출량(L/min)

$$Q = 30 \times 82.87\text{L/min} = 2,486.10\text{L/min}$$

○ 답 : 2,486.10L/min

(3) 최소 수원의 양(m^3)

○ 계산과정 : $Q = 30 \times (82.87\text{L/min} \times 20\text{min}) = 49,722\text{L} = 49.72\text{m}^3$

○ 답 : 49.72m^3

(4) 펌프의 효율을 고려한 축동력(kW)

○ 계산과정 : $P = \dfrac{9.8\text{kN/m}^3 \times (2.4861\text{m}^3/60\text{s}) \times 75.08\text{m}}{0.68} = 44.83\text{kW}$

○ 답 : 44.83kW

상세해설

1. **폐쇄형스프링클러헤드를 사용하는 경우**
   (1) 주 펌프의 토출량 계산
   $Q = N \times 80 l/\text{min}$ (N : 기준개수 또는 기준개수보다 적은 경우 설치개수)
   (2) 전용수원의 확보량
   $Q = N \times 1.6\text{m}^3$ (N : 기준개수 또는 기준개수보다 적은 경우 설치개수)
   (3) 모터동력

   $$P(\text{kW}) = \dfrac{\gamma Q H}{E} \times K$$

   여기서, γ : 비중량(물의 비중량=9.8kN/m³), Q : 토출량(m³/s)
   H : 전양정(m), E : 효율(%/100), K : 전달계수

2. **헤드의 기준개수**(폐쇄형)

소방대상물			기준개수
지하층 제외 10층 이하	공장	특수가연물	30개
		그 밖의 것	20개
	근린생활시설 · 판매시설 · 운수시설 또는 복합건축물	판매시설 또는 복합건축물(판매시설 설치 복합건축물)	30개
		그 밖의 것	20개
	그 밖의 것	헤드높이 8m 이상	20개
		헤드높이 8m 이하	10개
아파트			10개
지하층 제외 11층 이상 · 지하가 또는 지하역사			30개

※ 아파트 등의 각 동이 주차장으로 서로 연결된 구조인 경우 해당 주차장 부분의 기준개수는 30개로 할 것

12 다음은 이산화탄소소화설비의 분사헤드를 설치해서는 안 되는 장소이다.
( )안에 알맞은 답을 쓰시오. **(4점)**

(1) 방제실·제어실 등 사람이 (①) 하는 곳
(2) 니트로셀룰로오스·셀룰로이드제품 등 (②)을 저장·취급하는 곳
(3) 나트륨·칼륨·칼슘 등 (③)을 저장·취급하는 곳
(4) (④)등 다수인이 출입·통행하는 통로 및 전시실 등

풀이 ○답 : ① 상시근무   ② 자기연소성 물질   ③ 활성금속물질   ④ 전시장

상세해설

이산화탄소소화설비의 분사헤드 설치제외 장소
① 방재실·제어실 등 사람이 **상시 근무**하는 장소
② 니트로셀룰로스·셀룰로이드제품 등 **자기연소성물질**을 저장·취급하는 장소
③ 나트륨·칼륨·칼슘 등 **활성금속물질**을 저장·취급하는 장소
④ 전시장 등의 관람을 위하여 다수인이 출입·통행하는 **통로 및 전시실** 등

13 동일한 성능의 소화펌프 2대를 설치하였다. [조건]을 참조하여 펌프의 병렬운전 시 $H-Q$의 성능곡선변화의 그래프를 완성하시오. **(5점)**

[조건] ① 관로저항곡선은 R로 표기한다.
② 하나의 펌프가 기동되는 경우 펌프성능곡선 $A-B$와 운전점 H_1, Q_1을 표기하도록 한다.
③ 2대의 펌프가 동시에 운전되는 경우 펌프성능곡선 $A-C$와 운전점 H_2, Q_2를 표기하도록 한다.

풀이 ○답 :

상세해설

[동일 성능펌프 병렬운전 H-Q]

① 1대의 펌프 성능곡선 : A-B, 운전점 H_1, Q_1
② 2대의 펌프 성능곡선 : A-C, 운전점 H_2, Q_2
③ 펌프 2대를 동시에 병렬운전시 Q_2의 토출량이 형성된다.
④ 펌프 2대를 병렬 운전하는 경우 토출량은 1대를 운전하는 경우의 2배가 되지 않는다.

14 다음은 소화기구에 관한 내용이다. 조건을 참조하여 각 물음에 답하시오.

(10점)

[조건]
① 주요 구조부는 내화구조이고 벽 및 반자의 실내에 면하는 부분이 불연재료이다.
② 지상 1층은 아동관련시설인 유치원이며 2~3층은 한의원(근린생활시설)에 해당한다.
③ 각 층의 바닥면적은 30m×40m이다.
④ 각 층에 A급 3단위 소화기를 화재안전기술기준에 따라 설치한다.
⑤ 간이소화용구는 A급 1단위를 지상 1층에만 설치하며 지상 1층 소화기 능력단위의 2분의 1로 한다.
⑥ 부속용도별로 사용되는 부분에 대한 소화기구의 추가 설치는 고려하지 않는다.

(1) 지상 1~3층에 필요한 소화기구의 능력단위를 구하시오.
(2) 지상 1층 유치원에 설치해야하는 간이소화용구의 개수를 구하시오.
(3) 지상 2~3층 한의원에 설치해야하는 소화기의 개수를 구하시오.
(4) 간이소화용구의 종류를 4가지만 쓰시오.

풀이 (1) 지상 1~3층에 필요한 소화기구의 능력단위

○ 계산과정 : $N = \dfrac{30\text{m} \times 40\text{m}}{200\text{m}^2} = 6$단위

$N_T = 6$단위/층 $\times$ 3개층 $= 18$단위

○ 답 : 18단위

(2) 지상 1층 유치원에 설치해야하는 간이소화용구의 개수

○ 계산과정 : $N = 6$단위 $\times \dfrac{1}{2} \times \dfrac{1\text{개}}{1\text{단위}} = 3$개

○ 답 : 3개

(3) 지상 2~3층 한의원에 설치해야하는 소화기의 개수

○ 계산과정 : $N = 6$단위 $\times 2$개층 $\times \dfrac{1\text{개}}{3\text{단위}} = 4$개

○ 답 : 4개

(4) 간이소화용구의 종류 4가지
　　○답 : ① 에어로졸식 소화용구
　　　　　② 투척용 소화용구
　　　　　③ 소공간용 소화용구
　　　　　④ 소화약제 외의 것을 이용한 간이소화용구(마른모래, 팽창질석, 팽창진주암)

상세해설

1. 능력단위

$$N(능력단위) = \frac{바닥면적(m^2)}{기준바닥면적(m^2)}$$

※ 소요능력단위 계산결과 소수점이 발생되면 절상하여 정수로 표기한다.

2. 특정소방대상물별 소화기구의 능력단위기준

특정소방대상물	소화기구의 능력단위
1. 위락시설	해당 용도의 바닥면적 30m²마다 능력단위 1단위 이상
2. 공연장·집회장·관람장·문화재·장례식장 및 의료시설	해당 용도의 바닥면적 50m²마다 능력단위 1단위 이상
3. 근린생활시설·판매시설·운수시설·숙박시설·노유자시설·전시장·공동주택·업무시설·방송통신시설·공장·창고시설·항공기 및 자동차 관련 시설 및 관광휴게시설	해당 용도의 바닥면적 100m²마다 능력단위 1단위 이상
4. 그 밖의 것	해당 용도의 바닥면적 200m²마다 능력단위 1단위 이상

(주) 소화기구의 능력단위를 산출함에 있어서 건축물의 주요구조부가 내화구조이고, 벽 및 반자의 실내에 면하는 부분이 불연재료·준불연재료 또는 난연재료로 된 특정소방대상물에 있어서는 위 표의 기준면적의 2배를 해당 특정소방대상물의 기준면적으로 한다.

3. 소화기구
(1) 소화기
(2) 간이소화용구
　① 에어로졸식 소화용구
　② 투척용 소화용구
　③ 소공간용 소화용구
　④ 소화약제 외의 것을 이용한 간이소화용구
(3) 자동확산소화기

4. 자동소화장치
(1) 주거용 주방자동소화장치
(2) 상업용 주방자동소화장치
(3) 캐비닛형 자동소화장치
(4) 가스자동소화장치
(5) 분말자동소화장치
(6) 고체에어로졸자동소화장치

13년-04월, 18년-04월, 19년-11월 기출

15 지상 5층이고 각 층의 바닥면적이 6000m²인 특정소방대상물에 소화수조 및 저수조를 설치하고자 한다. 다음 각 물음에 답하시오. (6점)

(1) 소화수조의 저수량은 몇 (m³)인가?
(2) 흡수관투입구는 몇 개 이상으로 설치하여야 하는가?
(3) 가압송수장치를 설치하는 경우 1분당 양수량은 몇 (L) 이상으로 하여야 하는가?

풀이 (1) 소화용수의 저수량(m³)

○ 계산과정 : $Q = K \times 20\text{m}^3$, $K = \dfrac{30000\text{m}^2}{12500\text{m}^2} = 2.40$

$K = 3$(소수점 이하는 무조건 절상하여 정수로 표기)

∴ $Q = 3 \times 20\text{m}^3 = 60\text{m}^3$

○ 답 : 60m³

(2) **흡수관투입구의 수**

소요수량이 80m³ 미만인 것은 1개 이상, 80m³ 이상인 것은 2개 이상

○ 답 : 1개 이상

(3) **가압송수장치의 1분당 양수량**(L)

소요수량이 40m³ 이상 100m³ 미만이므로 2200L/분 이상

○ 답 : 2200L 이상

상세해설

1. 소화수조 또는 저수조의 저수량

$$Q = K \times 20\text{m}^3 \text{ 이상}$$

여기서, Q : 소화수조 또는 저수조의 저수량(m^3)

$K = \dfrac{\text{연면적}(\text{m}^2)}{\text{기준면적}(\text{m}^2)}$ (소수점 이하의 수는 1로 본다)

2. 소방대상물의 구분에 따른 기준면적

소방대상물의 구분	면적
1. 1층 및 2층의 바닥면적 합계가 15,000㎡ 이상인 소방대상물	7,500㎡
2. 제1호에 해당되지 아니하는 그 밖의 소방대상물	12,500㎡

3. 흡수관투입구 또는 채수구 설치기준

(1) 지하에 설치하는 소화용수설비의 흡수관투입구 설치기준
한 변이 0.6m 이상이거나 직경이 0.6m 이상인 것으로 하고, 소요수량이 80㎥ 미만인 것은 1개 이상, 80㎥ 이상인 것은 2개 이상을 설치하여야 하며, "흡관투입구"라고 표시한 표지를 할 것

(2) 소화용수설비에 설치하는 채수구 설치기준
① 채수구는 다음 표에 따라 소방용호스 또는 소방용흡수관에 사용하는 구경 65mm 이상의 나사식 결합금속구를 설치할 것

소요수량	20㎥ 이상 40㎥ 미만	40㎥ 이상 100㎥ 미만	100㎥ 이상
채수구의 수	1개	2개	3개

② 채수구는 지면으로부터의 높이가 0.5m 이상 1m 이하의 위치에 설치하고 "채수구"라고 표시한 표지를 할 것

4. 가압송수장치 설치기준

소화수조 또는 저수조가 지표면으로부터의 깊이(수조 내부바닥까지의 길이)가 4.5m 이상인 지하에 있는 경우에는 다음 표에 따라 가압송수장치를 설치하여야 한다. 다만, 저수량을 지표면으로부터 4.5m 이하인 지하에서 확보할 수 있는 경우에는 소화수조 또는 저수조의 지표면으로부터의 깊이에 관계없이 가압송수장치를 설치하지 아니할 수 있다.

소요수량	20㎥ 이상 40㎥ 미만	40㎥ 이상 100㎥ 미만	100㎥ 이상
가압송수장치의 1분당 양수량	1,100L 이상	2,200L 이상	3,300L 이상

16 휘발유를 저장하는 플루팅루프탱크(부상식 지붕구조)에 포방출구를 설치하여 방호하려고 할 때 아래 조건과 그림을 참조하여 각 물음에 답하시오. **(12점)**

[조건] ① 탱크의 내경 : 50m
② 포 소화약제의 농도 : 6%
③ 고정포방출구의 방출률 : 8L/m² · 분, 방사시간 : 30분
④ 보조 소화전의 방사율 : 400L/min, 방사시간 : 20분
⑤ 탱크내면과 굽도리판의 간격 : 1.2m
⑥ 보조 소화전 : 7개
⑦ 송액배관의 최장길이 : 200m, 내경 : 100mm
⑧ 포소화약제의 밀도 : 1050kg/m³
⑨ 혼합기는 펌프와 발포기의 중간에 설치된 벤추리관의 벤추리작용과 펌프 가압수의 포 소화약제저장탱크에 대한 압력에 의하여 포 소화약제를 흡입 혼합하는 방식이다.

(1) 고정포방출구의 종류를 쓰시오.
(2) 가압송수장치의 최소 분당 토출량(L/분)을 계산하시오.
(3) 최소 수원의 양(L)을 계산하시오.
(4) 최소 포소화약제의 양(L)을 계산하시오.
(5) 포소화약제의 혼합방식을 쓰시오.

풀이 **(1) 고정포방출구의 종류**
　　○답 : 특형 방출구

(2) 가압송수장치의 분당 토출량(L/분)
　　○계산과정 :
$$Q = \frac{\pi}{4} \times (50^2 - 47.6^2)\text{m}^2 \times 8\text{L/m}^2 \cdot \text{min} + 3 \times 400\text{L/min} = 2,671.77\text{L/min}$$
　　○답 : 2,671.77L/min

(3) 수원의 양(L)
　　○계산과정 :
$$Q_1 = \frac{\pi}{4} \times (50^2 - 47.6^2)\text{m}^2 \times 8\text{L/m}^2 \cdot \text{min} \times 30\text{min} \times 0.94 = 41,504.01\text{L}$$
$$Q_2 = 3 \times 0.94 \times 8000(400\text{L/min} \times 20\text{min}) = 22,560\text{L}$$
$$Q_3 = \frac{\pi}{4} \times (0.1\text{m})^2 \times 200\text{m} \times 0.94 \times \frac{1000\text{L}}{\text{m}^3} = 1,476.55\text{L}$$
$$Q = Q_1 + Q_2 + Q_3 = 41,504.01 + 22,560 + 1,476.55 = 65,540.56\text{L}$$
　　○답 : 65,540.56L

(4) 포 소화약제의 양(L)
　　○계산과정 :
$$Q_1 = \frac{\pi}{4} \times (50^2 - 47.6^2)\text{m}^2 \times 8\text{L/m}^2 \cdot \text{min} \times 30\text{min} \times 0.06 = 2,649.19\text{L}$$
$$Q_2 = 3 \times 0.06 \times 8000(400\text{L/min} \times 20\text{min}) = 1,440\text{L}$$
$$Q_3 = \frac{\pi}{4} \times (0.1\text{m})^2 \times 200\text{m} \times 0.06 \times \frac{1000\text{L}}{\text{m}^3} = 94.25\text{L}$$
$$Q = Q_1 + Q_2 + Q_3 = 2649.19 + 1440 + 94.25 = 4,183.44\text{L}$$
　　○답 : 4,183.44L

(5) 포소화약제의 혼합방식
　　○답 : 프레져 푸로포셔너방식

상세해설

1. 특형방출구의 환상부분 액표면적 계산

$$A = \frac{\pi}{4} \times (D_1^2 - D_2^2)$$

2. 고정포방출구 방식의 포소화약제의 저장량

구 분	약제 저장량
❶ 고정포 방출구	$Q = A \times Q_1 \times T \times S$ 여기서, Q : 포소화약제의 양(L) A : 저장탱크의 액 표면적(m^2) Q_1 : 단위 포소화수용액의 양($L/m^2 \cdot min$) T : 방출시간(min) S : 포소화약제의 사용농도(%)
❷ 보조소화전	$Q = N \times S \times 8000L$ 여기서, Q : 포소화약제의 양(L) N : 호스 접결구 개수(3개 이상의 경우는 3개) S : 포소화약제의 사용농도(%)
❸ 배관보정	가장 먼 탱크까지의 송액관(내경 75mm 이하 제외)에 충전하기 위하여 필요한 양 $Q = V \times S \times 1000L/m^3$ 여기서, Q : 포소화약제의 양(L) V : 송액관 내부의 체적(m^3) S : 포소화약제의 사용농도(%)
❹ 합계	고정포방출구 방식의 포소화약제의 저장량 = ❶ + ❷ + ❸

3. 포소화약제 혼합방식

(1) 펌프 프로포셔너방식

펌프의 토출관과 흡입관 사이의 배관도중에 설치한 흡입기에 펌프에서 **토출된 물의 일부**를 보내고, 농도 조정밸브에서 조정된 포 소화약제의 필요량을 포 소화약제 저장탱크에서 펌프 흡입측으로 보내어 이를 혼합하는 방식

(2) 프레셔 프로포셔너방식

펌프와 발포기의 중간에 설치된 벤추리관의 **벤추리작용**과 펌프 가압수의 포 소화약제 저장탱크에 대한 압력에 따라 포소화약제를 흡입 · 혼합하는 방식

(3) 라인 프로포셔너방식

펌프와 발포기의 중간에 설치된 벤추리관의 **벤추리작용**에 따라 포소화약제를 흡입 · 혼합하는 방식

(4) 프레셔사이드 프로포셔너방식

펌프의 토출관에 압입기를 설치하여 포 소화약제 **압입용펌프**로 포소화약제를 압입시켜 혼합하는 방식

소방설비기사 실기 (기계분야)

2025년도 출제문제

소방설비기사 실기(기계분야)

2025학년도
출제문제

소방설비기사 – 기계분야

2025년 4월 20일 시행

01 다음 미분무소화설비에 대한 조건을 참조하여 각 물음에 답하시오. (4점)

[조건] ① 방호구역에 설치된 헤드의 개수는 30개이다.
② 설계유량은 $0.05\text{m}^3/\text{min}$ 이다.
③ 설계방수시간은 60min 이다.
④ 안전율은 1.2로 한다.
⑤ 배관의 총체적은 0.07m^3이다.

(1) 수원의 양(m^3)을 구하시오.
(2) 설치장소의 평상시 최고주위온도를 구하시오. (단, 헤드의 표시온도는 79℃이다)

풀이 (1) 수원의 양(m^3)
○계산과정 : $Q = 30(개) \times 0.05\text{m}^3/\text{min} \times 60\text{min} \times 1.2 + 0.07 = 108.07\text{m}^3$
○답 : 108.07m^3

(2) 설치장소의 평상시 최고주위온도
○계산과정 : $T_a = 0.9 \times 79 - 27.3 = 43.8$℃
○답 : 43.8℃

상세해설

미분무소화설비의 수원의 양

$$Q = N \times D \times T \times S + V$$

여기서, Q : 수원의 양(m^3), N : 방호구역(방수구역)내 헤드의 개수
D : 설계유량(m^3/min), T : 설계방수시간(min)
S : 안전율(1.2 이상), V : 배관의 총체적(m^3)

폐쇄형 미분무헤드의 표시온도

$$T_a = 0.9 T_m - 27.3$$

여기서, T_a : 최고주위온도(℃), T_m : 헤드의 표시온도(℃)

00년-02월, 00년-11월, 10년-04월, 15년-04월, 16년-11월

02 일제개방형 스프링클러설비의 배관계통을 나타내는 구조도(Isometric Diagram)이다. 주어진 조건으로 설비가 작동되었을 경우 방수압, 방수량 등을 답란의 요구 순서대로 산출하시오. (10점)

※ ( )의 숫자는 배관의 호칭구경임(단위 : mm)

[조건]
1. 설치된 개방형 헤드 방출계수(K)는 모두 각각 80이다.
2. 살수시 최저 방수압이 걸리는 헤드에서의 방수압은 0.1MPa이다. (각 헤드에서의 방수압이 같지 않음을 유의할 것)
3. 가지관 분기점(티, 엘보)으로부터 헤드까지의 마찰손실은 무시한다.
4. 호칭구경 50mm 이하의 배관은 나사접속식 65mm 이상의 배관은 용접 접속식이다.
5. 배관내의 유수에 따른 마찰손실압력은 헤이젠-윌리엄스공식을 적용하되, 계산의 편의상 공식은 다음과 같다고 가정한다.

$$\Delta P = \frac{6 \times Q^2 \times 10^7}{120^2 \times d^5}$$

단, ΔP = 배관의 길이 1m당 마찰손실 압력(kPa)
Q = 배관내의 유수량(L/분), d = 배관의 내경(mm)

6. 배관의 내경은 호칭별로 다음과 같다고 가정한다.

호칭구경	25	32	40	50	65	80	100
내경	27	36	42	53	69	81	105

7. 배관부속 및 밸브류의 마찰손실은 무시한다.
8. 수리계산시 속도수두는 무시한다.
9. 계산시 소수점 이하의 숫자는 소수점이하 셋째자리에서 반올림할 것
    예) 12.443→12.44   4.267→4.27
10. 살수시 중력수조내의 수위의 변동은 없다고 가정한다.
* 계산은 도면을 참조하여 다음의 순서대로 작성하시오.

(1) 스프링클러 헤드별 방수압 및 방수량 계산

항목	번호	방수압(kPa) 계산	방수량(L/min) 계산
1	①	계산 : $P_1 =$ (kPa)	계산 : $q_1 =$ (L/min)
2	②	계산 : $P_2 =$ (kPa)	계산 : $q_2 =$ (L/min)
3	③	계산 : $P_3 =$ (kPa)	계산 : $q_3 =$ (L/min)
4	④	계산 : $P_4 =$ (kPa)	계산 : $q_4 =$ (L/min)
5	⑤	계산 : $P_5 =$ (kPa)	계산 : $q_5 =$ (L/min)

(2) 도면의 배관구간 ⑤~⑪의 매분 유수량 q_A(L/min)
    (단, ⑤~⑪ 구간의 배관 호칭구경은 40mm로 한다.)
    ○계산과정 :
    ○답 :

풀이 (1)

헤드 번호	방수압력(kPa)	방수량(L/min)
①	$P_① = 0.1\text{MPa} = 100\text{kPa}$ ○답 100kPa	$q_① = K\sqrt{10 \times P}$ $\therefore q_① = 80\sqrt{10 \times 0.1}$ $= 80\text{L/min}$ ○답 80L/min
②	$P_② = P_① + \Delta P_{①\sim②}$ 총관길이 $= 3.4\text{m}$(직관) $\Delta P_{①\sim②} = \dfrac{6 \times 10^7 \times 80^2}{120^2 \times 27^5} \times 3.4 = 6.32\text{kPa}$ $\therefore P_② = 100 + 6.32 = 106.32\text{kPa}$ ○답 106.32kPa	$q_② = K\sqrt{10 \times P}$ $\therefore q_② = 80\sqrt{10 \times 0.10632}$ $= 82.49\text{L/min}$ ○답 82.49L/min

헤드번호	방수압력(kPa)	방수량(L/min)
③	$P_③ = P_② + \Delta P_{②\sim③}$ 총관길이 $= 3.4\text{m}$(직관) $\Delta P_{②\sim③} = \dfrac{6 \times 10^7 \times (80+82.49)^2}{120^2 \times 36^5} \times 3.4 = 6.19\text{kPa}$ $\therefore P_③ = 106.32 + 6.19 = 112.51\text{kPa}$ ○답 112.51kPa	$q_③ = K\sqrt{10 \times P}$ $\therefore q_③ = 80\sqrt{10 \times 0.11251}$ $= 84.86\text{L/min}$ ○답 84.86L/min
④	$P_④ = P_③ + \Delta P_{③\sim④}$ 총관길이 $= 3.4\text{m}$(직관) $\Delta P_{③\sim④} = \dfrac{6 \times 10^7 \times (80+82.49+84.86)^2}{120^2 \times 42^5} \times 3.4$ $= 6.63\text{kPa}$ $\therefore P_④ = 112.51 + 6.63 = 119.14\text{kPa}$ ○답 119.14kPa	$q_④ = K\sqrt{10 \times P}$ $\therefore q_④ = 80\sqrt{10 \times 0.11914}$ $= 87.32\text{L/min}$ ○답 87.32L/min
⑤	$P_⑤ = P_④ + \Delta P_{④\sim⑤}$ 총관길이 $= 3.4\text{m}$(직관) $\Delta P_{④\sim⑤} = \dfrac{6 \times 10^7 \times (80+82.49+84.86+87.32)^2}{120^2 \times 42^5} \times 3.4$ $= 12.14\text{kPa}$ $\therefore P_⑤ = 119.14 + 12.14 = 131.28\text{kPa}$ ○답 131.28kPa	$q_⑤ = K\sqrt{10 \times P}$ $\therefore q_⑤ = 80\sqrt{10 \times 0.13128}$ $= 91.66\text{L/min}$ ○답 91.66L/min

(2) ○계산과정 : $Q_{⑤\sim⑪}$: 가지관의 헤드(①~⑤)에서 방수되는 총량이다.

$\therefore Q = 80 + 82.49 + 84.86 + 87.32 + 91.66 = 426.33\text{L/min}$

○답 : 426.33L/min

03 경유를 저장하는 탱크의 내부직경이 40m인 플루팅루프(Floating Roof) 탱크에 포소화설비의 특형 방출구를 설치하여 방출하려고 할 때 다음 각 물음에 답하시오. (7점)

[조건] ① 소화약제는 3%용의 단백포를 사용하며 수용액의 분당 방출량은 $10[L/m^2 \cdot min]$이고 방사시간은 20분으로 한다.
② 탱크내면과 굽도리판의 간격은 2m로 한다.
③ 펌프의 효율은 65%, 전동기 전달계수는 1.2로 한다.

(1) 상기탱크의 특형 방출구에 의하여 소화하는데 필요한 수용액의 양, 수원의 양, 포소화약제 원액의 양은 각각 얼마 이상이어야 하는가? (단위는 m^3)
(2) 수원을 공급하는 가압송수장치의 분당 토출량(L/min)은 얼마 이상이어야 하는가?
(3) 펌프의 정격 전양정이 120m라고 할 때 전동기의 출력(kW)은 얼마 이상이어야 하는가?

풀이 (1) 수용액의 양, 수원의 양, 포소화약제 원액의 양
○ 계산과정 :
 • 수용액의 양

$$Q = A \times T \times Q_1$$

여기서, Q : 포소화수용액의 양(L)
T : 방출시간(분)
A : 저장탱크의 액표면적(m^2)
Q_1 : 단위 포소화 수용액의 양($L/m^2 \cdot$ 분)

$A = \dfrac{\pi}{4} \times (D_1^2 - D_2^2)$

$\therefore A = \dfrac{\pi}{4} \times (40^2 - 36^2)$

$T = 20 \min, \quad Q_1 = 10 L/m^2 \cdot \min,$

$S = 3\% \left(\dfrac{3}{100} \right)$

$\therefore Q = \dfrac{\pi}{4} \times (40^2 - 36^2) m^2 \times 20 \min \times 10 L/m^2 \cdot \min$

$= 47752.21 L = 47.75 m^3$

- 수원의 양

$$Q_w = A \times T \times Q_1 \times S_w$$

여기서, Q_w : 수원의 양(L), S_w : 물의 농도(100 - 약제사용농도)

$$\therefore Q_w = \frac{\pi}{4} \times (40^2 - 36^2)\text{m}^2 \times 20\text{min} \times 10\text{L/m}^2 \cdot \text{min} \times \frac{97}{100}$$
$$= 46319.64\text{L} = 46.32\text{m}^3$$

- 포소화약제 원액의 양

$$Q = A \times T \times Q_1 \times S$$

여기서, Q : 포소화약제 원액의 양(L), A : 탱크 액표면적(m^2)
T : 방출시간(min), Q_1 : 단위 포소화 수용액의 양($\text{L/m}^2 \cdot \text{min}$)
S : 포소화약제의 사용농도

$$\therefore Q = \frac{\pi}{4} \times (40^2 - 36^2)\text{m}^2 \times 20\text{min} \times 10\text{L/m}^2 \cdot \text{min} \times \frac{3}{100}$$
$$= 1432.57\text{L} = 1.43\text{m}^3$$

○답 : 수용액의 양 = 47.75m^3 이상
    수원의 양 = 46.32m^3 이상
    원액의 양 = 1.43m^3 이상

(2) 수원을 공급하는 가압송수장치의 분당 토출량(L/min)
○계산과정 :
펌프의 토출량 = 포헤드, 고정포 방출구, 이동식 포노즐의 설계압력 또는 방사압력의 허용범위 안에서 포수용액을 방출 또는 방사할 수 있는 양 이상이 되도록 할 것
∴ 포수용액을 방사 시간 내에 토출할 수 있어야 한다.
47752.21L/20min = 2387.61L/min
○답 : 2387.61L/min 이상

(3) 펌프의 정격 전양정이 120m라고 할 때 전동기의 출력(kW)
○계산과정 :
펌프의 동력 $P(\text{kW}) = \dfrac{\gamma \times Q \times H}{E} \times K$

여기서, γ : 유체 비중량(물 = 9.8kN/m^3), Q : 토출량(m^3/s)
H : 전양정(m), E : 전동기 효율, K : 전달계수

$$\therefore P(\text{kW}) = \frac{9.8 \times (2.387/60) \times 120}{0.65} \times 1.2 = 86.37\text{kW}$$

○답 : 86.37kW 이상

04

05년-7월, 13년-11월 19년-6월 기출

지상 10층의 백화점 건물에 옥내소화전설비를 화재안전기술기준 및 조건에 따라 설치되었을 때 아래 조건을 참조하여 각 물음에 답하시오. (12점)

[조건]
① 옥내소화전은 1층부터 10층까지는 각 층에 3개가 설치되었다고 한다.
② 펌프의 풋밸브에서 10층의 옥내소화전 방수구까지 수직거리는 40m이고 배관상 마찰손실(소방용 호스제외)은 20m로 한다.
③ 소방용 호스의 마찰손실은 100m당 26m로 하고 호스의 길이는 15m, 수량은 1개이다.
④ 주 배관은 연결송수관설비의 배관과 겸용이다.

(1) 수원의 최소 유효저수량(m^3)은 옥상수조를 포함하여 얼마인가?
(2) 펌프의 최소 토출량(L/min)은 얼마인가?
(3) 전양정(m)은 얼마인가?
(4) 펌프의 모터동력(kW)은 얼마 이상인가?
    (단, 펌프의 효율은 60%, 전달계수 $K=1.2$이다)

풀이 (1) **수원의 최소 유효저수량**(m^3)

○계산과정 : $Q = 2 \times 2.6m^3 + 2 \times 2.6m^3 \times \dfrac{1}{3} = 6.93m^3$

○답 : $6.93m^3$

(2) **펌프의 최소 토출량**(L/min)

○계산과정 : $Q = 2 \times 130 L/min = 260 L/min$

○답 : 260L/min

(3) **전양정**(m)

○계산과정 : $H = 40m + 20m + 15m \times \dfrac{26m}{100m} + 17m = 80.9m$

○답 : 80.9m

(4) **펌프의 모터동력**(kW)

○계산과정 : $P = \dfrac{9.8 \times (0.26m^3/60s) \times 80.9m}{0.6} \times 1.2 = 6.87 kW$

○답 : 6.87kW

05 그림은 어느 배관의 평면도에서 화살표 방향으로 물이 흐르고 있다. 주어진 조건과 그림을 참조하여 d_{AEFD}의 배관내경(mm)을 구하시오. (6점)

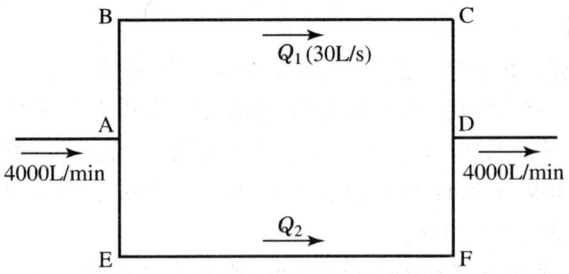

[조건] ① 루프배관 ABCD의 배관내경은 200mm이다.
② 루프배관 ABCD의 직관길이는 220m이다.
③ 루프배관 AEFD의 직관길이는 140m이다.
④ 직관 이외의 배관부속품의 마찰손실은 무시한다.
⑤ 배관의 마찰손실압력은 다음의 헤이젠-윌리엄스 공식을 사용하여 구한다.

$$\Delta P = 6 \times 10^4 \times \frac{Q^2}{C^2 \times d^5}$$

여기서, ΔP : 배관 1m 당 마찰손실압력(MPa)
d : 배관의 내경(mm)
Q : 유량(L/min)
C : 조도

○ 계산과정 :
① 관로망에서 배관마찰손실은 서로 같다.
② $\Delta P_{ABCD} = \Delta P_{AFED}$

$$6 \times 10^4 \times \frac{Q_1^2}{C^2 \times d_1^5} \times L_1 = 6 \times 10^4 \times \frac{Q_2^5}{C^2 \times d_2^5} \times L_2$$

③ $\dfrac{6 \times 10^4}{C^2}$은 양변이 같으므로 소거한다.

$$\frac{Q_1^2}{d_1^5} \times L_1 = \frac{Q_2^2}{d_2^5} \times L_2$$

$$d_2^5 = \frac{Q_2^2 \times L_2}{Q_1^2 \times L_1} \times d_1^5$$

$$d_2 = \left(\frac{Q_2^2 \times L_2}{Q_1^2 \times L_1}\right)^{\frac{1}{5}} \times d_1$$

$Q_1 = 30\text{L/s} = 1800\text{L/min}$, $Q_2 = (4000 - 1800)\text{L/min} = 2200\text{L/min}$

$L_1 = 220\text{m}$, $L_2 = 140\text{m}$, $d_1 = 200\text{mm}$

$$d_2 = \left(\frac{2200^2 \times 140}{1800^2 \times 220}\right)^{\frac{1}{5}} \times 200 = 197.98\text{mm}$$

○답 : 197.98mm

---

06 방호구역의 체적이 520m³인 전산실에 할로겐화합물소화약제인 HFC-23을 사용할 경우 아래 조건을 참조하여 다음 각 물음에 답하시오. (6점)

[조건]
① HFC-23의 소화농도는 A, C급 화재의 경우 12%이다.
② 전산실의 화재는 C급 화재로 간주한다.
② HFC-23의 저장용기는 68L이며 충전밀도는 720.8kg/m³이다.
③ 소화약제량 산정 시 선형상수를 이용하며 방사시 기준온도는 10℃이다.

소화약제	K₁	K₂
HFC-23	0.3164	0.0012

(1) 설계농도(%)를 구하시오.
(2) HFC-23의 필요한 약제량(kg)을 구하시오.
(3) HFC-23의 필요한 저장용기 수(병)를 구하시오.

풀이 **(1) 설계농도(%)**
○계산과정 : $C = $ 소화농도 $\times K$(안전계수) $= 12\% \times 1.35 = 16.2\%$
○답 : 16.2%

(2) 필요한 약제량(kg)
○계산과정 : $V = 520\text{m}^3$

$S = K_1 + K_2 \times t = 0.3164 + 0.0012 \times 10 = 0.3284\text{m}^3/\text{kg}$

$W = \dfrac{520}{0.3284} \times \left(\dfrac{16.2}{100 - 16.2}\right) = 306.11\text{kg}$

○답 : 306.11kg

(3) 필요한 저장용기 수(병)
   ○계산과정 : $W = 68(\text{L}) \times 0.7208(\text{kg/L}) = 49.01 \text{kg}$

   $$N = \frac{306.11 \text{kg}}{49.01 \text{kg}} = 6.25 \text{병} \quad \therefore \ 7\text{병}$$

   ○답 : 7병

상세해설

(1) HCFC 등의 소화약제량 산출 공식

$$W = \frac{V}{S} \times \left(\frac{C}{100 - C}\right)$$

여기서, W : 소화약제의 무게(kg)
   V : 방호구역의 체적(m^3)
   S : 소화약제별 선형상수($K_1 + K_2 \times t$)(m^3/kg)
   C : 체적에 따른 소화약제의 설계농도(%)
     [C=소화농도(%)×K(안전계수, A급 : 1.2, B급 : 1.3, C급 : 1.35)]
     ※ C급(통전상태)의 안전계수는 A급(전기차단상태)소화농도의 1.35
   t : 방호구역의 최소예상온도(℃)

(2) HFC-23의 저장용기 수
   용기 1병당 약제량(kg)

$$W = V(\text{L}) \times G(\text{kg/L})$$

여기서, V : 용기의 부피(L), G : 용기의 충전밀도(kg/L)

---

07 물계통의 소화설비에서 수원의 수위가 펌프보다 낮은 위치에 있는 가압송수장치에는 물올림장치를 설치한다. 다음 각 물음에 답하시오. (6점)

(1) 물올림장치를 설치하지 않아도 되는 경우를 쓰시오.
(2) 다음은 물올림장치의 설치기준이다. ( )안에 알맞은 답을 쓰시오.
   ① 물올림장치에는 전용의 (㉠)를 설치할 것
   ② 수조의 유효수량은 (㉡)L 이상으로 하되, 구경 (㉢)mm 이상의
     (㉣)에 따라 해당 수조에 물이 계속 보급되도록 할 것

풀이 ○답 : (1) 물올림장치를 설치하지 않아도 되는 경우
   수원의 수위가 펌프보다 높은 위치에 있는 경우
   (2) ( )안에 알맞은 답
     ㉠ 수조   ㉡ 100   ㉢ 15   ㉣ 급수배관

08 지상8층인 백화점에 습식스프링클러설비를 설치하고자 한다. 조건을 참조하여 각 물음에 답하시오. (7점)

[조건]
① 백화점은 내화구조이고 층당 바닥면적은 2500m²이다.
② 스프링클러헤드는 층당 80개가 설치되어 있다.
③ 펌프의 효율은 60%이며 전달계수는 1.1이다.
④ 낙차의 환산수두압 0.4MPa, 배관의 마찰손실은 낙차의 환산수두압의 20%, 펌프의 흡입수두는 3m로 한다.
⑤ 스프링클러헤드의 방수압력은 0.1MPa로 한다.

(1) 주 펌프의 전양정(m)를 구하시오.
(2) 주 펌프의 축동력(kW)을 구하시오.
(3) 필요한 유수검지장치의 개수를 구하시오.
(4) 주 펌프의 체절압력(MPa)을 구하시오.
(5) 헤드를 정방형으로 설치하는 경우 헤드간의 간격(m)을 구하시오.

풀이 (1) **주 펌프의 전양정**
○계산과정 : $H = 40\text{m}(0.4\text{MPa}) + (40\text{m} \times 0.2) + 3\text{m} + 10\text{m} = 61\text{m}$
○답 : 61m

(2) **주 펌프의 축동력**
○계산과정 : 물의 비중량 $\gamma_w = 9.8\text{kN/m}^3$
펌프의 토출량 $Q = 30 \times 80\text{L/min} = 2400\text{L/min} = 2.4\text{m}^3/60\text{s}$
전양정 $H = 61\text{m}$
펌프의 효율 $= 60\% = 0.6$
$$P = \frac{9.8 \times (2.4\text{m}^3/60\text{s}) \times 61\text{m}}{0.6} = 39.85\text{kW}$$
○답 : 39.85kW

(3) **필요한 유수검지장치의 개수**
○계산과정 : $N = 8\text{층} \times \dfrac{1개}{층} = 8개$
○답 : 8개

(4) 주 펌프의 체절압력
　　○ 계산과정 : 전양정을 압력단위로 환산
$$P = \gamma H = 9.8 \text{kN/m}^3 \times 61\text{m} = 597.8 \text{kN/m}^2 (\text{kPa}) = 0.60\text{MPa}$$
　　　체절압력 $P = 0.60\text{MPa} \times 1.4 = 0.84\text{MPa}$
　　○ 답 : 0.84MPa

(5) 헤드간의 간격
　　○ 계산과정 : $S = 2r\cos 45° = 2 \times 2.3 \times \cos 45° = 3.25\text{m}$
　　○ 답 : 3.25m

상세해설

1. 폐쇄형스프링클러헤드를 사용하는 경우
　(1) 주 펌프의 토출량 계산
　　　$Q = N \times 80\text{L/min}$ (N : 기준개수 또는 기준개수보다 적은 경우 설치개수)
　(2) 전용수원의 확보량
　　　$Q = N \times 1.6\text{m}^3$ (N : 기준개수 또는 기준개수보다 적은 경우 설치개수)
　(3) 축동력

$$P(\text{kW}) = \frac{\gamma Q H}{E}$$

　여기서, γ : 비중량(물의 비중량 = 9.8kN/m³), Q : 토출량(m³/s)
　　　　 H : 전양정(m), E : 효율(%/100)

2. 헤드의 기준개수(폐쇄형)

소방대상물			기준개수
지하층 제외 10층 이하	공장	특수가연물	30개
		그 밖의 것	20개
	근린생활시설 · 판매시설 · 운수시설 또는 복합건축물	판매시설 또는 복합건축물(판매시설 설치 복합건축물)	30개
		그 밖의 것	20개
	그 밖의 것	헤드높이 8m 이상	20개
		헤드높이 8m 이하	10개
아파트			10개
지하층 제외 11층 이상 · 지하가 또는 지하역사			30개

※ 아파트 등의 각 동이 주차장으로 서로 연결된 구조인 경우 해당 주차장 부분의 기준개수는 30개로 할 것

3. 폐쇄형스프링클러헤드를 사용하는 설비의 방호구역 및 유수검지장치
　(1) 하나의 방호구역의 바닥면적은 3,000m²를 초과하지 않을 것
　(2) 하나의 방호구역에는 1개 이상의 유수검지장치를 설치할 것
　(3) 하나의 방호구역은 2개 층에 미치지 않도록 할 것

09 아래 그림은 특정소방대상물에 설치한 가압송수장치인 펌프 주변 상세도이다. 각 물음에 답하시오. (4점)

(1) 그림에서 각 번호의 명칭을 쓰시오.
(2) 후렉시블조인트의 설치목적을 쓰시오.
(3) 그림에서 ⑦번 배관의 설치이유를 간단히 쓰시오.
(4) 소방대 연결송수구와 체크밸브 사이에 자동배수장치를 설치하는 이유를 2가지만 쓰시오.

○답 : (1) **각 번호의 명칭**
① 감수경보장치 ② 체크밸브 ③ 유량계 ④ 배수관
⑤ 후렉시블조인트 ⑥ 릴리프밸브 ⑦ 순환배관

(2) **후렉시블조인트의 설치목적**
배관 내 진동을 흡수하여 배관 및 부속품의 파손방지

(3) **⑦번 배관의 설치이유**
펌프의 체절 운전시 체절압력 이하에서 과압을 방출하여 수온의 온도상승을 방지

(4) **자동배수장치를 설치하는 이유 2가지**
① 동파방지 ② 배관부식방지

00년-04월, 02년-07월, 16년-06월

10 배관내의 유체온도 및 외부온도의 변화에 따라 배관이 팽창 또는 수축을 함으로 배관, 기구의 파손이나 굽힘을 방지하기 위하여 배관도중에 신축이음을 한다. 이때 사용되는 신축이음의 종류 5가지를 쓰시오. (5점)

○답 : ① 슬리브형 ② 벨로우즈형 ③ 굴곡관형 ④ 스위블형 ⑤ 볼조인트형

상세해설

신축이음의 종류
① 슬리브형 신축 이음(미끄럼 이음 : Slide Type expansion joint)
   직관의 선팽창을 흡수하며 벨로우즈형보다 큰 압력의 온도에 견딜 수 있다.
② 굴곡관형 신축 이음(만곡관형 이음 : Bending pipe joint)
③ 벨로우즈형 신축 이음(파형 이음 : Bellows Type expansion joint)
④ 스위블형 신축 이음(스윙형 이음) : 배관상 2개 이상의 엘보를 설치하여 신축을 흡수한다.
   ※ 팽창과 수축의 흡수량 순서
      굴곡관형 > 슬리브형 > 벨로우즈형 > 스위블형
⑤ 볼조인트형

15년-11월 유사, 20년-11월 기출

11 특별피난계단의 계단실 및 부속실 제연설비에 대한 다음 각 물음에 답하시오.

(7점)

(1) 화재실의 바닥면적이 350m², FAN의 효율 65%, 전압이 75mmAq일 때 제연 FAN을 구동하기 위한 전동기의 최소 소요동력(kW)를 구하시오. (단, 전동기의 여유율은 10%로 한다.)
(2) 제연구역의 선정기준을 3가지만 쓰시오.
(3) 방연풍속은 제연구역의 선정방식에 따라 다음 표의 기준에 따라야 한다. 빈칸의 ( )안에 알맞은 답을 쓰시오.

제연구역		방연풍속
계단실 및 그 부속실을 동시에 제연하는 것 또는 계단실만 단독으로 제연하는 것		(①)m/s 이상
부속실만 단독으로 제연하는 것	부속실 또는 승강장이 면하는 옥내가 거실인 경우	(②)m/s 이상
	부속실이 면하는 옥내가 복도로서 그 구조가 방화구조(내화시간 30분 이상인 구조를 포함한다)인 것	(③)m/s 이상

풀이 (1) **전동기의 최소 소요동력(kW)**
　　○계산과정 : ① 예상제연구역의 바닥면적이 400m² 미만인 경우
　　　　　　　　　$Q = A(\text{m}^2) \times 1\text{m}^3/\text{m}^2 \cdot \text{min} = 350 \times 1 = 350\text{m}^3/\text{min}$
　　　　　　　② $P_T = 75\text{mmAq}$, $E = 65\% = 0.65$, $K = 1.1$(여유율 10%)
　　　　　　　③ $P = \dfrac{Q(\text{m}^3/\text{min}) \times P_T(\text{mmAq})}{102 \times 60 \times E} \times K$
　　　　　　　　　$= \dfrac{350 \times 75}{102 \times 60 \times 0.65} \times 1.1 = 7.26\text{kW}$

　　○답 : 7.26kW

(2) **제연구역의 선정기준**
　　○답 : ① 계단실 및 그 부속실을 동시에 제연하는 것
　　　　　② 부속실만을 단독으로 제연하는 것
　　　　　③ 계단실만 단독 제연하는 것

(3) ○답 : ① 0.5　　② 0.7　　③ 0.5

상세해설

배풍기의 전동기동력 계산방법

$$P(\text{kW}) = \frac{Q(\text{m}^3/\text{min}) \times P_T(\text{mmAq})}{102 \times 60 \times E} \times K$$

여기서, Q : 풍량, P_T : 전압, E : 펌프의 효율, K : 전달계수

21년-04월 기출

12 특정소방대상물에 피난기구를 설치하고자 한다. 다음 조건을 참조하여 각 물음에 답하시오. (6점)

[조건]
(1) 각 특정소방대상물의 구조, 바닥면적, 용도는 다음과 같다.
　① 바닥면적은 1,200m²이며 주요구조부가 내화구조이고 거실의 각 부분으로 직접 복도로 피난할 수 있는 4층의 학교(강의실 용도로 사용되는 층)
　② 바닥면적은 800m²이며 5층의 객실 수가 6개인 숙박시설
　③ 바닥면적은 1,000m²이며 주요구조부가 내화구조이고 직통계단인 피난계단이 2개소 설치된 8층 병원
(2) 피난기구 중 간이완강기는 설치하지 않는 것으로 가정한다.
(3) 만약 피난기구를 설치하지 않아도 되는 경우에는 계산과정을 적지 아니하고 답란에 0으로 쓰시오.

(1) ①, ②, ③ 의 특정소방대상물에 설치하여야 할 피난기구의 개수를 각각 구하시오.
(2) ②의 경우 적응성 있는 피난기구 3가지를 쓰시오.
　(단, 완강기와 간이완강기는 제외하고 답할 것)

풀이 (1) ① **4층의 학교(강의실 용도)** : ○답 : 0개
　② **5층의 객실수 6개인 숙박시설**
　　○계산과정 : • 바닥면적별 설치개수 $N = 800\text{m}^2 \times \dfrac{1개}{500\text{m}^2} = 1.6개 \quad \therefore 2개$

　　• 객실마다 완강기 추가설치 개수 $N = 6(객실수) \times \dfrac{1개}{객실} = 6개$

　　• 총 설치개수 $N = 2개 + 6개 = 8개$
　　○답 : 8개

③ 피난계단이 2개소 설치된 8층 병원
   ○ 계산과정 : • 바닥면적별 설치개수 $N = 1,000\text{m}^2 \times \dfrac{1개}{500\text{m}^2} = 2개$

   • 피난기구의 설치감소 $N = 2개 \times \dfrac{1}{2} = 1개$

   • 설치개수 $N = 2개 - 1개 = 1개$

   ○ 답 : 1개

(2) ②의 경우 적응성 있는 피난기구
   ○ 답 : 피난사다리, 구조대, 피난교, 다수인피난장비, 승강식피난기

상세해설

1. **피난기구 설치제외**
   • 주요구조부가 내화구조로서 거실의 각 부분으로 직접 복도로 피난할 수 있는 학교(강의실 용도로 사용되는 층)

2. **피난기구의 설치기준**
   (1) 층마다 설치
   (2) 설치개수 산정기준

층의 용도	설치개수 기준
• 숙박시설 · 노유자시설 및 의료시설	바닥면적 500m²마다 1개 이상
• 위락시설 · 문화집회 및 운동시설 · 판매시설 • 복합용도	바닥면적 800m²마다 1개 이상
• 계단실형 아파트	각 세대마다 1개 이상
• 그 밖의 용도	바닥면적 1,000m²마다 1개 이상

   (3) 숙박시설(휴양콘도미니엄을 제외)의 경우에는 추가로 객실마다 완강기 또는 둘 이상의 간이완강기를 설치할 것

3. **피난기구설치의 감소**
   (1) 피난기구를 설치하여야 할 소방대상물중 다음 각 호의 기준에 적합한 층에는 피난기구의 2분의 1을 감소할 수 있다. 이 경우 설치하여야 할 피난기구의 수에 있어서 소수점 이하의 수는 1로 한다.
      ① 주요구조부가 내화구조로 되어 있을 것
      ② 직통계단인 피난계단 또는 특별피난계단이 2 이상 설치되어 있을 것
   (2) 피난기구를 설치하여야 할 소방대상물 중 주요구조부가 내화구조이고 다음 각 호의 기준에 적합한 건널 복도가 설치되어 있는 층에는 피난기구의 수에서 해당 건널 복도의 수의 2배의 수를 뺀 수로 한다.
      ① 내화구조 또는 철골조로 되어 있을 것
      ② 건널 복도 양단의 출입구에 자동폐쇄장치를 한 60분+ 방화문 또는 60분 방화문(방화셔터를 제외한다)이 설치되어 있을 것
      ③ 피난 · 통행 또는 운반의 전용 용도일 것

(3) 피난기구를 설치하여야 할 소방대상물 중 다음 각 호에 기준에 적합한 노대가 설치된 거실의 바닥면적은 피난기구의 설치개수 산정을 위한 바닥면적에서 이를 제외한다.
① 노대를 포함한 소방대상물의 주요구조부가 내화구조일 것
② 노대가 거실의 외기에 면하는 부분에 피난 상 유효하게 설치되어 있어야 할 것
③ 노대가 소방사다리차가 쉽게 통행할 수 있는 도로 또는 공지에 면하여 설치되어 있거나, 또는 거실부분과 방화 구획되어 있거나 또는 노대에 지상으로 통하는 계단 그 밖의 피난기구가 설치되어 있어야 할 것

4. 소방대상물의 설치장소별 피난기구의 적응성

구분 \ 층별	1층	2층	3층	4층 이상 10층 이하
노유자시설			미구교다승	구[1]교다승
의료시설 · 근린생활시설 중 입원실이 있는 의원 · 접골원 · 조산원			미트구교다승	트구교다승
다중이용업소로서 영업장의 위치가 4층 이하인 다중이용업소		미사구완다승	미사구완다승	
그 밖의 것			트공[3]간[2]교미사구완다승	공[3]간[2]교사구완다승

[비고] 1) 구조대의 적응성은 장애인 관련 시설로서 주된 사용자 중 스스로 피난이 불가한 자가 있는 경우 추가로 설치하는 경우에 한한다.
2) 간이완강기의 적응성은 숙박시설의 3층 이상에 있는 객실에 한한다.
3) 공기안전매트의 적응성은 공동주택에 추가로 설치하는 경우에 한한다.

어두문자 암기방법

피난용트랩 ⇒ 트   피난교 ⇒ 교
피난사다리 ⇒ 사   미끄럼대 ⇒ 미
구조대 ⇒ 구   다수인피난장비 ⇒ 다
승강식피난기 ⇒ 승 완강기 ⇒ 완
간이완강기 ⇒ 간   공기안전매트 ⇒ 공

14년-04월

13 아래의 소방시설 도시기호에 대한 명칭을 쓰시오. (5점)

(1) ─||─   (2) ─[ ]─
(3)   (4) ─[H]─
(5)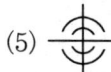

풀이 ○답 : (1) 유니온 (2) 라인프로포셔너 (3) 가스체크밸브 (4) 옥외소화전 (5) 포헤드(입면도)

01년-07월, 13년-11월, 17년-04월 기출

14 스프링클러 가압송수장치의 성능시험을 위하여 오리피스로 시험한 결과 그림과 같이 수은주의 높이차가 200mm로 측정되었다. 이 오리피스를 통과하는 유량(L/s)은 얼마인가? (단, 마노미터속 유체비중은 4, 유량계수 C=0.95, 중력가속도 g=9.8m/s²이다.) (5점)

풀이

○계산과정 : $Q = C_0 \dfrac{A_2}{\sqrt{1-m^2}} \sqrt{2g \dfrac{(\gamma_1 - \gamma_2)}{\gamma_2} R}$

$m = \dfrac{A_2}{A_1} = \left(\dfrac{D_2}{D_1}\right)^2 = \left(\dfrac{0.15}{0.30}\right)^2 = 0.25$

$C_0 = 0.95$, $g = 9.8\text{m/s}^2$, $S = 4$, $R = 200\text{mm} = 0.2\text{m}$

$Q = \dfrac{0.95 \times (\pi/4) \times 0.15^2}{\sqrt{1-0.25}} \sqrt{2 \times 9.8 \times 0.2 \times (4-1)} \times 1000$

$= 66.48\text{L/s}$

○답 : 66.48L/s

상세해설

오리피스미터의 이론유량 $Q = \dfrac{A_2}{\sqrt{1-m^2}} \sqrt{2g\Delta h(S-1)}$

오리피스미터의 실제유량 $Q = \dfrac{CA_2}{\sqrt{1-m^2}} \sqrt{2g\Delta h(S-1)}$

C(유량계수) $= \dfrac{Q_r(\text{실제유량})}{Qth(\text{이론유량})}$

알고갑시다 ☞ 유량계수 C에 대하여

실제유체의 흐름에 있어서는 유체의 점성으로 인한 에너지의 손실이 있을 뿐 아니라 각 단면에서 유속분포가 균일하지 않으므로 계산된 유량보다 약간 작은 유량이 계산된다. 따라서 계산된 유량에 유량계수 C를 곱한 것이 실제유량이 된다. C값은 오리피스미터의 종류나 유량의 크기에 따라 약간의 차이가 있으나 대략 0.92~0.99의 값을 갖는다.

15 에탄을 저장하는 창고에 이산화탄소소화설비를 설치하려고 할 때 다음 조건을 참조하여 각 물음에 답하시오. (6점)

> [조건] 가. 전역방출방식(고압식)이며 표면화재 방호대상물로 간주한다.
> 나. 저장창고의 방호구역체적은 6m×6m×5m이다.
> 다. 이산화탄소의 설계농도는 40%이며 보정계수는 1.2이다.
> 라. 개구부는 1m×1m, 1m×2m 2개소이며 자동폐쇄장치가 설치되어 있지 않다.
> 바. 기타의 조건은 화재안전기술기준을 적용한다.

(1) 필요한 이산화탄소소화약제의 양(kg)을 계산하시오.
(2) 방호구역 내에 이산화탄소가 설계농도로 유지될 때의 산소의 농도(%)는 얼마인가?

풀이 (1) 필요한 이산화탄소소화약제의 양(kg)
○ 계산과정 : $Q = (6 \times 6 \times 5)\text{m}^3 \times 0.8\text{kg/m}^3 \times 1.2 + (1 \times 1 + 1 \times 2)\text{m}^2 \times 5\text{kg/m}^2$
$= 187.8\text{kg}$
○ 답 : 187.8kg

(2) 산소의 농도(%)
○ 계산과정 : $CO_2(\%) = \dfrac{21 - O_2(\%)}{21} \times 100$

$40(\%) = \dfrac{21 - O_2(\%)}{21} \times 100, \quad 0.4 = \dfrac{21 - O_2(\%)}{21}$

$21 - O_2(\%) = 0.4 \times 21, \quad O_2(\%) = 21 - 8.4 = 12.6(\%)$

○ 답 : 12.6%

상세해설

(1) 표면화재의 방호구역 체적계수 및 면적계수

방호구역의 체적 (m³)	방호구역의 체적 1m³에 대한 소화약제의 양 kg (K_1 : kg/m³)	저장량의 최저한도량 (kg)	개구부 가산량 (K_2 : kg/m²) (자동폐쇄장치 미설치시)
45 미만	1	45	5
45 이상 150 미만	0.9		
150 이상 1450 미만	0.8	135	
1450 이상	0.75	1125	

[K_1(kg/m³) : 방호구역 체적계수, K_2(kg/m²) : 개구부 면적계수]

(2) 전역방출방식 표면화재 방호대상물의 약제저장량

$$Q = V \times K_1 + A \times K_2$$

여기서, Q : CO_2약제저장량(kg), V : 방호구역체적(m^3), A : 개구부면적(m^2)
K_1 : 방호구역 체적계수(kg/m^3), K_2 : 개구부 면적계수(kg/m^2)

※ 설계농도가 34% 이상인 방호대상물의 소화약제량은 산출한 기본 소화약제량에 보정계수를 곱하여 산출한다.

---

16 다음은 소화기구 및 자동소화장치의 화재안전기술기준 중 주거용자동소화장치의 설치기준이다. (   )안에 알맞은 답을 쓰시오. **(4점)**

(1) 소화약제 방출구는 (①)과 분리되어 있어야 하며, 형식승인 받은 유효설치 (②) 및 (③)에 따라 설치할 것

(2) 탐지부는 수신부와 분리하여 설치하되, 메탄가스를 사용하는 경우에는 (④)면으로부터 (⑤)cm 이하의 위치에 설치하고, 프로판가스를 사용하는 장소에는 (⑥)면으로부터 (⑦)cm 이하의 위치에 설치할 것

풀이 ○답 : (1) ① 환기구의 청소부분   ② 높이   ③ 방호면적
(2) ④ 천장   ⑤ 30   ⑥ 바닥   ⑦ 30

상세해설

※ 메탄가스의 증기비중(0.55) - 공기보다 가벼운 가스
프로판가스의 증기비중(1.52) - 공기보다 무거운 가스

주거용 주방자동소화장치의 설치기준
(1) 소화약제 방출구는 환기구(주방에서 발생하는 열기류 등을 밖으로 배출하는 장치를 말한다. 이하 같다)의 청소부분과 분리되어 있어야 하며, 형식승인 받은 유효설치 **높이** 및 **방호면적**에 따라 설치할 것
(2) 감지부는 형식승인 받은 유효한 **높이** 및 **위치**에 설치할 것
(3) 차단장치(전기 또는 가스)는 상시 확인 및 점검이 가능하도록 설치할 것
(4) 가스용 주방자동소화장치를 사용하는 경우 **탐지부는 수신부와 분리하여 설치하되**, 공기보다 가벼운 가스를 사용하는 경우에는 **천장**면으로부터 30cm 이하의 위치에 설치하고, 공기보다 무거운 가스를 사용하는 장소에는 바닥면으로부터 30cm 이하의 위치에 설치할 것
(5) 수신부는 주위의 **열기류** 또는 **습기** 등과 주위온도에 영향을 받지 않고 사용자가 상시 볼 수 있는 장소에 설치할 것

단기합격
소방설비기사 실기 과년도 총정리-기계편

초판 발행	2022년 2월 20일
개정2판 발행	2023년 2월 10일
개정3판 발행	2024년 1월 20일
개정4판 발행	2025년 1월 15일
개정5판 발행	2025년 5월 15일

지은이 ▪ 강석민 · 정진홍
펴낸이 ▪ 홍세진
펴낸곳 ▪ 세진북스

주소 ▪ (우)10207 경기도 고양시 일산서구 산율길 56(구산동 1
전화 ▪ 031-924-3092
팩스 ▪ 031-924-3093
홈페이지 ▪ http://www.sejinbooks.kr

출판등록 ▪ 제 315-2008-042호(2008.12.9)
ISBN ▪ 979-11-5745-711-3 13530

값 ▪ **35,000원**

- 이 책의 출판권은 도서출판 세진북스가 가지고 있습니다.
- 이 책의 일부 또는 전체에 대한 무단 복제와 전재를 금합니다.

세진북스에는 당신과 나 그리고 우리의 미래가 있습니다.